普通高等教育"十一五"国家级规划教材

（高 职 高 专 教 材）

普通高等教育国家级精品教材

有机化学

第三版

初玉霞　主编

化学工业出版社

·北京·

本书是普通高等教育"十一五"国家级规划教材和普通高等教育国家级精品教材。是按照化学、化工类及相关专业基础化学教学的基本要求，在第二版教材教学实践和广泛征集使用学校意见的基础上修订而成的。全书共有16章，主要内容有烷烃、不饱和烃、脂环烃、芳烃、卤代烃、醇、酚、醚、醛和酮、羧酸及其衍生物、含氮化合物、杂环化合物、对映异构、糖类以及氨基酸、蛋白质、核酸、高分子化合物简介等。此外，各章设有学习指南、思考与练习、本章要点及习题，以便帮助读者复习、总结和巩固提高。为拓展学习者的知识面，还编入了与教材内容密切相关、涉及有机化学前沿领域新知识、新进展的阅读资料。

本教材符合高职高专教育的特点，内容丰富，信息量较多，语言简练，通俗易懂，联系生产、生活实际比较紧密，有利于职业能力的培养，实用性较强。书中采用了现行国家标准规定的术语、符号和单位，化合物的命名依据IUPAC及中国化学会提出的命名原则，体现了科学性和先进性。

本书既可作为高等职业院校、高等专科院校、成人高校、民办高校及本科院校举办的二级职业技术学院化学、化工、纺织、制药、分析检验等专业的教学用书，也可用做五年制高职相关专业教材，还可供从事化学、化工技术专业的工作人员参考。

图书在版编目（CIP）数据

有机化学/初玉霞主编．—3版．—北京：化学工业出版社，2012.6（2020.3重印）

普通高等教育"十一五"国家级规划教材．高职高专教材　普通高等教育国家级精品教材

ISBN 978-7-122-13985-6

Ⅰ．有…　Ⅱ．初…　Ⅲ．有机化学-高等职业教育-教材　Ⅳ．O62

中国版本图书馆CIP数据核字（2012）第068688号

责任编辑：陈有华　　文字编辑：旷英姿

责任校对：洪雅姝　　装帧设计：杨　北

出版发行：化学工业出版社（北京市东城区青年湖南街13号　邮政编码100011）

印　　装：三河市延风印装有限公司

787mm×1092mm　1/16　印张19　字数467千字　2020年3月北京第3版第11次印刷

购书咨询：010-64518888　　售后服务：010-64518899

网　　址：http://www.cip.com.cn

凡购买本书，如有缺损质量问题，本社销售中心负责调换。

定　　价：45.00元

前 言

《有机化学》第三版是按照高职高专教育化学、化工及相关专业基础化学教学的基本要求，在第二版教材教学实践和广泛征集使用学校意见的基础上修订而成的。本书第一版编写于 2001 年，2006 年再版。历经十余年教学实践的检验，及时吸纳来自教学一线的意见和建议，不断改进、更新与提高，使本教材受到广大使用者的欢迎和好评。本书是普通高等教育“十一五”国家级规划教材和普通高等教育国家级精品教材。

本次修订是在保持原教材主要内容和基本风格的基础上，适当拓展了知识面；及时更新了与有机化学工业相关的信息和数据；陆续剔除了一些近年来因毒性过大、污染严重而被逐渐淘汰的合成路线与工艺方法，着重强调有利环保的新型工艺与催化剂等，以体现在有机化学教学中向学生渗透发展低碳经济、从源头治理环境的绿色化学理念；进一步强化了逆向合成思维、结构推断以及理解式记忆和解题方法的训练；突出了有机化合物结构对其性能的影响并根据高职高专学生实际，以通俗易懂的语言简单描述了重要的有机化学反应（如烷烃的卤代反应、烯烃的加成反应及芳烃的取代反应等）历程，以期发挥结构和反应规律在有机化学学习中的指导作用，有助于培养学生可持续发展的能力。力图最大限度地反映有机化学具有“活跃的想象力、蓬勃的创造力和旺盛的生命力”的特色。

本书既可作为高等职业院校、高等专科院校、成人高校、民办高校及本科院校举办的二级职业技术学院化学、化工、纺织、制药、分析检验等专业的教学用书，也可用做五年制高职相关专业教材，还可供从事化学、化工技术专业的工作人员参考。

参加本版教材修订工作的有吉林工业职业技术学院初玉霞、韩丽艳、梁克瑞、王轶敏和徐州工业职业技术学院张洁。书中部分章节由南京理工大学周志高教授审定，河北化工医药职业技术学院刘军审阅全书并提出了宝贵的修改意见，在此表示真诚的感谢。

限于编者的水平，书中不足之处在所难免，敬请同行与读者批评指正。

编者

2012 年 2 月

第一版前言

本书是依据教育部颁发的高职五年制化工工艺类专业有机化学教学基本要求编写的，作为高职五年制化工类专业教学用书，也可供其他专业人员学习或参考。

进入21世纪，科学技术不断进步和社会经济的快速增长，推动了高等职业教育的蓬勃发展，同时也呼唤与之相适应的、能体现高职应用特色和能力本位的各类教材。本书即是以高等职业教育化工类专业对有机化学知识、能力和素质的要求为指导思想，按照官能团体系对化合物分类，采用脂肪族和芳香族混合编写而成。在精选了教学内容的基础上，力求突出以下特点。

1. 知识面较宽，内容有新意。书中涉及有机化学的基本知识及其相关的生产、生活常识。如简要介绍薄荷、樟脑、维生素、胆固醇以及致癌芳烃等的结构与性能，旨在拓宽学生的知识视野，强化知识能力的培养。教材中摒弃了已经或正在逐步被淘汰的旧工艺、旧方法，而侧重介绍符合环保要求的绿色化工新工艺、新技术及新型催化剂等。全书采用现行国家标准规定的术语、符号和单位，充分体现了21世纪新教材的科学性和先进性。

2. 突出实用性，内容有增减。教材中适当淡化和删减了理论性偏深或实用性不强的内容，降低了起点和难度，以利于高职学生对知识的理解和掌握。强化了与后续专业课程的衔接以及与生产、生活实际联系较为密切的内容，突出了重要化学反应及反应产物的应用性能。例如，删去了与后续课程联系不大、应用性不强的烷烃和环烷烃的构象、定位规律的理论解释及衍生物命名法等内容；对反应机理做了淡化处理，只简要介绍较为典型的烷烃卤代、烯烃加成和芳环取代等反应历程，并用小字排版，不做教学要求；而对于现代化工生产或实验室中广为应用的化学反应及反应产物，则加重笔墨予以描述，并将传统的节级标题“化学性质”改为“化学反应及应用”，目的在于只讨论常用的化学反应，对实用意义不大的反应（如烯烃的臭氧化反应等）予以回避。体现了高职教材“实用为主，够用为度，应用为本”的特色。

3. 条理性较强，便于教与学。教材在内容编排上符合教学规律，尽力做到层次分明，条理清晰，既便于教师组织教学，也便于学生阅读复习。每章均编有“学习指南”、“思考与练习”和“本章小结”或“本节小结”，以利于教师和学生对知识点的把握，从而有效地提高学习质量。

此外，教材中还编写了一定数量的选学内容（以 * 标记），如萜、甾类、对映异构、碳水化合物、氨基酸、蛋白质和核酸等。以便各校根据实际需要灵活取舍，使教学安排富有弹性。

4. 信息量较多，具有可读性。教材中大部分章（节）后选编了与正文内容密切相关的阅读资料，介绍有机化学在新型材料、能源、资源、环境保护以及生命与健康等方面的最新进展，或简要介绍在有机化学学科领域做出了突出贡献的科学家。以帮助学生了解有机化学的前沿知识和信息，适应知识经济时代科技飞速发展的需要，激励学生学习科学、热爱科学的志向，培养他们用科学知识服务社会、造福人类的良好品德。

参加本书编写工作的有吉林工业职业技术学院初玉霞（第一至第七、第九、第十七章）、韩丽艳（第八、第十三、第十五、第十六章），河北化工医药职业技术学院（筹）刘军（第十至第十二、第十四章）。全书由初玉霞统一修改定稿。

南京化工职业技术学院的王纪丽担任本书的主审，对书稿提出了许多宝贵的意见。参加审稿的还有天津职业大学的张法庆、辽宁石化职业技术学院的李振华。在此一并表示衷心的感谢。

由于编者水平有限，加之时间仓促，书中不足之处，恳请同行与读者批评指正。

编　者

2001 年 11 月

第二版前言

《有机化学》第一版作为教育部高职高专规划教材，自出版至今已重印多次，受到广大使用者的欢迎和好评。该教材编写于2001年，当时主要面对高职五年制学生，适用面相对狭窄。目前，全国各高职院校的生源结构发生了较大变化，高中毕业后的二年、三年制学生已成为高职高专院校教学对象的主体。与此同时也急需与短学制相适应的新教材。于是编者在第一版的基础上重新修订了这本《有机化学》，并被批准为普通高等教育“十一五”国家级规划教材。作为高职高专院校或本科院校举办的职业技术学院化学、化工、纺织、制药、分析检验等专业教学用书，也可用作五年制高职、成人教育化工类及相关专业的教材，还可供从事化工技术专业的工作人员参考。

第二版《有机化学》在保留了原教材的精华与特色的基础上，拓宽了教材的适用范围，针对高职高专二年、三年制的教学特点，精简了教学内容，适当扩展了知识面，更加注重实用性和指导性。

修订后的教材从教学实际出发，对各章节的教学内容进行了重新整合，使之更加方便教师备课和进行课堂教学；将有关物质结构（主要是成键轨道理论）、反应历程等方面的描述进行了适当删减；对化合物的分类、命名以及制备方法等内容进一步加以提炼；重新精选了思考题、练习题和章后习题，并对各类型习题的解题思路和具体方法加以适当地引导或提示，更加有利于指导学生学习。教材中还编写了一定数量的选学内容（以*标记），以便各校根据实际需要灵活取舍，使教学安排富有弹性。

参加本版教材编写工作的有吉林工业职业技术学院初玉霞、韩丽艳、梁克瑞。全书由初玉霞统一修改定稿。河北化工医药职业技术学院刘军担任本书主审，对书稿提出了宝贵的修改意见，在此表示真诚的感谢。

限于编者的水平，书中不足之处在所难免，敬请同行与读者批评指正。

编　者

2006年11月

目录

第一章　绪　　论

学习指南

有机化学是研究有机化合物的化学。有机化合物就是碳氢化合物及其衍生物。

有机化合物分子中的碳原子是四价的，它以共价键与其他原子结合。由于结构的特殊性，使得有机化合物具有不同于无机化合物的一些特殊性质。

本章将主要介绍有机化合物的结构与特性、有机化合物的天然来源与分类、有机化学工业的发展与展望以及有机化学的学习方法等。

学习本章内容，应该在了解有机化学的研究对象和研究内容的基础上做到：

1. 了解有机化合物的结构特点，熟悉有机化合物的特征性质；
2. 了解有机化合物的天然来源和工业制法；
3. 了解有机化合物的分类方法，掌握有机化合物构造式的书写方法；
4. 了解有机化学工业的发展现状与前景，掌握有机化学的学习方法。

第一节　有机化合物和有机化学

一、有机化合物的含义

说到有机化合物，你可能会觉得很陌生，但是提起我们日常生活中常见的粮食、油脂、酒精、蔗糖、医药、染料、棉花和塑料等，你就会感到很熟悉。其实，这些人们生活中必需的日用品主要成分都是有机化合物。有机化合物大量存在于自然界，它们与人类生活有着极为密切的关系。由于最初有机化合物大多来自于动植物体内，人们认为它们是"有生机之物"，所以称之为有机化合物。

科学家们通过大量的研究发现，所有的有机化合物中都含有碳元素，绝大多数有机化合物中含有氢元素，许多有机化合物除含碳、氢元素外，还含有氧、氮、硫、磷和卤素等元素。从化学组成上看，有机化合物可以看作是碳氢化合物以及从碳氢化合物衍生而得的化合物。因此，有人把**有机化合物定义为碳氢化合物及其衍生物**。

随着生产实践和科学研究的不断发展，人们发现有机化合物不仅存在于动植物体内，也可由人工的方法来合成。例如在1828年，年轻的德国化学家武勒（Wohler）就用氰酸铵溶液制得了尿素。在这之前，尿素只能从哺乳类动物的尿中分离得到。随后，化学家们又陆续合成了一系列有机化合物，如醋酸、油脂、染料、炸药等。

现在，许多天然有机化合物都可以在实验室中合成，如维生素、叶绿素和蛋白质等。我国于1965年在世界上第一个成功地合成了具有生物活性的蛋白质——牛胰岛素。又于1981年合成了相对分子质量约为26000、其化学结构和生物活性与天然转移核糖核酸完全相同的酵母丙氨酸转移核糖核酸。

有机化合物早已进入了合成的时代，有机化合物的研究工作也正借助于现代电子计算机技术以日新月异的变化飞速向前发展。

二、有机化合物的天然来源

有机化合物的重要代表物甲烷、乙烯、苯、甲苯、萘等都是有机化学工业的基础原料。这些基础原料的主要来源是天然气、石油、煤及农副产品等。

1. 天然气

天然气是蕴藏在地层内的可燃性气体。可分为**干气**和**湿气**两类，干气的主要成分是甲烷，湿气的主要成分除甲烷外，还含有乙烷、丙烷和丁烷等低级烷烃。由于产地不同，天然气的组成也不一样，有些天然气中除上述低级烷烃外，还含有少量氮、氦、硫化氢和二氧化碳等气体。

天然气的主要用途是作为气体燃料，也可用作化工原料。例如，天然气中的甲烷可用来生产氨、甲醇、乙炔和炭黑等；湿气中的乙烷、丙烷和丁烷是生产乙烯、丙烯和丁烯等的原料。我国天然气资源较为丰富，可开发和利用的潜力较大。

2. 石油

石油是蕴藏在地层内的可燃性黏稠液体，可由钻井开采得到，一般为黑色或深褐色，也称作原油。主要成分是烃类的混合物，此外，还有少量含氧、含氮、含硫的有机化合物。

将原油按一定的温度范围分馏，可以得到不同馏分的石油产品，如石油气、汽油、煤油、柴油和石蜡等。这些石油产品可直接使用，也可进一步加工成乙烯、丙烯、苯和甲苯等重要的化工原料，由这些原料出发还可制备出更多的化工产品，如橡胶、塑料、纤维、染料、医药和农药等。

石油是合成有机化合物最重要的原料。我国石油资源分布较广，不仅陆地有，海上也有，并已开采出高产油田。据国土资源部 2011 年 11 月发布的《全国油气资源动态评价(2010)》成果显示：我国目前石油地质资源量 881 亿吨，可采资源量 233 亿吨，石油年产量达 2 亿吨以上。

3. 煤

煤是蕴藏在地层下的可燃性固体。主要由埋没在地下的各地质时代的植物经长期煤化作用而成。

将煤放入炼焦炉内，在隔绝空气的情况下，加热到 950～1050℃，煤即分解生成气体、液体和固体产物。这一过程称为**煤的干馏**。

煤经干馏生成的**气体产物是焦炉气**。焦炉气的主要成分是甲烷和氢气，还有少量的乙烯、一氧化碳、二氧化碳和氮气等。

液体产物是氨水和煤焦油。煤焦油中含有苯、甲苯、二甲苯、萘、蒽等芳烃，还含有酚类、杂环类化合物及沥青，其中沥青约占煤焦油的 54%～56%。沥青又叫柏油，它的主要用途是铺路，也用作防腐或防水材料。煤焦油经分馏可得到各种芳烃，是芳烃的一个重要来源。

固体产物是焦炭。主要成分是固定碳。常用于钢铁冶炼和其他金属的铸造，在化工生产中，用作生产电石的原料。

我国煤炭藏量丰富，2011 年仅 14 个大型煤炭基地产量就达 32 亿吨。为发展煤化工产业提供了重要保障。

4. 农副产品及其他

许多农副产品是有机化合物的重要来源，如玉米芯、谷糠是生产糠醛的原料，蓖麻油是生产尼龙-1010的原料等等。我国是农业大国，农副产品资源丰富，充分发挥这一优势，综合利用农副产品，可获得更多、更好的有机化工产品。

许多动植物体中含有大量的天然有机化合物，可用适当的物理和化学方法加以提取。例如，从动物内脏中提取激素；用动物毛发水解制取胱氨酸；由植物中提取天然色素、香精油或表面活性剂；从中草药中提取生物碱等有效成分制成医药针剂等等。

我国自然条件优越，生物资源丰富，天然有机物的提取具有广阔的天地，大有可为。

三、有机化学和有机化学工业

1. 有机化学及其研究对象

有机化学就是研究有机化合物的化学。它主要研究有机化合物的组成、结构、性质、来源、制法、相互之间的转化关系及其在生产、生活中的应用。

2. 有机化学工业的发展与展望

有机化学的深入研究推动了有机化学工业的快速发展。从19世纪末到20世纪初，有机化学工业主要以煤作为生产原料，现在已把石油作为主要的生产原料。石油炼制和加工已成为国民经济的支柱产业。由石油化工得到的基本化学品的深加工成为有机化学工业发展的源泉。有机化工产品已达3000多种，涉及国计民生的各个部门，如轻工、纺织、医药、农药、机械、电子等领域。世界乙烯年生产能力达到5000万吨，30万吨乙烯装置超过了100套，大规模集成化已成为发展趋势，人们的衣、食、住、行已离不开合成材料。新兴的合成高分子技术，将人类带入了征服材料的时代。

进入20世纪以来，化学家们设计并合成出数百万种有机化合物，几乎又创造了一个新的自然界。塑料、橡胶、纤维和涂料这四种广泛应用的高分子材料成为20世纪人类文明的标志之一，也是提高人类生活质量的主要物质基础之一。

生物材料的研制已发展到可工业化生产人工瓣膜、人工关节、模拟生物胶黏剂和模拟生物膜等。现代有机合成技术已可做到具有一定的生物相容性（即互不排斥或排斥性很小）。例如：合成聚乳酸作为类骨骼材料；含氟人造血浆用作输血材料；用有机硅制成隐形眼镜材料；用聚氨酯做成人造皮肤等等。

化学合成药物已在医药工业中占主导地位。20世纪人类寿命平均增长了近30岁，可以说，是化学药物对人类健康做出了功不可没的贡献。

有机化学工业的飞速发展又促进了有机化学的研究，也促进了各学科之间的相互交叉和渗透。生命科学已成为利用有机化学成果去研究生命现象、了解生命本质和生命过程的现代自然科学之一。从生命物质DNA结构的确定到遗传密码的破译，从核酸的复制到遗传信息中心法则的发现，使生命科学的发展前进了一大步。人类可以利用有机化学知识认识自然、改造自然，认识自身，改善生存条件，提高生存质量，保障生存安全。

进入21世纪，常用有机化工产品总量已达17000多种，世界乙烯装置的平均生产规模在80～100万吨/年，2010年全球乙烯产能超过1.38亿吨/年。

随着社会的进步和科学的发展，人口、环境、资源和能源等问题也日趋严重。例如：由于人口增长，对食物的需求增加，有机化学研究所面临的重要任务之一就是，既要增加食物的产量以保证人类生存，又要注重质量以确保人类安全。也就是说，未来的食品不仅要满足人类生存的需要，还要在提高人类生存质量，提高健康水平和身体素质等方面起作用。这需要利用化学和生物学的方法增加动、植物食品的有效成分，提供安全的、具有疾病预防作用的食物和食物添加剂，大幅度提高食品的营养价值和保健功能。

经济的增长和能源消费的增长是紧密联系的。目前人类利用的能源有煤、天然气、石油、核能、水利、太阳能和生物原料等。我国能源资源的探明储量为：煤 1886 亿吨（资源量为 1 万亿吨），石油 34 亿吨，天然气 7 万亿立方米。其中天然气储量和可开采潜力较大，应合理使用现有资源，大力推广使用天然气。有机化学工业在天然气开发和利用方面的任务是对天然气进行脱硫处理和除去含氮杂质，保证能源的高效洁净转化。

各种结构材料和功能材料同样是人类赖以生存和发展的物质基础。为提高人类生存质量和生存安全，保证可持续发展，人们对新功能材料会不断提出新的需求。任何功能材料都是以功能分子为基础合成的。有机化学研究主要是用合成-筛选模式寻找功能分子，由功能分子组装成具有特定功能的新型材料。纳米技术的应用将使功能材料的研制向纳米化迈进。本世纪将进入智能材料的时代。智能材料就是材料的作用和功能可随外界条件的变化和需要而有意识地调节、修饰和修复。

可用于生产、生活和医疗的模拟酶的研制在 21 世纪将会有新的突破，人类的生存质量将会有新的、飞跃性的提高。

某些合成高分子化合物（如塑料、橡胶等）容易老化、人类常见的一些疾病（如白内障、肿瘤、心血管疾病等）和衰老的发生、食物的氧化性变质等现象，都是由于可快速生成并转化的氧自由基的存在而造成的。对氧自由基生成与转化的可控性研究将会有新的进展。合成高分子生命材料也将是生命科学领域中有机化学研究的新课题。

总之，展望 21 世纪有机化学研究和有机化学工业的发展前景，我们可以看到一个绚丽多姿、以智能材料和生命材料为文明特征的时代正在到来。

第二节 有机化合物的结构和特性

一、有机化合物的结构

结构决定性质是有机化合物的一大特点。由于有机化合物的结构比较特殊，所以导致了有机化合物具有与无机化合物截然不同的一些特殊性质。

1. 碳原子是四价的

有机化合物中都含有碳原子。碳原子位于周期表中第 2 周期第ⅣA 族，最外层有四个价电子，可与其他原子形成四个化学键，因此，**碳原子是四价的**。

2. 碳原子与其他原子以共价键相结合

碳原子与其他原子互相结合成键时，既不容易得到电子，也不容易失去电子，而是采取了与其他原子共用电子对的方式来获得稳定的电子构型。也就是说，**碳原子是以共价键与其他原子结合的**。

碳原子还可以共价键自相结合，形成碳碳单键（C—C）、碳碳双键（C ═C）和碳碳三键（C≡C），并可连接成碳链或碳环。例如：

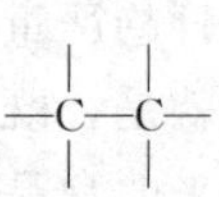 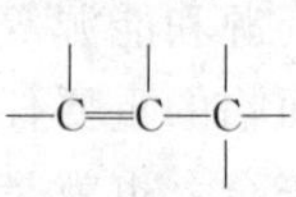 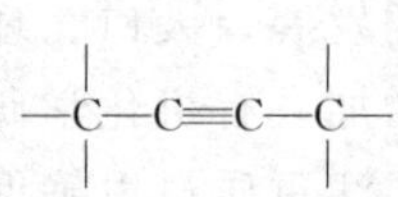 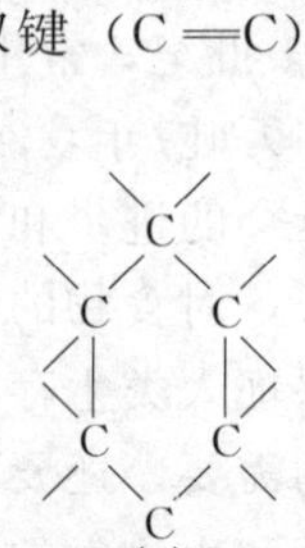

3. 有机化合物的构造式

有机化合物分子中的原子是按一定的顺序和方式相连接的。**分子中原子间的排列顺序和连接方式称为分子的构造，表示分子构造的式子称为构造式**。

有机化合物的构造式常用短线式、缩简式和键线式等三种方式来表示。

短线式是用一条短线代表一个共价键，单键以一条短线相连，双键或三键则以两条或三条短线相连。例如：

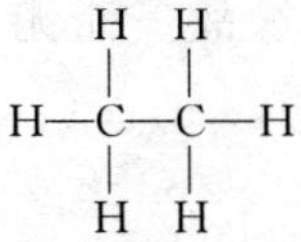

乙烷

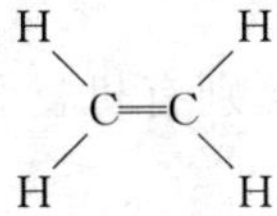

乙烯

$H-C\equiv C-H$

乙炔

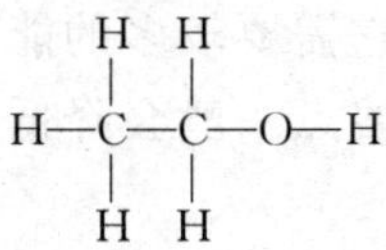

乙醇

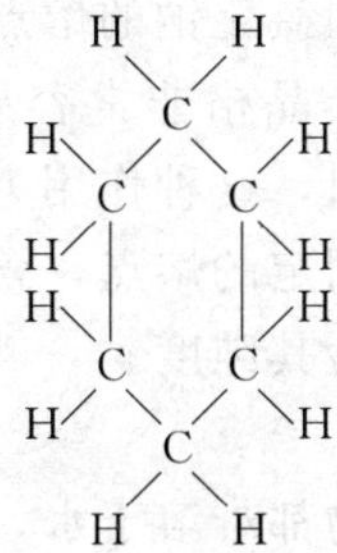

环己烷

有时，为了书写简便，在不致造成错觉的情况下，也可省略一些代表单键的短线，这就是缩简式（也叫构造简式）。例如：

$CH_3CH_2CH_2CH_3$

丁烷

$CH_3CH_2CH=CH_2$

1-丁烯

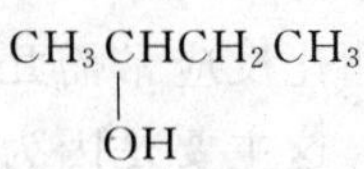

2-丁醇

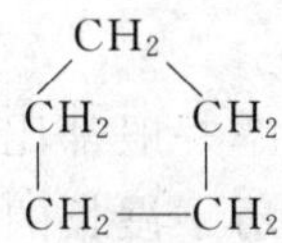

环戊烷

键线式是不写出碳原子和氢原子，用短线代表碳-碳键，短线的连接点和端点代表碳原子。例如：

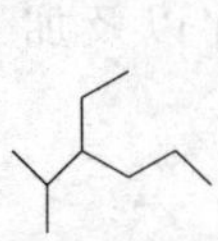

2-甲基-3-乙基己烷

环己烷

环戊烯

4. 同分异构现象

分子中具有相同碳原子数的有机化合物，可因碳原子的排列次序和方式不同产生不同的构造式。例如，丁烷分子中有四个碳原子，它们可以有两种排列方式：

$CH_3-CH_2-CH_2-CH_3$

正丁烷

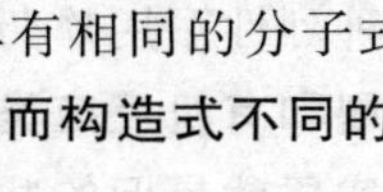

异丁烷

正丁烷和异丁烷的分子式都是 C_4H_{10}。它们虽然具有相同的分子式，但因构造式不同，而具有不同的性质，是不同的化合物。这种**分子式相同而构造式不同的化合物称为同分异构体，这种现象称为同分异构现象**。

在有机化合物中，同分异构现象是普遍存在的，这也是有机化合物数目繁多的一个主要原因。

二、有机化合物的特性

1. 容易燃烧

有机化合物一般都容易燃烧。人类常用的燃料大多是有机化合物，如气体燃料：天然气、液化石油气等；液体燃料：酒精、汽油等；固体燃料：煤、木柴等。这是因为有机化合物分子中的碳原子和氢原子容易被氧化成二氧化碳和水的缘故。而无机物一般是不易燃烧的。所以，人们常用引燃的方法来初步鉴别有机物和无机物。

2. 熔点较低

有机化合物的熔点较低，一般不超过400℃，例如，冰醋酸的熔点为16.6℃。而无机物的熔点一般都较高，例如氯化钠的熔点为801℃。这是因为有机物分子间的晶体排列是靠微弱的范德华力来维系的，晶格非常容易被破坏。而无机物大多是离子晶体，晶格排列是靠正、负离子间的静电吸引，这种作用力较强，破坏它需要较多的能量。

纯的有机物大多有固定的熔点，含有杂质时，熔点一般会降低。因此，可利用测定熔点来鉴别固体有机物或检验其纯度。

3. 难溶于水

绝大多数有机化合物都难溶于水，而易溶于有机溶剂，例如，油脂不溶于水，而能溶解在乙醚、汽油等有机溶剂中。这是因为有机化合物分子中的化学键大多为共价键，极性较弱或没有极性。而水则是一种极性较强的溶剂。根据“相似相溶”的经验规律，只有结构和极性相近的物质才能互相溶解，所以大多数非极性或弱极性的有机物难溶于水，而离子型的无机物则易溶于强极性的水。利用这一性质可将混在有机物中的无机盐类杂质用水洗去。

4. 反应速率慢

有机化合物的反应速率一般都比较慢。例如，酯化反应常需几个小时才能完成，煤与石油则是动植物在地层下经历了漫长的变化才形成的。这主要是因为大多数有机物的反应是分子间的反应，要靠分子间的有效碰撞，经历旧的共价键断裂和新的共价键形成才能完成，所以速率比较慢。而无机物的反应，大多是离子间的反应，非常迅速，可瞬时完成。

为了提高有机化合物的反应速率，往往采取加热、搅拌以及加入催化剂等措施来加速反应。

5. 副反应多

有机化合物的结构比较复杂，发生反应时，分子中各部位的共价键都可能断裂。也就是说副反应比较多，产率比较低，产物也往往是复杂的混合物，需要进行分离和提纯。

如果在有机化合物的反应中，选择适当的试剂，控制适宜的反应条件，就会减少副反应的发生，有效地提高产率。

需要说明的是，有机化合物的这些特性不是绝对的，也有一些有机化合物并不具备上述特点。例如，四氯化碳不但不能燃烧，而且可以灭火，是常用的灭火剂；“特氟隆”是一种超级耐高温（约700℃）润滑剂；乙醇和乙酸都可以任意比例与水混溶；“TNT”可在瞬间发生爆炸反应，是一种烈性军用炸药等。

三、共价键的断裂和有机反应类型

有机化学反应的实质就是旧的共价键断裂和新的共价键形成。在有机化合物中，共价键的断裂方式有两种，一种是**断键时，共用的一对电子均匀地分配给形成此共价键的两个原子，共价键的这种断裂方式称为均裂**。

$$A:B \xrightarrow{\text{均裂}} A\cdot + B\cdot$$

均裂所产生的具有不成对电子的原子或基团称为自由基。自由基性质非常活泼，一旦生成会立刻引发一系列反应，**由自由基引发的化学反应称为自由基反应**。

共价键的另一种断裂方式是**断键时，共用的一对电子完全转移到其中的一个原子上，这种断键方式称为异裂**。

$$A:B \xrightarrow{\text{异裂}} :A^- + B^+$$
$$(\text{或 } A^+ + :B^-)$$

异裂断键产生正离子和负离子，**按异裂进行的化学反应称为离子型反应**。

第三节　有机化合物的分类

有机化合物数目庞大，种类繁多。为了便于学习与研究，需要对有机化合物进行科学的分类。常用的分类方法有两种：一种是按有机化合物的碳骨架分类；另一种是按官能团分类。

一、按碳骨架分类

根据组成有机化合物的碳架不同，可将其分为三大类。

1. 开链化合物

这类化合物的结构特征是碳原子间互相连接成链状。例如：

$CH_3—CH_2—CH_3$　　丙烷

$CH_2═CH—CH_3$　　丙烯

$CH_3-\underset{\underset{OH}{|}}{CH}-CH_3$　　异丙醇

由于这类开链化合物最初是从脂肪中获得的，所以又叫脂肪族化合物。

2. 碳环化合物

这类化合物的结构特征是碳原子间互相连接成环状。按性质不同，它们又分成两类：

（1）脂环族化合物　这是分子中的碳原子连接成环，性质与脂肪族相似的一类化合物。例如：

环戊烯

环己烷

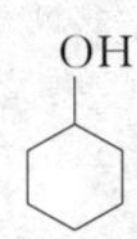

环己醇

（2）芳香族化合物　这类化合物中都含有由六个碳原子组成的苯环，它们的性质与脂肪族化合物截然不同，由于最初是由香树脂中发现的，所以称为芳香族化合物。例如：

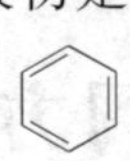

苯

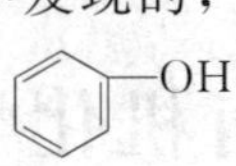

苯酚

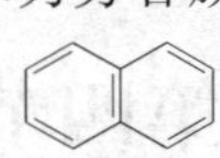

萘

3. 杂环化合物

这类化合物的结构特征是碳原子与其他杂原子如 O、N、S 等共同构成环状结构，所以称为杂环。例如：

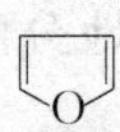
呋喃

噻吩

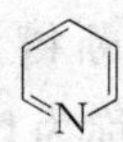
吡啶

二、按官能团分类

官能团是指有机化合物分子中比较活泼、容易发生化学反应的原子或基团。官能团决定化合物的主要性质。具有相同官能团的化合物，其性质也相似，因此将它们归为一类，便于学习和研究。一些常见有机化合物的官能团见表 1-1。

表 1-1 常见有机化合物的官能团

化合物类别	官能团结构	官能团名称	化合物实例
烯烃	$>C=C<$	碳碳双键	$CH_2=CH_2$ 乙烯
炔烃	$-C\equiv C-$	碳碳三键	$CH\equiv CH$ 乙炔
卤代烃	$-X$	卤原子	CH_3CH_2Cl 氯乙烷
醇	$-OH$	醇羟基	CH_3CH_2OH 乙醇
酚	$-OH$	酚羟基	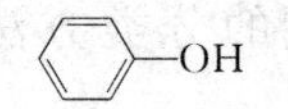 苯酚
醚	$-O-$	醚键	CH_3-O-CH_3 甲醚
醛	$-C(=O)-H$	醛基	$CH_3-C(=O)-H$ 乙醛
酮	$-C(=O)-$	酮基	$CH_3-C(=O)-CH_3$ 丙酮
羧酸	$-C(=O)-OH$	羧基	$CH_3C(=O)-OH$ 乙酸
硝基化合物	$-NO_2$	硝基	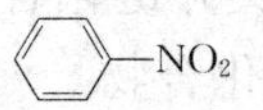 硝基苯
胺	$-NH_2$	氨基	$CH_3CH_2NH_2$ 乙胺
腈	$-CN$	氰基	CH_3CN 乙腈
重氮化合物	$-N^+\equiv N$	重氮基	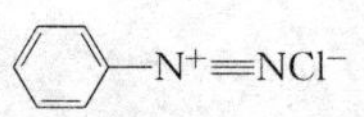 氯化重氮苯
偶氮化合物	$-N=N-$	偶氮基	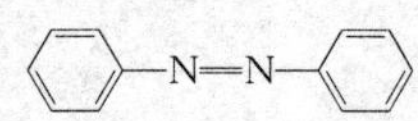 偶氮苯
磺酸	$-SO_3H$	磺酸基	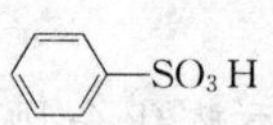 苯磺酸

第四节 有机化学的学习方法

有机化学是与生产、生活实际联系比较密切，系统性和实用性都很强的一门自然科学，也是高等职业教育化学、化工类专业的一门专业基础课程。要学好这门课程，应该做到以下几个方面。

一、明确学习目的

学习有机化学是为了掌握化学、化工类专业必需的有机化学基本知识、基本理论和基本规律，为后续专业课程奠定必要的基础。同时培养良好的知识素质和能力素质，能用辩证唯物主义观点和科学的思维方法去分析问题和解决问题，具有较强的实践能力和创新精神，成为能适应生产、建设、管理和服务第一线所需要的应用型人才。明确了学习目的，就会增强学习有机化学的信心和克服学习困难的勇气，才有可能学好有机化学。

二、培养学习兴趣

浓厚的学习兴趣会大大激发学习有机化学的积极性。充分了解有机化学发展的历史和现状，认识有机化学与人类衣、食、住、行、用的密切联系及其对科技发展的重要意义，了解有机化合物与有机化学在新型材料、能源、资源、环境保护和生命科学等领域的最新进展及应用等，就会对有机化学产生极大的兴趣，增强求知欲，变被动学习为主动学习，并在学习中找到无穷的乐趣。

三、掌握学习方法

正确的学习方法是学好有机化学的重要保证。学习是一个艰苦的劳动过程，要肯于吃苦、努力钻研。对于任何一个概念、一个问题或一类反应都应反复思考，注意问题是怎样提出的？有什么实际意义？解决的方法是怎样的？需要借助哪些理论或实验？只有弄清问题的来龙去脉，才会有清晰的思路，在理解的基础上掌握所学的知识。在学习中还可以利用对比的方法，找出讨论对象的共同性和差异性，使所学知识系统化。要善于抓住主要矛盾去分析问题和解决问题。例如，想知道物质的存在形式就必须熟悉物质的性质，因为性质决定存在形式，而要学习物质的性质，就需要了解物质的结构，因为结构决定性质，等等。总之，学习是一个知识积累的过程，要循序渐进、持之以恒，才能融会贯通。不能急于求成，更不能半途而废。

四、提高学习效率

有机化学是一门以实验为基础的科学，许多理论和规律都是从大量的实验中总结出来的。要学习好有机化学，必须认真对待与其相关的化学实验。仔细观察实验现象，深刻思考实验结论，以实验验证理论，又用理论指导实验。这样，通过实践-理论-再实践，就能辩证地提出问题和解决矛盾，再加上多做些综合性的练习题，便能卓有成效地提高学习有机化学的质量。

阅读资料一

碳　循　环

碳是组成有机化合物的基本元素，也是人类赖以生存的主要元素。随着人们对有机化合物需求量的增加，在原有700多万种的基础上，现在，全世界以每天合成千余种新化合物的速度在递增，这需要大量的碳元素。自然界的碳元素为什么会取之不尽，用之不竭？原来，碳是可以循环使用的。

碳的循环主要是通过二氧化碳进行的。大气中的二氧化碳和水经植物的光合作用转化成糖类，植物在呼吸中，又有二氧化碳返回到大气中并可再度被植物利用；当植物被动物采食后，糖类被动物吸收并在体内氧化生成二氧化碳，动物在呼吸时便将二氧化碳释放回大气中，又可被植物利用；动、植物死亡后腐烂变质，在地下经微生物长期的分解作用，会逐渐形成煤、石油和天然气等物质。当人们将这些物质作为能源开采出来加以利用时，它们的燃烧产物二氧化碳便又返回大气中，重新进入生态循环系统。

自然界中的碳循环示意图见图 1-1。

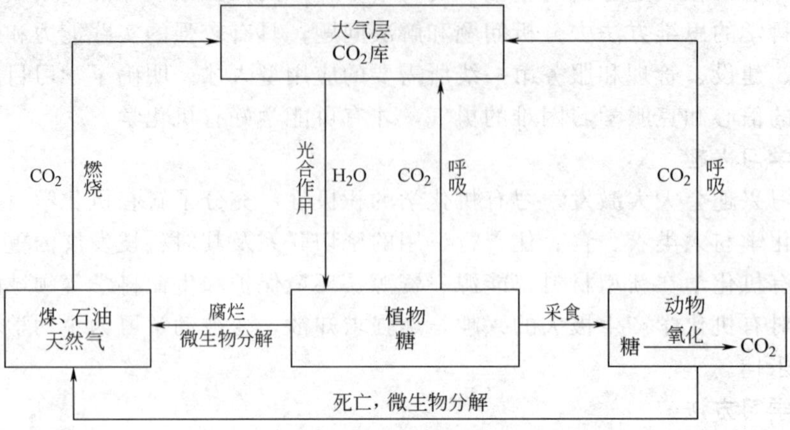

图 1-1 碳循环示意图

阅读资料二

天上人间碳六十

1975 年，一位年轻的化学教师对星际分子产生了浓厚的兴趣，他就是英国苏克斯大学化学系讲师克罗托。

在当时的观念看来，茫茫太空，一片荒凉，只能有简单的分子存在，根本不具备形成复杂分子的条件。当时发现太空中最大的分子是 HC_6N，它由 6 个碳原子、1 个氢原子和 1 个氮原子构成，形状就像一条大辫子，较大的氮原子是辫子的根部。克罗托在实验室里制备了 HC_6N，并测量了它的微波谱。然后请天文学家帮忙，看看太空中有没有这种六个节的辫子。根据克罗托提供的微波谱，天文学家很快在太空中找到了 HC_6N。克罗托不肯罢休，于 1977 年，又制备了七个节的辫子 HC_7N，又在太空中发现了。据此微波谱外推，可以认定，九节辫也存在于太空中。到了 1982 年，他又推证出十一节辫。此时，克罗托已感受到了大辫子巨大的诱惑力。他看到一份报告上说，石墨电极之间高压放电时，曾产生过 33 个碳原子构成的 C_{33}，便想象，渺渺星空之中，应该有长达三十三节的大辫子 $HC_{33}N$（多么大胆的想象！这就是创新思维!）。

1984 年，克罗托在美国的得克萨斯州见到了老朋友、赖斯大学的微波光谱学家柯尔和他的同事斯莫利。斯莫利向克罗托展示了自己发明的一种能制造奇异分子的机器 AP2。克罗托立刻对 AP2 产生了极大的兴趣，想用它来制造超级大辫子 $HC_{33}N$。

1985 年 8 月，当 AP2 终于有了空挡可以安排克罗托的实验时，克罗托急忙飞往赖斯大学，并与柯尔、斯莫利以及他们的学生一起开始了这项试验研究工作。AP2 按着克罗托的思路启动了，激光打在石墨表面上，把石墨中的六边形的碳环打散了，然后在高速氦分子的冲击下旋转、碰撞、重构…… 奇迹终于出现了，试验不仅证实了 C_{33} 的存在，质谱上还出现了十分强烈的 C_{60} 的信号！似乎碳原子非常喜欢 60 个聚在一起，构成一个稳定的大分子 C_{60}。

这一结果出乎所有人的意料，他们在惊喜之余，又马上转入了对 C_{60} 结构的研究：碳原子为什么喜欢60个聚在一起，这60个兄弟是以什么方式排列的？

对大辫子情有独钟的克罗托在百思不得其解的时候，由碳六元环的六边形结构，联想到建筑学家巴克明斯特·富勒设计的“网格球顶”，这种在二十世纪五六十年代很风行的棚顶看上去就是由无数个六边形构成的。那么，C_{60}会不会就是这种网格球呢？遗憾的是，这些科学家们谁也不知道富勒的网格是怎样形成的。这时，克罗托又联想起曾经给孩子买过的一个玩具球与富勒的网格构成大致相同，他记得那个玩具球中除了六边形外，似乎还有五边形。

克罗托的提示打开了斯莫利的思路，他彻夜未眠，在计算机前画了几个小时的三维图，都没有结果。后来，他干脆拿起了剪刀和纸，剪了许多六边形和与六边形同样边长的五边形。把一个五边形放在中间，每个边上接上一个六边形，妙极了！它竟自动形成了一个碗状结构。斯莫利的心跳加速了，他太兴奋了，因为他已计算出，这个结构能够封闭，而且正好有60个顶点！

这是一个由12个正五边形和20个正六边形构成的具有60个顶点的球体。这个结构太对称、太漂亮了。当斯莫利把这个奇异的纸球捧给大家看时，他们都惊呆了，尤其是克罗托更是大喜过望。柯尔找了一些纸条，上面标着化学键，验证这个几何结构是否满足化学条件。大家都屏住呼吸，直到最后一个纸条贴完，完全符合！这就是C_{60}的结构，绝对！（一项震惊世界的化学成果的发明竟出自一把剪刀之下，太不可思议了！）

你想见识一下这个奇妙的球体吗？容易得很，现代足球就是由12块黑色正五边形和20块白色正六边形球皮缝合而成的。与足球不同的是，C_{60}的结构是球形网笼状的（C_{60}的结构模型见图1-2）。

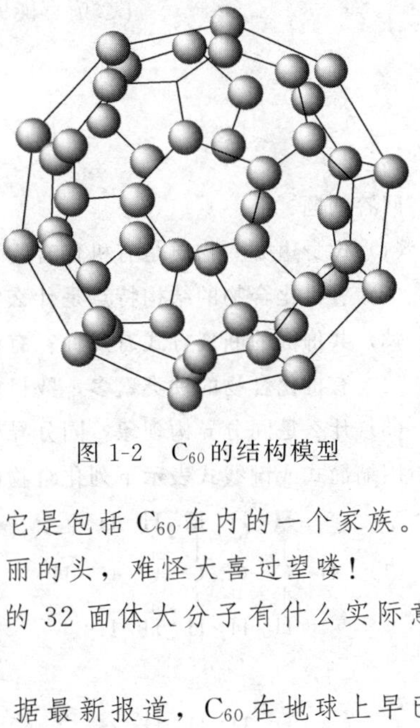

图1-2 C_{60}的结构模型

由于受了富勒网格的启发，克罗托建议把这种碳分子命名为“巴克明斯特富勒烯”。这是碳的同素异形体石墨和金刚石之外的第三种结构形式。但是，富勒烯不是一种，它是包括C_{60}在内的一个家族。

克罗托本想找一个大辫子，没想到顺着辫子摸到一个美丽的头，难怪大喜过望喽！

那么，这种由60个碳原子为顶点组成的空心笼状结构的32面体大分子有什么实际意义呢？

首先，它突破了人们对太空难以形成复杂分子的认识。据最新报道，C_{60}在地球上早已存在，而且与生物的进化和人类起源密切相关。

其次，C_{60}的合成，进一步证明了物质的稳定性与其结构的对称性相关联。

近年来，经不断研究，已开发出包括C_{60}在内的富勒烯家族（如C_{70}、C_{76}、C_{84}、C_{90}）的一系列重要用途。例如，将钾（K）、铷（Rb）、铯（Cs）加入到C_{60}球体中，可得到性能优越的有机超导体材料；通过合成得到的$C_{60}F_{60}$（俗称特氟隆），是一种超级耐高温（约700℃）润滑剂；如果将锂（Li）注入C_{60}球笼内可制造出高能锂电池；若将稀土元素铕（Eu）填入C_{60}球体内，可形成新型稀土发光材料等等。

总之，C_{60}的发现与合成是化学史上一个重要的里程碑。它是现代人利用高新科技手段，创新求实，不懈追求科学真理的丰硕成果，具有深远的现实意义。克罗托（英）、斯莫利（美）、柯尔（美）等三位科学家，也因发现C_{60}这一重大贡献而获得1996年的诺贝尔化学奖。

本章要点

1. 有机化合物：碳氢化合物及其衍生物
2. 有机化学：研究有机化合物的组成、结构、性质、来源、制法、用途及相互转化关系
3. 有机化合物的来源：天然气、石油、煤、农副产品
4. 有机化合物的结构
   - ①碳原子是四价的
   - ②分子中的原子以共价键结合
   - ③共价键的断裂方式
     - 均裂——自由基反应
     - 异裂——离子型反应
5. 有机化合物的特性
   - ①容易燃烧
   - ②熔点较低
   - ③难溶于水
   - ④反应较慢
   - ⑤产物复杂
6. 有机化合物的分类
   - ①按碳架分类
   - ②按官能团分类

习　题

1. 回答问题

（1）你身边哪些物质是有机化合物？试举二例。有机化合物有哪些特性？

（2）有机化合物的结构特点是什么？

（3）共价键的断裂方式有几种？有机化合物的反应类型有哪些？

（4）有机化合物的种类繁多，数目庞大，你能说明原因吗？

（5）什么是同分异构现象？同分异构现象是怎样产生的？

2. 用缩简式或键线式表示下列化合物的构造式

（1） 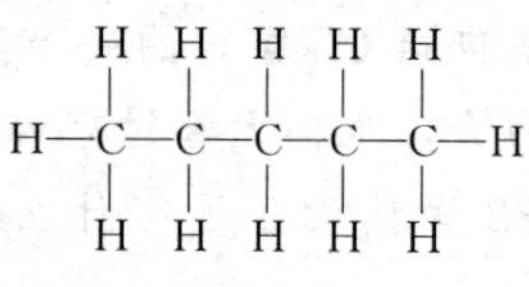

（2） 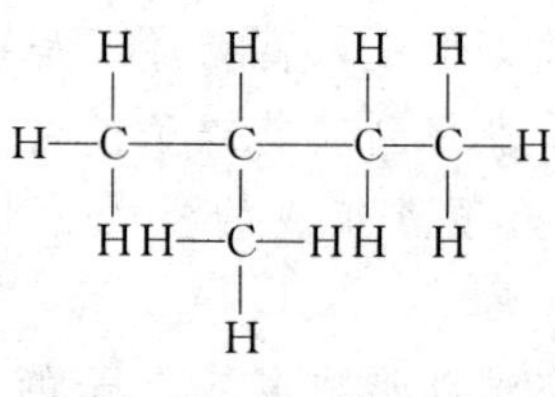

（3） 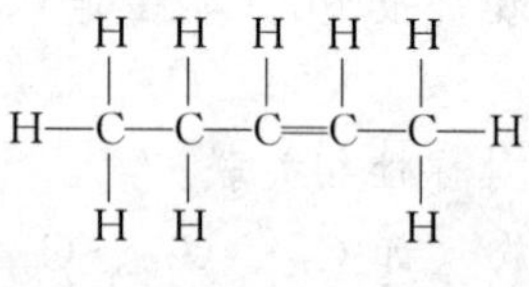

（4） 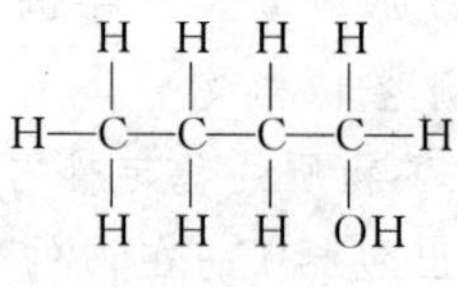

（5） 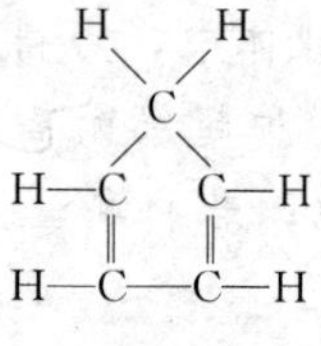

（6） 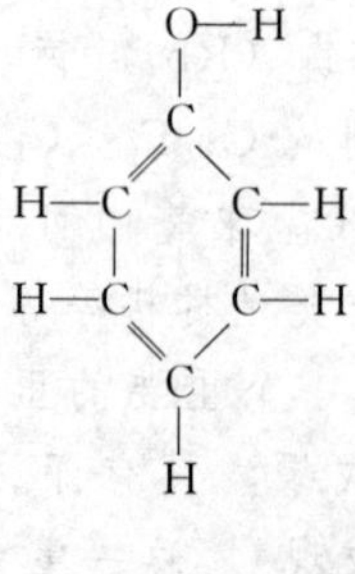

3. 指出下列化合物中的官能团

(1) 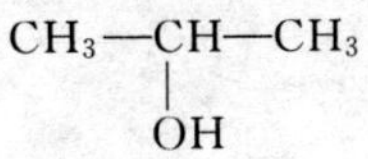　(2) 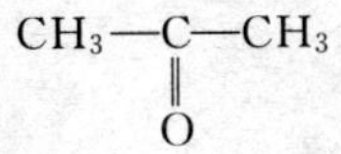　(3) $CH_3—CH_2—CHO$

(4) 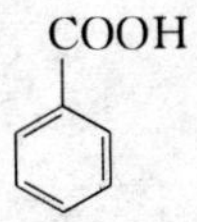　(5) 　(6) 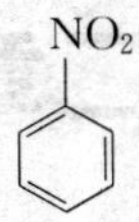

4. 将下列化合物按官能团分类

(1) $CH_3CH═CH_2$　(2) 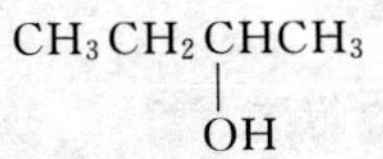　(3) 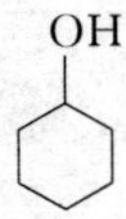

(4) 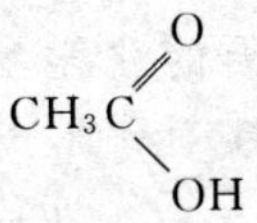　(5) 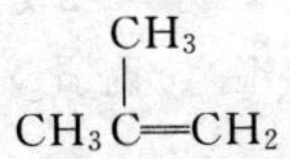　(6) 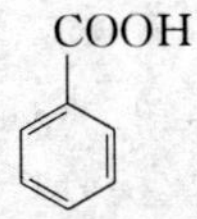

(7) 　(8) 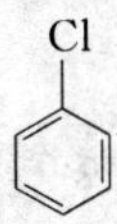　(9) $CH_3CH_2—Br$

第二章 烷 烃

学习指南

烷烃是分子中只含 C—C 键和 C—H 键的饱和烃。

烷烃的物理性质随分子中碳原子数的增加呈现规律性变化。

烷烃分子中的化学键都是 σ 键，σ 键比较牢固。因此，烷烃具有较大的化学稳定性。但在一定条件下，也可发生一些化学反应。

本章将详细讨论有关烷烃的基本概念、命名方法、物理性质及其变化规律、化学反应及其实际应用。

学习本章内容应该在了解碳原子的四面体结构、σ 键的形成及其特性的基础上做到：

1. 了解烷烃的来源、制法与用途；
2. 了解烷烃的物理性质及其变化规律；
3. 掌握烷烃的同分异构和命名方法；
4. 熟悉烷烃的化学反应类型，掌握其在生产、生活中的实际应用。

只由碳和氢两种元素组成的有机化合物称为烃（音 tīng）。

分子中只有单键的脂肪族烃称为烷烃。在烷烃中，碳原子之间以单键相连，其余的价键全部由氢原子所饱和。**所以烷烃又叫饱和烃**。

第一节 烷烃的结构、异构和命名

一、烷烃的结构

烷烃中最简单的化合物是甲烷，分子中只有一个碳原子和四个氢原子，分子式为 CH_4。下面即以甲烷为例讨论烷烃的结构。

1. 正四面体构型

实验测得**甲烷分子为正四面体构型**，碳原子处于四面体的中心，四个 C—H 键是完全等同的，彼此间的键角为 109.5°。甲烷的正四面体构型如图 2-1 所示。

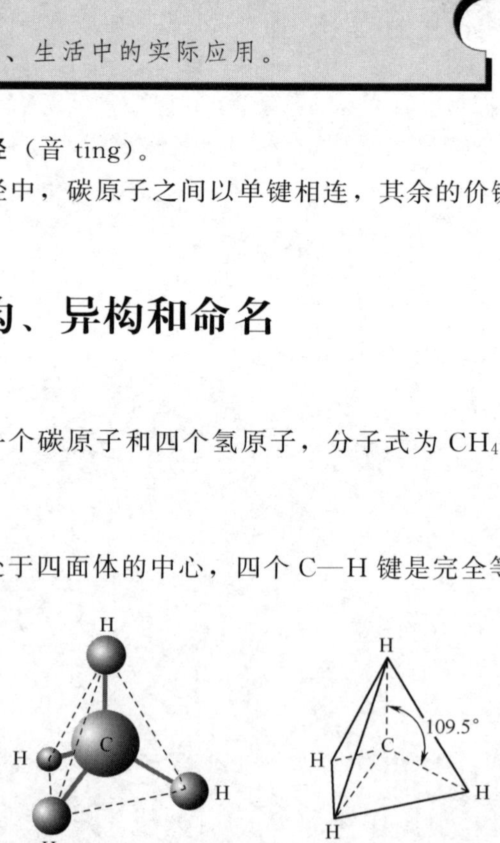

图 2-1 甲烷的正四面体构型

2. sp^3 杂化

我们知道，碳原子在基态下的外层电子结构为 $2s^2 2p^2$，只有两个未成对电子。按照共价键理论，只能与两个氢原子形成两个 C—H 键，这显然与碳是四价的和甲烷分子中有四个完全等同的 C—H 键的事实不相符。

应用杂化轨道理论可以很好地解释这一问题。

烷烃**分子中的碳原子在成键时，一个 2s 轨道和三个 2p 轨道进行重新组合，形成了四个新的轨道，称为 sp^3 杂化轨道**。这四个 sp^3 杂化轨道完全相同，彼此间夹角为 109.5°，当它们分别与四个氢原子的 1s 轨道重叠时，就形成了四个完全等同的 C—H 键，即甲烷分子。碳原子轨道的 sp^3 杂化及 sp^3 杂化轨道的形状如图 2-2 所示。

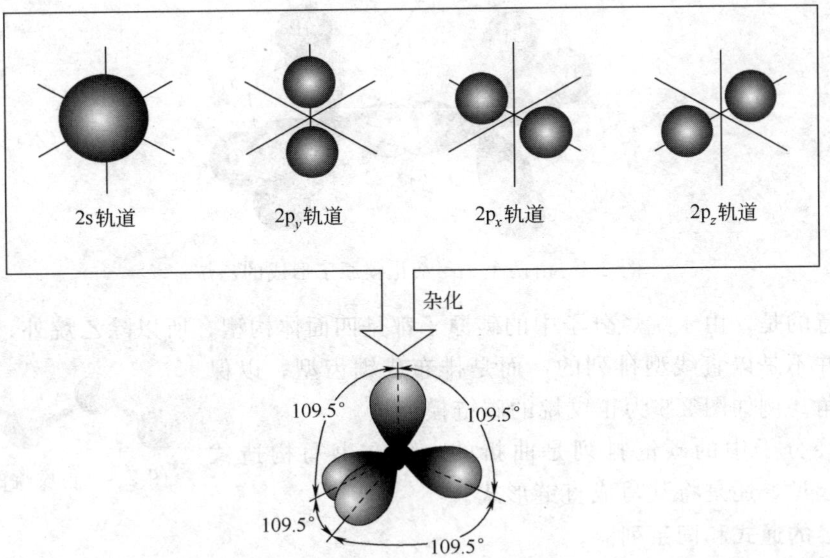

图 2-2　碳原子轨道的 sp^3 杂化

3. σ 键

甲烷分子中碳原子的 sp^3 杂化轨道和氢原子的 s 轨道是沿着轨道的对称轴方向重叠形成 C—H 键的。像这种**沿轨道对称轴方向重叠形成的共价键称为 σ 键。σ 键的特点是轨道重叠的程度大，键比较牢固，成键电子云呈圆柱形对称，成键的原子可绕键轴相对自由旋转**。甲烷分子中的 C—Hσ 键如图 2-3 所示。

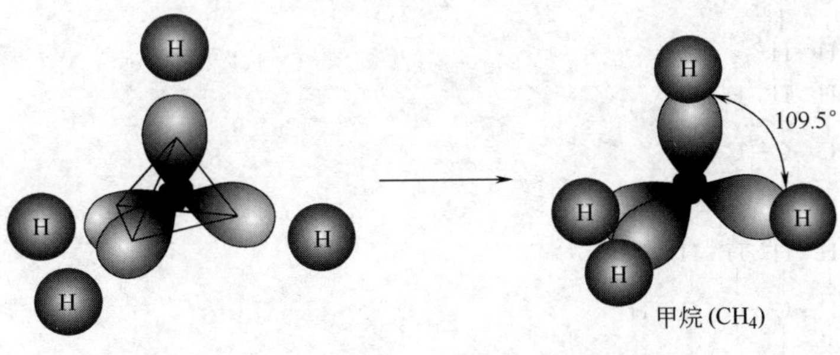

图 2-3　甲烷分子的形成与 σ 键

在其他烷烃分子中，碳原子以 sp^3 杂化轨道彼此之间或与氢原子之间形成 σ 键。例如，乙烷分子中有两个碳原子和六个氢原子。两个碳原子之间各以一个 sp^3 杂化轨道沿键轴方向重叠，形成了一个 C—C σ 键，每个碳原子以剩余的三个 sp^3 杂化轨道分别与三个氢原子的 s 轨道沿键轴方向重叠，共形成六个 C—H σ 键，即乙烷分子，如图 2-4 所示。

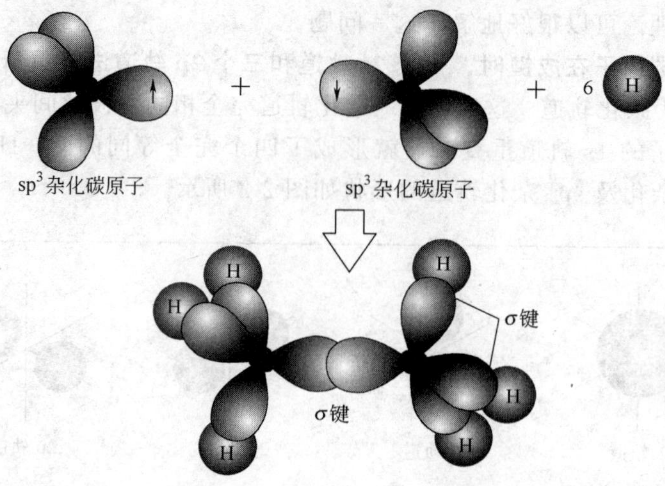

图 2-4　由两个 sp^3 杂化碳原子形成的乙烷

需要注意的是，由于烷烃分子中的碳原子都是四面体构型，所以除乙烷外，其他烷烃分子中的碳链并不是以直线型排列的，而是排布成锯齿型，以保持正常的键角。例如图 2-5 为正戊烷的碳链模型。

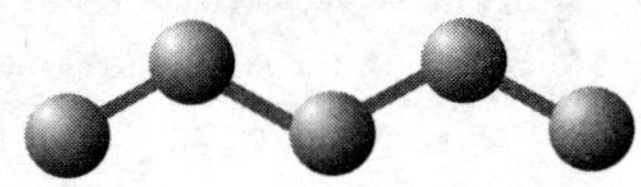

图 2-5　正戊烷的碳链模型

虽然烷烃分子中的碳链排列是曲折的，但在书写构造式时，为方便起见，还是将其写成直链形式。

二、烷烃的通式和同系列

1. 烷烃的通式

在烷烃分子中，碳原子和氢原子之间的数量关系是一定的。例如：

烷烃	构造式	碳原子数目	氢原子数目
甲烷	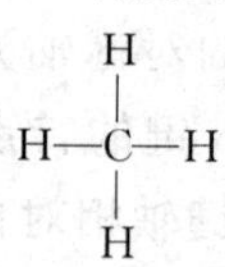	1	4
乙烷	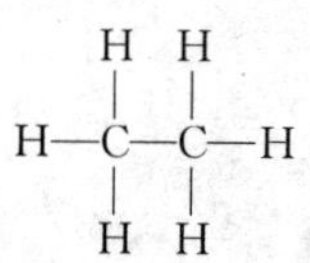	2	6
丙烷	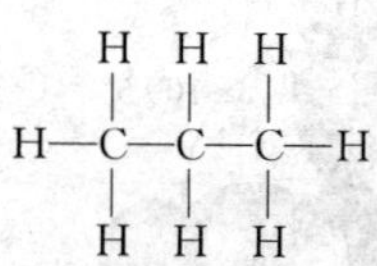	3	8
丁烷	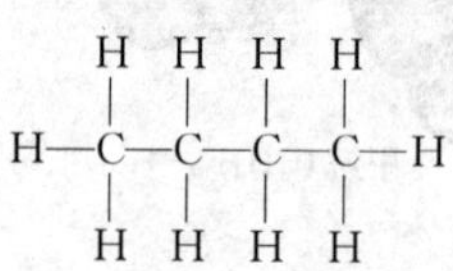	4	10
戊烷	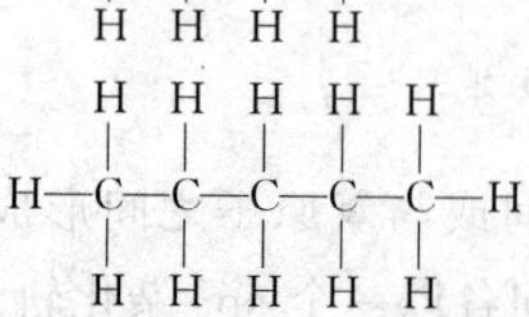	5	12

由上面所列的构造式和数字不难看出，从甲烷开始，每增加一个碳原子，就相应增加两个氢原子，**碳原子与氢原子之间的数量关系为 C_nH_{2n+2}，这个式子就是烷烃的通式。**

在烷烃中，每两个相邻的分子之间，组成上都相差一个碳原子和两个氢原子，即 CH_2，**CH_2 称为烷烃的系差。**

2. 烷烃的同系列

像甲烷、乙烷、丙烷……这样一些**结构相似、具有同一通式、在组成上相差一个或多个系差的一系列化合物称为烷烃的同系列。同系列中的各化合物互称为同系物。**同系物具有相似的结构，因此一般具有相似的化学性质。

三、烷烃的同分异构现象

烷烃的同分异构现象是由于分子中碳原子的排列方式不同而引起的，所以烷烃的同分异构又称为构造异构。甲烷、乙烷、丙烷分子中的碳原子只有一种排列方式，所以没有构造异构体。丁烷的分子中有四个碳原子，它们可以有两种排列方式，所以有两种异构体：一种是直链的；另一种是带支链的。戊烷分子中有五个碳原子，它们可以有三种排列方式，所以有三种异构体，它们的构造式如下：

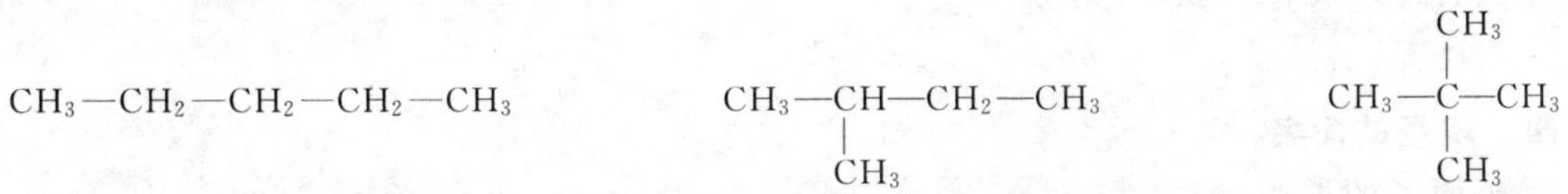

烷烃分子中，随碳原子数目的增加，构造异构体的数目迅速增加。例如，丁烷（C_4H_{10}）有 2 种异构体，己烷（C_6H_{14}）有 5 种，辛烷（C_8H_{18}）有 18 种，二十烷（$C_{20}H_{42}$）则可达 36 万多种。

烷烃的异构体可以按一定的步骤推导写出。例如，己烷的异构体推导步骤如下。

（1）先写出最长的碳直链 为方便起见，可只写出碳原子。

$$C^1-C^2-C^3-C^4-C^5-C^6$$

（2）写出少一个碳原子的直链 把这一直链作为主链，剩余的一个碳原子作为支链连在主链中可能的位置上。

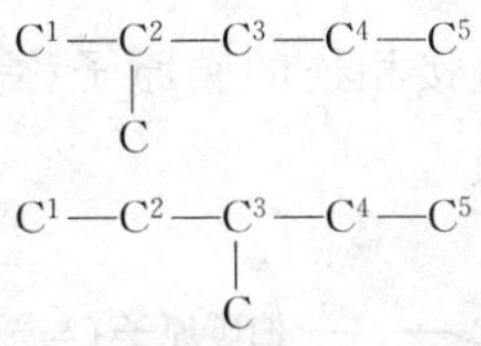

应注意：支链不能连在端点的碳原子上，因为那样相当于又接长了主链；也不能连在可能出现重复的碳原子上，例如上式中支链若连在 C-4 上就与连在 C-2 上的构造式相同了。

（3）写出少两个碳原子的直链作主链 把剩余的两个碳原子作为一个或两个支链连在主链中可能的位置上，两个支链可以连在主链中不同的碳原子上，也可以连在同一碳原子上：

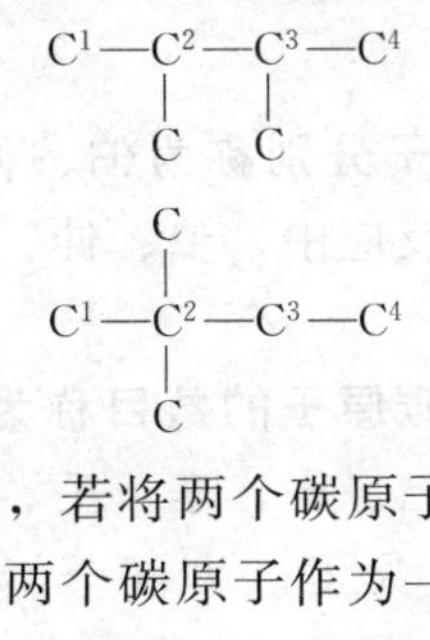

由于上式主链中只有四个碳原子，若将两个碳原子作为一个支链连在主链上，相当于又接长了主链，所以在这里，就不能将两个碳原子作为一个支链连在主链上了。

若碳原子数目较多，可依次类推；写出少三个碳原子的直链作主链，将剩余的三个碳原子作为一个、二个、三个支链连在主链中可能的位置上……这样就可以推导出烷烃所有可能存在的异构体。

（4）最后，补写上氢原子 如己烷的五个异构体如下。

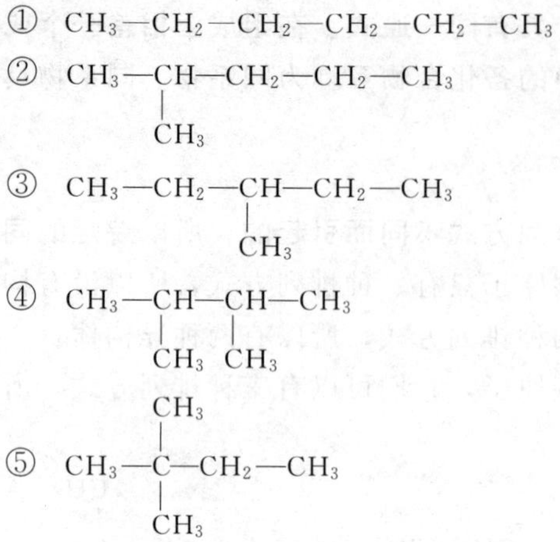

四、烷烃的命名

1. 碳原子的类型

在烷烃分子中，由于碳原子所处的位置不完全相同，它们所连接的碳原子数目也不一样。根据连接碳原子的数目，可将其分为四类：

（1）伯碳原子 仅与一个碳原子直接相连的碳原子称为伯碳原子，也称一级碳原子，常用1°表示。端点上的碳原子一般都是伯碳原子。

（2）仲碳原子 与两个碳原子直接相连的碳原子称为仲碳原子，也称二级碳原子，常用2°表示。

（3）叔碳原子 与三个碳原子直接相连的碳原子称为叔碳原子，也称三级碳原子，常用3°表示。

（4）季碳原子 与四个碳原子直接相连的碳原子称为季碳原子，也称四级碳原子，常用4°表示。

例如：

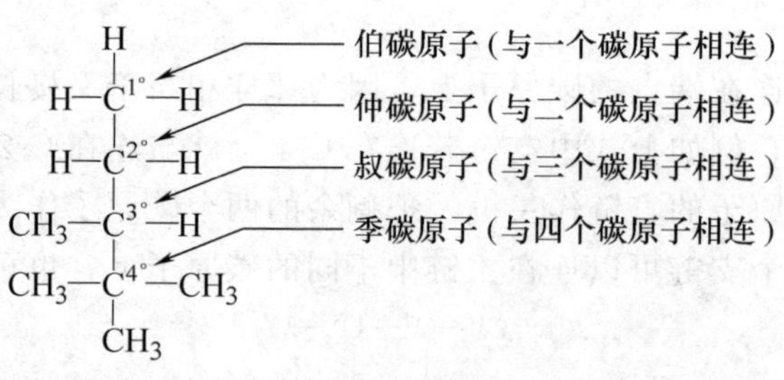

与伯、仲、叔碳原子连接的氢原子分别称为伯、仲、叔氢原子。季碳原子上没有氢原子，所以也就没有季氢原子。在化学反应中，**伯、仲、叔氢原子的反应活性是不相同的**。

2. 普通命名法

烷烃的普通命名法是根据分子中碳原子的数目称为“某烷”。其中，碳原子数从一到十的烷烃用天干甲、乙、丙、丁、戊、己、庚、辛、壬、癸表示。碳原子数在十以上时，用中文数字十一、十二、十三……表示。为了区别同分异构体，通常在直链烷烃的名称前加“正”字；在链端第二个碳原子上有一个—CH_3 的烷烃名称前加“异”字；在链端第二个碳原子上有两个—CH_3 的烷烃名称前加“新”字。例如：

$CH_3-CH_2-CH_2-CH_2-CH_3$　　正戊烷

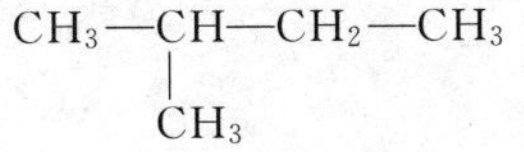

异戊烷

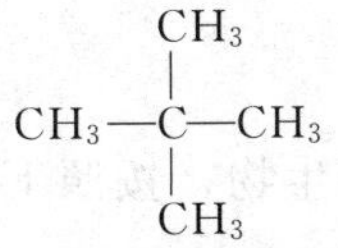

新戊烷

$CH_3CH_2CH_2CH_2CH_2CH_2CH_2CH_2CH_2CH_2CH_3$ 或 $CH_3(CH_2)_9CH_3$　正十一烷

有一个化合物的名称是例外情况，就是通常用来衡量汽油质量的异辛烷，它的构造式为：

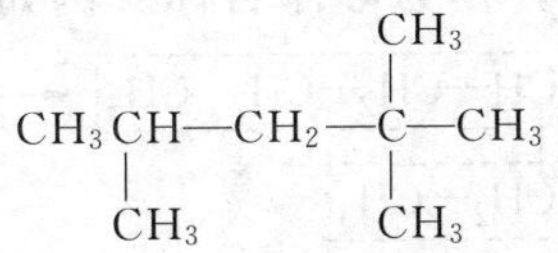

由于它的特殊用途，“异辛烷”是给予它的特定名称。

普通命名法简单方便，但只适用于结构比较简单的烷烃，难以命名碳原子数较多、结构较复杂的烷烃。

3. 烷基

从烷烃分子中去掉一个氢原子后所得到的基团称为烷基，通式为—C_nH_{2n+1}，常用 R—表示。烷基是根据相应烷烃的名称以及去掉的氢原子类型而命名的。例如：

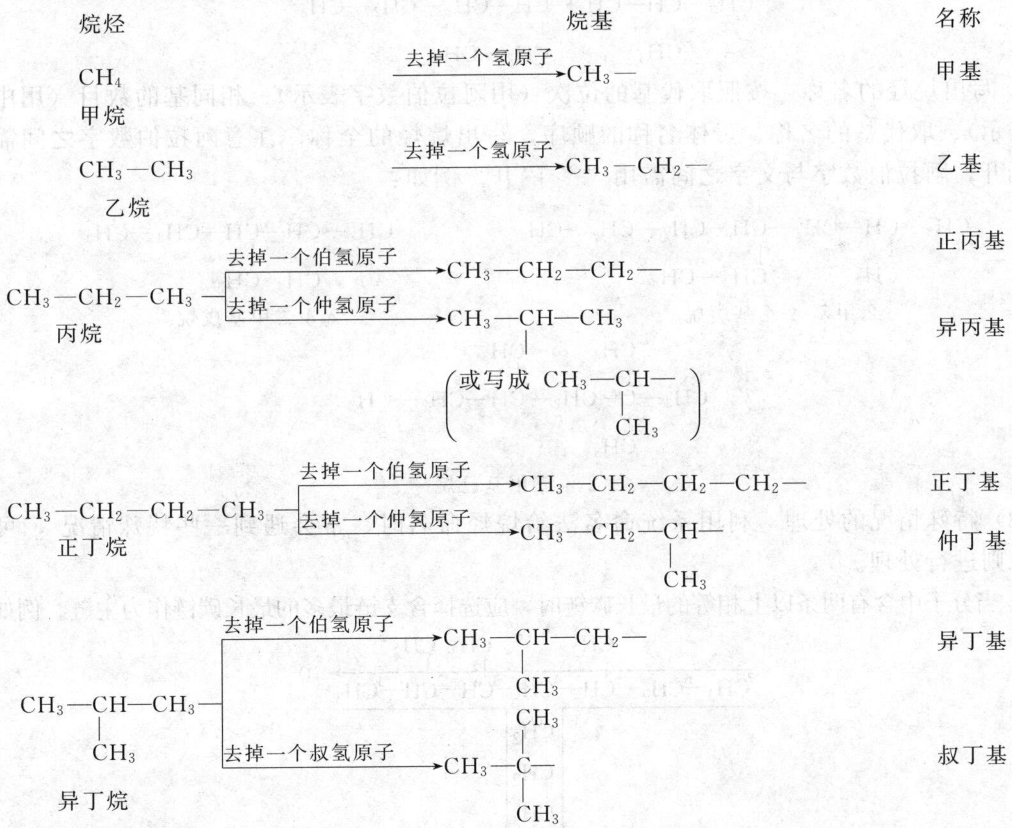

4. 系统命名法

系统命名法是一种普遍适用的命名方法。它是采用国际上通用的 IUPAC（国际纯粹与应用化学联合会）命名原则，结合我国的文字特点制定出来的命名方法。

（1）直链烷烃的命名　系统命名法对于直链烷烃的命名与普通命名法基本相同，只是把“正”字去掉。例如：

$$CH_3CH_2CH_2CH_2CH_2CH_3$$

普通命名法　　正己烷

系统命名法　　己烷

（2）支链烷烃的命名　对于带支链的烷烃则看成是直链烷烃的烷基衍生物，按照下列步骤和规则进行命名。

① 选取主链作为母体　选择一个最长的碳链作为主链（母体），支链作为取代基。按照主链中所含的碳原子数目称为某烷，作为母体名称。例如：

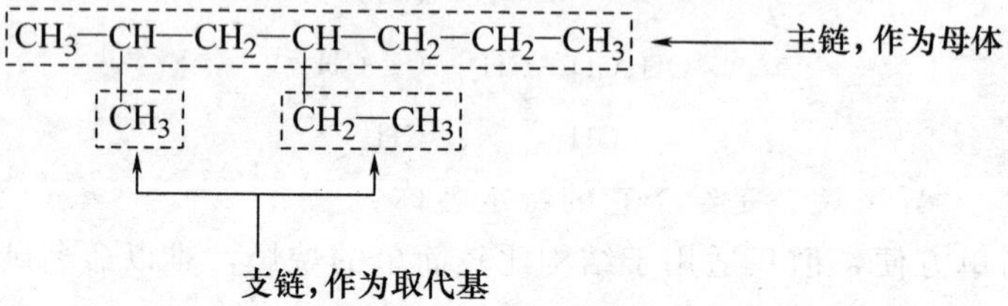

上式主链中含有七个碳原子，母体名称为“庚烷”。

② 给主链碳原子编号　为标明支链在主链中的位置，需要将主链上的碳原子编号。编号应从靠近支链的一端开始。例如：

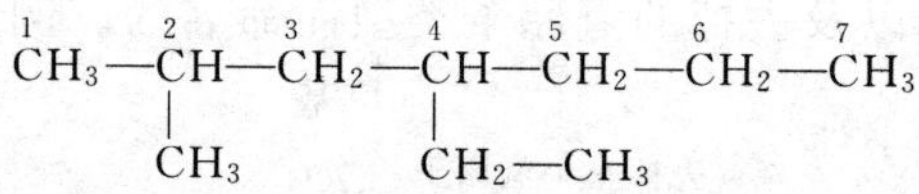

③ 写出烷烃的名称　按照取代基的位次（用阿拉伯数字表示）、相同基的数目（用中文数字表示）、取代基的名称、母体名称的顺序，写出烷烃的全称。注意阿拉伯数字之间需用“,”隔开，阿拉伯数字与文字之间需用“-”隔开。例如：

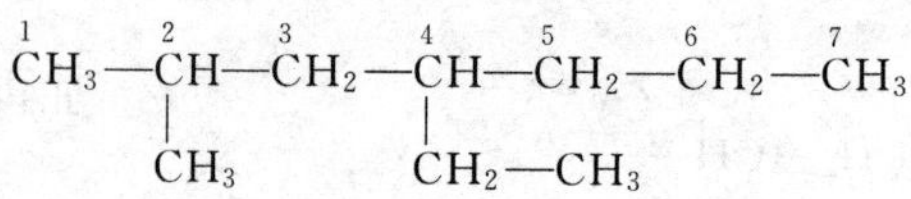

2-甲基-4-乙基庚烷

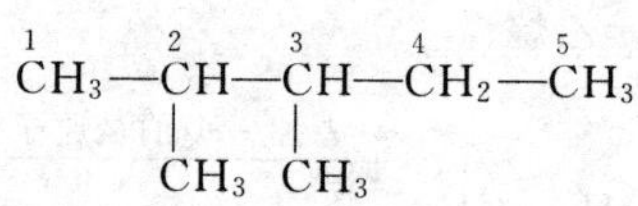

2,3-二甲基戊烷

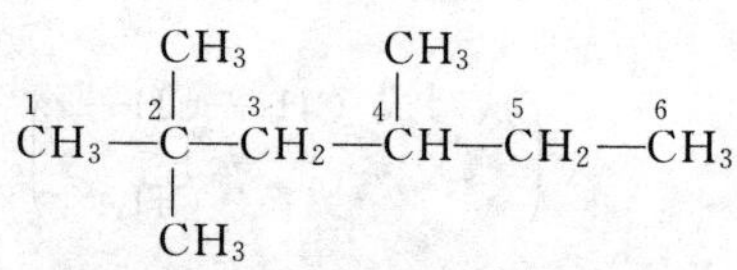

2,2,4-三甲基己烷

（3）特殊情况的处理　利用系统命名法给烷烃命名时，常会遇到一些特殊情况，可按下列原则进行处理。

a. 当分子中含有两条以上相等的最长碳链时，应选择含支链最多的最长碳链作为主链。例如：

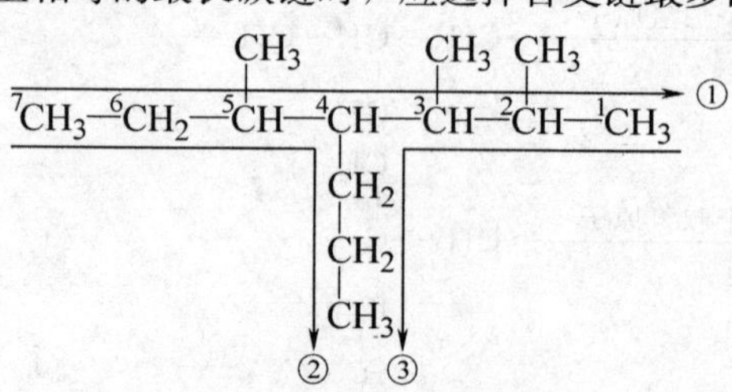

2,3,5-三甲基-4-正丙基庚烷

上例中有三条等长的碳链可供选择，但以标有数字的 ①链上连接取代基最多，因此应选作主链。

b. 当碳链两端相应的位置上都有支链时，编号应遵守最低序列规则。即顺次逐项比较第二个、第三个……支链所在的位次，以位次最低者为最低序列。例如：

左 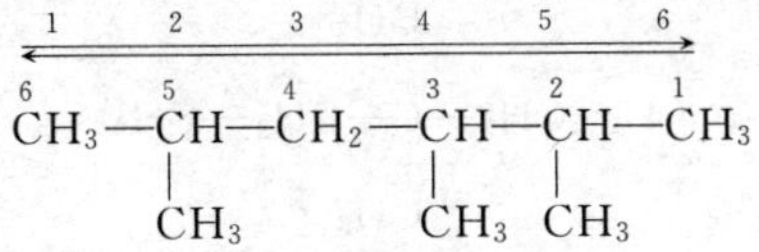 右

2,3,5-三甲基己烷

上例中碳链两端第二个碳原子上都有支链，若从右向左编号，第二个支链的位次为 3，但若从左向右编号，则第二个支链的位次为 4，显然，从右向左编号符合最低序列规则。

c. 在立体化学的次序规则中，将常见的烷基按下列次序排列（符号“>”表示“优先于”）：

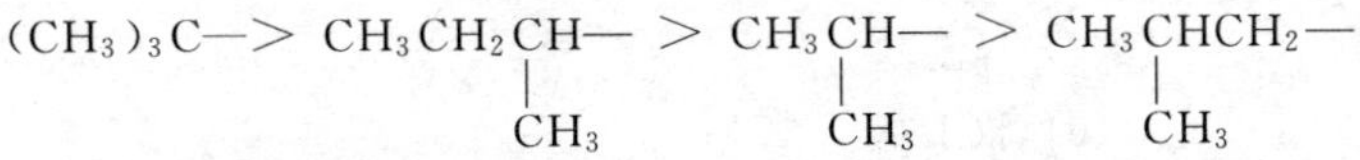

$$>CH_3CH_2CH_2CH_2—>CH_3CH_2CH_2—>CH_3CH_2—>CH_3—$$

当分子中含有不同支链时，写名称时将优先基团排在后面，靠近母体名称。例如：

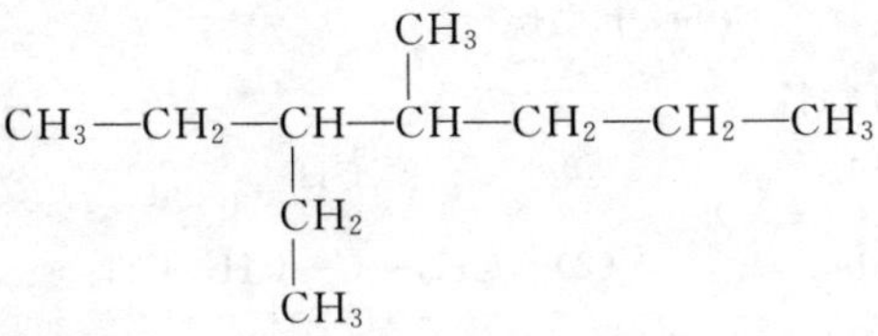

4-甲基-3-乙基庚烷

上例中，由于乙基优先于甲基，所以应该排在甲基后面，更靠近母体名称。

系统命名法的特点是根据名称可以准确地写出化合物的构造式。例如 2,2-二甲基-3,4-二乙基己烷，根据母体名称可知主链有六个碳原子；根据取代基的位次和名称可知在主链中第二个碳原子上有两个甲基，在第三和第四个碳原子上各有一个乙基，据此写出构造式为：

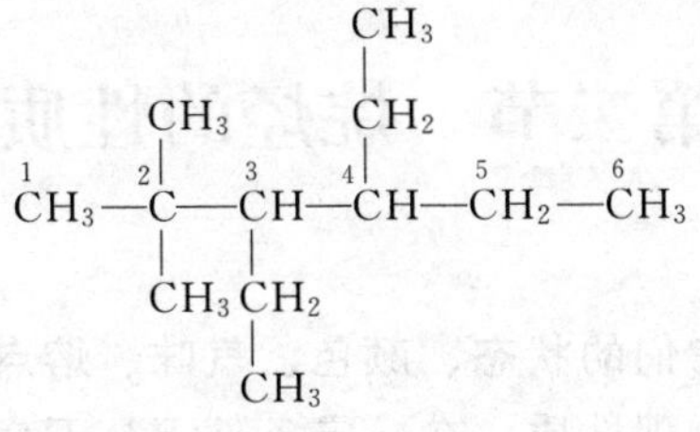

思考与练习

2-1 回答问题

（1）烃分子中含有哪些元素？烷烃中含有哪些化学键？

（2）σ 键是怎样形成的？σ 键有哪些特点？

（3）具有下列分子式的化合物，哪些是烷烃？

a. C_6H_{14}　　b. C_5H_{10}　　c. $C_{11}H_{24}$

d. C_6H_6　　e. $C_{20}H_{44}$　　f. $C_{15}H_{28}$

2-2 指出下列化合物中哪些是同一化合物，哪些是同分异构体

（1） 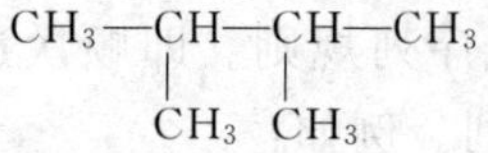　（2） 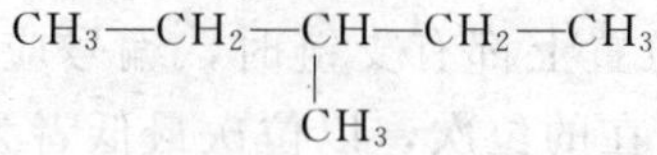

（3） 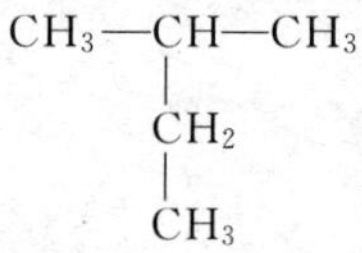　（4） 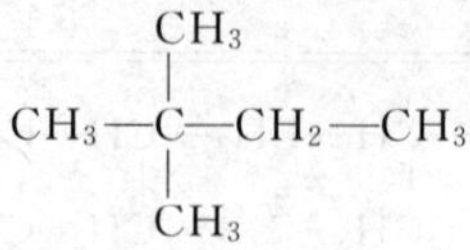

（5） 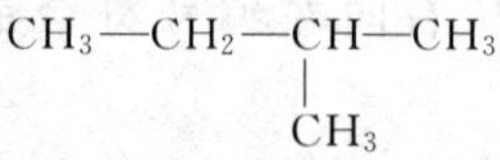　（6） 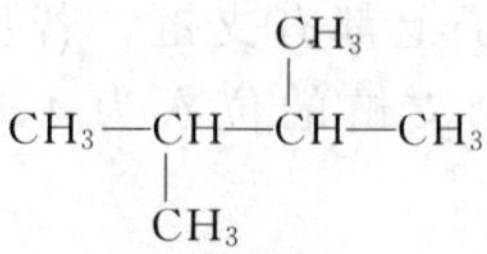

2-3 写出下列烷基的构造式

（1）正丙基　（2）异丙基

（3）正丁基　（4）异丁基

（5）仲丁基　（6）叔丁基

2-4 写出下列烷烃的构造式

（1）2,2,3-三甲基丁烷　（2）4-异丙基庚烷

（3）2,4-二甲基-3-乙基戊烷　（4）十二烷

2-5 用系统命名法给下列化合物命名

（1） 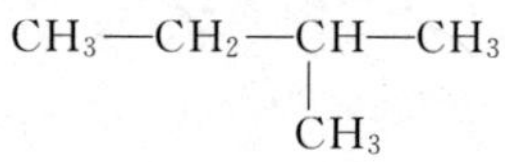　（2） 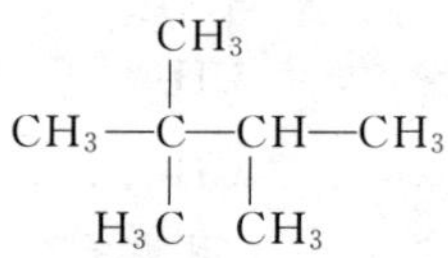

（3） 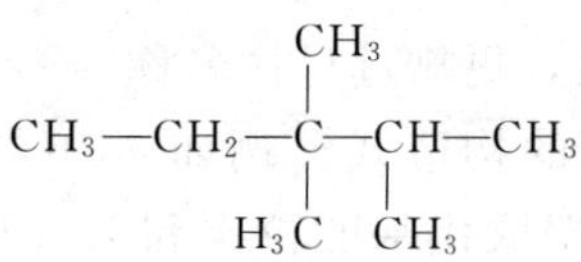　（4） 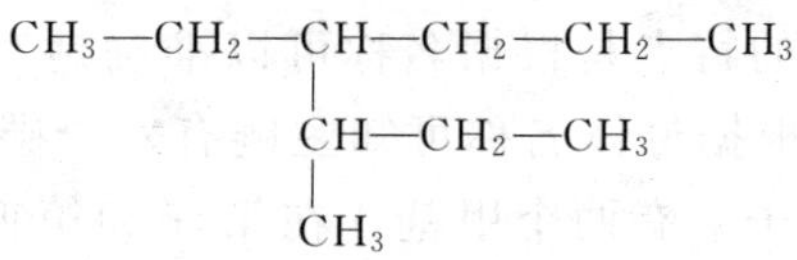

第二节　烷烃的性质

一、烷烃的物理性质

物质的物理性质通常是指它们的状态、颜色、气味、熔点、沸点、相对密度、折射率和溶解度等。纯的有机化合物的物理性质，在一定条件下是不变的，其数值一般为常数。因此可利用测定物理常数来鉴别有机化合物或检验其纯度。

同系列的有机化合物，其物理性质往往随相对分子质量的增加而呈现规律性变化。一些直链烷烃的物理常数见表 2-1。

1. 物态

常温常压下，$C_1 \sim C_4$ 的烷烃为气体；$C_5 \sim C_{16}$ 的烷烃为液体；C_{17} 以上的烷烃为固体。

表 2-1　一些直链烷烃的物理常数

名　称	沸点/℃	熔点/℃	相对密度(d_4^{20})	折射率(n_D^{20})
甲　烷	−164	−182.5	0.424	
乙　烷	−88.6	−183.3	0.546	
丙　烷	−42.1	−189.7	0.582	
丁　烷	−0.5	−138.4	0.579	
戊　烷	36.1	−129.7	0.626	1.3575
己　烷	68.9	−95.0	0.659	1.3749
庚　烷	98.4	−90.6	0.684	1.3876
辛　烷	125.7	−56.8	0.703	1.3974
壬　烷	150.8	−51.0	0.718	1.4054
癸　烷	174.0	−29.7	0.730	1.4119
十一烷	195.9	−25.6	0.740	1.4176
十二烷	216.3	−9.6	0.749	1.4216
十三烷	235.4	−5.5	0.756	1.4233
十四烷	253.7	5.9	0.763	1.4290
十五烷	270.6	10.0	0.769	1.4315
十六烷	287.0	18.2	0.773	1.4345
十七烷	301.8	22.0	0.778	1.4369
十八烷	316.1	28.2	0.777	1.4349
十九烷	329.1	32.1	0.777	1.4409
二十烷	343.0	36.8	0.786	1.4425
三十二烷	467	69.7	0.812	
一百烷		115.2		

2. 沸点

直链烷烃的沸点随分子中碳原子数的增加而升高，如图 2-6 所示。这是因为烷烃是非极性分子，随着分子中碳原子数目的增加，相对分子质量增大，分子间的范德华引力增强，若要使其沸腾汽化，就需要提供更多的能量，所以烷烃的相对分子质量越大，沸点越高。

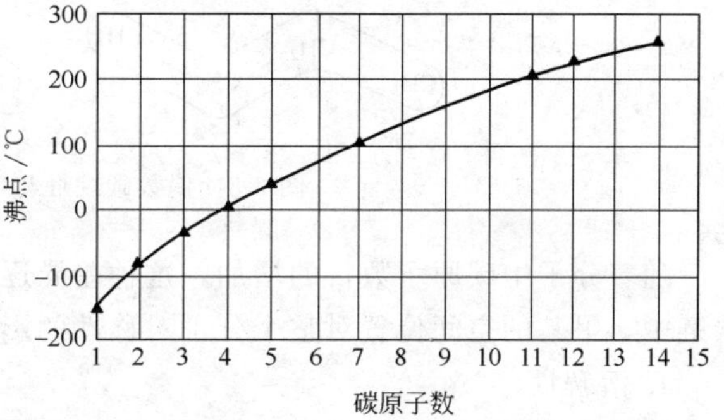

图 2-6　直链烷烃的沸点曲线

在碳原子数目相同的烷烃异构体中，直链烷烃的沸点较高，支链烷烃的沸点较低，支链越多，沸点越低。例如：戊烷的三种异构体的沸点如下：

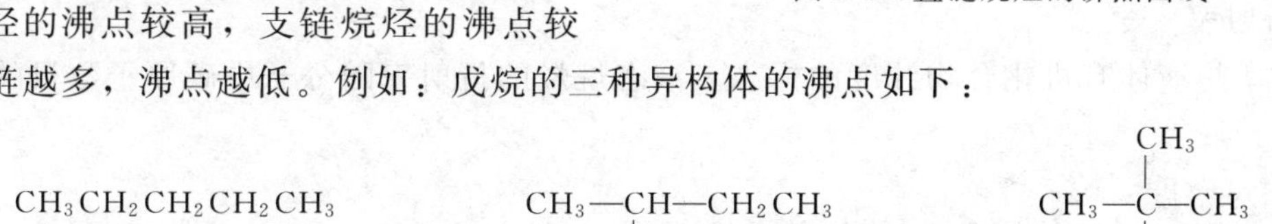

	正戊烷	异戊烷	新戊烷
沸点：	36.1℃	28℃	9.5℃

这主要是由于烷烃的支链产生了空间阻碍作用，使得烷烃分子彼此间难以靠得很近，分子间引力大大减弱的缘故。支链越多，空间阻碍作用越大，分子间作用力越小，沸点就越低。

3. 熔点

烷烃的熔点基本上也是随分子中碳原子数目的增加而升高。其中含偶数碳原子烷烃的熔点比相邻含奇数碳原子烷烃的熔点升高多一些。这样，就使中级以下烷烃构成了两条熔点曲线，偶数碳原子烷烃的熔点在上，奇数碳原子烷烃的熔点在下，如图 2-7 所示。

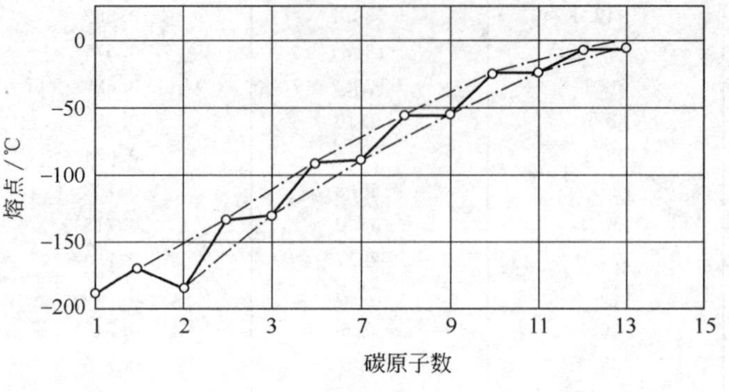

图 2-7 直链烷烃的熔点曲线

这是因为在晶体中，分子之间的引力不仅取决于分子的大小，还取决于它们在晶格中的排列情况。固态烷烃的碳链在空间呈锯齿状排列，当碳原子为奇数时，链端的两个甲基排列在同一侧；当碳原子为偶数时，链端的两个甲基排列在不同的两侧，如图 2-8 所示。显然含偶数碳原子的烷烃比含奇数碳原子烷烃的对称性高，碳链之间的排列比较紧密，分子间作用力比较大，因此熔点也就较高。

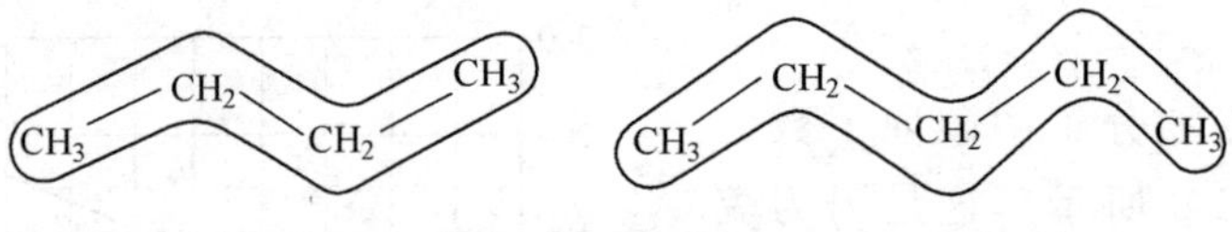

图 2-8 偶数碳烷烃与奇数碳烷烃示意图

随着分子中碳原子数目的增加，这种差异逐渐变小，以致最后消失。这是因为在较长的碳链中，甲基的空间位置对整个分子对称性的影响已经显得微不足道了。

4. 溶解性

烷烃分子没有极性或极性很弱，因此难溶于水，易溶于有机溶剂。

5. 折射率

折射率是液体有机化合物纯度的标志。液态烷烃的折射率随分子中碳原子数目的增加而缓慢增大。

6. 相对密度

烷烃的相对密度都小于 1，比水轻。随分子中碳原子数目增加而逐渐增大，支链烷烃的密度比直链烷烃略低些。

二、烷烃的化学性质

物质的化学性质是指物质的化学稳定性和能够发生的化学反应。烷烃分子中的 C—C 键和 C—H 键都是 σ 键，**σ 键结合得比较牢固**。再加上 C—C 键是非极性共价键，C—H 键的极性也很小，因此，**烷烃的化学性质很不活泼**，特别是直链烷烃，具有更大的稳定性。在室温下，它们与大多数试剂如强酸、强碱、强氧化剂和强还原剂等都不发生化学反应。所以烷烃是常用的有机溶剂和润滑剂。

烷烃的稳定性并不是绝对的。在一定条件下，如高温、光照或加催化剂，烷烃也能发生一系列的化学反应。正是这些化学反应使人们得以对石油和石油产品进行化学加工和利用。

1. 卤代反应

有机化合物分子中的氢原子被卤素原子取代的反应称为卤代反应。

烷烃的卤代通常是指氯代或溴代，因为氟代反应过于激烈，难于控制，而碘代反应又难以发生。

(1) 甲烷的卤代 烷烃与氯或溴在黑暗中并不作用，但在强光照射下则可发生剧烈反应，甚至引起爆炸。例如：甲烷与氯气的混合物在强烈的日光照射下，可发生爆炸性反应，生成碳和氯化氢：

$$CH_4+2Cl_2 \xrightarrow{\text{强光}} C+4HCl$$

但是，如果在漫射光或加热（400～450℃）的情况下，甲烷分子中的氢原子可逐渐被氯原子取代，生成一氯甲烷、二氯甲烷、三氯甲烷和四氯化碳：

$$CH_4+Cl_2 \xrightarrow[\text{或 }400\sim450^\circ\text{C}]{\text{漫射光}} \underset{\text{一氯甲烷}}{CH_3Cl}+HCl$$

$$CH_3Cl+Cl_2 \xrightarrow[\text{或 }400\sim450^\circ\text{C}]{\text{漫射光}} \underset{\text{二氯甲烷}}{CH_2Cl_2}+HCl$$

$$CH_2Cl_2+Cl_2 \xrightarrow[\text{或 }400\sim450^\circ\text{C}]{\text{漫射光}} \underset{\text{三氯甲烷}}{CHCl_3}+HCl$$

$$CHCl_3+Cl_2 \xrightarrow[\text{或 }400\sim450^\circ\text{C}]{\text{漫射光}} \underset{\text{四氯化碳}}{CCl_4}+HCl$$

甲烷氯代反应得到的通常是四种氯代产物的混合物。工业上常把这种混合物作为有机溶剂或合成原料使用。

如果控制反应条件，特别是调节甲烷与氯气的配比，就可使其中的某种氯甲烷成为主要产物。例如，当甲烷∶氯气＝10∶1时，主要产物是一氯甲烷，当甲烷∶氯气＝1∶4时，则主要生成四氯化碳。

一氯甲烷主要用作合成硅树脂、硅橡胶和甲基纤维素的原料，也可用作冷冻剂、萃取剂和低温聚合催化剂的载体。四氯化碳主要用作有机溶剂、纤维脱脂剂、分析试剂和灭火剂等。

(2) 其他烷烃的卤代 烷烃的卤代反应是制备卤代烷的方法之一，在工业上具有重要的应用价值。例如，用十二烷经氯代反应制取氯代十二烷：

$$C_{12}H_{26}+Cl_2 \xrightarrow{120^\circ\text{C}} C_{12}H_{25}Cl+HCl$$

氯代十二烷是合成洗涤剂十二烷基苯磺酸钠的原料之一。

烷烃发生取代反应时，可以在不同的C—H键上进行，取代不同的氢原子，就得到不同的产物。实验表明，**烷烃分子中不同类型的氢原子发生取代反应的活性是不一样的**。例如丙烷的氯代反应：

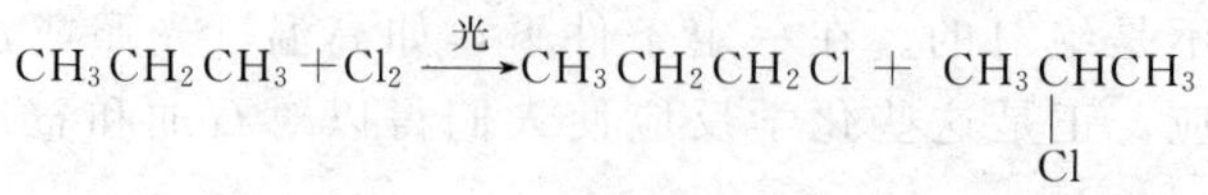

1-氯丙烷　　2-氯丙烷

（43%）　　（57%）

丙烷分子中有 6 个伯氢原子，2 个仲氢原子。它们被取代的概率比应该是 3∶1，而从实际产物的相对量来看，它们被取代的概率约为 1∶4。

又如异丁烷的氯代反应：

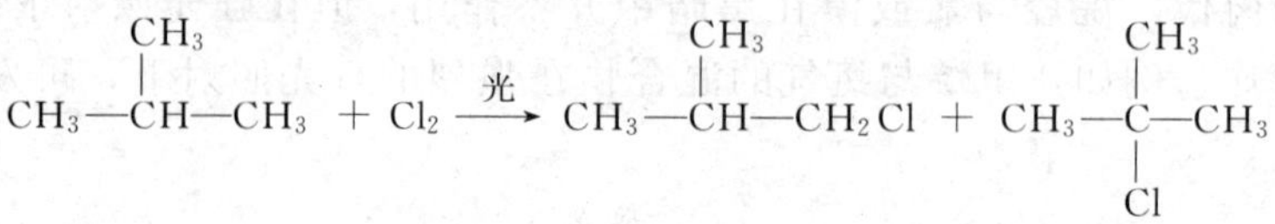

2-甲基 1-氯丙烷　　2-甲基-2-氯丙烷

（64%）　　（36%）

异丁烷的分子中有 9 个伯氢原子，只有 1 个叔氢原子。它们被取代的概率比应为 9∶1，而从实际产物的相对量来看，它们被取代的概率比约为 1∶5。

由此可见，不同类型的氢原子反应活性顺序为：

叔氢＞仲氢＞伯氢

*（3）烷烃的卤代反应历程

烷烃的卤代反应是自由基型反应。例如，甲烷氯代反应所经历的过程如下。

链的引发：

$$Cl_2 \xrightarrow{\text{光照或高温}} Cl\cdot$$

链的传递：

$$Cl\cdot + CH_4 \longrightarrow HCl + \cdot CH_3$$

$$\cdot CH_3 + Cl_2 \longrightarrow CH_3Cl + Cl\cdot$$

链的终止：

$$Cl\cdot + Cl\cdot \longrightarrow Cl_2$$

$$Cl\cdot + \cdot CH_3 \longrightarrow CH_3Cl$$

反应首先是氯分子吸收光线或热能均裂成氯自由基，这个过程称为**链的引发**。

氯自由基非常活泼，能迅速从甲烷分子中夺取一个氢原子生成氯化氢分子，同时产生一个甲基自由基。甲基自由基同样非常活泼，可迅速与氯分子作用生成一氯甲烷，同时又产生一个新的氯自由基，这个过程称为**链的传递**。链的传递可循环往复地进行，因此可使自由基反应一直进行下去。

随着反应的进行，体系中的甲烷和氯分子不断减少，自由基之间结合的机会就将增多。例如氯自由基之间结合生成氯分子、氯自由基与甲基自由基结合生成氯甲烷等，这个过程称为**链的终止**。由于在这个过程中消耗了自由基，随着自由基的不断减少，反应也就逐渐停止了。

在链的传递过程中，氯自由基既可以与甲烷作用，产生甲基自由基，继而生成一氯甲烷，又可以与一氯甲烷作用，产生一氯甲基自由基，继而生成二氯甲烷；与二氯甲烷作用，产生二氯甲基自由基，继而生成三氯甲烷；与三氯甲烷作用，产生三氯甲基自由基，继而生成四氯化碳。这就是甲烷氯代反应会生成四种氯代产物混合物的原因。

2. 氧化反应

在有机化学中，通常**把分子中引入或增加氧原子的反应称为氧化反应**。

（1）完全氧化 物质的燃烧是一种强烈的氧化反应。烷烃在空气中完全燃烧时，生成二氧化碳和水，同时放出大量的热。例如：

$$CH_4 + 2O_2 \xrightarrow{\text{点燃}} CO_2 + 2H_2O + 889.9\text{kJ/mol}$$

$$2CH_3CH_3 + 7O_2 \xrightarrow{\text{点燃}} 4CO_2 + 6H_2O + 1559.8\text{kJ/mol}$$

由于燃烧时释放出的化学能可转变为热能、电能、机械能等，因此烷烃是人类利用的主要能源之一。如汽油、柴油常用作内燃机的燃料，天然气和液化石油气则是主要的民用燃料。

（2）控制氧化 如果适当控制反应条件，烷烃也可发生部分氧化，生成醇、醛、酮和羧酸等有机含氧化合物。例如工业上以天然气中的甲烷为原料，在NO的催化作用下，用空气控制氧化来生产甲醛：

$$CH_4 + O_2 \xrightarrow[600℃]{NO} HCHO + H_2O$$

又如，在催化剂作用下，用空气氧化石蜡等高级烷烃，可制得高级脂肪酸：

$$R—CH_2—CH_2—R' + O_2 \xrightarrow[\triangle]{MnO_2} RCOOH + R'COOH$$

甲醛是常用的消毒剂和防腐剂，也是重要的化工原料。$C_{12} \sim C_{18}$的高级脂肪酸可代替动、植物油脂制造肥皂，节约大量食用油脂。

3. 裂化反应

烷烃**在隔绝空气的情况下，加热到高温，分子中的C—C键和C—H键发生断裂，由较大分子转变成较小分子的过程，称为裂化反应。**裂化反应的产物往往是复杂的混合物，例如：

$$\underset{\text{丁烷}}{CH_3CH_2CH_2CH_3} \xrightarrow{\text{裂化}} \begin{cases} \underset{\text{甲烷}}{CH_4} + \underset{\text{丙烯}}{CH_3CH=CH_2} \\ \underset{\text{乙烷}}{CH_3CH_3} + \underset{\text{乙烯}}{CH_2=CH_2} \\ H_2 + \underset{\text{丁烯}}{CH_3CH_2CH=CH_2} \end{cases}$$

裂化反应产生的低级烯烃是有机化学工业的基本原料，因此裂化反应在石油工业中具有非常重要的意义。根据所需要的目的产物不同，裂化的方法和条件也不相同。

（1）热裂化 一般把不加催化剂，在较高温度（500～700℃）和压力（2～5MPa）下进行的裂化称为热裂化。

热裂化反应可使石油中的重油组分转化成汽油，提高汽油产量。

（2）催化裂化 在催化剂存在下的裂化称为催化裂化。催化裂化可在较为缓和的条件（温度450～500℃，压力0.1～0.2MPa）下进行。

催化裂化产生较多带支链的烷烃和芳烃，可大幅度提高汽油的质量。

（3）裂解 在比热裂化更高的温度下（高于700℃），将石油深度裂化的过程称为裂解。

裂解的目的主要是为了获得更多的低级烯烃。低级烯烃是有机化学工业的基本原料。国际上常用乙烯的产量来衡量一个国家石油工业的发展水平。

4. 异构化反应

由一种异构体转化为另一种异构体的反应称为异构化反应。例如，正丁烷在酸性催化剂存在下可转变为异丁烷：

$$CH_3CH_2CH_2CH_3 \xrightleftharpoons{AlCl_3,HCl} CH_3-\underset{\displaystyle CH_3}{\underset{|}{CH}}-CH_3$$

烷烃的异构化反应主要用于石油加工工业中将直链烷烃转变成支链烷烃，可以提高汽油的辛烷值及润滑油的质量。

“辛烷值”是评价汽油质量的一个指标。汽油蒸气和空气的混合物在内燃机中燃烧时，一部分汽油往往在着火以前即发生爆炸，产生很大的爆鸣声，使机器强烈振动，这种现象称为爆震。爆震不但降低机器效率，而且损坏机器，浪费汽油。汽油爆震程度的大小与汽油分子的构造有关。直链烷烃的爆震性较大，而支链烷烃和芳香烃的爆震性较小。

为了衡量汽油爆震程度的大小，通常取爆震程度最大的正庚烷和爆震程度最小的异辛烷作标准：规定正庚烷的辛烷值为 0，异辛烷的辛烷值为 100。在两者的混合物中，异辛烷所占的百分比称为辛烷值。例如：某汽油的辛烷值为 80，就表示这种汽油在一种标准的单汽缸内燃机中燃烧时，所发生的爆震程度与由 80% 异辛烷和 20% 正庚烷的混合物的爆震程度相当。因此，辛烷值只是表示汽油爆震程度的指标，并不是汽油中异辛烷的真正含量。

我国目前市场上汽油有 90、93、95、97 等标号，这些数字代表汽油的辛烷值分别为 90、93、95 和 97。许多人认为汽油的标号就是油品纯净度和质量的标准，车辆使用标号越高的汽油越好，这其实是错误的。汽油标号的高低只是表示汽油辛烷值的大小，车用汽油标号应根据汽车发动机压缩比的不同来选择。

思考与练习

2-6 回答问题

（1）烷烃在发生卤代反应时，各类氢原子的反应活性有什么不同？

（2）衣物上沾染油污时，可用汽油清洗，你能说明为什么吗？

（3）烷烃常用作工业或民用燃料，为什么？

（4）烷烃的异构化反应在工业上有什么实用意义？

2-7 烷烃分子的对称性越大，熔点越高。据此推测一下，正戊烷、异戊烷和新戊烷这三个构造异构体中，哪一个熔点最高？哪一个最低？

2-8 比较下列各组烷烃分子沸点的高低

（1）正丁烷和异丁烷　　（2）己烷和辛烷

2-9 写出 2,3-二甲基丁烷（ $CH_3-\underset{\displaystyle CH_3}{\underset{|}{CH}}-\underset{\displaystyle CH_3}{\underset{|}{CH}}-CH_3$ ）发生氯代反应时，可能生成的一氯代产物的构造式。试分析不同产物的相对比例并说明原因。

第三节　烷烃的来源、制法和用途

一、烷烃的来源和制法

1. 烷烃的来源

在自然界，**烷烃主要存在于天然气和石油之中**。

天然气中含有大量 $C_1 \sim C_4$ 的低级烷烃，其中主要成分是甲烷。我国是最早开发和利用天然气的国家，天然气资源也十分丰富，在四川、甘肃等地都有丰富的贮藏量。

沼泽地的植物腐烂时，经细菌分解也会产生大量的甲烷，所以甲烷俗称沼气。目前我国农村许多地方就是利用农产品的废弃物、人畜粪便及生活垃圾等经过发酵来制取沼气作为燃料的。

某些动、植物体内也含有少量烷烃。例如白菜叶中含有二十九烷，菠菜叶中含有三十三烷、三十五烷和三十七烷，烟草叶中含有二十七烷和三十一烷，成熟的水果中含有 $C_{27} \sim C_{33}$ 的烷烃，一些昆虫体内用来传递信息而分泌的信息素中也含有烷烃。

从油田开采出来的原油经过分馏、裂化或异构化等加工处理后，便可得到汽油、煤油、柴油、润滑油和石蜡等中、高级烷烃。

2. 烷烃的制法

实验室中常用醋酸钠和碱石灰共热来制备甲烷：

$$CH_3COONa + NaOH \xrightarrow[\triangle]{CaO} CH_4\uparrow + Na_2CO_3$$

工业上常采用烯烃加氢、卤代烷与金属有机试剂作用等方法来制取烷烃。例如：

$$\underset{\text{十二烯}}{CH_2{=}CH(CH_2)_9CH_3} + H_2 \xrightarrow{\text{催化剂}} \underset{\text{十二烷}}{CH_3(CH_2)_{10}CH_3}$$

二、烷烃的用途

甲烷等低级烷烃是常用的民用燃料，也用作化工原料。中级烷烃如汽油、煤油、柴油等是常用的工业燃料，石油醚、液体石蜡等是常用的有机溶剂，润滑油则是常用的润滑剂和防锈剂。

阅读资料

液化天然气——天然气的工业革命

天然气的液化是指将含甲烷 90％以上的天然气，经过脱水、脱烃和脱酸性气体等净化处理后，再采用先进的膨胀制冷工艺，使甲烷在－162℃变为液体的过程。

在人类生态环境污染日益严重的形势面前，为了优化能源消费结构，改善大气环境，实现可持续发展的经济发展战略，人们选择了液化天然气（英文缩写为 LNG）这种清洁、高效的生态型优质能源和燃料。现在，无论是工业还是民用，都对 LNG 产生了越来越大的依赖性。

一、LNG 的用途

1. 发电

用于发电是目前 LNG 的最主要工业用途，其热能利用率可达 55％，高于燃油和煤。世界上已建有不少以液化天然气为燃料的燃气蒸汽联合循环电站。1999 年到 2020 年期间，美国计划新增发电量中约有 90％是天然气发电。

目前，我国“西气东输”等大型天然气输配工程已经全线贯通，为发展天然气发电提供了必要的物质保障，必将对缓解我国能源供需矛盾、优化能源结构起到重要作用。

2. 民用

天然气燃烧后产生的二氧化碳和氮氧化合物仅为煤的 50％和 20％，污染程度为液化石油气的1/4，煤的1/800。采用LNG气化站作为气源供居民使用，具有比管道气更好的经济性，此外还可用于商业、事业单位的生活以及用户的采暖等。

将LNG调峰型装置广泛用于天然气输配系统中，对民用和工业用气的波动性，特别是对冬季用气的急剧增加起调峰作用。我国在上海已建成并投入使用。

3. 车用

据统计，截止2011年6月我国机动车保有量已达2.17亿辆。一辆汽车一年排出的有害气体比其自身重量大3倍。科学分析表明，汽车尾气污染物主要包括一氧化碳、烃类、氮氧化合物、二氧化硫、烟尘微粒（主要成分为某些重金属化合物、铅化合物、黑烟及油雾）臭气、甲醛等。其中一氧化碳与血液中的血红蛋白集合速度比氧快250倍；氮氧化合物中所含的苯并芘是高致癌性物质，它以高散度的颗粒形式，可在空中悬浮几昼夜，被人体吸收后不能排出，积累到临界浓度便可激发形成恶性肿瘤。

LNG作为可持续发展清洁能源，取代燃油后可以减少90%的二氧化硫排放和80%的氮氧化合物排放，环境效益十分明显，是汽车的优质代用燃料。

4. 其他

LNG用在玻璃、陶瓷制造业和石油化工及建材业（无碱玻璃布），可极大地提高产品的质量并降低成本，从而因燃料或原料的改变，而成为相关企业新的效益增长点。

此外，超低温的LNG在大气压力下转变为常温气态的过程中，可提供大量的冷能，将这些冷能回收，还可有下列用途：使空气分离而制造液态氧、液态氮；制造干冰或液化二氧化碳；用于冷冻仓库制造冷冻食品；用于橡胶、塑料、铁屑等产业废弃物的低温破碎处理以及海水的淡化等等。

二、LNG的优点

作为上述用途的LNG还具有以下优点。

1. 便于贮存

天然气液化后，其体积是气态时的1/625，贮存时占地少，投资省。据有关资料统计，建成一座1MPa、100m^3天然气贮罐，要比建成0.5MPa、100m^3液化天然气贮罐的投资高出80多倍。

2. 便于运输

液化天然气便于远距离运输。可利用专门槽车、轮船运送，在相同条件下，往往比地下管道输送气体节省开支。而且方便可靠，容易适应运输量变化的需要，风险性较小。

3. 辛烷值高

与汽油相比，液化天然气的辛烷值（衡量汽油质量的重要指标）较高，抗爆性好，燃烧完全，体积小，重量轻，可延长发动机的使用寿命，是优质的车用燃料。

4. 使用安全

液化天然气汽化后的燃点为650℃，比汽油高230℃；爆炸极限为4.7%～15%，其范围比汽油小2.5～4.7倍；密度为0.47，比空气轻，少量泄漏可随即挥发扩散，不致引起爆炸，因此安全性较高。

5. 有利环保

以哥本哈根气候变化大会为标志，发展低碳经济已经成为国际社会的共识。液化天然气作为一种清洁高效的能源，综合排放降低95%左右，可大幅度提升环境保护水平。构建绿色交通，是利国利民、维护国家能源安全和提高国际竞争力的重大战略，同时也是提高国家国际形象的重要举措。

据了解，中国石油集团与中国长航集团为加强国家能源服务保障体系和物流运输体系建设，带动清洁能源在航运业的应用与推广，促进我国内河水运业绿色发展，决定在液化天然气销售、船舶燃气动力、运输物流等领域进行深入合作，力推航运企业船舶使用液化天然气等清洁能源作动力。

国家发改委已核准中国石油天然气勘探开发公司收购壳牌公司西加拿大不列颠哥伦比亚省 Groundbirch 区块资产 20%权益并参与下游天然气液化厂合作项目。同时核准的还有其他 5 个海外收购项目，显示中国天然气开发“走出去”的步伐不断加快。

综上所述，可以毫不夸张地说，液化天然气的发展与应用是当代天然气的一场工业革命。

本章要点

1. 基本概念
   - 烃：只含 C、H 元素
   - 烷烃：只含 C—C 键、C—H 键
   - 通式：C_nH_{2n+2}
   - 系差：CH_2
   - 同系列：具有同一通式，组成上相差一个或几个系差，结构相似，化学性质相似的一系列化合物
   - 同系物：同系列中的各化合物
2. 烷烃的结构
   - 四面体构型：烷烃分子中的碳原子为四面体构型
   - sp^3 杂化：烷烃中碳原子都是 sp^3 杂化的
   - σ 键：原子轨道沿键轴方向重叠形成的共价键，烷烃分子中的 C—C 键、C—H 键都是 σ 键
3. 烷烃的命名
   - 普通命名法
     - 直链：正某烷
     - 支链：异某烷、新某烷
   - 系统命名法
     - 选主链：含支链最多的最长碳链
     - 编　号：靠近支链一端编号
     - 写名称：按取代基位次、相同基数目、取代基名称、母体名称的顺序
4. 物理性质
   - 物态：$C_1 \sim C_4$（g），$C_5 \sim C_{16}$（l），C_{17} 以上（s）
   - 沸点：随碳原子数目增加而升高，直链高于支链（同数碳原子）
   - 熔点：随碳原子数目增加而升高，对称性高的高于对称性低的（同数碳原子）
   - 溶解性：难溶于水，易溶于有机溶剂
   - 折射率：随碳原子数目增加而增大
   - 相对密度：小于 1，比水轻
5. 化学性质
   - 卤代：$RH + X_2 \xrightarrow[\text{或}\triangle]{\text{光}} RX + HX$　（反应活性：3°H＞2°H＞1°H）
   - 氧化
     - 完全氧化：$RH \xrightarrow{\text{燃烧}} CO_2 + H_2O$
     - 控制氧化：$RH \xrightarrow{[O]}$ 醛、酮、羧酸等
   - 裂化：大分子 $\xrightarrow[\text{高温}]{\text{隔绝空气}}$ 小分子
   - 异构化：直链烷烃 → 支链烷烃

习　题

1. 写出符合下列条件的 C_5H_{12} 烷烃的构造式，并用系统命名法命名

（1）分子中只有伯氢原子　　（2）分子中有一个叔氢原子

（3）分子中有伯氢和仲氢原子，而无叔氢原子

2. 用1°、2°、3°、4°标出下列化合物中的伯、仲、叔、季碳原子

（1）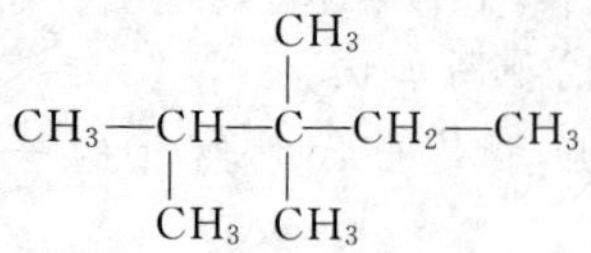

（2）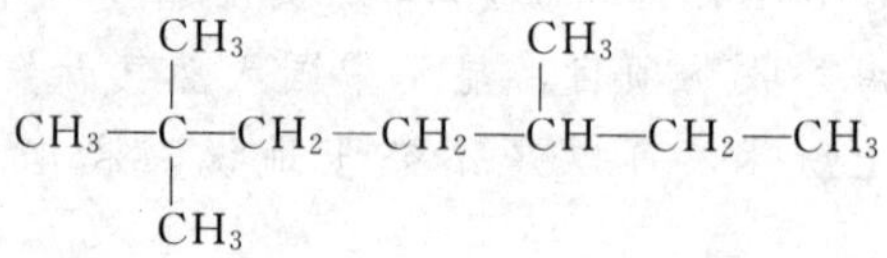

3. 用系统命名法给下列化合物命名

（1）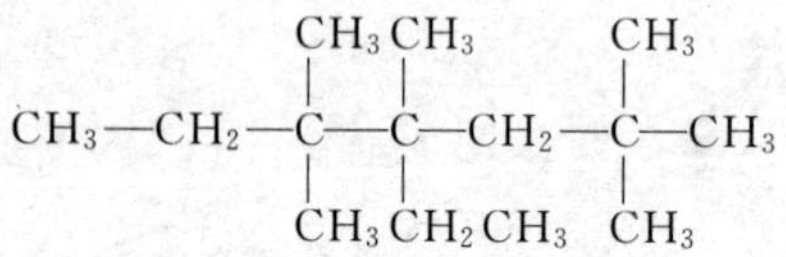

（2）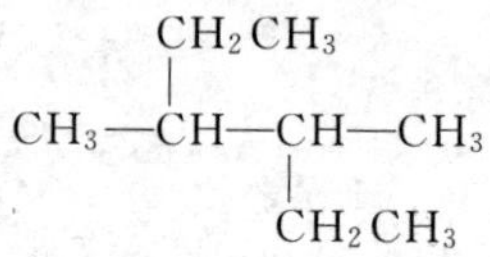

（3）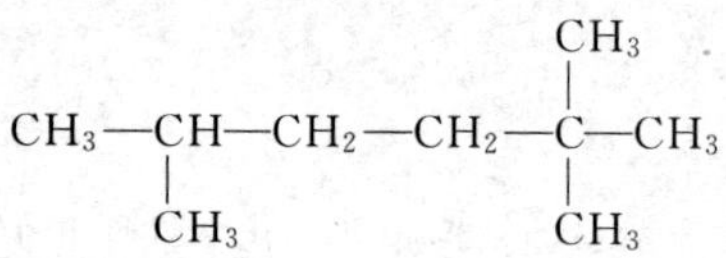

（4）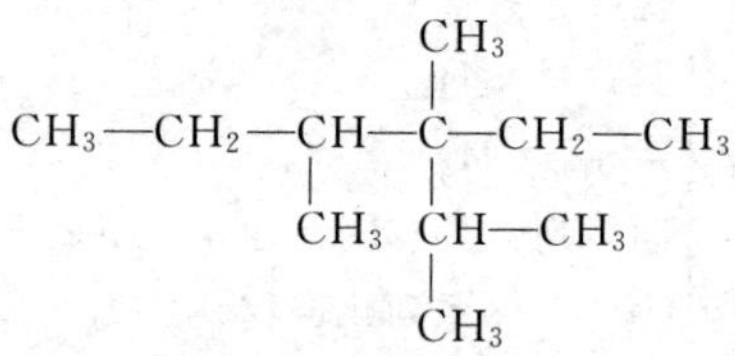

4. 写出下列化合物的构造式

（1）2,2,3,4-四甲基戊烷　　（2）3-甲基-3-乙基己烷

（3）2,4-二甲基-3-乙基己烷　　（4）2,5-二甲基-4-异丙基庚烷

5. 写出符合下列条件的己烷（C_6H_{14}）异构体的构造式

（1）一氯代产物有两种　　（2）一氯代产物有五种

6. 按沸点由高到低的顺序排列下列化合物

（1）2-甲基己烷　　（2）3,3-二甲基戊烷　　（3）庚烷

7. 写出异丁烷在下列条件下发生化学反应的主要产物

（1）Br_2，光照　　（2）隔绝空气，高温　　（3）点燃

第三章 烯烃和二烯烃

学习指南

烯烃是分子中含有碳碳双键（C═C）官能团的不饱和烃。碳碳双键是由一个σ键和一个π键组成的。π键不能旋转，导致烯烃存在顺反异构现象；π键容易断裂，导致烯烃化学性质非常活泼，可发生多种化学反应。

二烯烃是分子中含有两个碳碳双键的不饱和烃。其中共轭二烯烃由于结构特殊，因此具有特殊的性质。

本章将重点讨论烯烃和重要二烯烃的结构、异构、命名、制法、性质及其在生产实际中的应用。

学习本章内容，应该在了解烯烃结构和π键特点的基础上做到：

1. 熟悉烯烃和二烯烃的异构现象，掌握其命名方法；
2. 了解烯烃的物理性质及其变化规律；
3. 了解烯烃和重要二烯烃的化学反应类型，掌握这些化学反应在生产实际中的应用；
4. 掌握烯烃的鉴别方法。

分子中含有碳碳双键（C═C）的烃称为烯烃。与碳原子数相同的烷烃相比，烯烃的氢原子数较少，所以又叫**不饱和烃。分子中只含有一个碳碳双键的不饱和烃称为单稀烃。**单烯烃比相应的烷烃少两个氢原子，**通式为 C_nH_{2n}（$n \geqslant 2$）**。单烯烃通常简称为烯烃。**分子中含有两个碳碳双键的不饱和烃称为二烯烃。**二烯烃的分子中比相应的单烯烃少两个氢原子。**通式为 C_nH_{2n-2}（$n \geqslant 3$）**。

第一节 烯烃的结构、异构和命名

一、烯烃的结构

分子中含有两个碳原子的烯烃叫乙烯，分子式为 C_2H_4。乙烯是最简单也最重要的烯烃，下面就以乙烯为例来讨论烯烃的结构。

1. 平面构型

根据物理方法测得，**乙烯是平面型分子**。也就是说，乙烯分子中的两个碳原子和四个氢原子都在同一平面内，其中 H—C—C 键角约为 121°，H—C—H 键角约为 118°，如图 3-1 所示。

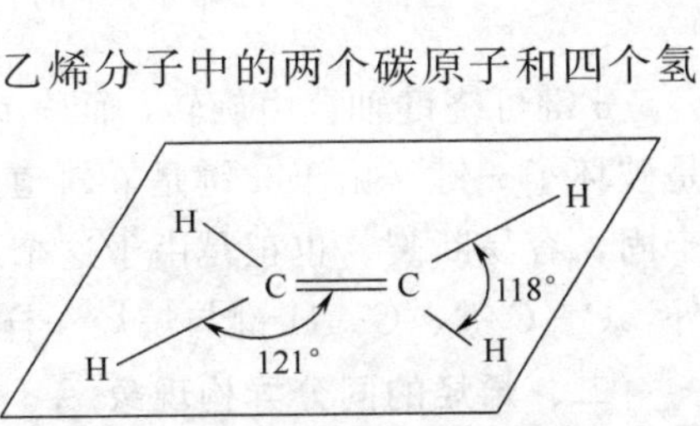

图 3-1 乙烯分子的平面构型

2. sp^2 杂化

杂化轨道理论认为，碳原子在形成双键时，一个 2s 轨道和两个 2p 轨道进行重新组合，形成了三个新的轨道，称为 sp^2 杂化轨道。这三个 sp^2 杂化轨道完全相同，以平面三角形对称地分布在碳原子周围，彼此间的夹角为120°。碳原子轨道的 sp^2 杂化及 sp^2 杂化轨道如图 3-2 所示。

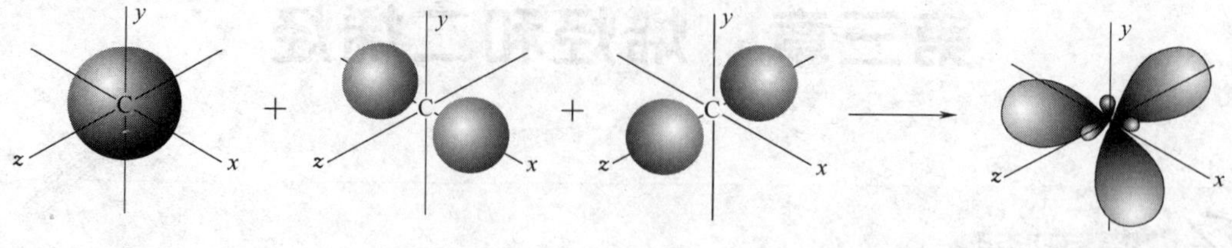

图 3-2　由一个 s 轨道和两个 p 轨道杂化成三个 sp^2 杂化轨道

3. π 键

碳原子中还有一个没有参加杂化的 p 轨道，这个 p 轨道的对称轴与三个 sp^2 杂化轨道所在的平面相垂直，如图 3-3 所示。当两个碳原子各以一个 sp^2 杂化轨道沿键轴方向重叠形成一个 C—C σ 键的同时，这两个碳原子的两个互相平行的 p 轨道便从侧面重叠成键。这种由**原子轨道从侧面重叠形成的共价键称为 π 键**。可见烯烃分子中的**碳碳双键（C═C）是由一个 σ 键和一个 π 键组成的**。π 键的形成如图 3-4 所示。

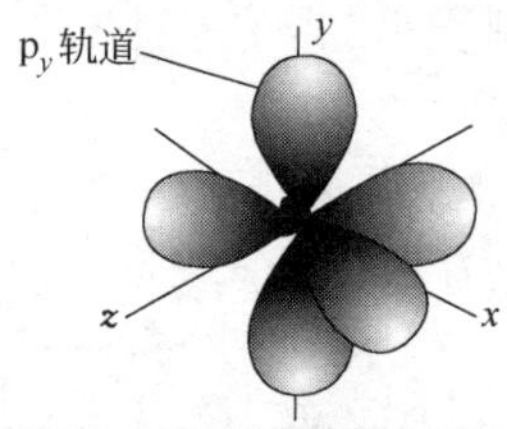

图 3-3　碳原子的三个 sp^2 杂化轨道和一个 p 轨道

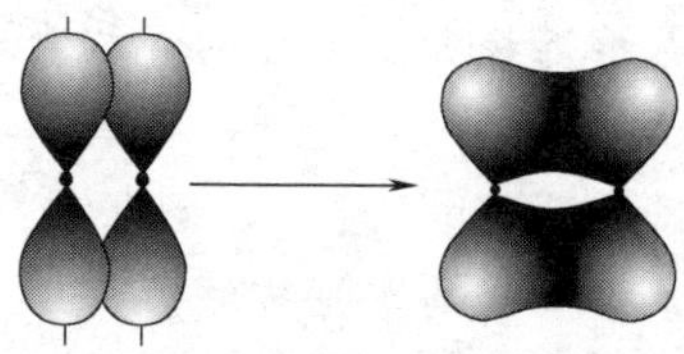

图 3-4　p 轨道从侧面重叠形成 π 键

当这两个双键碳原子各以剩余的两个 sp^2 杂化轨道分别与两个氢原子的 s 轨道沿键轴方向重叠形成四个 C—H σ 键时，即为乙烯分子。由此可见，乙烯分子中有五个 σ 键（一个 C—C σ 键，四个 C—H σ 键）和一个 π 键（C—C π 键）。乙烯分子中的 σ 键和 π 键以及乙烯的分子模型如图 3-5、图 3-6 所示。

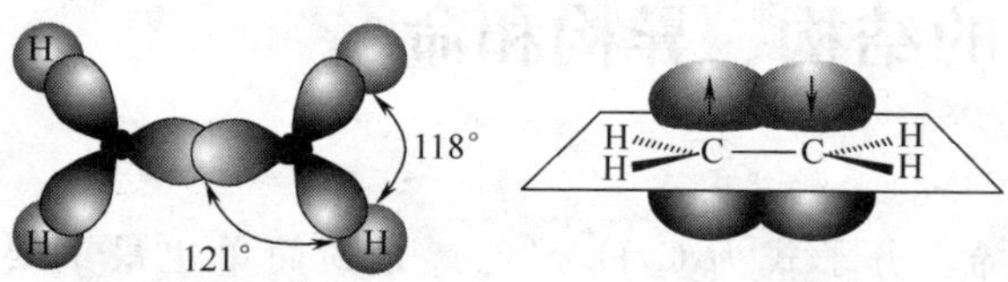

图 3-5　乙烯分子中的 σ 键和 π 键

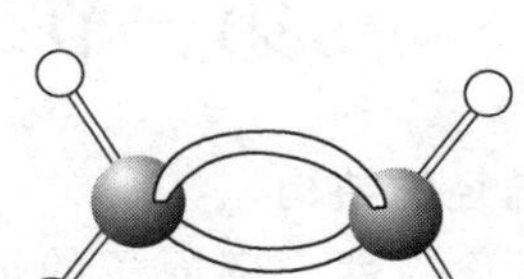

图 3-6　乙烯的分子模型

σ 键可绕键轴自由旋转，而 π 键则不能，因为旋转将破坏两个 p 轨道的平行状态，也就是破坏了 π 键。由于 π 键是 p 轨道从侧面重叠形成的，重叠程度比较小，所以 π 键不如 σ 键牢固，容易断裂。也正是由于这个原因，烯烃的化学活性比烷烃大得多。烯烃中除 C═C 键外，C—C 键、C—H 键与烷烃一样，都是 σ 键。

二、烯烃的同分异构现象

烯烃的同分异构现象比烷烃复杂，除构造异构外，还有顺反异构。

1. 构造异构

烯烃的构造异构包括碳链异构和双键位置异构。

(1) 碳链异构 烯烃的碳链异构与烷烃相似，是由于分子中碳原子的排列方式不同而引起的。乙烯和丙烯分子中的碳原子只有一种排列方式，没有异构体。C_4 以上的烯烃，由于碳原子可以不同方式进行排列，所以存在碳链异构体，例如烯烃 C_4H_8 有两种碳链异构体：

$CH_2{=}CHCH_2CH_3$

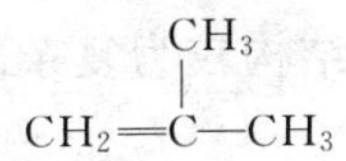

(2) 双键位置异构 烯烃的位置异构是由于双键在碳链中的位置不同而引起的。例如，分子中含有四个碳原子的直链烯烃有两种位置异构体：

$CH_2{=}CHCH_2CH_3$　　$CH_3CH{=}CHCH_3$

烯烃构造异构体的推导方法是：首先写出碳链异构（按烷烃碳链异构的推导方式进行），再在碳链中可能的位置上依次移动双键的位置。例如，烯烃 C_4H_8 的构造异构体共有三个：

$CH_2{=}CHCH_2CH_3$

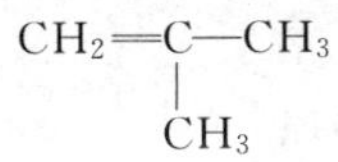

$CH_3CH{=}CHCH_3$

烯烃 C_5H_{10} 的构造异构体共有五个：

$CH_2{=}CHCH_2CH_2CH_3$

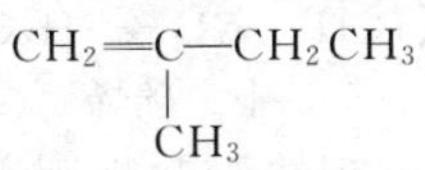

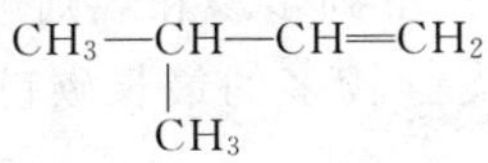

$CH_3CH{=}CHCH_2CH_3$

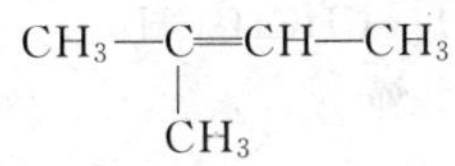

2. 顺反异构

由于烯烃中的双键不能自由旋转，所以当两个双键碳原子上都连有不同的原子或基团时，烯烃分子就会产生两种不同的空间排列方式，其中，两个相同原子或基团处在双键同侧的称为顺式，处于双键两侧的称为反式。例如，2-丁烯的两种空间排列方式：

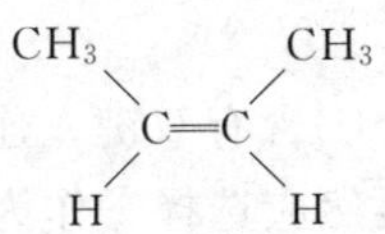

顺式

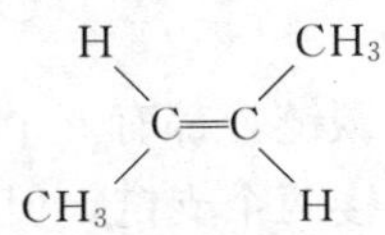

反式

这种**由于原子或基团在空间的排列方式不同所引起的异构现象称为顺反异构**。这两种异构体称为**顺反异构体**。

并不是所有的烯烃都存在顺反异构体。只有当分子中具有下列结构时，才会产生顺反异构现象：

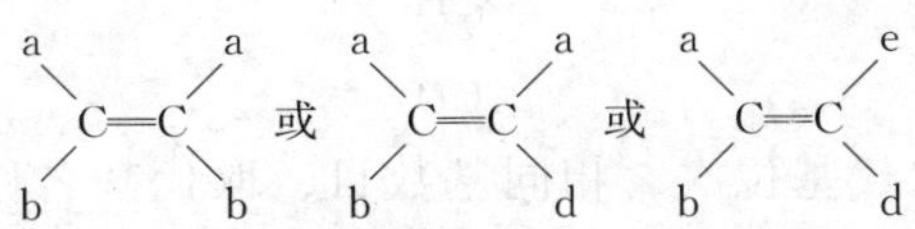

也就是说，同一个双键碳原子上所连接的原子或基团互不相同。只要有一个碳原子上连接两个相同的原子或基团，就没有顺反异构体。例如，下列两式实际上是同一化合物：

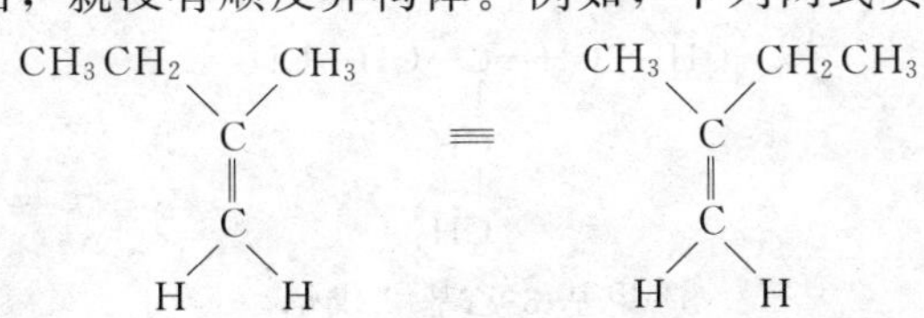

三、烯烃的命名

烯烃的命名方法包括普通命名法和系统命名法。其中普通命名法只适用于个别烯烃，例如：

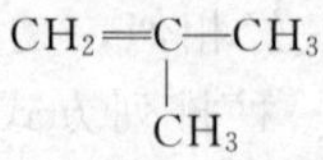

异丁烯

对于碳原子数较多和结构较为复杂的烯烃，只能用系统命名法命名。

1. 构造异构体的命名

（1）直链烯烃的命名　直链烯烃的命名，是按照分子中碳原子的数目称为某烯。与烷烃一样，碳原子数在十以内的用天干表示，十一以上用中文数字表示，并常在烯字前面加碳字。为区别位置异构体，需在烯烃名称前用阿拉伯数字标明双键在链中的位次。阿拉伯数字与文字之间同样要用短线“-”隔开。例如：

$CH_2=CH_2$
乙烯
（没有位置异构体，双键位次可省略）

$CH_3CH=CH_2$
丙烯
（没有位置异构体，双键位次可省略）

$CH_2=CHCH_2CH_3$
1-丁烯

$CH_3CH=CHCH_3$
2-丁烯

$CH_3CH_2CH=CHCH_2CH_3$
3-己烯

$CH_3(CH_2)_3CH=CH(CH_2)_5CH_3$
5-十二碳烯

（2）支链烯烃的命名　带有支链的烯烃命名时，按下列步骤和规则进行。

① 选取主链作为母体　应选择含有双键且连接支链较多的最长碳链作为主链（母体），按主链上碳原子数目命名为“某烯”。例如：

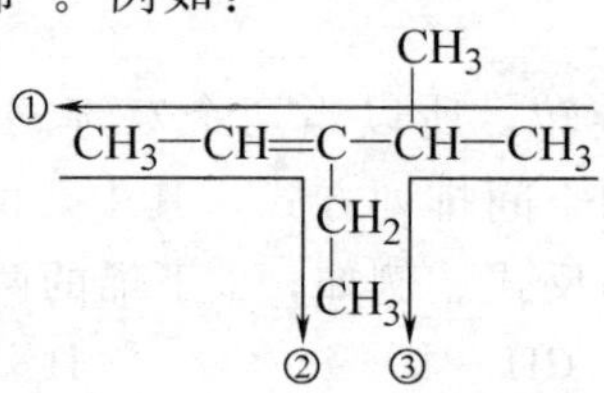

上式中有三条等长的碳链，都有五个碳原子。其中①含有双键，连接两个支链；②含有双键，连接一个支链；③连接两个支链，但不含双键。显然应选择①作为主链，母体称为戊烯。

② 给主链碳原子编号　从靠近双键一端开始给主链碳原子编号，用以标明双键和支链的位次。例如上式中的编号从左向右进行，这样才能使双键所在的位次较小：

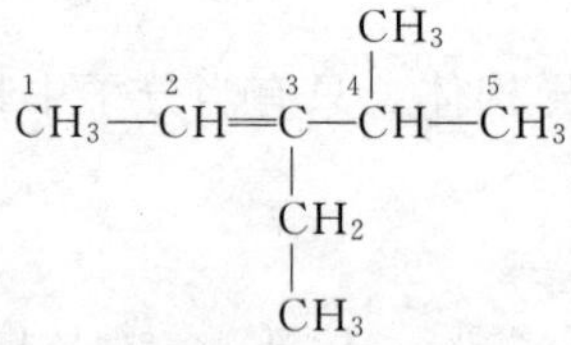

③ 写出烯烃名称　按取代基位次、相同基数目、取代基名称、双键位次、母体名称的顺序写出烯烃的名称。如上例中烯烃的名称应为：

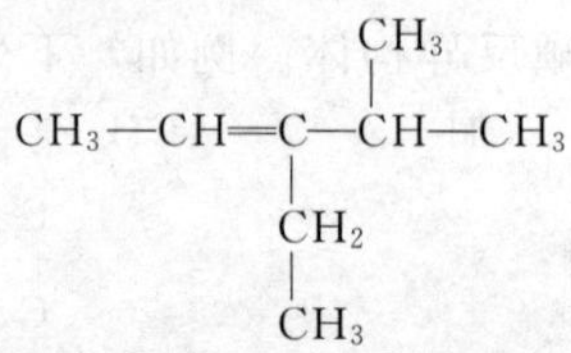

4-甲基-3-乙基-2-戊烯

又如：

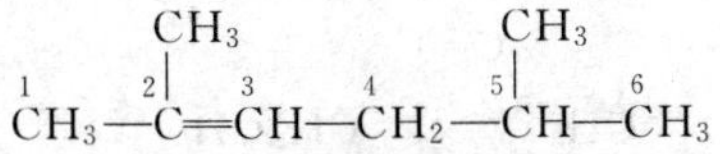

2,5-二甲基-2-己烯

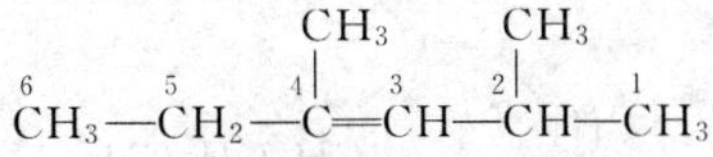

2,4-二甲基-3-己烯

（3）烯基　**烯烃分子中去掉一个氢原子后剩下的基团称为烯基**。几个常见烯基的名称如下：

$CH_2═CH—$　乙烯基

$CH_3—CH═CH—$　丙烯基

$CH_2═CH—CH_2—$　烯丙基

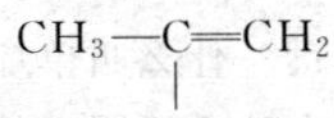

异丙烯基

2. 顺反异构体的命名

顺反异构体的命名方法有两种：一种称为顺反命名法；另一种称为 Z/E 命名法。

（1）顺反命名法　顺反命名法是在顺式异构体的名称前加上"顺"字，在反式异构体的名称前加上"反"字。例如：

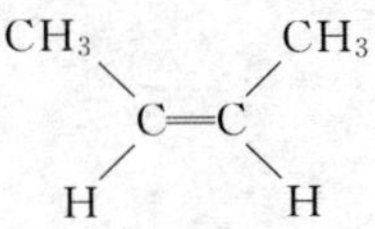

顺-2-丁烯

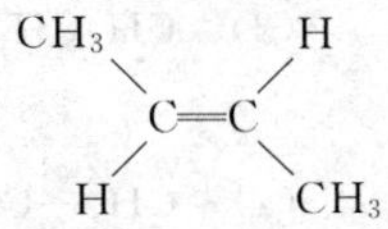

反-2-丁烯

顺反命名法既简单方便，又明了直观，但却有局限性。因为当两个双键碳原子上没有相同的原子或基团时，就难以确定顺式或反式，例如：

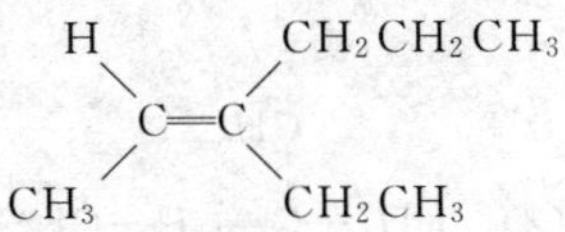

这种情况下，就需采用 Z/E 命名法。

（2）Z/E 命名法　Z/E 命名法（亦称 Z/E 标记法）的基本原则是：

a. 应用"次序规则"确定每个双键碳原子所连接的两个原子或基团的相对次序；

b. 如果两个次序高的基团在双键的同一侧，则称为 Z 构型，反之则称为 E 构型。

"次序规则"的主要内容如下。

按直接与双键碳原子相连的原子的原子序数大小排列。原子序数大的排在前面，次序优先，原子序数小的排在后面，次序在后。例如：

I＞Br＞Cl＞S＞P＞O＞N＞C＞H（"＞"表示优先于）

如果与双键碳原子直接相连的第一个原子相同，则依次比较与之相连的第二个、第三个……原子的原子序数，决定基团的排列次序。例如 CH_3—和 CH_3CH_2—，这两个基团与双键碳原子直接相连的都是碳原子，但在 CH_3—中，碳原子与三个氢原子相连（即 H，H，H），而在 CH_3CH_2—中，碳原子与一个碳原子和两个氢原子相连（即 C，H，H），由于 C＞H，所以 $CH_3CH_2—>CH_3—$。显然，

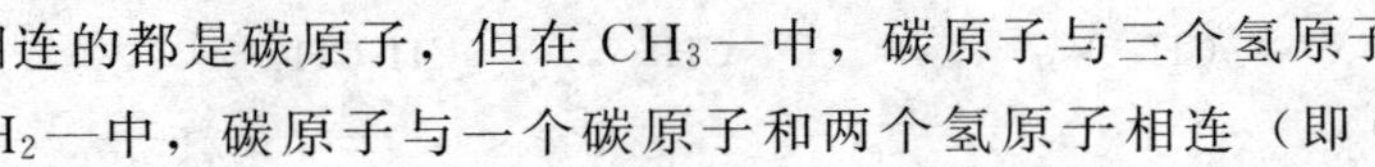

用 Z/E 命名法命名时，将 Z 或 E 加括号，放在烯烃名称之前。例如：

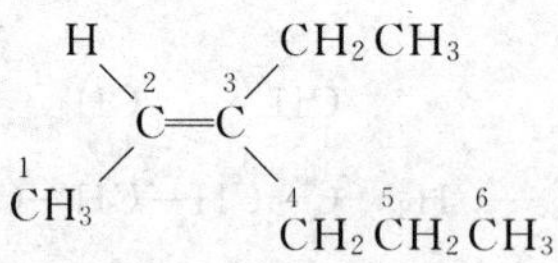

(*Z*)-3-乙基-2-己烯

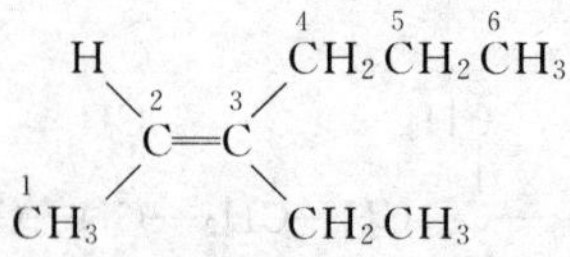

(*E*)-3-乙基-2-己烯

思考与练习

3-1 回答问题

（1）烯烃中含有哪些化学键？什么叫单烯烃？什么叫二烯烃？

（2）烯烃和烷烃在结构上有什么不同之处？

（3）π 键是如何形成的？π 键与 σ 键有什么区别？

（4）烯烃的同分异构现象有几种情况？它们是由于什么原因产生的？

（5）双键在碳链一端的烯烃通常称作 α-烯烃。α-烯烃会有顺反异构体吗？为什么？

（6）如何判断烯烃分子是否存在顺反异构体？顺反命名法和 *Z*/*E* 命名法各适用于什么情况？

3-2 指出下列化合物中哪些可能存在顺反异构体，并写出其顺反异构体的构造式

（1）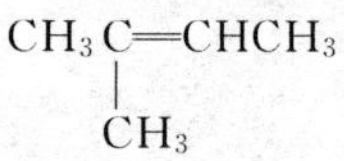　（2）$CH_3CH_2CH{=}CHCH_3$

（3）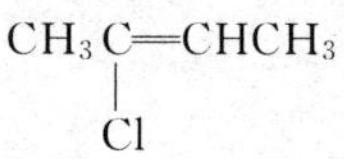　（4）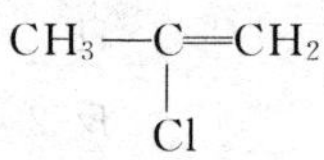

（5）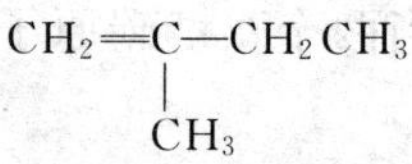　（6）$CH_3CH_2CH{=}CHCH_2CH_3$

3-3 用系统命名法给下列烯烃命名

（1）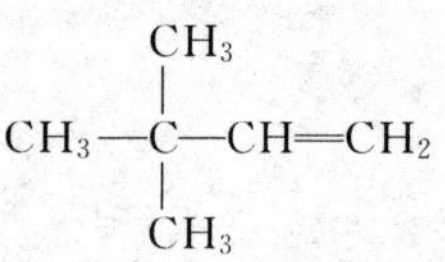　（2）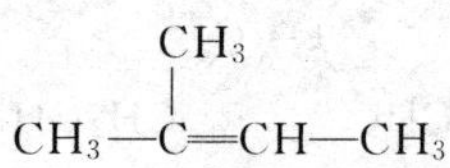

（3）$CH_3(CH_2)_8CH{=}CH_2$　（4）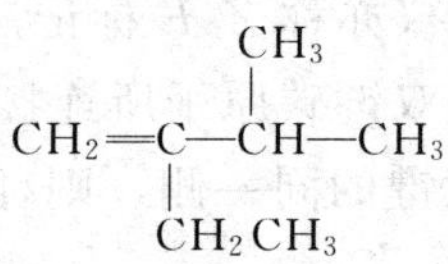

3-4 用顺反或 *Z*/*E* 命名法给下列烯烃命名

（1）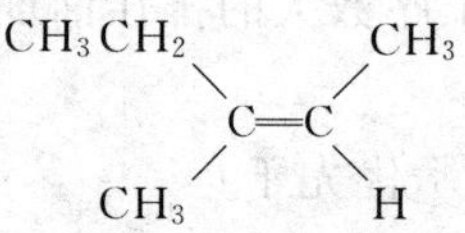　（2）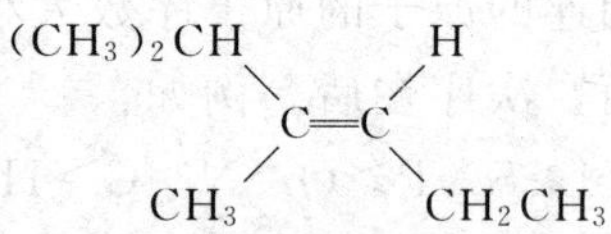

（3）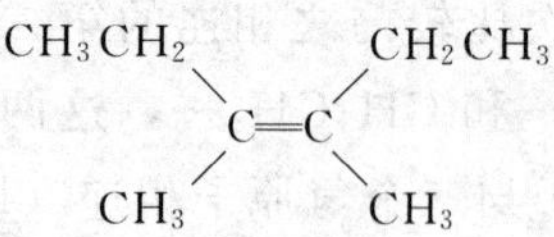　（4）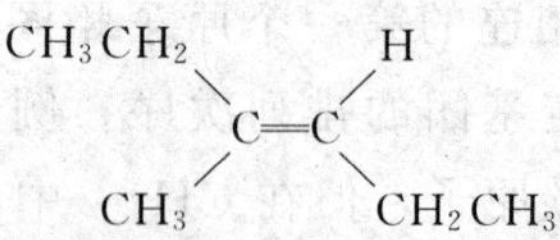

第二节　烯烃的性质

一、烯烃的物理性质

1. 物态

常温下 C_2～C_4 的烯烃为气体，C_5～C_{18}的烯烃为液体，C_{19}以上的烯烃为固体。

2. 沸点

烯烃的沸点与烷烃相似，随分子中碳原子数目的增加而升高。在顺反异构体中，顺式异构体的沸点略高于反式异构体，这是因为顺式异构体分子的极性较大些，分子间作用力较强些。

3. 熔点

烯烃的熔点变化规律与沸点相似，也是随分子中碳原子数目的增加而升高。但在顺反异构体中，反式异构体的熔点比顺式异构体高。这是因为反式异构体的对称性较大，在晶格中的排列较为紧密。

4. 溶解性

烯烃难溶于水，易溶于有机溶剂。

5. 相对密度

烯烃的相对密度都小于 1，比水轻。

6. 颜色、气味

纯的烯烃都是无色的。乙烯略带甜味，液态烯烃具有汽油的气味。

常见烯烃的物理常数见表 3-1 所示。

二、烯烃的化学性质

碳碳双键是烯烃的官能团。在有机化合物分子中，**与官能团直接相连的碳原子称为 α-碳原子与 α-碳原子直接相连的氢原子称为 α-氢原子**。例如，丙烯分子中有一个 α-碳原子和三个 α-氢原子：

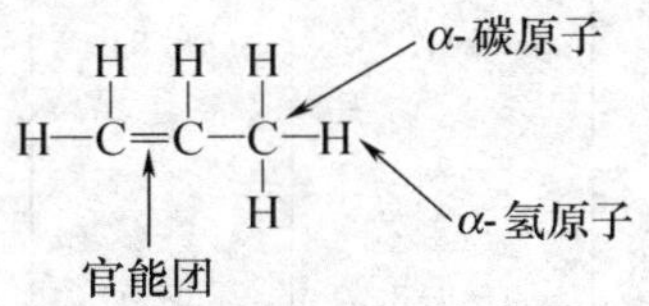

烯烃的化学反应主要发生在官能团碳碳双键以及受碳碳双键影响较大的 α-C—H 键上。 由于碳碳双键中的 π 键不牢固，容易断裂，因此导致烯烃的化学性质比较活泼，可发生多种化学反应。

1. 加成反应

烯烃与某些试剂作用时，双键中的 π 键断裂，试剂的两个原子或基团分别加到两个不饱和碳原子上，生成饱和化合物：

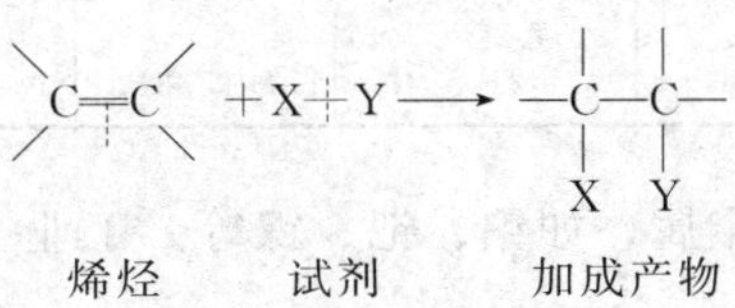

这种反应称为**加成反应**。加成反应是烯烃的特征反应之一。通过加成反应，可以由烯烃合成许多有用的化工产品。

(1) 催化加氢　烯烃在常温常压下很难与氢气作用。但在催化剂存在下，烯烃可与氢气发生加成反应，生成烷烃，同时放出热量。**烯烃加氢放出的热量称为氢化热。**

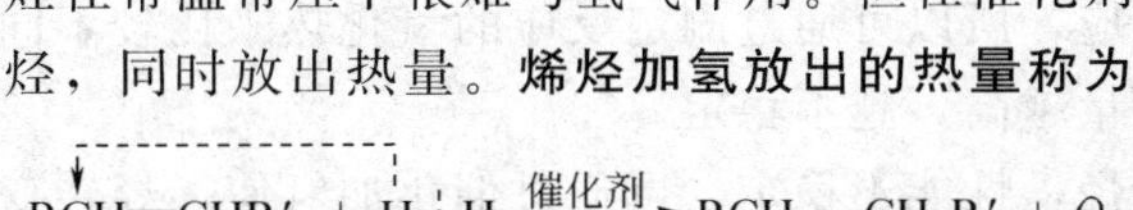

表 3-1 一些常见烯烃的物理常数

名 称	构造式	熔点/℃	沸点/℃	相对密度(d_4^{20})	折射率(n_D^{20})
乙烯	$CH_2{=}CH_2$	169.15	−103.71	0.570(在沸点时)	1.363(−100℃)
丙烯	$CH_3CH{=}CH_2$	−184.9	−47.4	0.610(在沸点时)	1.3567(−40℃)
1-丁烯	$CH_3CH_2CH{=}CH_2$	−183.35	−6.3	0.625(在沸点时)	1.3962
(*Z*)-2-丁烯	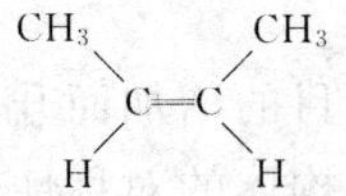	−138.91	3.7	0.6213	1.3931(−25℃)
(*E*)-2-丁烯	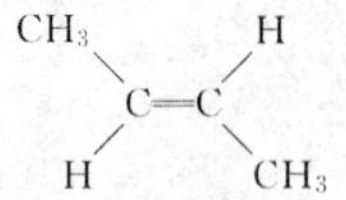	−105.55	0.88	0.6042	1.3848(−25℃)
异丁烯	$(CH_3)_2C{=}CH_2$	−140.35	−6.9	0.631(−10℃)	1.3926(−25℃)
1-戊烯	$CH_3CH_2CH_2CH{=}CH_2$	−138	29.968	0.6405	1.3715
(*Z*)-2-戊烯	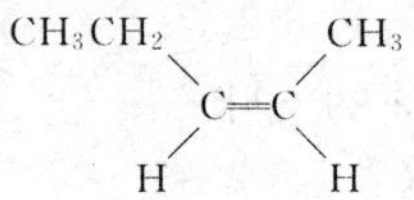	−151.39	36.9	0.6556	1.3830
(*E*)-2-戊烯	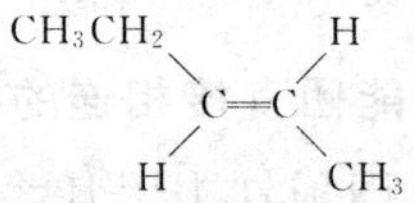	−136	36.358	0.6482	1.3793
(*Z*)-2-己烯	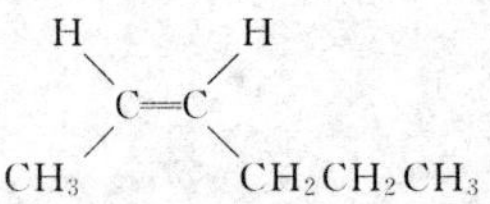	−141.35	68.84	0.6869	1.3977
(*E*)-2-己烯	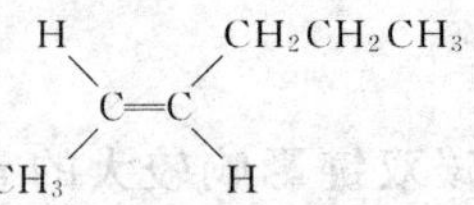	−133	67.9	0.6780	1.3035
1-庚烯	$CH_3(CH_2)_4CH{=}CH_2$	−119	93.6	0.697	1.3998
1-辛烯	$CH_3(CH_2)_5CH{=}CH_2$	−101.7	121.3	0.7149	1.4087
1-壬烯	$CH_3(CH_2)_6CH{=}CH_2$	—	146	0.730	—
1-癸烯	$CH_3(CH_2)_7CH{=}CH_2$	—	172.6	0.740	1.4215
1-十八碳烯	$CH_3(CH_2)_{15}CH{=}CH_2$	17.5	179	0.791	1.4448
1-十九碳烯	$CH_3(CH_2)_{16}CH{=}CH_2$	21.5	177(1333Pa)	0.7858	—

烯烃加氢常用的催化剂为金属，如铂、钯、镍等。工业上常用催化能力较强的雷尼镍作催化剂。

由于催化加氢反应能定量地进行，因此在分析上可利用催化加氢反应，根据吸收氢气的体积，计算出混合物中不饱和化合物的含量。

烯烃加氢是放热反应，所以可通过测定反应的氢化热来比较不同烯烃的稳定性。氢化热越高，说明烯烃体系能量越高，越不稳定。

汽油中含有少量烯烃，性能不稳定，可通过催化加氢使烯烃转变为烷烃，从而提高汽油质量。液态油脂中含有少量烯烃，容易变质，可通过催化加氢，将液态油脂转变为固态油脂，便于保存与运输。

（2）加卤素　烯烃容易与卤素发生加成反应，生成邻位二卤代烷烃，这是合成邻二卤代烷的一种重要方法。例如，工业上用乙烯和氯气作用，在催化剂氯化铁存在下，发生加成反应，制取1,2-二氯乙烷：

$$CH_2{=}CH_2 + Cl{-}Cl \xrightarrow[40℃,0.1\sim0.2MPa]{FeCl_3,1,2\text{-二氯乙烷}} \underset{Cl}{CH_2}{-}\underset{Cl}{CH_2}$$

1,2-二氯乙烷

为避免反应过于剧烈，需加入溶剂进行稀释。所加溶剂就是1,2-二氯乙烷，这样可省去分离和回收溶剂这一工序。

1,2-二氯乙烷为无色或淡黄色油状液体。有毒，大量吸入其蒸气或误食均能引起中毒死亡。其主要用途为制取氯乙烯、乙二醇、乙二酸和乙二胺等。也是良好的有机溶剂、萃取剂和抗震剂。

在常温、常压、不需加催化剂的情况下，烯烃与溴可迅速发生加成反应，生成1,2-二溴代烷烃。例如，将乙烯通入溴水或溴的四氯化碳溶液中，溴的红棕色很快褪去，生成1,2-二溴乙烷：

$$CH_2{=}CH_2 + Br{-}Br \longrightarrow \underset{Br}{CH_2}{-}\underset{Br}{CH_2}$$

（红棕色）　　1,2-二溴乙烷（无色）

1,2-二溴乙烷为无色透明、具有特殊香味的不燃性液体，是重要的化工原料和溶剂，也用作林木的杀虫剂以及谷类和水果的蒸熏剂。

烯烃与溴的加成反应前后有明显的现象变化，因此可用来鉴别烯烃。工业上常用此法检验汽油、煤油中是否含有不饱和烃。

【例题 3-1】 用化学方法鉴别乙烷和乙烯

在有机化学中，做鉴别题可使用下列格式，既简便明了，又免去了文字叙述的繁琐。

$$\left.\begin{array}{l}\text{乙烷}\\ \text{乙烯}\end{array}\right\} + Br_2/CCl_4 \left|\begin{array}{l}\times\\ \text{褪色}\end{array}\right.$$

（3）加卤化氢　烯烃可与卤化氢发生加成反应，生成卤代烷。例如，乙烯与氯化氢在氯化铝催化下，于130～250℃发生加成反应，生成氯乙烷：

$$CH_2{=}CH_2 + H{-}Cl \xrightarrow[0.3\sim0.4MPa]{\text{无水 }AlCl_3,130\sim250℃} CH_3CH_2Cl$$

氯乙烷

常温下，氯乙烷是无色透明、具有甜味的气体，能与空气形成爆炸性混合物。主要用作乙基化试剂（即向其他有机物分子中引入乙基）。也可用作溶剂和冷冻剂，由于它能在皮肤表面很快蒸发，使皮肤冷至麻木而不致冻伤皮下组织，因此可用作局部麻醉剂。

乙烯是对称分子，两个双键碳原子上所连接的原子完全相同。对称分子与卤化氢加成时，不论氢原子或卤原子加到哪一个双键碳原子上，所得到的产物都相同。

当两个双键碳原子上所连接的原子或基团不完全相同时，这种烯烃称为不对称烯烃。不对称烯烃与卤化氢加成时，可得到两种不同结构的产物。例如丙烯与氯化氢的加成，可得到下列两种产物：

$$CH_3CH{=}CH_2 + HCl \longrightarrow \begin{cases} CH_3CHClCH_3 & \text{2-氯丙烷} \\ CH_3CH_2CH_2Cl & \text{1-氯丙烷} \end{cases}$$

实验证明，丙烯与氯化氢的加成主要生成 2-氯丙烷。也就是说，氯化氢分子中的氢原子加到了丙烯分子中端点的双键碳原子上，而氯原子则加到了中间的双键碳原子上。

其他不对称烯烃与卤化氢发生加成反应时，与丙烯相似，主要得到一种产物。例如：

$$CH_3CH_2CH{=}CH_2 + H{-}Br \xrightarrow{\text{醋酸}} CH_3CH_2CHBrCH_3$$

2-溴丁烷

1869 年，俄国化学家马尔可夫尼科夫（Markovnikov）根据大量的实验总结出这样一条规律：**不对称烯烃与卤化氢等不对称试剂加成时，试剂中的氢原子（或带正电的部分）加到烯烃中含氢较多的双键碳原子上，卤原子或其他带负电的基团加到含氢较少的双键碳原子上。这个规律被称为马尔可夫尼科夫加成规则，简称马氏规则**。利用马氏规则可预测烯烃加成反应的主要产物。

当有过氧化物存在时，不对称烯烃与溴化氢的加成是违反马氏规则的。例如：

$$CH_3(CH_2)_6CH{=}CH_2 + HBr \xrightarrow{\text{过氧化物}} CH_3(CH_2)_6CH_2CH_2Br$$

1-壬烯　　　　1-溴壬烷

不对称烯烃与溴化氢加成的反马氏规则现象可用于由 α-烯烃制取 1-溴代烷烃。

过氧化物的存在，对于不对称烯烃与氯化氢、碘化氢等的加成没有这种影响。

（4）加硫酸　烯烃可与冷的浓硫酸发生加成反应，生成硫酸氢酯。例如：

$$CH_2{=}CH_2 + H{-}O{-}SO_2OH \longrightarrow CH_3{-}CH_2{-}OSO_2OH$$

硫酸氢乙酯

不对称烯烃与硫酸的加成反应，符合马氏规则。例如：

$$CH_3{-}\underset{}{\overset{CH_3}{\overset{|}{C}}}{=}CH_2 + H{-}OSO_2OH \longrightarrow CH_3{-}\overset{CH_3}{\overset{|}{\underset{OSO_2OH}{\underset{|}{C}}}}{-}CH_3$$

硫酸氢叔丁酯

烯烃与硫酸的加成产物硫酸氢酯溶于硫酸。利用这一性质，可将混在烷烃中的少量烯烃分离除去。

【例题 3-2】 己烷中含有少量 1-己烯，试用化学方法将其分离除去

有机化学中做分离题可采用下列简便格式：

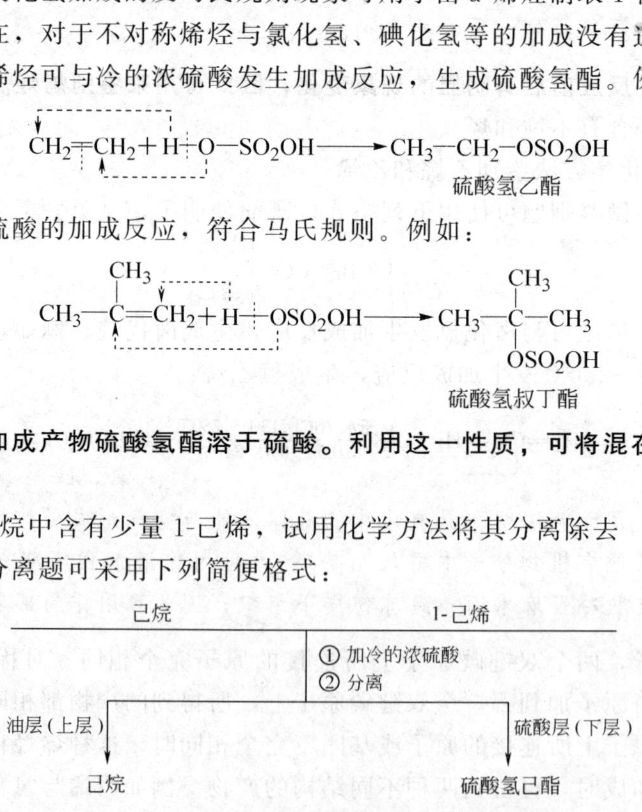

烯烃与硫酸的加成产物硫酸氢酯与水共热时，则发生水解反应，生成醇和硫酸。例如：

$$\underset{\text{硫酸氢乙酯}}{CH_3CH_2—OSO_2OH} + H_2O \xrightarrow{\triangle} \underset{\text{乙醇}}{CH_3CH_2OH} + H_2SO_4$$

$$\underset{\text{硫酸氢叔丁酯}}{CH_3—\overset{\displaystyle CH_3 \atop |}{\underset{| \atop \displaystyle OSO_2OH}{C}}—CH_3} + H_2O \xrightarrow{\triangle} \underset{\text{叔丁醇}}{CH_3—\overset{\displaystyle CH_3 \atop |}{\underset{| \atop \displaystyle OH}{C}}—CH_3} + H_2SO_4$$

烯烃与硫酸加成产物再水解生成醇，相当于在烯烃分子中加入了一分子水。因此这一反应又称为烯烃的**间接水合反应**。

工业上利用间接水合法制取乙醇、异丙醇等低级醇。此法的优点是对烯烃的纯度要求不高，对于回收利用石油炼厂气中的烯烃是一个好方法。但缺点是水解后产生的硫酸对生产设备有腐蚀作用。

（5）加水　在酸催化下，烯烃与水直接发生加成反应，生成醇。例如：

$$CH_2=CH_2 + H—OH \xrightarrow[300\,℃,\ 7MPa]{\text{磷酸-硅藻土}} \underset{\text{乙醇}}{CH_3CH_2OH}$$

不对称烯烃与水的加成反应符合马氏规则。例如：

$$CH_3CH=CH_2 + H—OH \xrightarrow[250\,℃,\ 4MPa]{\text{磷酸-硅藻土}} \underset{\text{异丙醇}}{CH_3\underset{| \atop \displaystyle OH}{C}HCH_3}$$

烯烃直接加水制备醇称为烯烃直接水合法。这是工业上生产乙醇、异丙醇的重要方法。直接水合法的优点是避免了硫酸对设备的腐蚀和酸性废水的污染，节省了投资。但直接水合法对烯烃的纯度要求较高，需要达到97%以上。

（6）加次氯酸　烯烃能与次氯酸发生加成反应，生成氯代醇。例如，乙烯与次氯酸加成生成氯乙醇：

$$CH_2=CH_2 + HO—Cl \longrightarrow \underset{\text{氯乙醇}}{\underset{| \atop \displaystyle OH}{CH_2}—\underset{| \atop \displaystyle Cl}{CH_2}}$$

在实际生产中，常用氯气和水代替次氯酸。

氯乙醇是微黄色液体，有毒。常用作医药和农药（如驱蛔灵、普鲁卡因及异丙磷等）的原料，也是一种植物发芽催速剂。

不对称烯烃与次氯酸的加成符合马氏规则。例如，丙烯与次氯酸加成时，带正电的 Cl^+ 加到含氢较多的双键碳原子上，而带负电的 OH^- 加到含氢较少的双键碳原子上：

$$CH_3—CH=CH_2 + HO^-—Cl^+ \longrightarrow \underset{\text{1-氯-2-丙醇}}{CH_3—\underset{| \atop \displaystyle OH}{CH}—\underset{| \atop \displaystyle Cl}{CH_2}}$$

*（7）烯烃的加成反应历程

烯烃的加成反应是离子型反应。由于碳碳双键的电子云密度较大，容易受到缺电子试剂的进攻，缺电子试剂通常称为亲电试剂。**由亲电试剂进攻所引起的加成反应称为亲电加成反**

应。与烯烃发生加成反应的试剂大多为亲电试剂，因此，烯烃的加成又叫做亲电加成。

烯烃的亲电加成反应是分两步进行的。例如烯烃与卤化氢的加成，第一步是 HX 分子中的 H^+ 首先进攻 C═C 双键，并与其中一个双键碳原子结合生成碳正离子：

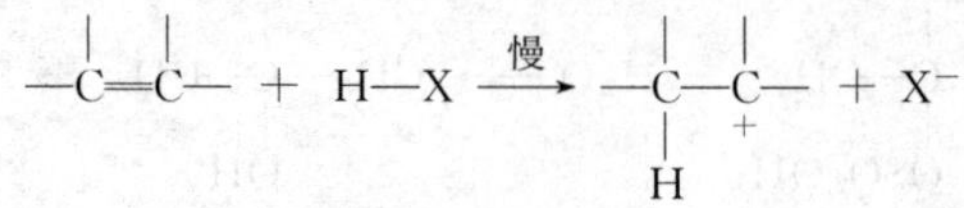

这一步反应速率比较慢。生成的碳正离子立即与 X^- 结合，得到加成产物：

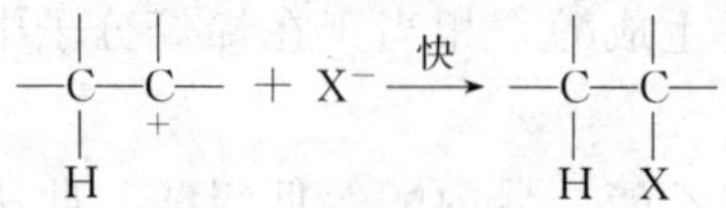

这一步是离子间的反应，速率比较快。

当一个双键碳原子上连有烷基时，由于烷基具有供电性（即烷基为供电子基），会使容易极化的 π 电子云发生偏移，例如：

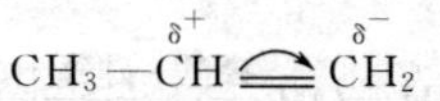

偏移的结果，使得与烷基直接相连的双键碳原子（也就是含氢较少的碳原子）上带有部分正电荷，而另一个双键碳原子（也就是含氢较多的碳原子）上带有部分负电荷。这样一来，更有利于亲电试剂的进攻，并且试剂中的氢原子或带正电的部分比较容易与带部分负电荷的双键碳原子结合。这就是不对称烯烃与极性试剂加成符合马氏规则的原因。

在有过氧化物存在时，不对称烯烃与 HBr 的加成是按自由基型反应进行的，因此不符合马氏规则。

2. 聚合反应

烯烃不仅能与许多试剂发生加成反应，还能在引发剂或催化剂作用下，断裂 π 键，以头尾相连的形式自相加成，生成相对分子质量较大的化合物。**烯烃的这种自相加成反应称为聚合反应**。能发生聚合反应的相对分子质量较小的化合物称为**单体**，聚合后得到的相对分子质量较大的化合物称为**聚合物**。例如乙烯在过氧化物引发下聚合生成聚乙烯，用$\left[CH_2CH_2\right]_n$表示。其中—CH_2—CH_2—称为链节，n 称为聚合度。

$$nCH_2═CH_2 \xrightarrow[200\sim300℃,100MPa]{少量过氧化物} \left[CH_2—CH_2\right]_n$$

乙烯（单体）　　　　聚乙烯（聚合物）

上述反应是在高压下进行的。制得的聚乙烯称为高压聚乙烯，相对分子质量约为 5 万。

如果采用齐格勒-钠塔催化剂（烷基铝与氯化钛），聚合反应可在较低压力下进行：

$$nCH_2═CH_2 \xrightarrow[0.3\sim1MPa,\ 60\sim65℃]{TiCl_4/Al(C_2H_5)_3} \left[CH_2—CH_2\right]_n$$

这种在常压或略高于常压下聚合得到的聚乙烯称为低压聚乙烯，相对分子质量约为 3 万。

常温时聚乙烯为乳白色半透明物质，熔化后是无色透明液体。从分子构造来看，聚乙烯相当于大分子烷烃，化学性能稳定。可耐酸、碱及无机盐类的腐蚀作用，常用作化工生产中的防腐材料；对水的抵抗力较强，水蒸气透过率很低，是良好的防潮材料；具有较好的电绝缘性能，可用于制电线、电缆及电工部件的绝缘材料；透光性好，可制成农用薄膜；无毒、易加工成形，可制作食品、药品的容器及各类工业或生活用具。

在齐格勒-纳塔催化剂存在下，以加氢汽油为溶剂，在 50～70℃、1～2MPa，丙烯聚合生成聚丙烯：

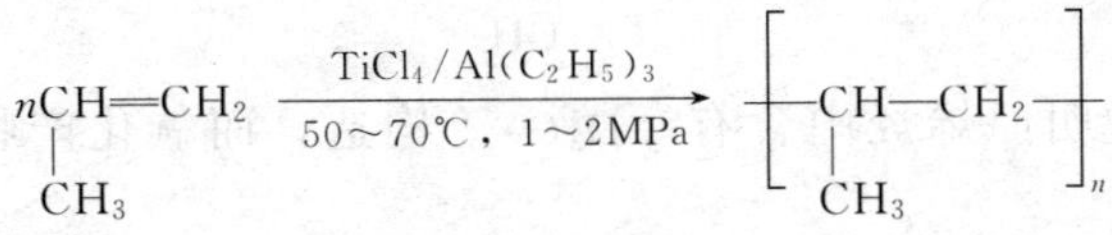

丙烯　　　　　　　　聚丙烯

常温时聚丙烯是乳白色半透明物质，熔点 176℃，熔化后是无色透明液体。聚丙烯具有较好的抗腐蚀性能、电绝缘性能、柔韧性能、力学性能和防水性能。常用于制造薄膜、薄板、电器设备、工程塑料以及合成纤维等。

3. 氧化反应

烯烃的碳碳双键非常活泼，容易发生氧化反应。当氧化剂和氧化条件不同时，产物也不相同。

（1）被高锰酸钾氧化　在比较温和的氧化条件下，烯烃中的 π 键可断裂，被氧化成邻二醇。例如，将乙烯通入稀、冷高锰酸钾水溶液中时，随着氧化反应的发生，高锰酸钾溶液的紫色逐渐消退，生成乙二醇和棕褐色的二氧化锰沉淀：

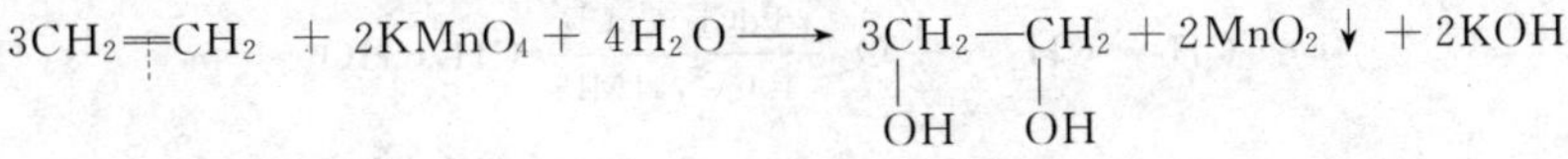

乙二醇

由于反应前后有明显的现象变化，所以可利用此反应来鉴别烯烃。

在比较强烈的氧化条件下，烯烃碳碳双键发生完全断裂，生成相应的氧化产物。例如在加热的情况下，用过量高锰酸钾的酸性溶液氧化烯烃：

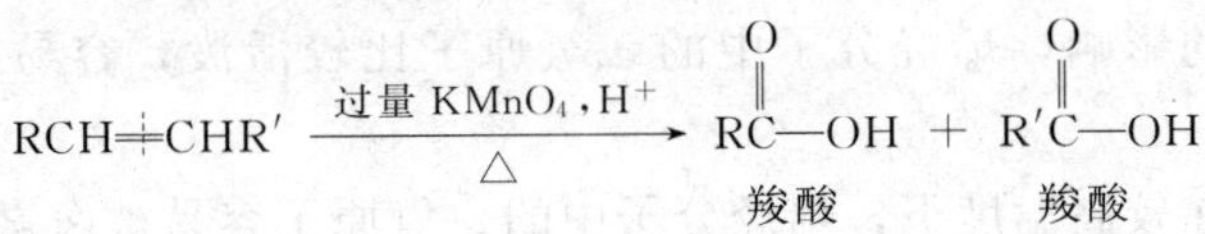

羧酸　　　羧酸

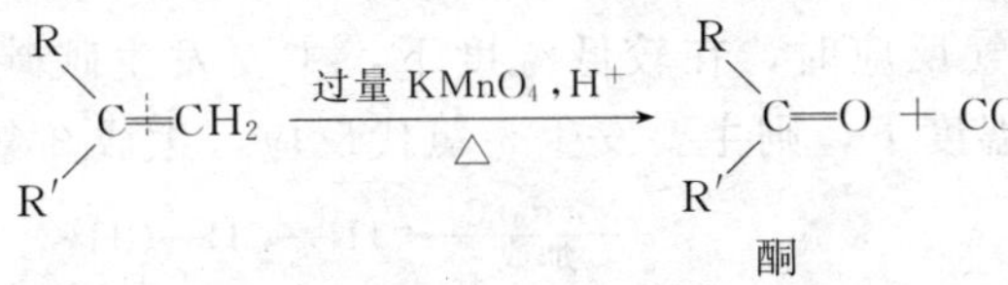

酮

由上例中可以看出，不同构造的烯烃，发生强烈氧化时，产物也不相同。其中具有 RCH═构造的烯烃，氧化后生成羧酸（RCOOH）；具有 $\mathrm{RR'C=}$ 构造的烯烃，氧化后生成酮（$\mathrm{RR'C=O}$）；具有 CH_2 ═构造的烯烃，氧化后生成二氧化碳（CO_2）。因此可根据氧化产物推测原烯烃的结构。

【例题 3-3】　某烯烃分子式为 C_5H_{10}。用酸性高锰酸钾溶液氧化后，得到乙酸（CH_3COOH）和丙酮（CH_3COCH_3），试推测该烯烃的构造式。

烯烃的氧化产物是烯烃断裂碳碳双键之后形成的。产物中连接氧原子的碳原子就是原烯

烃中的双键碳原子。由上例中可知，生成 $CH_3\overset{O}{\overset{\|}{C}}—OH$，说明原烯烃中有 $CH_3CH=$构造，生成 $CH_3—\underset{O}{\underset{\|}{C}}—CH_3$，说明原烯烃中含有 $CH_3\overset{CH_3}{\overset{|}{C}}=$ 构造，而氧化产物正是双键断裂后生成的。将这两部分连接起来，即为原烯烃的构造式。所以该烯烃应具有以下构造：

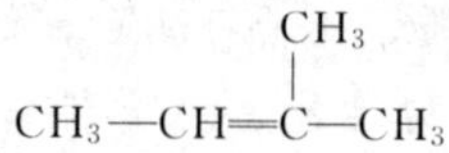

2-甲基-2-丁烯

（2）催化氧化　在催化剂存在下，烯烃可被空气氧化。例如，乙烯与空气混合后，用 Ag 作催化剂，在 200～300℃条件下，生成环氧乙烷：

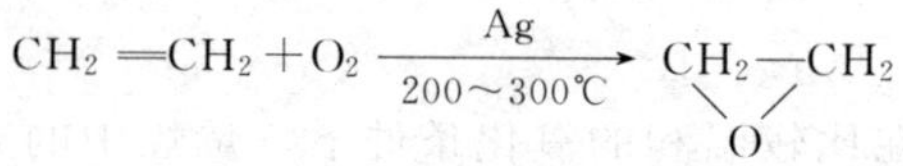

环氧乙烷

如果用氯化钯-氯化铜作催化剂，乙烯则被氧化成乙醛：

$$CH_2=CH_2+\frac{1}{2}O_2\xrightarrow[100℃,\ 1MPa]{PdCl_2\text{-}CuCl_2}\underset{\text{乙醛}}{CH_3CHO}$$

乙烯催化氧化是工业上制取环氧乙烷和乙醛的主要方法。环氧乙烷和乙醛都是十分重要的化工产品。

4. α-氢原子的反应

由于受碳碳双键的影响，烯烃分子中的α-氢原子比较活泼，容易发生取代反应和氧化反应。

（1）取代反应　在较高温度下，烯烃分子中的α-氢原子容易被卤素原子取代，生成α-卤代烯烃。例如，丙烯与氯气反应时，在较低温度下，主要发生碳碳双键的加成反应，生成 1,2-二氯丙烷；而在较高温度下，则主要发生α-氯代反应，生成 3-氯丙烯：

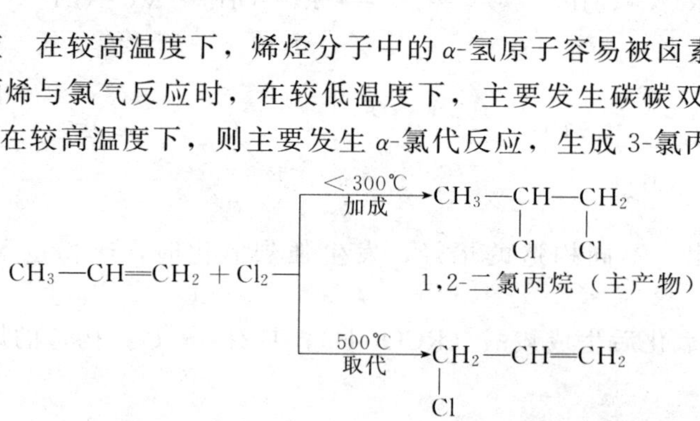

3-氯丙烯（主产物）

提高温度，将有利于取代反应进行，例如，工业上就是在 500～530℃的条件下，用丙烯与氯反应制取 3-氯丙烯。

3-氯丙烯是无色、具有刺激性气味的液体，有毒。是有机合成的重要中间体，主要用于制环氧氯丙烷、甘油、丙烯醇等。也是合成医药、农药、涂料及胶黏剂等的原料。

（2）氧化反应　在催化剂作用下，烯烃的α-氢原子可被空气或氧气氧化。例如，丙烯在氧化亚铜催化下，被空气氧化，生成丙烯醛：

$$CH_2{=}CH{-}CH_3 + O_2 \xrightarrow[300\sim400℃]{Cu_2O} CH_2{=}CH{-}CHO + H_2O$$

丙烯醛

如果用钼酸铋作催化剂，丙烯则氧化成丙烯酸：

$$CH_2{=}CH{-}CH_3 + \frac{3}{2}O_2 \xrightarrow[300\sim400℃]{\text{磷钼酸铋}} CH_2{=}CH{-}COOH + H_2O$$

丙烯酸

丙烯氧化是工业上用于制取丙烯醛和丙烯酸的主要方法。丙烯醛是无色、具有特殊辛辣味的挥发性液体，是剧毒的化学品，也是强烈的催泪剂。主要用作有机合成原料，制取家禽饲料蛋氨酸，也用于制甘油。

丙烯酸是无色、具有强烈刺激性气味的液体，是强有机酸，有腐蚀性。直接与皮肤接触，会造成灼伤，其蒸气对呼吸器官有害。是重要的有机合成单体，主要用于生产丙烯酸酯类，并进一步聚合制得合成树脂、合成纤维、合成橡胶以及涂料、乳胶、胶黏剂等。

思考与练习

3-5　回答问题

（1）烯烃的催化加氢反应能否说明烷烃的化学性质比烯烃稳定？为什么？

（2）烯烃与卤素的加成反应在工业生产和分析上各有什么实际应用？

（3）不对称烯烃与卤化氢加成时，遵循什么规律？

（4）烯烃的直接水合法与间接水合法制备醇各有什么优缺点？

（5）丙烯与氯气作用时，可能发生几种类型的反应？各生成什么产物？需要什么反应条件？

3-6　完成下列化学反应

（1）$CH_3\underset{\displaystyle CH_3}{\underset{|}{C}}{=}CH_2 + Br_2 \longrightarrow$

（2）$CH_3{-}\overset{\displaystyle CH_3}{\overset{|}{C}}{=}CH_2 + HBr \longrightarrow$

（3）$CH_3CH{=}CH_2 + HBr \xrightarrow{\text{过氧化物}}$

（4）$CH_3CH{=}CH_2 + H_2SO_4 \longrightarrow$

（5）$CH_3{-}\overset{\displaystyle CH_3}{\overset{|}{C}}{=}CH_2 + H_2O \xrightarrow{H^+}$

3-7　实验室中制取甲烷时，会产生少量烯烃，试设计一实验方法将其除去。

3-8　试写出聚丙烯的两个链节的构造式。

3-9　试根据丁烯三种异构体的氢化热来比较它们的相对稳定性。

（1）$CH_3CH_2CH{=}CH_2$　　（2）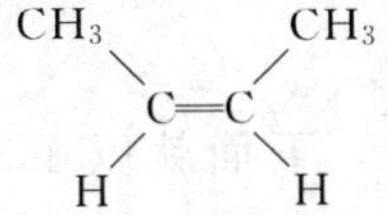　　（3）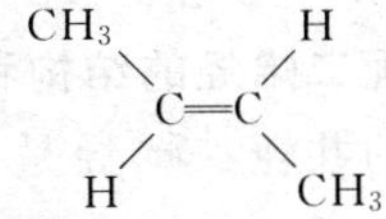

氢化热：126.8kJ/mol　　119.7kJ/mol　　115.5kJ/mol

3-10　某烯烃用酸性高锰酸钾溶液强烈氧化后，只生成一种产物乙酸 $CH_3\overset{\displaystyle O}{\overset{\|}{C}}{-}OH$，试推测该烯烃的构造式。

第三节　二　烯　烃

一、二烯烃的分类和命名

1. 二烯烃的分类

根据二烯烃分子中两个双键的相对位置不同，可将其分为三类。

（1）累积二烯烃　**两个双键连在同一个碳原子上的二烯烃称为累积二烯烃**。例如：

$$CH_2=C=CH_2$$

丙二烯

（2）共轭二烯烃　**两个双键被一个单键隔开的二烯烃称为共轭二烯烃**。例如：

$$CH_2=CH-CH=CH_2$$

1,3-丁二烯

（3）隔离二烯烃　**两个双键被两个或多个单键隔开的二烯烃称为隔离二烯烃**。例如：

$$CH_2=CH-CH_2-CH=CH_2$$

1,4-戊二烯

三种不同类型的二烯烃中，累积二烯烃由于分子中的两个双键连在同一个碳原上，很不稳定，极少见。隔离二烯烃分子中的两个双键相距较远，彼此没有什么影响，相当于两个孤立的单烯烃，其性质也与单烯烃相似。只有共轭二烯烃分子中的两个双键被一个单键连接起来，由于结构比较特殊，具有不同于其他二烯烃的特殊性质。

2. 二烯烃的命名

二烯烃系统命名法的步骤和规则如下。

（1）选择主链作为母体　二烯烃的命名应选择含有两个双键的最长碳链作为主链（母体），母体名称为“某二烯”。

（2）给主链碳原子编号　靠近双键一端给主链碳原子编号，用以标明两个双键和取代基的位次。

（3）写出二烯烃的名称　按照取代基位次、相同基数目、取代基名称、两个双键的位次、母体名称的顺序写出二烯烃的全称。

例如：

$$CH_2=CH-CH=CH_2$$

1,3-丁二烯

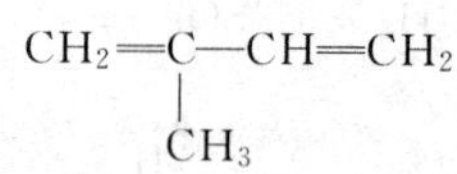

2-甲基-1,3-丁二烯（异戊二烯）

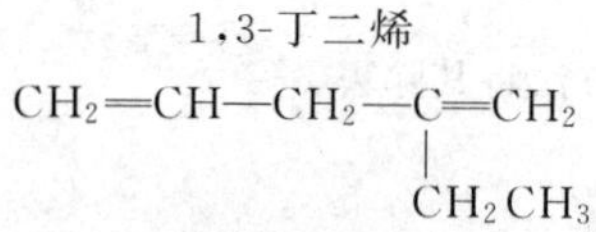

2-乙基-1,4-戊二烯

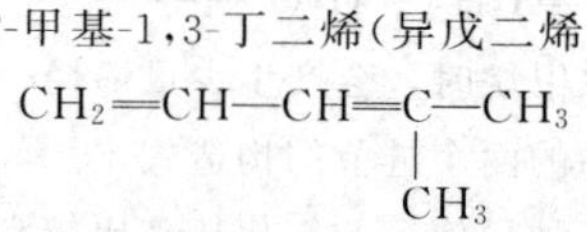

4-甲基-1,3-戊二烯

二、共轭二烯烃的结构和共轭效应

最简单的共轭二烯烃是1,3-丁二烯，下面就以1,3-丁二烯为例来讨论共轭二烯烃的结构。

1. 1,3-丁二烯的结构

在1,3-丁二烯分子中，四个碳原子和六个氢原子都在同一个平面上，其键长和键角的数据如图3-7所示。

由图3-7中所示的数据可以看出，在1,3-丁二烯分子中碳碳双键的键长比单烯烃中碳碳

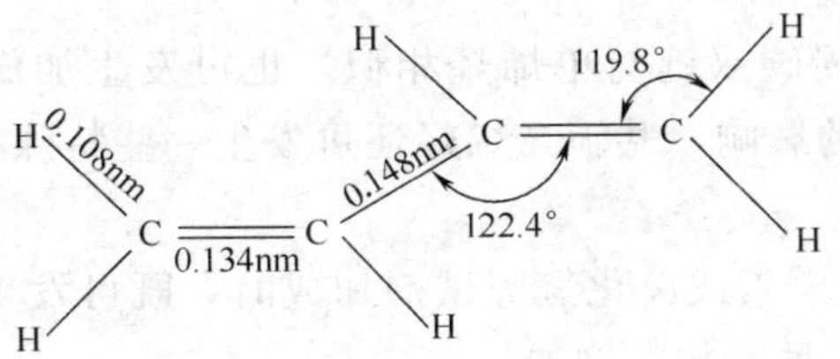

图 3-7 1,3-丁二烯分子中的键长和键角

双键的键长（0.133nm）略长，但碳碳单键的键长比烷烃中碳碳单键的键长（0.154nm）短，这说明在共轭二烯烃分子中，碳碳双键和碳碳单键的键长具有平均化的趋势。

杂化轨道理论认为，1,3-丁二烯分子中的四个碳原子都是 sp^2 杂化的。它们各以 sp^2 杂化轨道沿键轴方向相互重叠形成三个 C—Cσ 键，其余的 sp^2 杂化轨道分别与氢原子的 s 轨道沿键轴方向相互重叠形成六个 C—Hσ 键，这九个 σ 键都在同一平面上，它们之间的夹角都接近 120°。每个碳原子上还剩下一个未参加杂化的 p 轨道，这四个 p 轨道的对称轴都与 σ 键所在的平面相垂直，彼此平行，并从侧面重叠，形成 π 键。这样 p 轨道就不仅是在 C-1 与 C-2、C-3 与 C-4 之间平行重叠，而且在 C-2 与 C-3 之间也有一定程度的重叠，从而形成了一个包括四个碳原子在内的大 π 键，这个大 π 键是一个整体，称为**共轭 π 键**。如图 3-8 所示。

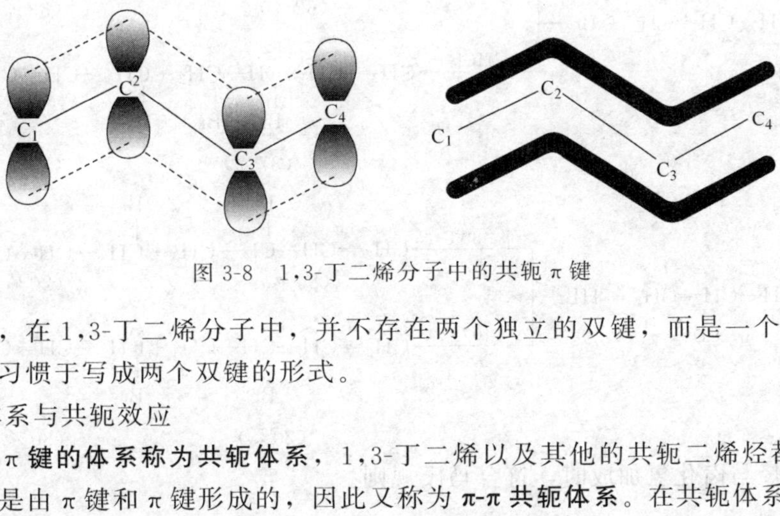

图 3-8 1,3-丁二烯分子中的共轭 π 键

也就是说，在 1,3-丁二烯分子中，并不存在两个独立的双键，而是一个整体双键，但在书写时，仍习惯于写成两个双键的形式。

2. 共轭体系与共轭效应

具有共轭 π 键的体系称为共轭体系，1,3-丁二烯以及其他的共轭二烯烃都是共轭体系。这种共轭体系是由 π 键和 π 键形成的，因此又称为 **π-π 共轭体系**。在共轭体系中，形成共轭键的所有原子是一个整体，它们之间的相互影响称为**共轭效应**。共轭效应具有如下特点。

（1）键长趋于平均化　共轭体系的碳碳双键和碳碳单键的键长趋于平均化。

（2）极性交替现象沿共轭链传递　当共轭体系受到外界试剂进攻时，形成共轭键的原子上的电荷会发生正负极性交替现象，这种现象可沿共轭链传递而不减弱。例如，1,3-丁二烯分子受到试剂进攻时，发生极化：

$$\underset{4}{\overset{\delta^+}{C}H_2}=\underset{3}{\overset{\delta^-}{C}H}-\underset{2}{\overset{\delta^+}{C}H}=\underset{1}{\overset{\delta^-}{C}H_2}\longleftarrow \underset{\text{试剂}}{A^+-B^-}$$

由于分子中的极性交替现象，使共轭二烯烃的加成反应既可发生在 C-1-C-2（或 C-3-C-4）上，也可发生在 C-1 和 C-4 上。

（3）体系能量低，比较稳定　共轭体系能量较低，性质比较稳定。

三、共轭二烯烃的性质

共轭二烯烃分子中的碳碳双键与单烯烃相似，也可发生加成、氧化和聚合等一系列反应。此外，由于共轭效应的影响，共轭二烯烃还可发生一些特殊的反应。

1. 1,4-加成

共轭二烯烃在与1mol卤素或卤化氢等试剂加成时，既可发生1,2-加成反应，也可发生1,4-加成反应，所以可得两种产物。例如：

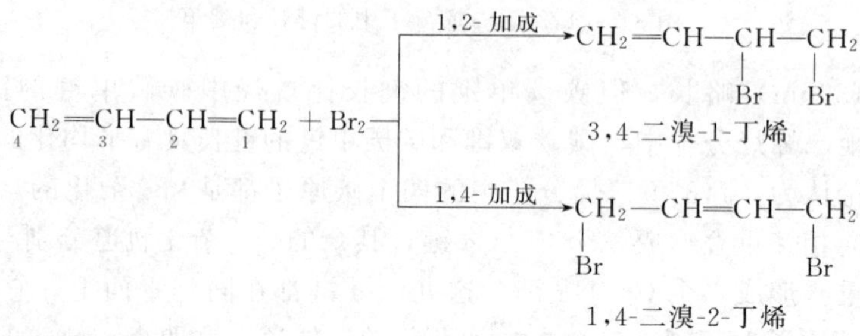

控制反应条件，可调节两种产物的比例。如在低温下或非极性溶剂中有利于1,2-加成产物的生成，升高温度或在极性溶剂中则有利于1,4-加成产物的生成。例如：

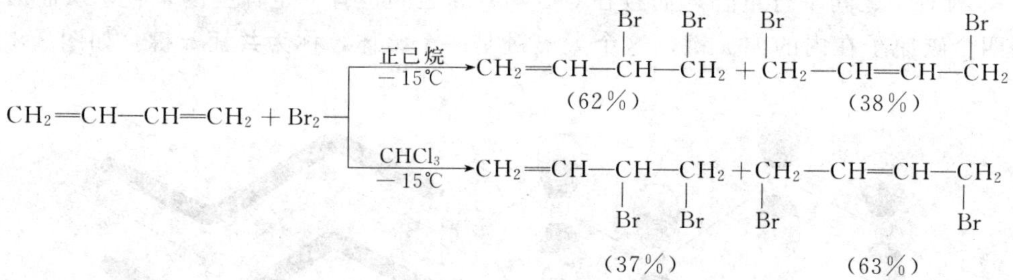

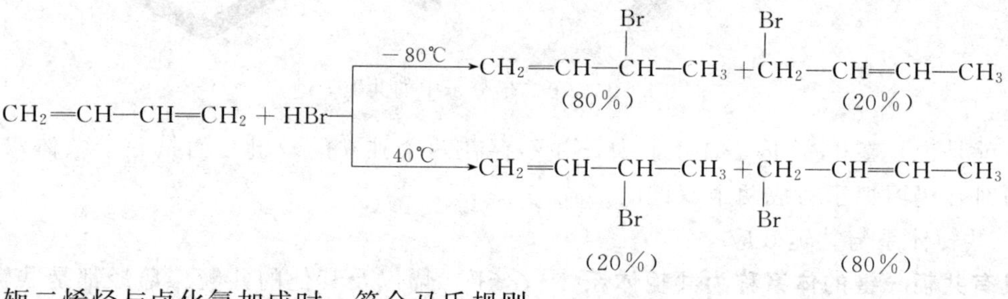

共轭二烯烃与卤化氢加成时，符合马氏规则。

2. 双烯合成

在一定条件下，共轭二烯烃可与具有碳碳双键或碳碳三键的化合物进行1,4-加成反应，生成环状化合物。这类反应称为双烯合成反应。也叫狄尔斯-阿德尔（Diels-Alder）反应。例如：

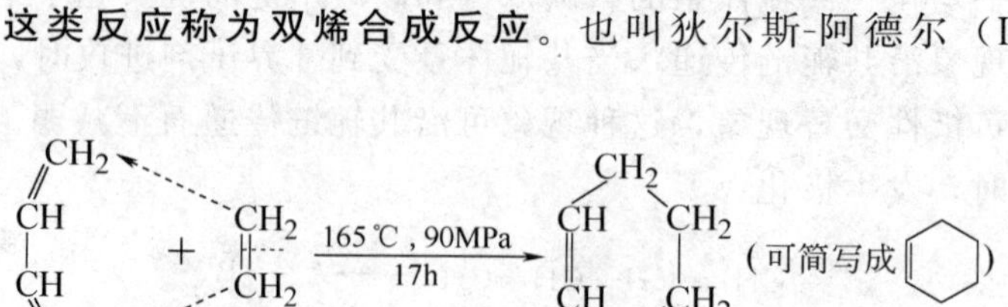

环己烯 (78%)

在双烯合成反应中，含有共轭双键的二烯烃称为**双烯体**，与双烯体发生双烯合成反应的不饱和化合物称为**亲双烯体**。如果亲双烯体连有吸电子基团（如—CHO、—COOH、

—CN、—NO_2 等)，或者双烯体中有供电子基团（如 R—等)，反应就比较容易进行。例如：

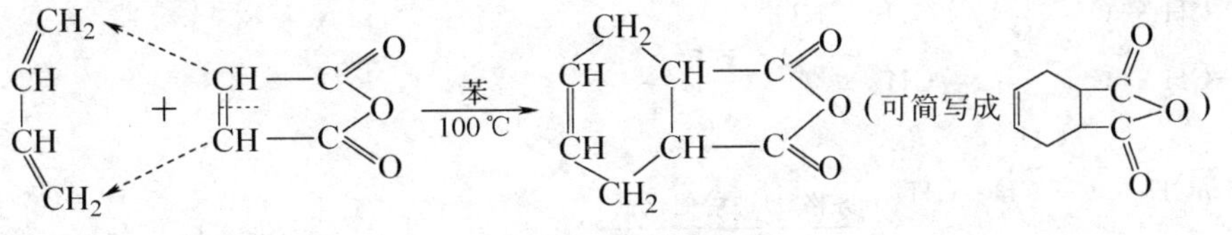

顺丁烯二酸酐　　(固体，100%)

双烯合成是合成六元环状化合物的一种方法。**共轭二烯烃与顺丁烯二酸酐的加成产物是固体，在高温时又可分解为原来的二烯烃，所以可用于共轭二烯烃的鉴定与分离。**

3. 聚合反应

共轭二烯烃比较容易发生聚合反应生成高分子化合物，工业上利用这一反应来生产合成橡胶。例如：

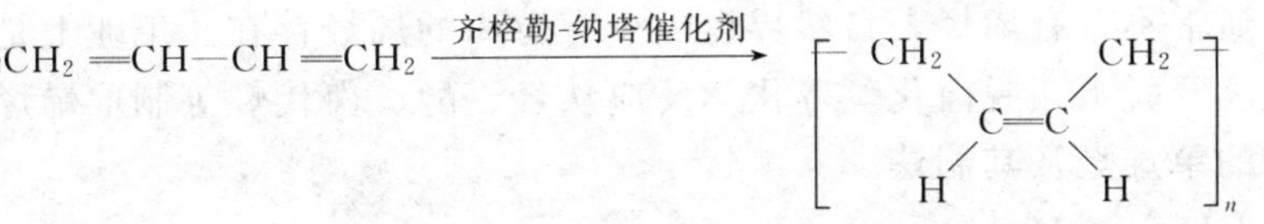

顺丁橡胶

上述反应是按 1,4-加成方式，首尾相接而成的聚合物。由于链节中，相同的原子或基团在碳碳双键同侧，所以称作顺式。这样的聚合方式称为定向聚合。

由定向聚合生产的顺丁橡胶，由于结构排列有规律，具有耐磨、耐低温，抗老化、弹性好等优良性能，因此在合成橡胶中的产量占世界第二位，仅次于丁苯橡胶。

思考与练习

3-11　回答问题

(1) 共轭二烯烃为什么既可发生 1,2-加成，又可发生 1,4-加成？如何控制两种加成产物的比例？

(2) 什么是双烯合成反应？哪些化合物可以发生双烯合成反应？

(3) 共轭二烯烃的聚合反应在工业上有什么实际应用？由定向聚合生产的顺丁橡胶有哪些特点？

3-12　给下列二烯烃命名

(1) $CH_2{=}C(CH_2CH_3){-}CH{=}CH_2$　　(2) $CH_3C(CH_3){=}CH{-}CH_2{-}C(CH_3){=}CH_2$

(3) $CH_2{=}CH{-}CH{=}CHCH_2CH_3$　　(4) $CH_2{=}C(CH_3){-}CH_2{-}CH_2{-}C(CH_3){=}CH_2$

3-13　写出下列反应的主要产物

(1) $CH_2{=}CH{-}CH{=}CH_2 + HBr \xrightarrow{\text{低温}} ?$

(2) $CH_3CH{=}CH{-}CH{=}CH_2 + Br_2 \xrightarrow{CCl_4} ?$

(3) $CH_3{-}CH{=}CH{-}CH{=}CH_2 + CH_2{=}CH_2 \xrightarrow[\triangle]{} ?$

(4) 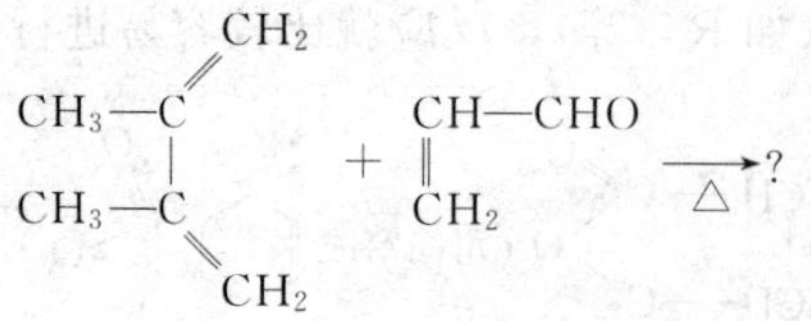

(5) 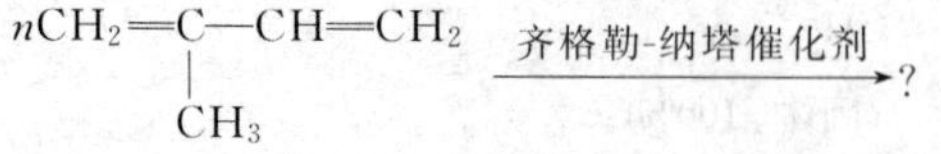

第四节　重要的烯烃及其制法

乙烯、丙烯、1,3-丁二烯和异戊二烯等低级烯烃是有机化学工业中大量需要的基础原料。但原油中通常不含有烯烃，自然界也极少有游离的烯烃存在。工业上是从石油裂解气中提取或利用脱氢、脱水、脱卤化氢等化学反应从烃、醇、卤代烃等制取烯烃。

一、重要的单烯烃及其制法

1. 乙烯（$CH_2=CH_2$）

乙烯是无色稍带甜味的气体，微溶于水，比空气轻。在空气中燃烧，火焰比甲烷明亮，这是因为乙烯分子中的含碳百分比高于甲烷。乙烯与空气混合，遇明火会发生爆炸，爆炸极限为 3%～9%（体积）。

乙烯是有机化学工业最重要的起始原料之一。由乙烯出发，通过各类化学反应，可以制得许多有用的化工产品和中间体，如乙醇、乙醛、氯乙烷、氯乙烯、氯乙醇、二氯乙烷、环氧乙烷、聚乙烯、聚氯乙烯等。

此外，乙烯还具有催促水果成熟的作用。许多水果如苹果、橘子、香蕉、柿子等果实在未完全成熟之前，自身可产生极少量乙烯，产生的乙烯促进了水果的进一步成熟。在农村人们常将未成熟的果实放在密闭的箱子里或稻草堆中，使水果自身产生的乙烯积聚起来，达到催熟目的。成熟的水果在运输途中容易因挤压、颠簸而破坏腐烂。为防止损失，可在水果未完全成熟之前摘下，运到目的地后，再将其放进一个密闭的房间里，通入少量乙烯气体，经 2～3 天，水果就被催熟。

由于乙烯是气体，作为催熟剂，运输使用都不大方便。因此，近年来人们合成了一种液态的乙烯型植物催熟激素，称为乙烯利（化学名称叫 2-氯乙基膦酸），它能被植物吸收，并在植物体内水解后释放出乙烯，从而发挥催熟作用。

2. 丙烯（$CH_3CH=CH_2$）

丙烯是无色气体，不溶于水，易溶于汽油、四氯化碳等有机溶剂。在空气中的爆炸极限是 2%～11%（体积分数）。

丙烯具有烯烃的一般性质，与乙烯一样可发生多种化学反应，生成许多有用的化工产品和中间体，所以丙烯也是有机化学工业重要的起始原料之一。此外，丙烯分子中含有活泼的 α-氢原子，不仅可以发生卤代反应，而且可以发生氧化反应。丙烯在工业上用于制取人造羊毛的原料丙烯腈、合成乙丙橡胶等。

3. 来源与制法

（1）从石油裂解气和炼厂气中分离　工业上将石油馏分或湿天然气与水蒸气混合后，经高温（750～930℃）裂解，大规模生产乙烯和丙烯。

炼油厂在炼制石油时，其炼厂气中含有乙烯、丙烯和丁烯等低级烯烃，可通过分馏等方法进行分离和提纯。这是低级烯烃一个重要的工业来源。

（2）由醇脱水制取　实验室中制取少量烯烃时，通常是在催化剂存在下，由醇脱水制得。例如，乙醇与浓硫酸共热时，脱水生成乙烯：

$$\underset{\text{乙醇}}{CH_3CH_2OH} \xrightarrow[170^\circ C]{\text{浓 } H_2SO_4} CH_2{=}CH_2 + H_2O$$

又如，以氧化铝为催化剂，加热时，醇也可以脱水生成烯烃：

$$CH_3CH_2OH \xrightarrow[350\sim400^\circ C]{Al_2O_3} CH_2{=}CH_2 + H_2O$$

$$\underset{\text{异丙醇}}{CH_3\underset{\displaystyle OH}{\underset{|}{C}H}CH_3} \xrightarrow[350\sim400^\circ C]{Al_2O_3} CH_3CH{=}CH_2 + H_2O$$

（3）由卤代烷脱卤化氢制取　卤代烷与强碱的醇溶液共热时，脱去一分子卤化氢生成烯烃。例如：

$$\underset{\text{2-溴丙烷}}{CH_3\underset{\displaystyle Br}{\underset{|}{C}H}CH_3} \xrightarrow[\triangle]{KOH/\text{醇}} CH_3CH{=}CH_2 + KBr + H_2O$$

二、重要的二烯烃及其制法

1. 1,3-丁二烯（$CH_2{=}CH{-}CH{=}CH_2$）

1,3-丁二烯是无色气体，不溶于水，可溶于汽油、苯等有机溶剂。是合成橡胶的重要单体，也用作ABS树脂、尼龙纤维、医药、农药及染料等的原料。

2. 异戊二烯$\left(CH_2{=}\underset{\displaystyle CH_3}{\underset{|}{C}}{-}CH{=}CH_2\right)$

异戊二烯是无色液体，不溶于水，易溶于汽油、苯等有机溶剂。主要用作合成橡胶的单体，也用于制造医药、农药、香料和胶黏剂等。

3. 来源与制法

（1）从石油裂解气中提取　在石油裂解生产乙烯和丙烯时，副产物 C_4、C_5 馏分中含有大量1,3-丁二烯和异戊二烯。采用合适的溶剂，可从这些馏分中将1,3-丁二烯和异戊二烯提取出来。

此法的优点是原料来源丰富，价格低廉，生产成本低，经济效益高。目前世界各国用此法生产1,3-丁二烯和异戊二烯的越来越多，西欧已全部采用这一生产方法。

（2）由烷烃和烯烃脱氢制取　C_4、C_5 烷烃和烯烃在催化剂作用下，可于高温下脱氢生成1,3-丁二烯和异戊二烯：

$$CH_3CH_2CH_2CH_3 \xrightarrow[600^\circ C]{Al_2O_3\text{-}Cr_2O_3} CH_2{=}CH{-}CH{=}CH_2 + 2H_2\uparrow$$

$$CH_3{-}\underset{\displaystyle CH_3}{\underset{|}{C}H}CH_2CH_3 \xrightarrow[600^\circ C]{Al_2O_3\text{-}Cr_2O_3} CH_2{=}\underset{\displaystyle CH_3}{\underset{|}{C}}{-}CH{=}CH_2 + 2H_2\uparrow$$

$$\left.\begin{matrix} CH_3CH_2CH{=}CH_2 \\ CH_3CH{=}CHCH_3 \end{matrix}\right\} \xrightarrow[600\sim650^\circ C]{Fe_2O_3} CH_2{=}CH{-}CH{=}CH_2 + H_2\uparrow$$

$$CH_3-\underset{\underset{CH_3}{|}}{C}HCH=CH_2 \xrightarrow[600\sim625^{\circ}C]{Fe_2O_3} CH_2=\underset{\underset{CH_3}{|}}{C}-CH=CH_2 \ + H_2\uparrow$$

用脱氢法制取共轭二烯烃具有设备成本较高、原料转化率较低等缺点，因此近年来各国已普遍开展了合成法的研制和规模化生产。

阅读资料

烯烃定向聚合催化剂的发明人——齐格勒和纳塔

齐格勒（Karl Ziegler，1898—1973）是德国化学家，于1920年在德国的马尔堡大学获得有机化学博士学位，从1943年开始任德国普朗克煤炭研究院院长，1949年任德国化学学会第一任主席。

齐格勒对自由基化学反应、金属有机化学等都有深入的研究。1953年，齐格勒在研究乙基铝与乙烯的反应时，只生成了乙烯的二聚体，后经仔细分析，发现是金属反应器中存在的微量镍所致。这说明除了乙基铝外，过渡金属的存在会影响乙烯的聚合反应，为此齐格勒做了大量的试验研究。通过一系列筛选试验，他发现由四氯化钛和三乙基铝组成的催化剂可使乙烯在较低压力下聚合，并且聚合物完全是线型的，易结晶、密度高、硬度大，这就是低压聚乙烯（也叫高密度聚乙烯）。低压聚乙烯与高压聚乙烯相比，具有生产成本低、设备投资少和工艺条件简便等优点。

齐格勒（Karl Ziegler）

纳塔（Giulis Natta）

纳塔（Giulis Natta，1903—1979）是意大利科学家。在齐格勒研制的催化剂 $TiCl_4/Al(C_2H_5)_3$ 问世后不久，纳塔试图将此催化剂用在丙烯的聚合反应中，但结果得到的却是无定形和结晶形聚丙烯混合物。后来纳塔经过一系列试验研究，改进了齐格勒催化剂，用 $TiCl_3/Al(C_2H_5)_3$ 成功地制得了结晶形聚丙烯。1955年纳塔发表了丙烯聚合方面的研究论文。

由于齐格勒和纳塔发明了乙烯和丙烯聚合的新催化剂，奠定了定向聚合的理论基础，改进了高压聚合工艺，使聚乙烯、聚丙烯等工业得到了巨大的发展。为此，他们两人于1963年共同获得了诺贝尔化学奖。

为纪念齐格勒和纳塔的业绩，在德国的普朗克煤炭研究院铸有介绍这两位科学家生平的铜像。

本章要点

1. 烯烃的结构
   - 平面三角形：烯烃分子中的双键碳原子为平面三角形结构
   - sp^2 杂化：双键碳原子是 sp^2 杂化的
   - C═C：碳碳双键是由一个 σ 键和一个 π 键组成的
   - π 键：π 键是 p 轨道从侧面重叠形成的，不能自由旋转，容易断裂
   - 共轭二烯烃是 π-π 共轭体系

2．烯烃的异构
- 构造异构
  - 碳链异构：碳链排列方式不同
  - 位置异构：双键在链中位置不同
- 顺反异构：双键碳原子上连接的原子或基团不同

3．烯烃的命名
- 构造异构体命名
  - 直链烯烃：双键位次、烯烃名称（某烯）
  - 支链烯烃
    - 选主链：含双键的最长链
    - 编号：从靠近双键一端开始
    - 写名称：按取代基位次、相同基数目、取代基名称、双键位次、母体名称的顺序
- 顺反异构体命名
  - 顺反法：相同基团在双键同侧为顺式，反之为反式
  - Z/E 法：次序高基团在双键同侧为 Z 式，反之为 E 式

4．化学性质
- 加成

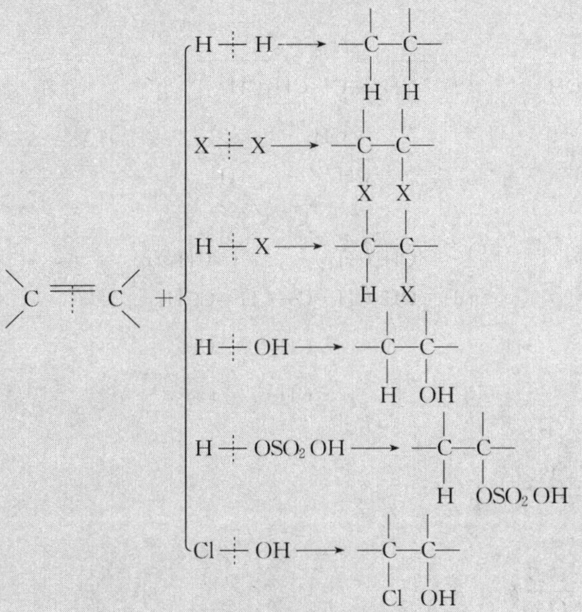

- 聚合

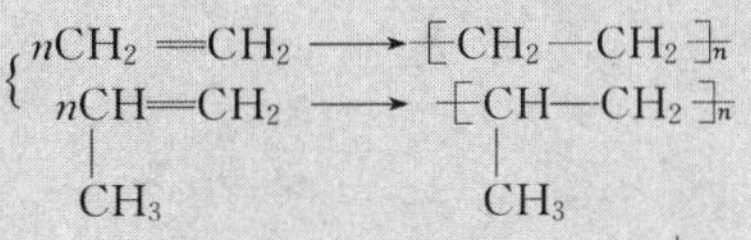

- 氧化
  - 高锰酸钾氧化
    - 控制氧化：

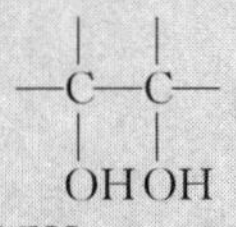

    - 强烈氧化

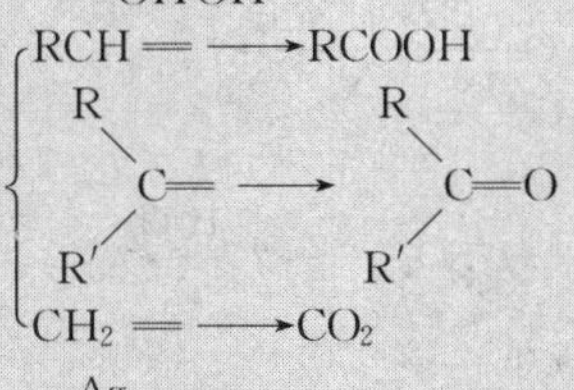

  - 催化氧化：

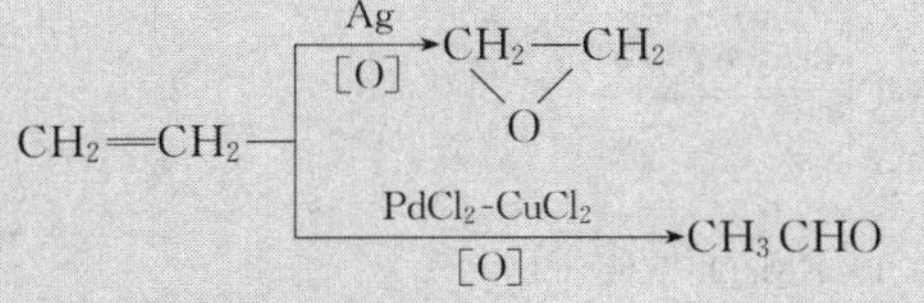

- α-H 反应
  - 氯代：$CH_2=CH-CH_3 \xrightarrow{Cl_2} CH_2=CH-CH_2Cl$
  - 氧化：$CH_2=CH-CH_3 \xrightarrow{[O]} CH_2=CHCHO$、$CH_2=CHCOOH$
- 共轭二烯烃的特殊反应
  - 1,2-加成，1,4-加成
  - 双烯合成→环状化合物

习　题

1. 写出下列化合物的构造式

(1) 2,3-二甲基-2-戊烯

(2) 异丁烯

(3) 顺-3-庚烯

(4) (E)-2,4-二甲基-3-己烯

(5) 2,3-二甲基-1,3-戊二烯

(6) 5-甲基-2,4-庚二烯

2. 给下列烯烃命名

(1) 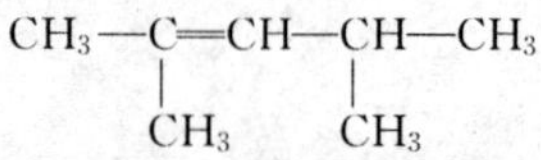

(2) 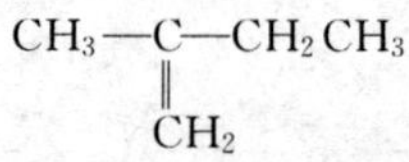

(3) 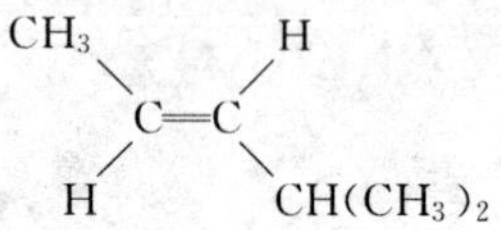

(4) 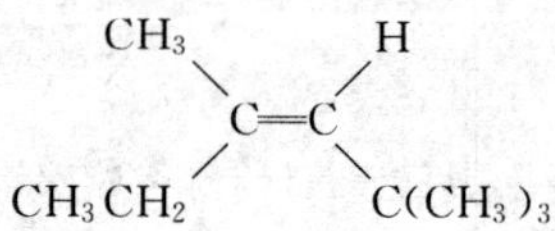

(5) 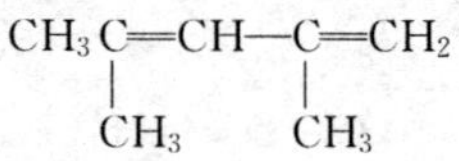

(6) 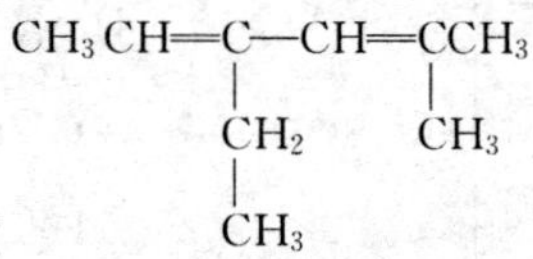

3. 写出下列反应的主产物

(1) 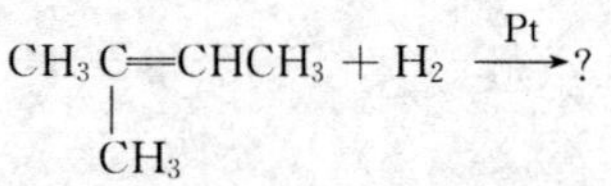

(2) 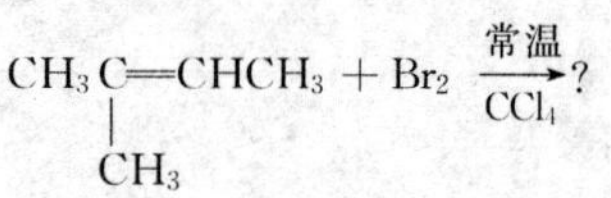

(3) 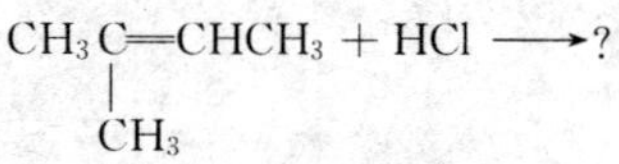

(4) $CH_3-CH_2CH=CH_2 + HBr \xrightarrow{过氧化物} ?$

(5) 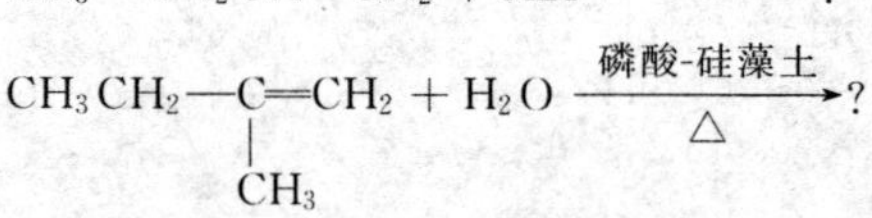

(6) $CH_3CH_2CH_2CH=CH_2 + H_2SO_4 \longrightarrow ? \xrightarrow[\triangle]{H_2O} ?$

(7) $CH_3CH_2CH=CH_2 + HOCl \longrightarrow ?$

(8) 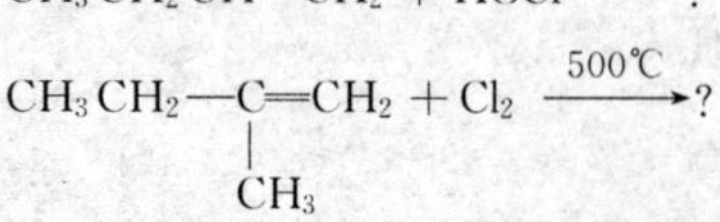

(9) $CH_3CH=CHCH_3 \xrightarrow[OH^-]{0.1\%KMnO_4 溶液} ?$

(10) 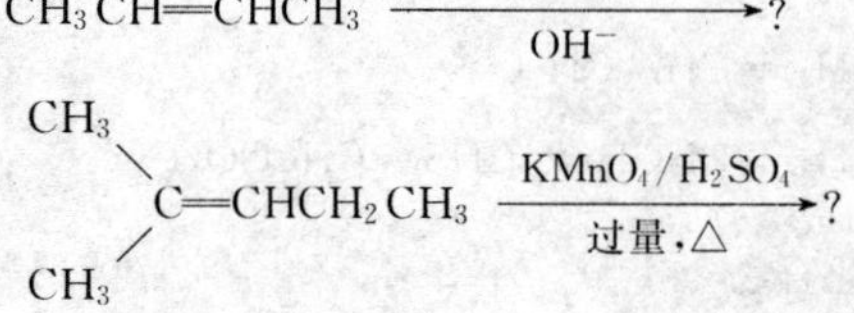

(11) 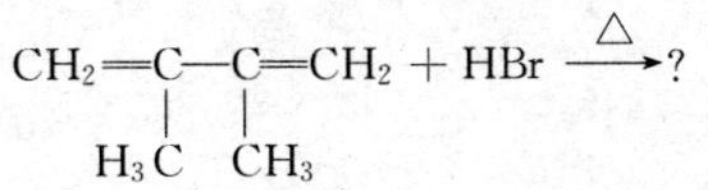

(12) 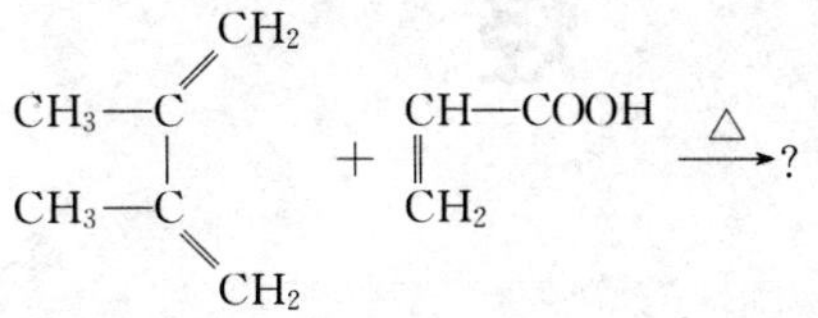

4. 完成下列化学转变

(1) 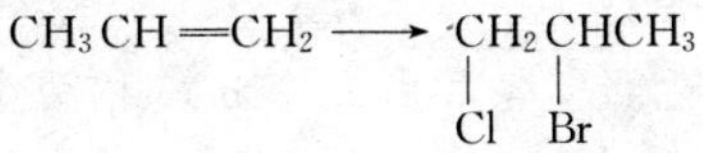

(2) 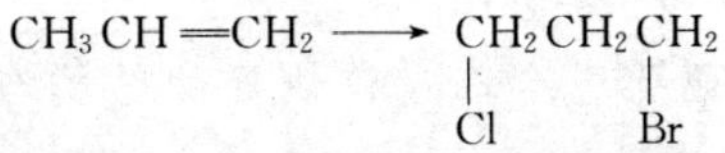

(3) 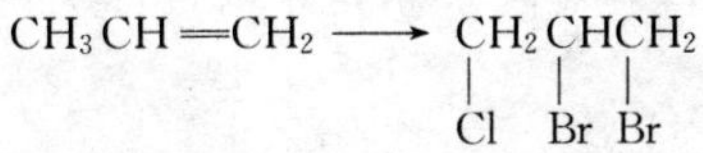

(4) 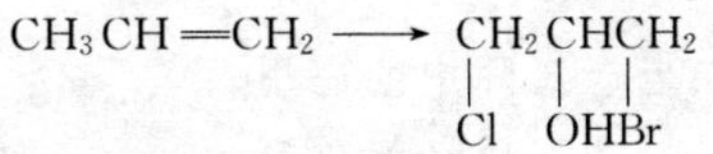

5. 用化学方法鉴别下列化合物

$$\left.\begin{array}{l} CH_3CH_2CH_2CH_3 \\ CH_3CH_2CH=CH_2 \\ CH_2=CH-CH=CH_2 \end{array}\right\}$$

6. 庚烷可用作聚丙烯生产中的溶剂，但要求不能含有烯烃。试设计适当的试验方法检验庚烷中是否含有烯烃，若有，该如何除去？

7. 某二烯烃与1mol溴加成后得到2,5-二溴-3-已烯，该二烯烃应具有怎样的结构？

8. 分子式为 C_6H_{12} 的两种烯烃A和B，催化加氢都得到正己烷。用过量的高锰酸钾硫酸溶液氧化后，A只得一种产物 CH_3CH_2COOH，B得两种产物 CH_3COOH 和 $CH_3CH_2CH_2COOH$。试推测烯烃A和B的构造式，并写出上述各步化学反应式。

第四章　炔　　烃

学习指南

炔烃是分子中含有碳碳三键（C≡C）的不饱和烃。碳碳三键是由一个σ键和两个π键组成的。由于π键不稳定，所以炔烃的化学性质比较活泼。

乙炔是最为常见，也最为重要的炔烃。本章将以乙炔为重点，讨论炔烃的结构与命名；炔烃的加成、氧化、聚合、取代等一系列化学反应及其在生产、生活中的实际应用。

学习本章内容，应该在了解乙炔结构的基础上做到：

1. 了解炔烃的异构现象，掌握炔烃的命名方法；
2. 熟悉炔烃的化学反应规律，掌握炔烃的化学反应在生产实际中的应用；
3. 了解乙炔的工业制法及其在化工生产中的重要应用，掌握炔烃的鉴别方法。

分子中含有碳碳三键（C≡C）的不饱和烃称为炔烃。炔烃比相应的单烯烃分子中少两个氢原子，**通式为 C_nH_{2n-2}（$n \geqslant 2$）**，与二烯烃互为同分异构体。

第一节　炔烃的结构、异构和命名

一、炔烃的结构

乙炔是最简单的炔烃，分子式为 C_2H_2。现以乙炔为例来讨论炔烃的结构。

1. 直线构型

实验测得乙炔分子中的两个碳原子和两个氢原子都在同一条直线上，是直线型分子，其碳碳三键和碳氢键之间的夹角为180°。乙炔分子中各键的键长和键角如图4-1所示。

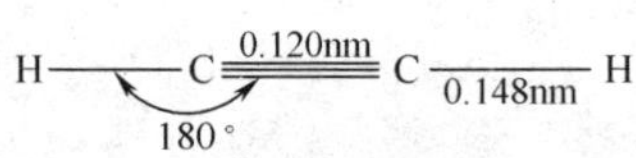

图4-1　乙炔分子中的键长和键角

2. sp杂化

杂化轨道理论认为，乙炔分子中的碳原子在形成三键时，是以一个2s轨道和一个2p轨道重新组合，形成两个完全相同的新轨道，称为sp杂化轨道。这两个sp杂化轨道的对称轴在同一条直线上，其形状如图4-2所示。

乙炔分子中的两个碳原子各以一个sp杂化轨道沿键轴方向重叠形成一个C—C σ键，每个碳原子的另一个sp杂化轨道分别与氢原子的s轨道沿键轴方向重叠形成两个C—H σ键。这三个σ键的对称轴同在一条直线上，键角为180°如图4-3所示。

碳原子上没有参与杂化的两个p轨道互相垂直，并与sp杂化轨道相垂直。在两个碳原子以sp杂化轨道形成σ键的同时，它们的四个p轨道也两两对应，从侧面平行重叠，形成了两个π键，这两个π键互相垂直，其电子云对称地分布在C—C σ键的周围，呈圆筒形，如图4-4所示。

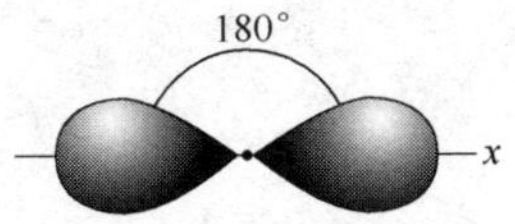

图4-2　碳原子的sp杂化轨道

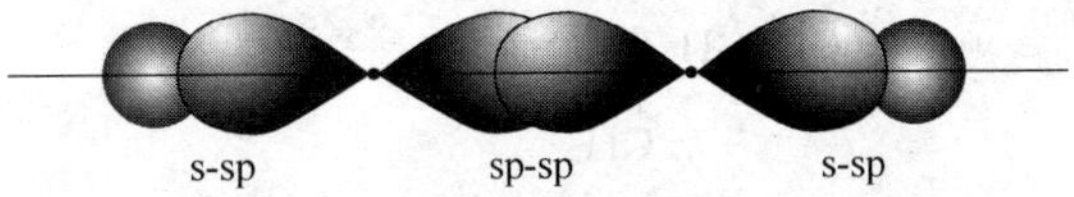

图4-3　乙炔分子中的三个σ键

由此可见，**乙炔分子中的碳碳三键是由一个σ键和两个π键组成的**。其分子的立体模型如图4-5所示。

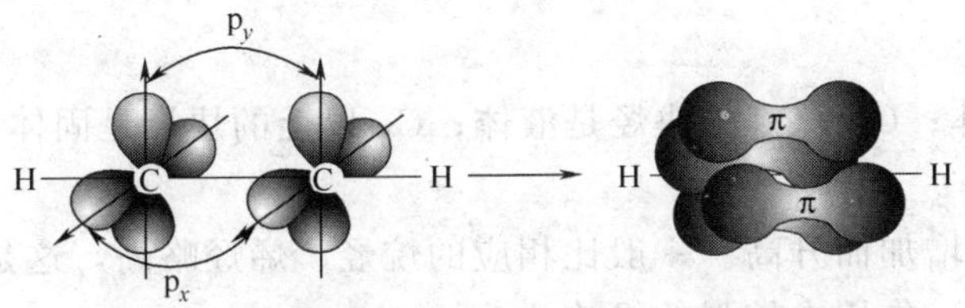

图4-4　乙炔分子中π键的形成

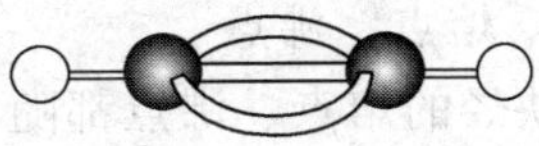

图4-5　乙炔分子的模型

其他炔烃分子中碳碳三键的结构与乙炔完全相同。

二、炔烃的异构

炔烃的异构现象为碳链构造异构和三键位置异构。由于三键碳原子上只能连接一个原子或基团，所以炔烃没有顺反异构体，比相应烯烃的异构体数目少。例如炔烃C_5H_8只有三种异构体：

$CH_3CH_2CH_2C\equiv CH$　　$CH_3CH_2C\equiv CCH_3$　　$CH_3CH(CH_3)C\equiv CH$

三、炔烃的命名

炔烃的系统命名法与烯烃相似，只是把相应的“烯”字改成“炔”即可。例如：

$CH_3CH_2CH_2C\equiv CH$
1-戊炔

$CH_3CH_2C\equiv CCH_3$
2-戊炔

$CH_3CH(CH_3)C\equiv CH$
3-甲基-1-丁炔

$CH_3C(CH_3)_2—C\equiv CCH_3$
4,4-二甲基-2-戊炔

思考与练习

4-1　回答问题

(1) sp杂化轨道有什么特点？它与sp^3、sp^2杂化轨道有什么不同？

(2) 乙炔分子具有怎样的空间构型？

(3) 乙炔分子中有几个σ键？几个π键？

(4) 炔烃有没有顺反异构体？为什么？

4-2　给下列炔烃命名

(1) $CH_3C\equiv CCH(CH_3)CH_2CH_3$

(2) $CH_3(CH_2)_4C\equiv CCH_2CH_3$

(3) $CH_3CHC\equiv CCHCH_3$
　　　|　　　|
　　CH_3　CH_3

(4) $CH_3CH_2CHC\equiv CH$
　　　　　|
　　　　CH_3

第二节　炔烃的性质

一、炔烃的物理性质

1. 物态

通常情况下，$C_2\sim C_4$ 的炔烃是气体；$C_5\sim C_{17}$的炔烃是液体；C_{18}以上的炔烃是固体。

2. 熔点、沸点

炔烃的熔点、沸点都随碳原子数目增加而升高。一般比相应的烷烃、烯烃略高，这是因为碳碳三键键长较短，分子间距离较近、作用力较强的缘故。

3. 相对密度

炔烃的相对密度都小于 1，比水轻。相同碳原子数的烃的相对密度为：炔烃＞烯烃＞烷烃。

4. 溶解性

炔烃难溶于水，易溶于乙醚、石油醚、丙酮、苯和四氯化碳等有机溶剂。

一些炔烃的物理常数见表 4-1。

表 4-1　炔烃的物理常数

名　称	构造式	沸点/℃	熔点/℃	相对密度(d_4^{20})	折射率(n_D^{20})
乙炔	$CH\equiv CH$	−84	−80.8	0.618(沸点时)	—
丙炔	$CH_3C\equiv CH$	−23.2	−101.5	0.671(沸点时)	—
1-丁炔	$CH_3CH_2C\equiv CH$	8.1	−125.7	0.668(沸点时)	1.3962
2-丁炔	$CH_3C\equiv CCH_3$	27	−32.2	0.691	1.3921
1-戊炔	$CH_3CH_2CH_2C\equiv CH$	40.2	−90	0.690	1.3852
2-戊炔	$CH_3CH_2C\equiv C—CH_3$	56	−101	0.710	1.4039
3-甲基-1-丁炔	$CH_3—CH—C\equiv CH$ | CH_3	29.5	−89	0.666	1.3723
1-己炔	$CH_3CH_2CH_2CH_2C\equiv CH$	71.3	131.9	0.719	1.3989
4-甲基-1-戊炔	$CH_3CHCH_2C\equiv CH$ | CH_3	61～62	−105.1	0.7092(15℃)	1.3936(15℃)
3,3-二甲基-1-丁炔	$(CH_3)_3C—C\equiv CH$	39～40	−81.2	0.6695	
2-己炔	$CH_3CH_2CH_2C\equiv CCH_3$	84	−89.6	0.7315	1.3738
3-己炔	$CH_3CH_2C\equiv CCH_2CH_3$	81.5	−103	0.7231	1.4138
1-庚炔	$CH_3(CH_2)_4C\equiv CH$	99.7	−81	0.7328	1.4115
1-辛炔	$CH_3(CH_2)_5C\equiv CH$	125.2	−79.3	0.7461	1.4087
1-壬炔	$CH_3(CH_2)_6C\equiv CH$	150.8	−50	0.7568	1.4159
1-癸炔	$CH_3(CH_2)_7C\equiv CH$	174	−36	0.7655	1.4217
1-十八碳炔	$CH_3(CH_2)_{15}C\equiv CH$	180 (0.052MPa)	28	0.8025	1.4265 —

二、炔烃的化学性质

炔烃的官能团是碳碳三键，碳碳三键中的 π 键不稳定，因此炔烃的化学性质比较活泼，与烯烃相似，容易发生加成、氧化和聚合反应。由于 sp 杂化碳原子的电负性比较大，因此与三键碳原子直接相连的氢原子具有一定酸性，比较活泼，容易被某些金属或金属离子取代，生成金属炔化物。

1. 加成反应

与烯烃相似，炔烃的碳碳三键中 π 键容易断裂，发生加成反应。

(1) 催化加氢　在催化剂存在下，炔烃与氢加成，首先生成烯烃，烯烃可进一步加氢生成烷烃。例如：

$$CH \equiv CH \xrightarrow[Pd]{H_2} CH_2 = CH_2 \xrightarrow[Pd]{H_2} CH_3 - CH_3$$

如果选择活性较小的催化剂，可使加氢反应停留在烯烃阶段。例如，使用林德拉(Lindlar) 催化剂（用醋酸铅部分毒化了的 Pd-$CaCO_3$），可使乙炔加氢生成乙烯：

$$CH \equiv CH + H_2 \xrightarrow{\text{林德拉催化剂}} CH_2 = CH_2$$

在某些高分子化合物的合成中，需要高纯度的乙烯，而从石油裂解气中得到的乙烯中经常含有少量乙炔，可用控制加氢的方法将其转化成乙烯，以提高乙烯的纯度。

(2) 加卤素　炔烃容易与氯或溴发生加成反应。与 1mol 卤素加成生成二卤代烯烃，与 2mol 卤素加成生成四卤代烷烃。在较低温度下，反应可控制在生成二卤代烯烃阶段。例如乙炔与氯的加成：

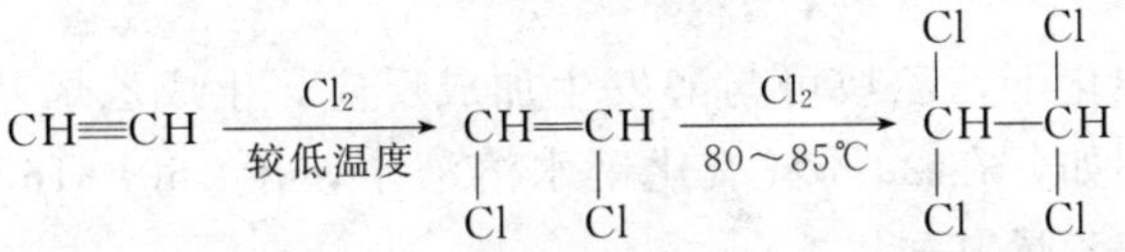

1,2-二氯乙烯　　1,1,2,2-四氯乙烷

1,2-二氯乙烯是无色、具有令人愉快气味的液体。有微弱的毒性，主要用作油漆、树脂、蜡和橡胶等的溶剂。也可作为干洗剂、杀菌剂、麻醉剂、低温萃取剂和冷冻剂等。

1,1,2,2-四氯乙烷为不燃、不爆、无色透明液体，有毒。主要用作药物、树脂、蜡等的溶剂。也用作金属清洗剂、涂料除去剂、杀虫剂和除草剂等。

乙炔与溴也能发生类似的加成反应。例如：

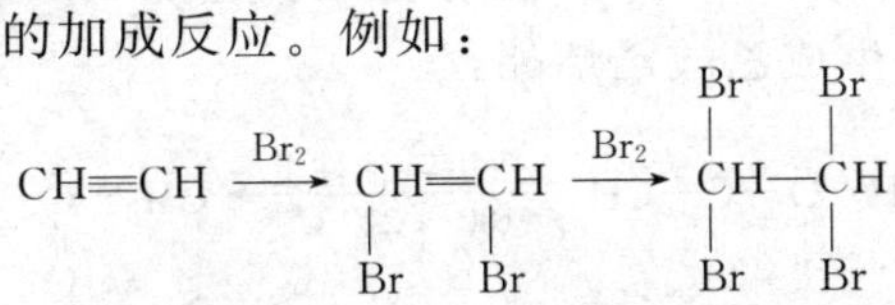

1,2-二溴乙烯　1,1,2,2-四溴乙烷

1,2-二溴乙烯和 1,1,2,2-四溴乙烷都是重要的有机合成中间体。其中 1，1,2,2-四溴乙烷可用于矿物分离、合成季铵盐、染料及制冷剂等。

溴与炔烃发生加成反应后，其红棕色褪去。可由此检验碳碳三键的存在。

(3) 加卤化氢　炔烃也能与卤化氢加成，但不如烯烃活泼，通常需要在催化剂存在下进行。例如，在氯化汞活性炭催化作用下，于 180℃左右，乙炔与氯化氢加成生成氯乙烯：

$$CH \equiv CH + HCl \xrightarrow[180℃]{HgCl_2\text{-}C} CH_2 = CHCl$$

氯乙烯

此反应是工业上早期生产氯乙烯的主要方法。具有工艺简单、产率高等优点，但因能耗大，催化剂有毒，已逐渐被乙烯合成法所代替。

不对称炔烃与卤化氢的加成符合马氏规则。例如：

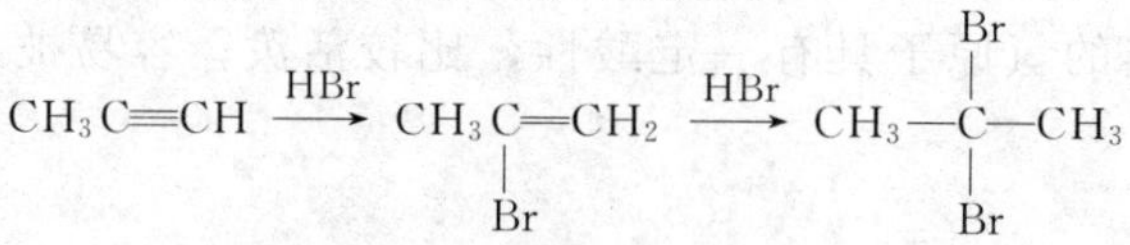

2-溴丙烯　　2,2-二溴丙烷

（4）加水　在催化剂作用下，炔烃可与水发生加成反应，首先生成烯醇，烯醇不能稳定存在，发生分子内重排，转变成醛或酮。例如：

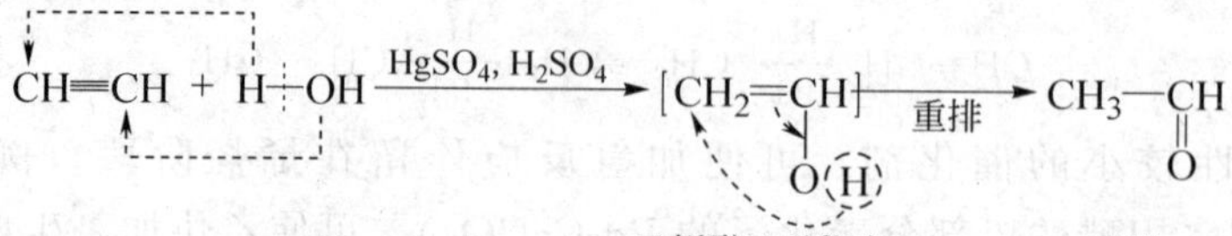

乙烯醇（不稳定）　　乙醛

不对称炔烃与水的加成也符合马氏规则。例如：

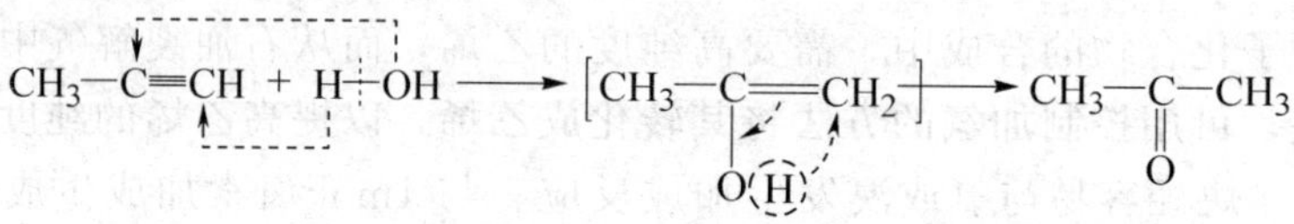

丙烯醇（不稳定）　　丙酮

炔烃加水是工业上制取乙醛和丙酮的一种方法。乙醛和丙酮都是重要的化工原料。

（5）加醇　在碱催化下，乙炔可与醇发生加成反应，生成乙烯基醚。这是工业上生产乙烯基醚的一种方法。例如，在20%氢氧化钠水溶液中，于160～165℃和2MPa压力下，乙炔和甲醇加成生成甲基乙烯基醚：

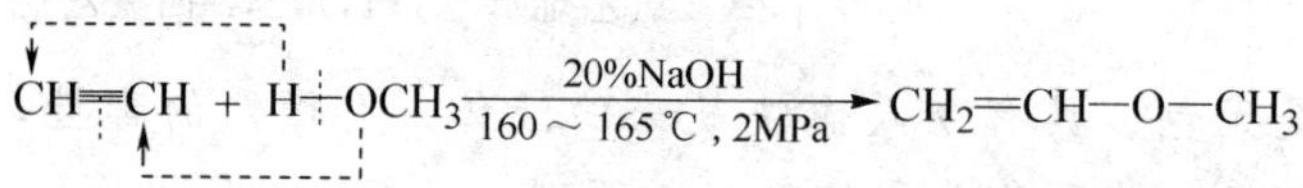

甲醇　　甲基乙烯基醚

甲基乙烯基醚为无色气体，是合成高分子材料、涂料、增塑剂和胶黏剂等的原料。

（6）加乙酸　在催化剂作用下，乙炔能与乙酸发生加成反应。例如，在乙酸锌-活性炭催化下，乙炔与乙酸加成，生成乙酸乙烯酯：

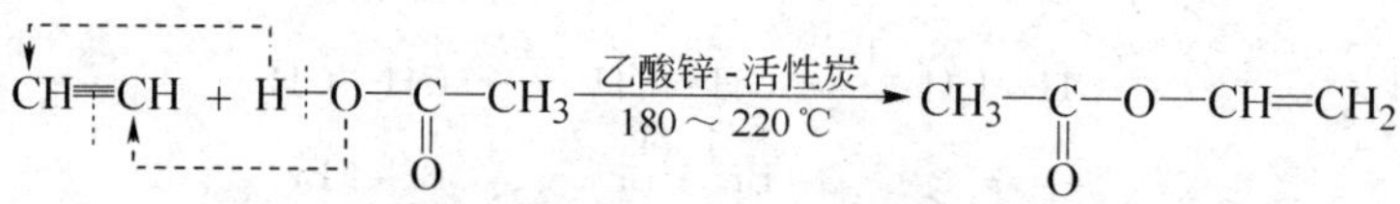

乙酸　　乙酸乙烯酯

这是工业上生产乙酸乙烯酯的方法之一。乙酸乙烯酯俗称醋酸乙烯，是无色液体，主要用作合成纤维维纶的原料。

2. 聚合反应

乙炔能够发生聚合反应。随反应条件不同，聚合产物也不一样。例如，在氯化亚铜-氯化铵的强酸性溶液中，乙炔可以发生二聚，生成乙烯基乙炔：

$$2CH\equiv CH \xrightarrow[\text{少量盐酸},70^\circ C]{Cu_2Cl_2\text{-}NH_4Cl} \underset{\text{乙烯基乙炔}}{CH_2=CH-C\equiv CH}$$

在齐格勒-纳塔催化剂的作用下，乙炔还可聚合成线型高分子化合物——聚乙炔。

$$nCH\equiv CH \xrightarrow{\text{齐格勒-纳塔}} \underset{\text{聚乙炔}}{\left[CH=CH\right]_n}$$

聚乙炔是结晶性高聚物半导体材料。具有不溶解、不熔化、高电导率（可达到金属的电导率水平）等特点，因此被称作“合成金属”。目前正在研究把聚乙炔用作太阳能电池、电极和半导体材料。

3. 氧化反应

(1) 燃烧　乙炔在氧气中燃烧，生成二氧化碳和水，同时产生大量热：

$$2CH{\equiv}CH + 5O_2 \xrightarrow{\text{燃烧}} 4CO_2 + 2H_2O + Q$$

乙炔在氧气中燃烧时产生的氧炔焰可达3000℃以上的高温，因此工业上广泛用作切割和焊接金属。

(2) 被高锰酸钾氧化　炔烃容易被高锰酸钾等氧化剂氧化，三键完全断裂，乙炔生成二氧化碳，其他的末端炔烃生成羧酸和二氧化碳，非末端炔烃生成两分子羧酸。例如：

$$3CH{\equiv}CH + 10KMnO_4 + 2H_2O \longrightarrow 6CO_2 + 10MnO_2\downarrow + 10KOH$$

$$R{-}C{\equiv}CH \xrightarrow[H_2O]{KMnO_4} \underset{\text{羧酸}}{R{-}COOH} + CO_2$$

$$R{-}C{\equiv}C{-}R' \xrightarrow[H_2O]{KMnO_4} R{-}COOH + R'COOH$$

在氧化反应过程中，高锰酸钾溶液的紫红色逐渐消失，同时生成棕褐色的二氧化锰沉淀。**实验室中可根据高锰酸钾溶液的褪色和二氧化锰棕褐色沉淀的生成来鉴别炔烃**。此外，还可根据氧化产物来推测原来炔烃的结构。

4. 炔氢原子的反应

与三键碳原子直接相连的氢原子称为**炔氢原子**。炔氢原子具有微弱的酸性，比较活泼，可以被某些金属原子（或离子）取代，生成金属炔化物。

(1) 与钠或氨基钠反应　含有炔氢原子的炔烃与金属钠或氨基钠作用时，炔氢原子被钠原子取代，生成炔化钠。例如：

$$2CH{\equiv}CH + 2Na \xrightarrow{110℃} \underset{\text{乙炔钠}}{2HC{\equiv}CNa} + H_2\uparrow$$

如果温度较高则生成乙炔二钠：

$$HC{\equiv}CH + 2Na \xrightarrow{190\sim220℃} NaC{\equiv}CNa + H_2\uparrow$$

$$CH_3C{\equiv}CH + NaNH_2 \xrightarrow{\text{液氨}} CH_3C{\equiv}CNa + NH_3\uparrow$$

炔化钠的性质活泼，可与卤代烷作用，在炔烃中引入烷基。这是有机合成上用作增长碳链的一个方法。

【例题 4-1】 由溴乙烷和 1-丁炔合成 3-己烯

解　①先由 1-丁炔制备丁炔钠：

$$CH_3CH_2C{\equiv}CH + NaNH_2 \xrightarrow{\text{液氨}} CH_3CH_2C{\equiv}CNa + NH_3\uparrow$$

② 再由丁炔钠和溴乙烷反应，制得 3-己炔：

$$CH_3CH_2C{\equiv}CNa + Br{-}CH_2CH_3 \longrightarrow \underset{\text{3-己炔}}{CH_3CH_2C{\equiv}C{-}CH_2CH_3} + NaBr$$

③ 采用林德拉催化剂，控制加氢，使 3-己炔转变成 3-己烯：

$$CH_3CH_2C{\equiv}CCH_2CH_3 + H_2 \xrightarrow{\text{林德拉催化剂}} \underset{\text{3-己烯}}{CH_3CH_2CH{=}CHCH_2CH_3}$$

（2）与硝酸银或氯化亚铜的氨溶液反应　将乙炔通入硝酸银或氯化亚铜的氨溶液中，炔氢原子便可被 Ag^+ 或 Cu^+ 取代，生成灰白色的乙炔银或棕红色的乙炔亚铜沉淀：

$$HC\equiv CH + 2Ag(NH_3)_2NO_3 \longrightarrow \underset{\text{乙炔银(白色)}}{AgC\equiv CAg\downarrow} + 2NH_4NO_3 + 2NH_3$$

$$HC\equiv CH + 2Cu(NH_3)_2Cl \longrightarrow \underset{\text{乙炔亚铜(棕红色)}}{CuC\equiv CCu\downarrow} + 2NH_4Cl + 2NH_3$$

其他含有炔氢原子的炔烃，也可以发生这一反应，例如：

$$RC\equiv CH + Ag(NH_3)_2NO_3 \longrightarrow RC\equiv CAg\downarrow + NH_4NO_3 + NH_3$$

$$RC\equiv CH + Cu(NH_3)_2Cl \longrightarrow RC\equiv CCu\downarrow + NH_4Cl + NH_3$$

上述反应在常温下就可迅速进行，而且现象明显，因此在**实验室中可用来鉴别乙炔和末端炔烃**。也可利用这一性质**分离、提纯炔烃，或从其他烃类中除去少量炔烃杂质**。

【例题 4-2】 用化学方法鉴别丁烷、1-丁烯和 1-丁炔

解

丁烷	$+Br_2/CCl_4$	×		
1-丁烯		褪色	$+Ag(NH_3)_2NO_3$	×
1-丁炔		褪色		↓白色

炔银或炔亚铜不稳定，特别是干燥时容易发生爆炸。可在鉴别试验完成后，用稀酸将它们分解掉，因为金属炔化物遇到稀酸时，可发生分解生成原来的炔烃。例如：

$$AgC\equiv CAg + 2HNO_3 \longrightarrow HC\equiv CH + 2AgNO_3$$

$$CuC\equiv CCu + 2HCl \longrightarrow HC\equiv CH + Cu_2Cl_2\downarrow$$

思考与练习

4-3 回答问题

（1）炔烃与卤素的加成在工业上和实验室中有哪些应用？

（2）不对称炔烃与卤化氢加成时，会得到怎样结构的产物？

（3）炔烃的催化加氢反应可以控制在烯烃阶段吗？如何控制？

（4）什么样的炔烃中含有炔氢原子？炔氢原子能发生哪些反应？

4-4 完成下列化学反应

（1）$CH_3C\equiv CCH_3 + 2H_2 \xrightarrow[\triangle]{Pt} ?$

（2）$CH_3-C\equiv C-CH_3 + Br_2 \xrightarrow[-20℃]{\text{乙醚}} ?$

（3）$CH_3-C\equiv C-CH_3 + Br_2 \xrightarrow[80℃]{CCl_4} ?$

（4）$CH_3CH_2C\equiv CH + 2HCl \longrightarrow ?$

4-5 用简便的化学方法鉴别下列各组化合物

（1）丙烯和丙炔

（2）1-丁炔和 2-丁炔

4-6 在催化剂存在下，1-丁炔和 2-丁炔与水的加成产物是否相同？为什么？试写出这两个化学反应式。

4-7 试写出乙炔高聚物的两个链节。

4-8 某一炔烃经高锰酸钾溶液氧化后，得到两种酸 $CH_3\underset{\displaystyle CH_3}{\underset{|}{C}}HCOOH$ 和 CH_3COOH，试推测原来炔烃的结构。

第三节　乙炔的制法及用途

乙炔是最简单也最重要的炔烃。纯净的乙炔为无色无臭气体，微溶于水，易溶于丙酮。乙炔与空气混合，点火则发生爆炸，爆炸极限为2.6%～80%（体积），范围相当宽，使用时一定要注意安全。

一、乙炔的制法

1. 电石法

将石灰和焦炭在高温电炉中加热至2200～2300℃，就生成电石（碳化钙）。电石水解即生成乙炔：

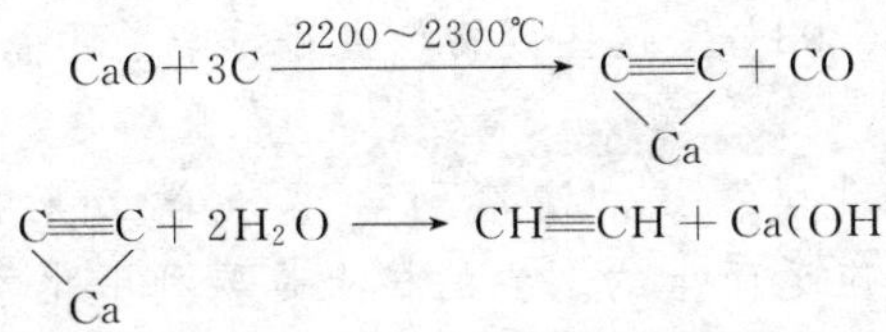

电石法技术比较成熟，应用比较普遍，但因能耗高，其发展受到限制。

2. 甲烷裂解法

甲烷在1500～1600℃发生裂解，可制得乙炔：

$$2CH_4 \xrightarrow{1500\sim1600℃} HC\equiv CH + 3H_2$$

此法要求生成的乙炔快速（约0.01～0.001s）离开反应体系，否则将会发生乙炔的裂解或聚合。生成的反应气中，乙炔约占8%～9%，需要用溶剂提取。我国目前采用*N*-甲基吡咯烷酮提浓乙炔，取得了较好的效果。

随着天然气工业的发展，甲烷裂解法将成为今后工业上生产乙炔的主要方法。

二、乙炔的用途

作为有机合成的基本原料，乙炔的用途如下表所示。

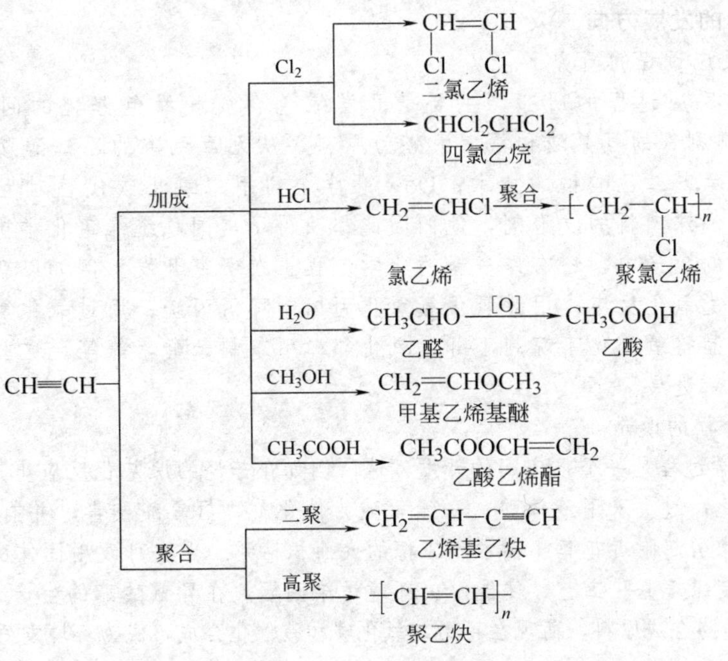

阅读资料

绿色化学

一、什么是绿色化学

1. 传统化学

在传统的化学工业中，物质经化学反应而转化成为对人类有用的产品。这些化学品极大地丰富了人类的物质生活，提高了人们的生活质量。并在控制疾病、延长寿命，增加农作物品种和产量以及食物的贮存和防腐等方面起到了重要作用。

然而，在生产、使用这些化学品的过程中，同时也产生了大量的废物，全世界目前每年可产生3亿～4亿吨危险废物。中国化学工业排放的废水、废气和固体废物分别占全国工业废物排放总量的22.5%、7.82%和5.93%。这些废物严重地污染了环境，给人类带来了灾难。

2. 绿色化学

绿色化学又称“环境友好化学”或“清洁化学”。化学工业能否洁净地生产化学品呢？绿色化学就是面对这样的问题应运而生的。它的核心是要利用化学原理从源头消除污染。

绿色化学要求化学反应和过程要以“原子经济性”为基本原则。也就是说，在获取新物质的化学反应中充分利用参与反应的每一个原子，不产生任何废物，实现“零排放”。这样不仅可以充分利用资源，而且不产生污染。同时，还应注意采用无毒、无害的溶剂、助剂和催化剂，生产有利于环境保护、社区安全和人身健康的环境友好产品。

绿色化学不仅将为传统的化学工业带来革命性的变化，而且也将推进绿色能源工业及绿色农业的建立和发展。因此，绿色化学是更高层次的化学，化学家不仅要研究化学品生产的可行性和现实用途，还要考虑和设计符合绿色化学要求、不产生或减少污染的化学过程。这是一个难题，也是化学家们面临的一个新的挑战。国际上对此十分重视。1996年美国就设立了“总统绿色化学挑战奖”，并首次授予Monsanto等几家化学品公司“变更合成路线奖”、“改变溶剂/反应条件奖”、“设计更安全化学品奖”等，以表彰他们在绿色化学领域中所做出的成就。

二、绿色化学的发展方向

1. 新的化学反应过程的研究

对于新的化学反应过程的研究，主要是开发绿色合成和绿色催化的问题。例如美国Monsanto公司不用剧毒的氢氰酸和氨、甲醛为原料，从无毒无害的乙二醇胺出发，开发了催化脱氢安全生产氨基二乙酸钠的技术；Dow化学公司用二氧化碳代替对生态环境有害的氟氯烃作为苯乙烯泡沫塑料的发泡剂，他们因此都获得了美国总统绿色化学挑战奖。

在有机化学品的生产中，还有许多新的化学流程正在研究开发。例如以新型钛硅分子筛为催化剂，开发烃类氧化反应；用过氧化氢氧化丙烯制环氧丙烷；用过氧化氢氨氧化环己酮合成环己酮肟；用晶格氧氧化丁烷制丁酐、氧化邻二甲苯制苯酐，等等。这些新流程的开发是绿色化学领域的新进展。

2. 传统化学过程的改造

改造传统的化学过程是一个很广阔的开发领域。例如在芳烃的烷基化反应生产乙苯和异丙苯过程中需要用酸催化，过去采用液体酸——氢氟酸为催化剂，氢氟酸剧毒，并有强烈的腐蚀性，其生产废水的排放常引起附近花草、树木和庄稼的大面积枯死。现在可改用固体酸——分子筛催化合成，并配合固定床烷基化工艺，便能解决环境污染问题。在异氰酸酯的生产过程中，过去一直是用剧毒的光气作为合成原料，而现在可用二氧化碳和胺催化合成，成为环境友好的化学工艺。

3. 洁净煤化学技术的研究

我国现今能源结构中，煤是主要能源之一。由于煤含硫量高和燃烧不完全，造成二氧化硫和大量烟尘排出，使大气污染。由二氧化硫而产生的酸雨对生态环境的破坏十分严重。因此研究和开发洁净煤化学技术已成为当务之急，同时应大力推广应用液化天然气这种清洁、高效的生态型优质能源。

4. 资源再生和循环使用的技术研究

自然界的资源有限，因此人工合成的各种化学品使用后能否回收、再生和循环使用也是绿色化学需要研究的一个重要领域。

为此，西欧各国提出了“三 R”原则：首先是降低（reduce）塑料制品的用量；第二是提高塑料的稳定性，倡导推行塑料制品的再利用（reuse）；第三是重视塑料的再资源化（recycle），回收废弃塑料，用于再生产其他化学品、燃料油或焚烧发电供气等。资源再生和循环使用技术的研究大有文章可做。

绿色化学不但具有重大的社会、环境和经济效益，而且也表明化学的负面作用是可以避免的，充分体现了人的能动性。在 21 世纪，人们不但要有能力去发展新的、对环境更为友好的化学，而且还要让年轻的一代了解绿色化学、接受绿色化学、为绿色化学作出更多的贡献。

本章要点

1. 炔烃的结构
   - 直线型：炔烃中三键碳原子为直线型结构
   - sp 杂化：三键碳原子是 sp 杂化的
   - 碳碳三键：碳碳三键是由一个 σ 键和两个 π 键组成的

2. 炔烃的异构
   - 碳链异构
   - 位置异构

3. 炔烃的命名：同烯烃相似，“烯”字改为“炔”

4. 化学反应
   - 加成 CH≡CH +
     - H_2 ⟶ $CH_2═CH_2$（乙烯） $\xrightarrow{H_2}$ CH_3CH_3（乙烷）
     - X_2 ⟶ CHX═CHX（1,2-二卤乙烯） $\xrightarrow{X_2}$ $CHX_2—CHX_2$（1,1,2,2-四卤乙烷）
     - HX ⟶ CH(H)═CH(X)（卤乙烯）
     - H_2O ⟶ CH_3CHO（乙醛）
     - CH_3OH ⟶ $CH_2═CHOCH_3$（甲基乙烯基醚）
     - CH_3COOH ⟶ $CH_3COOCH═CH_2$（乙酸乙烯酯）
   - 聚合 CH≡CH
     - 二聚 $CH_2═CH—C≡CH$（乙烯基乙炔）
     - 多聚 $\text{⁅}CH═CH\text{⁆}_n$（聚乙炔）
   - 氧化
     - 燃烧 ⟶ CO_2 + H_2O + Q（氧炔焰）
     - RC≡CH ⟶ RCOOH + CO_2
   - 炔氢反应
     - 炔钠
     - 炔银、炔亚铜

习　题

1. 写出 C_6H_{10} 的炔烃的同分异构体，并用系统命名法命名。

2. 写出丙炔与下列试剂反应所得到的产物

(1) 1mol Br_2　　(2) 2mol Br_2

(3) 1mol HCl　　(4) 2mol HCl

(5) $NaNH_2$/液氨　　(6) $Ag(NH_3)_2NO_3$

(7) $KMnO_4/H^+$

3. 完成下列化学转变

(1) $CH\equiv CH + ? \xrightarrow{?} CH_3CHO$

(2) $CH\equiv CH + ? \longrightarrow CH_2{=}CHOCH_2CH_3$

(3) $CH\equiv CH + ? \longrightarrow$ 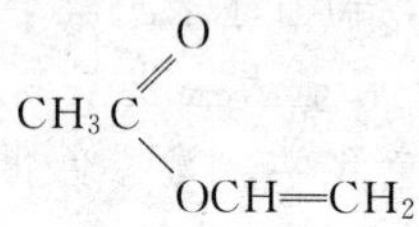

(4) $CH_3C\equiv CCH_3 + ? \xrightarrow{?}$ 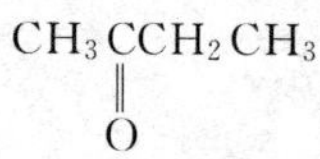

(5) $CH_3CH_2C\equiv CH + ? \longrightarrow$ 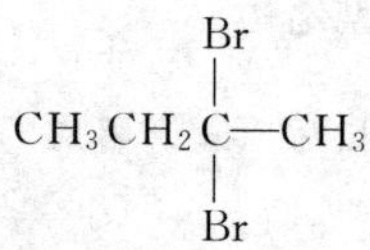

(6) $CH_3CH_2C\equiv CH + ? \xrightarrow{?}$ 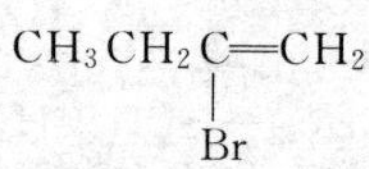

(7) ? + ? $\longrightarrow CuC\equiv CCu$

(8) ? + ? $\longrightarrow CH_3CH_2C\equiv CNa \xrightarrow{?} CH_3CH_2C\equiv CCH_2CH_3$

4. 用化学方法鉴别下列各组化合物

(1) $\begin{cases} CH_3CH_2CH_2CH_2CH_3 \\ CH_2{=}CHCH_2CH_2CH_3 \\ CH\equiv CCH_2CH_2CH_3 \end{cases}$　　(2) $\begin{cases} CH_3CH_2CH_2CH_3 \\ CH\equiv CCH_2CH_3 \\ CH_3C\equiv CCH_3 \end{cases}$

5. 合成（无机试剂任选）

(1) 由乙炔和丙烯合成异丙基乙烯基醚　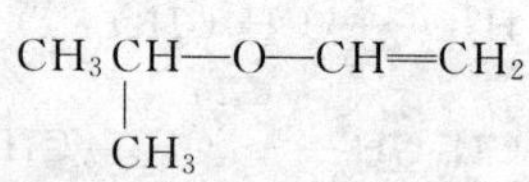

(2) 由丙烯、1-丁炔合成 3-庚炔（$CH_3CH_2C\equiv CCH_2CH_2CH_3$）

（提示：由丙烯制 $CH_3CH_2CH_2Br$）

(3) 由乙炔合成 1-丁炔，进一步合成丁酮　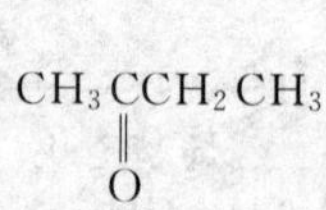

（提示：利用控制加氢由乙炔制乙烯）

(4) 由丙炔合成 1,2,2-三溴丙烷　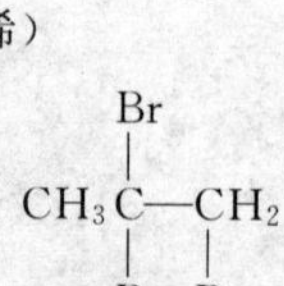

6. 某化合物分子式为 C_6H_{10}，催化加氢得 2-甲基戊烷，与氯化亚铜氨溶液反应有沉淀生成。试写出该化合物的构造式及各步反应式。

7. 化合物 A 和 B，分子式都是 C_5H_8，都能使溴的四氯化碳溶液褪色。A 与硝酸银的氨溶液反应生成白色沉淀，用高锰酸钾溶液氧化，则生成 $CH_3CH_2CH_2COOH$ 和 CO_2。B 不与硝酸银的氨溶液反应，用高锰酸钾溶液氧化时，生成 CH_3COOH 和 CH_3CH_2COOH。试写出 A 和 B 的构造式及各步化学反应式。

第五章 脂 环 烃

学习指南

脂环烃是分子中含有碳环结构、性质与开链脂肪烃相似的一类有机化合物。

本章将重点讨论脂环烃的分类和命名、脂环烃的结构与稳定性、环烷烃的化学反应及应用等。此外，还将简单介绍几种常见的，具有重要用途的多环化合物。

学习本章内容，应在了解脂环烃结构特征的基础上做到：

1. 了解脂环烃的分类，掌握简单的脂环烃的命名方法；
2. 了解脂环烃的结构与稳定性的关系，能根据脂环烃结构预测其稳定性大小；
3. 掌握环烷烃的化学反应规律及其在生产实际中的应用；
4. 了解重要的多环化合物的结构特点及用途。

分子中具有碳环结构，性质与链状脂肪烃相似的一类有机化合物称为脂肪族环烃，简称脂环烃。脂环烃及其衍生物数目众多，广泛存在于自然界，如萜类、甾族和大环内酯等，在生产和生活实际中具有重要应用。

第一节 脂环烃的结构、分类、异构和命名

一、脂环烃的结构与稳定性

在脂环烃中，参与成环的碳原子数目与环的稳定性密切相关。此外，具有相同碳原子数目的脂环烃，由于碳原子在空间的排列方式不同，其稳定性也不相同。

1. 分子的燃烧热与稳定性

有机化合物在燃烧时会放出热量。**1mol 化合物分子燃烧时放出的热量称为该化合物分子的燃烧热。**分子的平均燃烧热高，说明该化合物分子的内能高，内能越高，分子越不稳定。在开链烷烃中，不论分子中含有多少个碳原子，每个 CH_2 的燃烧热都接近 654.8kJ/mol。而在环烷烃中，每个 CH_2 的燃烧热却因环的大小不同而差异较大。一些环烷烃的燃烧热见表 5-1。

表 5-1 环烷烃的燃烧热/(kJ/mol)

化合物	碳原子数	分子燃烧热	平均每个 CH_2 的燃烧热
环丙烷	3	2078.6	692.9
环丁烷	4	2728.0	682.0
环戊烷	5	3299.1	659.8
环己烷	6	3928.8	654.8
开链烷烃	—	—	654.8

由表 5-1 可见，含有三个碳原子的环丙烷和含有四个碳原子的环丁烷分子中 CH_2 的燃烧热较高，这说明环丙烷、环丁烷分子的内能较高，很不稳定。而含有五个碳原子的环戊烷和含有六个碳原子的环己烷分子中 CH_2 的燃烧热则与开链烷烃接近或相同，这说明环戊烷、环己烷分子的内能较低，比较稳定。

2. 分子的结构与稳定性

为什么分子中碳原子目不同会导致稳定性的差异呢？这主要与环烷烃分子中成环碳原子的键角有关。

在环烷烃分子中，每个碳原子都与另外四个原子相连，同烷烃中的碳原子一样，它们的成键轨道也都是 sp^3 杂化的。我们知道，sp^3 杂化轨道之间的夹角是 109.5°。然而，在环丙烷分子中，三个碳原子在同一平面上连接成环，形成一个正三角形。它们的 sp^3 杂化轨道不可能沿键轴方向重叠。相邻两个碳原子的两个 sp^3 杂化轨道，在形成 C—C 键时，其对称轴不在同一条直线上，而是以弯曲方向重叠，形成的 C—C 键是弯曲的，形似香蕉，称作“弯曲键”。如图 5-1 所示。

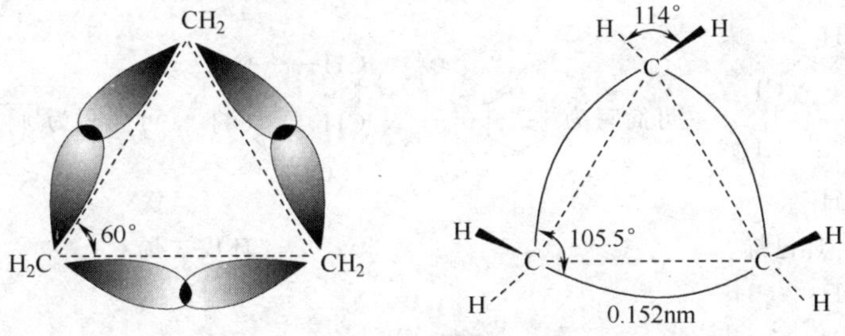

图 5-1 环丙烷分子中的弯曲键

弯曲键比正常的 σ 键轨道重叠程度小，键角也小于 109.5°，实验测得，环丙烷分子中 C—C 键的键角为 104°。相当于轨道向内压缩形成的键，这种键具有向外扩张、恢复正常键角的趋势，这种趋势称为键角张力。

环丙烷由于分子内成键轨道重叠程度小，键角张力大，所以内能较高，很不稳定，容易破环变成稳定的链状化合物。环丁烷的情形与环丙烷相似，所以也不稳定。

在环戊烷和环己烷分子中，成环的碳原子不全在同一平面上，碳原子可在维持或接近正常键角（109.5°）情况下形成 C—C σ 键，轨道重叠程度较大，键较牢固，是没有键角张力的环。因此环戊烷和环己烷一般不易破环，比较稳定。

环己烷分子中的六个碳原子在空间有两种排列方式。环中有四个碳原子是在同一平面上，其余两个碳原子同在平面上方的排列方式有些像小船，称为船式排列，一个碳原子在平面上方，而另一个碳原子在平面下方的排列方式有些像椅子，称为椅式排列。如图 5-2 所示。

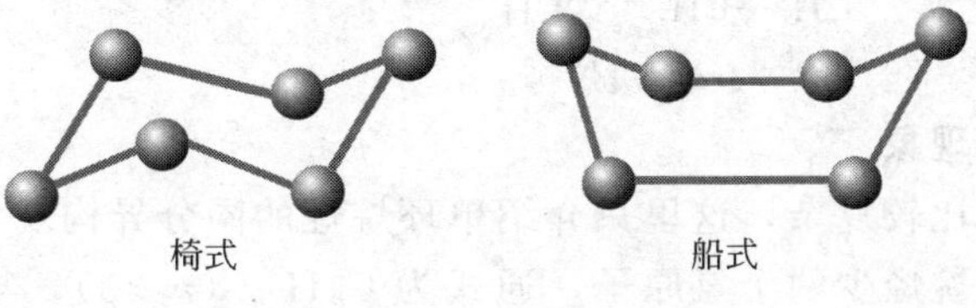

图 5-2 环己烷的船式和椅式排列

在环己烷的两种空间排列方式中，椅式排列比船式排列稳定些，因此环己烷主要以椅式排列的方式存在。这是由于椅式中两个碳原子分别处于平面的上、下方，空间距离最远，斥力最小，能量最低，也最稳定的缘故。

二、脂环烃的分类

脂环烃的分类主要有下列两种情况。

1. 按分子中有无不饱和键分类

（1）饱和脂环烃　**饱和脂环烃又叫环烷烃**，分子中没有不饱和键。例如：

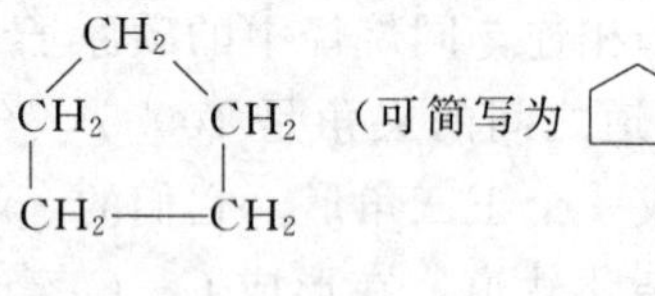
环戊烷

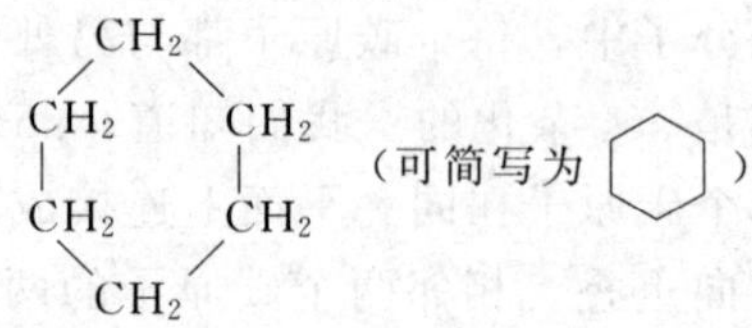
环己烷

（2）不饱和脂环烃　**分子中含有双键或三键的脂环烃为不饱和脂环烃**，包括环烯烃和环炔烃。例如：

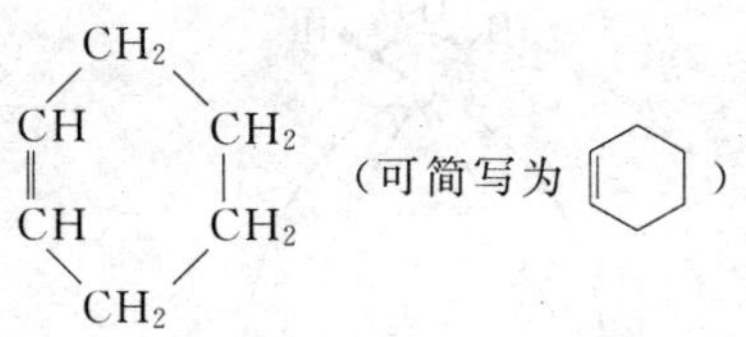
环己烯

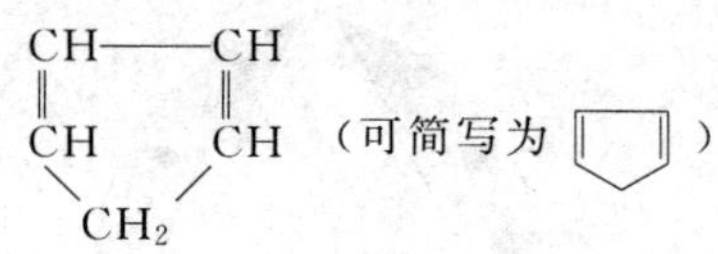
环戊二烯

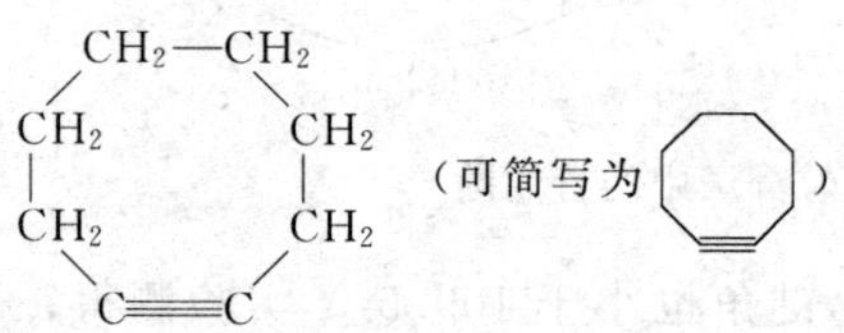
环辛炔

2. 按分子中碳环的数目分类

（1）单环脂环烃　分子中只有一个碳环的为单环脂环烃。如上例中的脂环烃均为单环脂环烃。

（2）多环脂环烃　分子中含有两个以上碳环的为多环脂环烃。例如：

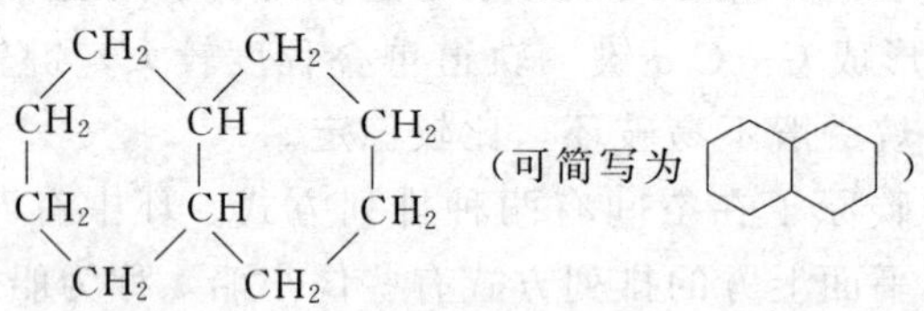
二环[4.4.0]癸烷(十氢萘)

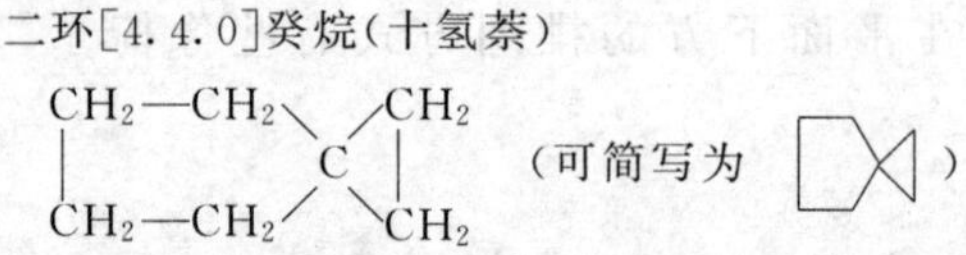
螺［2.4］庚烷

三、脂环烃的异构现象

脂环烃的异构现象比较复杂，这里只介绍单环烷烃的同分异构现象。

单环烷烃比相应的烷烃少两个氢原子，通式为 C_nH_{2n} $(n\geqslant 3)$，与单烯烃互为同分异构体，但不是同一系列。

单环烷烃可因环的大小不同、环上支链的位置不同而产生不同的异构体，此外，由于脂环烃中C—C键不能自由旋转，当环上至少有两个碳原子连有不相同的原子或基团时，环烷烃也存在顺反异构体。

最简单的环烷烃是分子中含有三个碳原子的环丙烷（C_3H_6），没有异构体。分子中含有四个碳原子的环丁烷（C_4H_8）有两个异构体，含有五个碳原子的环戊烷（C_5H_{10}）有五个构造异构体。

C_3H_6

环丙烷

C_4H_8

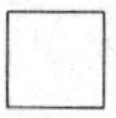

环丁烷

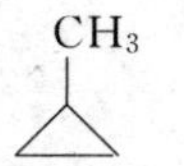

甲基环丙烷

C_5H_{10}

环戊烷

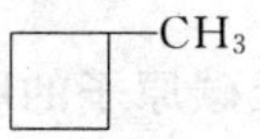

甲基环丁烷

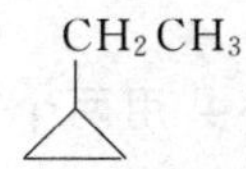

乙基环丙烷

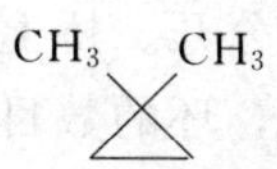

1,1-二甲基环丙烷

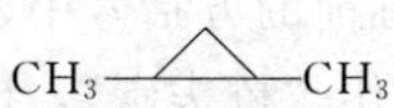

1,2-二甲基环丙烷

其中 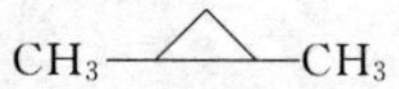 存在顺反异构体，两个甲基在环同一侧的为顺式异构体，两个甲基分别在环两侧的为反式异构体。

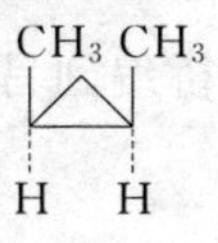

顺-1,2-二甲基环丙烷

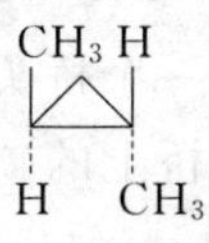

反-1,2-二甲基环丙烷

四、脂环烃的命名方法

1. 单环烷烃的命名

单环烷烃的命名与烷烃相似，只是在烷烃名称前加上“环”字。环上有支链时，则需将环上碳原子编号，以标明支链的位置。编号以使取代基所在位次最小为原则，当环上有两个以上不同取代基时，则按“次序规则”决定基团排列的先后。例如：

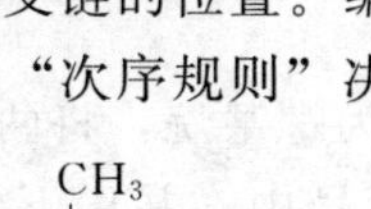

1-甲基-2-乙基环丙烷

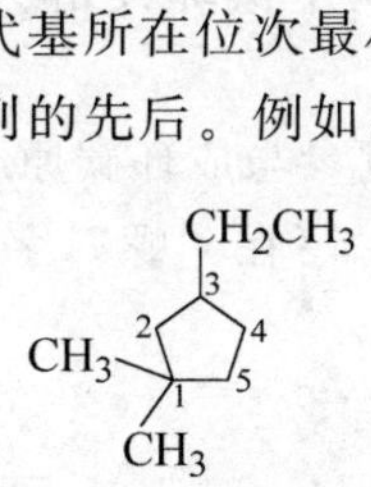

1,1-二甲基-3-乙基环戊烷

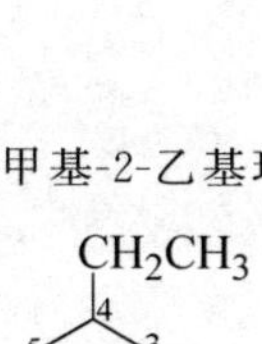

1-甲基-4-乙基环己烷

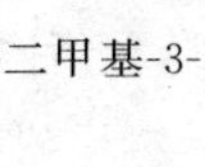

环十二烷

2. 环烯烃的命名

环烯烃命名时，先给环上碳原子编号以标明双键的位次和支链的位次。编号应使双键的位次最小，有支链时则应使支链的位次尽可能小，例如：

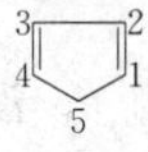

1,3-环戊二烯

（简称环戊二烯）

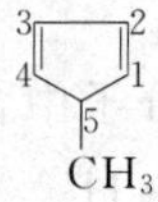

5-甲基-1,3-环戊二烯

（不能叫 1-甲基-2,4-环戊二烯）

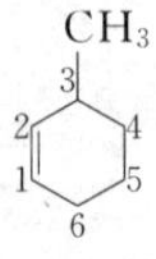

3-甲基-1-环己烯（简称 3-甲基环己烯）

*3. 多环脂环烃的命名

（1）桥环的命名　**两个环共用两个或两个以上碳原子的脂环烃称为桥环烃**。桥环烃的命名是按参与成环的碳原子总数叫某烷，每个成环的碳链都看成桥。将各桥中碳原子数目按由多到少的顺序分别用数字表示，写在母体名称前的方括号中，并用下角圆点分开。桥上没有碳原子时用“0”表示。连接两环的碳原子称作“桥头碳”，桥头碳不必标出，环的数目写在最前面，例如：

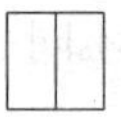

二环[2.2.0]己烷

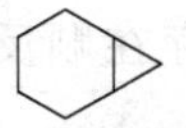

二环[4.1.0]庚烷

桥环上碳原子的编号从一个桥头碳开始，循最长的桥编到另一个桥头碳，再依次编较短桥上的碳原子，最后编最短桥上的碳原子。例如：

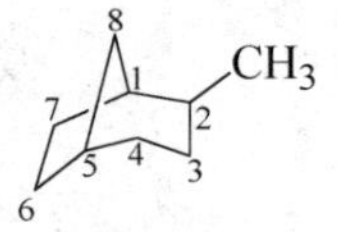

2-甲基二环[3.2.1]辛烷

（2）螺环的命名　**两个碳环共用一个碳原子的脂环烃称为螺环烃**。两环共用的碳原子叫螺原子。

螺环烃的命名是根据参与成环碳原子的总数称为螺某烷，将两环中碳原子数按由少到多的顺序分别用数字表示，写在“螺”字后面的方括号中，并用下角圆点分开。螺原子不标出。例如：

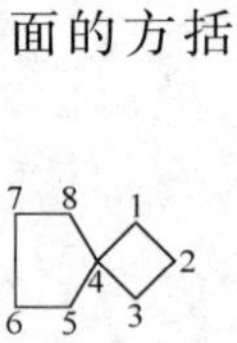

螺［3.4］辛烷

有些复杂的多环脂环烃，常采用俗名。例如：

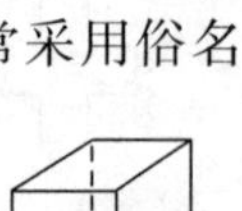

C_8H_8
立方烷

C_6H_6
棱晶烷

$C_{10}H_{16}$
金刚烷

思考与练习

5-1 回答问题

(1) 脂环烃与脂肪烃有哪些异同点？

(2) 环丙烷为什么不稳定？环己烷为什么比较稳定？

(3) 什么叫键角张力？环己烷分子中存在键角张力吗？为什么？

(4) 单环烷烃的同分异构现象是由哪些原因产生的？

5-2 给下列脂环烃命名

(1) 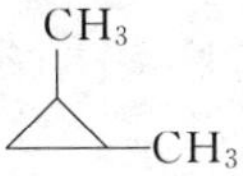
(2) 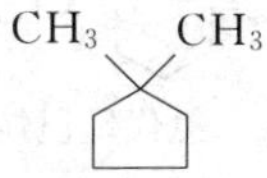
(3) 

(4) 
(5) 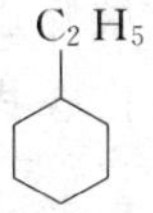
(6) 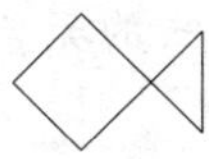

第二节 环烷烃的性质

一、环烷烃的物理性质

1. 物态

常温下 C_3～C_4 环烷烃是气体；C_5～C_{11} 环烷烃是液体；高级环烷烃为固体。

2. 熔点、沸点

环烷烃的熔点、沸点变化规律是随分子中碳原子数增加而升高。同碳数的环烷烃的熔点、沸点高于开链烷烃。

3. 相对密度

环烷烃的相对密度都小于 1，比水轻。但比相应的开链烷烃的相对密度大。

4. 溶解性

环烷烃不溶于水，易溶于有机溶剂。

几种常见环烷烃的物理常数见表 5-2。

表 5-2 环烷烃的物理常数

名 称	熔点/℃	沸点/℃	相对密度(d_4^{20})	折射率(n_D^{20})
环丙烷	−127.6	−33	0.720(−79℃)	1.3799(沸点时)
环丁烷	−80	13	0.703(0℃)	1.3752(0℃)
环戊烷	−90	49	0.745	1.4065
环己烷	6.5	80.8	0.779	1.4266
环庚烷	−12	118.5	0.810	1.4436
环辛烷	14.8	149	0.836	1.4586
环十二烷	61	—	0.861	—
甲基环戊烷	−142.4	72	0.7486	1.4097
甲基环己烷	−126.6	101	0.7694	1.4231

二、环烷烃的化学性质

与开链烷烃相似，环烷烃分子中的 C—C 键和 C—H 键一般不易被氧化，在光照或加热条件下可以发生取代反应。小环（三元、四元）环烷烃由于成键轨道重叠程度小，分子内存在键角张力而容易开环，发生加成反应。

1. 取代反应

在光照或加热的情况下，环戊烷和环己烷能与卤素发生取代反应，生成卤代环烷烃。例如：

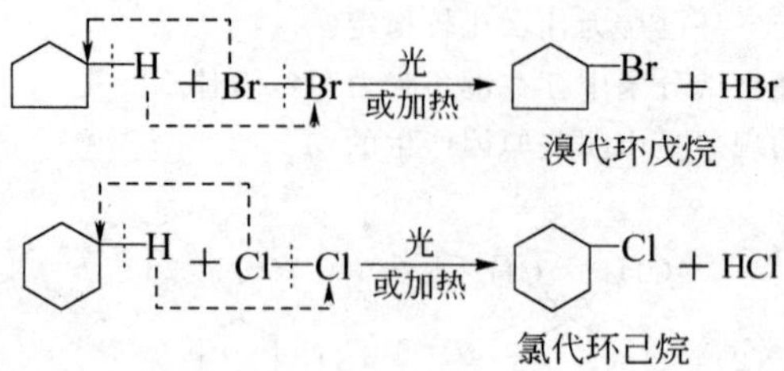

溴代环戊烷是具有樟脑气味的油状液体，是合成利尿降压药物环戊甲噻嗪的原料。

氯代环己烷是具有窒息性气味的无色液体，主要用作合成抗癫痫病、抗痉挛病药物盐酸苯海索的原料。

环戊烷和环己烷分子中的C—H键都完全相同，所以一元取代物只有一种，这比开链烷烃简单。

2. 加成反应

(1) 催化加氢　在催化剂作用下，环丙烷和环丁烷等小环烷烃可以开环发生加氢反应，生成开链烷烃。例如，在雷内镍催化下，环丙烷加氢生成丙烷，环丁烷加氢生成丁烷：

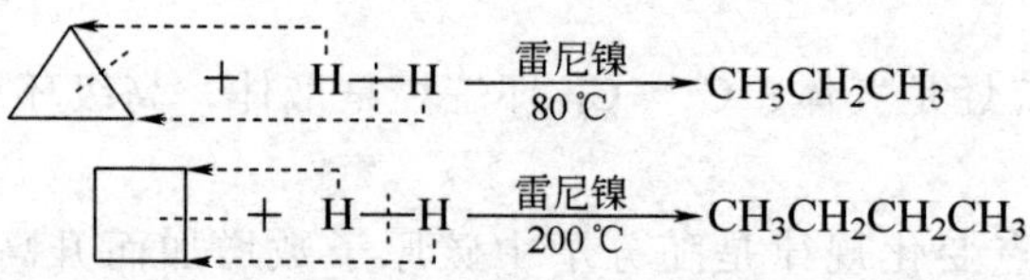

小环的加氢反应对于研究小环稳定性具有参考价值。

(2) 加卤素　环丙烷和环丁烷都能与卤素发生开环加成反应。其中环丙烷与卤素的加成常温下就可进行，环丁烷需加热才能进行。例如环丙烷与溴在室温下发生加成反应生成1,3-二溴丙烷；环丁烷与溴在加热条件下发生加成反应生成1,4-二溴丁烷：

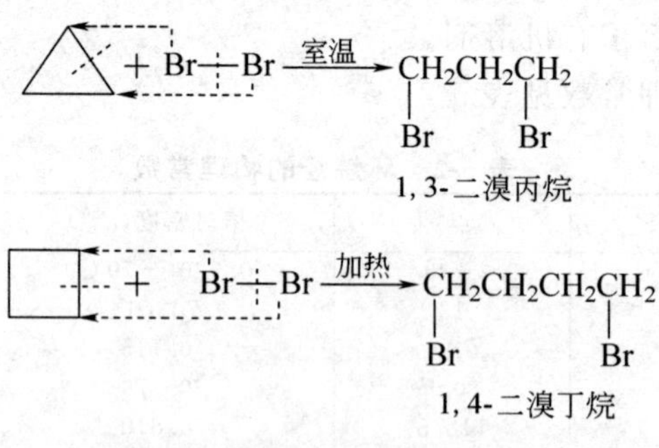

1,3-二溴丙烷和1,4-二溴丁烷都是微黄色液体，也都是重要的有机合成原料。其中1,4-二溴丁烷主要用于合成镇咳药物氨茶碱、咳必清等。

小环与溴发生加成反应后，溴的红棕色消失，现象变化明显，可用于鉴别三元、四元环烷烃。

(3) 加卤化氢　环丙烷和环丁烷都能与卤化氢发生加成反应，生成开链一卤代烷烃。例如：

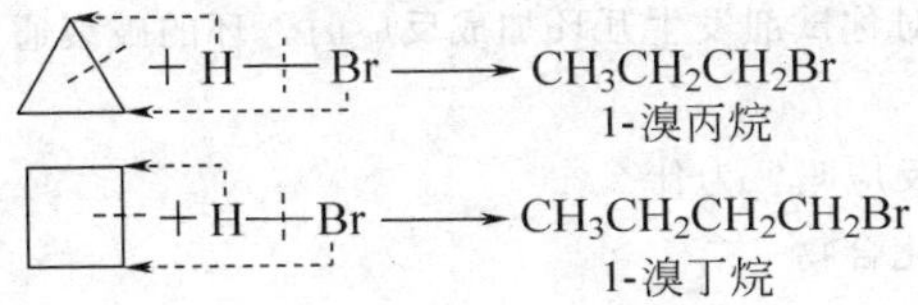

1-溴丙烷为淡黄色透明液体，是合成医药、染料和香料的原料。

1-溴丁烷是无色液体，主要用作麻醉药物盐酸丁卡因的中间体，也用于合成染料和香料。

分子中带有支链的小环烷烃在发生开环加成反应时，**其断键位置通常发生在含氢较多与含氢较少的成环碳原子之间**。与卤化氢等不对称试剂加成时，符合马氏规则。例如：

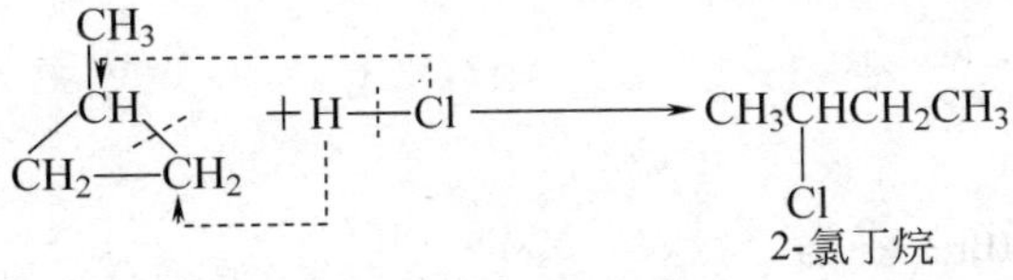

3. 氧化反应

与开链烷烃相似，环烷烃包括环丙烷和环丁烷这样的小环烷烃，在常温下都不能与一般的氧化剂（如高锰酸钾的水溶液）发生氧化反应。若环的支链上含有不饱和键时，则不饱和键被氧化断裂，而环不发生破裂。例如：

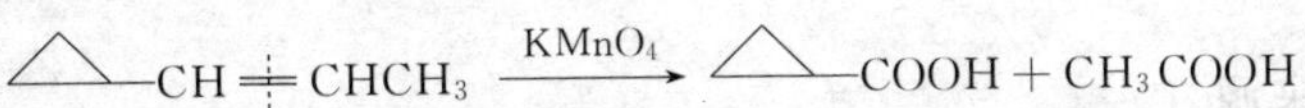

小环烷烃能与溴加成但不能被高锰酸钾溶液氧化，可利用这一性质将其与烷烃、烯烃或炔烃区别开来。

如果在加热下用强氧化剂，或在催化剂存在下用空气作氧化剂，环烷烃也可发生氧化反应。例如，在125～165℃和1～2MPa压力下，以环烷酸钴为催化剂，用空气氧化环己烷，可得到环己醇和环己酮的混合物，这是工业上生产环己醇和环己酮的方法之一。

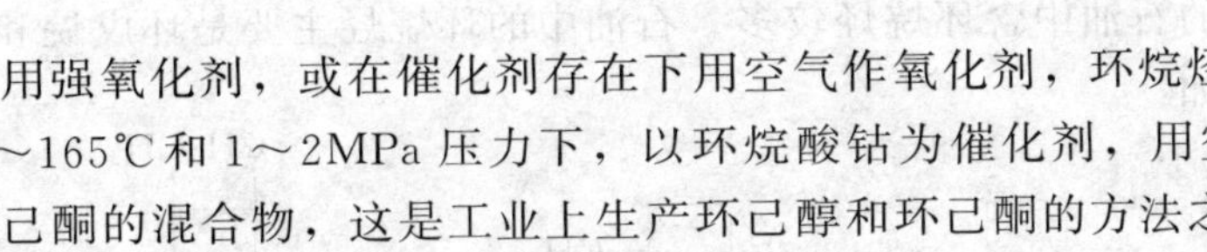

环己醇是带有樟脑气味的无色油状液体，有毒，长期接触可刺激黏膜、损害肝脏、麻痹中枢神经。环己醇用途广泛，是重要的化工原料和中间体。可用于制造消毒药皂、去垢乳剂、增塑剂、涂料添加剂等，也是合成尼龙纤维的原料。

环己酮是带有泥土香味的无色透明液体，有毒，可刺激呼吸道黏膜，长期接触能引起肝脏受损。环己酮主要用作合成尼龙-6的原料，也是优良的工业溶剂，可溶解油漆、高聚物、农药、染料等。还可用作木材着色涂漆后的脱膜、脱污和脱斑剂。

单环烷烃化学性质可归纳为：大环（五元环、六元环）似烷，易取代；小环（三元环、四元环）似烯，易加成；小环似烯不是烯，酸性氧化（$KMnO_4/H^+$）不容易。

思考与练习

5-3 回答问题

（1）环丙烷和环丁烷为什么容易发生开环加成反应？

（2）环烷烃与溴的加成在实际中有哪些应用？

（3）不对称的环烷烃与不对称试剂发生开环加成反应时，环的破裂通常发生在什么部位？加成反应遵循什么规则？

（4）环烷烃容易发生氧化反应吗？为什么？

5-4　用化学方法鉴别下列各组化合物

（1）$\begin{cases} CH_3CH_2CH_3 \\ CH_3C\equiv CH \end{cases}$ 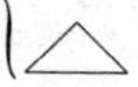

（2）$\begin{cases} CH_3CH_2CH_2CH_3 \\ CH_3CH_2CH=CH_2 \\ CH_3CH_2C\equiv CH \end{cases}$ 

5-5　完成下列化学反应

（1）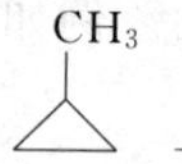 $+Cl_2 \xrightarrow{\triangle}$?

（2）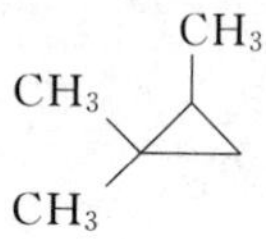 $+HBr \longrightarrow$?

第三节　环烷烃的来源和重要的脂环族化合物

一、环烷烃的来源

石油是环烷烃的主要来源。随产地的不同，石油中环烷烃的含量也不相同，其中以俄罗斯和罗马尼亚所产的石油中含环烷烃较多。石油中的环烷烃主要是环戊烷和环己烷以及它们的烷基衍生物。例如：

环戊烷

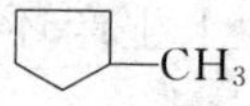
甲基环戊烷

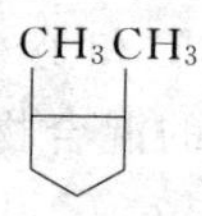
1,2-二甲基环戊烷

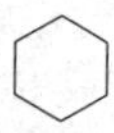
环己烷

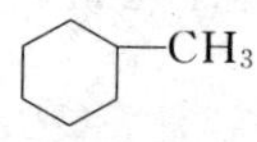
甲基环己烷

在这些环烷烃中，最重要的是环己烷。除可从石油馏分中蒸馏得到外，工业上还用苯加氢的方法生产环己烷。

此外，环烷烃及其衍生物还广泛存在于自然界许多动、植物体内。例如在香精油中，含有大量的不饱和脂环烃或含氧的脂环化合物。胡萝卜素、胆固醇及各类激素中也含有脂环化合物。

二、重要的脂环族化合物

1. 环己烷（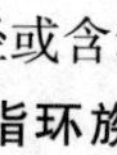）

环己烷是无色液体。沸点80.8℃，易挥发，不溶于水，可与许多有机溶剂混溶。工业上以苯为原料，通过催化加氢制取环己烷：

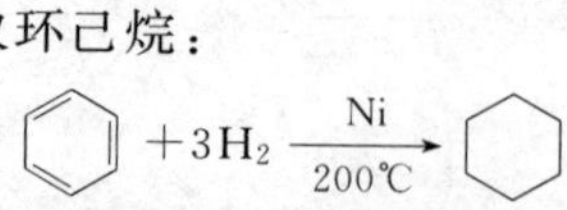

环己烷是重要的化工原料，主要用于合成尼龙纤维。也是大量使用的工业溶剂，如用于塑料工业中，溶解导线涂层的树脂，还用作油漆的脱漆剂、精油萃取剂等。

2. 环戊二烯（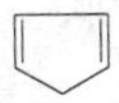）

环戊二烯是无色液体，沸点 41.5℃，易燃，易挥发，不溶于水，易溶于有机溶剂。工业上可由石油裂解产物中分离，也可由环戊烷或环戊烯催化脱氢制取。

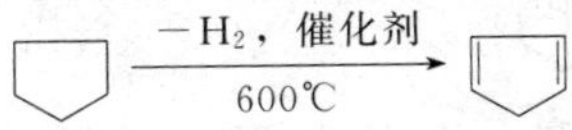

环戊二烯是共轭二烯烃，可以发生 1,4-加成和双烯合成等反应。其亚甲基（$—CH_2—$）上的氢原子，由于处于两个双键的 α 位，变得非常活泼，具有一定酸性，可被钾、钠等金属离子取代，生成较为稳定的盐。例如：

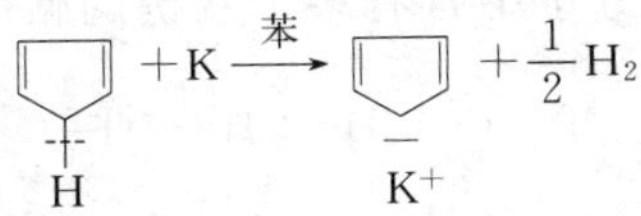

环戊二烯主要用于制备二烯类农药、医药、涂料、香料以及合成橡胶、石油树脂、高能燃料等。

3. 环戊二烯铁

环戊二烯铁又叫二茂铁，是橙黄色针状晶体，熔点 173.5℃，不溶于水。可吸收紫外线并耐高温，加热到 400℃不熔化也不分解。

二茂铁可由环戊二烯钾与氯化亚铁在溶剂四氢呋喃中反应得到：

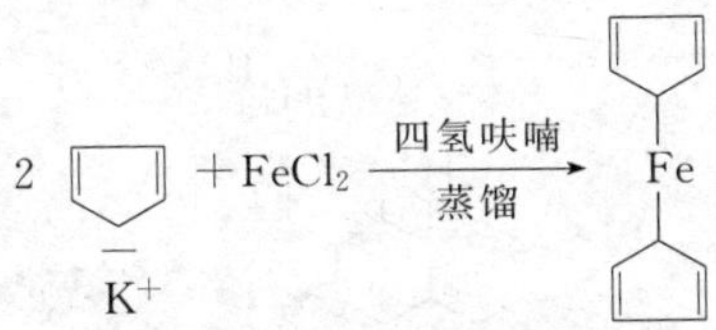

二茂铁是环戊二烯和亚铁离子的配合物。亚铁离子被对称地夹在两个平行的环戊二烯环的中间，形成一种特殊的“夹心”结构，如图 5-3 所示。

像二茂铁这种结构的化合物称为“夹心”分子。由于其特殊的结构，二茂铁性能稳定，与热碱、沸酸都不反应。常用作火箭的助燃剂、硅树脂的熟化剂和紫外线的吸收剂。

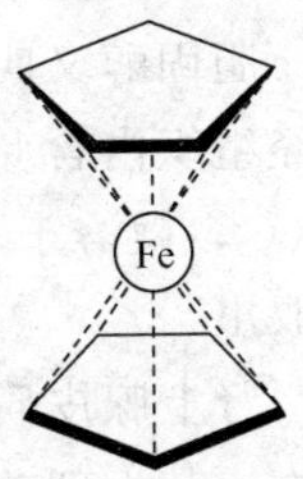

图 5-3　二茂铁的“夹心”结构

*4. 萜类化合物

在有机化学中，通常把对甲基异丙基环己烷（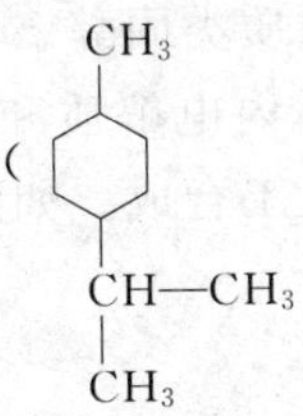）称为萜，凡分子中含有与萜相似结构的化合物都称为萜类化合物。

萜类化合物广泛存在于自然界中。如薄荷醇、樟脑、维生素 A 以及胡萝卜素等。

(1) 薄荷醇　薄荷醇的构造式为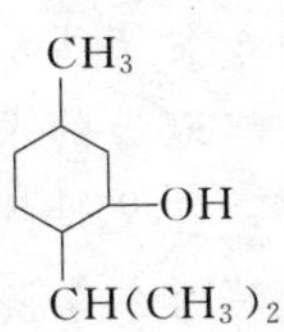，是无色透明晶体，熔点 35.5℃，微溶于水，可溶于有机溶剂。由芳香草本植物薄荷中提取而得到。具有杀菌和防腐作用。医药上用

于制清凉油、止痛药、漱口剂等。食品工业用作糖果、饮料的添加剂，也是牙膏、牙粉的成分之一。

(2) 樟脑　樟脑的构造式为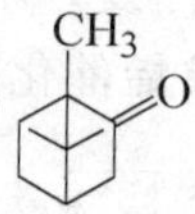，存在于樟脑树中，是白色闪光晶体。易升华，有香气，不溶于水，可溶于有机溶剂。医药上用于制强心剂、十滴水、清凉油等，也用作防蛀剂和防腐剂。樟脑是我国的特产，台湾出产的樟脑约占世界总产量的70%，居世界第一位。

(3) 维生素A　维生素A是分子中含有多个双键的萜烯类化合物。其构造式为：

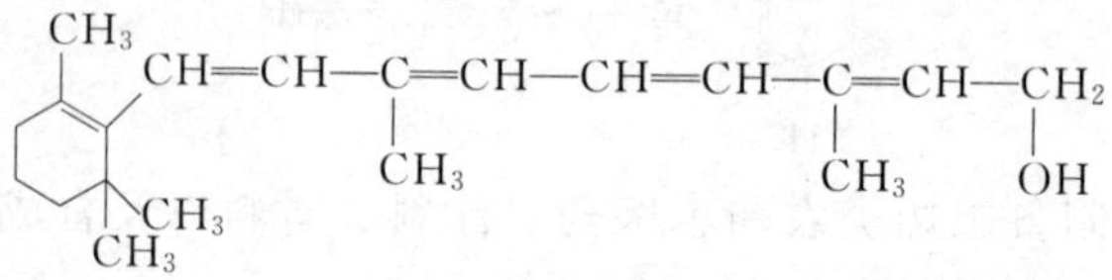

存在于肝脏、鱼肝油、青菜和水果中。是淡黄色晶体。医药上常用于治疗干眼症、夜盲症、皮肤干燥以及眼部、呼吸道和肠道对感染的抵抗力降低等病症。

*5. 甾族化合物

由三个六元环和一个五元环稠合在一起的多环脂环烃及其衍生物称为甾（音 zāi）族化合物，其母体结构如下：

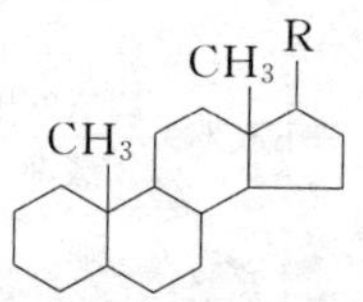

甾族化合物广泛存在于动植物体中，有些具有重要的生理活性。例如胆固醇、肾上腺皮质激素、性激素等。

胆固醇又叫胆甾醇，是最重要的动物甾醇。存在于人体几乎所有的器官中，但以脑髓和神经组织内含量较高。由于最初从胆石中分离出而得名。是无色或微黄色晶体，熔点148℃，微溶于水，易溶于热乙醇。是制造激素的重要原料，也用作乳化剂，可从牛脊髓中提取出。

肾上腺皮质激素又叫皮质类固醇。是肾上腺皮质中分泌的全部激素的总称，都是甾体化合物。其生理功能是调节体内电解质和水的平衡以及糖和蛋白质的代谢，并能对抗炎症反应。目前已有许多激素可人工合成。如醋酸可的松、氢化可的松等。

阅读资料

化学界的奇才——霍奇金

霍奇金（Dorothy Crowfoof Hodgkin）1910年出生于英国一个知识分子家庭。她的父亲毕业于牛津大学，是一位考古学权威。由于父亲所从事工作的性质，霍奇金小时候很难有固定的学校读书。但父母总是利用一切机会培养她的求知欲望，并希望她能进入牛津大学读书。精通拉丁语是牛津大学入学的基本要求，在父母的帮助下，霍奇金勤学苦练，很快就攻克了这一难关，并顺利地考取了牛津大学萨莫维尔学院。大学毕业后，由于父母双亡，她的生活也陷入困境。当时她的许多同学都纷纷受雇于各大公司，享受高薪待遇，但霍奇金经过再三考虑，还是决定留校走从事研究的道路。她一边跟随剑桥大学专门从事X射线分析的化学家伯纳尔学习，同时在牛津大学从事教书工作以维持生活。就这样以勤工俭学的方式于1937年获得博士学位。

霍奇金

(Dorothy Crowfoof Hodgkin)

1928年英国细菌学家弗莱明在培养葡萄球菌时意外地发现了青霉素以及它的奇异疗效。青霉素是最早出现的抗生素药物，它为人类战胜疾病、恢复健康立下了丰功伟绩。直至今日，青霉素仍然是最常用的广谱抗细菌感染药物。

第二次世界大战爆发后，战场上对青霉素的需求量剧增，科学家迫切希望知道青霉素的分子结构，以便大规模用化学方法进行合成。一直从事X射线分析研究的霍奇金从此开始了对青霉素晶体结构的测定工作。由于当时计算方法比较落后，资料又少，这项工作历时4年才告完成，霍奇金终于精确地测出了青霉素的分子结构。

在此基础上，1948年霍奇金又开始了对维生素B_{12}分子结构的测定工作，耗时8年，于1956年大功告成，公布了研究成果。她的成就轰动了当时的化学界，由于她一人解开了化学领域中难度较大的未解之谜，人们称她为“化学界的奇才”。霍奇金也因此获得了1964年诺贝尔化学奖，她是继居里夫人之后第二位单独荣获诺贝尔化学奖的女科学家。

霍奇金一生中得到许多荣誉。1947年被接纳为英国皇家学会会员；1956年被聘为荷兰皇家科学院外籍成员；1965年被授予英国国家一级勋章；1968年成为澳大利亚科学学会会员；1977年被牛津大学授予名誉教授。霍奇金的科学生涯，正如高尔基所说：“人的天赋就像火花，它既可以熄灭，也可以燃烧起来，而迫使它燃烧成熊熊大火的方法只有一个，就是劳动，再劳动。”霍奇金以其一生的劳动，创造了辉煌的成就，她的人生也是辉煌的，极有价值的。

本章要点

1. 环的结构与稳定性
   - 三元、四元环：非正常键角，有张力，内能高，不稳定，易破环
   - 五元、六元环：接近或维持正常键角，无张力，较稳定，不易破环
2. 脂环烃分类
   - 环的结构不同
     - 饱和脂环烃：环烷烃
     - 不饱和脂环烃
       - 环烯烃
       - 环炔烃
   - 环的数目不同
     - 单环脂环烃
     - 多环脂环烃
3. 脂环烃的异构现象
   - 构造异构
     - 环的大小不同
     - 支链位置不同
   - 顺反异构：支链在空间的位置不同
4. 脂环烃的命名
   - 单环烷烃：同烷烃相似，在母体名前加“环”字
   - 单环烯烃：同烯烃相似，在母体名前加“环”字
   - 多环烃
     - 桥环：将各桥上碳原子数按由多到少的顺序写在母体名称前的方括号内
     - 螺环：将两环中碳原子数按由少到多的顺序写在母体名称前的方括号内

5. 单环烷烃化学反应

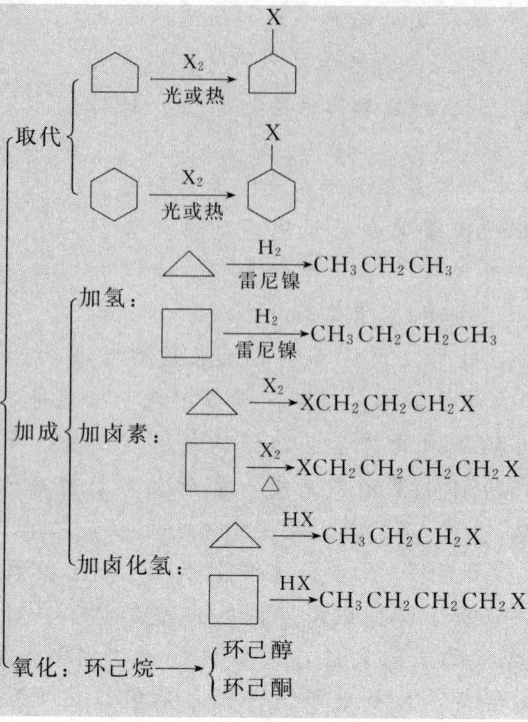

习　　题

1. 给下列化合物命名

(1) 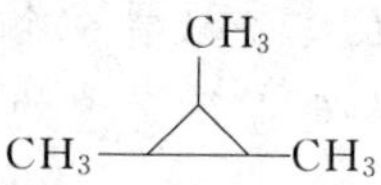

(2) 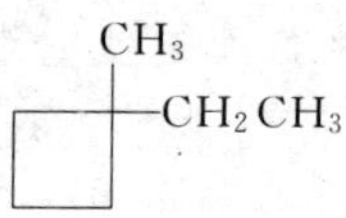

(3) 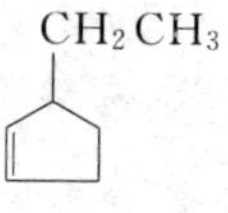

(4) 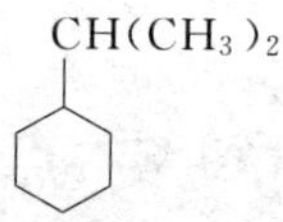

(5) 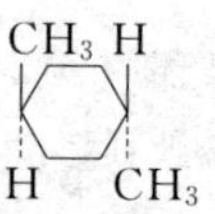

(6) 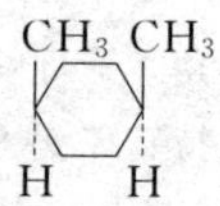

(7) 

(8) 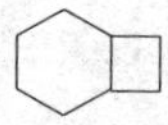

2. 写出下列化合物的构造式

(1) 1,1-二甲基环己烷

(2) 1,3-二乙基环戊烷

(3) 1,3-环己二烯

(4) 3-乙基环戊烯

(5) 二环[1.1.0]丁烷

(6) 螺[3.3]庚烷

3. 完成下列化学反应

(1)  $+Cl_2 \xrightarrow{300℃} ?$

（2） 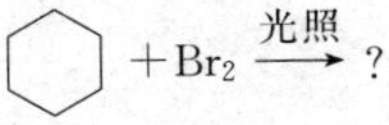

（3） 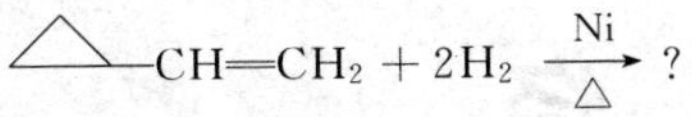

（4） 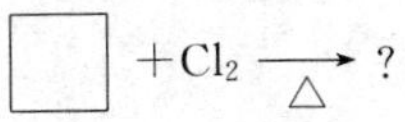

（5） 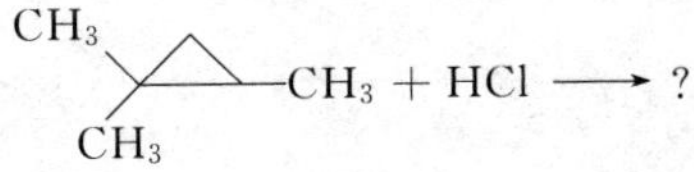

（6） 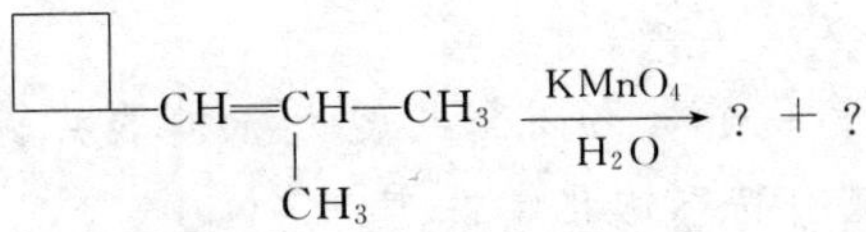

（7） 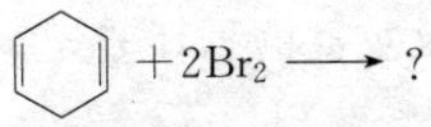

（8） 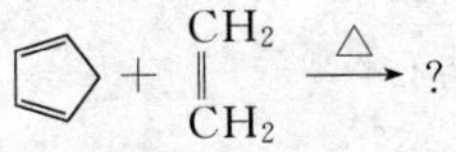

4. 用化学方法鉴别下列各组化合物

（1）
- 环戊烷
- 环戊烯
- 甲基环丁烷

（2） 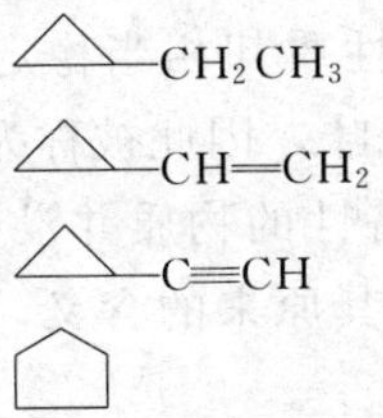

5. 化合物 A、B、C 分子式都是 C_4H_6。都能使溴水褪色，催化加氢都生成正丁烷。用高锰酸钾氧化时，A 生成 CH_3CH_2COOH 和 CO_2，B 生成 HOOC—COOH 和 CO_2，C 生成 HOOC—CH_2CH_2—COOH。试推测 A、B、C 的构造式，并写出各步反应式。

第六章 芳 烃

学习指南

芳烃是分子中具有苯环结构的一类烃。苯环是一个含有闭合共轭大 π 键的共轭体系，由于其结构的特殊性，导致了苯及其同系物具有特殊的化学性质。

本章将重点讨论单环芳烃的结构、性质及其取代反应的定位规律以及重要的稠环芳烃等。

学习本章内容，应在了解苯的结构和闭合共轭体系特点的基础上做到：

1. 了解单环芳烃的分类，掌握单环芳烃及其衍生物的命名方法；
2. 熟悉单环芳烃的化学性质，掌握其在工业生产中的应用；
3. 掌握单环芳烃取代反应的定位规律及其在有机合成中的应用；
4. 了解重要的稠环芳烃及其在生产实际中的应用。

在有机化合物中，有一类分子中具有苯环结构、高度不饱和、性质却相当稳定的化合物。由于这类化合物最初是在香精油、香树脂中发现的，具有芳香气味，因此被称为芳香族化合物。但随着有机化学的发展，人们发现许多具有芳香族化合物特性的物质并没有香味，有些还带有令人不愉快的刺激性气味。因此，“芳香”二字早已失去其原来的含义，只是人们已习惯了这一叫法，仍然沿用旧称而已。

分子中只含碳和氢两种元素的芳香族化合物称为芳香烃，简称芳烃。其中**分子中只含一个苯环的芳烃称为单环芳烃**，本章将重点讨论单环芳烃。

第一节 单环芳烃的结构、异构和命名

一、单环芳烃的结构

苯是单环芳烃中最简单又最重要的化合物，也是所有芳香族化合物的母体。了解苯的分子结构，对于理解和掌握芳烃及其衍生物的特殊性质具有重要意义。

1. 凯库勒构造式

苯的分子式为 C_6H_6，其碳氢原子比例为 1∶1，与乙炔相同，因此具有高度的不饱和性。然而，实验证明，在一般情况下，苯既不与溴发生加成反应，也不被高锰酸钾溶液氧化，却能够在一定条件下发生环上氢原子被取代的反应，而苯环不被破坏。也就是说，苯并不具有一般不饱和烃的典型的化学性质。**苯的这种不易加成、不易氧化、容易取代和碳环异常稳定的特性被称为“芳香性”。**

苯的芳香性是由于苯环的特殊结构所决定的。实验发现，苯在发生取代反应时，它的一元取代产物只有一种，这说明在苯的分子中，六个氢原子所处的位置是完全相同的。根据这一实验事实，同时又考虑碳原子是四价的，德国化学家凯库勒（Kekulé）在 1865 年提出了

苯的构造式：

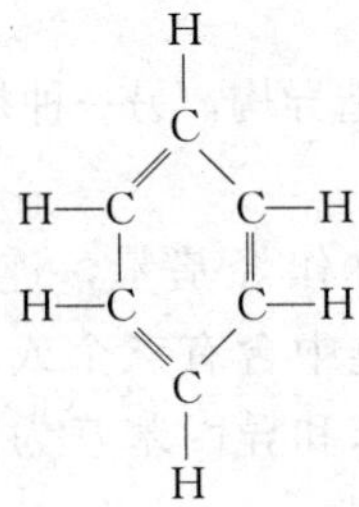

（简写为 ）

凯库勒认为，苯分子中的六个碳原子以六角形环状结合，其中含有三个碳碳双键，均匀地分布于环中，每个碳原子上连接一个氢原子，这六个氢原子的位置完全相同。

凯库勒的结构学说在一定程度上反映了客观实际。例如它符合苯的组成、原子间的连接关系，能解释一元取代物只有一种以及苯催化加氢得到环己烷等事实。他首先提出苯的环状结构，在有机化学发展史上起到了重要作用。但是凯库勒结构式却不能说明苯的全部特性，例如，它无法解释苯分子中既含双键又不易发生加成和氧化反应的事实。而且苯在催化加氢时，测得的氢化热比预计三个孤立双键的氢化热低得多，这说明苯的内能较低，因此比较稳定。

2. 闭和共轭体系

利用杂化轨道理论可以较好地解释苯的分子结构。按照这一理论，苯分子中的六个碳原子都是 sp^2 杂化的。它们各以两个 sp^2 杂化轨道彼此沿键轴方向重叠形成六个等同的 C—Cσ 键（环状），又各以一个 sp^2 杂化轨道分别与六个氢原子的 s 轨道沿键轴方向重叠形成六个等同的 C—Hσ 键，这六个 C—Cσ 键和六个 C—Hσ 键同在一个平面上，彼此间的夹角都是 120°，如图 6-1(a) 所示。每个碳原子上还剩下一个没有参与杂化的 p 轨道，它们垂直于 σ 键所在的平面，彼此平行从侧面重叠形成一个环状的闭合大 π 键，如图 6-1(b)、(c) 所示。这就是说，在苯分子中，并没有三个孤立的碳碳双键，六个碳原子是以六个完全等同的 C—Cσ键和一个闭合的共轭大 π 键形成了一个环状整体，这个整体是一个共轭体系，因此能量较低，也较稳定，不易发生加成和氧化反应，其氢化热也较低。

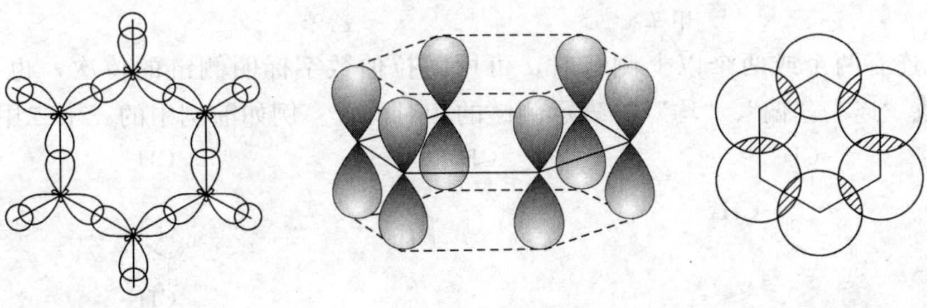

(a) 苯分子的 σ 键　　(b) 苯分子的 π 键　　(c) 苯分子的 π 键（俯视）

图 6-1　苯的分子结构示意图

苯分子这种特殊稳定的整体结构，到目前还没有合适的构造表达式，因此习惯上还沿用凯库勒构造式，即 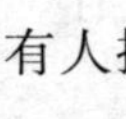，但在使用时应注意，不能误解为苯分子中含有交替的单键（C—C）和双键（C═C）。有人提出用 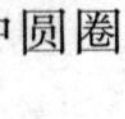 式来表示苯的结构，六边形的每个角代表一个碳原子，六条边代表六个 C—C σ 键，环中圆圈代表闭合大 π 键，这个构造式比较形象地体现了苯的内部结

构，已有许多书刊采用了这种构造式。

二、单环芳烃的构造异构

单环芳烃的构造异构有两种情况，一种是侧链构造异构，另一种是侧链在苯环上的位置异构。

1. 侧链构造异构

苯环上的氢原子被烃基取代后生成的化合物称作烃基苯，连在苯环上的烃基又叫侧链。侧链为甲基和乙基时，不能产生构造异构，当侧链中含有三个或三个以上碳原子时，则可能因碳链排列方式不同而产生异构体。例如，正丙苯和异丙苯互为同分异构体：

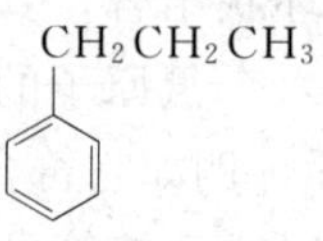

正丙苯

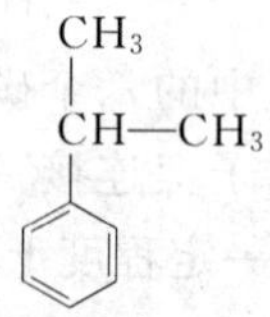

异丙苯

2. 侧链在环上的位置异构

当苯环上连有两个或两个以上侧链时，可因侧链在环上的相对位置不同而产生异构体。例如，当苯环上有两个甲基时，可以产生三种异构体：

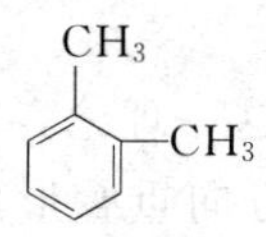

邻二甲苯

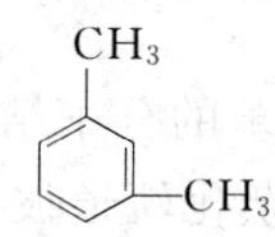

间二甲苯

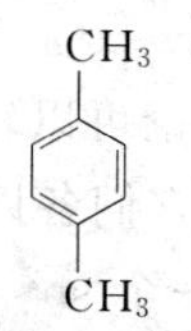

对二甲苯

三、单环芳烃的命名方法

烷基苯的命名是把苯环作为母体，烷基作为取代基，称为某烷基苯。其中“基”字通常可以省略。例如：

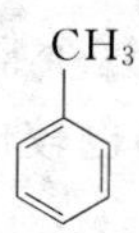

甲苯

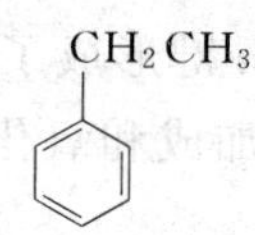

乙苯

当苯环上连有两个或两个以上侧链时，可用阿拉伯数字标明侧链的位次，也可用“邻”、“间”、“对”或“连”、“偏”、“均”等表示侧链的相对位置。例如前例中的三个二甲苯的命名：

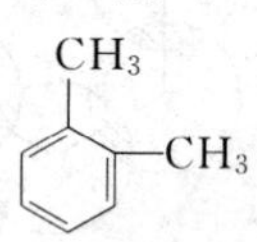

邻二甲苯
（1,2-二甲苯）

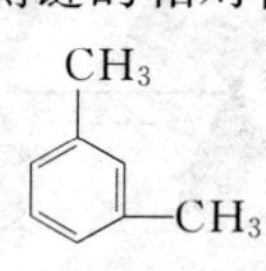

间二甲苯
（1,3-二甲苯）

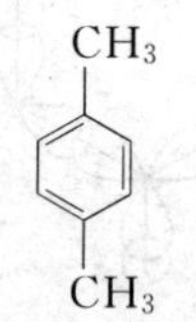

对二甲苯
（1,4-二甲苯）

又如，三甲苯的三种异构体的命名：

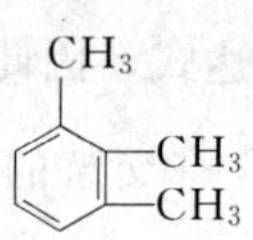

1,2,3-三甲苯
（连三甲苯）

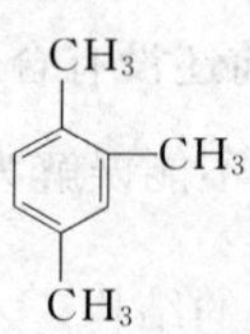

1,2,4-三甲苯
（偏三甲苯）

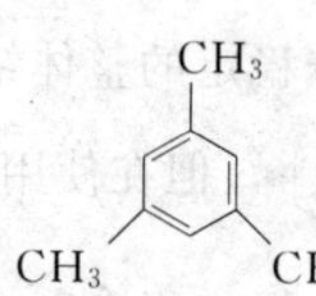

1,3,5-三甲苯
（均三甲苯）

当苯环上的侧链为不饱和烃基或构造较为复杂的烷基时，也可将苯环作取代基，以侧链为母体来命名。例如：

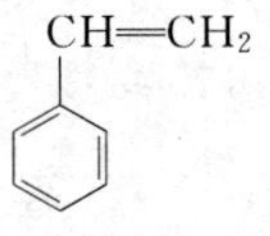
苯乙烯

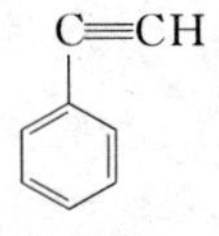
苯乙炔

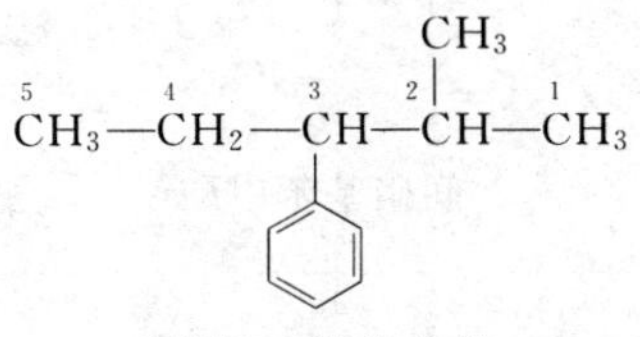
2-甲基-3-苯基戊烷

如果侧链为两个及两个以上不饱和烃基，则仍然以苯环作为母体来命名。例如：

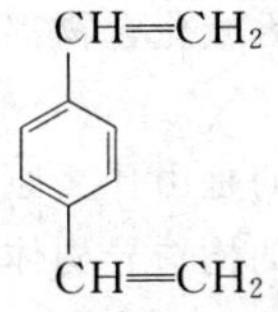
对二乙烯苯

苯环上去掉一个氢原子剩下的基团称为苯基（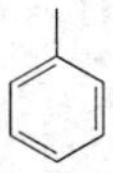），常用 ph—表示。甲苯分子中去掉甲基上的一个氢原子剩下的基团称为苯甲基（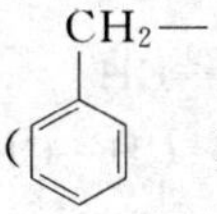），也叫苄基。

四、芳烃衍生物的命名

芳烃中苯环上的氢原子被其他原子或基团取代后生成的化合物称为芳烃衍生物，芳烃衍生物的命名通常有下列几种情况。

1. 苯环上连有作取代基的基团

有些原子或基团，如—X（卤原子）、$—NO_2$（硝基）以及结构简单的烷基等，它们连接在苯环上时，苯作母体。例如：

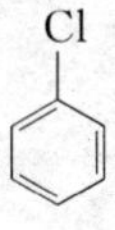
氯苯

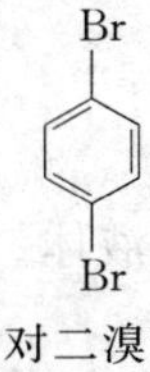
对二溴苯

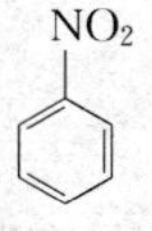
硝基苯

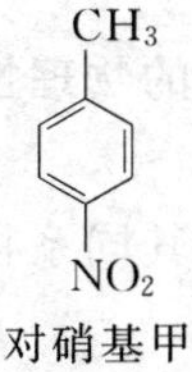
对硝基甲苯

2. 苯环上连有可作母体的基团

有些基团，如—OH（羟基）、$—NH_2$（氨基）、—CHO（醛基）、—COOH（羧基）、$—SO_3H$（磺基）等，它们连在苯环上时，苯环作为取代基。例如：

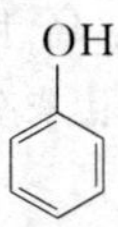
苯酚

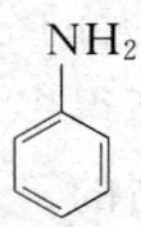
苯胺

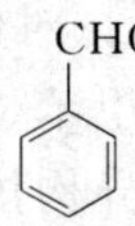
苯甲醛

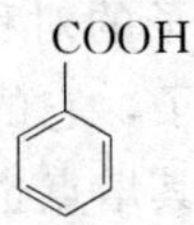
苯甲酸

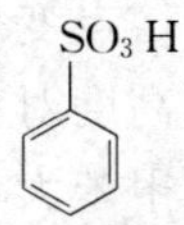
苯磺酸

3. 苯环上连有多个官能团

当苯环上连有两个或两个以上不同官能团时，就需按官能团的优先次序来确定哪个官能团可作母体，哪个（些）官能团作取代基。一些常见官能团的优先次序如下：

$—SO_3H$、—COOH、—CN、—CHO、$—COCH_3$、—OH、$—NH_2$、—R、—X、$—NO_2$

一般说来，排在前面的官能团优先于排在后面的官能团，优先的官能团作母体。例如：

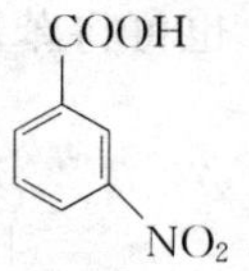
间硝基苯甲酸

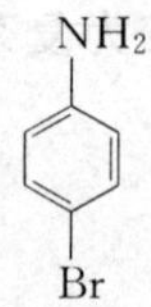
对溴苯胺

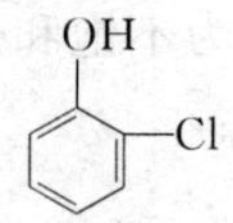
邻氯苯酚

思考与练习

6-1 回答问题

(1) 芳烃和芳香族化合物有什么不同？芳香族化合物都具有芳香气味吗？

(2) 什么是苯的芳香性？

(3) 单环芳烃的构造异构有几种情况？它们是由什么原因产生的？

6-2 写出分子式为 C_8H_{10} 的芳烃所有可能存在的构造异构体，并命名。

6-3 给下列芳烃命名

(1) 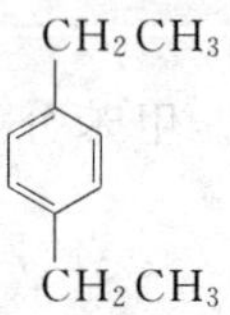

(2) 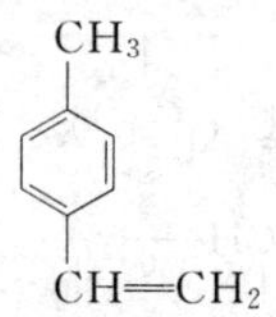

(3) 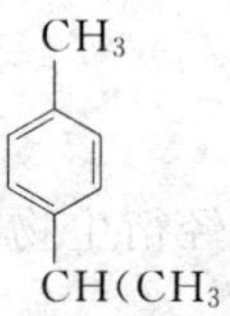

(4) 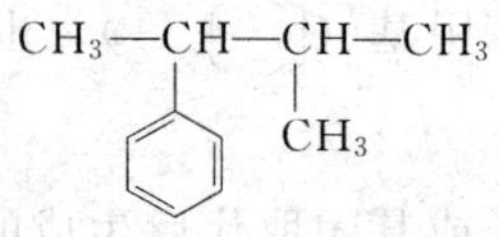

第二节　单环芳烃的性质

一、单环芳烃的物理性质

1. 物态

常温下，苯及其同系物都是无色具有芳香气味的液体。

2. 沸点

单环芳烃的沸点随分子中碳原子数目的增加而升高。侧链的位置对其没有大的影响，例如二甲苯的三个异构体的沸点很接近，难于分离。

3. 熔点

单环芳烃的熔点变化与分子的对称性有关。对称性较大的分子熔点高于对称性小的分子。例如，苯是高度对称的分子，它的熔点比甲苯、乙苯高得多；对二甲苯分子的对称性比邻二甲苯和间二甲苯大，因此其熔点也是三种异构体中最高的。

4. 相对密度

单环芳烃的相对密度小于 1，比水轻。

5. 溶解性

单环芳烃不溶于水，可溶于醇、醚，特别易溶于二甘醇、环丁砜和 *N*,*N*-二甲基甲酰胺等溶剂，因此常用这些溶剂来萃取芳烃。

芳烃易燃，燃烧时产生浓烟。其蒸气有毒。

单环芳烃的物理常数见表6-1。

表6-1 一些单环芳烃的物理常数

化 合 物	沸点/℃	熔点/℃	相对密度(d_4^{20})	折射率(n_D^{20})
苯	80.1	5.5	0.8765	1.5011
甲苯	110.6	−95	0.8669	1.4961
乙苯	136.2	−95	0.8670	1.4959
邻二甲苯	144.4	−25.2	0.882(10℃)	1.5055
间二甲苯	139.1	−47.9	0.8642	1.4972(10℃)
对二甲苯	138.3	13.3	0.8611	1.4958
正丙苯	159.2	−99.5	0.8620	1.4920
异丙苯	152.4	−96	0.8618	1.4915
2-乙基甲苯	165.2	−80.8	0.8807	1.5046
3-乙基甲苯	161.3	−95.5	0.8645	1.4966
4-乙基甲苯	162	−62.3	0.8614	1.4959
1,2,3-三甲苯	176.1	−25.4	0.8944	1.5139
1,2,4-三甲苯	169.3	−43.8	0.8758	1.5048
1,3,5-三甲苯	164.7	−44.7	0.8652	1.4994
正丁苯	183	−83	0.8601	1.4898
仲丁苯	173	−75.5	0.8621	1.4902
异丁苯	172.8	−51.5	0.8532	1.4866
叔丁苯	169	−57.8	0.8665	1.4927
十二烷基苯	331	−7	0.8551	1.4824
苯乙烯	145.2	−30.6	0.9060	1.5668
苯乙炔	142～144	−44.8	0.9281	1.5485

二、单环芳烃的化学性质

单环芳烃的化学反应主要发生在苯环上。在一定条件下，苯环上的氢原子容易被其他原子或基团取代，生成许多重要的芳烃衍生物。在强烈的条件下，苯环也可以发生加成和氧化反应，但这往往会使苯环结构遭到破坏。当苯环上连有侧链时，直接与苯环相连的α-C—H键表现出较大的活泼性，可以在一定条件下发生取代、氧化等反应。

1. 取代反应

(1) 卤代反应　芳烃与卤素在不同条件下可发生不同的取代反应。

① 苯环上的卤代　在铁粉或卤化铁催化作用下，苯可与氯或溴发生卤代反应，氯原子或溴原子取代苯环上的氢原子，生成氯苯或溴苯，同时放出卤化氢。

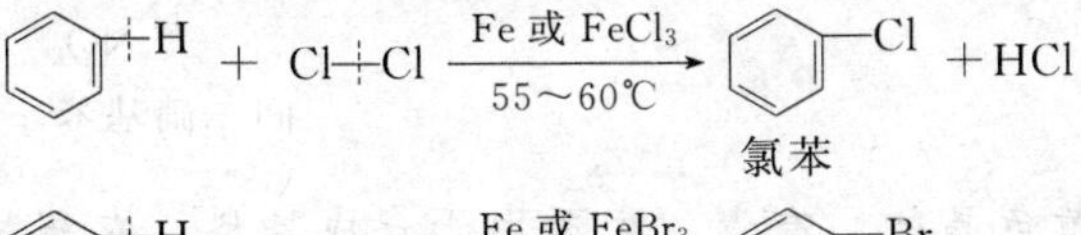

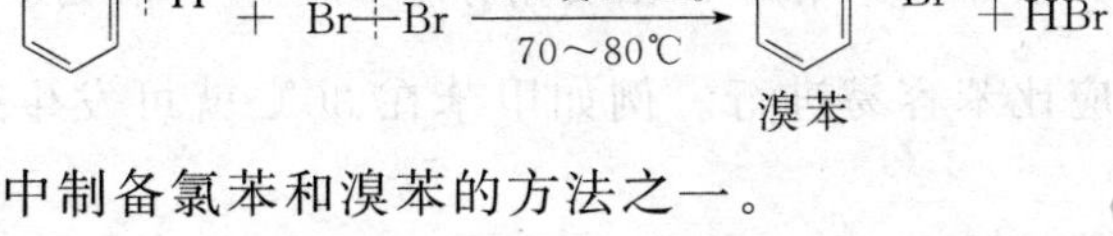

这是工业上和实验室中制备氯苯和溴苯的方法之一。

氯苯是无色挥发性液体，有毒，对肝脏有损害作用。溴苯是无色油状易燃液体，有毒。氯苯和溴苯都是重要的有机合成原料，广泛用于生产农药、染料、医药等。

烷基苯发生环上卤代反应时，比苯容易进行。反应主要发生在烷基的邻位和对位。例如：

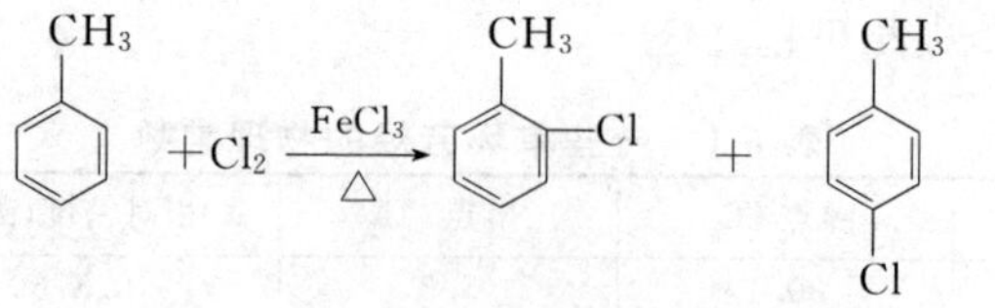

邻氯甲苯(59%)　对氯甲苯(40%)

② 侧链上的卤代　烷基苯与卤素发生取代反应时，如果没有催化剂存在，用光照射或加热，则侧链上的α-氢原子被卤原子取代。例如，在日光照射下或将氯气通入沸腾的甲苯中，甲基上的氢原子可逐一被取代：

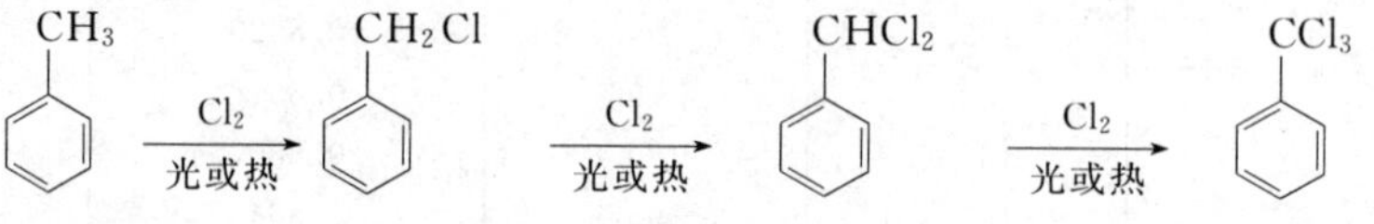

苯一氯甲烷　苯二氯甲烷　苯三氯甲烷

这是工业上制备苯氯甲烷的方法。三种苯氯甲烷都是重要的有机合成原料，控制甲苯和氯气的配比，可使反应停留在某一步上，得到一种主要产物。

苯一氯甲烷又叫苄基氯，是无色透明液体。具有强烈的刺激性，有催泪作用并刺激呼吸道。主要用作合成医药、农药、香料、染料以及合成树脂等。

苯二氯甲烷是无色具有强烈刺激性气味的液体。主要用于制苯甲醛和肉桂酸等。

苯三氯甲烷是具有特殊刺激性气味的无色液体。主要用于制三苯甲烷染料、蒽醌染料和喹啉染料等。

(2) 硝化反应　浓硝酸和浓硫酸的混合物称为混酸。苯与混酸作用时，硝基（$-NO_2$）取代苯环上的氢原子，生成硝基苯。这一反应称为**芳烃的硝化反应**。

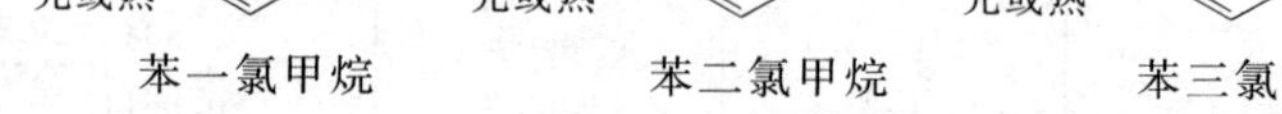

硝基苯

在这一反应中，浓硫酸的主要作用是催化剂，同时也是脱水剂。

硝基苯一般不容易继续硝化。但如果提高反应温度并用发烟硝酸和发烟硫酸作硝化剂，则可生成间二硝基苯。

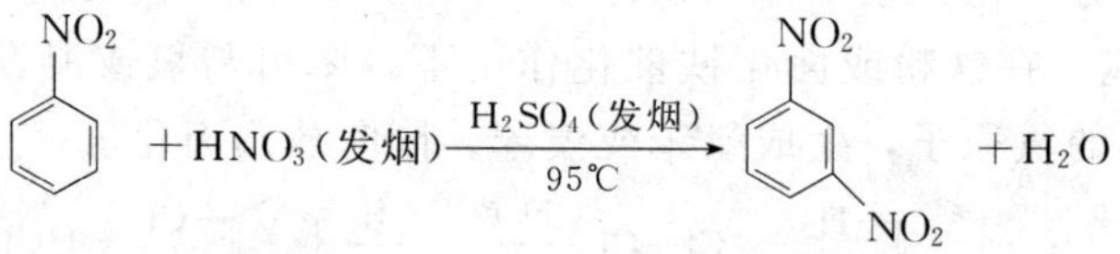

间二硝基苯

间二硝基苯是浅黄色晶体，有毒，主要用于合成染料、农药和医药等。

烷基苯的硝化反应比苯容易进行。例如甲苯在30℃就可发生硝化反应，生成邻硝基甲苯和对硝基甲苯：

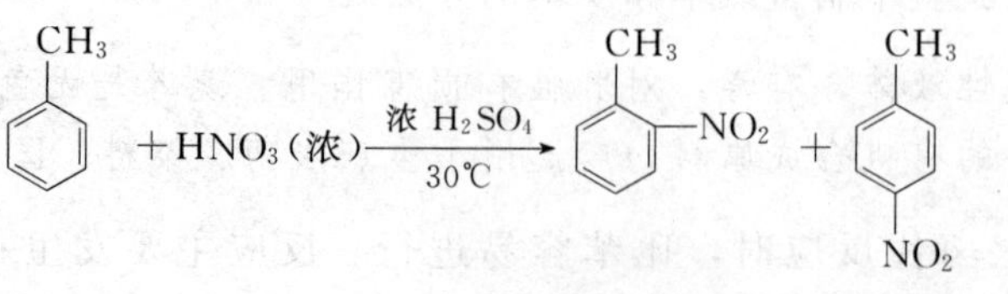

邻硝基甲苯　对硝基甲苯

邻硝基甲苯是具有苦杏仁味的黄色油状液体。对硝基甲苯是浅黄色晶体。它们都是剧毒物质，能通过人的呼吸系统及皮肤引起中毒。也都是重要的有机合成原料，主要用作油漆、染料、医药和农药的中间体。

(3) 磺化反应　苯与浓硫酸或发烟硫酸作用，磺酸基（—SO_3H）取代苯环上的氢原子，生成苯磺酸，这类反应称为**芳烃的磺化反应**。例如：

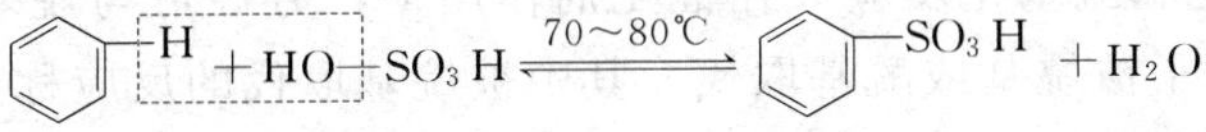

苯磺酸

磺化反应与卤化、硝化反应不同，它是一个可逆反应，其逆反应是苯磺酸的水解。如果控制反应条件，可以使反应向需要的方向进行。例如采用发烟硫酸作磺化试剂时，由于发烟硫酸中的三氧化硫能吸收反应中生成的水，破坏体系平衡，使反应向生成苯磺酸的方向进行，同时生成的硫酸又增强了磺化能力，因此，可使磺化反应在较低温度下顺利进行。例如：

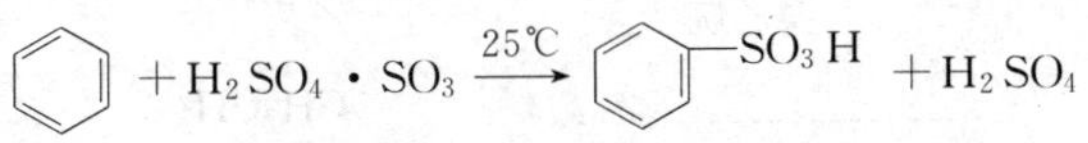

发烟硫酸

苯磺酸为无色针状或叶状晶体，是重要的有机合成原料，用于制备苯酚、间苯二酚等。

若要去掉苯环上的磺酸基时，可将苯磺酸与稀硫酸或稀盐酸一起在加压下共热，就可使苯磺酸发生水解，生成原来的芳烃。例如：

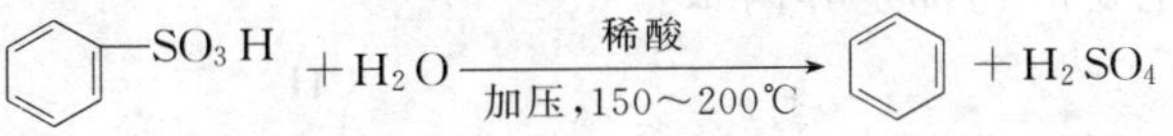

芳烃不溶于浓硫酸，但生成的苯磺酸却可以溶解在硫酸中。可利用这一性质将芳烃从混合物中分离出来。

此外，在有机合成中，还可利用磺化反应，让磺酸基占据苯环上的某一位置，待进行完其他反应后，再将磺酸基水解脱去。

烷基苯的磺化反应比苯容易进行，主要生成邻位和对位取代产物。一般说来，提高温度比较有利于对位产物的生成。例如：

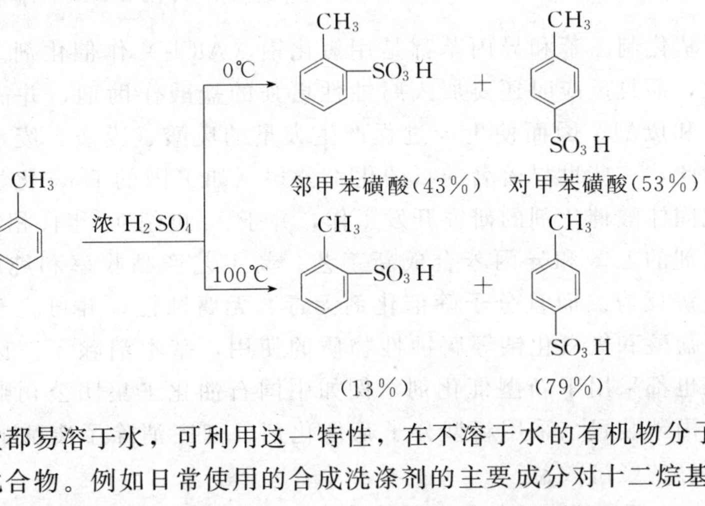

磺酸及其钠盐都易溶于水，可利用这一特性，在不溶于水的有机物分子中引入磺酸基，得到可溶于水的化合物。例如日常使用的合成洗涤剂的主要成分对十二烷基苯磺酸钠就是用十二烷基苯经磺化反应制得对十二烷基苯磺酸，再用碱中和得到的：

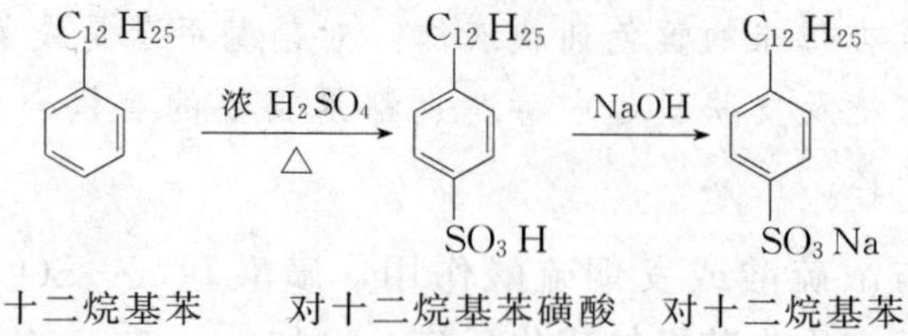

十二烷基苯　　对十二烷基苯磺酸　对十二烷基苯磺酸钠

(4) 傅-克烷基化和酰基化反应　在催化剂作用下，芳烃可与烷基化试剂或酰基化试剂反应，苯环上的氢原子被烷基或酰基取代。其中被烷基取代的反应称为**烷基化反应**，被酰基取代的反应称为**酰基化反应**。由于这类反应是1877年由法国化学家傅里德（Friedel C）和美国化学家克拉夫茨（Crafts J）共同发现的，因此称为傅里德-克拉夫茨反应，简称傅-克反应。

① 烷基化反应　在催化剂存在下，苯与溴乙烷或乙烯作用，生成乙苯：

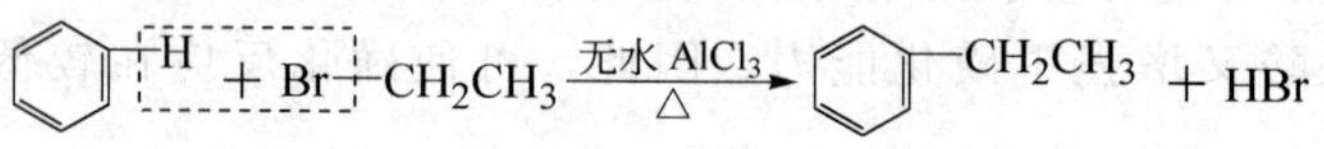

溴乙烷　　乙苯

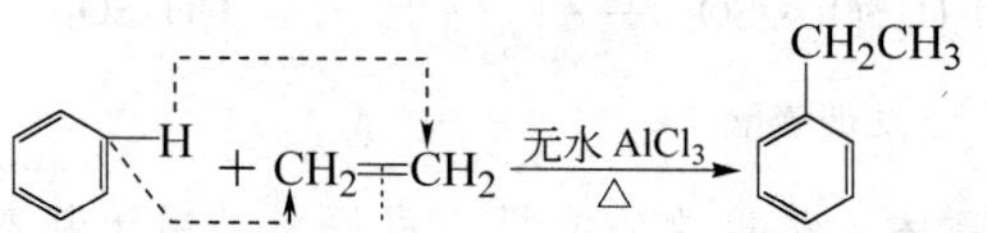

像溴乙烷和乙烯这样能将烷基引入芳环上的试剂称为**烷基化试剂**。

当烷基化试剂含有三个或三个以上碳原子时，烷基往往发生异构化。例如，苯与1-氯丙烷或丙烯作用时，主要产物都是异丙苯：

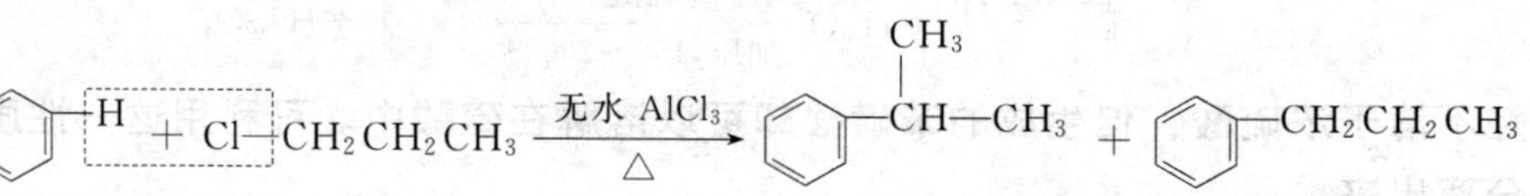

1-氯丙烷　　异丙苯(主)

乙苯是无色油状液体，具有麻醉与刺激作用。主要用于制合成树脂单体苯乙烯，也是医药工业的原料。

异丙苯是无色液体，主要用于制苯酚和丙酮，也用作其他化工原料。

传统上苯烷基化制乙苯和异丙苯都是用氯化铝（$AlCl_3$）作催化剂。但氯化铝本身具有较强的腐蚀性，而且反应时还要加入腐蚀性更强的盐酸作助剂，并需在反应后使用大量的氢氧化钠中和废酸，因而使生产过程产生大量的废酸、废渣、废水和废气，环境污染十分严重。为此，一些世界著名的石油化工公司（如美国的Dow化学公司等）投入巨资进行苯烷基化固体酸催化剂的研究开发工作，并于20世纪90年代相继成功开发出以各种分子筛为催化剂的乙苯和异丙苯合成新工艺。新工艺产品收率和纯度都高于99.5%，基本接近原子经济反应。而且分子筛催化剂无毒、无腐蚀性，并可完全再生，整个生产过程彻底避免了盐酸和氢氧化钠等腐蚀性物质的使用，基本消除了三废的排放。目前我国许多生产厂家也都采用了新型催化剂，例如中国石油化工集团公司燕山石油化工公司改造氯化铝法异丙苯装置，采用新型分子筛催化剂，彻底消除了废酸的生成和废液的排放，并产生了更好的经济效益。

合成洗涤剂的主要原料十二烷基苯的生产，过去一直使用氢氟酸（HF）作催化剂。氢氟酸具有强烈的腐蚀性和较大的毒性，不仅严重腐蚀生产设备，也直接危害操作工人的身体健康，同时还因产生大量废水和 CaF_2 废渣而造成环境污染。采用固体酸新型催化剂后，不仅无毒、无腐蚀、无污染、能反复再生，而且生产出的产品具有更强的乳化和生物降解能力，使这一生产过程和产品实现了双重绿色化。

② 酰基化反应　在催化剂作用下，苯与酰氯、酸酐等发生酰基化反应，生成芳酮。例如：

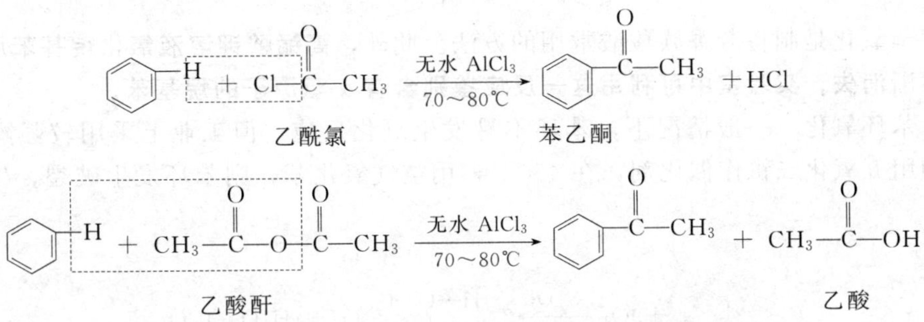

像乙酰氯、乙酸酐这样能在芳环上引入酰基的试剂称为**酰基化试剂**。

芳烃的酰基化反应目前仍采用氯化铝作催化剂，新型催化剂尚在研究开发之中。

苯乙酮是具有令人愉快的芳香气味的无色液体，主要用作干果、果汁及烟草的香料。也用作树脂、纤维素等的溶剂和增塑剂，医药工业还用于生产安眠酮等。

2. 加成反应

由于苯的特殊稳定性，所以一般情况下难以发生像烯烃、炔烃那样的加成反应。但如果在催化剂作用或紫外光照射下，苯也可与氢或氯发生加成，生成环己烷或六氯环己烷。

(1) 催化加氢　在铂、钯或镍的催化作用下，苯能与氢加成生成环己烷：

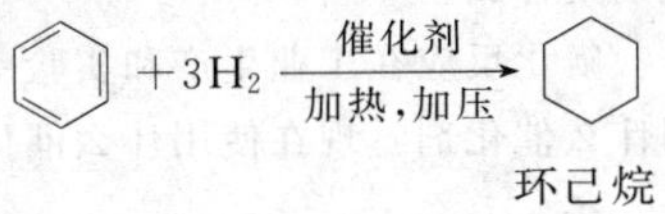

这是工业上制取环己烷的重要方法。

(2) 光照加氯　在日光或紫外光照射下，苯与氯发生加成反应生成六氯环己烷：

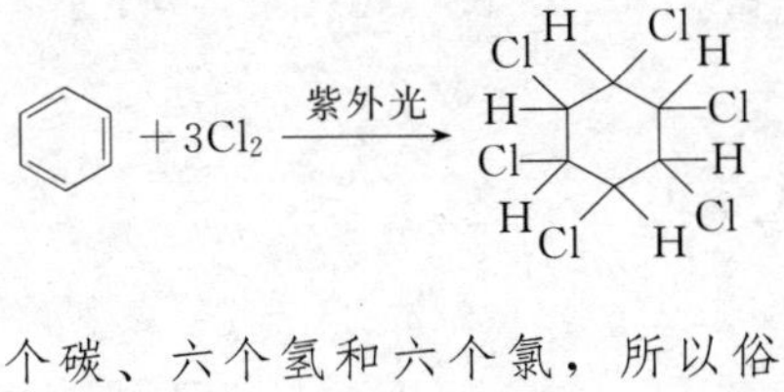

六氯环己烷分子中含有六个碳、六个氢和六个氯，所以俗称“六六六”。六六六有八种立体异构体，其中 γ-异构体具有较强的杀虫活性，曾广泛用作杀虫农药。但因其性能稳定，不易分解，残毒严重，不仅对人畜有害，也污染环境，现已停止生产和使用。

3. 氧化反应

(1) 侧链氧化　苯环比较稳定，一般氧化剂不能使其氧化。但如果苯环上连有侧链时，由于受苯环的影响，其 α-氢原子比较活泼，容易被氧化。而且无论侧链长短、结构如何，最后的氧化产物都是苯甲酸。例如：

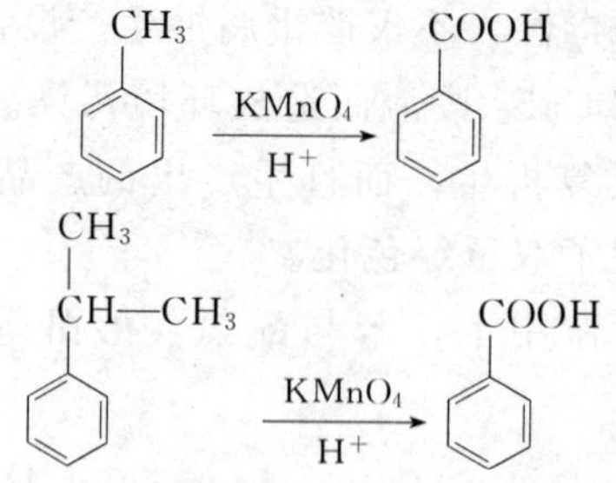

烷基苯氧化是制备芳香族羧酸常用的方法。此外，**高锰酸钾溶液氧化烷基苯后，自身的紫红色逐渐消失，实验室中可利用这一反应鉴别含有α-氢原子的烷基苯**。

（2）苯环氧化　一般情况下，苯环不易发生氧化反应。但工业上采用较强烈的氧化条件，例如用五氧化二钒作催化剂，在450℃，用空气氧化苯，则苯环发生破裂，生成顺丁烯二酸酐：

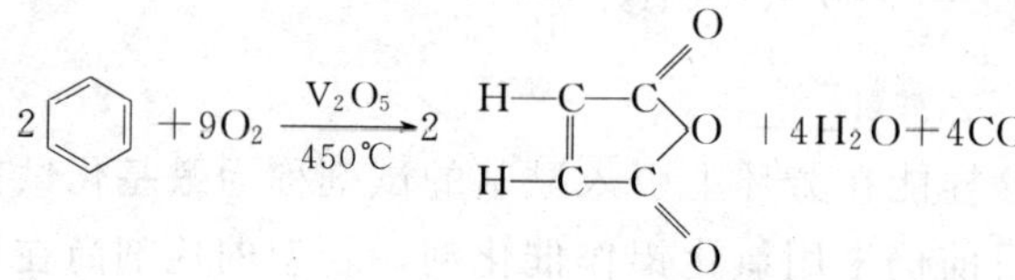

顺丁烯二酸酐

顺丁烯二酸酐又叫马来酸酐或失水苯果酸酐。是无色结晶粉末，具有强烈的刺激气味。主要用于制聚酯树脂、醇酸树脂和马来酸等，也用作脂肪和油类的防腐剂。

思考与练习

6-4　回答问题

（1）芳烃的环上卤代和侧链卤代反应条件有什么不同？

（2）芳烃硝化反应常用的硝化试剂是什么？

（3）芳烃的磺化反应有什么特点？磺化反应在工业生产和实验室中具有哪些实际应用？

（4）芳烃的烷基化反应过去使用什么催化剂？现在使用什么催化剂？新旧催化剂有哪些不同之处？

6-5　完成下列化学反应

（1）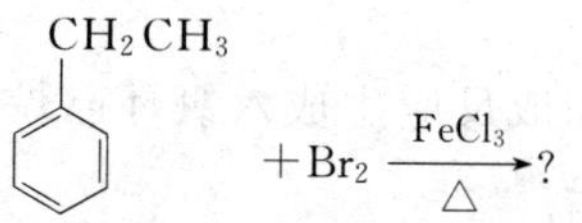

（2）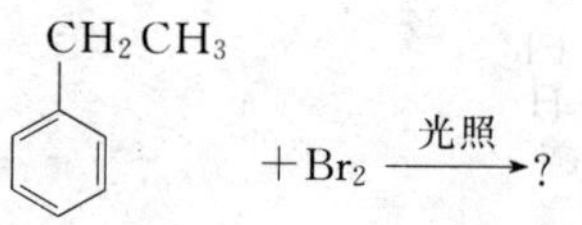

（3）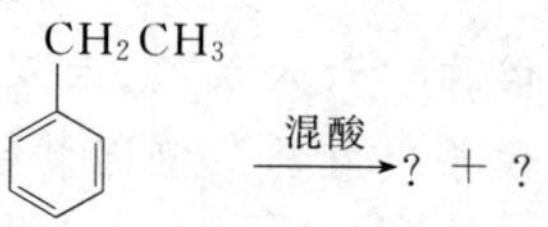

（4）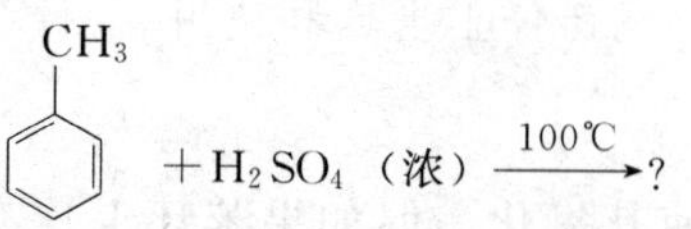

（5）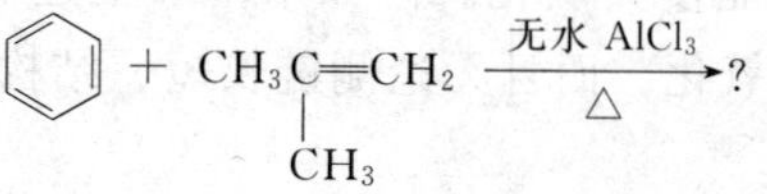

(6) 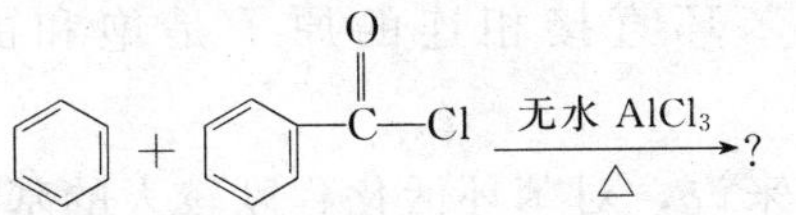

(7) 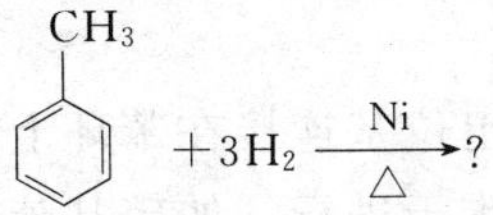

6-6　用化学方法鉴别下列化合物

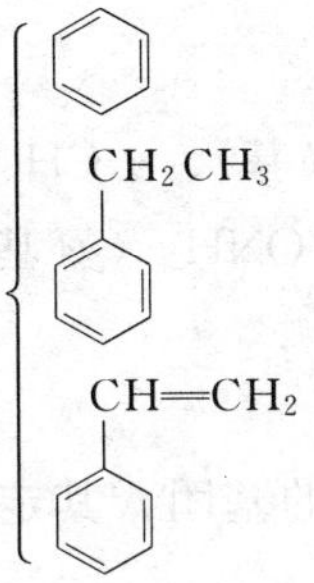

第三节　苯环上取代反应的定位规律

苯环上有一个氢原子被其他原子或基团取代后生成的产物称为一元取代苯，有二个氢原子被其他原子或基团取代后生成的产物称为二元取代苯。一元取代苯或二元取代苯再发生取代时，反应按照一定规律进行。

一、一元取代苯的定位规律

1. 定位基

在单环芳烃的取代反应中，我们发现这样一些实验事实：当甲苯发生取代反应时，反应比苯容易进行，而且新基团主要进入甲基的邻位和对位，生成邻、对位产物；当硝基苯发生取代反应时，反应比苯难于进行，而且新基团主要进入硝基的间位，生成间位产物。也就是说，一元取代苯发生取代反应时，反应是否容易进行、新基团进入环上哪个位置，主要取决于苯环上原有取代基的性质。因此我们把**苯环上原有的取代基称为定位基**。

2. 定位效应

定位基有两个作用：一是**影响取代反应进行的难易**，二是**决定新基团进入苯环的位置**。**定位基的这两个作用称为定位效应**。

3. 定位基的分类

根据定位效应不同，可将常见的定位基分为两大类。

(1) 第一类定位基　第一类定位基又叫邻、对位定位基。这类定位基连接在苯环上时，能使新导入基团主要进入其邻位和对位。除少数基团（如苯基、卤素基）外，一般都能使苯环活化，取代反应比苯容易进行。如甲苯在常温下便可发生磺化反应。

常见的邻、对位定位基有：

—O^-（氧负离子）、—$N(CH_3)_2$（二甲氨基）、—NH_2（氨基）、—OH（羟基）、—OCH_3（甲氧基）、—$NHCOCH_3$（乙酰氨基）、—R（烷基）、—X（卤素基）、—C_6H_5（苯基）等。

邻、对位定位基的结构特点是负离子或与苯环直接相连的原子是饱和的（苯基除外）。

上述邻、对位定位基定位能力依次减弱。一般来说，对苯环活化程度较大的基团，其定位能力较强。

（2）第二类定位基　第二类定位基又叫间位定位基。这类定位基连接在苯环上时，能使新导入基团主要进入其间位。并能使苯环钝化，取代反应比苯难于进行。如硝基苯难于发生烷基化或酰基化反应。

常见的间位定位基有：

$—N^+(CH_3)_3$（三甲氨基）、$—NO_2$（硝基）、—CN（氰基）、$—SO_3H$（磺基）、—CHO（醛基）、$—COCH_3$（乙酰基）、—COOH（羧基）、$—COOCH_3$（甲氧羰基）、$—CONH_2$（氨基甲酰基）等。

间位定位基的结构特点是正离子或与苯环直接相连的原子是不饱和的。

上述间位定位基定位能力依次减弱。一般来说，对苯环钝化程度较大的基团，其定位能力较强。

二、二元取代苯的定位规律

二元取代苯发生取代反应时，反应进行的难易和新基团进入环上的位置，由苯环上已有的两个定位基的性质来决定。通常有下列几种情形：

1. 两个定位基的定位效应一致

如果苯环上已有的两个基团定位作用一致，则新基团可顺利地进入两个定位基一致指向的位置。例如，下列化合物发生取代反应时，新基团进入箭头指向的位置：

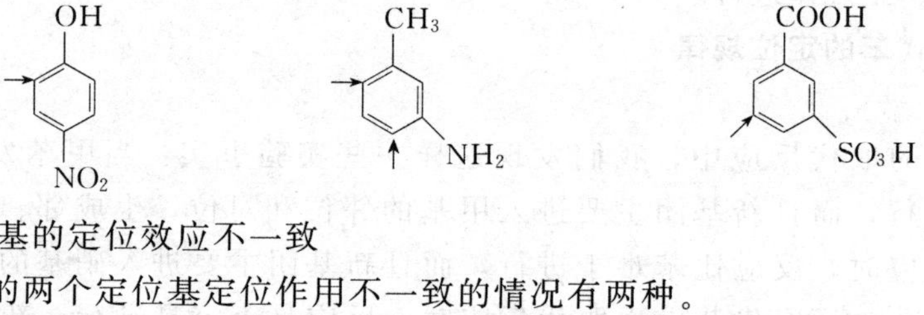

2. 两个定位基的定位效应不一致

苯环上已有的两个定位基定位作用不一致的情况有两种。

（1）两个定位基属于同一类　两个同类定位基的定位作用发生矛盾时，一般由定位能力强的（也就是排在前面的）定位基决定新基进入环上的位置。例如，下列化合物发生取代反应时，新基团进入环上的位置：

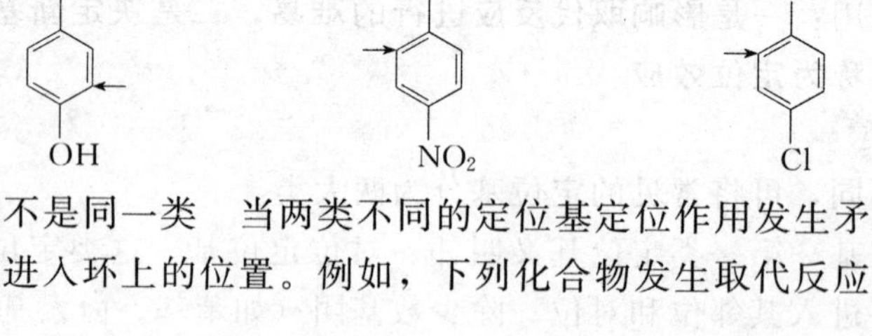

（2）两个定位基不是同一类　当两类不同的定位基定位作用发生矛盾时，一般由邻、对位定位基决定新基团进入环上的位置。例如，下列化合物发生取代反应时，新基团进入环上的位置：

三、定位规律的应用

掌握苯环上取代反应的定位规律，对于预测反应的主产物以及正确设计合成路线具有重要的意义。

1. 预测反应的主产物

熟悉芳烃取代反应的定位规律，可以预测化学反应的主要产物。

【例题 6-1】 写出下列化合物发生硝化反应时的主要产物。

（1） 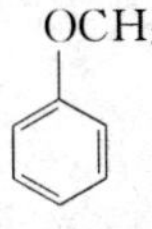　（2） 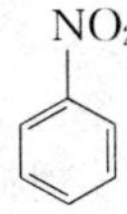　（3） 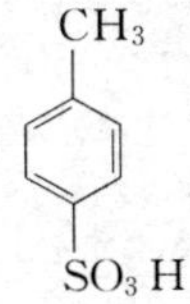

（1）化合物 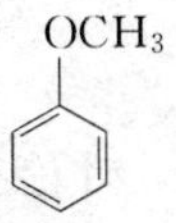 分子中的—OCH_3 是邻、对位定位基，所以其硝化时，主要生成邻、对位产物，即 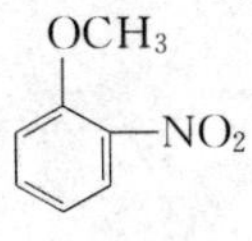 和 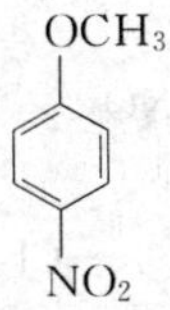。

（2）化合物 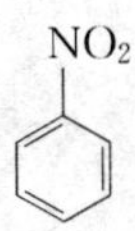 分子中的—NO_2 是间位定位基，所以其发生硝化反应时，主要生成间位产物，即 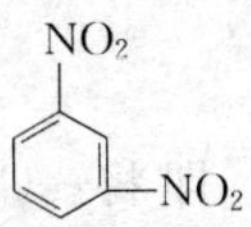。

（3）化合物 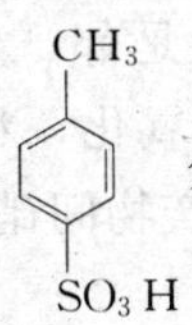 分子中的—CH_3 是邻、对位定位基，发生硝化反应时，它要求硝基进入其邻位和对位。由于对位已经被—SO_3H 占据，所以只能进入其邻位。—SO_3H 是间位定位基，发生硝化反应时，它要求硝基进入其间位，而它的间位恰好是—CH_3 的邻位，也就是说，这两个定位基的定位作用一致，这时硝基可顺利进入两个定位基共同指向的位置，即 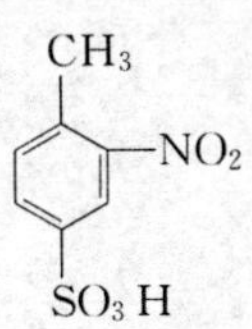。

2. 指导设计合成路线

利用定位规律，可以指导设计合理的合成路线。

【例题 6-2】 试设计由苯合成邻硝基氯苯、对硝基氯苯和间硝基氯苯的路线。

（1）由 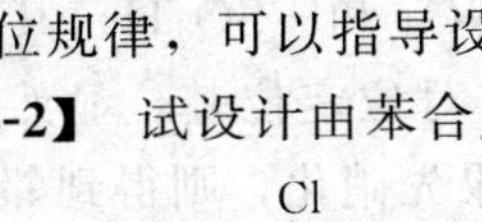 和 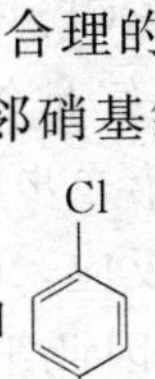

合成路线分析：由于氯是邻、对位定位基，硝基是间位定位基，因此合成邻硝基氯苯和对硝基氯苯必须先氯化、后硝化，才能得到邻、对位产物。然后借助分馏的方法将两种异构体分离开。

合成路线如下：

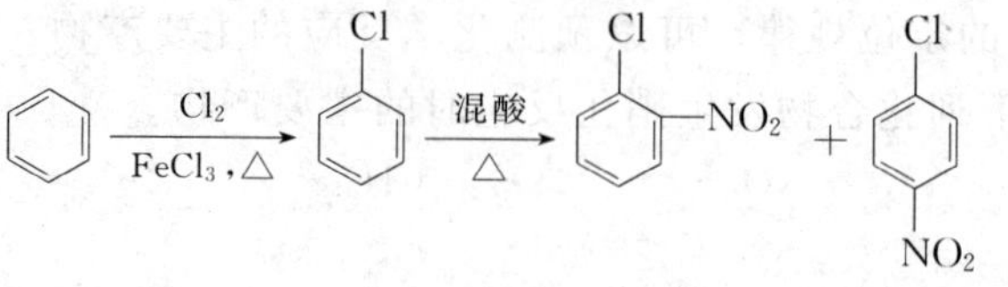

邻硝基氯苯　对硝基氯苯

（2）由 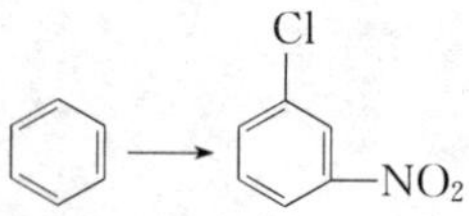

合成路线分析：由于硝基是间位定位基，因此只有先硝化、再氯化，才能得到间硝基氯苯。合成路线如下：

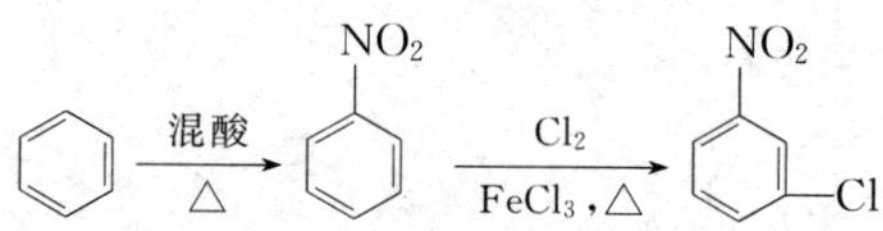

间硝基氯苯

【例题 6-3】 试设计由甲苯合成间硝基苯甲酸的路线。

由 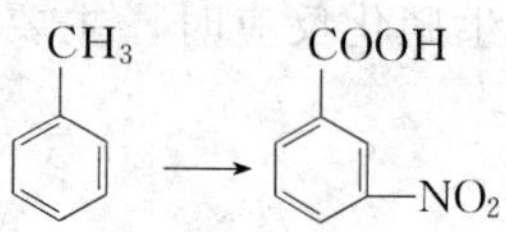

合成路线分析：这一合成涉及两步反应，一步是氧化反应，即将—CH_3 氧化成—COOH，另一步是硝化反应，即将—NO_2 引入苯环。由于—CH_3 是邻、对位定位基，如果先硝化，则主要得到邻、对位产物，这与题意不符。因此必须先氧化，将—CH_3 转变成—COOH 后，—COOH是间位定位基，这时再硝化，就可得到间位产物间硝基苯甲酸。

合成路线如下：

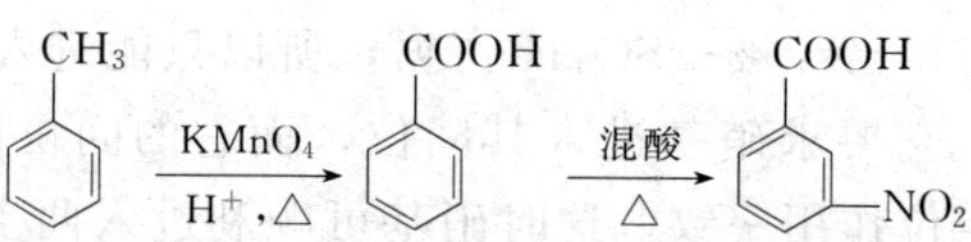

【例题 6-4】 试设计由苯合成 3-硝基-4-氯苯磺酸的路线。

由 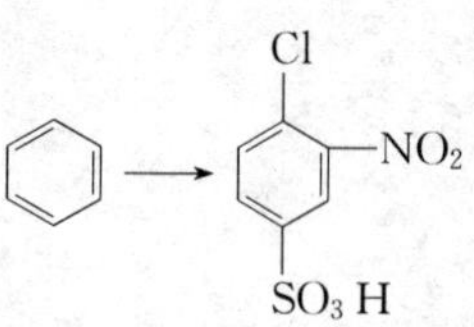

合成路线分析：产物中苯环上有三个基团，即—Cl、—NO_2 和—SO_3H。其中—NO_2 和—SO_3H 分别处在—Cl 的邻位和对位，而—Cl 又恰好是邻、对位定位基，显然应该在苯环上先引进—Cl，也就是先进行氯代反应制取氯苯。第二步如果先硝化，则得到邻硝基氯苯和对硝基氯苯的混合物，需要分离后才能进行下一步反应，收率也较低。而磺化反应在较高温度下进行时，主要得到对位产物，这正符合题意。因此第二步应在较高温度下进行磺化反应，将—SO_3H 引入苯环中—Cl 的对位。最后再进行硝化反应时，由于—Cl 是邻、对位定位基，它要求—NO_2 进入其邻位和对位，对位已被—SO_3H 占据，只能进入其邻位，这也正合题意，而—SO_3H 基是间位定位基，它要求—NO_2 进入其间位，它的间位恰好是—Cl 的邻位，此时两个定位基的定位作用一致，因此—NO_2 可以比较顺利地进入预定位置，而且收率比较高。这样我们就能得到预期的目的产物。

合成路线如下：

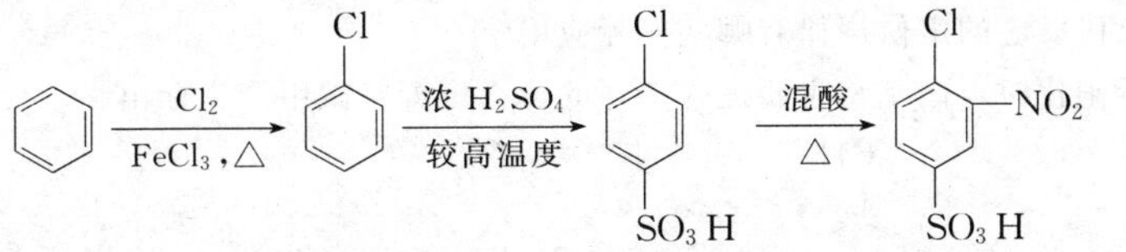

氯苯　　对氯苯磺酸　3-硝基-4-氯苯磺酸

*四、苯环上取代反应的历程及定位规律的解释

1. 苯环上取代反应的历程

苯环上的取代反应是离子型反应。由于苯环上电子云密度较大，与苯环发生取代反应的试剂都是**亲电试剂**，因此苯环上的取代反应是**亲电取代反应**。亲电取代反应是分三步进行的。

首先是亲电试剂在催化剂的作用下离解成亲电性的正离子（用 E^+ 表示）：

$$亲电试剂 \xrightarrow{催化剂} E^+$$

然后是亲电性的 E^+ 进攻苯环生成活性中间体：

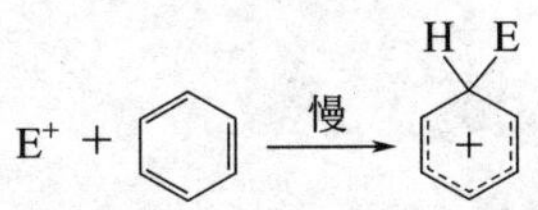

这一步反应比较慢。

生成的活性中间体迅速脱去 H^+，转变成取代产物：

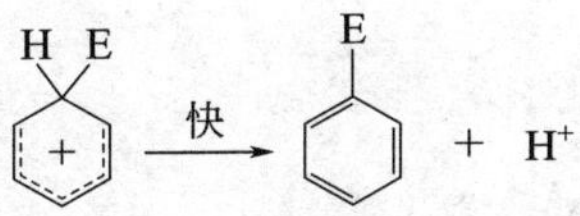

这一步反应比较快。

2. 苯环上取代反应定位规律的解释

由于苯环上的取代反应是亲电取代，所以当环上连有烷基、氨基等供电子基时，能使环上电子云密度增加，更有利于亲电试剂进攻，反应容易进行。由于供电子基对 π 电子云的极化作用，使苯环上出现极性交替现象：供电子基的邻位和对位上带有部分负电荷，电子云密度较大；而其间位上则带有部分正电荷，电子云密度较小。因此再取代时，反应主要发生在供电子基的邻位和对位。

当苯环上连有硝基、羧基等吸电子基时，能使环上电子云密度降低，不利于亲电试剂的进攻，反应较难进行。同样是由于出现极性交替现象，使吸电子基的邻位和对位带有部分正电荷，电子云密度较低；而间位则带有部分负电荷，相对来说电子云密度较高。因此再取代时，反应主要发生在间位。

供电子基和吸电子基对苯环上 π 电子云的极化作用，可以甲苯和硝基苯为例表示如下：

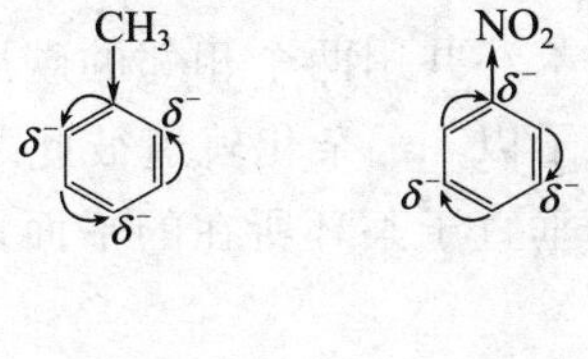

思考与练习

6-7 回答问题

（1）定位基可分为几类？它们各具有什么样的定位效应？

（2）两类定位基各具有什么样的结构特点？它们的排列顺序有什么规律？

（3）单环芳烃取代反应的定位规律有哪些实际应用？

6-8 下列化合物进行硝化时，硝基将主要进入苯环的什么位置？试用箭头标出

（1）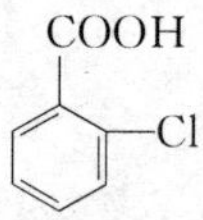 （2）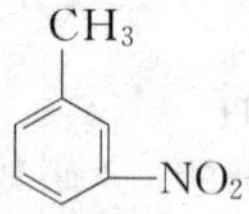

（3）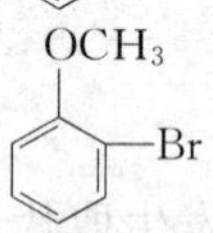 （4）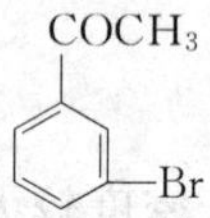

（5）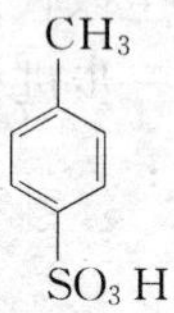 （6）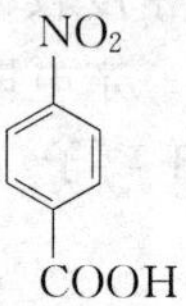

6-9 由指定原料和必要的无机试剂合成下列化合物

（1）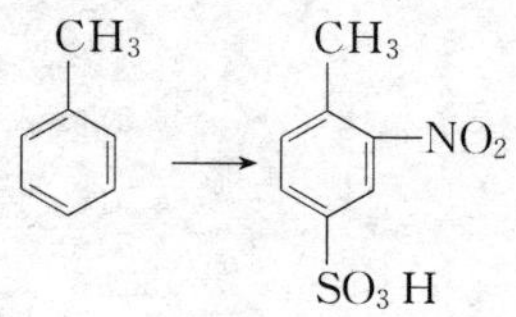

（2）$CH_2=CH_2$、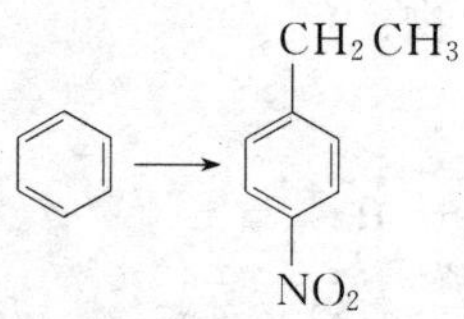

（3）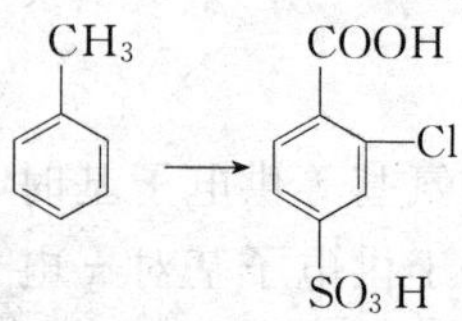

第四节 稠环芳烃

由两个或多个苯环共用相邻的两个碳原子稠合在一起的芳烃称为稠环芳烃。在稠环芳烃中，由两个苯环稠合而成的化合物称为萘。萘是最简单也最重要的稠环芳烃。本节将重点讨论萘的结构、性质和用途。

一、萘的结构

1. 闭合共轭体系

萘的分子式为 $C_{10}H_8$，由两个苯环共用两个相邻的碳原子稠合而成。与苯相似，萘分子中的两个苯环在同一平面内，碳原子以 sp^2 杂化轨道彼此之间或与氢原子之间形成 σ 键，每个碳原子没有参加杂化的 p 轨道都垂直于萘环所在的平面，它们彼此平行重叠形成了一个包

括十个碳原子在内的闭合共轭大π键，如图 6-2 所示。

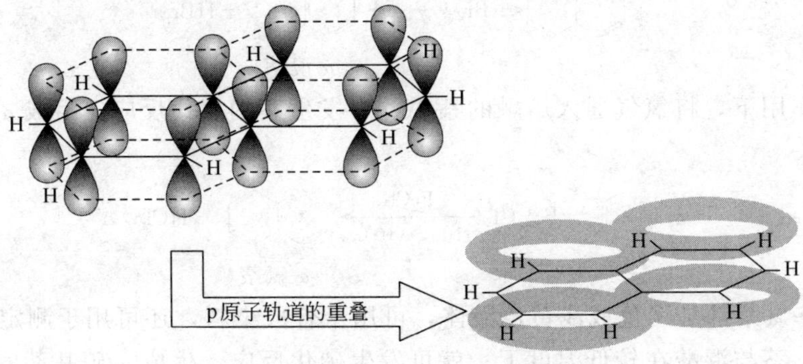

图 6-2　萘分子的闭合共轭π键

由于萘分子中十个碳原子的结构不完全相同，所以萘的对称性比苯差，也不如苯稳定。

2. 两类 C—H 键

在萘分子中，两个苯环共用的两个碳原子上没有氢原子，其余的八个碳原子上各连有一个氢原子，共有八个 C—H 键。根据其与共用碳原子的相对位置不同，可将萘环的八个 C—H键分为两类，一类为α-位，另一类为β-位。萘环上碳原子的编号及 C—H 键位置的分类如下图所示。

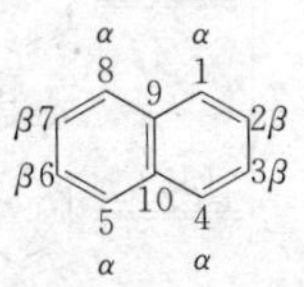

其中 1，4，5，8 四个 C—H 键的位置相同，都称作α-位；2，3，6，7 四个 C—H 键的位置相同，都称作β-位。受共用碳原子的影响，α-位比较活泼。

由于萘分子中的 C—H 键有两种类型，所以萘的一元取代物有两种异构体，一种是α-位的取代物，另一种是β-位的取代物。

二、萘的性质和用途

萘是白色晶体，熔点 80℃，不溶于水，易溶于热的乙醇或乙醚。具有特殊气味，可用作驱虫剂，衣物防虫蛀所用的卫生球就是由纯萘压制而成的。萘容易升华，这就是卫生球久置后会变小或消失的缘故。

萘存在于煤焦油的萘油馏分中。将煤焦油的萘油冷却到 40～50℃，粗萘即结晶出来。再经过碱洗、酸洗、减压蒸馏或升华处理就可得到纯萘。

萘的化学性质与苯相似，但比苯活泼。也可发生取代、加成和氧化等一系列反应，生成许多有用的稠环芳烃衍生物。因此萘也是重要的有机化工原料。

1. 取代反应

与苯相似，萘环上的氢原子也可被其他原子或基团取代。萘环的取代反应比苯容易进行，而且由于α-位比较活泼，反应一般都发生在α-位上。

(1) 卤代　萘环的卤代反应比较容易进行。例如在没有催化剂存在的情况下，萘与溴共热，就可发生溴代反应，生成α-溴萘：

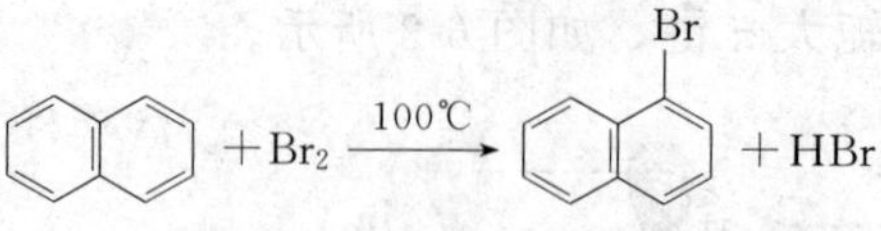

α-溴萘

在氯化铁作用下，将氯气通入熔融的萘中，可发生萘的氯代反应，生成α-氯萘：

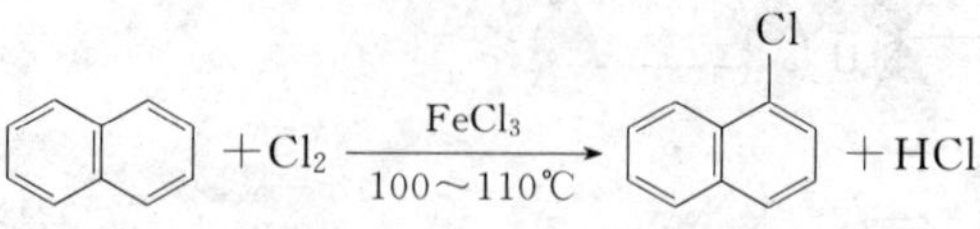

α-氯萘

α-溴萘和α-氯萘都是无色或浅黄色液体，可用于合成染料，还可用于测定折射率。

（2）硝化　萘与混酸在较低温度下，就可发生硝化反应，生成α-硝基萘：

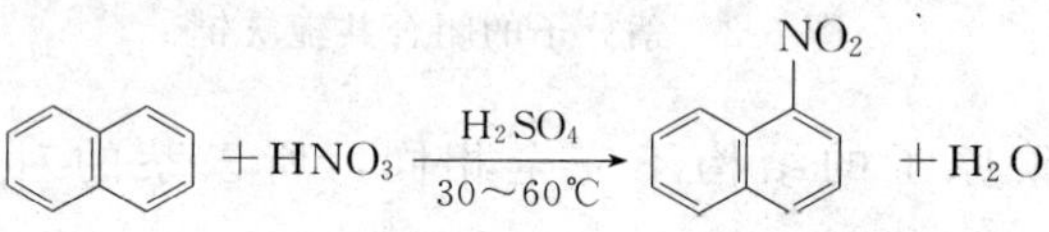

α-硝基萘

α-硝基萘为无色或黄色针状晶体，有毒，有爆炸性。主要用于制造染料、农药和橡胶防老剂。

（3）磺化　萘与硫酸发生磺化反应时，随反应温度不同，产物也不相同。在较低温度时，主要生成α-位产物，在较高温度时，主要生成β-位产物。例如：

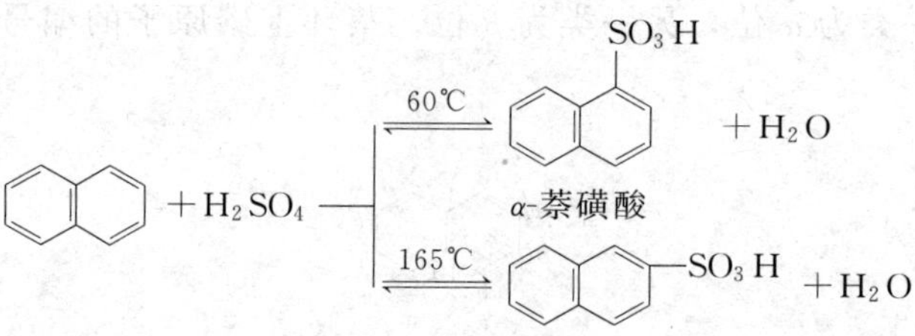

α-萘磺酸　β-萘磺酸

α-萘磺酸和β-萘磺酸都是晶体，主要用于制造萘酚、染料中间体及染料扩散剂等。

（4）乙酸化　在催化剂存在下，萘可与氯乙酸发生取代反应，生成α-萘乙酸：

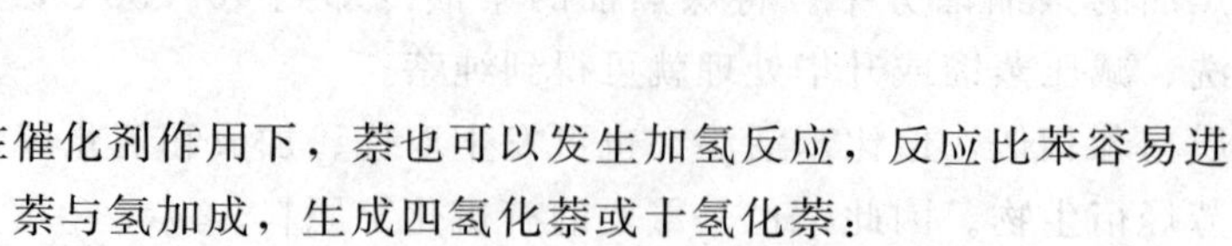

氯乙酸　α-萘乙酸

α-萘乙酸为无色晶体，是一种植物生长调节剂。能促进植物生根、开花、早熟、高产，也能防止果树和棉花的落花、落果，且对人畜无害，对环境无污染。

2. 加成反应

与苯相似，在催化剂作用下，萘也可以发生加氢反应，反应比苯容易进行。例如，在铂或钯催化作用下，萘与氢加成，生成四氢化萘或十氢化萘：

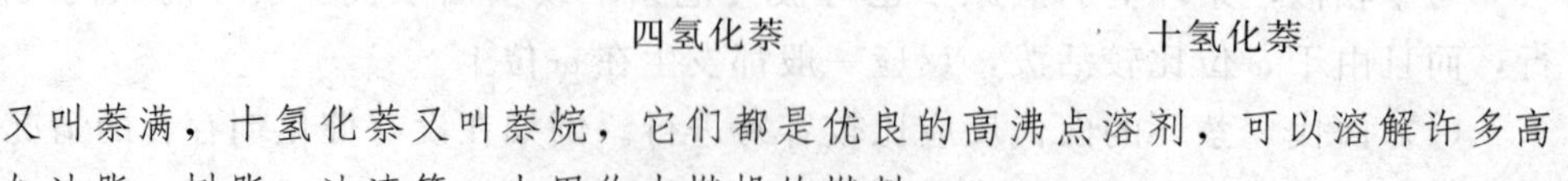

四氢化萘　十氢化萘

四氢化萘又叫萘满，十氢化萘又叫萘烷，它们都是优良的高沸点溶剂，可以溶解许多高分子化合物，如油脂、树脂、油漆等，也用作内燃机的燃料。

3. 氧化反应

萘比苯容易氧化。反应条件不同，氧化产物也不相同。例如在乙酸中，用铬酐作氧化剂，萘被氧化成 1,4-萘醌：

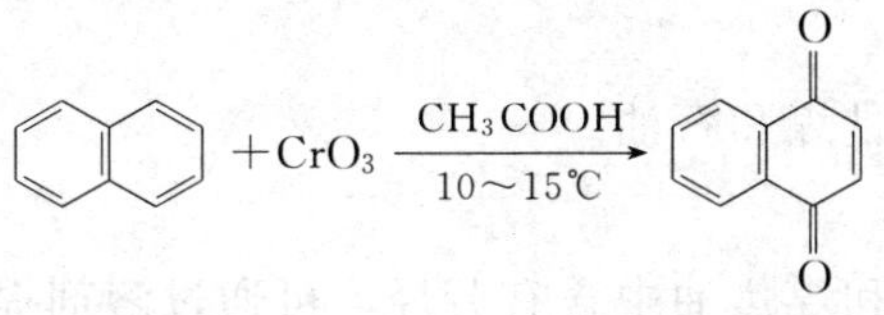

1,4-萘醌

1,4-萘醌又称 α-萘醌，是黄色晶体，可升华。主要用于合成染料、药物和杀菌剂等，也用作合成橡胶和树脂的聚合调节剂。

如果用五氧化二钒作催化剂，在高温下用空气作氧化剂，萘可被氧化成邻苯二甲酸酐：

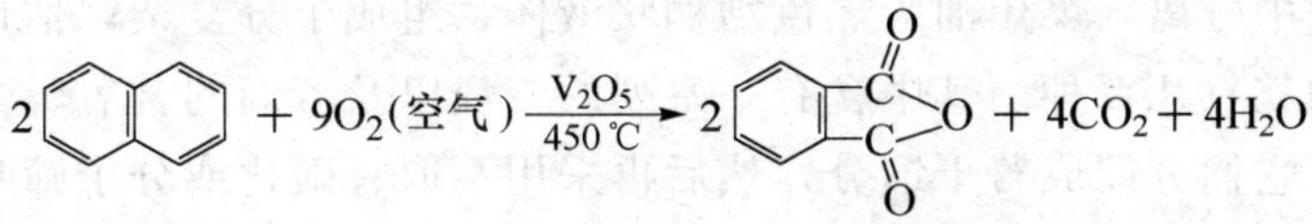

邻苯二甲酸酐

邻苯二甲酸酐俗称苯酐，是白色针状晶体，易升华。应用很广，主要用作染料、药物、塑料、涤纶以及聚酯树脂、醇酸树脂、增塑剂等的原料。

思考与练习

6-10 回答问题

(1) 稠环芳烃具有怎样的结构特点？稠环芳烃有芳香性吗？

(2) 萘环为什么不如苯环稳定？萘的一元取代物有几种？为什么？

(3) 萘环的取代反应主要发生在什么位置上？为什么？

6-11 写出萘与 CH_3Cl 在催化剂存在下发生甲基化反应的主要产物

6-12 给下列化合物命名

(1) 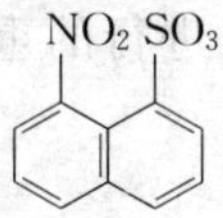 (2) 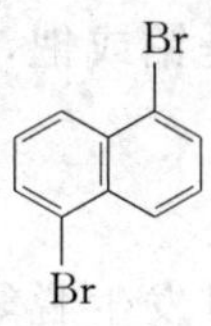 (3) 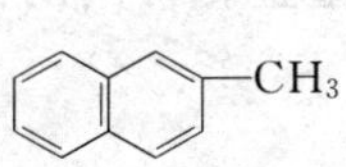

6-13 完成下列化学反应

(1) 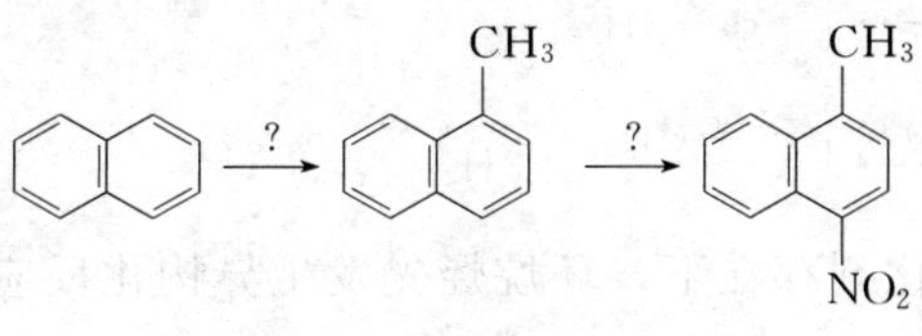

(2) 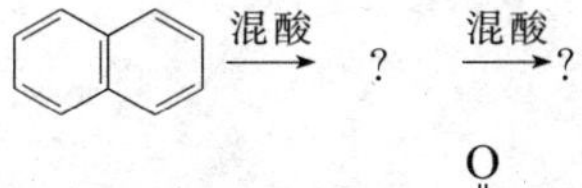

(3) 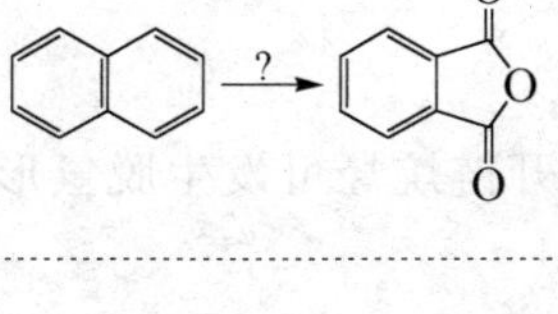

第五节 芳烃的来源和重要的芳烃

一、芳烃的工业来源

工业上芳烃的主要来源是煤和石油。

1. 煤的干馏

煤干馏时得到的焦炉气和煤焦油中含有芳烃，可通过溶剂提取或分馏等方法将它们分离出来。

(1) 从焦炉气中提取 焦炉气中含有的芳烃主要是苯和甲苯以及少量二甲苯。可用重油把它们溶解、吸收，然后再蒸馏即得粗苯混合物。粗苯混合物中含苯约50%～70%；甲苯约15%～22%；二甲苯约4%～8%。可用分馏的方法将它们进一步分离开。

(2) 从煤焦油中分离 煤焦油为黑色黏稠状液体，组成十分复杂，估计有上万种有机化合物，现已鉴定的就有几百种。其中含有一系列的芳烃以及芳烃的含氧、含氮衍生物。可先按沸点范围不同将它们分馏成若干馏分，然后再采用萃取、磺化或分子筛吸附等方法将不同芳烃从各馏分中分离出来。

芳烃在煤焦油各馏分中的分布情况见表6-2。

表6-2 煤焦油分馏的各组分

馏 分	温度范围/℃	主 要 成 分	含 量/%
轻油	<170	苯、甲苯、二甲苯	1～3
酚油	170～210	异丙苯、苯酚、甲基酚	6～8
萘油	210～230	萘、甲基萘、二甲萘等	8～10
洗油	230～300	联苯、苊、芴等	8～10
蒽油	300～360	蒽、菲及其衍生物，苊、䓛等	15～20
沥青	360℃以上	沥青、游离碳	40～50

2. 石油的芳构化

在480～530℃，约22.5MPa和催化剂存在下，将石油中的烷烃和环烷烃转化为芳烃的过程称为**芳构化**，也称为石油的**重整**。常用的催化剂是铂或钯，用铂催化进行的重整又叫**铂重整**。

石油芳构化主要有三种情况。

(1) 环烷烃催化脱氢 在催化剂存在下，环烷烃可发生脱氢反应生成芳烃。例如：

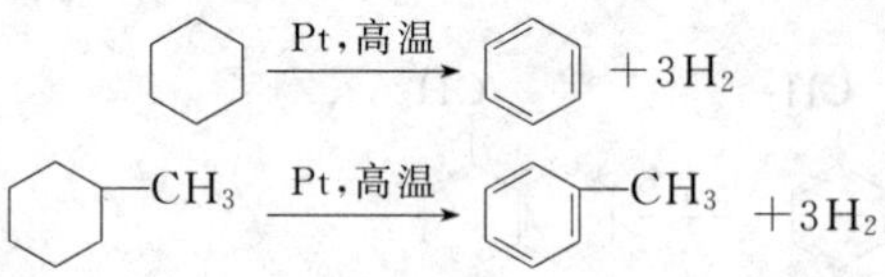

(2) 环烷烃异构化、脱氢 在高温和催化剂存在下，环烷烃先发生异构化反应，再脱氢得到芳烃。例如：

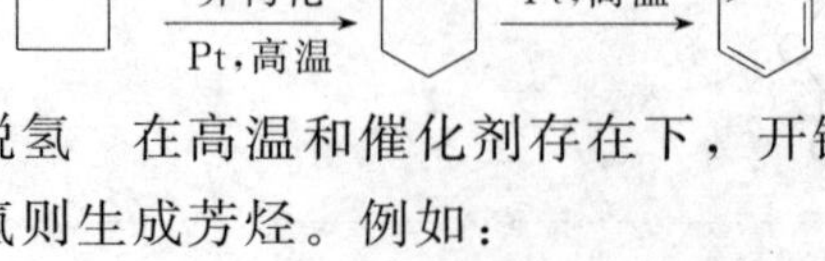

(3) 烷烃脱氢环化、再脱氢 在高温和催化剂存在下，开链烷烃可发生脱氢形成脂环化合物，脂环化合物进一步脱氢则生成芳烃。例如：

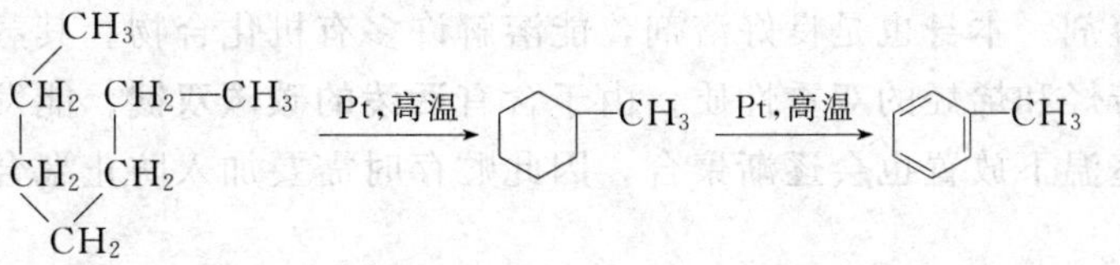

正庚烷　　　　　甲基环己烷　　　　　甲苯

二、重要的芳烃

1. 苯（）

苯是具有特殊芳香气味的无色可燃性液体。沸点 80.1℃，不溶于水，易溶于有机溶剂，其蒸气有毒。苯中毒时以造血器官及神经系统受损害最为明显。急性中毒常伴有头痛、头晕、无力、嗜睡、肌肉抽搐或肌体痉挛等症状，很快即可昏迷死亡。因此使用时应格外小心。

苯是重要的有机溶剂，可溶解涂料、橡胶和胶水等。也是基本有机化工原料，可通过取代、加成和氧化反应制得多种重要的化工产品或中间体，如苯酚、苯胺、苯乙烯、苯乙酮、合成染料、涂料、香料、塑料、医药、橡胶、胶黏剂、增塑剂等。

2. 甲苯（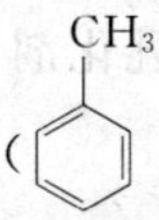）

甲苯是无色液体。沸点 110.6℃，气味与苯相似，不溶于水，可溶于有机溶剂。甲苯有毒，其毒性与苯相似。其中对神经系统的毒害作用比苯重，对造血系统的毒害作用比苯轻。

甲苯是重要的有机溶剂，也是基本有机化工原料，主要用于合成苯甲醛、苯甲酸、苯酚、苄基氯以及炸药、染料、香料、医药和糖精等。

3. 二甲苯（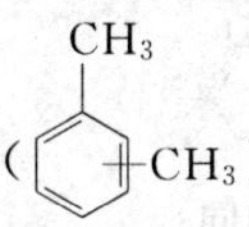）

二甲苯有三种异构体，即邻二甲苯（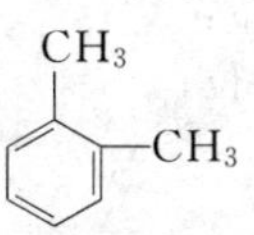）、间二甲苯（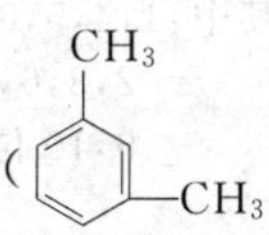）和对二甲苯（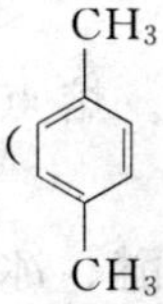）。它们都存在于煤焦油中，大量的二甲苯是由石油产品重整得到的。

邻二甲苯是无色液体。具有芳香气味，沸点 144.5℃，不溶于水，易溶于有机溶剂。其本身就是良好的有机溶剂，主要用于制备邻苯二甲酸、苯酐以及二苯甲酮等。

间二甲苯也是无色、具有芳香气味的液体。沸点 139.1℃，不溶于水，可溶于乙醇、乙醚、丙酮和苯等有机溶剂。主要用于制取间苯二甲酸及其衍生物。是合成树脂、染料、医药和香料的原料。

对二甲苯在低温时，是片状或棱柱状晶体。具有芳香气味，熔点 13.3℃，沸点 138.5℃，不溶于水，可溶于有机溶剂。是重要的有机合成原料，主要用于生产聚酯纤维和树脂，也是生产涂料、染料、医药和农药的原料。

4. 苯乙烯（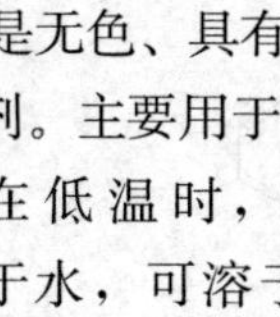）

苯乙烯是具有辛辣气味的可燃性无色液体。沸点 145℃，微溶于水，可溶于乙醇、乙醚、丙酮等有机溶剂。本身也是良好溶剂，能溶解许多有机化合物。其蒸气有毒。

苯乙烯具有芳烃和烯烃的双重性质。由于含有**活泼的碳碳双键**，能发生加成、聚合等多种反应，即使在室温下放置也会逐渐聚合，因此贮存时需要加入防止聚合的阻聚剂，如对苯二酚等。

在引发剂存在下，苯乙烯能发生自身聚合反应生成聚苯乙烯：

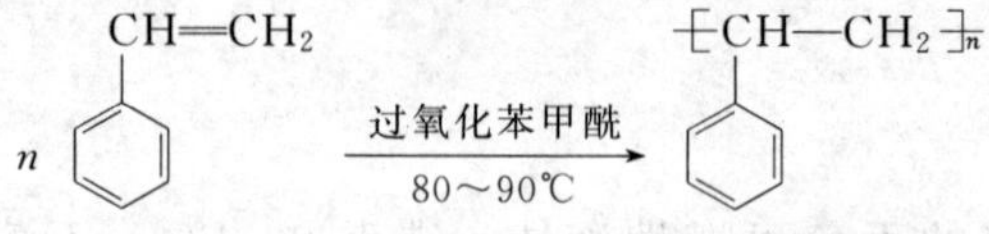

聚苯乙烯

聚苯乙烯是一种具有良好的透光性、绝缘性和化学稳定性的塑料。主要用于制造无线电、电视和雷达等的绝缘材料，也用于制硬质泡沫塑料、薄膜、日用品和耐酸容器等。其缺点是强度较低、耐热性较差。

苯乙烯还可与其他不饱和化合物共聚，合成许多重要的高分子材料。例如与1,3-丁二烯共聚可制取丁苯橡胶；与二乙烯苯共聚可制取离子交换树脂等。

此外，苯乙烯还用于制聚酯玻璃钢和涂料，合成染料中间体、农药乳化剂、医药以及选矿剂苯乙烯膦酸等。

5. 蒽和菲

蒽和菲的分子式都是 $C_{14}H_{10}$，它们是由三个苯环稠合而成的稠环芳烃。由于三个苯环彼此稠合的方式不同而互为同分异构体。其中三个苯环以直线式稠合排列的称为蒽，以角式稠合排列的称为菲。它们的构造式及分子中碳原子的编号如下：

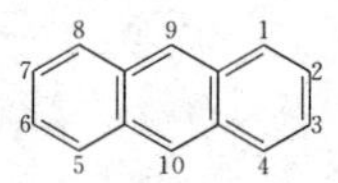

其中：1,4,5,8 位相同，称为 α-位；
2,3,6,7 位相同，称为 β-位；
9,10 位相同，称为 γ-位。

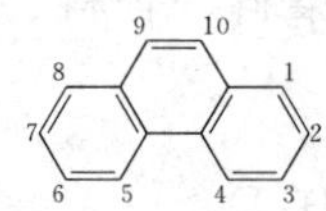

其中：1,8 位相同；
2,7 位相同；
3,6 位相同；
4,5 位相同；
9,10 位相同。

蒽和菲都存在于煤焦油中，可由精馏法制得。蒽是带有浅蓝色荧光的针状晶体。熔点217℃，不溶于水，微溶于醇、醚，能溶于苯、氯仿和二硫化碳。

菲是白色具有荧光的片状晶体。熔点101℃，不溶于水，微溶于乙醇，可溶于乙醚、冰醋酸、苯和四氯化碳等，其溶液发出蓝色的荧光。有毒，容易被肠、胃吸收。

蒽和菲分子中的9、10位都非常活泼，容易发生氧化反应，生成醌类。例如：

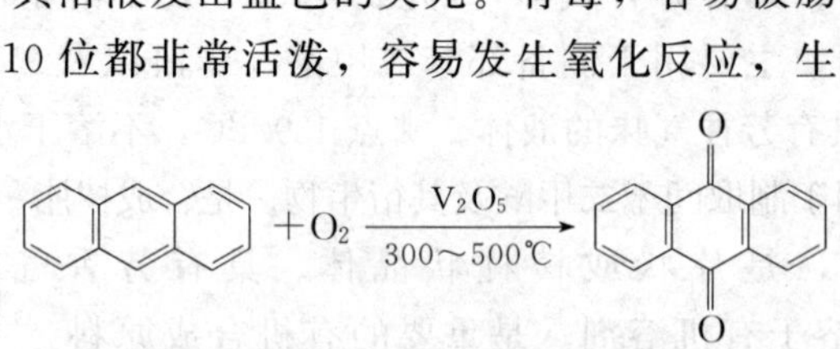

9,10-蒽醌

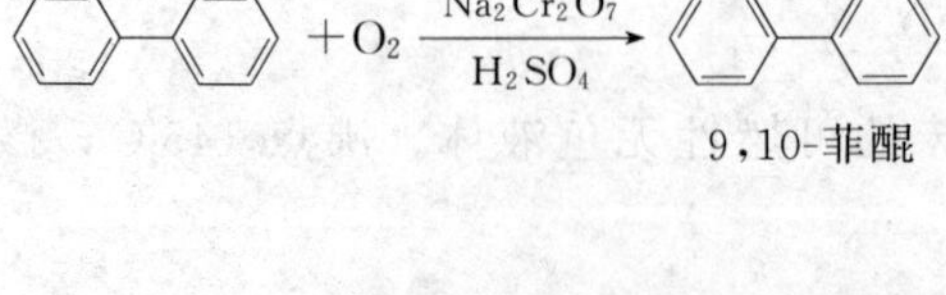

9,10-菲醌

蒽醌是制造分散染料、茜素、还原染料的中间体。菲醌除作为染料中间体外，还用以代替有机汞农药“西力生”和“赛力散”等。

此外，蒽又是塑料、绝缘材料的原料，也用于合成油漆。菲可用作造纸工业中的防雾剂、硝化甘油炸药和硝化纤维的稳定剂以及制造烟幕弹等。在医药工业上可用于合成具有特殊生理功能的生物碱吗啡、咖啡因、二甲基吗啡等；在塑料工业上用于合成鞣剂；在高温高压下加氢制得的过氢菲是高级喷气式飞机的燃料。

＊6. 䓛和芘

䓛和芘都是由四个苯环稠合而成的稠环芳烃。因稠合排列的方式不同，互为同分异构体。它们的构造式如下：

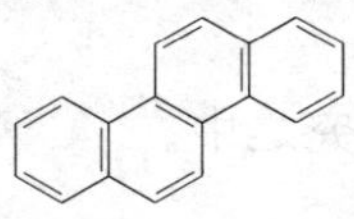

䓛

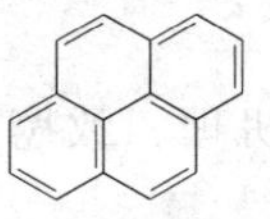

芘

䓛又叫稠二萘，是银灰色或黄绿色鳞片状或平斜方八面晶体。熔点 254℃，不溶于水，微溶于醇、醚等，可溶于热甲苯。有毒，在紫外线照射下显紫色荧光。存在于高温焦油中，可由分馏方法制得。主要用作非磁性金属材料表面探伤荧光剂、化学仪器紫外线过滤剂、光敏剂、照相感光剂等。也用作合成染料的原料、农药“敌稗”的溶剂和增效剂。

芘又叫嵌二萘，是浅黄色单斜晶体。熔点 151℃，不溶于水，易溶于乙醚、二硫化碳、苯和甲苯等。存在于高温焦油中，可用分馏法制取。是有机合成原料。可用于制染料（如艳橙 GR 等)、合成树脂、工程塑料以及增塑剂等。

＊7. 芴

芴是两个苯环通过共用一个五元环稠合而成的稠环芳烃，构造式如下：

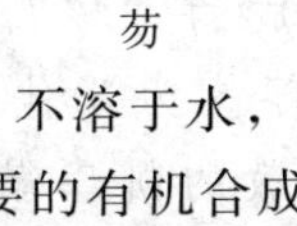

芴

芴是白色小片状晶体。熔点 118℃，不溶于水，可溶于乙醇、乙醚和苯等。存在于高温焦油中，经精馏分离和萃取制得。是重要的有机合成原料，可用于合成芳基透明尼龙、阴丹士林染料、杀虫剂、除草剂、湿润剂、洗涤剂、消毒剂、液体闪光剂等。还可用于制抗冲击的有机玻璃和芴醛树脂以及用于静电复印的三硝基芴酮。医药工业上用作抗痉挛药、镇静药、镇痛药、降血压药等的原料。

＊8. 致癌芳烃

致癌芳烃通常是指能引发恶性肿瘤的一些稠环芳烃。早在 20 世纪初，人们就发现长期从事煤焦油作业的人易得皮肤癌。后来通过用煤焦油涂抹兔耳，发现能诱发乳头状癌。经大量实验研究表明，存在于煤焦油中的一些稠环芳烃具有较强的致癌性能。下面列举一些致癌芳烃的构造和名称。

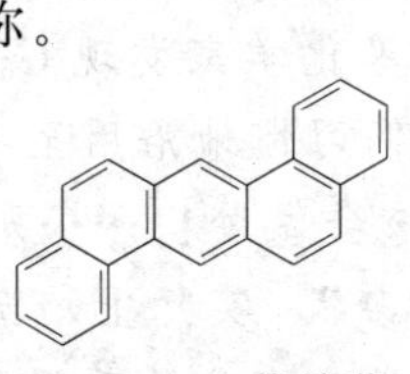

1,2,5,6-二苯并蒽

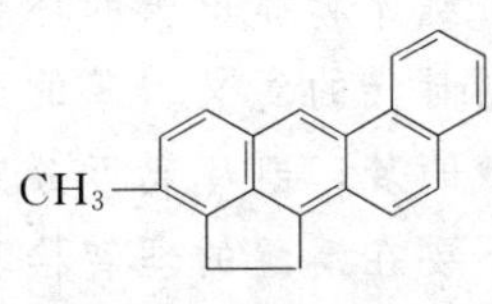

3-甲基胆蒽

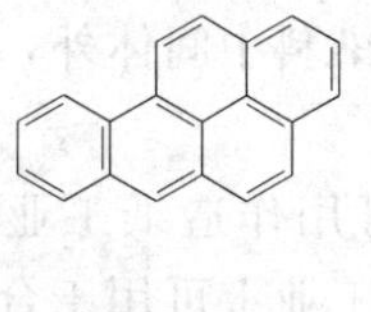

苯并[a]芘

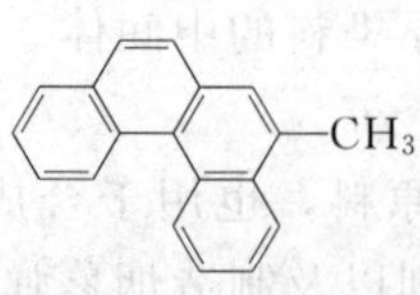

2-甲基-3,4-苯并菲

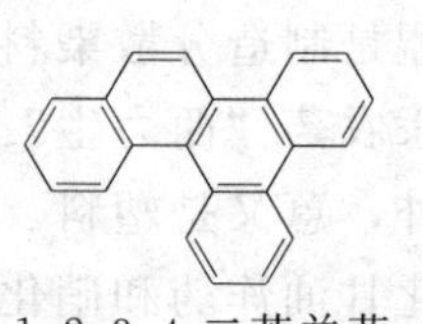

1,2,3,4-二苯并菲

上面所列的致癌芳烃中，以3-甲基胆蒽的致癌效能最强。苯并［a］芘也是致癌性能较强的稠环芳烃，它是浅黄色固体，熔点179℃。不仅存在于煤焦油中，还存在于汽油机和柴油机排放的废气中以及烟草燃烧或烧焦的食物中。吸烟的危害，除了烟草燃烧不完全生成一氧化碳和氰等有害气体外，主要是生成的烟焦油中含有致癌的苯并［a］芘。它是目前污染大气的主要致癌物，测定其在空气中的含量已成为环保部门监测空气质量的重要指标之一。

致癌芳烃的作用机理、致癌活性等问题目前仍在研究之中。

阅读资料

凯库勒与苯的分子结构

1825年，英国化学家法拉第在实验中用蒸馏的方法得到一种液体化合物，这就是苯。当时法拉第把它称作“氢的重碳化合物”。1834年德国化学家米希尔里希在蒸馏苯甲酸和石灰的混合物时，也得到了这种液体化合物，他将这种液体化合物命名为苯。从此，苯这个名称一直沿用至今。后来，法国化学家日拉尔等人又相继确定了苯的相对分子质量为78，分子式为C_6H_6等。然而，苯分子中碳、氢比例为1∶1，说明苯是高度不饱和的，但它却不具有典型的不饱和烃所应有的易加成、易氧化等特性。那么，苯到底具有怎样的分子结构呢？化学家们经过多年的努力，仍未解开这个谜。

德国化学家凯库勒是一位极富想象力的学者，他曾提出了碳是四价的和碳原子之间可以连接成链这一重要学说。对于苯的结构，他在分析了大量实验事实后认为，这是一个很稳定的“核”，六个碳原子间的结合非常牢固而且排列十分紧密。于是凯库勒就集中全部精力去探索这六个碳原子组成的“核”。他曾提出过多种开链式结构的设想，但都因与实验结果不符而被一一否定了。为此他苦思冥想，甚至废寝忘食。1865年一天夜晚，当时正在比利时根特大学任教的凯库勒由于疲劳，在书房里打起了瞌睡，忽然，在他的眼前又出现了旋转的碳原子，碳原子的长链像蛇一样盘绕卷曲。这时，只见一条蛇抓住了自己的尾巴，并旋转不停。凯库勒像触电般地从梦境中猛醒过来，他终于悟出了苯分子是以闭合链形式存在的环状结构！他兴奋极了，连夜动手整理有关苯环结构的假说。他明确提出，苯分子是一个由六个碳原子构成的环状化合物，具有平面结构。但当时他认为这六个碳原子是以单、双键交替结合的，并于1866年提出了苯的结构式：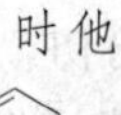。

这个结构式被人们称之为凯库勒结构式。尽管它并未完全确切地表达出苯的真实结构，但现代科学界认为凯库勒提出苯的环状结构与当今克罗托等化学家发现C_{60}并确定其分子结构一样，都具有划时代的意义。苯的凯库勒结构式也被人们习惯地沿用至今。

对于那个奇妙的梦，凯库勒万分感慨地说：“我们应该会做梦！……那么我们就会发现真理，……但是不要在清醒的理智检验之前就宣布我们的梦”。实际上，凯库勒在梦中所受到的启发，来自于他平时的苦苦探索与钻研，是严谨的科学态度为他取得成功奠定了坚实的基础。

1890 年，在德国的柏林大学举行了盛大的“苯”节，以纪念和颂扬凯库勒的伟大功绩。

本章要点

1. 苯的结构
   - 平面六元环状结构
   - 碳原子是 sp^2 杂化的
   - 含六个碳原子的闭合共轭大 π 键
   - 具有芳香性（高度不饱和却相当稳定）
2. 单环芳烃的异构
   - 侧链构造异构
   - 环上基团位置异构
3. 单环芳烃的命名
   - 简单芳烃以苯作母体，侧链为取代基
   - 较复杂芳烃以侧链作母体，苯环作取代基
4. 化学性质

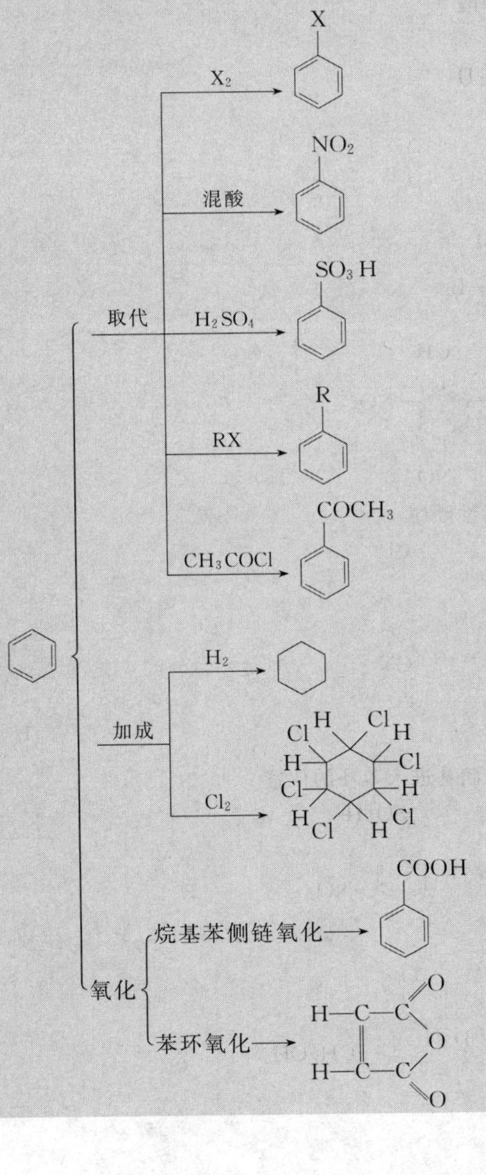

- 5. 取代反应定位规律
  - 两类定位基
    - 第一类：邻、对位定位，使环活化
    - 第二类：间位定位，使环钝化
  - 二元取代苯的定位效应
    - 两基定位作用一致，新基进入一致指向位置
    - 两基定位作用矛盾
      - 两基为同类，强者决定
      - 两基为两类，第一类决定
  - 定位规律应用
    - 预测反应主产物
    - 指导设计合成路线

习　题

1. 写出 C_9H_{12} 的芳烃的构造异构体并命名。

2. 写出下列化合物的构造式

（1）对硝基苯甲酸　　（2）间甲苯酚

（3）对氯苯胺　　（4）2,4,6-三溴苯酚

（5）间苯二磺酸　　（6）2,4-二溴苯甲醛

3. 给下列化合物命名

（1）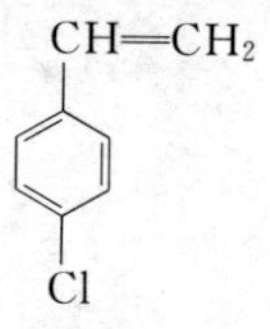　　（2）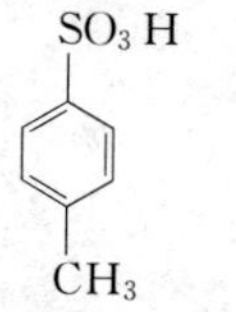

（3）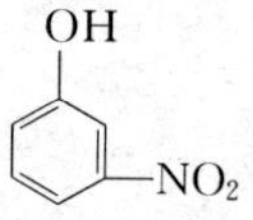　　（4）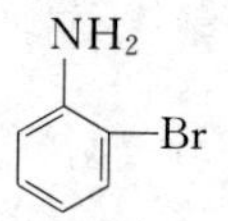

（5）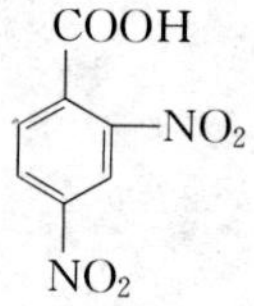　　（6）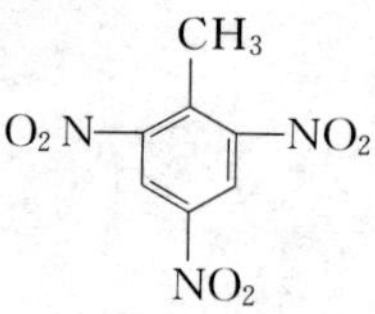

4. 试排列下列各组化合物进行硝化反应的活性顺序

（1）a. 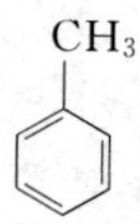　b. 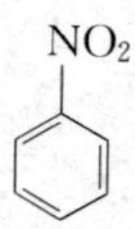　c. 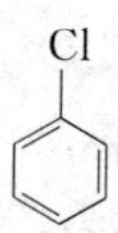

（2）a. 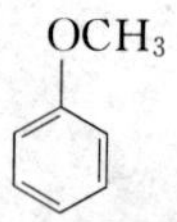　b. 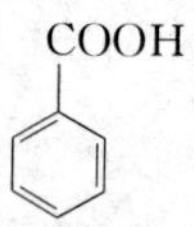　c. 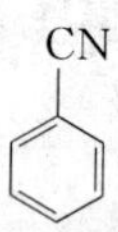

5. 用箭头标出下列化合物进行硝化反应时，硝基进入苯环的位置

（1）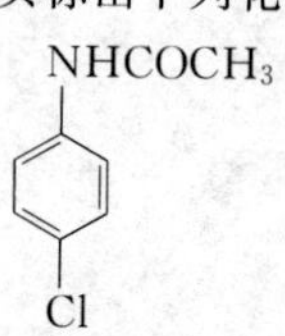　（2）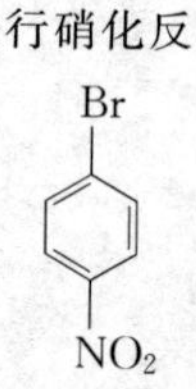　（3）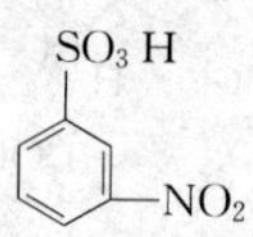

（4）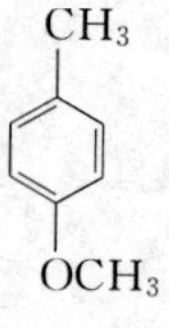　（5）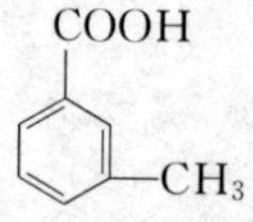　（6）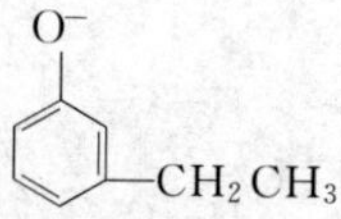

6. 完成下列化学反应

(1) 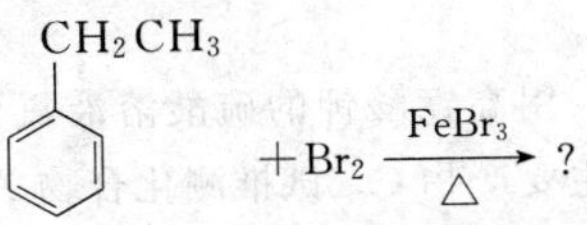

(2) 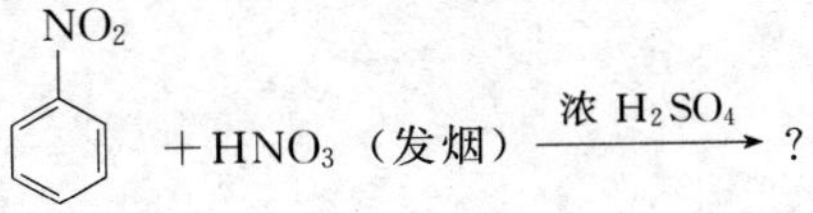

(3) 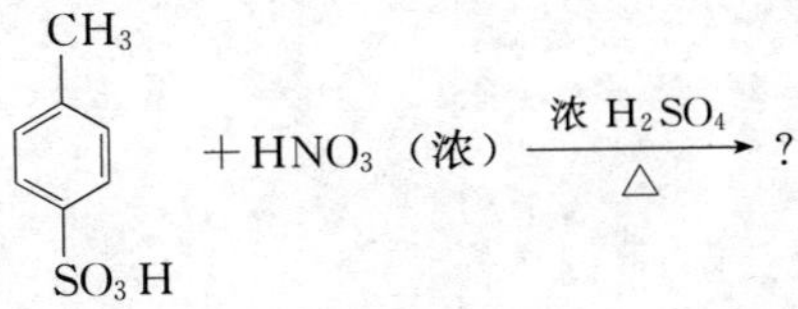

(4) 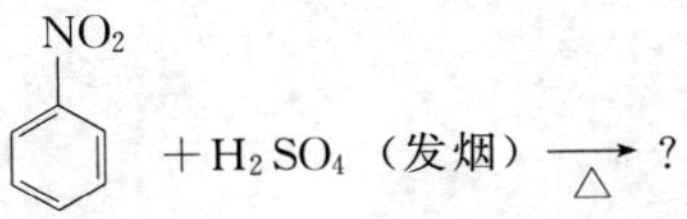

(5) 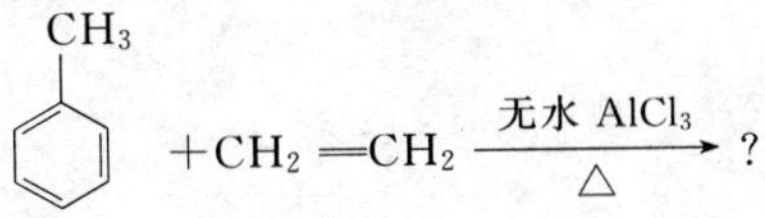

(6) 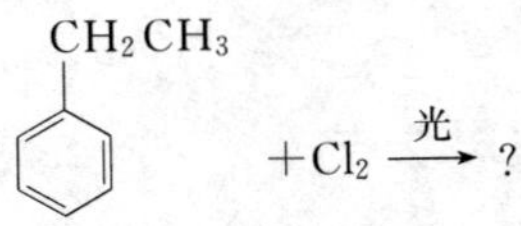

(7) 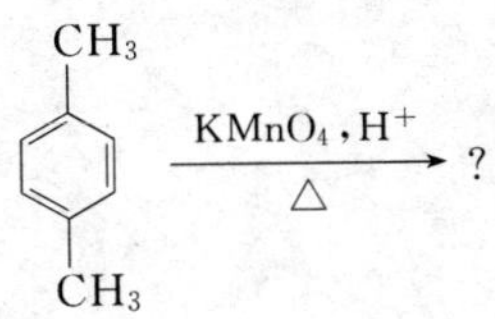

(8) 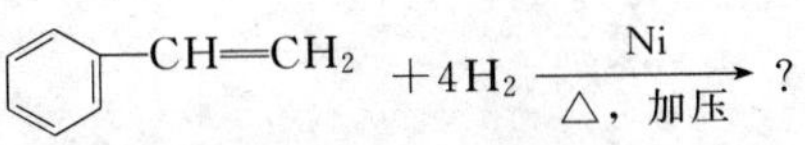

7. 用化学方法鉴别下列各组化合物

(1) 

(2) 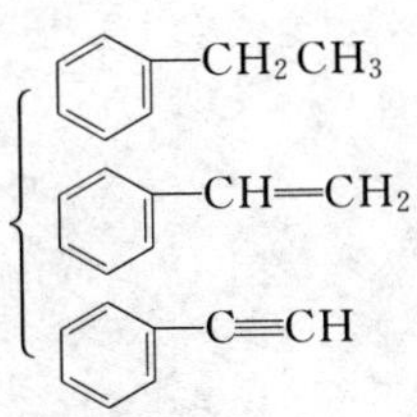

8. 以苯为主要原料，选择适当的无机（或有机）试剂合成下列化合物

(1) 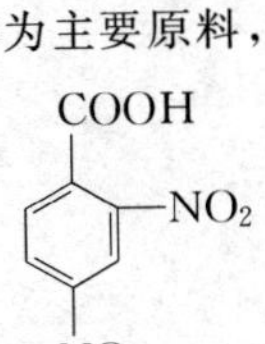

(2) 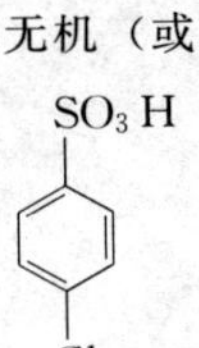

(3) 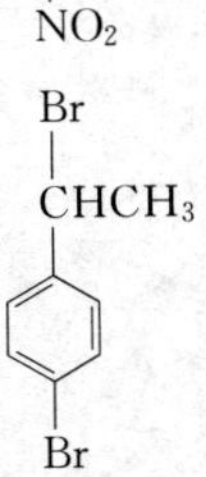

(4) 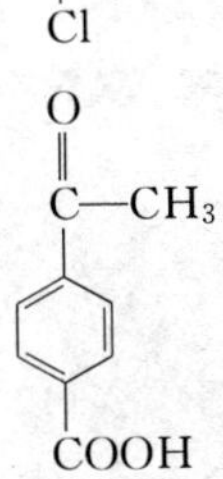

9. 分子式为C_8H_{10}的芳烃，发生硝化反应时，只得一种一元硝化产物，用重铬酸钾氧化时，可得二元芳酸。试推测该芳烃的构造式并写出各步化学反应式。

10. 某芳烃化合物A的分子式为C_9H_{10}，能使溴的四氯化碳溶液褪色。用高锰酸钾的硫酸溶液氧化A时，得到乙酸（CH_3COOH）和芳酸B。B发生硝化反应时，只得一种主要产物C。试推测化合物A、B、C的构造式并写出各步反应式。

第七章　卤　代　烃

学习指南

卤代烃是分子中含有卤素原子（—X）的一类有机化合物。

C—X键是极性较强的共价键，因此卤代烃的化学性质比较活泼。卤代烃的化学反应主要发生在卤原子及受卤原子影响的β-氢原子上。本章将重点介绍卤代烃的取代反应、消除反应、与金属镁的反应以及这些反应的实际应用。

学习本章内容应在了解卤代烃结构特点的基础上做到：

1. 了解卤代烃的分类和异构现象，掌握其命名方法；
2. 了解卤代烷的物理性质及其变化规律；
3. 掌握卤代烃的化学反应及其应用，掌握卤代烃的鉴别方法；
4. 了解重要卤代烃的工业制法、工艺条件及其在生产、生活中的实际应用。

烃分子中的氢原子被卤原子取代后生成的产物称为卤代烃。常用通式 **R—X** 表示，其中**卤原子是卤代烃的官能团。**

在卤代烃中，由于氟代烃的制法和性质比较特殊，碘代烃的制备费用比较昂贵，因此常见的卤代烃是氯代烃和溴代烃。本章主要讨论氯代烃和溴代烃。

第一节　卤代烃的分类、异构和命名

一、卤代烃的分类与异构

1. 卤代烃的分类

（1）烃基的结构不同　根据卤代烃分子中的烃基结构不同，可将其分为饱和卤代烃（即卤代烷）、不饱和卤代烃（主要指卤代烯烃）和芳香族卤代烃（即卤代芳烃）。例如：

CH_3CH_2Br 溴乙烷（饱和卤代烃）

$CH_2=CHCl$ 氯乙烯（不饱和卤代烃）

氯苯（芳香族卤代烃）

（2）卤原子的数目不同　根据分子中所含卤原子的数目不同，可分为一卤代烃、二卤代烃和三卤代烃等，二元以上的卤代烃统称为多卤代烃。例如：

CH_3Cl 一氯甲烷（一卤代烃）

CH_2Cl_2 二氯甲烷　　$CHCl_3$ 三氯甲烷（多卤代烃）

（3）碳原子的类型不同　根据与卤原子直接相连的碳原子类型不同，又分为伯卤代烃、仲卤代烃和叔卤代烃。例如：

$CH_3CH_2CH_2Cl$

1-氯丙烷
（伯卤代烃）

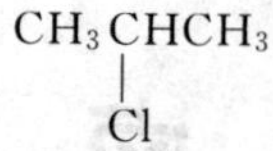

2-氯丙烷
（仲卤代烃）

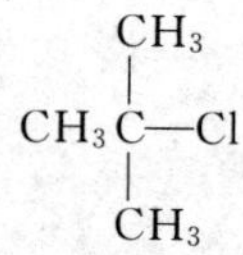

2-甲基-2-氯丙烷
（叔卤代烃）

2. 卤代烃的同分异构

烷烃分子中的氢原子被卤原子取代后生成的产物称为卤代烷。这里只讨论卤代烷的同分异构现象。

碳原子数相同的卤代烷，可因碳链构造和卤原子位置不同而产生异构体。例如分子中含有四个碳原子的一氯代烷，具有下列四种异构体：

（1）$CH_3CH_2CH_2CH_2Cl$

（2）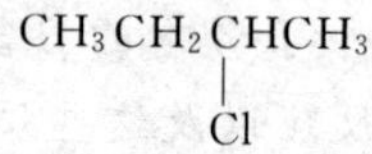

（3）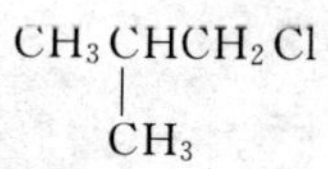

（4）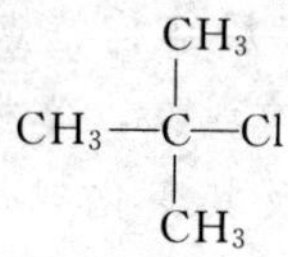

其中：（1）和（2）、（3）和（4）为位置异构；（1）和（3）、（2）和（4）为碳链异构。

二、卤代烃的命名

1. 习惯命名法

习惯命名法是在烃基名称的后面加上卤原子的名称，称作“某基卤”。例如：

$CH_3CH_2CH_2CH_2Cl$

正丁基氯

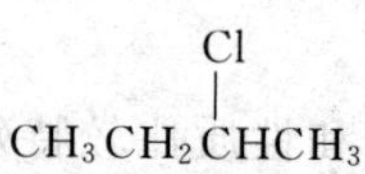

仲丁基氯

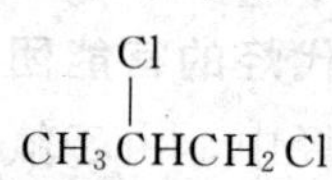

异丁基氯

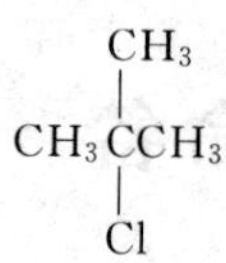

叔丁基氯

$CH_2=CHCH_2Br$

烯丙基溴

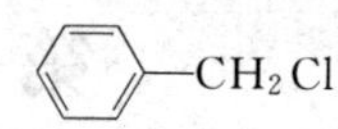

苯甲基氯（苄基氯）

习惯命名法只适用于烃基结构较为简单的卤代烃。

2. 系统命名法

卤代烷的系统命名原则和步骤如下。

（1）选主链　选取含有卤原子的最长碳链作主链，卤原子作为取代基；

（2）编号　从靠近支链一端开始给主链上的碳原子编号；

（3）写名称　根据主链所含碳原子的数目称“某烷”，将取代基的位次、名称写在母体名称“某烷”之前。取代基的顺序是先烷基后卤素，不同卤素原子按氟、氯、溴、碘的顺序排列。例如：

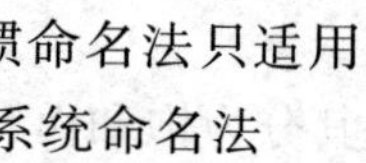

2-溴丁烷

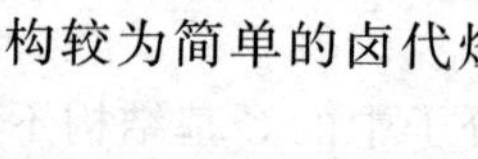

3-甲基-1-氯戊烷

3-氯-4-溴己烷

不饱和卤代烃的命名，应选取既含卤原子又含不饱和键的最长碳链作主链，编号时应使不饱和键的位次最小。例如：

$CH_2=CHCH_2Br$

3-溴丙烯

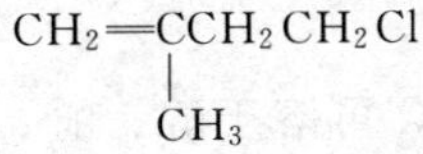

2-甲基-4-氯-1-丁烯

卤代芳烃的命名是以芳烃为母体，卤原子作为取代基。例如：

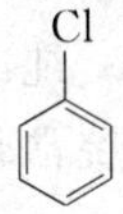

氯苯

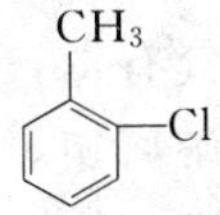

2-氯甲苯

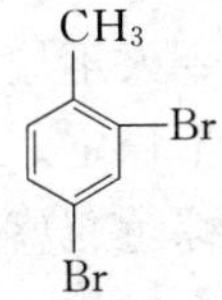

2,4-二溴甲苯

如果卤原子连在苯环的侧链上，命名时则以烷烃为母体，卤原子和苯环作为取代基。例如：

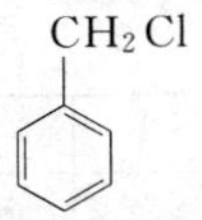

苯一氯甲烷

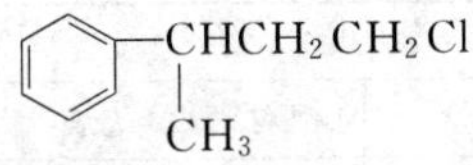

3-苯基-1-氯丁烷

思考与练习

7-1 试分析卤代烯烃产生同分异构现象的原因。

7-2 用系统命名法给下列化合物命名

（1） 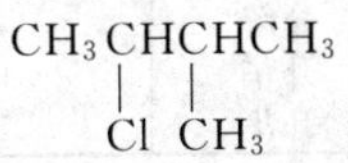

（2） 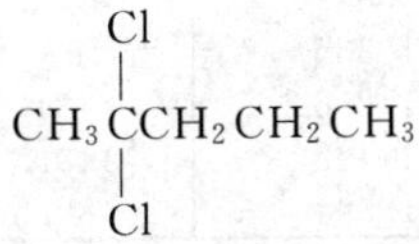

（3） 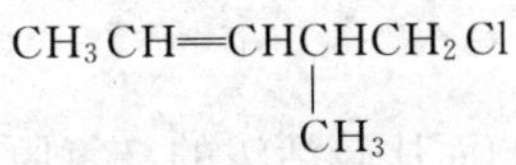

（4） 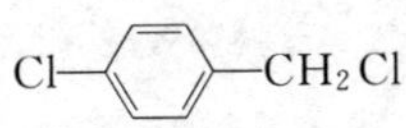

7-3 写出下列各化合物的构造式

（1）2-甲基-2-氯丁烷　　（2）异丙基氯

（3）2-甲基-3-氯-1-戊烯　　（4）对氯叔丁苯

第二节　卤代烷的性质

一、卤代烷的物理性质

1. 物态

在常温常压下，氯甲烷、溴甲烷和氯乙烷为气体，其他的一卤代烷均为液体。

2. 沸点

卤代烷的沸点随相对分子质量的增加而升高。由于分子具有极性，所以卤代烷的沸点比相应的烷烃高。烃基相同的卤代烷，其沸点顺序为：RI＞RBr＞RCl。在同分异构体中，直链卤代烷的沸点最高，支链越多，沸点越低。

3. 密度

一氯代烷的相对密度小于1，比水轻。一溴代烷和一碘代烷的相对密度大于1，比水重。在同系列中，卤代烷的相对密度随着相对分子质量的增加而减小。这是由于卤原子在分子中质量分数逐渐减小的缘故。

4. 溶解性

卤代烷不溶于水，可溶于醇、醚、烃等有机溶剂。有些卤代烷（如氯仿和四氯化碳）本身就是优良的有机溶剂。多卤代烷可用作干洗剂。

5. 气味与颜色

一卤代烷具有令人不愉快的气味，其蒸气有毒，应避免吸入体内。纯净的卤代烷是无色的。但碘代烷由于不稳定，见光易分解产生游离碘，所以久置后的碘烷常带有红棕色。因此贮存碘烷时，需用棕色瓶盛装。

卤代烷在铜丝上燃烧时能产生绿色火焰，这是鉴定卤原子的简便方法。

一些常见卤代烷的物理常数见表 7-1。

表 7-1 卤代烷的物理常数

烷基名称（或卤烷名称）	氯化物		溴化物		碘化物	
	沸点/℃	相对密度(d_4^{20})	沸点/℃	相对密度(d_4^{20})	沸点/℃	相对密度(d_4^{20})
甲基	−24.2	0.916	3.5	1.676	42.4	2.279
乙基	12.3	0.898	38.4	1.460	72.3	1.936
正丙基	46.6	0.891	71.0	1.354	102.5	1.749
异丙基	35.7	0.862	59.4	1.314	89.5	1.703
正丁基	78.5	0.886	101.6	1.276	130.5	1.615
仲丁基	63.3	0.873	91.2	1.259	120	1.592
异丁基	68.9	0.875	91.5	1.261	120.4	1.605
叔丁基	52	0.842	73.3	1.221	100	1.545
二卤甲烷	40.0	1.335	97	2.492	181	3.325
1,2-二卤乙烷	83.5	1.256	131	2.180	分解	2.13
三卤甲烷	61.2	1.492	149.5	2.890	升华	4.008
四卤甲烷	76.8	1.594	189.5	3.27	升华	4.50

二、卤代烷的化学性质

卤代烷的化学反应主要发生在官能团卤原子以及受卤原子影响而比较活泼的β-氢原子上：

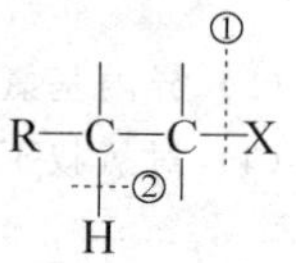

① C—X 键断裂：卤原子被取代；与金属镁反应形成 C—Mg 键和 Mg—X 键

② C—X 键及 β-C—H 键断裂，形成碳碳双键。

1. 取代反应

卤代烷分子中的碳卤键（C—X）是强极性共价键，在极性试剂作用下，容易发生断裂，卤原子被其他原子或基团取代。

（1）水解 卤代烷与稀碱水溶液共热时，发生水解反应，卤原子被羟基（—OH）取代生成醇。

$$R-X+H-OH \xrightarrow{NaOH} R-OH+NaX+H_2O$$

醇

卤代烷的水解是可逆反应，加碱是为了中和生成的氢卤酸，使反应向正向进行。

通常卤代烷是由相应的醇制得，因此该反应只适用于制备少数结构较复杂的醇。

（2）醇解

卤代烷与醇钠在相应的醇溶液中发生醇解反应，卤原子被烷氧基（—OR）取代生成醚。

此反应称为**威廉逊合成法**，是制备混醚的最好方法。例如，工业上用溴甲烷与叔丁醇钠反应制取甲基叔丁基醚：

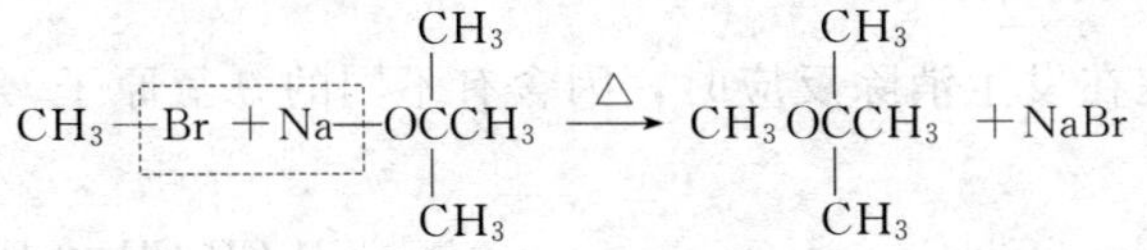

叔丁醇钠　　　　　　甲基叔丁基醚

甲基叔丁基醚为无色液体。是一种新型的高辛烷值汽油调和剂，可代替有毒的四乙基铅，减少环境污染，提高汽油质量和使用的安全性。

(3) 氨解

卤代烷与氨在乙醇溶液中共热时，发生氨解反应，卤原子被氨基（$-NH_2$）取代生成胺。这是工业上制取伯胺的方法之一。例如，1-溴丁烷与过量的氨反应生成正丁胺：

$$CH_3CH_2CH_2CH_2-Br + H-NH_2 \xrightarrow[\triangle]{\text{乙醇}} \underset{\text{正丁胺}}{CH_3CH_2CH_2CH_2NH_2} + NH_4Br$$

正丁胺为无色透明液体，有氨的气味。可用作裂化汽油防胶剂、石油产品添加剂、彩色相片显影剂。还可用于合成杀虫剂、乳化剂及治疗糖尿病的药物等。

(4) 氰解

卤代烷与氰化钠或氰化钾在乙醇溶液中共热时，发生氰解反应，卤原子被氰基（$-CN$）取代生成腈。例如：工业上用溴乙烷与氰化钾作用制取丙腈：

$$CH_3CH_2-Br + K-CN \xrightarrow[\triangle]{\text{乙醇}} \underset{\text{丙腈}}{CH_3CH_2CN} + KBr$$

此反应的特点是产物比原料物增加了一个碳原子，在有机合成中用于增长碳链。

上述取代反应中，伯卤烷的取代物产率较高，仲卤烷的取代物产率较低，叔卤烷则很难得到相应的取代产物。

(5) 与硝酸银-乙醇溶液反应

卤代烷与硝酸银的乙醇溶液反应生成硝酸酯，同时析出卤化银沉淀。

$$R-X + Ag-ONO_2 \xrightarrow{\text{乙醇}} \underset{\text{硝酸烷基酯}}{R-ONO_2} + AgX\downarrow$$

在这一反应中，不同卤代烷的反应活性为：

叔卤代烷＞仲卤代烷＞伯卤代烷。

$$R-I > R-Br > R-Cl$$

在常温下叔卤代烷反应很快，立即生成卤化银沉淀，仲卤代烷反应较慢，伯卤代烷则需要加热才能反应。**这一反应活性的差异可用于鉴别伯、仲、叔三种不同类型的卤代烷。**

2. 消除反应

在一定条件下，从有机物分子中相邻的两个碳原子上脱去卤化氢或水等小分子，生成不饱和化合物的反应称为消除反应。

卤代烷与强碱的醇溶液共热时，分子中的 C—X 键和 β-C—H 键发生断裂，脱去一分子卤化氢而生成烯烃。

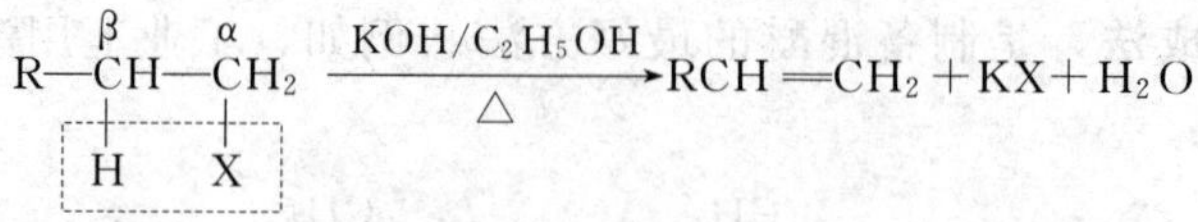

仲卤代烷或叔卤代烷在发生消除反应时，因含有不同的β-氢原子，可以得到两种不同的烯烃。例如：

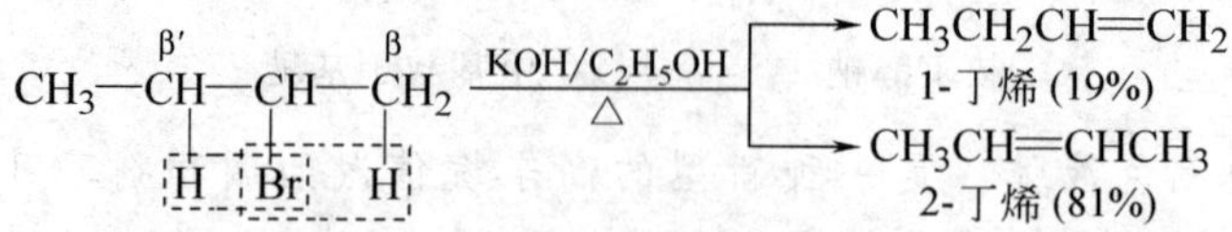

实验表明，**卤代烷脱卤化氢时，主要脱去含氢较少的β-碳上的氢原子，从而生成含烷基较多的烯烃。这一经验规律称为查依采夫（Saytzeff）规则**。例如：

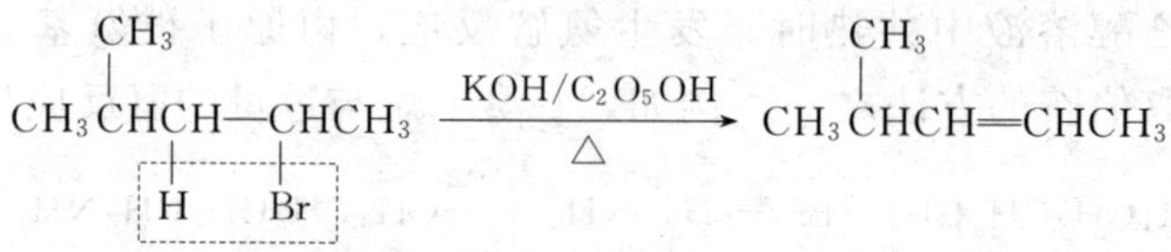

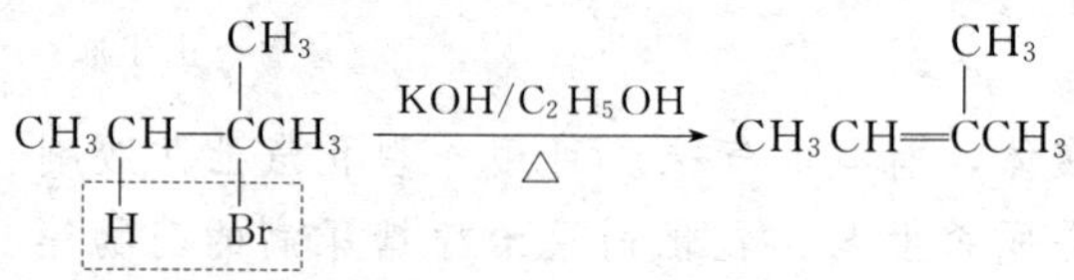

各级卤代烷发生消除反应的活性顺序为：

叔卤烷＞仲卤烷＞伯卤烷。

当烷基结构相同而卤原子不同时，反应活性次序为：

$$R—I > R—Br > R—Cl$$

实际上，卤代烷的消除与取代是同时进行的竞争反应。究竟哪一种反应占优势，取决于卤代烷的结构和反应条件，**当卤代烷的结构相同时，在碱的水溶液中有利于发生取代反应，而在碱的醇溶液中则有利于发生消除反应；当反应条件相同时，伯卤代烷容易发生取代，而叔卤代烷则容易发生消除**。例如，叔卤烷与醇钠反应主要生成产物是烯烃而不是醚：

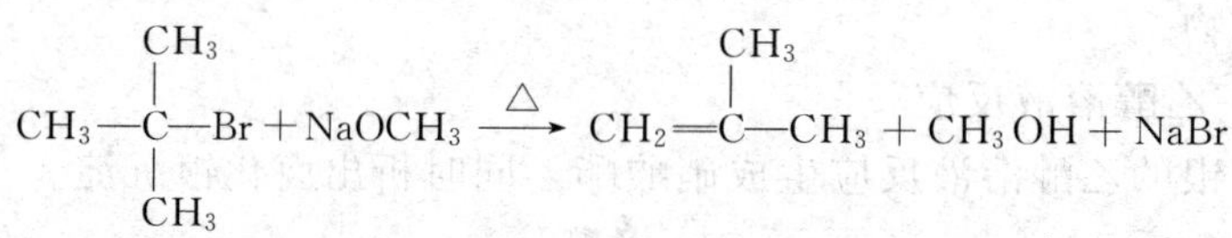

3．与金属镁反应——格氏试剂的生成

在绝对乙醚（无水、无醇的乙醚）中，卤代烷与金属镁作用生成烷基卤化镁。烷基卤化镁又叫格利雅（Grignard）试剂，简称格氏试剂，可用通式 RMgX 表示。例如：

$$CH_3CH_2Br + Mg \xrightarrow{\text{绝对乙醚}} \underset{\text{乙基溴化镁}}{CH_3CH_2MgBr}$$

卤代烷与金属镁的反应活性为：碘代烷＞溴代烷＞氯代烷。碘代烷价格昂贵，氯代烷活性较小，因此实验室中常用溴代烷来制取格氏试剂。

格氏试剂能发生多种化学反应，在有机合成中具有重要的用途。因其性质十分活泼，容易被空气中的水蒸气分解，所以必须保存在绝对乙醚中。一般是在使用时现制备，不需分离，直接用于合成反应。

格氏试剂可被水、醇、酸、氨等含活泼氢的物质分解，生成相应的烷烃。

$$RMgX \xrightarrow{H-OH} RH + Mg(OH)X$$
$$RMgX \xrightarrow{H-X} RH + MgX_2$$
$$RMgX \xrightarrow{H-NH_2} RH + Mg(NH_2)X$$
$$RMgX \xrightarrow{H-OR} RH + Mg(OR)X$$

上述反应是定量进行的，在有机分析中常用甲基碘化镁与含活泼氢的物质作用，通过测定生成甲烷的体积，计算出被测物质中所含活泼氢原子的数目。

思考与练习

7-4 回答问题

（1）在同系列中，卤代烷的相对密度随着相对分子质量的增加而减小，为什么？

（2）卤代烷在碱溶液中能发生哪些反应？各需要什么反应条件？

（3）卤代烷发生消除反应时，遵循什么原则？生成的烯烃具有怎样的结构特点？

（4）制备格氏试剂需要在什么条件下进行？使用格氏试剂时，应注意哪些问题？

（5）可以用 $HOCH_2CH_2Br$ 与 Mg 作用制取格氏试剂吗？为什么？

（6）甲基叔丁基醚（$CH_3OC(CH_3)_2CH_3$）能否用甲醇钠和叔丁基溴制取？为什么？

7-5 将下列各化合物的沸点按从高到低的顺序排列

（1）1-氯丁烷　（2）2-氯丁烷　（3）2-甲基-2-氯丙烷　（4）1-氯丙烷　（5）1-氯戊烷

7-6 完成下列化学反应

（1）$CH_3CH_2CH_2Br \xrightarrow{NaOH/H_2O} ?$

（2）$CH_3CH_2CH_2CH_2Br + CH_3CH_2ONa \longrightarrow ?$

（3）$CH_3CH_2Cl + NaCN \xrightarrow{\triangle} ?$

（4）$CH_3CH_2CH(Cl)CH_3 \xrightarrow{NH_3} ?$

（5）$CH_3CH_2CH(Cl)CH_3 \xrightarrow[\triangle]{KOH/C_2H_5OH} ?$

（6）$CH_3CH(CH_3)C(CH_3)(Br)CH_3 \xrightarrow[\triangle]{KOH/C_2H_5OH} ?$

（7）$CH_3CH(CH_3)CH_2CH_2Br + Mg \xrightarrow{绝对乙醚} ?$

（8）$-Cl + Mg \xrightarrow{绝对乙醚} ?$

第三节　卤代烯烃和卤代芳烃

烯烃分子中的氢原子被卤原子取代后生成的产物称为卤代烯烃。芳烃分子中的氢原子被卤原子取代后生成的产物称为卤代芳烃。

一、卤代烯烃和卤代芳烃的分类

根据分子中卤原子与双键碳原子或芳环的相对位置不同，可将卤代烯烃和卤代芳烃分为以下三种类型。

1. 乙烯型卤代烃

卤原子直接与双键碳原子或芳环相连的卤代烃称为乙烯型卤代烃。例如：

$CH_2{=}CHCl$

氯乙烯

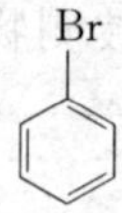

溴苯

2. 烯丙型卤代烃

卤原子与双键碳原子或芳环相隔一个饱和碳原子的卤代烃称为烯丙型卤代烃。例如：

$CH_2{=}CHCH_2Cl$

烯丙基氯

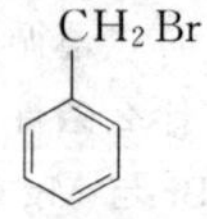

苄基溴

3. 孤立型卤代烃

卤原子与双键碳原子或芳环相隔两个或两个以上饱和碳原子的卤代烃称为孤立型卤代烃。例如：

$CH_2{=}CHCH_2CH_2Cl$

4-氯-1-丁烯

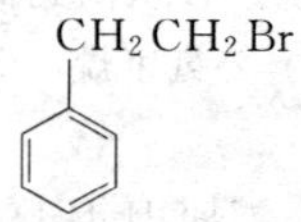

1-苯-2-溴乙烷

二、不同结构的卤代烯烃和卤代芳烃反应活性的差异

不同类型的卤代烃由于卤原子与双键或芳环的相对位置不同，相互影响也不同，因此化学反应活性有很大差异。

1. 乙烯型卤代烃很不活泼

乙烯型卤代烃的化学性质很不活泼。例如，氯乙烯即使在加热甚至煮沸时，也不与硝酸银的醇溶液反应。利用这一性质可区别卤代烷与乙烯型卤代烃。

2. 烯丙型卤代烃非常活泼

与乙烯型卤代烃不同，烯丙型卤代烃的化学性质非常活泼。例如烯丙基氯在常温下，可迅速与硝酸银的醇溶液反应，析出氯化银沉淀：

$$CH_2{=}CH{-}CH_2{-}Cl + Ag{-}ONO_2 \longrightarrow CH_2{=}CH{-}CH_2ONO_2 + AgCl\downarrow$$

硝酸烯丙基酯

此反应可用于鉴别烯丙型卤代烃。

烯丙型卤代烃也非常容易发生水解、醇解等取代反应。例如：

$$CH_2{=}CHCH_2Cl + H_2O \xrightarrow{NaOH} CH_2{=}CHCH_2OH$$

烯丙醇

烯丙醇为无色液体。对眼睛有刺激性。有毒！可用于制备甘油、增塑剂、树脂和医药等。

3. 孤立型卤代烃的活性与卤代烷相似

孤立型卤代烃中的卤原子与双键或苯环相隔较远，相互影响很小，所以其卤原子的活性和卤代烷相似。

不同类型的卤代烃与硝酸银醇溶液反应的活性为：

烯丙型　>　孤立型　>　乙烯型

思考与练习

7-7　回答问题

（1）卤代烯烃和卤代芳烃可以分为几种类型？各具有怎样的结构特点？

（2）写出分子式为 C_4H_7Cl 的卤代烯烃的所有构造异构体及系统名称，并指出各属于哪类卤代烯烃？

7-8　完成下列化学反应

（1）$CH_2{=}CHCH_2Br + KCN \longrightarrow ?$

（2）$CH_2{=}CHCH_2Cl + NH_3 \longrightarrow ?$

（3）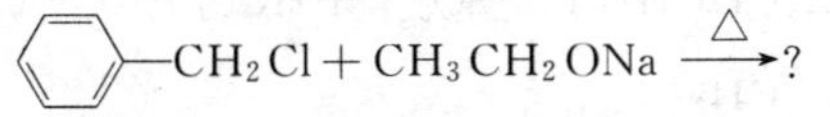

（4）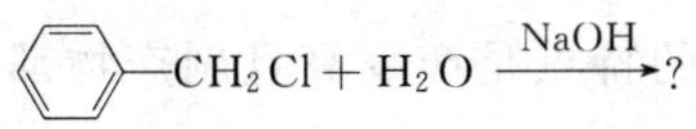

（5）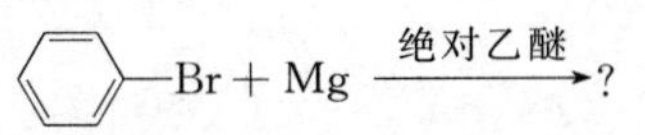

7-9　烃基的结构对卤原子的活性有很大影响。通常情况下，乙烯型卤代烃很难发生取代反应，而烯丙型卤代烃却很容易发生取代反应。下列卤代烃在碱的水溶液中能发生水解反应吗？若能，请写出化学反应式。

（1）$CH_2{=}C(Br)CH_2Br$　　（2）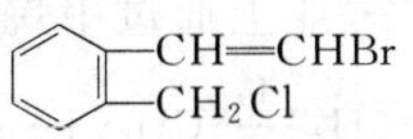

第四节　卤代烷的制法和重要的卤代烃

一、卤代烷的制法

1. 烷烃的卤代

利用烷烃的卤代反应可以制取卤代烷。例如：

$$CH_4 \xrightarrow[350\sim400℃]{Cl_2} CH_3Cl \xrightarrow[350\sim400℃]{Cl_2} CH_2Cl \xrightarrow[350\sim400℃]{Cl_2} CHCl_3 \xrightarrow[350\sim400℃]{Cl_2} CCl_4$$

反应产物为混合物，可通过调整原料配比，使其中的一种氯代烷成为主要产物。这是工业上生产一氯甲烷、二氯甲烷、三氯甲烷和四氯化碳的方法。

2. 烯烃的加成

工业上以烯烃为原料，与卤化氢或卤素发生加成反应，制取一卤代烷或多卤代烷。例如：

$$CH_2{=}CH_2 + HCl \xrightarrow[0.3\sim0.4MPa]{无水\ AlCl_3,30\sim40℃} \underset{氯乙烷}{CH_3CH_2Cl}$$

$$CH_2{=}CH_2 + Cl_2 \xrightarrow[40℃,0.1\sim0.2MPa]{FeCl_3,1,2-二氯乙烷} \underset{1,2-二氯乙烷}{\underset{Cl\qquad Cl}{CH_2{-}CH_2}}$$

3. 由醇合成

工业上和实验室中常用醇与氢卤酸反应制取卤代烷。例如：

$$\underset{乙醇}{CH_3CH_2-OH} + H-Br \rightleftharpoons \underset{溴乙烷}{CH_3CH_2Br} + H_2O$$

这是一个可逆反应，为了使反应向正向进行，以提高卤代烷的产率，通常用干燥的卤化氢与过量的无水乙醇反应，并加入脱水剂除去反应过程中生成的水。例如，实验室中制取溴乙烷时，常用溴化钠和浓硫酸的混合物与乙醇共热。溴化钠与浓硫酸作用生成溴化氢与醇反应，过剩的浓硫酸作脱水剂。

此外，醇还能与卤化磷（PX_3、PX_5）或亚硫酰氯（$SOCl_2$）反应制取卤代烷。例如：

$$3CH_3CH_2CH_2CH_2OH + PBr_3 \xrightarrow{\triangle} 3CH_3CH_2CH_2CH_2Br + H_3PO_3$$

$$CH_3\underset{|\atop CH_3}{CH}CH_2OH + SOCl_2 \xrightarrow[加热回流]{吡啶} CH_3\underset{|\atop CH_3}{CH}CH_2Cl + SO_2\uparrow + HCl\uparrow$$

醇与亚硫酰氯的反应只适用于制取氯代烷，该反应的特点是产率高且副产物都是气体，容易提纯。

二、重要的卤代烃

1. 三氯甲烷（$CHCl_3$）

三氯甲烷俗称氯仿。是一种无色有甜味的透明液体。沸点 61.2℃，不溶于水，可溶于乙醇、乙醚、苯及石油醚等有机溶剂。工业上通过甲烷氯代或四氯化碳还原制得：

$$CCl_4 + 3H_2 \xrightarrow{Fe} CH_3Cl + 3HCl$$

氯仿是优良的有机溶剂，能溶解油脂、蜡、有机玻璃和橡胶等。氯仿还具有麻醉性，在医学上曾被用作全身麻醉剂，因其对肝脏有严重伤害，并有致癌作用，现已很少使用。

氯仿在光照下容易被氧化成光气：

$$2CHCl_3 + O_2 \xrightarrow{日光} 2\ \underset{光气}{\overset{Cl}{\underset{Cl}{>}}C=O} + 2HCl$$

光气毒性很大，吸入肺中会引起肺水肿。若每升空气中含有 0.5mg 光气，人吸入 10min 后即可致死。所以氯仿应保存在密封的棕色瓶中。若加入 1% 的乙醇，可以增加其稳定性。

2. 四氯化碳（CCl_4）

四氯化碳是无色液体，沸点 76.8℃，不溶于水，可溶于乙醇和乙醚。工业上由甲烷氯代或由二硫化碳与氯在催化剂存在下制取四氯化碳。

四氯化碳不能燃烧，其蒸气比空气重，能隔绝燃烧物与空气的接触，所以常用作灭火剂。但其在高温下遇水能产生剧毒的光气：

$$CCl_4 + H_2O \xrightarrow{500℃} COCl_2 + 2HCl$$

所以用四氯化碳灭火时，要注意空气流通，以防止中毒。现在世界上许多国家已禁止使用这种灭火剂。

3. 氯乙烯（$CH_2=CHCl$）

氯乙烯为无色气体，沸点－13.8℃，不溶水，易溶于乙醇及丙酮等有机溶剂。氯乙烯容易燃烧，与空气形成爆炸性混合物，空气中允许的最高浓度为50μg/g。长期接触高浓度氯乙烯可引起许多疾病，并可致癌。氯乙烯主要用于生产聚氯乙烯，也可用作冷冻剂。

目前工业上生产氯乙烯主要采用以乙烯为原料的氧氯化法。乙烯与氧气、氯化氢在氯化铜催化下反应，先生成1,2-二氯乙烷，再热解得到氯乙烯：

$$CH_2=CH_2+HCl+O_2 \xrightarrow[0.34\sim0.59\text{MPa}]{CuCl_2,\ 215\sim300^\circ C} \underset{Cl}{CH_2}-\underset{Cl}{CH_2}$$

$$\xrightarrow[1.47\sim3.92\text{MPa}]{470\sim650^\circ C} CH_2=CHCl+HCl$$

热解反应中生成的氯化氢可循环使用。

4. 四氟乙烯（$F_2C=CF_2$）

四氟乙烯为无色气体，沸点－76.3℃，不溶于水，可溶于有机溶剂。主要用于合成聚四氟乙烯。聚四氟乙烯是一种用途广泛，性能优良的塑料，俗称塑料王。

工业上由氯仿与干燥氟化氢在五氯化锑催化下先生成二氟一氯甲烷，再经高温裂解制得：

$$CHCl_3+2HF \xrightarrow{SbCl_5} \underset{\text{二氟一氯甲烷}}{CHClF_2}+2HCl$$

$$2CHClF_2 \xrightarrow{600\sim800^\circ C} \underset{\text{四氟乙烯}}{CF_2=CF_2}+2HCl$$

5. 氯苯（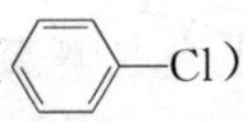）

氯苯为无色液体，沸点132℃，不溶于水，可溶于乙醇、乙醚及氯仿等有机溶剂。有毒，空气中的允许量为75μg/g。易燃烧，在空气中的爆炸极限为1.3%～7.1%（体积分数）。

氯苯可由苯在铁粉存在下直接氯代制取，也可用苯的蒸气、氯化氢与空气在催化作用下制得：

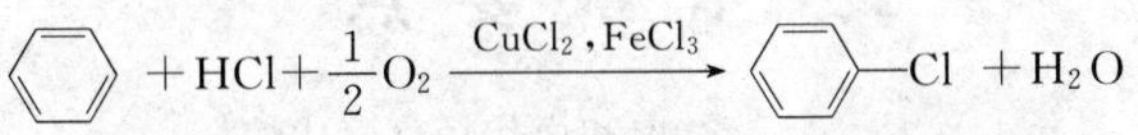

氯苯是重要的化工原料，主要用于制备苯酚、苯胺、硝基氯苯、苦味酸、DDT等，也可用作油漆溶剂。

6. 苯甲基氯（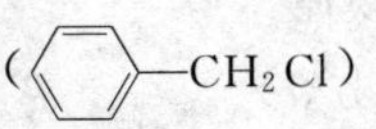）

苯甲基氯又称苄基氯，为无色油状液体，沸点179℃，具有强烈刺激性气味，能刺激皮肤和呼吸道黏膜，其蒸气有催泪作用。不溶于水，易溶于乙醇、乙醚、氯仿等有机溶剂。毒性较大，空气中允许量为1μg/g，爆炸极限为1.1%～14%（体积分数）。

工业上，苯甲基氯是在光照下，将氯气通入到沸腾的甲苯中制得：

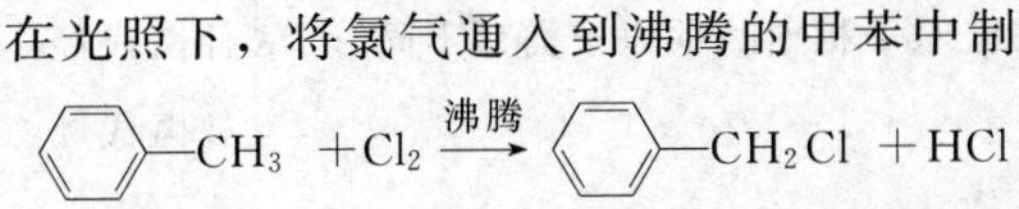

苄基氯是重要的化工原料，可用于生产染料、香料、药物及合成树脂等。也可用作溶剂、萃取剂、灭火剂和干洗剂。

阅读资料

氟里昂

在 20 世纪 30 年代以前，氨、二氧化硫和丙烷是工业和家用电冰箱常用的制冷剂，但由于氨和二氧化硫有毒，并有较强的腐蚀性和刺激性，丙烷又是易燃的危险品，因此科学家们力图寻找一种性能优异、安全可靠的制冷剂。终于在 1925 年由美国化学家托马斯・米德奇雷（Thoms Midgly）研制出一种理想的制冷剂——氟里昂。

氟里昂是含有一个或两个碳原子的氟氯烷的商品名称。常用代号 F-abc 表示。a、b、c 分别为阿拉伯数字。其中 a 为碳原子数减 1，b 为氢原子数加 1，c 为氟原子数。氯原子数不必标出，碳原子上尚未满足的原子价数即为氯原子数。一些常见氟里昂的构造式及代号如下：

氟里昂	CCl_3F	CCl_2F_2	CCl_2FCClF_2	$CClF_2CClF_2$
代　号	F-11	F-12	F-113	F-114

常温下，氟里昂为无色气体，容易压缩成液态，减压后立即气化，同时吸收大量热，因此可广泛用作制冷剂。氟里昂制冷剂的优点很多，如沸点低、易液化、无毒、无味、不腐蚀金属、热稳定性好、不易燃烧和爆炸等等。氟里昂的这些优越性能，使其在制冷剂中出类拔萃，独占鳌头，主要用于电冰箱和空气调节器中（一台家用冰箱约需 1kg 的 F-12 制冷剂）。

此外，氟里昂还可用作气雾剂（加入到发胶、摩丝中）、发泡剂（制造各种泡沫塑料）、清洗剂（干洗衣物，清洗电子元件、首饰等）及灭火剂。

20 世纪 70 年代，随着科学技术的不断发展，人们发现逸入大气中的氟里昂受日光辐射会分解出活泼的氯自由基，能破坏大气臭氧层，导致紫外线大量照射到地球表面，使人体免疫系统失调，造成患白内障、皮肤癌的人增多，农作物减产。为防止大气臭氧层被进一步破坏，国际协会组织已规定在 2010 年停止生产和使用氟里昂。

氟里昂产品受到极大限制后，人们研制出它们的替代品，这些化合物分子中不含氯原子，对臭氧层无破坏作用。

本章要点

1. 卤代烃的分类
   - 根据烃基结构不同分为
     - 饱和卤代烃（卤代烷烃）
     - 不饱和卤代烃
       - 卤代烯烃
       - 卤代炔烃
     - 芳香族卤代烃（卤代芳烃）
   - 根据卤原子数目不同分为
     - 一元卤代烃
     - 多元卤代烃
   - 根据与卤原子相连的碳原子类型不同分为
     - 伯卤代烃
     - 仲卤代烃
     - 叔卤代烃
2. 卤代烷的异构
   - 碳链异构
   - 位置异构

- 3. 卤代烃的命名
  - 习惯法：烃基名＋卤素名称
  - 系统法：（以卤烷为例）
    - 选主链（含卤原子）
    - 编号（靠近支链一端）
    - 写名（按支链位次、名称、卤原子位次、名称、母体名称的顺序）
- 4. 卤代烷的制法
  - 烷烃的卤代
  - 烯烃的加成
  - 由醇合成
- 5. 化学性质
  - 取代反应
    - 水解→醇
    - 醇解→醚
    - 氨解→胺
    - 氰解→腈
    - 与硝酸银（醇）溶液反应→硝酸烷基酯
  - 消除反应（脱卤化氢→烯烃）
  - 与金属镁反应→烷基卤化镁

习　题

1. 用系统命名法给下列化合物命名

（1） 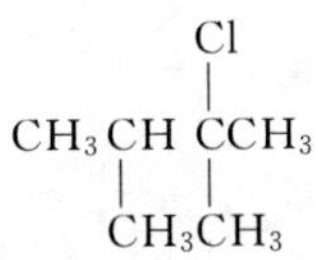　　（2） 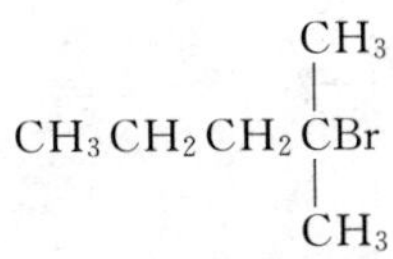

（3） 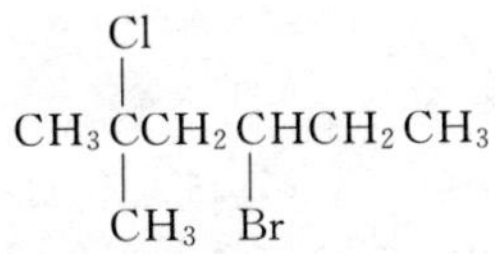　　（4） 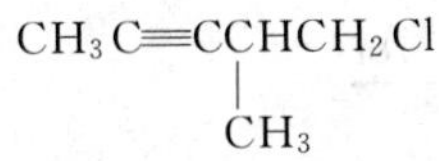

（5） 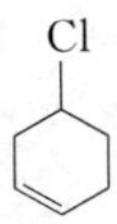　　（6） 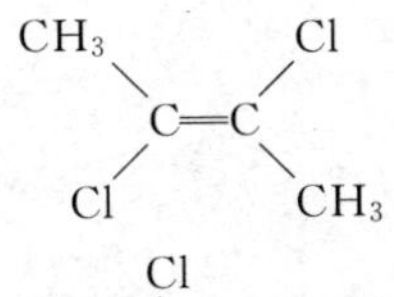

（7） 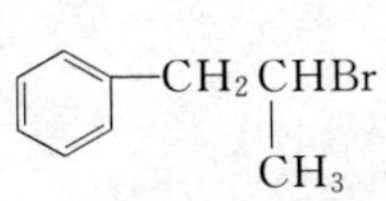　　（8） 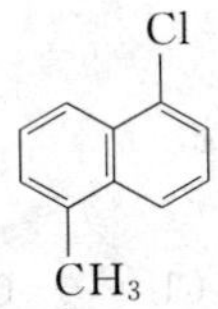

2. 写出下列化合物的构造式

（1） 烯丙基氯　　（2） 叔丁基溴

（3） 3-甲基-1-溴丁烷　　（4） 3,3-二甲基-2-氯-2-溴己烷

（5） 2-甲基-4-氯-5-溴-2-戊烯　　（6） 4-甲基-5-氯-2-戊炔

（7） 3-溴甲苯　　（8） 氯仿

3. 将下列化合物按活性由大到小的顺序排列

（1） 水解反应活性

A　a. $CH_3CH_2CH_2CH_2Cl$　　b. 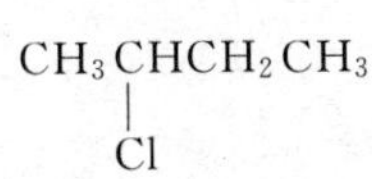　　c. 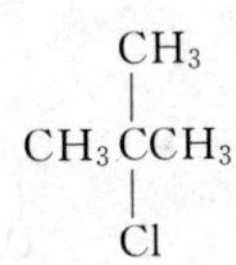

B a. 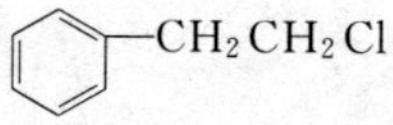 b. 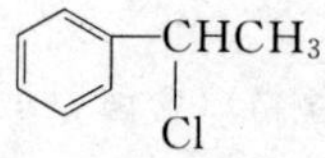 c. 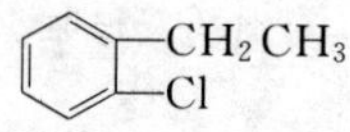

（2）与硝酸银的醇溶液反应活性

A a. 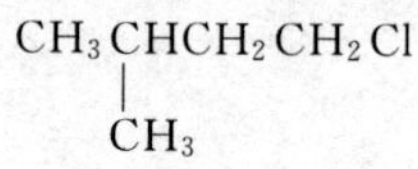 b. 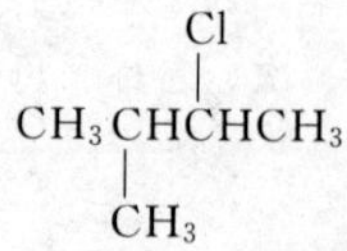 c. 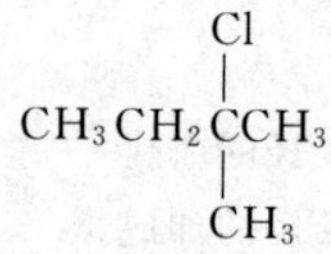

B a. 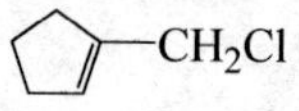 b. 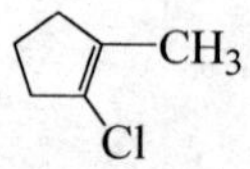 c. 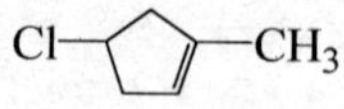

C a. $CH_3CH{=}CHCl$ b. $CH_2{=}CHCH_2Cl$ c. $CH_3CH_2CH_2Cl$

（3）消除反应活性

A a. 3-甲基-1-溴丁烷 b. 2-甲基-2-溴丁烷 c. 2-甲基-3-溴丁烷

B a. CH_3CH_2Cl b. CH_3CH_2Br c. CH_3CH_2I

4. 完成下列化学反应

（1）$CH_3CH{=}CH_2 \xrightarrow{HBr} ? \xrightarrow[\text{绝对乙醚}]{Mg} ?$

（2）$CH_3CH_2CH{=}CH_2 \xrightarrow[\text{过氧化物}]{HBr} ? \xrightarrow{CH_3CH_2ONa} ?$

（3）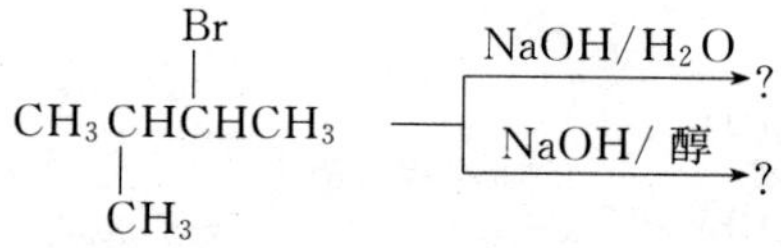

（4）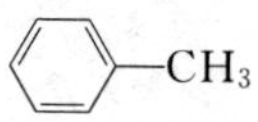 $\xrightarrow[\text{光}]{Cl_2} ? \xrightarrow[\text{乙醇}]{NaCN} ?$

（5）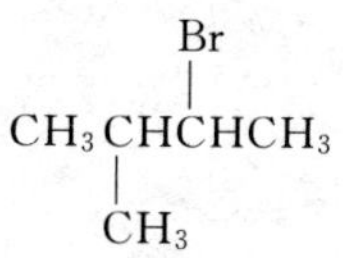 $\xrightarrow[\triangle]{NaOH/\text{醇}} ? \xrightarrow{HBr} ?$

（6）$CH_3CH{=}CHCH_3 \xrightarrow{HCl} ? \xrightarrow{NH_3} ?$

（7）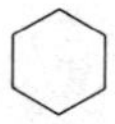 $\xrightarrow[\text{光}]{Br_2} ? \xrightarrow[\triangle]{NaOH/\text{醇}} ?$

5. 用化学方法鉴别下列各组化合物

（1）1-氯丁烷 2-氯丁烷 2-甲基-2-氯丙烷

（2）环己烷 环己烯 溴代环己烷

（3）$CH_3CH{=}CHCl$ $CH_2{=}CHCH_2Cl$ $CH_3CH_2CH_2Cl$

（4）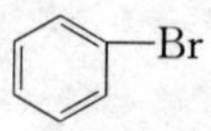 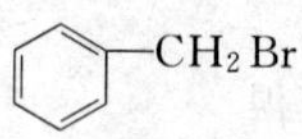 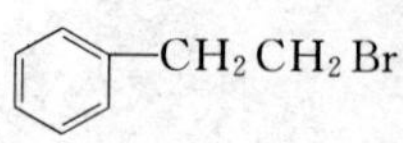

6. 完成下列转变

（1）$CH_3CH_2CH_2Br \longrightarrow$ 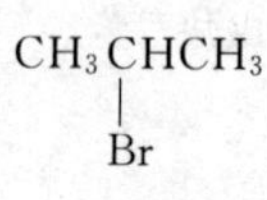

（2）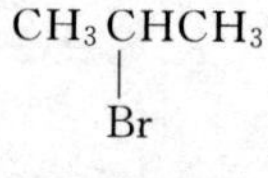 $\longrightarrow CH_2{=}CHCH_2Br$

（3）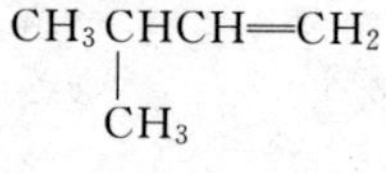 $\longrightarrow$ 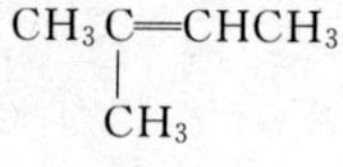

（4）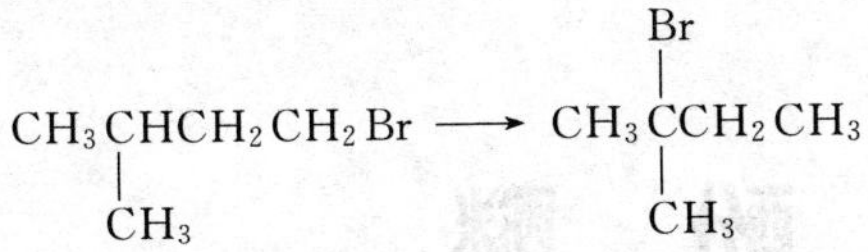

7. 由指定原料合成下列化合物

（1）$CH_2=CHCH_3 \longrightarrow CH_2=CHCH_2OH$

（2）$CH_2=CHCH=CH_2 \longrightarrow NCCH_2CH_2CH_2CH_2CN$

（3）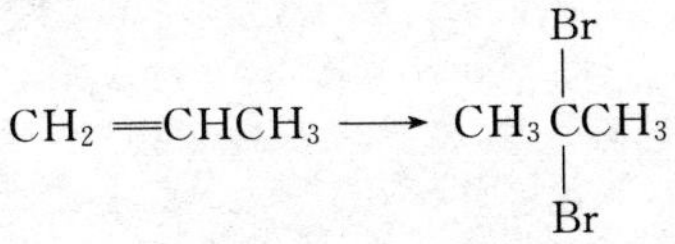

（4）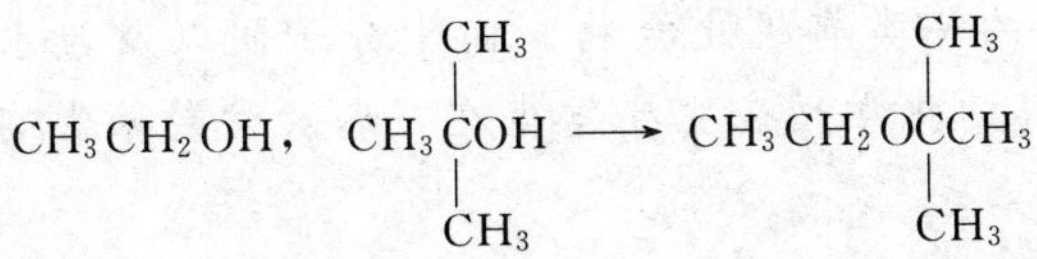

（提示：通过威廉逊合成法制醚时，伯卤烷产率高、仲卤烷产率低、叔卤烷主要发生消除反应。）

（5）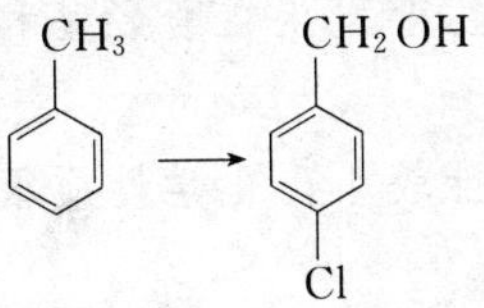

8. 某卤代烃 A，与氢氧化钾醇溶液作用生成 B(C_4H_8)，B 经高锰酸钾酸性溶液氧化后，得到丙酸(CH_3CH_2COOH)、二氧化碳和水，B 与溴化氢作用，则得 A 的同分异构体 C，试推测 A、B、C 的构造式。

9. 某烃 A，分子式为 C_5H_{10}，它不能与溴水加成，在紫外光照射下与溴反应得到 B(C_5H_9Br)。B 与氢氧化钾醇溶液作用得到 C(C_5H_8)，C 经高锰酸钾酸性溶液氧化得戊二酸。写出 A、B、C 的构造式。

第八章 醇 酚 醚

学习指南

醇、酚、醚都是烃的含氧衍生物。

醇是分子中含有羟基（—OH）官能团的一类有机化合物。由于分子间以及与水之间能形成氢键，对其物理性质影响较大。醇的化学反应主要发生在羟基及受羟基影响的 α-和 β-氢原子上。

酚是羟基（—OH）与苯环直接相连的一类芳香族化合物。由于官能团之间的相互影响，使得酚羟基与醇羟基的性质有较大的差异，酚的化学反应主要发生在酚羟基和苯环上。

醚是氧原子与两个烃基相连的一类有机化合物。醚分子的极性较小，化学性质很不活泼，其稳定性仅次于烷烃。

本章将主要介绍醇、酚、醚的各类化学反应以及这些反应的实际应用。

学习本章内容，应在了解醇、酚、醚结构特点及其差异的基础上做到：

1. 了解醇、酚、醚的分类和异构现象，掌握醇、酚、醚的命名方法；
2. 了解醇、酚、醚的物理性质及其变化规律，理解氢键对醇、酚的沸点和溶解性的影响；
3. 了解醇羟基和酚羟基的区别，掌握醇、酚、醚的化学反应及应用；
4. 熟悉官能团的特征反应，掌握醇、酚、醚的鉴别方法。

醇、酚、醚都是烃的含氧衍生物。在醇和酚的分子中，氧原子与氢原子结合成羟基（—OH）。**羟基与脂肪族烃基或芳烃侧链相连的叫醇，羟基与苯环直接相连的叫酚。在醚的分子中，氧原子与两个烃基相连。**

第一节 醇

一、醇的结构、分类、异构和命名

1. 醇的结构

醇是分子中含有羟基官能团的一类有机化合物。它可以看成是烃分子中饱和碳原子上的氢原子被羟基取代后的产物，常用**通式 R—OH** 表示。在醇分子中，C—O 键和 O—H 键都是极性较强的共价键，因此醇的化学活泼性较大。

2. 醇的分类

（1）烃基构造不同　根据分子中烃基构造不同，可将醇分为脂肪醇、芳香醇、饱和醇和不饱和醇等。

（2）羟基数目不同　根据分子中所含的羟基数目分为一元醇、二元醇和三元醇等，二元以上的醇统称为多元醇。

（3）碳原子类型不同　根据羟基所连接的碳原子类型不同，将醇分为伯醇、仲醇和叔醇。羟基与伯碳原子相连的是伯醇；与仲碳原子相连的是仲醇；与叔碳原子相连的是叔醇。例如：

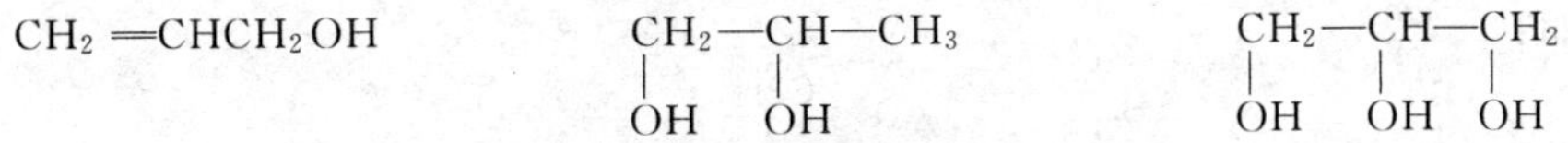

烯丙醇（一元醇）　脂肪族不饱和醇　　1,2-丙二醇（二元醇）　脂肪族饱和醇　　丙三醇（三元醇）　脂肪族饱和醇

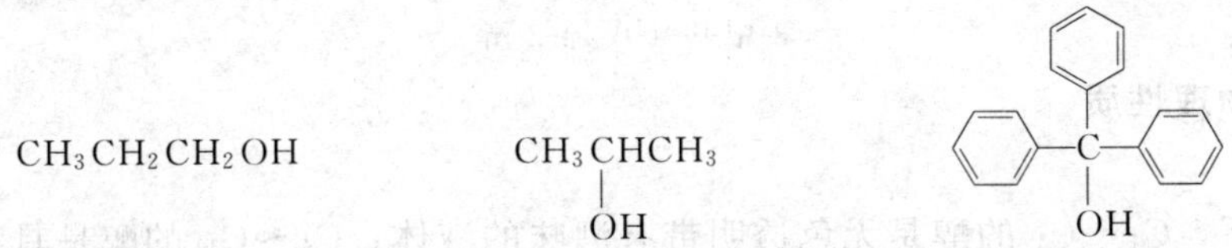

正丙醇（伯醇）　脂肪醇　　异丙醇（仲醇）　脂肪醇　　三苯甲醇（叔醇）　芳香醇

3. 醇的构造异构

碳原子数相同的醇，可因碳链构造和羟基位置不同而产生异构体。例如，分子中含有四个碳原子的饱和一元醇，具有下列四种异构体：

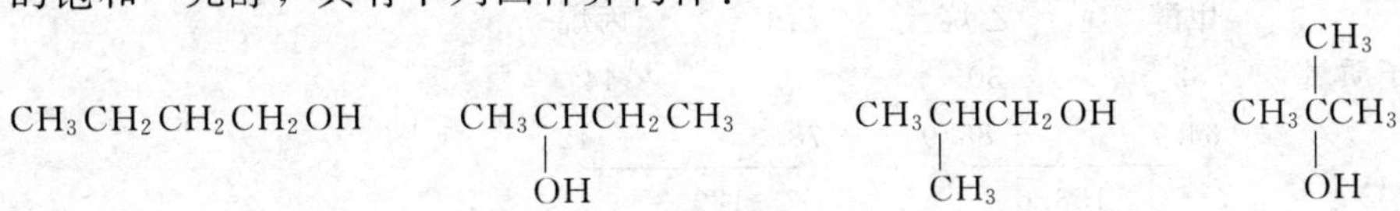

(1)　　(2)　　(3)　　(4)

其中：（1）和（2）、（3）和（4）为位置异构；

（1）和（3）、（2）和（4）为碳链异构。

4. 醇的命名方法

（1）习惯命名法　习惯命名法是在烃基名称的后面加“醇”字。例如，丁醇四个异构体的命名：

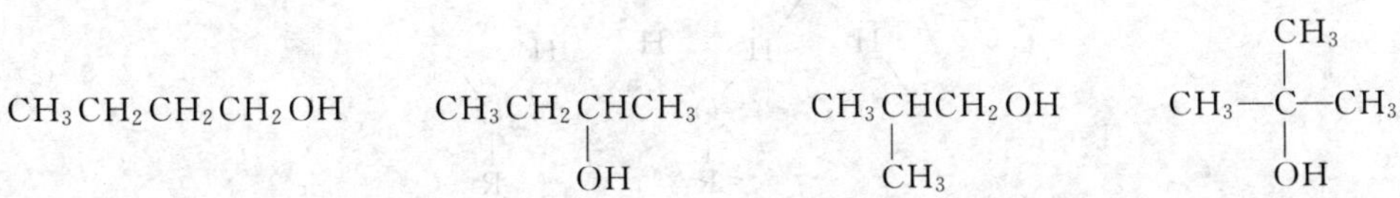

正丁醇　　仲丁醇　　异丁醇　　叔丁醇

（2）系统命名法　系统命名法的命名原则和步骤如下。

① 选主链　选取含有羟基的最长碳链作为主链，支链作为取代基；

② 编号　从靠近羟基的一端将主链碳原子的位次编号；

③ 写名称　根据主链所含碳原子的数目称为“某醇”，将取代基的位次、名称和羟基的位次依次写在醇名之前。例如：

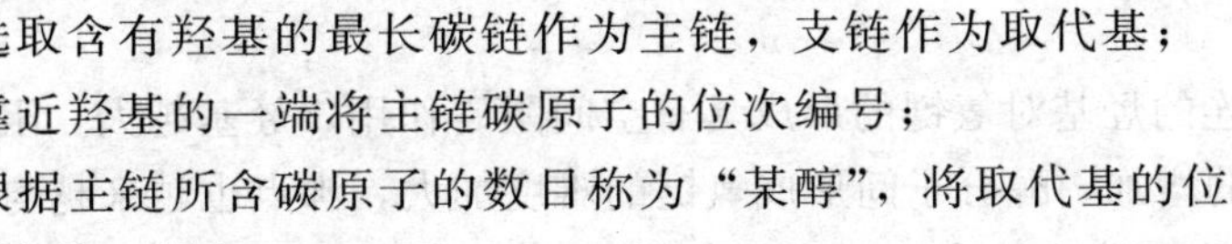

3-甲基-2-丁醇　　2-乙基-1-己醇

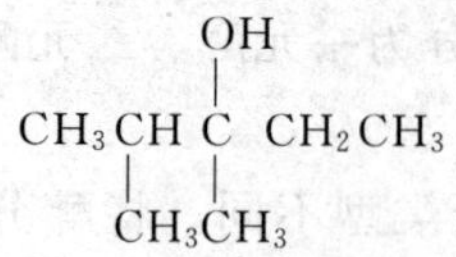

2,3-二甲基-3-戊醇

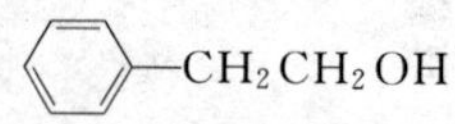

2-苯乙醇

不饱和醇的命名，应选取既含羟基又含不饱和键的最长碳链作主链，编号时应使羟基位次最小。例如：

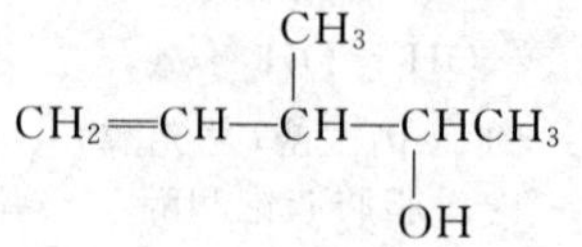

3-甲基-4-戊烯-2-醇

二、醇的物理性质

1. 物态

常温常压下，C_1～C_4 的醇是无色透明带有酒味的液体；C_5～C_{11}的醇是具有令人不愉快气味的无色油状液体；C_{12}以上的醇为无色蜡状固体；二元醇、三元醇等多元醇是具有甜味的无色液体或固体。

2. 沸点

低级醇的沸点比相对分子质量相近的烃高得多。例如：

化合物	甲醇	乙烷	乙醇	丙烷
相对分子质量	32	30	46	44
沸点/℃	64.7	−88.9	78.3	−42
沸点差/℃	153.6		120.3	

这种差别随着相对分子质量的增大而逐渐变小。相对分子质量相近的高级醇和高级烷烃的沸点也相近。

低级醇沸点较高的原因是由于醇分子中羟基的极性较强，其氢原子上带有部分正电荷，能与另一个醇分子中羟基上带有部分负电荷的氧原子相互吸引而形成氢键：

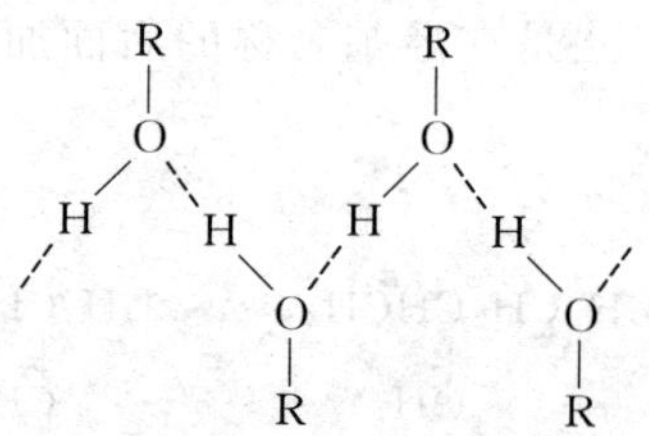

（式中虚线代表氢键）

当将醇加热使其由液态变为蒸气时，就必须供给其较多的能量破坏氢键，因此低级醇的沸点较高。

与羟基直接相连的烃基对氢键的形成具有空间阻碍作用，烃基越大，阻碍作用越大。因此随着相对分子质量的增加，醇分子间形成氢键的难度加大，沸点也越来越与相应的烷烃接近。

同样原因，烃基的数目越多，对形成氢键的空间阻碍作用也越大。因此在醇的同分异构体中，直链醇的沸点比支链醇高，支链越多，沸点越低。

3. 水溶性

C_1～C_3 的醇可以任何比例与水混溶，C_4 以上的醇随相对分子质量的增加，在水中的溶解度显著降低，C_9 以上的醇实际上已不溶于水。这是因为低级醇与水分子间也能形成氢键，所以易溶于水。

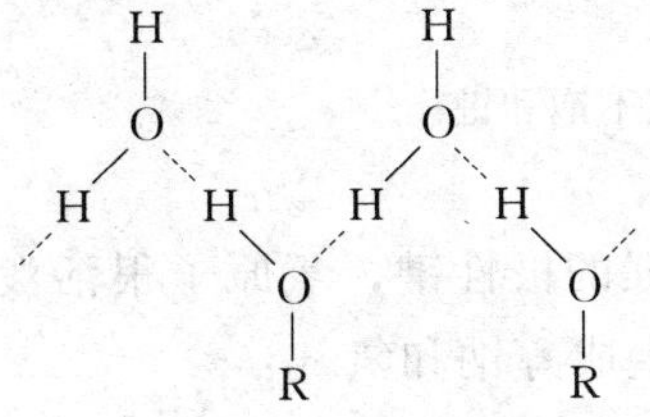

（式中虚线代表氢键）

随着醇分子中烃基的增大，空间阻碍作用加大，难与水形成氢键，醇在水中的溶解度也逐渐减小，直到不溶。

多元醇由于分子中羟基较多，与水分子间形成氢键的机会增多，所以在水中的溶解度也较大。例如乙二醇、丙三醇等具有强烈的吸水性，常用作吸湿剂和助溶剂。

4. 相对密度

饱和一元醇的相对密度小于1，比水轻。芳香醇和多元醇的相对密度大于1，比水重。

5. 生成结晶醇

低级醇能与某些无机盐类生成结晶醇。例如 $MgCl_2 \cdot 6CH_3OH$、$CaCl_2 \cdot 4C_2H_5OH$ 等。这些结晶醇可溶于水，但不溶于有机溶剂。利用这一性质，可使醇与其他化合物分离，或从反应产物中除去少量醇类杂质。也由于这一性质，在实验室中不能用无水氯化钙等作干燥剂去干燥醇类。

一些常见醇的物理常数见表 8-1。

表 8-1　醇的物理常数

名　　称	构　造　式	沸点/℃	熔点/℃	相对密度(d_4^{20})	溶解度/(g/100g 水)
甲醇	CH_3OH	64.7	−93.9	0.7914	∞
乙醇	C_2H_5OH	78.3	−117.3	0.7893	∞
1-丙醇	$CH_3CH_2CH_2OH$	97.4	−126.5	0.8035	∞
2-丙醇(异丙醇)	$(CH_3)_2CHOH$	82.4	−89.5	0.7855	∞
1-丁醇(正丁醇)	$CH_3CH_2CH_2CH_2OH$	117.2	−89.5	0.8098	7.9
2-丁醇(仲丁醇)	$CH_3CH_2CH(OH)CH_3$	99.5	−89	0.8080	9.5
2-甲基-1-丙醇(异丁醇)	$(CH_3)_2CHCH_2OH$	108	−108	0.8018	12.5
2-甲基-2-丙醇(叔丁醇)	$(CH_3)_3COH$	82.3	25.5	0.7887	∞
1-戊醇	$CH_3(CH_2)_3CH_2OH$	138	−79	0.8144	2.7
1-己醇	$CH_3(CH_2)_4CH_2OH$	158	−46.7	0.8136	0.59
1-庚醇	$CH_3(CH_2)_5CH_2OH$	176	−34.1	0.8219	0.2
1-辛醇	$CH_3(CH_2)_6CH_2OH$	194.4	−16.7	0.8270	0.05
1-十二醇	$CH_3(CH_2)_{10}CH_2OH$	255～259	26	0.8309	—
烯丙醇	$CH_2=CH-CH_2OH$	97.1	−129	0.8540	∞
环己醇	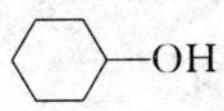	161.1	25.1	0.9624	3.6
苯甲醇	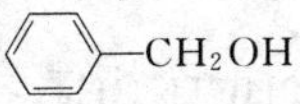	205.3	−15.3	1.0419(24℃)	4
乙二醇	$HOCH_2-CH_2OH$	198	−11.5	1.1088	∞
丙三醇	$CH_2OHCHOHCH_2OH$	290(分解)	20	1.2613	∞

三、醇的化学性质

醇的化学反应主要发生在官能团羟基以及受羟基影响而比较活泼的 α-和 β-氢原子上：

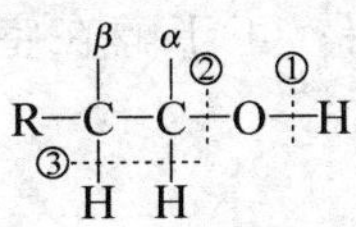

① O—H 键断裂，氢原子被取代；

② C—O 键断裂，羟基被取代；

③ α-(或 β-)C—H 键断裂，形成不饱和键。

1. 与金属反应

醇羟基中的 O—H 键是较强的极性键，氢原子很活泼，容易被活泼金属取代生成醇盐。例如，低级醇与金属钠反应，生成醇钠和氢气：

$$2RO-H+2Na \longrightarrow \underset{\text{醇钠}}{2RONa}+H_2\uparrow$$

由于这一反应有明显的现象产生（随着反应的进行，金属钠逐渐消失，并有氢气放出），因此可用于鉴别 C_6 以下的低级醇。各类醇与金属钠反应的活性顺序为：

甲醇＞伯醇＞仲醇＞叔醇

醇钠非常活泼，常在有机合成中用作强碱或缩合剂等。醇钠遇水发生水解，生成醇和氢氧化钠：

$$RONa+H_2O \rightleftharpoons ROH+NaOH$$

2. 与氢卤酸反应

醇与浓氢卤酸反应，分子中的—OH 被—X 取代，生成卤代烃和水：

$$R-OH+H-X \rightleftharpoons RX+H_2O$$

这是一个可逆反应。可通过增加反应物之一的用量或移去一种生成物的方法，使平衡向右移动，提高卤代烃的产率。例如实验室中用正丁醇与过量的氢溴酸（$NaBr+H_2SO_4$）反应制取 1-溴丁烷：

$$CH_3CH_2CH_2CH_2OH \xrightarrow[\text{回流}]{NaBr+H_2SO_4(\text{浓})} \underset{\text{1-溴丁烷}}{CH_3CH_2CH_2CH_2Br}$$

1-溴丁烷为无色透明液体。是合成麻醉药盐酸丁卡因的中间体，也用于生产染料和香料。

醇与氢卤酸的反应活性与氢卤酸的类型和醇的结构有关。不同类型的氢卤酸其反应活性为：HI＞HBr＞HCl（HF 通常不能发生此反应）；不同结构的醇其反应活性为：烯丙醇、苄醇＞叔醇＞仲醇＞伯醇。例如用无水氯化锌的浓盐酸溶液［又叫卢卡斯（Lucas）试剂］与伯、仲、叔三级醇反应：

$$(CH_3)_3C-OH \xrightarrow[\text{室温,1min}]{HCl\text{-}ZnCl_2(\text{无水})} (CH_3)_3C-Cl+H_2O$$

$$CH_3CH(OH)CH_2CH_3 \xrightarrow[\text{室温,10min}]{HCl\text{-}ZnCl_2(\text{无水})} CH_3CH(Cl)CH_2CH_3+H_2O$$

$$CH_3CH_2CH_2CH_2OH \xrightarrow[\text{室温,1h}]{HCl\text{-}ZnCl_2(\text{无水})} \text{不反应} \xrightarrow{\triangle} CH_3CH_2CH_2CH_2Cl+H_2O$$

叔丁醇反应很快，由于生成的卤代烷不溶于水，溶液立即变成混浊并分层；仲丁醇反应较慢，需 10min 左右才出现混浊并分层；正丁醇在室温下几乎不反应。**可根据这一差异鉴别伯、仲、叔三级醇。**

3. 与无机含氧酸作用

醇与无机含氧酸作用，发生分子间脱水生成酯。

(1) 与硫酸作用　醇与硫酸作用，断裂C—O键，生成酸性和中性酯。例如，甲醇与浓硫酸反应，生成硫酸氢甲酯（酸性硫酸酯）：

$$CH_3-OH+H-OSO_3H \rightleftharpoons CH_3OSO_3H+H_2O$$

硫酸氢甲酯

硫酸氢甲酯在减压下蒸馏，生成硫酸二甲酯（中性硫酸酯）：

$$2CH_3OSO_3H \xrightarrow{\text{减压蒸馏}} (CH_3O)_2SO_2+H_2SO_4$$

硫酸二甲酯

硫酸二甲酯为无色油状液体，是良好的甲基化试剂。但其蒸气有剧毒，对呼吸器官和皮肤有严重的刺激性，使用时应格外小心。

工业上以十二醇（月桂醇）为原料，与硫酸发生酯化后，再加碱中和，制取十二烷基硫酸钠：

$$C_{12}H_{25}OH+H_2SO_4 \xrightarrow{45\sim55℃} C_{12}H_{25}OSO_3H+H_2O$$

$$C_{12}H_{25}OSO_3H+NaOH \longrightarrow C_{12}H_{25}OSO_3Na+H_2O$$

十二烷基硫酸钠

十二烷基硫酸钠又称月桂醇硫酸钠，为白色晶体，是一种阴离子型表面活性剂。可用作润湿剂、洗涤剂和牙膏发泡剂等。

(2) 与硝酸作用　**醇与硝酸作用，生成硝酸酯**。例如工业上用丙三醇（甘油）与浓硝酸反应制取甘油三硝酸酯：

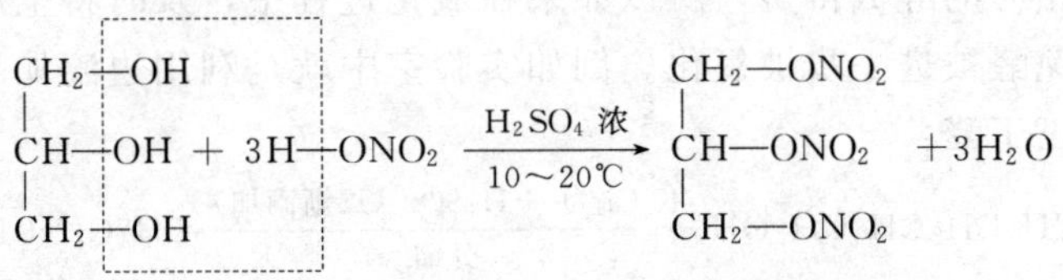

甘油三硝酸酯

甘油三硝酸酯俗称硝化甘油，是无色或淡黄色黏稠液体。受热或撞击时立即发生爆炸，是一种烈性炸药。由于其具有扩张冠状动脉的作用，在医学上用作治疗心绞痛的急救药物。

4. 脱水反应

在浓硫酸或氧化铝催化作用下，醇能发生脱水反应。脱水方式有两种，一种是在较高温度下分子内脱水生成烯烃，另一种是在较低温度下分子间脱水生成醚。

分子内脱水：

$$\underset{H}{CH_2}-\underset{OH}{CH_2} \xrightarrow[\text{或 } Al_2O_3,\ 360℃]{\text{浓 } H_2SO_4,\ 170℃} CH_2=CH_2$$

乙烯

分子间脱水：

$$CH_3CH_2-OH+H-OCH_2CH_3 \xrightarrow[\text{或 } Al_2O_3,\ 240℃]{\text{浓 } H_2SO_4,\ 140℃} CH_3CH_2OCH_2CH_3$$

乙醚

实验室中常利用醇脱水反应来制取少量烯烃。

醇在发生分子内脱水反应时，与卤代烷脱卤化氢相似，遵循查依采夫（Saytzeff）规则，**即脱去羟基和与它相邻的含氢较少碳原子上的氢原子，而生成含烷基较多的烯烃**。例如：

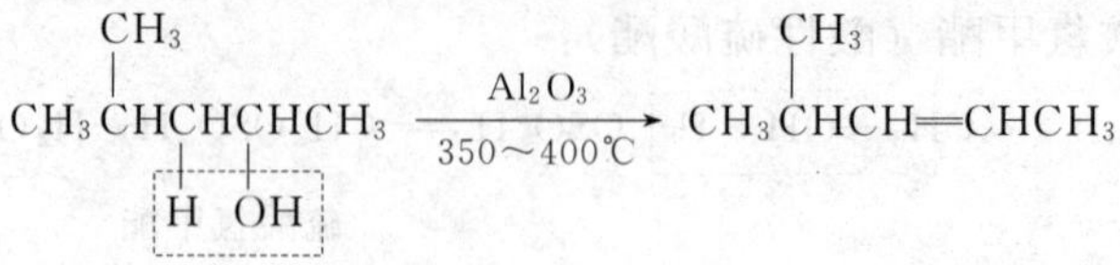

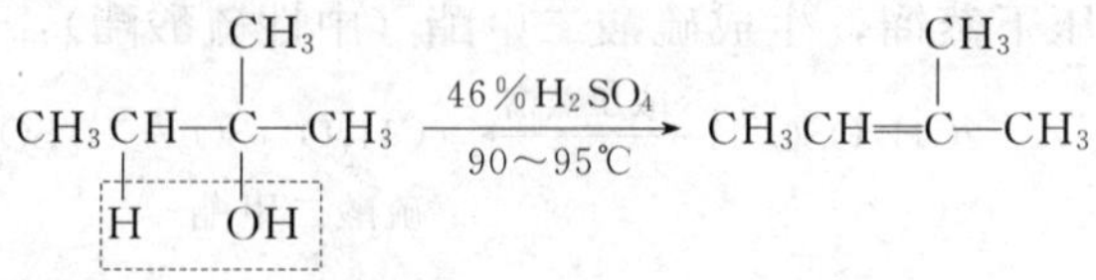

各级醇发生分子内脱水反应的活性是：

叔醇＞仲醇＞伯醇

5．氧化和脱氢

在醇分子中，受羟基的影响，α-H 比较活泼，容易发生氧化或脱氢反应，生成含有碳氧双键的化合物。

（1）氧化反应　用重铬酸钾和硫酸作氧化剂，**伯醇可被氧化成醛**，醛很容易继续被氧化成羧酸：

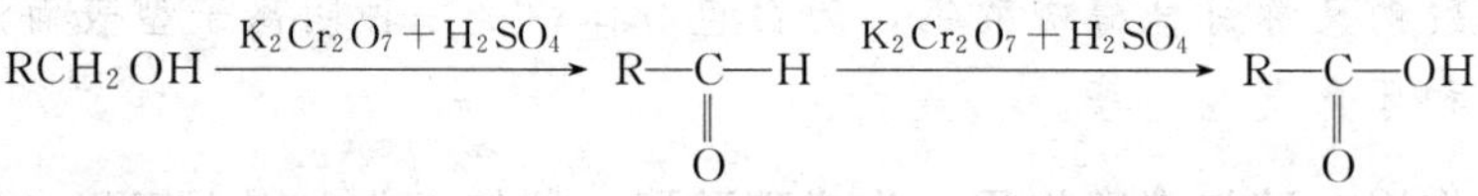

伯醇　　　　　　　　醛　　　　　　　　羧酸

醛的沸点比相应的醇低得多，所以如果在氧化过程中，及时将生成的醛从反应体系内蒸馏出来，就可避免醛被进一步被氧化。例如实验室中就是利用边滴加氧化剂边分馏的方法由正丁醇氧化制取正丁醛：

$$CH_3CH_2CH_2CH_2OH \xrightarrow[\text{分馏}]{K_2Cr_2O_7+H_2SO_4\text{（逐渐滴加）}} CH_3CH_2CH_2CHO$$

正丁醛

同样条件下，**仲醇氧化生成酮**，酮比较稳定，一般不易继续被氧化。例如工业上用 3-戊醇氧化制取 3-戊酮：

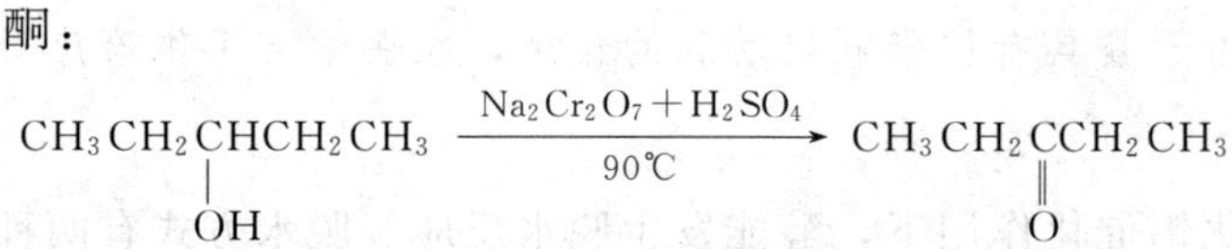

3-戊酮

反应时 Cr(Ⅵ) 被还原为 Cr(Ⅲ)，溶液由橘红色转变成绿色，所以可用于醇的鉴别。例如检查司机是否酒后开车的“呼吸分析仪”就是根据乙醇被重铬酸钾氧化后，溶液变色的原理设计的。

叔醇因为分子中不含 α-H，一般不易发生氧化反应。若在强烈的氧化条件下，则发生碳碳键断裂，生成小分子的羧酸等。

（2）脱氢反应　在铜、银等金属催化剂作用下，伯醇和仲醇可发生脱氢反应，分别生成醛和酮：

$$RCH_2OH \xrightleftharpoons{Cu,\ 300℃} RCHO + H_2$$

伯醇　　　　　醛

$$\underset{\text{仲醇}}{\mathrm{RR'CHOH}} \xrightleftharpoons{\mathrm{Cu},\ 300℃} \underset{\text{酮}}{\mathrm{RR'C{=}O}} + \mathrm{H_2}$$

催化脱氢对 C═C 双键的存在没有影响，是工业上生产醛、酮常用的方法。

四、醇的工业制法

1. 烯烃水合

工业上以烯烃为原料，通过直接或间接水合法生产低级醇。例如：

$$\mathrm{CH_2{=}CH_2 + H_2O} \xrightarrow[\mathrm{7MPa},\ 250\sim300℃]{\text{磷酸-硅藻土}} \underset{\text{乙醇}}{\mathrm{CH_3CH_2OH}}$$

$$\mathrm{CH_3CH{=}CH_2 + H_2O} \xrightarrow[\mathrm{2MPa},\ 95℃]{\text{磷酸-硅藻土}} \underset{\text{异丙醇}}{\mathrm{CH_3\underset{\displaystyle OH}{\underset{|}{C}}HCH_3}}$$

2. 卤代烃水解

通常卤代烃都是由相应的醇制取的。只有相应的卤代烃比较容易得到时，才采用此法制醇。例如：

$$\mathrm{CH_2{=}CH{-}CH_2{-}Cl + H_2O \longrightarrow} \underset{\text{烯丙醇}}{\mathrm{CH_2{=}CH{-}CH_2OH}}$$

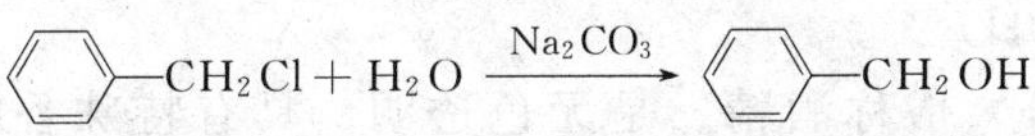

苄醇

3. 羰基还原

醛、酮、羧酸和酯都是分子中含有羰基（$\mathrm{>C{=}O}$）的有机化合物，用化学还原剂或催化加氢都可使羰基还原生成醇。例如，工业上以巴豆醛为原料催化加氢制取正丁醇：

$$\underset{\text{巴豆醛}}{\mathrm{CH_3CH{=}CHCHO}} \xrightarrow[\text{加压，加热}]{\mathrm{H_2},\ \mathrm{Cu}} \underset{\text{正丁醇}}{\mathrm{CH_3CH_2CH_2CH_2OH}}$$

如果选用氢化铝锂作还原剂，上述反应可在不影响 C═C 键的情况下，还原成醇：

$$\mathrm{CH_3CH{=}CHCHO} \xrightarrow{\mathrm{LiAlH_4}} \underset{\text{巴豆醇}}{\mathrm{CH_3CH{=}CHCH_2OH}}$$

醛、羧酸和酯还原都得到伯醇，酮还原则得仲醇。例如：

$$\underset{\text{丁酮}}{\mathrm{CH_3\underset{\displaystyle O}{\underset{\|}{C}}CH_2CH_3}} \xrightarrow{\mathrm{Na + C_2H_5OH}} \underset{\text{2-丁醇}}{\mathrm{CH_3\underset{\displaystyle OH}{\underset{|}{C}}HCH_2CH_3}}$$

4. 由格氏试剂合成

在实验室中，常用格氏试剂与醛或酮反应制取醇。其中甲醛与格氏试剂反应可制得伯醇，其他醛与格氏试剂反应制得仲醇，酮与格氏试剂反应则可制得叔醇（详见第九章第二节）。

$$\underset{\text{甲醛}}{\mathrm{HCHO}} + \underset{\text{格氏试剂}}{\mathrm{R'MgX}} \xrightarrow{\text{绝对乙醚}} \mathrm{R'CH_2OMgX} \xrightarrow{\mathrm{H_2O}} \underset{\text{（伯醇）}}{\mathrm{R'CH_2OH}}$$

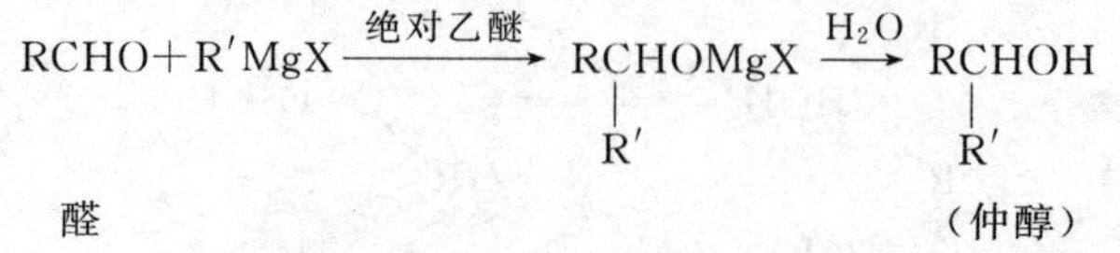

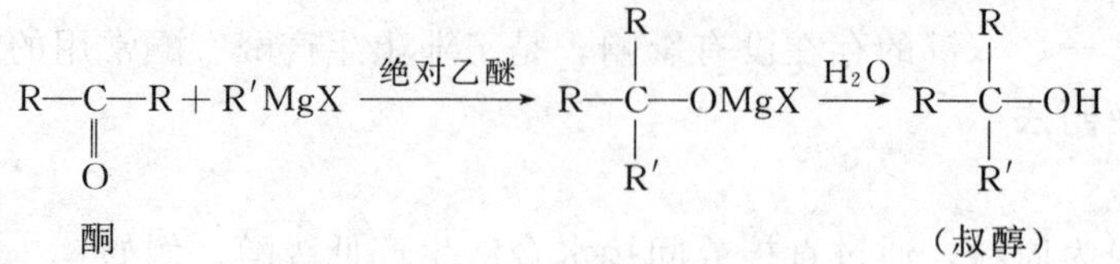

五、重要的醇

1. 甲醇（CH_3OH）

甲醇最初是由木材干馏得到的，所以俗称木醇，现代工业以合成气为原料来制取：

$$CO + 2H_2 \xrightarrow[20MPa, 350\sim450℃]{CuO\text{-}ZnO\text{-}Cr_2O_3} CH_3OH$$

甲醇是具有酒味的无色透明液体，沸点 64.9℃，能与水及大多数有机溶剂混溶。其蒸气与空气混合时能发生爆炸，爆炸极限为 6%～36.5%（体积分数）。甲醇的毒性较大，误饮 10mL 即可造成眼睛失明，多则将导致死亡。因此使用时应特别注意安全。

甲醇是优良的有机溶剂，也是重要的化工原料。工业上用于生产甲醛、甲胺、羧酸甲酯、硫酸二甲酯、有机玻璃和医药等。也用作汽车、飞机的燃料，由于燃烧后只生成二氧化碳和水，没有毒性物质产生，所以是一种无公害的新能源。

2. 乙醇（CH_3CH_2OH）

乙醇为酒的主要成分，俗称酒精。是无色透明、具有特殊香味的液体，沸点 78.3℃。容易挥发与燃烧，能以任意比例与水混溶，并能溶解许多难溶于水的物质（如脂肪、树脂、色素等）。在空气中的爆炸极限为 3.28%～18.95%（体积分数）。

工业上以乙烯为原料，经直接或间接水合大量生产乙醇。但食用酒精大多仍采用淀粉发酵法生产。发酵是指在微生物或酶的催化作用下，将复杂的有机物分解转化成简单的有机物的过程。发酵法酿酒起源于我国商夏时代，后来传到欧洲各国，至今仍是制取酒类饮料的主要方法，反应过程如下：

$$\underset{\text{淀粉(甘薯、谷物等)}}{(C_6H_{10}O_5)_n} + H_2O \xrightarrow{\text{淀粉酶}} \underset{\text{麦芽糖}}{C_{12}H_{22}O_{11}} \xrightarrow[\text{麦芽糖酶}]{H_2O} \underset{\text{葡萄糖}}{C_6H_{12}O_6} \xrightarrow{\text{酒化酶}} CH_3CH_2OH + H_2O$$

发酵得到的液体中，乙醇含量约为 12%，可直接饮用。通过蒸馏可得到度数较高（如体积百分数为 38%～70%）的酒。经分馏可得 95.6%的酒精。

试验表明，酒精可引起人体中毒，对成人的致死量约为 500g（因人而异）。酒精进入血液中后，除少量通过肺部呼出体外，大部分由肝脏分解（成人肝脏每小时只能分解约 9～15mL 乙醇），所以长期大量饮酒将严重损害肝脏。

乙醇的用途极为广泛。是重要的有机原料，其制品已达 300 余种。也是用得最多最普遍的有机溶剂。70%～75%的乙醇溶液（又称药用酒精）能渗入细胞膜，使蛋白质凝固，导致细菌死亡，所以医药上用作消毒剂。

3. 乙二醇（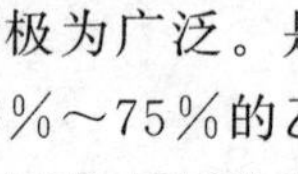）

乙二醇俗称甘醇，是最简单也最重要的二元醇。为具有甜味的无色黏稠液体，沸点

198℃，能与水、乙醇和丙酮等混溶。

工业上以乙烯为原料，经催化氧化制取环氧乙烷，再进一步水合制得乙二醇：

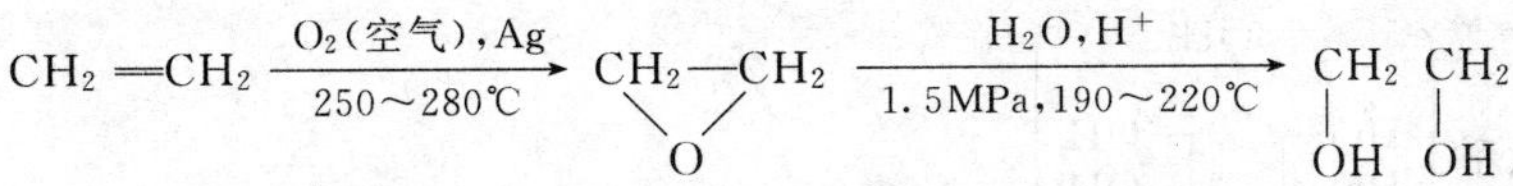

乙二醇是重要的化工原料。工业上大量用于制造树脂、增塑剂及合成纤维（涤纶）等。60%的乙二醇水溶液具有较低的凝固点（−40℃），是良好的抗冻剂。主要用于汽车散热器中，以防寒冷地区冬季行车时，因冷却水冻结而破裂。

4. 丙三醇（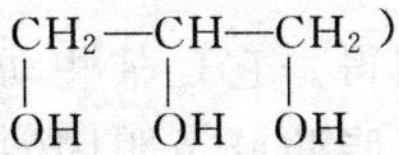）

丙三醇俗称甘油，为最简单最重要的三元醇。是具有甜味的无色黏稠液体，沸点290℃。能与水或乙醇混溶，但不溶于乙醚、氯仿等有机溶剂。有较强的吸湿性，能吸收空气中的水分。

甘油以酯的形式广泛存在于自然界中。最早是利用油脂水解制取。近年来由于需求量大幅度增加，主要以丙烯为原料合成：

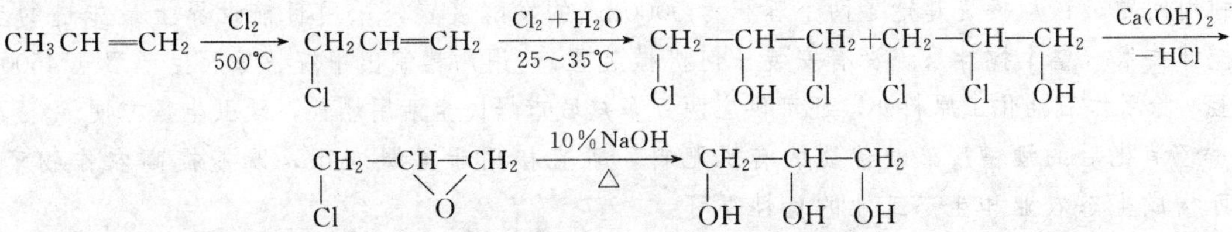

也可先将丙烯氧化成丙烯醛，再经羟基化和催化加氢制得：

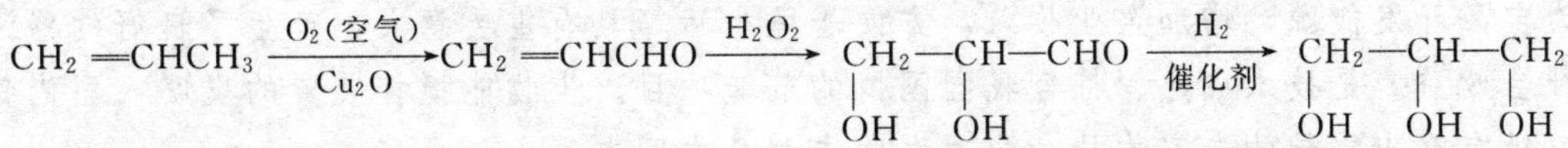

甘油用途十分广泛，是重要的化工原料。常用于制造医药软膏、炸药、化妆品、润滑剂等。由于其具有良好的保湿性，可作为制革和烟草的添加剂，使皮革保持柔软不硬化、烟草不过于干燥而很快燃尽。

*5. 正三十醇［$CH_3(CH_2)_{28}CH_2OH$］

正三十醇俗称蜂花醇。是白色鳞片状晶体，熔点85℃。不溶于水，可溶于有机溶剂。

主要以蜡的形式存在于动植物体内。水解蜂蜡即可制得蜂花醇：

$$\underset{\text{蜂蜡}}{C_{15}H_{31}COOC_{30}H_{61}} + H_2O \xrightarrow{OH^-} \underset{\text{软脂酸}}{C_{15}H_{31}COOH} + \underset{\text{蜂花醇}}{CH_3(CH_2)_{28}CH_2OH}$$

正三十醇无毒，是一种生理活性很强的植物生长剂，能提高种子发芽率及枝条生根成活率。在植物幼苗期喷施可促进茎叶生长，开花期喷施可促进早开花、多结果，增收效果十分明显。

6. 苯甲醇（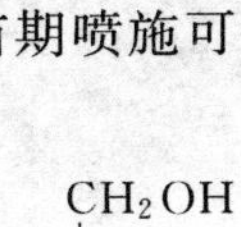）

苯甲醇又称苄醇，是具有芳香气味的无色液体，沸点205℃，能溶于水、乙醇和乙醚中。可用苄氯水解制得。

苯甲醇常用作溶剂、定香剂及有机合成原料。由于其具有防腐作用和轻微的麻醉性，医疗上制备中草药针剂时，常加入少量作为镇痛剂和防腐剂。将其加入注射用水中制成无痛水，可减轻注射时肌肉的疼痛感。

＊7. 环己六醇（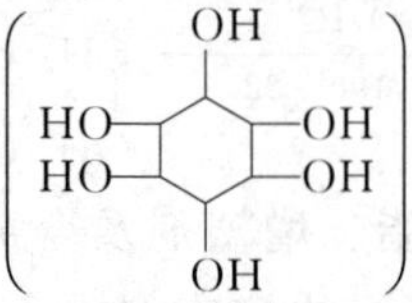）

环己六醇俗称肌醇。是具有甜味的白色晶体，熔点 225℃，能溶于水而不溶于乙醇和乙醚。

肌醇以六磷酸酯的形式存在于植物中，可经碱性水解制得。它是某些动物和生物生长所必需的物质，又是常用药物。主要用于治疗肝炎、肝硬化、脂肪肝及胆固醇过高等疾病。

阅读资料

乙醇生产废渣的综合利用——利用酒糟制甲烷

我国河南省南阳酒精厂以农产品为主要原料生产乙醇。为解决大量的生产废渣—酒糟的综合利用问题，该厂投资建造了两个容积为 $5000m^3$ 的发酵装置，采用目前世界上最先进的生物能搅拌技术（整个搅拌系统没有安装任何机械装置），用酒糟制出甲烷。每天生产沼气 $45000m^3$ 以上，除用作石油化工原料外，还可供应两万多户城市居民生活用燃气，既卫生又方便。

经消化后的酒糟废液是优质的有机肥料，可直接用于灌溉农田，既能提高农作物产量，又可构成生态农业和生态工业的良性循环。

这一工程很好地解决了化工生产废渣排放的环境污染问题，对于治理污染，保护环境，变废为宝，开发能源，增加企业收入，方便居民生活等具有重要意义，产生了良好的经济效益和社会效益。是技术成熟、符合我国国情的节能项目。生物能搅拌装置的发明人司尚锁荣获国家级有突出贡献的专家称号。此项发明专利获中国专利十年金奖。

本节要点

1. 醇的分类
   - 烃基结构不同
     - 脂肪醇
     - 芳香醇
     - 饱和醇
     - 不饱和醇
   - 羟基数目不同
     - 一元醇
     - 多元醇
   - 羟基连接的碳原子类型不同
     - 伯醇
     - 仲醇
     - 叔醇
2. 醇的异构
   - 碳链异构
   - 位置异构
3. 醇的命名
   - 习惯法：烃基名＋“醇”
   - 系统法
     - 选主链（含羟基）
     - 编号（靠近羟基端开始）
     - 写名（取代基位次、名称、羟基位次、某醇）

4. 醇的制法
- 烯烃水合
- 卤代烃水解
- 羰基还原
- 由格氏试剂合成

5. 物理性质
- 沸点高（分子间能形成氢键）
- 水溶性大（与水之间形成氢键）

6. 化学性质
- 与金属钠反应⟶醇钠
- 与氢卤酸反应⟶卤代烃
- 与无机含氧酸作用⟶酯
- 脱水反应
  - 分子内脱水⟶烯烃
  - 分子间脱水⟶醚
- 氧化反应
  - 伯醇氧化⟶醛$\xrightarrow{[O]}$羧酸
  - 仲醇氧化⟶酮
- 脱氢反应
  - 伯醇脱氢⟶醛
  - 仲醇脱氢⟶酮

思考与练习

8-1 回答问题

（1）低级醇比相对分子质量相近的烃、卤代烃的沸点高，水溶性大，为什么？

（2）多元醇比相对分子质量相当的一元醇的水溶性大，为什么？

（3）由不饱和醛制取不饱和醇，用催化加氢法可以吗？为什么？

（4）烷基是供电子基，能使羟基氧原子上的电子云密度增加。你能从这个角度解释伯、仲、叔三级醇与金属钠反应的活性吗？

（5）醇与浓盐酸反应时，为什么要加入无水氯化锌？

（6）醇的脱水反应有几种方式？各生成什么产物？反应条件有何不同？

（7）醇的氧化和脱氢反应有什么异同点？叔醇能发生氧化和脱氢反应吗？为什么？

8-2 用系统命名法给下列各醇命名

（1） 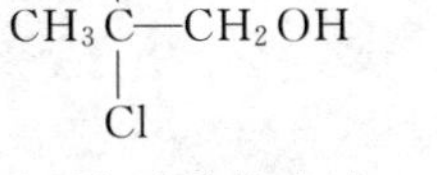
（2） 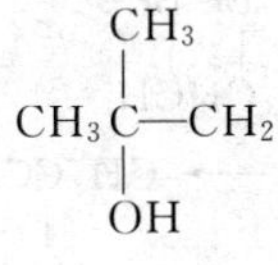

（3） 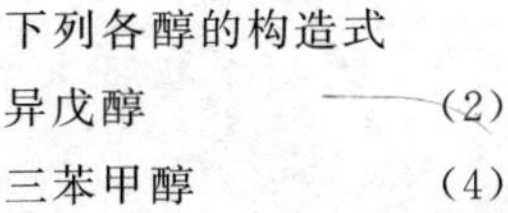
（4）

（5） 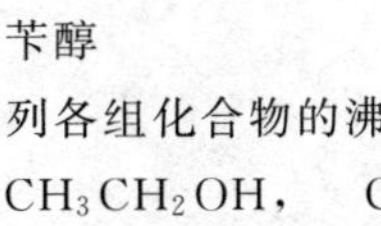
（6）

8-3 写出下列各醇的构造式

（1）异戊醇　（2）环己醇

（3）三苯甲醇　（4）1,3-丙二醇

（5）苄醇　（6）3-甲基-2-戊烯-1-醇

8-4 将下列各组化合物的沸点按从高到低的顺序排列

（1）CH_3CH_2OH，　$CH_3CH_2CH_3$，　CH_3Cl

（2）$CH_3CH_2CH_2CH_2OH$，　CH_3CHCH_2OH（2位上连 CH_3），　$CH_3C(CH_3)_2$—OH

8-5　比较下列各组化合物的水溶性大小，并解释原因

（1）$CH_3CH_2CH_2CH_3$，　$CH_3CH_2CH_2CH_2OH$，　$CH_2(OH)CH_2CH_2CH_2OH$

（2）$CH_3CH_2CH_2CH_2OH$、　$CH_3(CH_2)_4CH_2OH$、　$CH_3(CH_2)_7CH_2OH$

8-6　比较下列化合物发生分子内脱水反应的活性

（1）$CH_3CH_2C(CH_3)_2$—OH　（2）CH_3—$CH(CH_3)CH_2CH_2OH$　（3）$CH_3CH_2CH_2CH(OH)CH_3$

8-7　完成下列化学反应

（1）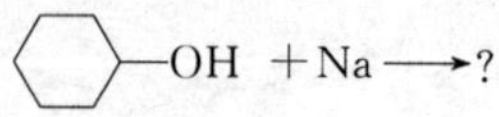

（2）$CH_3CH(CH_3)CH_2OH \xrightarrow[\triangle]{NaBr+H_2SO_4}$?

（3）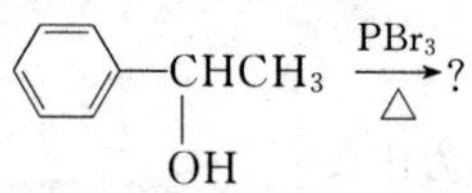

（4）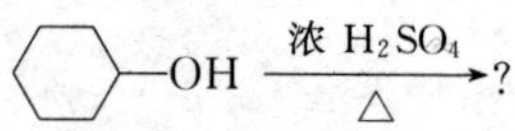

（5）$CH_3CH_2CH_2OH \xrightarrow[140℃]{浓\ H_2SO_4}$?

（6）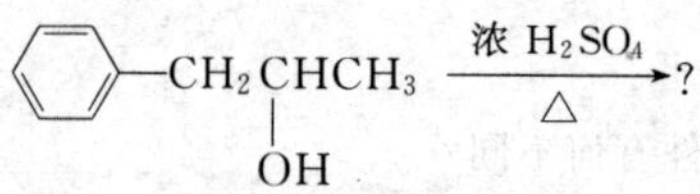

（7）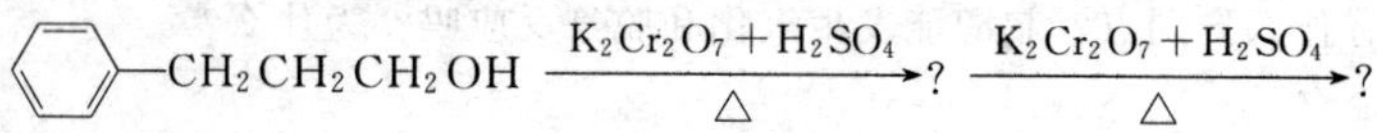

（8）$CH_3CH(OH)CH_3 \xrightarrow[\triangle]{Cu}$?

8-8　完成下列转变

（1）$CH_3CH_2CH_2CH_2OH \longrightarrow CH_3CH_2CH(OH)CH_3$

（2）$CH_3CH(OH)CH_3 \longrightarrow CH_3CH(Br)CH_2Br$

（3）$CH_3CH_2CH_2CH_2OH \longrightarrow CH_3C(=O)CH_2CH_3$

（4）$CH_3CH=CH_2 \longrightarrow CH_3CH_2CHO$

8-9　某些醇脱水后，生成下列烯烃，试推测原来醇的可能结构

$CH_3C(CH_3)=C(CH_3)CH_3$　　　　$CH_3CH_2C(CH_3)=CH_2$

第二节　酚

一、酚的结构和命名

1. 酚的结构

酚是羟基（—OH）直接与苯环相连的芳香族化合物。羟基中氧原子含有未共用电子对的 p 轨道与苯环上碳原子形成闭合共轭 π 键的 p 轨道平行并从侧面重叠，形成了一个新的共轭体系，称为 p-π 共轭体系，如图 8-1 所示。

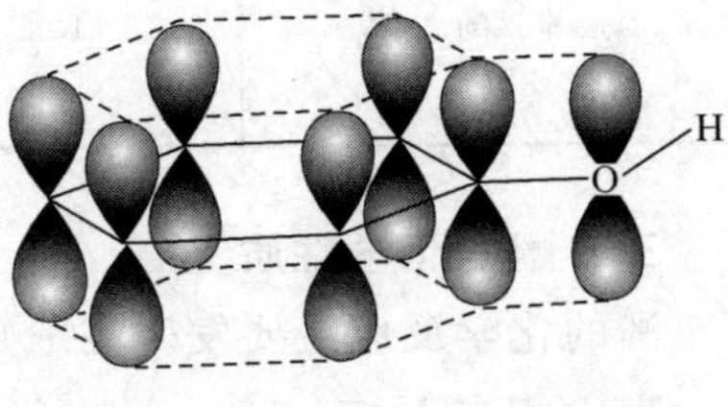

图 8-1　苯酚分子中的 p-π 共轭体系

在这个 p-π 共轭体系中，氧原子上的电子云向苯环上偏移，使苯环上电子云密度增加，受到活化，取代反应容易进行；而氧原子上电子云密度降低，对氢原子的吸引力减小，使氢原子变得活泼，容易离去。

2. 酚的命名

酚的命名按官能团优先规则进行。如果苯环上没有比—OH 优先的基团，则—OH 与苯环一起作母体，称为酚；如果苯环上有比—OH 优先的基团，则—OH 作为取代基。例如：

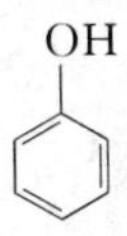

苯酚

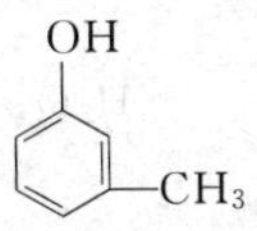

间甲苯酚

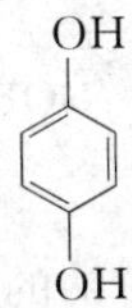

对苯二酚

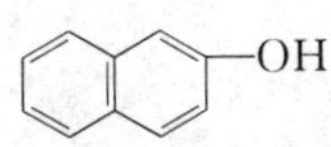

β-萘酚

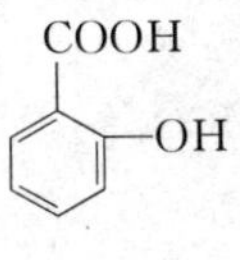

邻羟基苯甲酸（水杨酸）

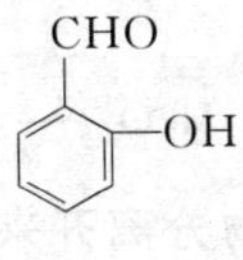

邻羟基苯甲醛（水杨醛）

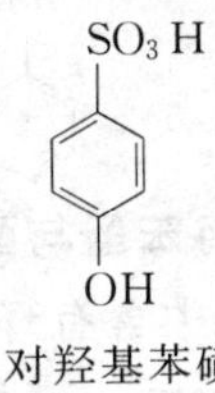

对羟基苯磺酸

二、酚的物理性质

1. 物态

常温下，除少数烷基酚为高沸点液体外，大多数酚是无色结晶固体。酚容易被空气氧化，氧化后常带有颜色，一般为红褐色。

2. 沸点

由于分子间可以形成氢键，所以酚的沸点都比较高。

3. 熔点

酚的熔点与分子的对称性有关。一般说来，对称性较大的酚，其熔点较高，对称性较小的酚，熔点较低。

4. 溶解性

酚具有极性，也能与水分子形成氢键，应该易溶于水，但由于酚的相对分子质量较高，分子中烃基所占比例较大，因此**一元酚只能微溶于水，多元酚由于分子中极性的羟基增多，在水中的溶解度也随之增大**。

一些酚的物理常数见表 8-2。

表 8-2 酚的物理常数

名 称	熔点/℃	沸点/℃	溶解度/(g/100g 水)	pK_a(20℃)
苯酚	40.8	181.8	8	10
邻甲苯酚	30.5	191	2.5	10.29
间甲苯酚	11.9	202.2	2.6	10.09
对甲苯酚	34.5	201.8	2.3	10.26
邻硝基苯酚	44.5	214.5	0.2	7.22
间硝基苯酚	96	194(9.33kPa)	1.4	8.39
对硝基苯酚	114	295	1.7	7.15
邻苯二酚	105	245	45	9.85
间苯二酚	110	281	123	9.81
对苯二酚	170	285.2	8	10.35
1,2,3-苯三酚	133	309	62	—
α-萘酚	96	279	难	9.34
β-萘酚	123	286	0.1	9.01

三、酚的化学性质

酚的化学反应主要发生在酚羟基和苯环上。

1. 羟基的反应

（1）酸性与成盐　酚羟基中的氢原子比较活泼，具有弱酸性。除能与金属钠反应外，还能与氢氧化钠溶液反应，生成可溶性的酚盐。例如：

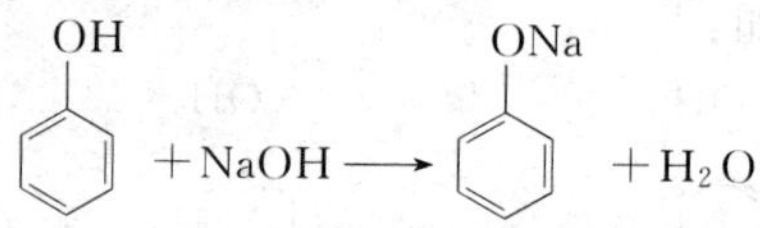

酚钠

酚是弱酸，其酸性比碳酸弱。在酚钠的水溶液中通入二氧化碳，苯酚即被置换出来：

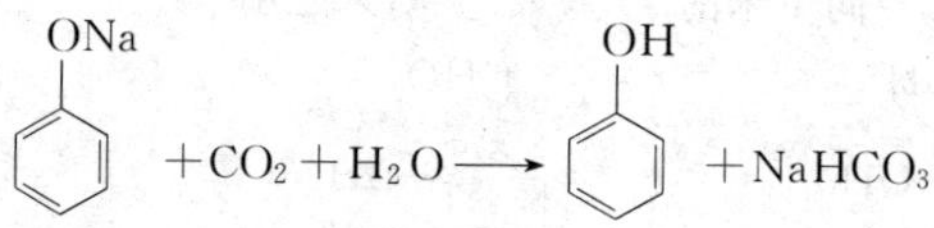

利用这一性质可将苯酚与醇的混合物分离开来。

【例题 8-1】 苯酚中含有环己醇，试设计一适当的实验方法将其分离开。

由于苯酚具有弱酸性，可与氢氧化钠溶液作用而溶解于其中，醇则不溶，利用这一性质可将它们分离开，具体步骤如下：

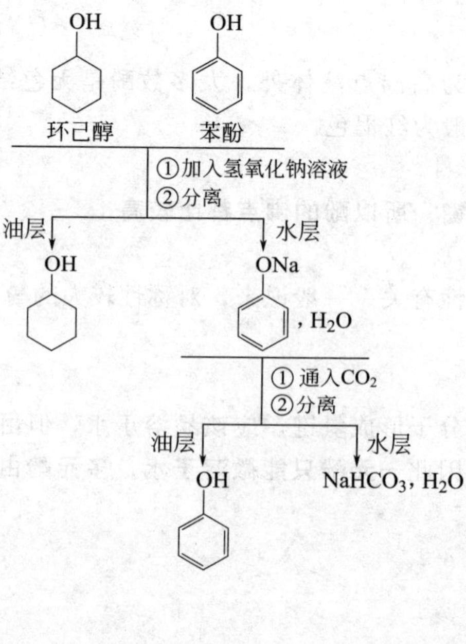

当酚环上连有其他取代基时，会影响酚的酸性。**吸电基（如—NO_2）将使酚的酸性增强，供电基（如—R）将使酚的酸性减弱**。例如：

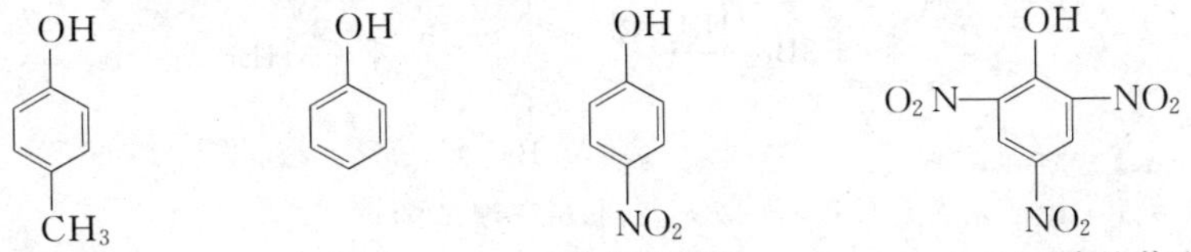

	对甲苯酚	苯酚	对硝基苯酚	2,4,6-三硝基苯酚
pK_a	10.14	9.98	7.15	0.71

这是因为吸电子基能使酚羟基的氧原子上电子云密度降低，对氢原子的吸引力减弱，使其容易离去，从而使酸性增强；供电子基能使酚羟基的氧原子上电子云密度增高，对氢原子的吸引力加强，使其不易离去，从而使酸性减弱。

（2）生成酚醚　与醇不同，酚不能发生分子间脱水反应。酚醚一般由酚的钠盐与卤代烷或硫酸酯作用而得。例如：

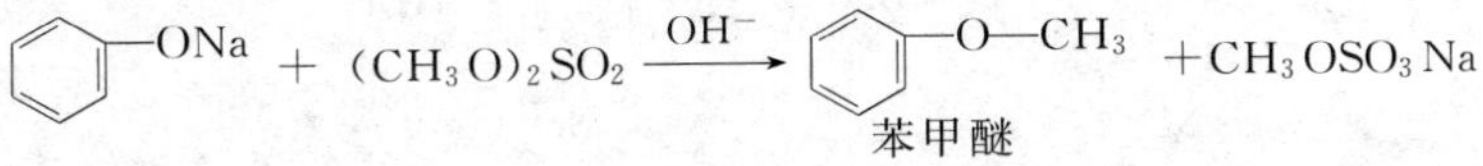

苯甲醚

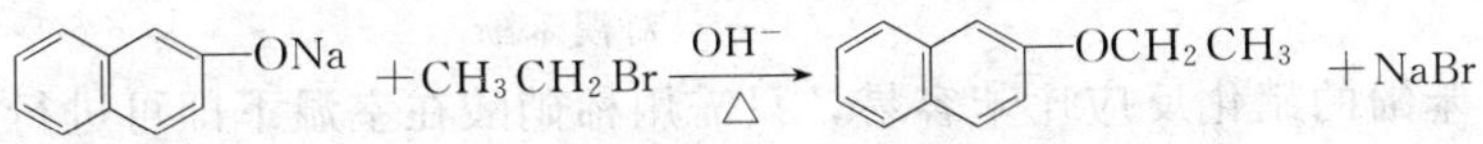

β-萘酚钠　　　　β-萘乙醚

这是工业上制备芳香族醚的方法。苯甲醚又叫大茴香醚，是具有芳香气味的无色液体，易燃。主要用于制取香料和驱虫剂，也用作溶剂。

β-萘乙醚是具有花果香甜气味的白色晶体。可调制成草莓、樱桃、石榴和咖啡等水果香味或红茶香味，是常用的皂用、化妆品用香料和定香剂。

（3）生成酚酯　酚与酰氯、酸酐等作用时，生成酚酯。例如：

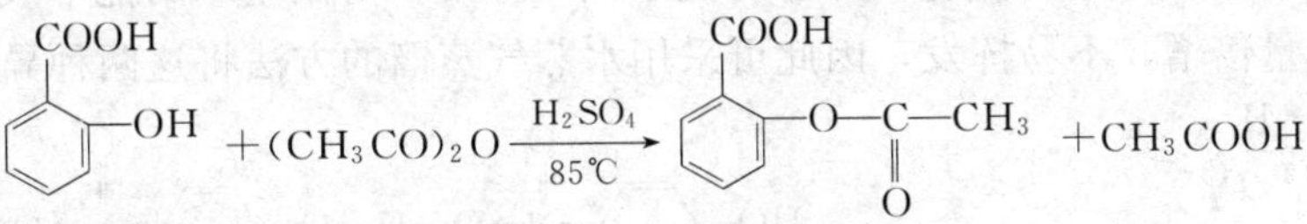

邻羟基苯甲酸（水杨酸）　　乙酸酐　　乙酰水杨酸

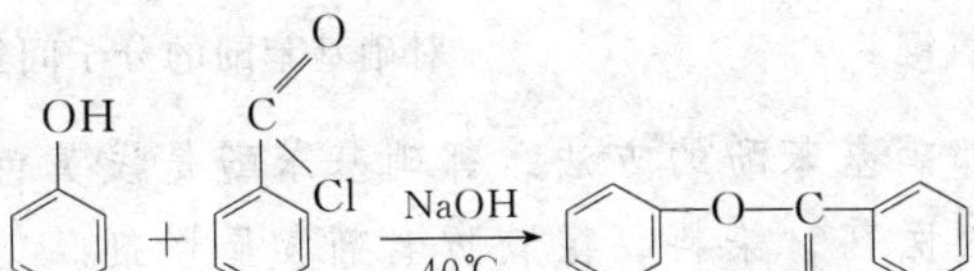

苯甲酰氯　　苯甲酸苯酯

这是工业上制取酚酯的方法。乙酰水杨酸又叫阿司匹林，为白色针状晶体。是解热镇痛药，也用于防治心脑血管病。

苯甲酸苯酯是白色晶体。是有机合成原料，主要用于制甾体激素类药物。

2. 苯环上的反应

羟基是较强的邻、对位定位基，对苯环有活化作用，因此苯酚的环上取代反应比苯容易进行，而且主要发生在羟基的邻位和对位。

（1）卤化　苯酚的卤化反应非常容易发生。例如在常温下将溴水滴入苯酚稀溶液中，羟基邻位和对位的氢原子会立即被溴原子取代，生成2,4,6-三溴苯酚白色沉淀：

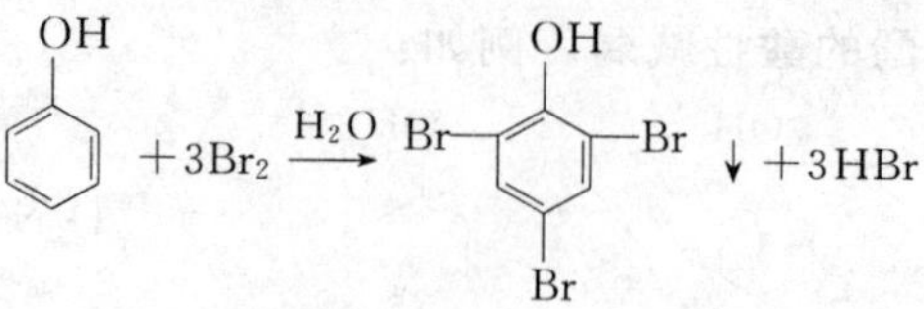

2,4,6-三溴苯酚

2,4,6-三溴苯酚的溶解度很小，微量的苯酚也能检验出，反应十分灵敏并能定量完成，**实验室中常用来定性或定量鉴定苯酚。**

如果控制反应条件，可以使卤化反应停留在生成一取代物阶段。例如，在低温和非极性溶剂中，苯酚与溴发生取代反应，主要生成对溴苯酚：

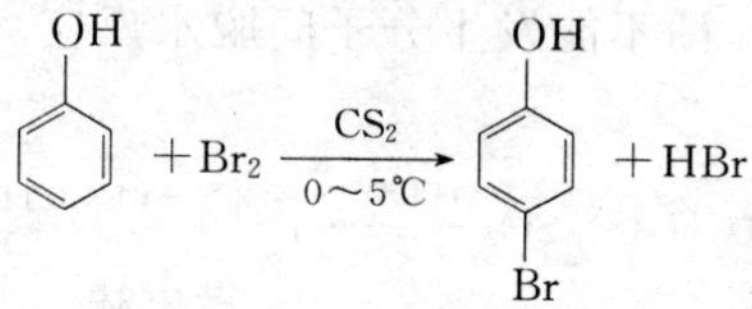

对溴苯酚

（2）硝化　苯酚的硝化反应比苯容易，只需用稀硝酸在室温下即可进行：

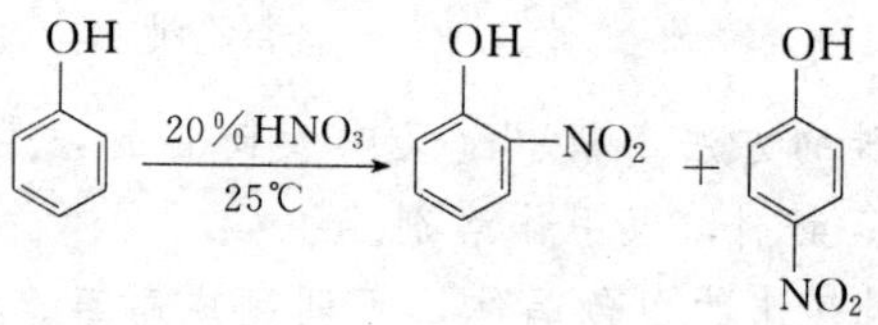

邻硝基苯酚 （30%～40%）　对硝基苯酚 （15%）

邻硝基苯酚能形成分子内氢键，并容易随水蒸气挥发，对硝基苯酚能形成分子间氢键，相当于相对分子质量倍增，不易挥发，因此可采用水蒸气蒸馏的方法将这两种异构体分离开。

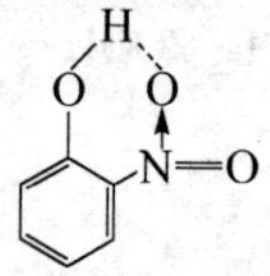

邻硝基苯酚的分子内氢键

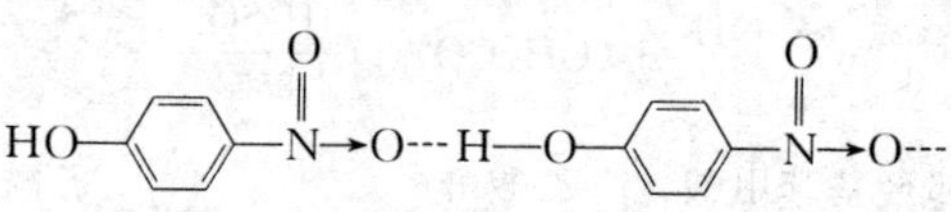

对硝基苯酚的分子间氢键

这是实验室制取少量邻硝基苯酚的方法。邻硝基苯酚是浅黄色针状晶体，有毒。是重要的有机合成原料。可用于制医药、染料、橡胶防老剂和显影剂。

对硝基苯酚是无色或淡黄色晶体，有毒。可由对硝基氯苯水解制得。主要用作合成医药非那西汀和扑热息痛的中间体，也用作染料和杀虫剂1605的原料，还可用作皮革防霉剂。

（3）烷基化　酚的烷基化反应也比较容易进行。例如工业上用异丁烯作烷基化试剂，在催化剂存在下，与对甲苯酚作用制取4-甲基-2,6-二叔丁基苯酚：

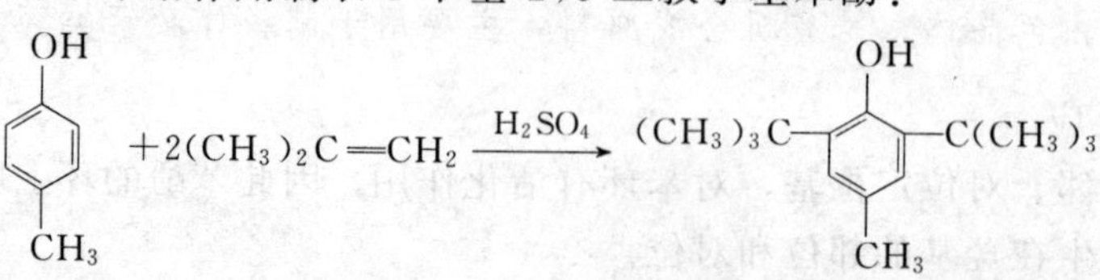

4-甲基-2,6-二叔丁基苯酚

4-甲基-2,6-二叔丁基苯酚又叫防老剂264，是白色或微黄色晶体。主要用作橡胶和塑料的防老化剂，也可用作汽油、变压器油的抗氧剂。

3. 氧化反应

酚容易发生氧化反应。苯酚在空气中放置时颜色逐渐变深就是因为被空气氧化成醌的缘故。多元酚更容易被氧化。例如对苯二酚能被感光后的溴化银氧化成醌，而溴化银则被还原成金属银：

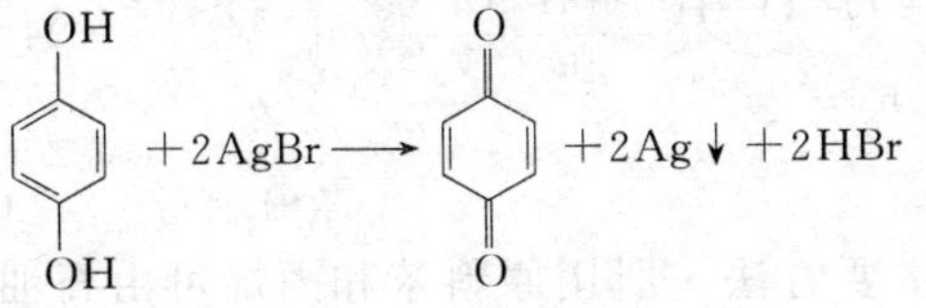

对苯醌

这一反应用于照相的显影过程。

4. 与氯化铁的显色反应

酚类可与氯化铁溶液作用，生成带有颜色的配合物。不同的酚，生成配合物的颜色也不相同，见表8-3。**这一反应称为酚与氯化铁的显色反应，常用于鉴别酚类化合物。**

表8-3　酚与氯化铁溶液的显色

化合物	显色	化合物	显色
苯酚	蓝紫	邻苯二酚	绿
邻甲苯酚	红	间苯二酚	蓝至紫
对甲苯酚	紫	对苯二酚	暗绿
邻硝基苯酚	红至棕	α-萘酚	紫
对硝基苯酚	棕	β-萘酚	黄至绿

四、重要的酚及其制法

1. 苯酚

苯酚存在于煤焦油中。煤也叫石炭，所以苯酚俗称石炭酸，是无色针状晶体。熔点43℃，微溶于冷水，可溶于热水和乙醇、乙醚、苯等有机溶剂。具有特殊气味，对皮肤有强烈的腐蚀性。

苯酚是一种重要的化工原料。大量用于生产塑料（如酚醛树脂、环氧树脂、聚碳酸树脂等），合成纤维（如尼龙-6、尼龙-66等）、医药、农药和染料等。由于其具有杀菌作用，还可用作防腐剂和消毒剂。

工业上用15%氢氧化钠溶液处理煤焦油的“中油”馏分，酚类即生成酚钠溶于水中，再向酚钠水溶液中通入二氧化碳，酚又游离出来，然后经过蒸馏，就可得到苯酚。

由煤焦油中提取酚，远远满足不了有机化工发展的需要，因此目前苯酚主要靠合成法制取。

(1) 异丙苯氧化法　这种方法是以苯作为基本原料，首先发生烷基化反应制取异丙苯，然后用空气氧化异丙苯生成过氧化物，再用稀酸分解过氧化物，最后得到产物苯酚和丙酮。

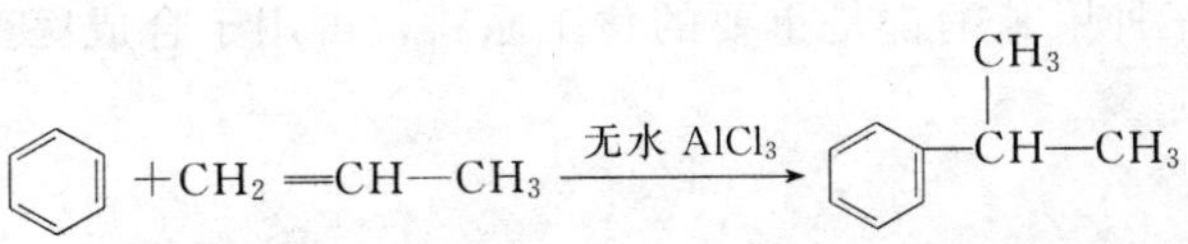

异丙苯

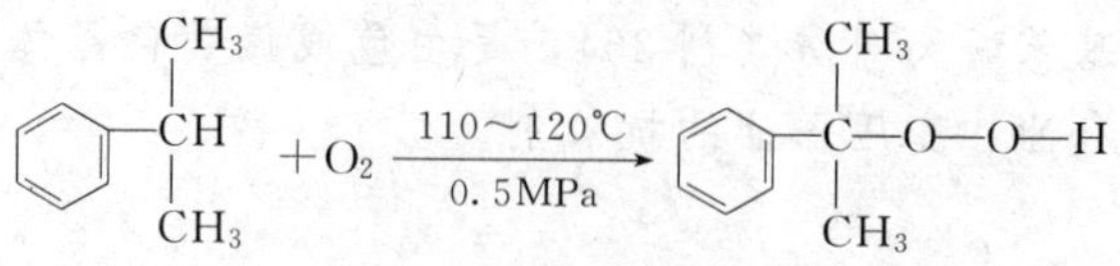

氢过氧化异丙苯

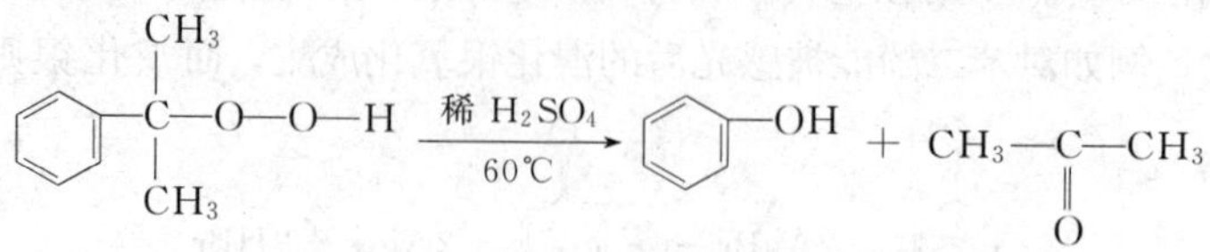

苯酚　　丙酮

这是目前合成苯酚的主要方法。所用原料苯和丙烯可由石油中大量得到，来源丰富。而产品除苯酚外，还同时联产重要的化工原料丙酮，因此经济效益较好，但对设备技术要求较高。

（2）氯苯水解法　氯苯中的氯原子不活泼，一般条件下不易发生水解反应，需在高温、高压和催化剂存在下，才能发生碱性水解，生成酚钠，进一步酸化时得到苯酚。

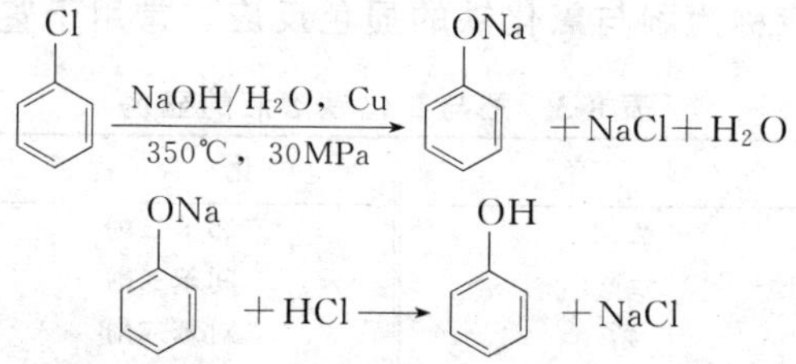

（3）碱熔法　碱熔法是以苯为原料，经磺化、中和制得苯磺酸钠，再将苯磺酸钠与氢氧化钠共熔制得苯酚钠，这个过程叫碱熔。最后将苯酚钠酸化得到苯酚。

碱熔法消耗大量强酸和强碱，腐蚀性大。但因设备简单、产率较高，目前我国一些小型化工厂仍采用此法生产间苯二酚、β-萘酚等。

2. 甲苯酚

甲苯酚有三种异构体：邻甲苯酚、间甲苯酚和对甲苯酚。

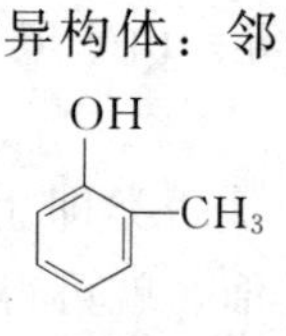

邻甲苯酚

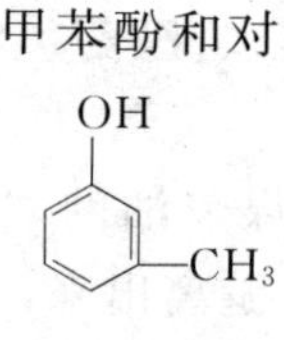

间甲苯酚

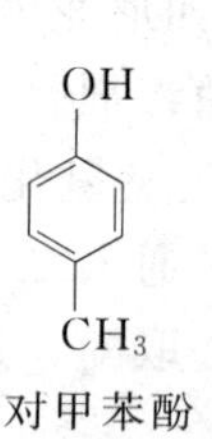

对甲苯酚

它们的沸点相近，不易分离，所以在实际中常使用其混合物。由于甲苯酚来源于煤焦油，所以它们的混合物又叫煤酚。

煤酚难溶于水，但能溶解在肥皂溶液中。煤酚的肥皂溶液俗称“来苏儿”，杀菌能力较强，常用作消毒剂。三种甲苯酚都是重要的化工原料，可用于合成医药、染料、树脂、增塑剂及农药等。

3. 苯二酚

苯二酚有三种异构体：邻苯二酚、间苯二酚和对苯二酚。

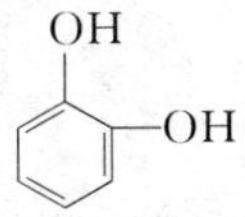
邻苯二酚

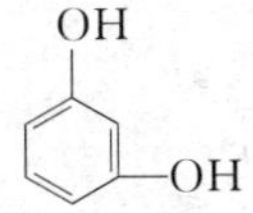
间苯二酚

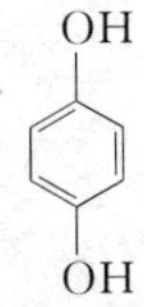
对苯二酚

邻苯二酚存在于许多植物中，又叫儿茶酚。是无色晶体，熔点 105℃。易溶于水、醇、醚。有毒，能引起持续性高血压、贫血和白细胞减少等。与皮肤接触，可导致湿疹样皮炎。工业上可由苯酚氯化，再水解制得。是有机合成原料，可用于合成医药黄连素、肾上腺素等。也用于照相显影剂和分析试剂。

间苯二酚最初由干馏天然树脂得到，因此又称树脂酚。是无色针状晶体，熔点 110℃。易溶于水、乙醇、乙醚。工业上用间苯二磺酸碱熔法制取。是重要的有机合成中间体，可用于制造多种染料、特种涂料、感光材料、塑料的稳定剂、增塑剂、医药雷锁辛以及雷管引爆剂等。

对苯二酚在工业上由苯醌加氢还原得到，因此又称氢醌。是白色或浅灰色针状晶体，熔点 175℃。稍溶于冷水，易溶于热水和乙醇、乙醚等，难溶于苯。有毒，可通过皮肤渗透引起中毒，其蒸气对眼睛损害较大。是重要的有机化工原料，可用于合成医药、染料、橡胶防老剂、单体阻聚剂、石油抗凝剂、油脂抗氧剂及氮肥工业的催化脱硫剂等。此外，还大量用作照相显影剂，广泛应用于照相、电影胶片及 X 光片的显影。也用作化学分析试剂。

4. 萘酚

萘酚有两种异构体：α-萘酚和 β-萘酚。

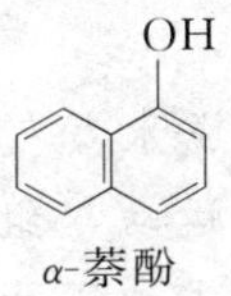
α-萘酚

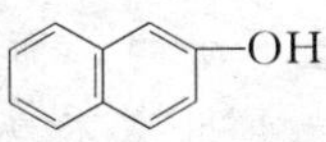
β-萘酚

α-萘酚和 β-萘酚都存在于煤焦油中。工业上可由相应的萘磺酸钠经碱熔法制取。

α-萘酚为白色或微黄色细针状晶体，熔点 96℃。难溶于水，易溶于乙醇、乙醚和苯等。有毒，对皮肤有强烈的渗透和刺激作用。对黏膜的刺激性也很强。中毒症状为痉挛、呕吐、昏迷及血液变化，能导致肾炎，使蛋白质沉淀等。主要用作有机化工原料，如用于合成农药、染料、香料、抗氧剂、防老剂等；医药工业用于合成抗风湿药物心得安及抗心律失常药等；用作分析试剂可检验金属离子、蔗糖、氨基酸、蛋白质、植物碱等。此外，α-萘酚还可用作荧光指示剂。

β-萘酚是白色或微黄色片状晶体，熔点 122℃。微溶于水，易溶于乙醇、乙醚等。有毒，长期吸入其蒸气，可引起膀胱病变，但其毒性比 α-萘酚小 2～3 倍。主要用作合成染料中间体，也用于医药工业、印染工业、助剂工业以及合成香料、农药等。

＊5. 双酚 A

双酚 A 的构造式为：

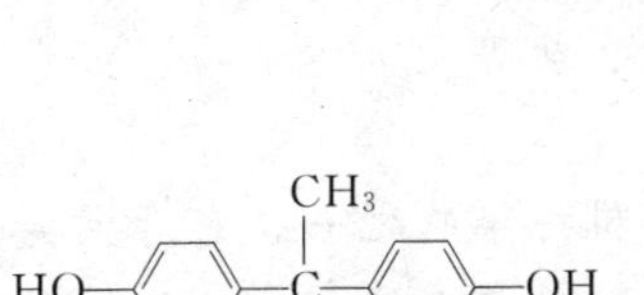

双酚 A 是白色晶体，熔点 155℃。难溶于水，易溶于有机溶剂。可由苯酚与丙酮发生缩

合反应制得：

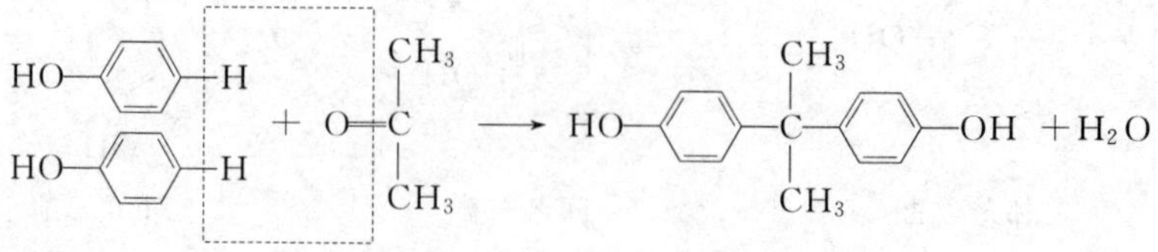

双酚 A

双酚 A 是合成新型高分子材料环氧树脂、聚碳酸酯、聚砜、酚醛树脂和苯氧树脂等的主要原料，也用作油漆、抗氧剂和增塑剂的原料。

在碱的作用下，双酚 A 与环氧氯丙烷反应生成的线型高分子化合物称为环氧树脂。环氧树脂用途十分广泛。可用作涂料、聚氯乙烯的稳定剂；用于处理纺织品，可起到防皱、防缩和耐水等作用；由于其具有良好的耐热性、绝缘性、柔韧性和硬度，又对金属和非金属有优异的粘接能力，所以可用作金属、陶瓷、玻璃、木材等材料的胶黏剂。因其粘接力强，适用范围广，故称“万能胶”。

阅读资料

酚类与水的污染

水是一种极其宝贵的自然资源，是地球上一切生命赖以生存的物质基础。可以说，没有水就没有生命，人类的各种用水，基本上都是淡水，但是可供人类利用的淡水却不到地球总水量的 1%。随着人口的增加和工农业生产的发展，一方面用水量迅速增加，另一方面未经处理的废水、废物排入水体造成污染，使得可用水量不断减少，人类面临水源危机，这将严重威胁世界经济的发展和人类的生存。

自然界中的水不是静止不动的，而是通过蒸发变成水蒸气形成云雾，再通过凝结变成雨、雪降下。水在大自然中川流不息，周而复始地运动，组成水的循环系统。当人类生产和生活活动排放的污染物进入河流、湖泊、海洋或地下水后，水可以利用自净化作用，使污染物的浓度自然降低。例如河流中的水在流动中，可将污染物稀释，使之扩散；污染物在水中发生氧化、还原反应或水中微生物对有机污染物的氧化、还原或分解作用等可使有害物变成无害物。但是，如果污染物排放量过大，超过了水的自净化能力，使水体的理化性质或生物群落组成发生了变化，降低了水体的使用价值和使用功能，就将造成水体的污染。水体污染不仅妨碍工农业和渔业的生产，也严重影响水体的生态循环系统和人类的健康。

水的污染源有两类。一类是自然污染，另一类是人为污染。自然污染一般是由于地下水流动时把地层中某些矿物质溶解，使水中盐分或有害元素含量偏高；或者是因动植物腐烂过程中产生的毒物引起水质变化而造成的。人为污染则是指人类生活和生产活动中产生的生活污水、工业废水、废渣和垃圾倾倒于水中或岸边经降雨淋冲流入水体造成的污染。以污染物的化学组成划分，主要有酸、碱、盐等无机污染物、重金属污染物、耗氧有机污染物、有毒有机污染物和生物体污染物等。

酚类化合物是主要的有毒有机污染物之一。它产生臭味，溶于水时毒性较大，能使细胞蛋白质发生变性和沉淀。当水中酚的浓度为 0.1～1μg/L 时，鱼肉就带有酚味；浓度高时，可使鱼类大量死亡。人若长期饮用含酚的水可引起头昏、贫血及各种神经系统病症。

天然水体遭受污染后，必须进行各种必要的处理，以满足生产、生活和人类生存的需要。废水的处理方法很多，可按其原理分为物理法、生物法、物理化学法和化学法。物理法是通过物理作用分离废水中呈悬浮状态的污染物质。其处理方法有沉淀法、过滤法、气浮法等。生物法是利用微生物作用，使废水中的有机污染物转化为无毒无害的物质。其处理方法有好氧生物法和厌氧生物法。物理化学法是通过吸附、混凝等过程将含有污染物的废水加以净化。化学法则是利用化学反应来分离和回收污染物或改变污染物的性质，使其变有害为无害。其处理方法有中和法、氧化还原法、化学沉淀法等。

总之，废水的处理就是把水中的有害物质以某种形式分离出去或将其转化为无害物质。减少废水排放量，预防和治理水污染是我们每一个化学工作者义不容辞的责任。

本节要点

1. 酚的结构
   - —OH 与苯环直接相连
   - p，π-共轭体系
   - —OH 与苯环互相影响，—OH 中氢原子活泼，苯环活泼
2. 酚的命名
   - 环上没有比—OH 优先基团时，称酚
   - 环上有比—OH 优先基团时，—OH 作取代基
3. 物理性质
   - 沸点较高（可形成分子间氢键）
   - 微溶于水（相对分子质量较大，烃基比例大）
4. 化学性质
   - 羟基上的反应
     - 成盐
     - 成醚
     - 成酯
   - 苯环上的反应
     - 卤化
     - 硝化
     - 烷基化
   - 氧化反应 ⟶ 醌
   - 与氯化铁显色

思考与练习

8-10　回答问题

（1）酚羟基与醇羟基的结构特点有什么不同？

（2）苯酚能溶于氢氧化钠溶液，但不能溶于碳酸氢钠溶液。你能说明为什么吗？

（3）纯净的苯酚是无色的，但实验室中一瓶已开封的苯酚试剂呈现粉红色。你能说明为什么吗？

8-11　写出下列化合物的构造式

（1）2,4-二硝基苯酚　　（2）5-甲基-2-异丙基苯酚

（3）1,2,3-苯三酚　　（4）α-萘酚

8-12　将下列化合物按酸性由大到小的顺序排列，并说明理由

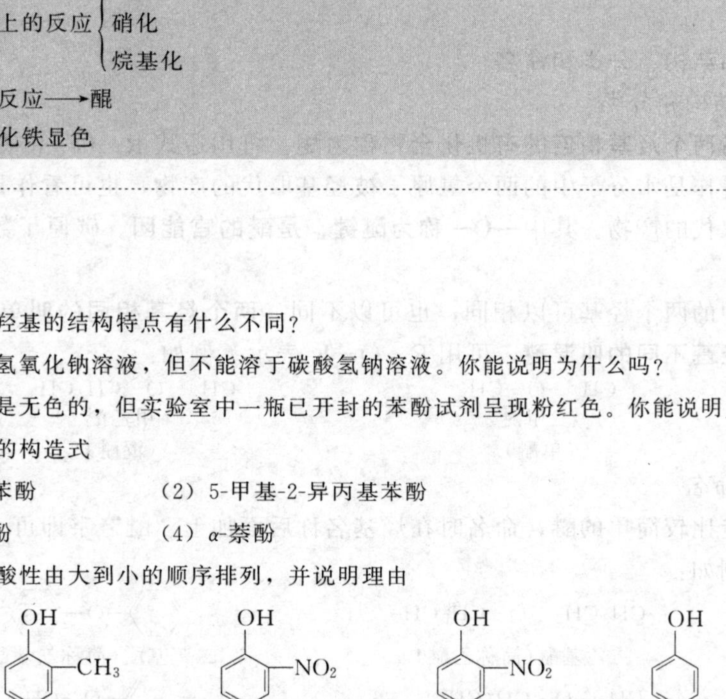

8-13　完成下列化学反应

(1) 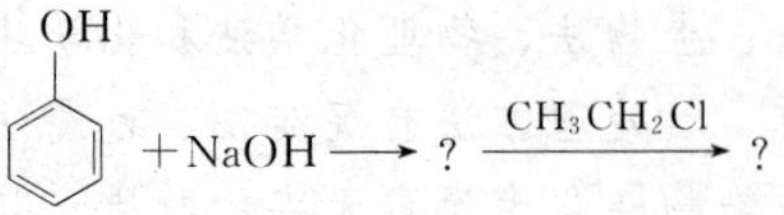

(2) 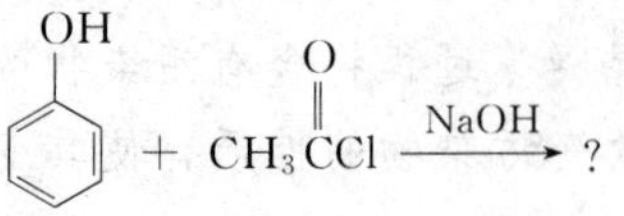

(3) 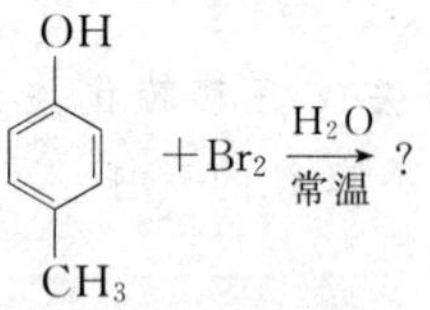

(4) 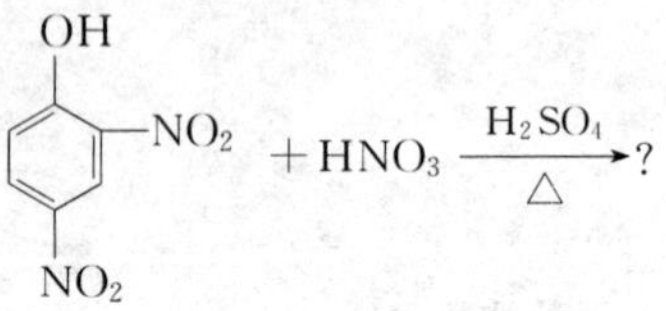

(5) 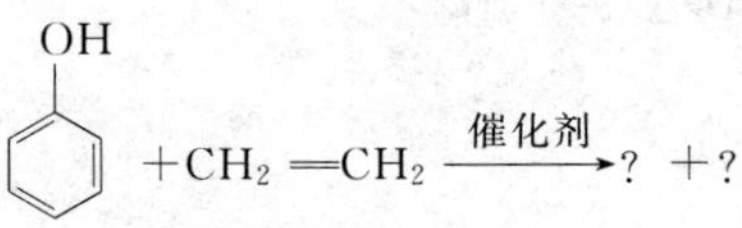

8-14　用化学方法鉴别下列化合物

苯酚、对硝基苯酚和 β-萘酚

第三节　醚

一、醚的结构、分类和命名

1. 醚的结构和分类

氧原子与两个烃基相连的有机化合物称为醚。可用通式 R—O—R 表示。

醚可以看作是水分子中的两个氢原子被烃基取代的产物，也可看作是醇分子中羟基上氢原子被烃基取代的产物。其中**—O—称为醚键，是醚的官能团**。碳原子数相同的醇和醚互为同分异构体。

醚分子中的两个烃基可以相同，也可以不同。**两个烃基相同的叫单醚**，可用 R—O—R 表示，**两个烃基不同的叫混醚**，可用 R—O—R′表示。例如：

$CH_3—O—CH_3$　　　　$CH_3—O—CH_2CH_3$

二甲醚　　　　甲乙醚

（单醚）　　　　（混醚）

2. 醚的命名

烃基构造比较简单的醚，命名时在烃基名称后面加上“醚”字即可，饱和单醚“二”字常常省略。例如：

$CH_3CH_2—O—CH_2CH_3$

二乙基醚（简称乙醚）

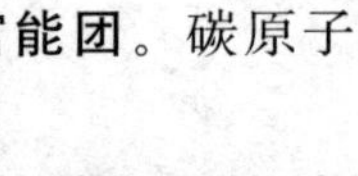

二苯基醚（简称二苯醚）

$CH_3—O—CH(CH_3)_2$

甲基异丙基醚（简称甲异丙醚）

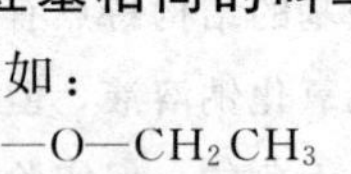

苯基甲基醚（简称苯甲醚）

对于烃基构造比较复杂的醚，可按“次序规则”将较优先的烃基作为母体，而将另一烃基与氧原子一起作为取代基（烃氧基）来命名。例如：

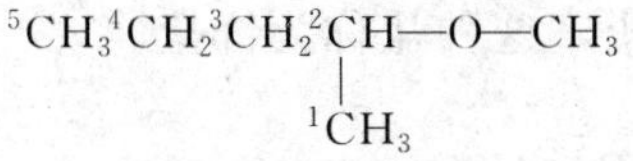

2-甲氧基戊烷

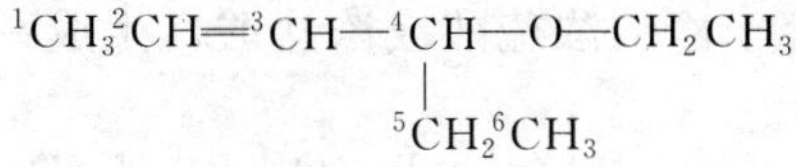

4-乙氧基-2-己烯

环状醚的命名一般以烃为母体。例如：

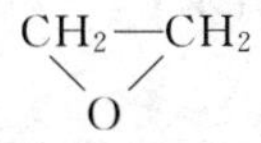

环氧乙烷

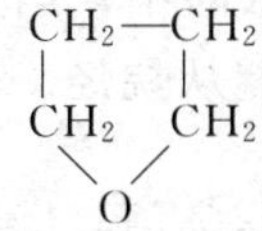

1,4-环氧丁烷

二、醚的物理性质

1. 物态

常温下，甲醚、甲乙醚是气体，其他醚一般为具有香味的无色液体。

2. 沸点

醚的沸点比相应的醇低得多。例如：

化合物	CH_3CH_2OH	CH_3OCH_3
相对分子质量	46	46
沸点/℃	78.3	−23.7

这是因为醇分子间能形成氢键，而醚分子间不能形成氢键，分子间作用力较小的缘故。

3. 溶解性

醚具有较弱的极性，与水分子间可形成氢键，所以其在水中的溶解度与相应的醇接近。例如乙醚和正丁醇的相对分子质量相同，它们在水中的溶解度也大致相同（100g 水中大约溶解 8g）。醚本身是良好的有机溶剂，可以溶解多种有机化合物。

4. 相对密度

液体醚的相对密度小于 1，比水轻。

常见醚的物理常数见表 8-4。

表 8-4　常见醚的物理常数

名　　称	熔点/℃	沸点/℃	相对密度(d_4^{20})	水中溶解度
甲醚	−140	−24		1 体积水溶解 37 体积气体
乙醚	−116	34.5	0.713	约 8g/100g 水
正丙醚	−122	91	0.736	微溶
正丁醚	−95	142	0.773	微溶
正戊醚	−69	188	0.774	不溶
乙烯醚	<−30	28.4	0.773	微溶
乙二醇二甲醚	−58	82～83	0.836	溶于水
苯甲醚	−37.3	155.5	0.996	不溶
二苯醚	28	259	1.075	不溶
β-萘甲醚	72～73	274		不溶

三、醚的化学性质

醚的官能团是醚键（—O—），醚键的极性很弱，因此醚的化学性质比较稳定。在一般情况下，醚与强碱、强氧化剂、强还原剂都不发生反应，因此在许多有机化学反应中，用醚作为溶剂。醚的稳定性是相对的，当遇到强酸时，可与其作用生成锌盐，也可发生醚键的断裂。

1. 锌盐的生成

醚可溶于冷的浓硫酸或浓盐酸，生成一种不稳定的盐，这种盐称为锌盐。

$$R-\ddot{\underset{\cdot\cdot}{O}}-R+H_2SO_4 \longrightarrow [R-\overset{H}{\underset{\cdot\cdot}{\ddot{O}}}-R]^+ HSO_4^-$$

锌盐

生成的锌盐只能存在于浓酸中，当加水稀释时，锌盐立即分解，醚又重新游离出来。**利用这一性质，可鉴别醚或把醚从烷烃、卤代烃中分离出来。**

2. 醚键的断裂

醚与浓的氢碘酸或氢溴酸作用时，发生醚键断裂，生成醇和碘代烷。例如：

$$CH_3CH_2-O-CH_2CH_3+HI \xrightarrow[\triangle]{} CH_3CH_2OH+CH_3CH_2I$$

当混醚的一个烃基是甲基时，则往往生成碘甲烷。例如：

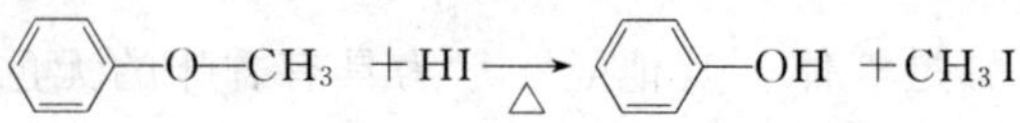

3. 过氧化物的生成

低级醚与空气长期接触时，可被空气逐渐氧化生成过氧化物。过氧化物不稳定，受热时容易分解发生爆炸。因此蒸馏乙醚时不能蒸干。

乙醚中是否含有过氧化物，可用淀粉-碘化钾试纸检验。若试纸变蓝，说明有过氧化物存在。这时应加入还原性物质如硫酸亚铁、饱和亚硫酸钠溶液等进行处理，以破坏过氧化物，避免发生事故。

四、醚的制法

1. 由醇脱水制取

在酸催化下，醇受热时可发生分子间脱水生成醚。例如：

$$2CH_3CH_2OH \xrightarrow[140℃]{浓\ H_2SO_4} CH_3CH_2-O-CH_2CH_3+H_2O$$

乙醚

$$2CH_3CH_2CH_2CH_2OH \xrightarrow[\triangle]{浓\ H_2SO_4} CH_3CH_2CH_2CH_2-O-CH_2CH_2CH_2CH_3+H_2O$$

正丁醚

醇分子间脱水是合成单醚常用的方法。但只适用于伯醇，仲醇产率较低，而叔醇则主要发生分子内脱水生成烯烃。

2. 威廉逊（Williamson）合成法

醇钠或酚钠与卤代烃作用时生成醚。这一方法叫威廉逊合成法。例如：

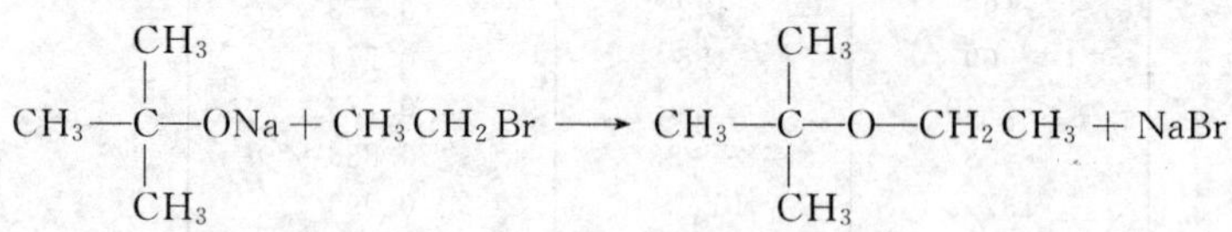

叔丁醇钠　　　　乙叔丁醚

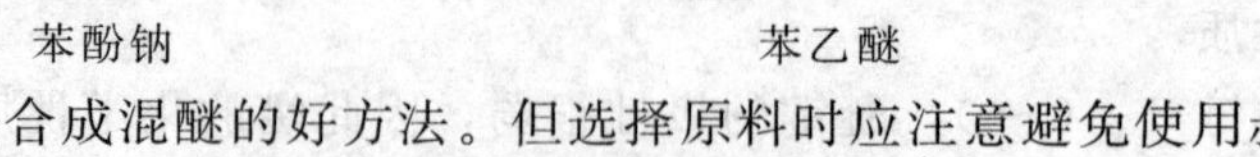

苯酚钠　　　　苯乙醚

威廉逊合成法是合成混醚的好方法。但选择原料时应注意避免使用叔卤代烷，因为醇钠是强碱，叔卤烷在强碱作用下，主要发生脱卤化氢反应而生成烯烃。

五、重要的醚

1. 乙醚（$CH_3CH_2-O-CH_2CH_3$）

乙醚是无色具有香味的液体。沸点 34.5℃，极易挥发和着火。其蒸气与空气可形成爆炸性混合物，爆炸极限为 1.85%～36.5%（体积分数）。因此使用乙醚时应特别小心，远离明火。

工业上由乙醇脱水制取乙醚，因此乙醚中常含有微量水和乙醇。有些化学反应，如格氏试剂的制备需用绝对乙醚（不含水和醇的乙醚），可将普通乙醚用无水氯化钙处理（除去乙醇），再用金属钠干燥（除去水），即可得到无水、无醇的绝对乙醚。

乙醚性质稳定，能溶解许多有机化合物，如生物碱、油类、脂肪、染料、香料以及天然树脂、合成树脂、硝化纤维、石油树脂等，因此是常用的优良溶剂。乙醚具有麻醉作用，可用作外科手术的麻醉剂。大量吸入乙醚蒸气能使人失去知觉，甚至死亡。

2. 环氧乙烷（$\underset{\diagdown O \diagup}{CH_2—CH_2}$）

环氧乙烷是最简单的环醚，常温下为无色气体。沸点 12℃，能溶于水、乙醇和乙醚中。有毒，能与空气形成爆炸性混合物，爆炸极限为 3%～8%（体积分数）。

环氧乙烷是重要有机化工原料，可用于制取乙二醇、乙醇胺、乙二醇醚等；也可用于生产表面活性剂、洗涤剂、增塑剂、润滑剂、合成纤维、合成树脂、电影胶片等。

工业上除用乙烯氧化法制取环氧乙烷外，还可用氯乙醇脱氯化氢法制得：

$$2\,\underset{OH}{\underset{|}{CH_2}}—\underset{Cl}{\underset{|}{CH_2}} + Ca(OH)_2 \longrightarrow 2\,\underset{\diagdown O \diagup}{CH_2—CH_2} + CaCl_2 + 2H_2O$$

环氧乙烷分子是三元环状化合物，与环丙烷相似，具有键角张力，不稳定，化学性质活泼，遇到含有活泼氢的物质时，碳氧键容易断裂，发生开环加成反应。例如：

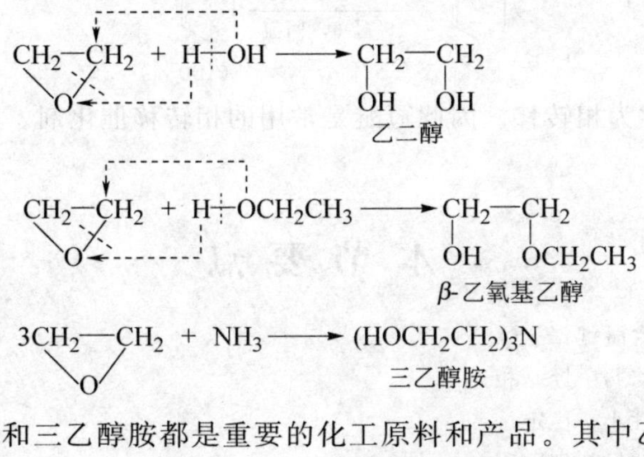

乙二醇、β-乙氧基乙醇和三乙醇胺都是重要的化工原料和产品。其中乙二醇主要用于合成涤纶纤维；β-乙氧基乙醇主要用作喷漆的溶剂；三乙醇胺可用作表面活性剂、洗涤剂、织物软化剂、硫化氢吸收剂、润滑油抗腐蚀剂、建筑水泥增强剂等。

＊3. 冠醚

冠醚是一类分子中含有多个氧原子的大环化合物，由于其形状类似皇冠，所以称作冠醚。例如：

18-冠-6　　18-冠-6的立体构造式（类似皇冠）　　二苯并-18-冠-6

冠醚的名称非常简单直观。其中“冠”字代表冠醚，冠字前面的数字为参与成环所有原子的数目，冠字后面的数字为环中氧原子的数目。

冠醚的结构特点是大环的中央有较大的空穴，而氧原子上又有未共用电子对，因此可与许多能进入空穴的金属离子形成配合物。例如，18-冠-6 能与高锰酸钾溶液中的钾离子配合：

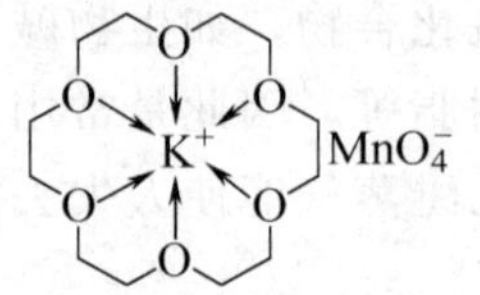

在某些用高锰酸钾作氧化剂的有机化学反应中，由于高锰酸钾与有机物互不相溶，接触不充分，既影响反应速率，又影响产率。如果加入冠醚，把 K^+ 配合在分子中央，形成一个外层被非极性基团包围着的配离子，这个配离子可以带着 MnO_4^- 负离子很容易地接近有机物，进入有机相，便于反应顺利进行。例如，在甲苯氧化制取苯甲酸的反应中，由于不是均相反应，产率只有 56%。而加入 18-冠-6 后，产率可达 100%。

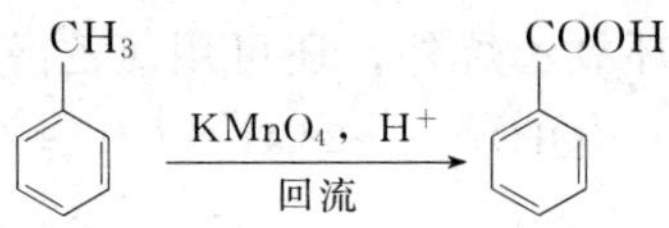

(56%)

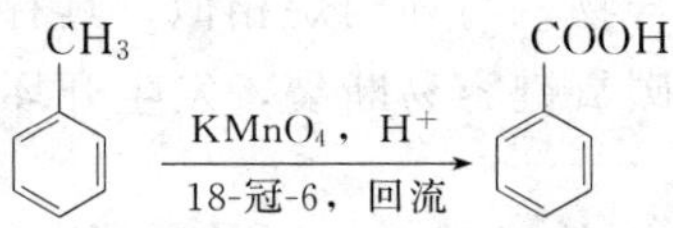

(100%)

冠醚的这种作用称为相转移。因此冠醚是常用的相转移催化剂。此外，冠醚也可用于分离金属离子。

本节要点

1. 醚的结构
   - 分子中含醚键：—O—
   - 氧原子与两个烃基相连
   - 分子极性小，稳定
2. 醚的分类
   - 单醚：两烃基相同
   - 混醚：两烃基不同
3. 醚的命名
   - 烃基结构简单的，烃基名＋“醚”字
   - 烃基结构复杂的，简单烃基与氧原子一起作烃氧基，复杂烃基作母体
4. 醚的制法
   - 醇脱水法（适用于制单醚）
   - 威廉逊合成法（适用于制混醚）
5. 物理性质
   - 沸点比醇低（分子间不能形成氢键）
   - 水溶性与醇相当（与水分子能形成氢键）
6. 化学性质
   - 形成鿴盐
   - 断裂醚键
   - 生成过氧化物
     - 检验方法：淀粉碘化钾试纸变蓝
     - 处理方法：加还原剂

思考与练习

8-15　回答问题

（1）在烃的含氧衍生物醇、酚和醚中，醇和酚都比较活泼，而醚却比较稳定，你能从它们的结构特点上解释原因吗？

（2）醚为什么能溶于浓的强酸中？

（3）如何检验乙醚中是否有过氧化物存在？怎样破坏乙醚中的过氧化物？

（4）某学生在设计合成乙基叔丁基醚的实验方案时，选用了乙醇钠和叔丁基溴作为反应原料。你认为合适吗？为什么？

8-16　给下列化合物命名

（1）$CH_3CH_2—O—CH(CH_3)_2$　（2）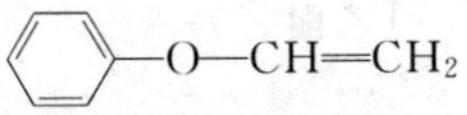

（3）$CH_3CH_2CH(CH_2CH_3)—O—CH_2CH_3$　（4）$CH_3—CH(OCH_3)—CH(OCH_3)—CH_3$

8-17　写出下列化合物的构造式

（1）异丙醚　（2）苯乙醚

（3）二乙烯基醚　（4）1,2-环氧丙烷

8-18　完成下列化学反应

（1）$CH_3CH_2—O—CH_3 + HI$（浓）$\xrightarrow{\triangle}$? + ?

（2）$CH_3CH_2—O—CH_2CH_3 + HCl$（浓）$\xrightarrow{冷}$?

8-19　选择适当的原料，合成下列化合物

（1）异丙醚　（2）苯基烯丙基醚

（3）甲基异丙基醚　（4）异戊醚

习　题

1. 给下列化合物命名

（1）$CH_3—CH(CH_3)—CH(OH)—CH(CH_3)—CH_3$　（2）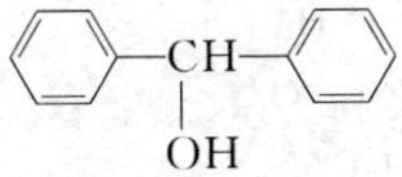

（3）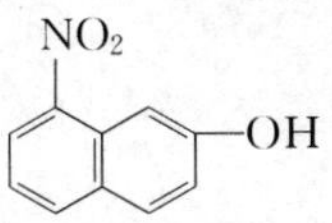　（4）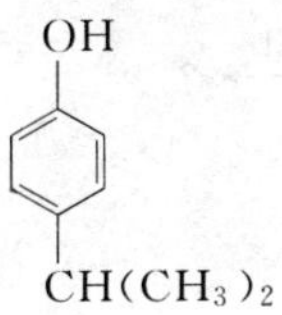

（5）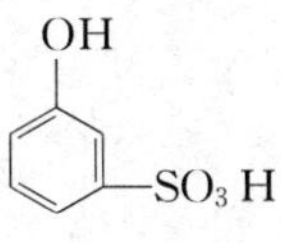　（6）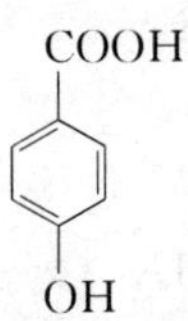

（7）$CH_3—O—CH_2CH_2CH_3$　（8）$CH_3CH_2—O—CH(CH_3)—CH(CH_3)—CH_3$

2. 写出下列化合物的构造式

（1）2-苯基乙醇　　（2）烯丙醇

（3）2,4,6-三硝基苯酚　　（4）1,3,5-苯三酚

（5）苯基苯甲基醚　　（6）异戊醚

3. 将下列化合物按沸点由高到低的顺序排列

（1）$CH_3CH_2—O—CH_2CH_3$

（2）$CH_3CH_2CH_2CH_2OH$

（3）$CH_3CH_2CH_2CH_3$

4. 用化学方法鉴别下列各组化合物

（1）$\begin{cases}\text{己烷}\\\text{环己醇}\\\text{苯酚溶液}\end{cases}$　　（2）$\begin{cases}\text{1-溴丁烷}\\\text{1-丁醇}\\\text{乙醚}\end{cases}$

5. 提纯下列化合物

（1）1-溴丁烷中含有少量乙醚

（2）乙醚中含有少量乙醇

（3）环己醇中含有少量苯酚

6. 完成下列化学反应

（1）$CH_3\underset{\large OH}{\underset{|}{C}}HCH_3 \xrightarrow[\triangle]{\text{浓 } H_2SO_4} ? \xrightarrow[H^+,\ \triangle]{KMnO_4} ? + ?$

（2）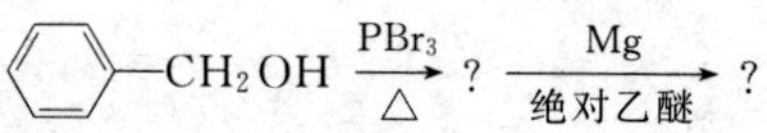

（3）$CH_3CH_2OH \xrightarrow[140℃]{\text{浓 } H_2SO_4} ? \xrightarrow{\text{浓 HI}} ?$

（4）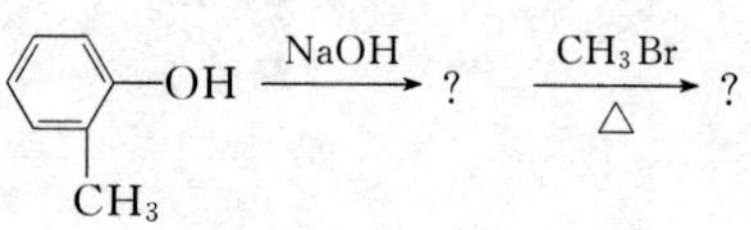

（5）$CH_3\underset{\large OH}{\underset{|}{C}}HCH_2CH_3 \xrightarrow[450℃]{Cu} ?$

（6）$CH_3CH_2CH_2OH \xrightarrow[H^+]{K_2Cr_2O_7} ? \xrightarrow[H^+]{K_2Cr_2O_7} ?$

（7）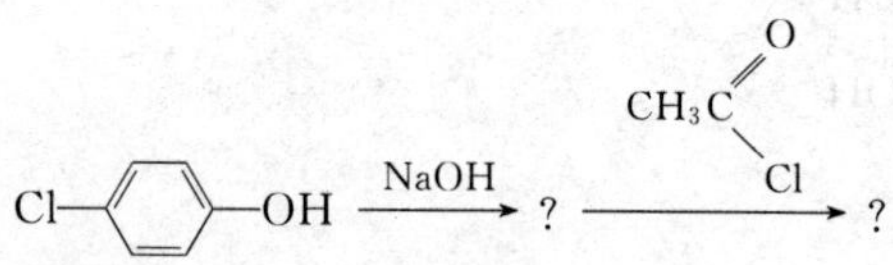

（8）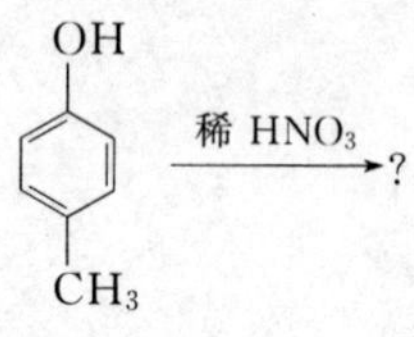

7. 由指定原料合成下列化合物（无机试剂任选）

（1）$CH_3CH═CH_2 \longrightarrow CH_3\underset{\large CH_3}{\underset{|}{C}}H—O—\underset{\large CH_3}{\underset{|}{C}}HCH_3$

（2）$CH_3CH_2CH_2OH \longrightarrow \underset{\large Br}{\underset{|}{CH_2}}—\underset{\large Br}{\underset{|}{CH}}—\underset{\large Br}{\underset{|}{CH_2}}$

（3）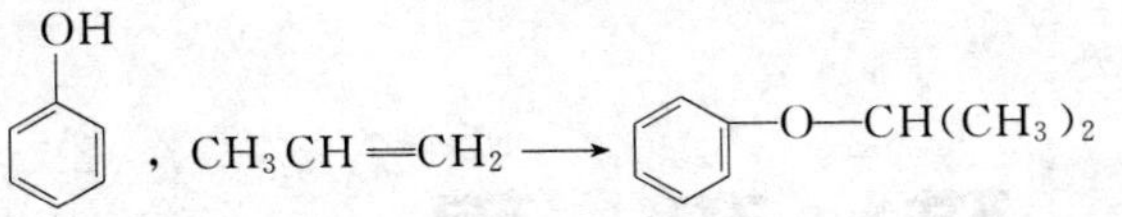

（4）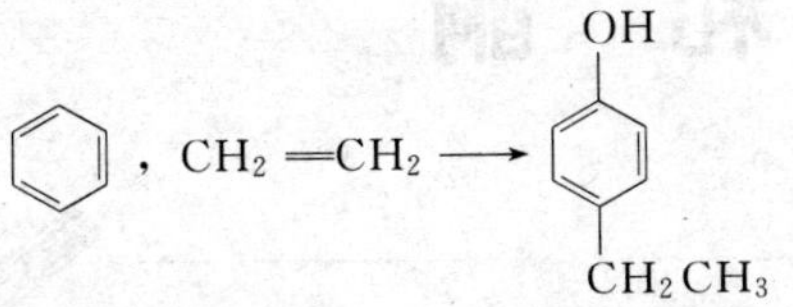

8. 某醇的分子式为 $C_5H_{11}OH$，氧化后生成酮。该醇脱水生成一种不饱和烃，将不饱和烃氧化可得到羧酸和酮两种产物。试推测该醇的构造式。

9. 化合物 A 的分子式为 C_7H_8O。A 不溶于氢氧化钠溶液，与浓氢碘酸作用时，生成 B 和 C。B 与溴水作用时生成白色沉淀，C 与硝酸银作用时，生成黄色沉淀。试推测化合物 A、B、C 的构造式并写出各步化学反应式。

第九章　醛　和　酮

学习指南

醛和酮都是分子中含有羰基（$\gt C=O$）官能团的有机化合物。碳原子数相同的醛和酮互为官能团异构体。由于二者都含有羰基，所以能发生许多相同的化学反应，但因羰基在分子中所处的位置不同，它们的性质又存在一些差异。本章将重点介绍醛和酮的这些化学反应及其实际应用。

学习本章内容应在了解羰基结构特点的基础上做到：

1. 了解醛和酮的分类，掌握醛和酮的命名方法；
2. 熟悉醛和酮的物理性质及其变化规律；
3. 掌握醛和酮的化学反应及其实际应用，掌握醛和酮的鉴别方法；
4. 熟悉重要醛和酮的工业制法、工艺条件及其在生产、生活中的实际应用。

醛和酮分子中都含有相同的官能团——羰基（$\gt C=O$），所以又称羰基化合物。羰基至少与一个氢原子相连的化合物称为醛，常用通式 $R-\overset{O}{\overset{\|}{C}}-H$ 表示（甲醛除外），$-\overset{O}{\overset{\|}{C}}-H$ 称为醛基，是醛的官能团。羰基与两个烃基相连的化合物称为酮，常用通式 $R-\overset{O}{\overset{\|}{C}}-R'$ 表示，酮分子中的羰基又叫酮基，是酮的官能团。碳原子数相同的醛和酮互为同分异构体。

第一节　醛和酮的结构、分类与命名

一、醛和酮的结构及分类

1. 醛和酮的结构

醛和酮的官能团是羰基，在羰基中碳原子与氧原子以双键相连，与碳碳双键相似，碳氧双键也是由一个 σ 键和一个 π 键组成的。但与碳碳双键不同的是，氧原子的电负性比碳原子大，吸引电子的能力强，使 π 电子云的分布不均匀，氧原子上的电子云密度较高，带有部分负电荷（δ^-），而碳原子上的电子云密度较低，带有部分正电荷（δ^+），因此羰基是极性基团。醛和酮都是具有极性的分子。羰基的结构如图 9-1 所示。

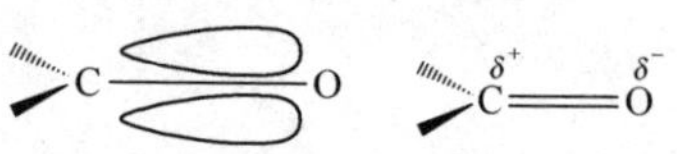

图 9-1　羰基的结构

2. 醛和酮的分类

根据分子中烃基结构不同，可将醛和酮分为脂肪族醛酮、脂环族醛酮和芳香族醛酮。在脂肪族醛酮中，又根据烃基是否饱和分为饱和醛酮和不饱和醛酮。还可根据分子中所含的羰基数目分为一元醛酮及多元醛酮。例如：

CH_3CH_2CHO

丙醛

（一元饱和脂肪醛）

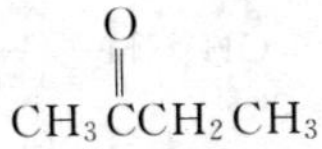

丁酮

（一元饱和脂肪酮）

$OHCCH_2CHO$

丙二醛

（二元饱和脂肪醛）

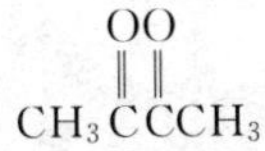

丁二酮

（二元饱和脂肪酮）

$CH_3CH=CH-CHO$

2-丁烯醛

（一元不饱和脂肪醛）

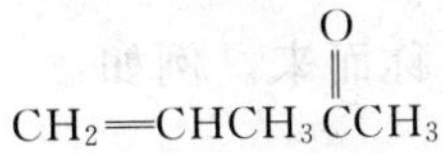

4-戊烯-2-酮

（一元不饱和脂肪酮）

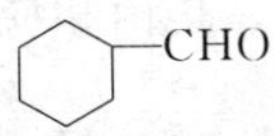

环己基甲醛

（脂环族醛）

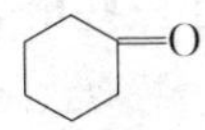

环己酮

（脂环族酮）

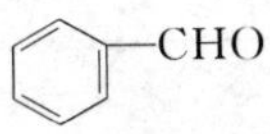

苯甲醛

（芳香族醛）

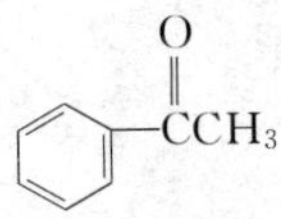

苯乙酮

（芳香族酮）

二、醛和酮的命名

1. 习惯命名法

醛的习惯命名法与醇相似，把“醇”字变为“醛”字即可。例如：

$CH_3CH_2CH_2CHO$

正丁醛

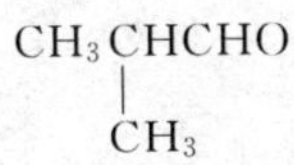

异丁醛

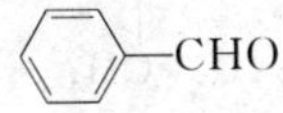

苯甲醛

酮的命名是在羰基所连接的烃基名称后加上“甲酮”两个字，“甲”代表羰基中的碳原子，习惯上常常省略。例如：

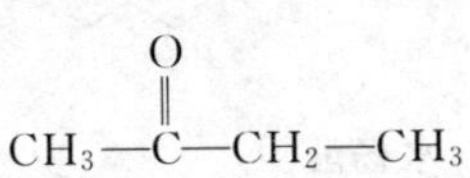

甲基乙基（甲）酮

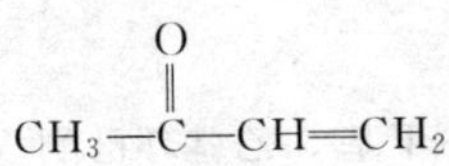

甲基乙烯基（甲）酮

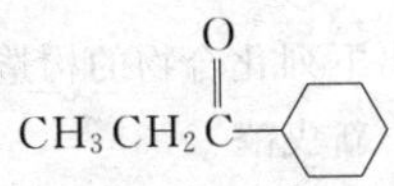

乙基环己基（甲）酮

2. 系统命名法

醛酮的系统命名法与醇相似，即选择含有羰基的最长碳链为主链，支链为取代基，从靠近羰基的一端给主链编号。因醛基总是在链端，命名时不需注明位次。但酮基处于碳链中间，除丙酮、丁酮外，命名时必须注明羰基的位次。例如：

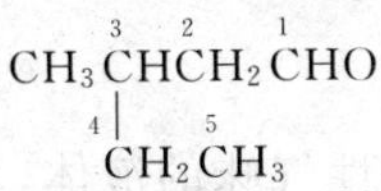

3-甲基戊醛

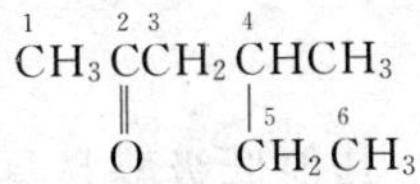

4-甲基-2-己酮

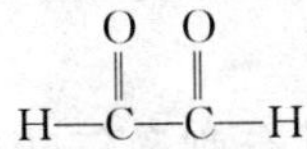

乙二醛

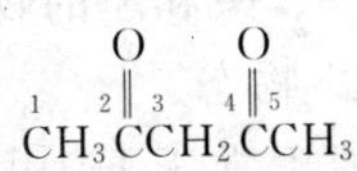

2,4-戊二酮

不饱和醛酮的命名，主链需包含不饱和键，并要注明不饱和键的位次，编号时仍使羰基位次最小。例如：

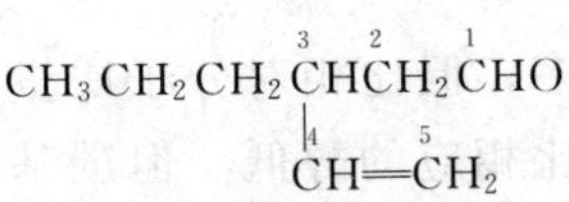

3-正丙基-4-戊烯醛

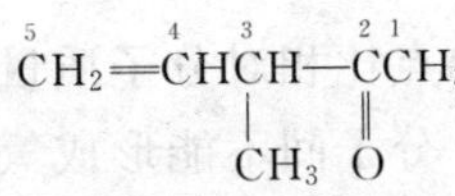

3-甲基-4-戊烯-2-酮

主链碳原子的编号除用阿拉伯数字表示外，有时也可用希腊字母表示。与羰基直接相连

的碳原子为 α 位，依次为 β、γ、δ……位；在酮分子中与酮基直接相连的两个碳原子都是 α 碳原子，可分别用 α，α' 表示。例如：

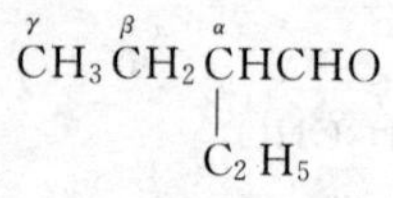
α-乙基丁醛

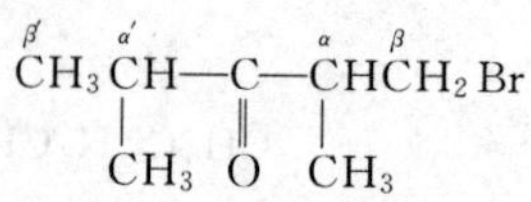
α,α′-二甲基-β-溴-3-戊酮

3. 俗名

有一些醛常用俗名，是由相应羧酸的名称而来。例如：

HCHO
蚁醛

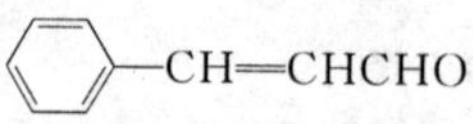
肉桂醛

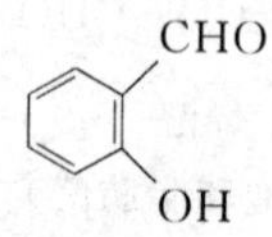
水杨醛

思考与练习

9-1 回答问题

（1）醛和酮为什么又称为羰基化合物？醛和酮的结构有什么异同之处？

（2）碳氧双键与碳碳双键有什么异同之处？

9-2 命名下列化合物

（1）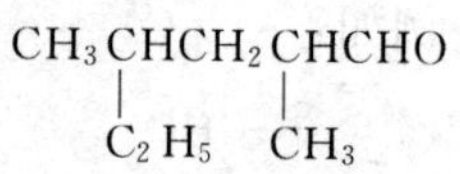　（2）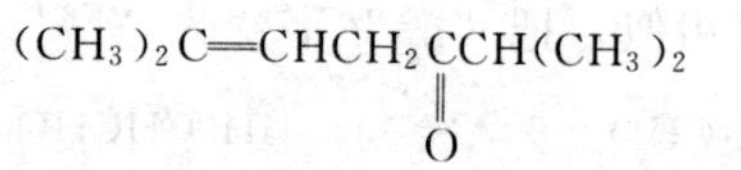　（3）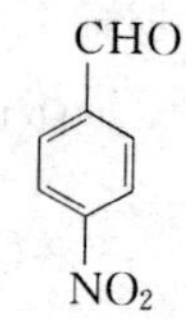

（4）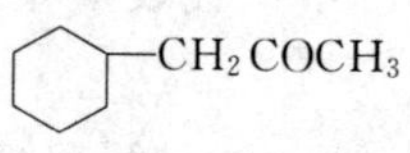　（5）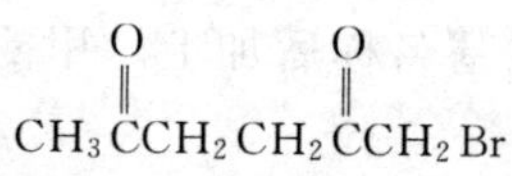　（6）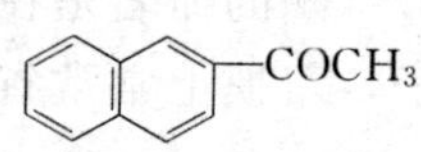

9-3 写出下列化合物的构造式

（1）新戊醛　（2）2-甲基-3-乙基环己酮　（3）水杨醛

（4）β-苯丙烯醛　（5）α,α′- 二甲基-3-戊酮　（6）苯基苄基酮

第二节　醛和酮的性质

一、醛和酮的物理性质

1. 物态

常温常压下，甲醛是具有刺激气味的气体，其他低级醛是具有刺激性气味的液体，低级酮是具有令人愉快气味的液体，高级醛、酮为固体。C_8～C_{13} 的中级脂肪醛和一些芳醛、芳酮是具有香味的液体或固体，可用于配制香精。

2. 沸点

低级醛酮的沸点比相对分子质量相近的醇低很多，但比相对分子质量相近的烃或醚高。这是因为醛（酮）分子间不能形成氢键，因此沸点比相应的醇低。但羰基具有较强的极性，其分子间的作用力比烃或醚大，所以它们的沸点比相应的烃或醚高。随着相对分子质量增大，醛和酮与醇或烃沸点的差别逐渐变小，这是因为随着相对分子质量的增加，醇分子间形

成氢键的难度加大，而羰基在醛和酮分子中所占的比例也在减小，所以，它们的沸点越来越接近。

3. 溶解性

醛和酮分子中羰基上的氧原子可以与水分子中的氢原子形成氢键，因此，低级醛和酮能溶于水。如甲醛、乙醛、丙酮可以任意比例与水混溶。随着碳原子数的增加，对形成氢键有空间阻碍作用的烃基增大，醛和酮在水中的溶解度也逐渐减小，直至不溶。芳醛和芳酮一般难溶于水，但它们都能溶于有机溶剂。丙酮是良好的有机溶剂，能溶解很多有机化合物。

4. 相对密度

脂肪醛和脂肪酮的相对密度小于 1，比水轻；芳醛和芳酮的相对密度大于 1，比水重。一些常见的醛和酮的物理常数见表 9-1。

表 9-1　醛和酮的物理常数

名　称	结　构	熔点/℃	沸点/℃	相对密度(d_4^{20})
甲醛	HCHO	−92	−21	0.815
乙醛	CH_3CHO	−123	21	0.781
丙醛	CH_3CH_2CHO	−81	49	0.807
丁醛	$CH_3CH_2CH_2CHO$	−97	75	0.817
2-甲基丙醛	$(CH_3)_2CHCHO$	−66	61	0.794
戊醛	$CH_3(CH_2)_3CHO$	−91	103	0.819
3-甲基丁醛	$(CH_3)_2CHCH_2CHO$	−51	93	0.803
己醛	$CH_3(CH_2)_4CHO$		129	0.834
丙烯醛	$CH_2=CHCHO$	−88	53	0.841
2-丁烯醛	$CH_3CH=CHCHO$	−77	104	0.859
苯甲醛	C_6H_5CHO	−56	179	1.046
丙酮	CH_3COCH_3	−95	56	0.792
丁酮	$CH_3COCH_2CH_3$	−86	80	0.805
2-戊酮	$CH_3COCH_2CH_2CH_3$	−78	102	
3-戊酮	$CH_3CH_2COCH_2CH_3$	−41	101	0.814
2-己酮	$CH_3COCH_2CH_2CH_2CH_3$	−57	127	0.830
3-己酮	$CH_3CH_2CH_2COCH_2CH_3$		124	0.818
环戊酮	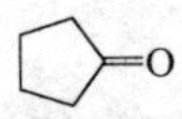	−51	130	
环己酮	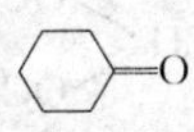	−45	157	0.948
苯乙酮	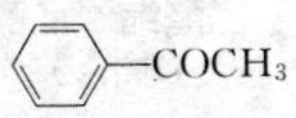	21	202	1.024
二苯甲酮	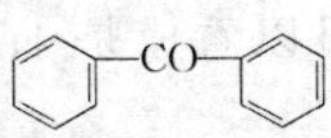	48	305	1.083

二、醛和酮的化学性质

醛和酮的化学反应主要发生在官能团羰基及受羰基影响变得比较活泼的 α-氢原子上。

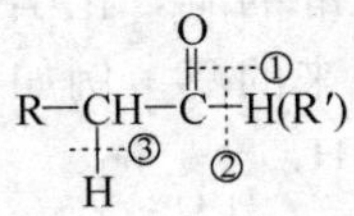

① $>C=O$ 中 π 键断裂，发生加成及还原反应；

② $-\overset{\overset{\displaystyle O}{\|}}{C}-H$ 中 C—H 键断裂，发生醛的氧化反应；

③ α-C—H 键断裂，发生卤代或缩合反应。

1. 羰基的加成反应

醛酮分子中的羰基是不饱和键，其中 π 键比较活泼，容易断裂，可以和氢氰酸、亚硫酸氢钠、醇、格氏试剂以及氨的衍生物等发生加成反应。

(1) 与氢氰酸加成　在少量碱催化下，醛或酮与氢氰酸加成生成 α-氰醇（又叫 α-羟基腈）。

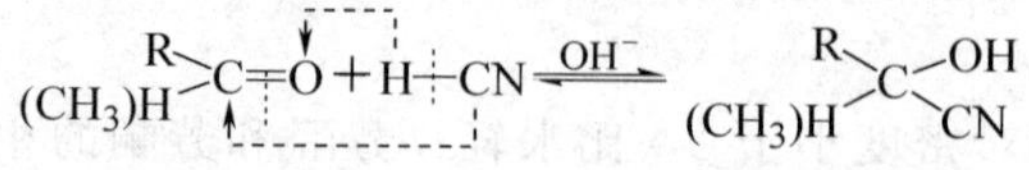

氰醇(α-羟基腈)

由于产物氰醇比原来的醛或酮多了一个碳原子，这是一种增加碳链的反应。同时氰醇中的氰基能水解成羧基，也能还原成氨基，可以转化成多种化合物，因此，该反应在有机合成中具有重要作用。

(2) 与亚硫酸氢钠加成　醛、低级的环酮（小于 C_8）及脂肪族甲基酮可与饱和（40%）的亚硫酸氢钠溶液发生加成反应，生成 α-羟基磺酸钠。

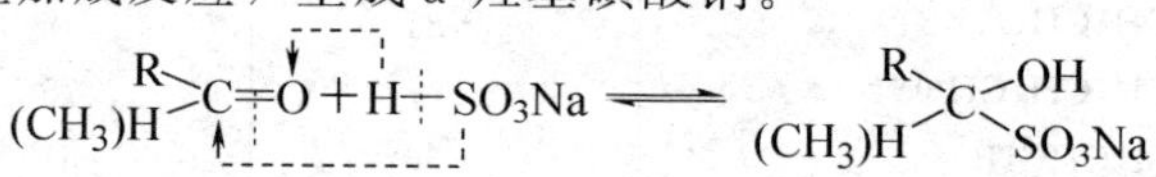

α-羟基磺酸钠

α-羟基磺酸钠为无色结晶，易溶于水，但不溶于饱和的亚硫酸氢钠溶液。由于反应后有晶体析出，因此可用于鉴别醛、C_8 以下的环酮和脂肪族甲基酮。生成的 α-羟基磺酸钠，在稀酸或稀碱的作用下，可以分解成原来的醛和酮，其反应如下：

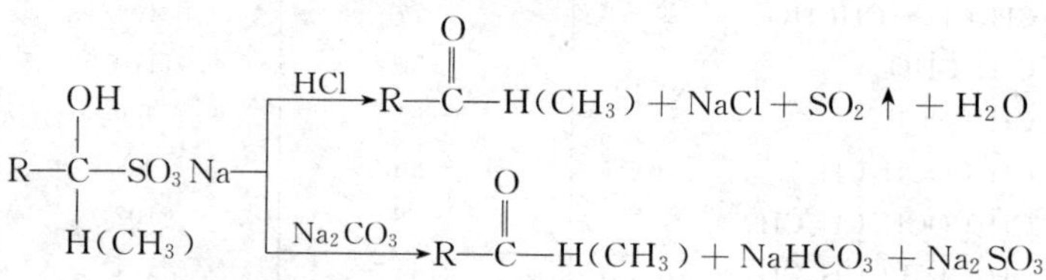

可利用这一性质来分离、精制醛和酮。

(3) 与醇加成　在干燥的氯化氢存在下，醛能与饱和一元醇发生加成反应生成半缩醛。半缩醛不稳定，与醇进一步发生脱水反应生成缩醛。例如：

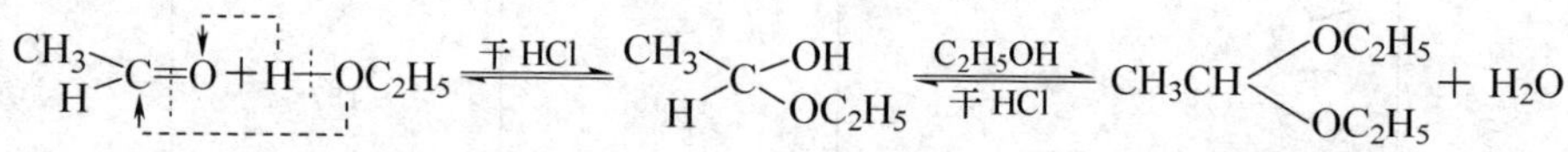

乙醛缩一乙醇（半缩醛）　　乙醛缩二乙醇（缩醛）

由于半缩醛不稳定，一般很难分离，因此，上述反应可以看成是 1mol 醛与 2mol 醇分子间脱去 1mol 水，生成缩醛。

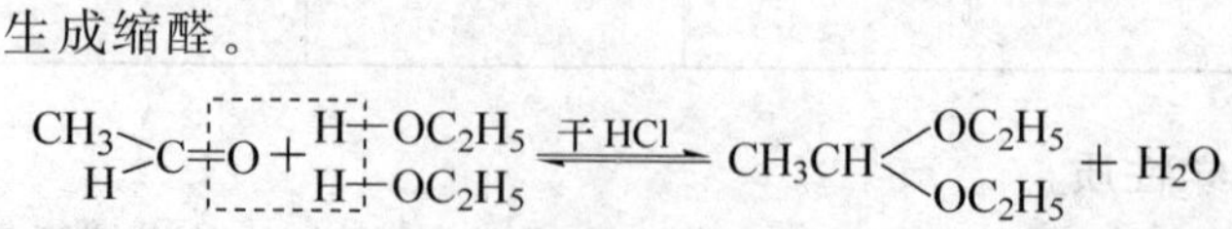

从结构上看，缩醛相当于同碳二元醇的醚，化学性质与醚相似，对碱、氧化剂及还原剂都非常稳定。但在稀酸中易水解生成原来的醛。例如：

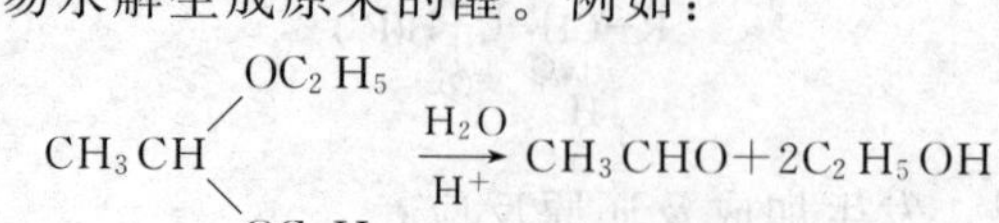

这一性质在有机合成中常用来保护醛基。此外还可改善某些聚合物的性能。例如，聚乙烯醇是一种耐热水性差的高聚物，不能作为纤维使用。若加入一定量甲醛，使之部分形成缩醛，就可以生成性能优良耐热水性好的合成纤维——维尼纶。

(4) 与格氏试剂加成　格氏试剂容易与羰基进行加成反应，产物水解后生成相应的醇。其中，甲醛与格氏试剂反应生成伯醇，其他醛生成仲醇，酮则得到叔醇。这是实验室制备醇常用的方法。例如：

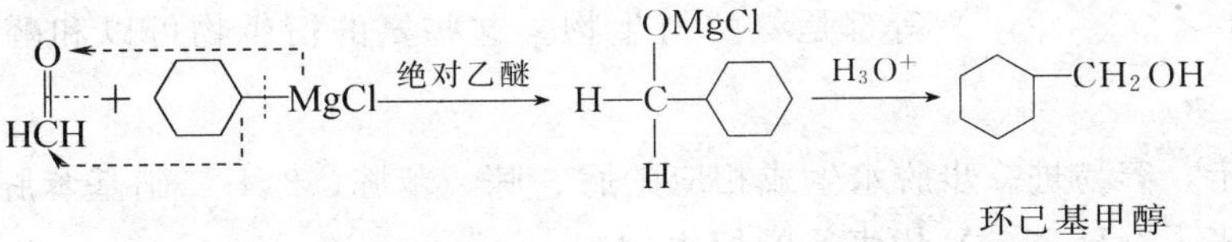

环己基甲醇
(64%～69%)
(伯醇)

$$CH_3CH_2\overset{O}{\overset{\|}{C}}H + CH_3\underset{MgBr}{\underset{|}{C}}HCH_2CH_2CH_3 \xrightarrow{\text{绝对乙醚}} CH_3CH_2\overset{OMgBr}{\overset{|}{C}}H\underset{CH_3}{\underset{|}{C}}HCH_2CH_2CH_3 \xrightarrow{H_3O^+} CH_3CH_2\overset{OH}{\overset{|}{C}}H\underset{CH_3}{\underset{|}{C}}HCH_2CH_2CH_3$$

4-甲基-3-庚醇
(仲醇)

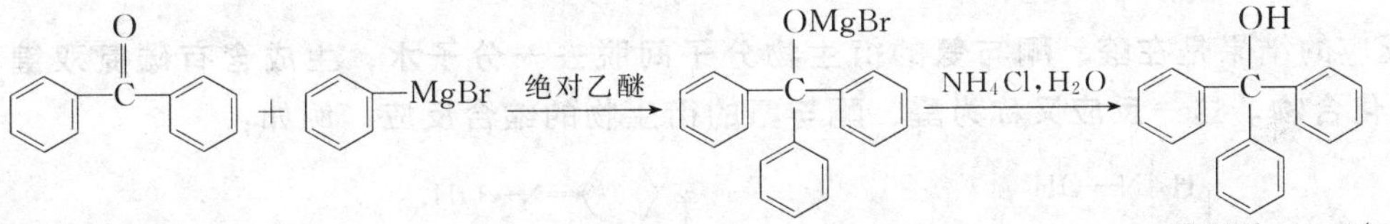

三苯甲醇 (55%)
(叔醇)

【例题 9-1】　选用适当的原料合成化合物　$CH_3\underset{CH_3}{\underset{|}{C}}HCH_2CH_2OH$

合成路线分析：

① 合成产物为伯醇，因此应选择甲醛和相应的格氏试剂来制备；

② 把将要合成的化合物拆分成两个结构单元。因为该醇中与羟基相连的碳原子应是原料甲醛的羰基碳，与这个碳原子相连的烃基应来源于格氏试剂，所以可将醇中连有羟基的碳原子与烃基之间的键断开 $CH_3\underset{CH_3}{\underset{|}{C}}HCH_2 \mid CH_2OH$，从而推知合成物是由甲醛和异丁基卤化镁加成而得；

③ 写出合成路线

$$HCHO + CH_3\underset{CH_3}{\underset{|}{C}}HCH_2MgX \xrightarrow{\text{绝对乙醚}} CH_3\underset{CH_3}{\underset{|}{C}}HCH_2CH_2OMgX \xrightarrow{H_2O} CH_3\underset{CH_3}{\underset{|}{C}}HCH_2CH_2OH$$

当利用醛与格氏试剂反应合成仲醇（$R\overset{OH}{\overset{|}{C}}HR'$）时，因连有羟基的碳原子上有 R 和 R′两个烃基，故所用醛和格氏试剂可有两种选择。即断裂 $R \mid \overset{OH}{\overset{|}{C}}H—R'$，选择 RMgX 和R′CHO，或断裂 $R—\overset{OH}{\overset{|}{C}}H \mid R'$，选择 RCHO 和 R′MgX。

同理，合成叔醇（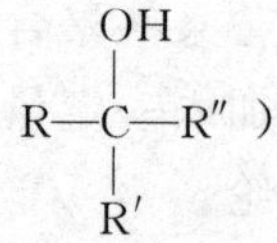）时，可选择三种不同的格氏试剂和相应的酮来制备。

（5）与氨的衍生物加成　**氨分子中氢原子被其他原子或基团取代后的生成物称为氨的衍生物**。如羟胺（NH_2—OH）、肼（NH_2—NH_2）、苯肼（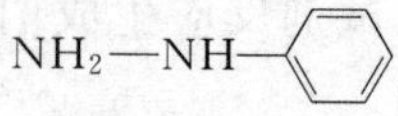）、2,4-二硝基苯肼（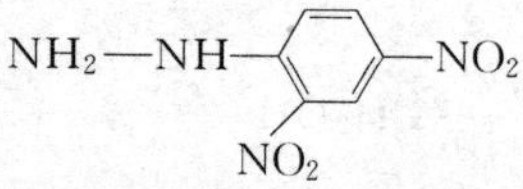）等都是氨的衍生物。这些氨的衍生物可以和醛酮发生加成反应，产物不稳定，容易进一步脱水生成相应的肟、腙、苯腙、2,4-二硝基苯腙等。这一反应可用下列通式表示（H_2N—Y 代表氨的衍生物）：

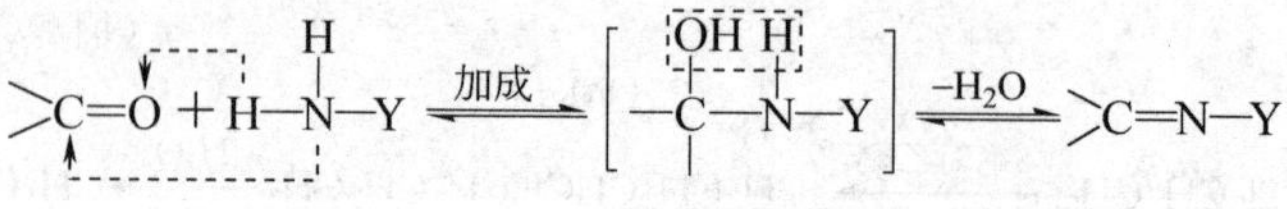

不稳定

上式也可以直接写成：

反应的结果是**在醛、酮与氨的衍生物分子间脱去一分子水，生成含有碳氮双键（C═N）的化合物。这一反应又称为醛、酮与氨的衍生物的缩合反应**。例如：

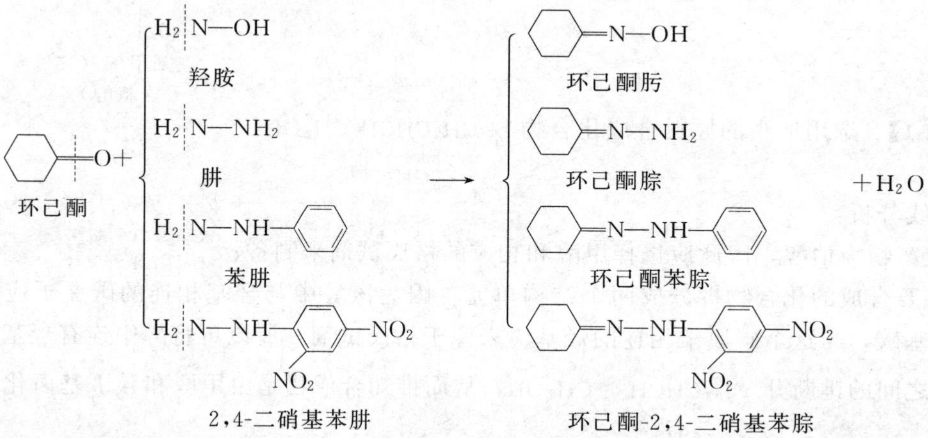

醛、酮与氨的衍生物缩合后，反应产物一般为具有固定熔点的晶体。其中 2,4-二硝基苯腙有颜色并且容易结晶，因此**实验室中常用 2,4-二硝基苯肼作羰基试剂来鉴别醛、酮**。此外，由于反应产物可在稀酸作用下分解成原来的醛和酮，所以**又可用于醛酮的分离和提纯**。

加成反应是醛和酮的重要反应，不同结构的醛和酮发生羰基加成的反应活性也不同，其顺序为：

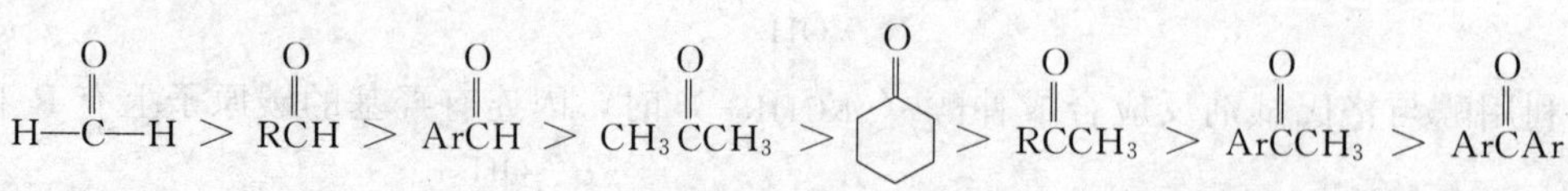

2. 氧化反应

在强氧化剂（如 $KMnO_4$、$K_2Cr_2O_7+H_2SO_4$）的作用下，醛可被氧化为相同碳原子数的羧酸；酮则发生碳链断裂，生成碳原子数较少的羧酸混合物。

如果采用较弱的氧化剂（如托伦试剂、费林试剂），则醛能发生氧化反应，而酮却不能。

这是因为醛基上的氢原子比较活泼，容易被氧化。

① 与托伦（B. Tollens）试剂反应　托伦试剂是硝酸银的氨溶液，具有较弱的氧化性，可将醛氧化成羧酸，而 Ag^+ 被还原成 Ag。若在洁净的玻璃容器中反应，可在容器壁上形成光洁明亮的银镜，因此这一反应又称为**银镜反应**。

$$RCHO+2Ag(NH_3)_2OH \xrightarrow[\triangle]{(水浴)} RCOONH_4+2Ag\downarrow+3NH_3+H_2O$$

托伦试剂对碳碳双键、碳碳三键没有氧化作用，是很好的选择性氧化剂。例如，工业上用它来氧化巴豆醛制取巴豆酸：

$$\underset{巴豆醛}{CH_3—CH═CH—CHO} \xrightarrow{Ag(NH_3)_2OH} \underset{巴豆酸}{CH_3—CH═CH—COOH}$$

巴豆酸有顺式和反式两种异构体，其中反式巴豆酸比较稳定，为无色晶体，可用于制备增塑剂、合成树脂和药物，是重要的化工原料。

② 与费林（Fehling）试剂反应　费林试剂是酒石酸钾钠的碱性硫酸铜溶液，可使醛氧化成羧酸，而本身被还原成砖红色 Cu_2O 沉淀：

$$RCHO+2Cu^{2+}+NaOH+H_2O \xrightarrow{\triangle} RCOONa+Cu_2O\downarrow+4H^+$$

芳醛一般不能发生此反应。

甲醛的还原性较强，与费林试剂反应可生成铜镜：

$$HCHO+Cu^{2+}+NaOH \xrightarrow[\triangle]{(水浴)} HCOONa+Cu\downarrow+2H^+$$

醛与托伦试剂、费林试剂的反应可用来区别醛和酮。其中费林试剂还可区别脂肪醛和芳醛，并可鉴定甲醛。

3. 还原反应

（1）还原成醇　在化学还原剂［如硼氢化钠（$NaBH_4$）、氢化铝锂（$LiAlH_4$）］作用下或催化加氢，醛和酮分子中的羰基可以发生还原反应，醛还原成伯醇，酮还原成仲醇。

$$R—\overset{\overset{\displaystyle H}{|}}{C}═O \xrightarrow{[H]} R—CH_2—OH$$

$$R—\overset{\overset{\displaystyle O}{\|}}{C}—R' \xrightarrow{[H]} R—\overset{\overset{\displaystyle OH}{|}}{C}—R'$$

硼氢化钠是一种缓和的还原剂，并且选择性较高，一般只还原醛酮中的羰基，而不影响其他的不饱和基团。氢化铝锂的还原性比硼氢化钠强，除还原醛酮中的羰基外，还可以还原羧酸、酯中的羰基以及—NO_2、—CN 等许多不饱和基团。但是，它们都不能还原碳碳双键和碳碳三键。工业上利用这一性质以肉桂醛为原料还原制取肉桂醇。

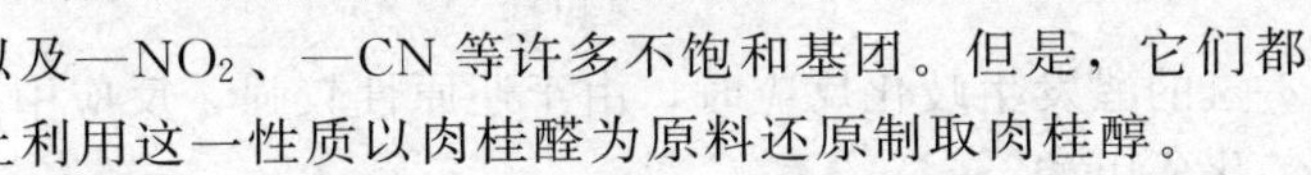

肉桂醛　　　　肉桂醇

肉桂醇有顺式和反式两种异构体，其中反式为无色或微黄色晶体，具有风信子的优雅香味。广泛用于配制花香型化妆品香精和皂用香精，也可用作定香剂。

用催化加氢的方法，不仅能还原羰基，还可以还原碳碳双键和碳碳三键。而且产率高，后处理简单，是由醛、酮合成饱和醇的好方法。例如，工业上以 2-乙基-2-己烯醛为原料催化加氢制取 2-乙基-1-己醇。

$$\underset{\text{2-乙基-2-己烯醛}}{CH_3CH_2CH_2CH{=}\underset{\substack{|\\ CH_2CH_3}}{C}{-}CHO} \xrightarrow[Ni]{H_2} \underset{\text{2-乙基-1-己醇}}{CH_3CH_2CH_2CH_2\underset{\substack{|\\ CH_2CH_3}}{CH}CH_2OH}$$

2-乙基-1-己醇为无色有特殊气味的液体。是生产聚氯乙烯增塑剂邻苯二甲酸二辛酯的基本原料，也可用于合成润滑剂。

（2）还原成烃　醛酮也可以还原成烃，主要有两种方法。

① 克莱门森（Clemmensen）还原法　醛、酮与锌汞齐和盐酸共热，羰基可直接还原成亚甲基，这一反应称为克莱门森还原。例如：

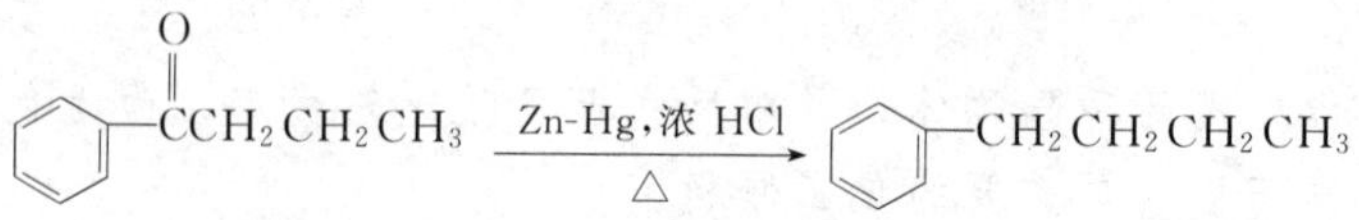

② 沃尔夫（Wolff）-凯西纳（Kishner）-黄鸣龙还原法　醛、酮与水合肼在高沸点溶剂（如二甘醇、三甘醇等）中与碱共热，羰基被还原成亚甲基。

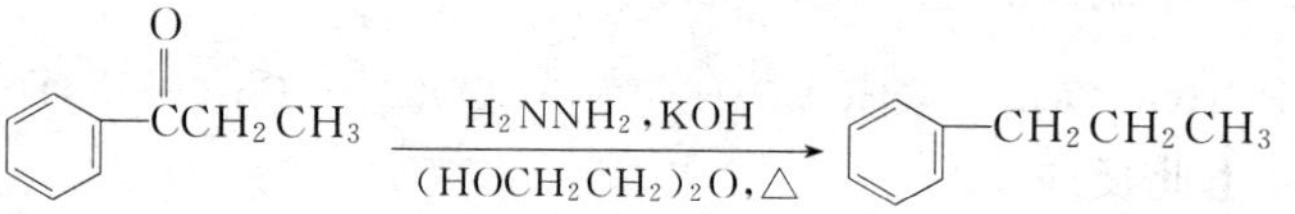

（82%）

这一反应最初由俄国人沃尔夫、德国人凯西纳完成，后经我国化学家黄鸣龙改进了反应条件，所以称为沃尔夫-凯西纳-黄鸣龙还原法。

这是两种可以互补的还原方法，前一种是在酸性条件下的还原，不适用于对酸敏感的化合物，后一种是在碱性条件下的还原，不适用于对碱敏感的化合物。在有机合成中，利用这两种还原方法可以在苯环上间接引入直链烷基。

4. 坎尼扎罗（Cannizzaro）反应

不含 α-氢的醛在浓碱溶液中，可以发生自身氧化还原反应。一分子醛被氧化成羧酸，另一分子醛被还原成醇。此反应又叫**歧化反应**。例如：

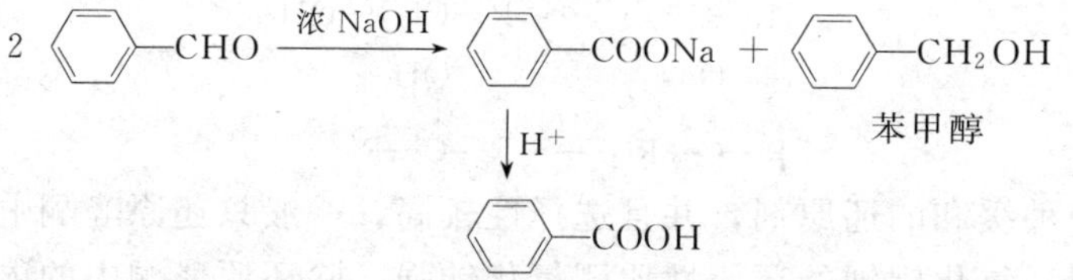

苯甲醇

苯甲酸

甲醛与其他无 α-氢的醛发生歧化反应时，由于还原性较强，反应中把其他无 α-氢的醛还原成醇，而自身被氧化成甲酸。

5. α-氢原子的反应

受官能团羰基的影响，醛、酮分子中的 α-氢原子非常活泼，可以发生卤代反应和羟醛缩合反应。

（1）卤代反应　在酸或碱的催化作用下，醛和酮分子中的 α-氢原子很容易被卤素原子取代，生成 α-卤代醛、酮。在酸催化下的卤代反应速率缓慢，可以控制在生成一卤代物阶段。例如：

$$CH_3\overset{\overset{O}{\|}}{C}CH_3 + Br_2 \xrightarrow[65^\circ C]{CH_3COOH} CH_3\overset{\overset{O}{\|}}{C}CH_2Br + HBr$$

在碱催化下的卤代反应速率很快，较难控制。若醛、酮分子中含有 $CH_3-\overset{\overset{O}{\|}}{C}-$ 结构，则甲基上的三个氢原子都能被取代，生成同碳三卤代物 $CX_3-\overset{\overset{O}{\|}}{C}-$ ，这种三卤代物在碱性条件下很不稳定，容易进一步分解生成羧酸盐和三卤甲烷（卤仿）。例如：

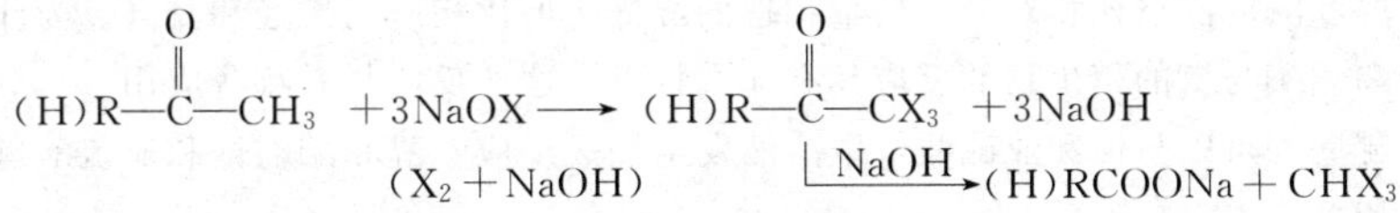

由于上述反应最终生成了卤仿，所以又称为**卤仿反应**。

次卤酸盐本身是氧化剂，可使 $CH_3-\overset{\overset{OH}{|}}{C}H-$ 结构氧化成 $CH_3-\overset{\overset{O}{\|}}{C}-$ 结构，因而含有“ $CH_3-\overset{\overset{OH}{|}}{C}H-$ ”结构的醇也能发生卤仿反应。例如：

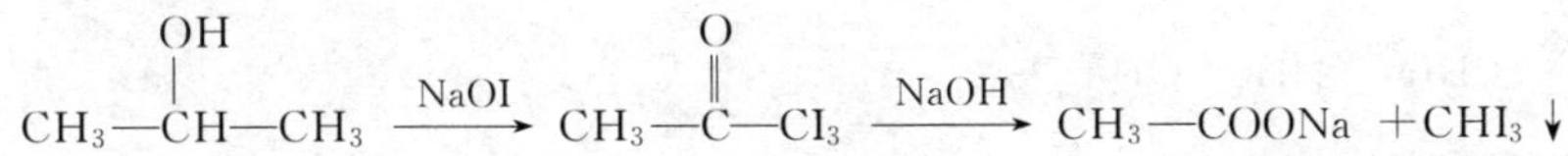

异丙醇　　乙酸钠　　碘仿

碘仿是不溶于水的亮黄色固体，有特殊的气味，易于识别，因此**可利用碘仿反应来鉴定含有甲基的醛、酮和能被氧化成甲基醛、酮的醇类**。这一反应还用于制备用一般方法难于制备的羧酸。例如：

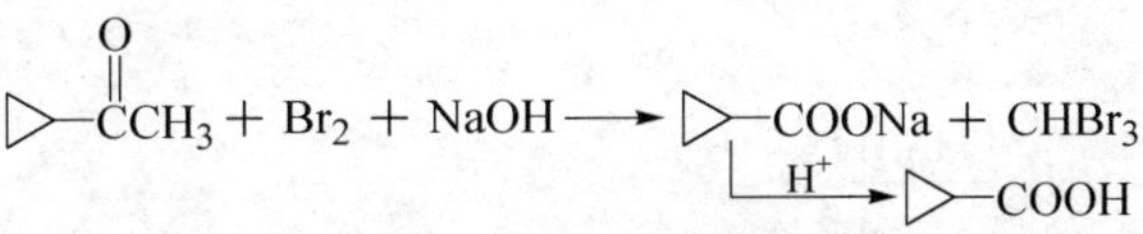

（2）羟醛缩合反应　含有 α-氢原子的醛在稀碱溶液中相互作用，其中一分子醛断裂 α-碳氢键，与另一分子醛的羰基发生加成反应，生成 β-羟基醛。β-羟基醛在受热的情况下很不稳定，容易脱水生成 α,β-不饱和醛。这个反应称为**羟醛缩合反应**。通过羟醛缩合反应可以形成碳碳键，增长碳链，从而制备许多中间体，在有机合成中具有广泛的应用。

例如，工业上以乙醛为原料利用羟醛缩合反应制取巴豆醛：

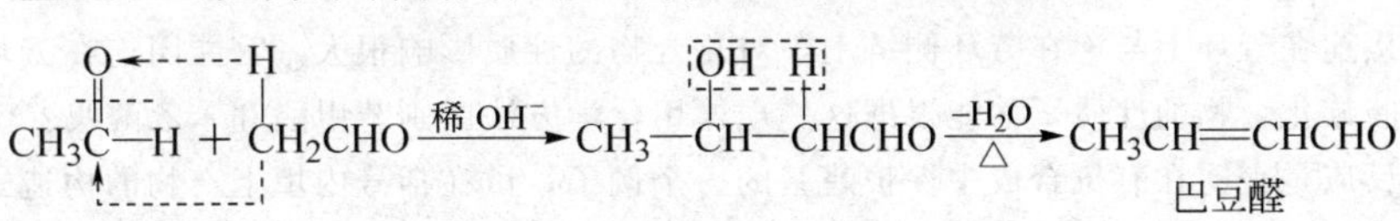

巴豆醛

巴豆醛是一种重要的化工原料，可用来制备正丁醇、正丁醛等许多化工产品。常温下为无色可燃性液体，有催泪性，因此又可用作烟道气警告剂。

不相同的醛也可以发生羟醛缩合反应。若两种醛都含有 α-氢，则得到四种产物，一般在合成中没有实用价值。但当一种醛不含 α-氢，而另一种醛含有 α-氢时，如果使不含 α-氢的醛过量，就能得到收率较高的单一产物。例如，苯甲醛和乙醛反应时，先将苯甲醛与 NaOH 水溶液混合后，再慢慢加入乙醛；并控制在低温（0～6℃）反应，则生成的主要产物为肉桂醛。

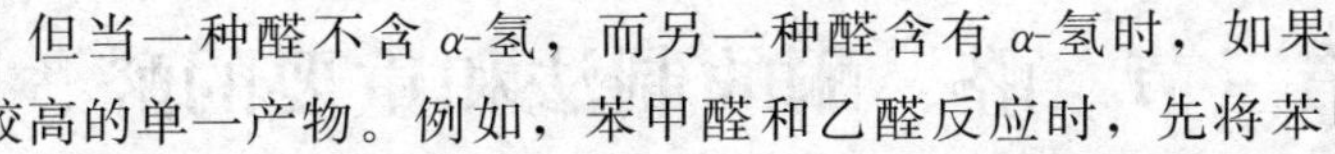

肉桂醛

肉桂醛是淡黄色液体。有肉桂油的香气，可用于配制皂用香精，也用作糕点等食品的增香剂。

含有 α-氢的酮在碱催化下，也可发生类似反应，称为羟酮缩合，但反应比醛难以进行。

思考与练习

9-4 回答问题

（1）醛和酮的沸点比相对分子质量相近的醇低，但比相应的烷烃和醚高。为什么？

（2）醛和酮与氨的衍生物的反应具有什么特点？这些反应具有哪些应用？

（3）哪些酮可以与饱和亚硫酸氢钠溶液发生加成反应？醛和酮与饱和亚硫酸氢钠溶液的反应有哪些实际应用？

（4）羰基的还原反应有几种类型？各有哪些实际应用？

9-5 将下列化合物的沸点按由高到低的顺序排列，并说明理由

$CH_3CH_2CH_2CHO$　$CH_3CH_2CH_2CHOH$　$CH_3CH_2OCH_2CH_3$　$CH_3CH_2CH_2CH_3$

9-6 完成下列化学反应

（1）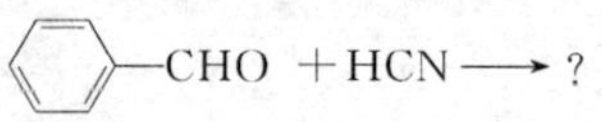

（2）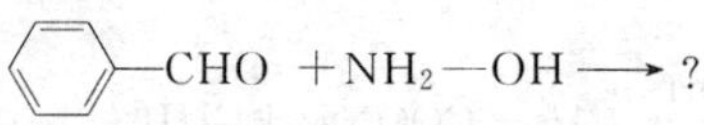

（3）$CH_3CHO + NH_2-NH_2 \longrightarrow ?$

（4）$CH_3CHO \xrightarrow[\triangle]{\text{费林试剂}} ?$

（5）$CH_3-\overset{O}{\overset{\|}{C}}-CH{=}CH_2 \xrightarrow[Ni]{H_2} ?$

（6）$CH_3-\overset{O}{\overset{\|}{C}}-CH{=}CH_2 \xrightarrow{LiAlH_4} ?$

（7）$2(CH_3)_3CCHO \xrightarrow[\triangle]{\text{浓 NaOH}} ?$

（8）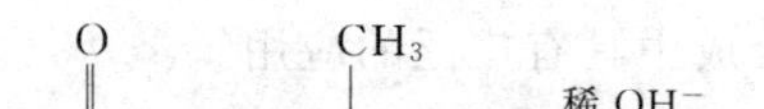

（9）$\overset{O}{\overset{\|}{H C H}} + CH_3\overset{CH_3}{\overset{|}{C}}HCHO \xrightarrow{\text{稀 }OH^-} ? \xrightarrow{\triangle} ?$

9-7 官能团直接连在芳环上与连在芳环侧链上，对化合物的性质影响很大。官能团连在芳环侧链上，通常表现出脂肪族化合物的性质，你能根据这一规律用化学方法区别苯甲醛和苯乙醛吗？

9-8 下面连续反应是表明在有机合成中保护醛基的一个例子，试在括号内填上产物的构造式，并说明保护醛基的意义。

$$CH_2{=}CH-CHO \xrightarrow[\text{干 }HCl]{2C_2H_5OH} (\qquad) \xrightarrow[OH^-]{\text{稀 }KMnO_4} (\qquad) \xrightarrow[H^+]{H_2O} (\qquad)$$

第三节　醛、酮的制法和重要的醛、酮

一、醛、酮的制法

1. 炔烃水合

工业上曾以炔烃为原料，在汞盐催化下制备醛和酮。例如：

$$HC\equiv CH + H_2O \xrightarrow[90\sim95℃,0.1\sim0.2MPa]{HgSO_4,H_2SO_4} CH_3CHO$$

乙醛

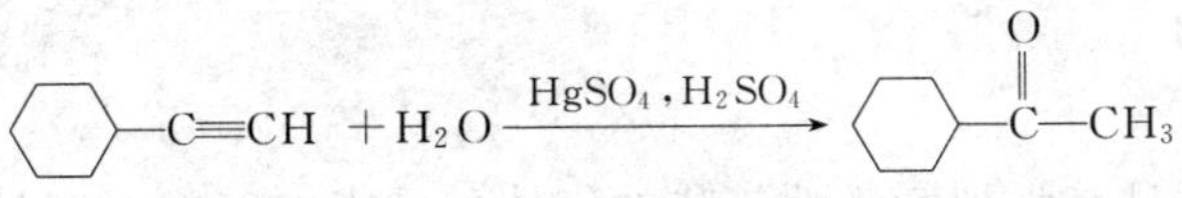

环己基乙炔　　　　甲基环己基酮

由于汞盐剧毒，现已开发了用锌、镉、铜盐催化的新工艺条件。

2. 羰基合成

α-烯烃（即碳碳双键在链端的烯烃）与一氧化碳和氢气在催化剂（如八羰基二钴）作用下生成醛的反应称为羰基合成，也称为烯烃的醛化。工业上利用此反应生产脂肪醛。例如：

$$CH_2=CH_2+CO+H_2 \xrightarrow[110\sim120℃,10\sim20MPa]{[Co(CO)_4]_2} CH_3CH_2CHO$$

$$CH_3-CH=CH_2+CO+H_2 \xrightarrow[170℃,25MPa]{[Co(CO)_4]_2} CH_3CH_2CH_2CHO + CH_3\underset{\underset{CH_3}{|}}{C}HCHO$$

丁醛（75%）　　异丁醛（25%）

3. 醇的氧化和脱氢

伯醇和仲醇在重铬酸钾和硫酸等氧化剂作用下，被氧化成相应的醛和酮。由于醛很容易继续被氧化成羧酸，在反应过程中，应及时将生成的醛从反应体系内分离出来，因此，这种方法适用于制备沸点较低、挥发性较大的低级醛。酮一般较难氧化，因此更适合于用这种方法制备。例如，实验室中以4-甲基-3-庚醇为原料氧化制取4-甲基-3-庚酮。

$$CH_3CH_2-\overset{\overset{OH}{|}}{C}H-\overset{\overset{CH_3}{|}}{C}HCH_2CH_2CH_3 \xrightarrow[H_2SO_4]{K_2Cr_2O_7} CH_3CH_2-\overset{\overset{O}{\|}}{C}-\overset{\overset{CH_3}{|}}{C}HCH_2CH_2CH_3$$

4-甲基-3-庚醇　　4-甲基-3-庚酮

4-甲基-3-庚酮是各种蚂蚁的警戒信息素。

在催化剂的作用下，醇也可以发生脱氢反应。醇脱氢所得产品纯度高，但需要供给大量的热。若在脱氢时，通入一定量的空气，使生成的氢与氧作用结合成水，氢与氧结合时放出的热量可直接供给脱氢反应。这种方法叫氧化脱氢法，是工业上常用的方法。例如：

$$CH_3\underset{\underset{OH}{|}}{C}HCH_3 + \frac{1}{2}O_2 \xrightarrow[380℃]{ZnO} CH_3\underset{\underset{O}{\|}}{C}CH_3 + H_2O$$

4. 芳烃侧链氧化

芳烃侧链若含有α-氢原子，在较弱的氧化剂作用下，可以被氧化成醛或酮。例如，工业上以甲苯为原料侧链氧化制取苯甲醛，以乙苯为原料制取苯乙酮。

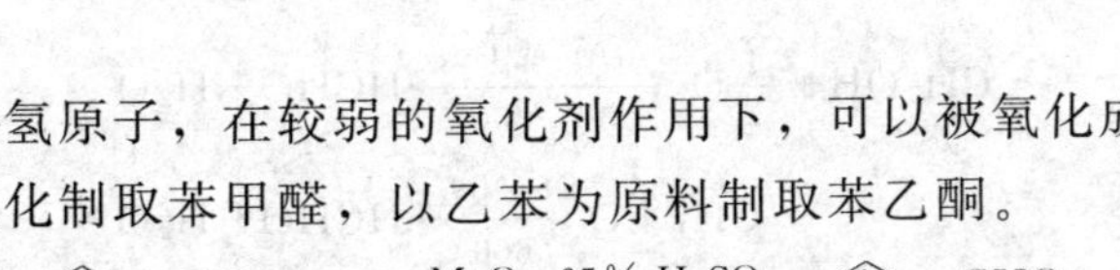

5. 芳烃的酰基化

芳烃与酰氯或酸酐在无水 $AlCl_3$ 作用下进行酰基化反应，可直接在芳环上引入酰基得到芳酮。例如：

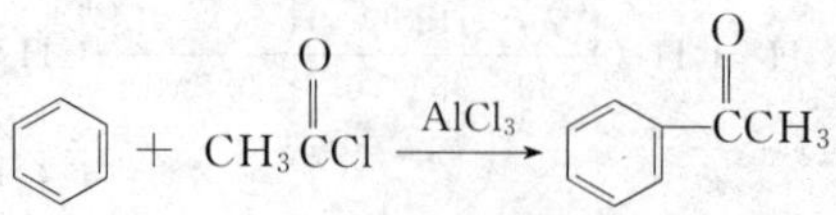

二、重要的醛、酮

1. 甲醛（HCHO）

甲醛俗称蚁醛，是具有强烈刺激性气味的气体，沸点－21℃，容易燃烧。其蒸气与空气形成爆炸性混合物，爆炸极限为7%～73%（体积分数）。

甲醛易溶于水，一般以水溶液的形式保存和出售。37%～40%甲醛水溶液（其中含有8%的甲醇作稳定剂）称为“福尔马林”，常用作消毒剂和保存动物标本或尸体的防腐剂，也可用作农药防止稻瘟病。

甲醛有毒，对眼黏膜、皮肤都有刺激作用，过量吸入其蒸气会引起中毒，已经被世界卫生组织确定为致癌和致畸形物质。

房屋装修材料及家具中的胶合板、纤维板等使用的黏合剂中含有甲醛，有些涂料、化纤地毯、化妆品等用甲醛作防腐剂。

中华人民共和国国家标准规定：室内装饰装修材料人造板及其制品中甲醛释放限量值为5mg/L；居室空气中甲醛的最高容许浓度为0.08mg/m^3。

消除甲醛污染，可加强室内通风、养鱼、种植绿色植物（如芦荟、吊兰和虎尾兰等）、放置活性炭等。

甲醛性质活泼，极易聚合。其水溶液久置或蒸发浓缩可以生成直链的聚合体——多聚甲醛$\mathrm{[CH_2O]_n}$。多聚甲醛为白色固体，加热至180～200℃，可以解聚成气态甲醛，这是保存甲醛的一种重要形式。也因为这种性质，用它来作为仓库熏蒸剂或病房消毒剂。

将甲醛水溶液在少量硫酸存在下煮沸，可得到三聚甲醛。

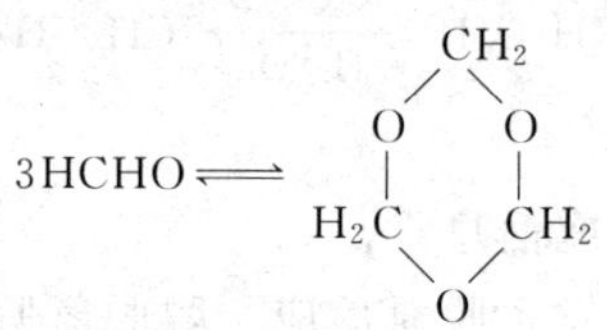

三聚甲醛为无色晶体。以三聚甲醛为原料能制得高分子量的聚甲醛，经过处理后可用作性能优良的工程塑料。

甲醛在工业上用途极为广泛，是非常重要的有机原料。除制备聚甲醛外，还大量用于生产酚醛树脂、脲醛树脂及合成纤维和季戊四醇等。

现代工业以甲醇或天然气为原料经催化氧化来制取甲醛。

$$\mathrm{CH_3OH+\frac{1}{2}O_2 \xrightarrow[250\sim300^{\circ}C]{Ag或Cu} HCHO+H_2O}$$

$$\mathrm{CH_4+O_2 \xrightarrow[600^{\circ}C]{NO} HCHO+H_2O}$$

2. 乙醛（$\mathrm{CH_3-\overset{\overset{H}{|}}{C}=O}$）

乙醛是无色透明、有刺鼻气味的液体，沸点20.8℃。容易挥发和燃烧，在空气中的爆炸极限是4.0%～57.0%（体积分数）。

乙醛也很容易聚合，通常在室温及少量酸的存在下可以聚合成三聚乙醛，在0℃或0℃以下聚合成四聚乙醛。

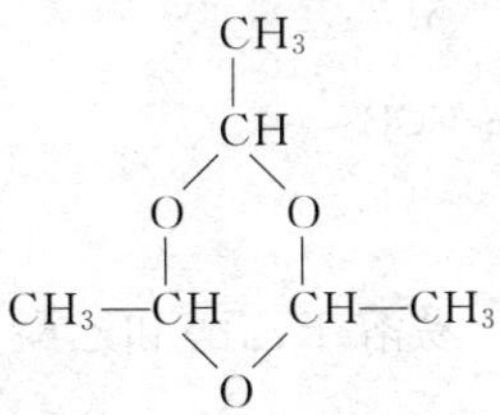

三聚乙醛

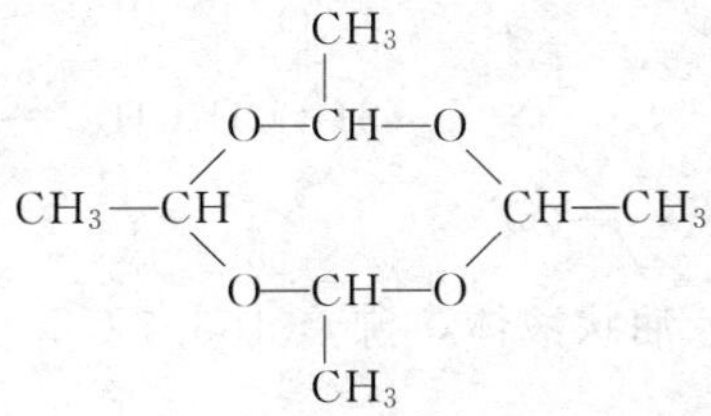

四聚乙醛

三聚乙醛是无色透明有特殊气味的液体，难溶于水。在医药上又称副醛，是比较安全的催眠药。三聚乙醛在硫酸存在下加热，可以解聚成乙醛，是乙醛的一种贮存形式。

四聚乙醛是白色晶体，熔点 246.2℃，不溶于水，可升华，燃烧时无烟，可用作固体燃料，但有毒，使用时要注意安全。

工业上常用乙炔水合法，乙醇氧化法和乙烯直接氧化法制乙醛。目前，乙烯氧化是生成乙醛的主要方法。

$$CH_2{=}CH_2+\frac{1}{2}O_2\xrightarrow[100℃,\ 1MPa]{PdCl_2\text{-}CuCl_2}CH_3CHO$$

乙醛最主要的用途是生产乙酸和乙酸酐。也用于生产正丁醇、季戊四醇、三氯乙醛等有机产品。

3. 苯甲醛（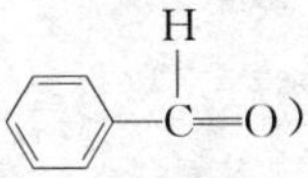）

苯甲醛是最简单的芳醛，又叫苦杏仁油，是无色有杏仁气味的液体。沸点 179℃，微溶于水，易溶于乙醛、乙醚等有机溶剂。在自然界以糖苷的形式存在于桃、杏等水果的核仁中。

苯甲醛在工业上用于生产肉桂醛、肉桂酸等有机产品，又可用作调味剂。现代工业常用甲苯氧化制取苯甲醛，也可利用苯二氯甲烷水解来制得。

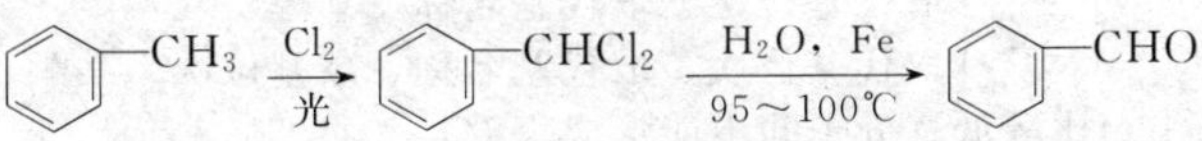

4. 丙酮（$CH_3\overset{O}{\overset{\|}{C}}CH_3$）

丙酮是最简单的饱和酮。为无色透明、具有清香气味的液体，容易挥发和燃烧，在空气中的爆炸极限为 2.55%～12.80%（体积分数）。可以任意比例与水混合，也能溶解油脂、树脂和橡胶等许多物质，是良好的有机溶剂。

工业上可用淀粉发酵、异丙醇催化氧化或催化脱氢、异丙苯氧化水解和丙烯直接催化氧化等方法制取丙酮。目前，使用较多的是异丙苯氧化制苯酚的同时制取丙酮（见第八章第二节），也常用丙烯直接氧化法：

$$CH_3CH{=}CH_2+\frac{1}{2}O_2\xrightarrow[90\sim120℃,\ 1MPa]{PdCl_2\text{-}CuCl_2}CH_3\overset{O}{\overset{\|}{C}}CH_3$$

丙酮大量用作溶剂，广泛用于涂料、电影胶片的生产中。它也是重要的有机化工原料，可用于合成有机玻璃、异戊橡胶、环氧树脂等高分子化合物。

5. 丁二酮（$CH_3\overset{O}{\overset{\|}{C}}{-}\overset{O}{\overset{\|}{C}}CH_3$）

丁二酮是最简单的二元酮，存在于茴香油和奶油中，是黄色油状液体，沸点 88℃。丁二酮具有酮的一般性质，和羟氨作用生成的丁二酮二肟是鉴定镍离子的重要试剂。

丁二酮主要用作奶油、人造奶油、果糖等食品的增香剂及明胶的硬化剂，一般由丁酮氧化制取。

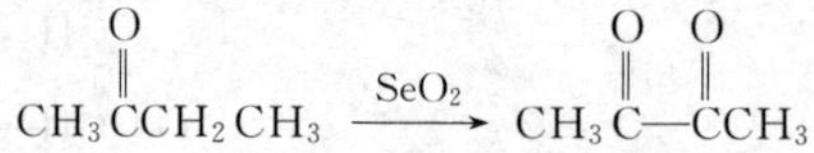

6. 环己酮（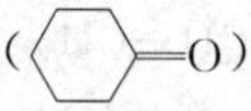）

环己酮是无色油状液体，沸点 155.7℃，微溶于水，易溶于乙醇和乙醚。本身也是一种常用的有机溶剂。

现代工业以环己烷为原料制取环己酮。

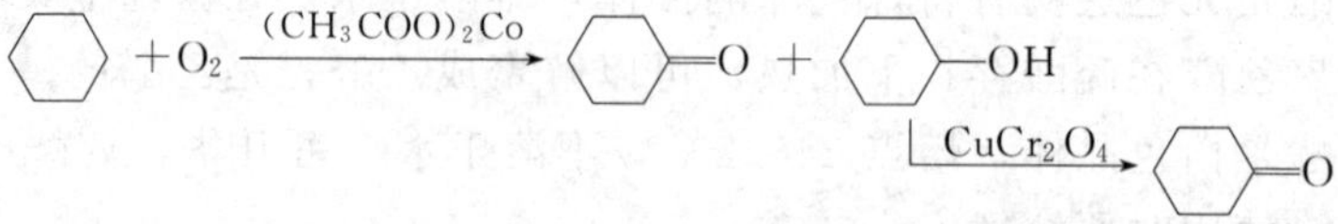

环己酮最主要的用途是制备己二酸和己内酰胺。己二酸是生产尼龙-66 的单体，己内酰胺是生产尼龙-6 的单体。

本章要点

- 1. 醛、酮的结构
  - 醛：羰基一端与氢原子相连，一端与烃基相连（甲醛例外）
  - 酮：羰基两端都与烃基相连
  - 羰基中碳氧双键由一个 σ 键和一个 π 键组成
  - 由于氧和碳的电负性不同，羰基具有极性
- 2. 醛、酮的命名
  - 习惯法
    - 醛：与相应醇的命名相似，称为“某醛”
    - 酮：按照两个烃基的名称，称为“某某甲酮”
  - 系统法
    - 选主链（含羰基；或含羰基和不饱和键）
    - 编号（靠近羰基端开始）
    - 写名
      - 取代基位次、取代基名称、某醛
      - 取代基位次、取代基名称、羰基位次、某酮
- 3. 醛酮的物理性质
  - 沸点比醇低（分子间不能形成氢键）
  - 沸点比醚、烷烃高（羰基有极性）
- 4. 化学反应
  - 羰基加成
    - 与 HCN 加成生成氰醇
    - 与 $NaHSO_3$ 加成生成 α-羟基磺酸钠
    - 与 ROH 加成生成缩醛（酮）
    - 与 RMgX 加成后水解生成伯、仲、叔醇
    - 与 N_2H-Y 加成后脱水生成肟、腙等
  - 氧化还原
    - 醛氧化
      - 与强氧化剂反应生成羧酸
      - 与托伦试剂反应生成银镜
      - 与费林试剂反应生成砖红色 Cu_2O 沉淀
    - 还原
      - 还原成醇
        - 醛 $\xrightarrow{[H]}$ 伯醇
        - 酮 $\xrightarrow{[H]}$ 仲醇
      - 还原成烃
        - Zn-Hg/浓 HCl——酸性条件下还原
        - $\xrightarrow[(HOCH_2CH_2)_2O,\ \triangle]{H_2NNH_2,\ KOH}$ 碱性条件下还原
  - α-氢的反应
    - 卤代反应——生成 α-卤代醛（酮）
    - 卤仿反应——有“$CH_3-\overset{\overset{\displaystyle O}{\|}}{C}-$”，“$CH_3-\overset{\overset{\displaystyle OH}{|}}{CH}-$”结构的物质反应后生成羧酸盐和卤仿
    - 羟醛缩合反应
      - 低温生成 β-羟基醛（酮）
      - 加热生成 α,β-不饱和醛（酮）

5. 醛和酮的鉴定
- 2,4-二硝基苯肼：鉴定羰基结构（醛酮都有此反应）
- 碘仿反应：鉴定具有“ $CH_3—\overset{\overset{O}{\|}}{C}—$ ”或“ $CH_3—\overset{\overset{OH}{|}}{C}H—$ ”结构的物质
- 与饱和 $NaHSO_3$ 反应：鉴定醛、脂肪甲基酮、低级环酮
- 费林试剂：区别脂肪醛和酮、脂肪醛与芳醛，鉴别甲醛
- 托伦试剂：区别醛和酮

习　题

1. 命名下列化合物

(1) $CH_3\underset{\underset{C_2H_5}{|}}{C}HCH_2\overset{\overset{CH_3}{|}}{\underset{\underset{CH_3}{|}}{C}}CHO$　(2) 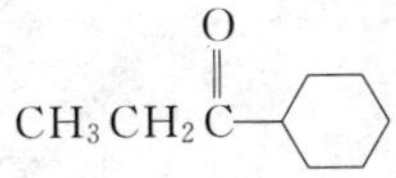　(3) 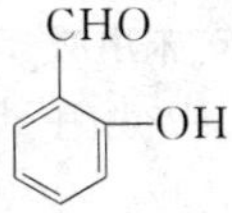

(4) 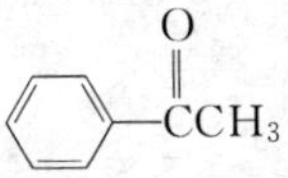　(5) $OHCCH_2\underset{\underset{C_2H_5}{|}}{C}HCH_2CHO$　(6) $CH_3\underset{\underset{O}{\|}}{C}CH_2\underset{\underset{O}{\|}}{C}CH_3$

2. 写出下列化合物的构造式

(1) 2-乙基丁醛　(2) 间硝基苯甲醛　(3) 乙基叔丁基酮
(4) 丙烯醛　(5) 对甲基苯乙酮　(6) 3-甲基-2-戊酮

3. 下列化合物中哪些能发生碘仿反应？哪些能与饱和的 $NaHSO_3$ 加成？哪些能发生歧化反应？

(1) $H\overset{\overset{O}{\|}}{C}H$　(2) 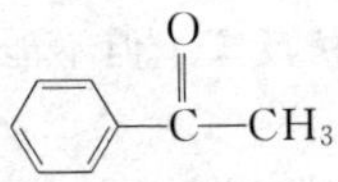　(3) 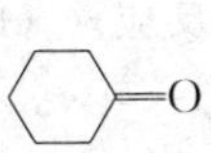　(4) $CH_3—\underset{\underset{CH_3}{|}}{C}H—\overset{\overset{O}{\|}}{C}—CH_3$

(5) C_2H_5OH　(6) $CH_3CH_2—\underset{\underset{O}{\|}}{C}—\underset{\underset{CH_3}{|}}{C}HCH_3$　(7) 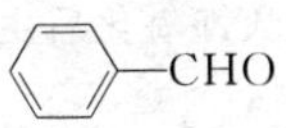　(8) 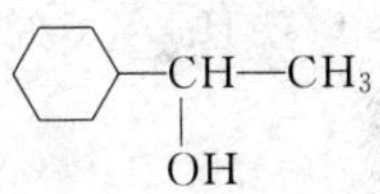

4. 完成下列化学反应

(1) 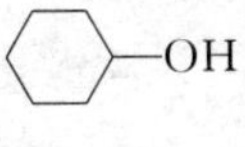 $\xrightarrow[H_2SO_4]{K_2Cr_2O_7}?\xrightarrow{H_2N\text{-}OH}?$

(2) $CH_3C\equiv CH+H_2O\xrightarrow[H_2SO_4]{HgSO_4}?\xrightarrow[NaOH]{NaOI}?+?$

(3) $CH_2=CH_2+CO+H_2\xrightarrow{[Co(CO)_4]_2}?\xrightarrow[\text{稀 }OH^-]{C_6H_5CHO}?$

(4) $CH_2=CH_2\xrightarrow{?}CH_3CH_2OH\xrightarrow[\text{干 }HCl]{CH_3CHO}?$

(5) $(CH_3)_3CCHO+HCHO\xrightarrow{\text{浓 }NaOH}?+?$

(6) 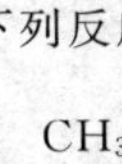 $+CH_3CH_2COCl\xrightarrow{AlCl_3}?\xrightarrow[HCl]{Zn\text{-}Hg}?$

5. 在下列反应式中，填上适当的还原剂

(1) $CH_3\underset{\underset{CH_3}{|}}{C}HCH=CHCHO\xrightarrow{?}CH_3\underset{\underset{CH_3}{|}}{C}HCH=CHCH_2OH$

(2) 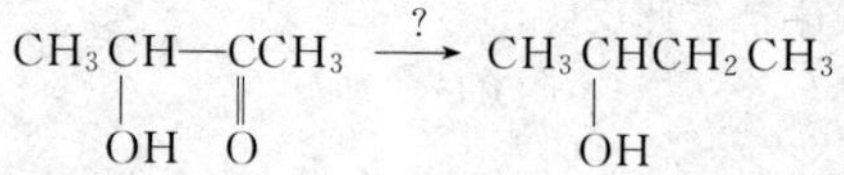

(3) 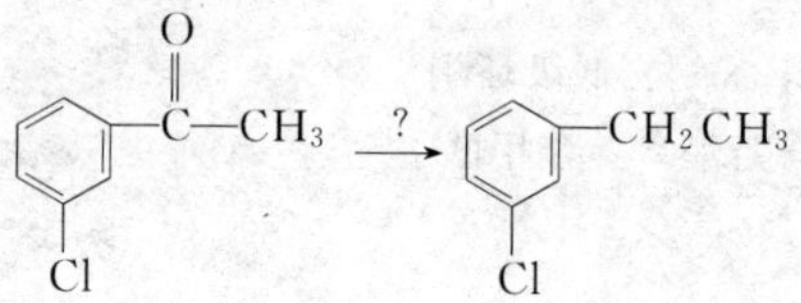

(4) 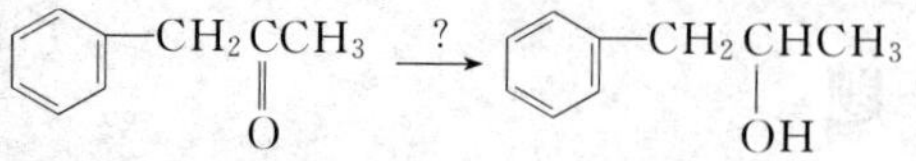

6. 用化学方法鉴别下列各组化合物

(1) 乙醇　　　乙醛　　　丙酮

(2) 正己醛　　苯甲醛　　苯乙酮

(3) 2-戊醇　　2-戊酮　　苯甲醚

(4) 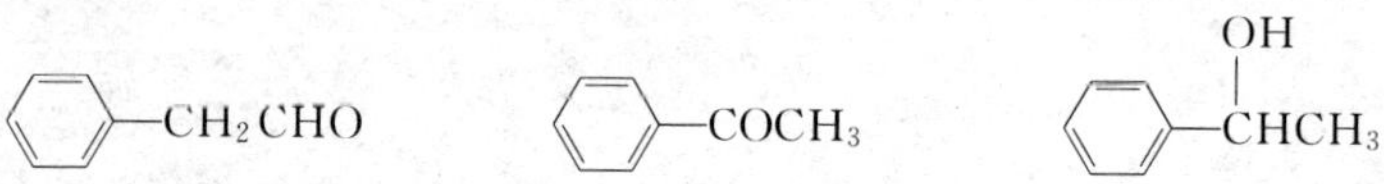

7. 试用化学方法分离

(1) 环己醇和环己酮　　　(2) 2-戊酮和 3-戊酮

8. 由指定原料合成下列化合物（无机试剂任选）

(1) 由甲醇、乙醇合成正丙醇和异丙醇

(2) 由乙醇合成丁酮

(3) 由乙烯合成正丁醇

9. 化合物（A）和（B）的分子式都是 C_3H_6O，它们都能与亚硫酸氢钠作用生成白色结晶，（A）能与托伦试剂作用产生银镜，但不能发生碘仿反应；（B）能发生碘仿反应，但不能与吐伦试剂作用。试推测（A）和（B）的构造式。

10. 某化合物 A($C_5H_{12}O$)，氧化后生成 B($C_5H_{10}O$)，B 能与苯肼作用，并能发生碘仿反应。A 与浓硫酸共热生成 C(C_5H_{10})，C 经酸性高锰酸钾氧化后生成丙酮和乙酸。试推测 A、B、C 的构造式。

第十章　羧酸及其衍生物

学习指南

羧酸是分子中含有羧基的有机化合物。羧基是由羰基和羟基组成的官能团，羧酸的化学反应主要发生在羧基及受羧基影响的α-氢原子上。

羧酸分子中的羟基被其他原子或基团取代后生成羧酸衍生物。它们都是含有酰基的化合物，由于结构相似，所以具有许多相似的化学性质。

本章重点介绍羧酸及其衍生物的特征反应、官能团间的相互转化规律及其在实际中的应用。

学习本章内容应在了解羧酸及其衍生物结构特点的基础上做到：

1. 了解羧酸的分类，掌握羧酸及其衍生物的命名方法；
2. 了解羧酸及其衍生物的物理性质和变化规律，熟悉重要羧酸及其衍生物的化学反应及应用；
3. 掌握羧酸及其衍生物官能团的特征反应及鉴别方法，掌握羧酸及其衍生物间的相互转化关系；
4. 熟悉重要羧酸及其衍生物的工业制法以及在生产、生活中的实际应用。

第一节　羧　　酸

一、羧酸的结构、分类和命名

1. 羧酸的结构

由羰基和羟基组成的基团称为羧基。羧基的构造式为 $-\overset{\displaystyle O}{\overset{\|}{C}}-OH$ （也可简写为$-COOH$）。**羧酸就是分子中含有羧基的一类有机化合物，常用通式 R—COOH 来表示。**在羧基中，由于羰基和羟基互相影响，使它们不同于醛酮分子中的羰基和醇分子中的羟基，而表现出一些特殊的性质。

2. 羧酸的分类

根据分子中烃基的结构不同可将羧酸分为脂肪族羧酸、脂环族羧酸和芳香族羧酸；根据烃基是否饱和，又可分为饱和羧酸和不饱和羧酸；还可以根据分子中所含羧基数目分为一元羧酸、二元羧酸和三元羧酸等，二元及二元以上的羧酸统称为多元羧酸。例如：

$CH_3-\underset{\displaystyle CH_3}{\underset{\|}{CH}}-COOH$	$CH_2=CH-COOH$	$HOOCCH_2COOH$
异丁酸	丙烯酸	丙二酸
（脂肪族饱和一元羧酸）	（脂肪族不饱和一元羧酸）	（脂肪族饱和二元羧酸）

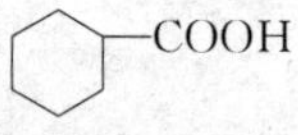
环已基甲酸
（脂环族一元羧酸）

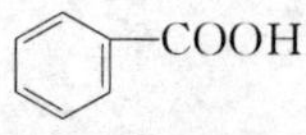
苯甲酸
（芳香族一元羧酸）

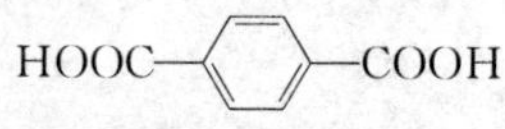
对苯二甲酸
（芳香族二元羧酸）

3. 羧酸的命名

（1）俗名　羧酸广泛存在于自然界中，而且早已被人们所认识，因此，许多羧酸有俗名，这些俗名一般是根据他们最初来源命名的。例如：甲酸最初从蒸馏非洲红蚂蚁所得，故称为蚁酸，乙酸是食醋的主要成分，因此叫醋酸。一些常见羧酸的俗名见表10-1。

（2）系统命名法　羧酸的系统命名原则与醛相似，即选择含有羧基的最长碳链为主链，若分子中含有双键（或三键），则选含羧基和双键（或三键）的最长碳链为主链，根据主链碳原子的数目称为“某酸”或“某烯（炔）酸”。编号时，从羧基碳原子开始。书写名称时要注明取代基和不饱和键的位次。例如：

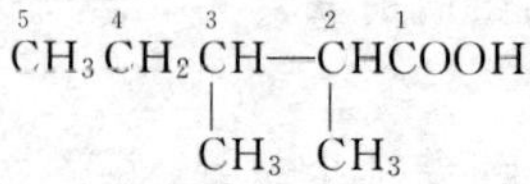
2,3-二甲基戊酸

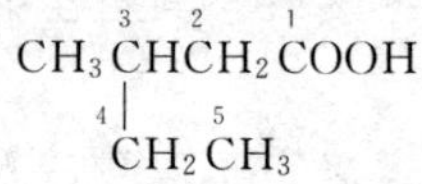
3-甲基戊酸

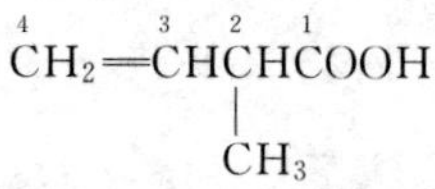
2-甲基-3-丁烯酸

$$\overset{18}{C}H_3 \leftarrow\!\!(CH_2)\!\!\rightarrow_7 \overset{10}{C}H{=}\overset{9}{C}H \leftarrow\!\!(CH_2)\!\!\rightarrow_7 \overset{1}{C}OOH$$
9-十八碳烯酸

芳香族羧酸或脂环族羧酸命名时，若羧基连在芳环或脂环侧链上，以芳环或脂环为取代基。例如：

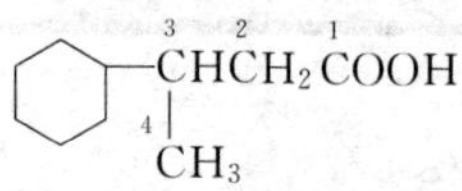
3-环已基丁酸

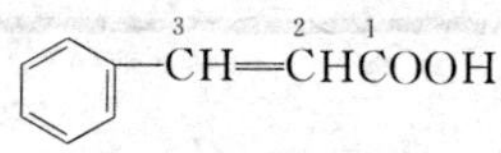
3-苯丙烯酸

二元羧酸命名时，选择包含两个羧基的最长碳链为主链，根据主链碳原子的数目称为“某二酸”；芳香或脂环族二元酸必须注明两个羧基的位次。例如：

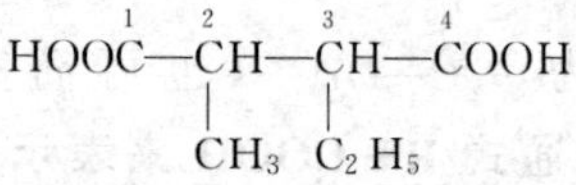
2-甲基-3-乙基丁二酸

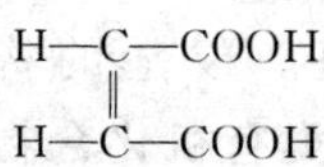
顺丁烯二酸

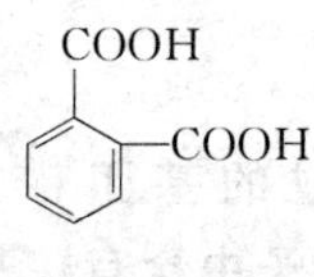
邻苯二甲酸
（1,2-苯二甲酸）

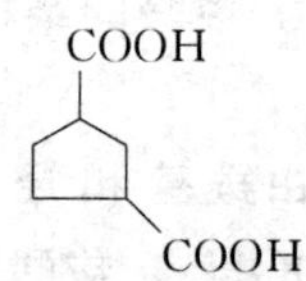
1,3-环戊基二甲酸

二、羧酸的物理性质

1. 物态

常温常压下，$C_1 \sim C_3$ 羧酸都是无色透明具有刺激性气味的液体，$C_4 \sim C_9$ 羧酸是具有腐败气味的油状液体，C_{10} 以上的直链一元羧酸是无臭无味的白色蜡状固体。脂肪族二元羧酸和芳香族羧酸都是白色晶体。

2. 沸点

饱和一元羧酸的沸点随着相对分子质量的增加而升高。羧酸的沸点比相对分子质量相同的醇的沸点要高。例如：

化合物	甲酸	乙醇	乙酸	丙醇
相对分子质量	46	46	60	60
沸点/℃	100.7	78	118	98

这是因为羧酸分子间可以形成两个氢键，并通过两个氢键形成双分子缔合体。

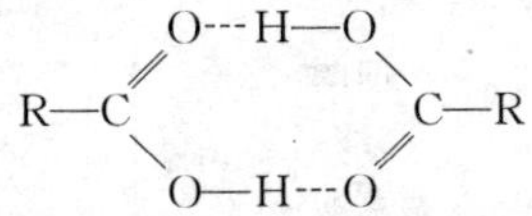

在固态和液态时，羧酸主要以双分子缔合体的形式存在，据测定，甲酸和乙酸在气态时仍以这种形式存在。因此，羧酸具有较高的沸点。

3. 熔点

直链饱和一元羧酸的熔点随碳原子数增加而呈锯齿状升高。含偶数碳原子的羧酸比相邻两个含奇数碳原子的羧酸熔点要高。这是因为偶数碳原子的羧酸分子对称性较高，排列比较紧密，分子间作用力较大的缘故。

4. 溶解性

$C_1 \sim C_4$ 的羧酸都易溶于水，可以任意比例与水混溶，C_5 以上的羧酸溶解度逐渐降低；C_{10} 以上的羧酸已不溶于水，但都易溶于乙醇、乙醚、氯仿等有机溶剂。二元羧酸在水中的溶解度比同碳原子数的一元羧酸大，芳香族羧酸一般难溶于水。

5. 相对密度

直链饱和一元羧酸的相对密度随碳原子数增加而降低。其中，甲酸、乙酸的相对密度大于 1，比水重，其他饱和一元羧酸的相对密度都小于 1，比水轻。二元羧酸和芳酸的相对密度都大于 1。

一些常见羧酸的名称和物理常数见表 10-1。

三、羧酸的化学性质

羧基是羧酸的官能团。羧酸的化学反应主要发生在羧基和受羧基影响变得比较活泼的 α-氢原子上。

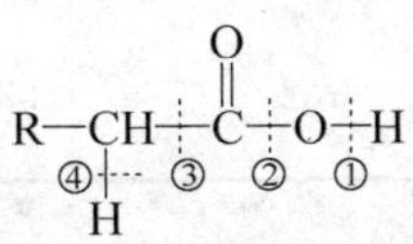

① O—H 键断裂，表现出酸性　② C—O 键断裂，羟基被取代
③ C—C 键断裂，发生脱羧反应　④ α—C—H 键断裂，α-氢原子被取代

1. 酸性与成盐

羧酸具有明显的弱酸性，在水溶液中能离解出 H^+，并使蓝色石蕊试纸变红。羧酸的酸性比碳酸强，不仅能与氢氧化钠和碳酸钠作用成盐，而且能与碳酸氢钠作用成盐：

$$RCOOH + NaHCO_3 \longrightarrow RCOONa + H_2O + CO_2\uparrow$$

羧酸钠盐具有盐的一般性质，易溶于水，不挥发，加入无机强酸又可以使羧酸重新游离析出。

$$RCOONa + HCl \longrightarrow RCOOH + NaCl$$

实验室中可根据与 Na_2CO_3、$NaHCO_3$ 反应放出 CO_2 的性质，鉴别羧酸；工业上还可利用羧酸盐与无机强酸作用重新转变为羧酸的性质，分离、精制羧酸。

不同结构的羧酸，其酸性强弱不同。一些羧酸及取代酸的 pK_a 值见表 10-2。

表 10-1　常见羧酸的名称和物理常数

构造式	名称		熔点/℃	沸点/℃	相对密度(d_4^{20})
	系统名称	俗名			
HCOOH	甲酸	蚁酸	8.6	100.8	1.220
CH_3COOH	乙酸	醋酸	16.7	118.0	1.049
CH_3CH_2COOH	丙酸	初油酸	−20.8	140.7	0.993
$CH_3(CH_2)_2COOH$	丁酸	酪酸	−7.9	163.5	0.959
$CH_3(CH_2)_3COOH$	戊酸	缬草酸	−34.0	185.4	0.939
$CH_3(CH_2)_4COOH$	己酸	羊油酸	−3.0	205.0	0.929
$CH_3(CH_2)_5COOH$	庚酸	葡萄花酸	−11	233.0	0.920
$CH_3(CH_2)_6COOH$	辛酸	亚羊脂酸	16.0	237.5	0.911
$CH_3(CH_2)_7COOH$	壬酸	天竺葵酸(风吕草酸)	12.5	253.0	0.906
$CH_3(CH_2)_8COOH$	癸酸	羊蜡酸	31.5	270	0.887
$CH_3(CH_2)_{10}COOH$	十二酸	月桂酸	44	225	0.868(50℃)
$CH_3(CH_2)_{12}COOH$	十四酸	肉豆蔻酸	58	250.5(13.3kPa)	0.844(80℃)
$CH_3(CH_2)_{14}COOH$	十六酸	软脂酸(棕榈酸)	63	271.5(13.3kPa)	0.849(70℃)
$CH_3(CH_2)_{16}COOH$	十八酸	硬脂酸	71.5	383	0.941
$CH_2{=}CHCOOH$	丙烯酸	败脂酸	14	140.9	1.051
$CH_3CH{=}CHCOOH$	2-丁烯酸	巴豆酸	72	185	1.018
HOOC—COOH	乙二酸	草酸	189.5	157(升华)	1.90
$HOOCCH_2COOH$	丙二酸	缩水苹果酸(胡萝卜酸)	135.6	140(升华)	1.63
C_6H_5COOH	苯甲酸	安息香酸	122.0	249	1.266
$HOOC(CH_2)_4COOH$	己二酸	肥酸	152	330.5(分解)	1.366
H—C—COOH ‖ H—C—COOH	顺丁烯二酸	马来酸(失水苹果酸)	130.5	135(分解)	1.590
HOOC—C—H ‖ H—C—COOH	反丁烯二酸	富马酸	287	200(升华)	1.625
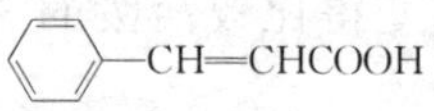	β-苯丙烯酸	肉桂酸	133	300	1.245
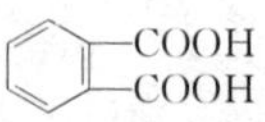	邻苯二甲酸	酞酸	231(速热)		1.593

表 10-2　羧酸及取代酸的 pK_a 值

名称	构造式	pK_a	名称	构造式	pK_a
甲酸	HCOOH	3.77	氟乙酸	FCH_2COOH	2.66
乙酸	CH_3COOH	4.76	氯乙酸	$ClCH_2COOH$	2.86
丙酸	CH_3CH_2COOH	4.87	溴乙酸	$BrCH_2COOH$	2.90
丁酸	$CH_3CH_2CH_2COOH$	4.82	碘乙酸	ICH_2COOH	3.18
苯甲酸	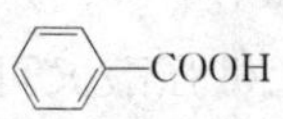	4.17	α-氯丁酸	$CH_3CH_2CHCOOH$ | Cl	2.84
对氯苯甲酸	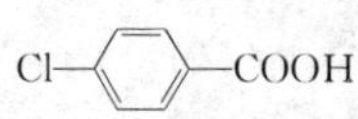	4.03	β-氯丁酸	CH_3CHCH_2COOH | Cl	4.08
对硝基苯甲酸	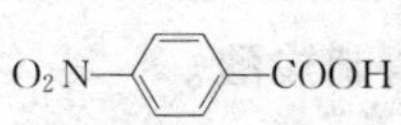	3.40	γ-氯丁酸	$CH_2CH_2CH_2COOH$ | Cl	4.52

羧酸的酸性强弱与羧基上所连基团的性质密切相关。**当羧基与吸电子基相连时，酸性增强，与供电子基相连时，酸性减弱。**例如下列羧酸的酸性强弱顺序为：

$$FCH_2COOH > ClCH_2COOH > BrCH_2COOH > ICH_2COOH > HCOOH > CH_3COOH > CH_3CH_2COOH$$

这是因为卤素原子的电负性比碳原子强，具有较强的吸电作用，使羟基氧原子上电子云密度降低，对氢原子的吸引力减弱，从而容易离解出质子，所以酸性增强。而烷基是供电子基，使羟基氧原子上电子云密度增加，对氢原子的吸引力增强，使氢原子较难离解为质子，所以酸性减弱。

吸电子基的数目越多，电负性越大，离羧基越近，羧酸的酸性越强。这种吸电子作用可沿碳链传递且逐渐减弱，一般经过三个以上原子时，其影响可忽略不计。

2. 羟基被取代

在一定条件下，羧基中的羟基可以被其他原子或基团取代，生成羧酸衍生物。

(1) 被卤原子取代　羧酸与三氯化磷（PCl_3）、五氯化磷（PCl_5）、亚硫酰氯（$SOCl_2$）等试剂作用时，分子中的羟基被氯原子取代生成酰氯。

$$3R-\overset{\overset{O}{\|}}{C}-OH + \underset{\text{三氯化磷}}{PCl_3} \longrightarrow 3\underset{\text{酰氯}}{R-\overset{\overset{O}{\|}}{C}-Cl} + \underset{\substack{\text{亚磷酸}\\ (200℃\text{分解})}}{H_3PO_3}$$

$$R-\overset{\overset{O}{\|}}{C}-OH + \underset{\text{五氯化磷}}{PCl_5} \longrightarrow R-\overset{\overset{O}{\|}}{C}-Cl + \underset{\substack{\text{三氯氧磷}\\ (\text{沸点 }107℃)}}{POCl_3} + HCl$$

$$R-\overset{\overset{O}{\|}}{C}-OH + \underset{\text{亚硫酰氯}}{SOCl_2} \longrightarrow R-\overset{\overset{O}{\|}}{C}-Cl + SO_2\uparrow + HCl\uparrow$$

若用 PBr_3 与羧酸作用可以制得酰溴。

在制备酰卤时采用哪种试剂，取决于原料、产物和副产物之间是否容易分离。例如，常用 PCl_3 来制取低沸点的酰氯，因为副产物 H_3PO_3 不易挥发，加热到 200℃才分解，因此很容易把低沸点的产物从反应体系中分离出来。PCl_5 则用来制取高沸点的酰氯，因为生成的副产物 $POCl_3$ 沸点较低，可以先蒸馏除去。而用 $SOCl_2$ 反应生成的副产物都是气体，容易提纯，且产率较高，所以 $SOCl_2$ 可以制取任何酰氯，是制备酰氯常用的试剂。

(2) 被酰氧基取代　羧酸在脱水剂（如五氧化二磷、乙酸酐等）的作用下，发生分子间脱水生成酸酐。例如：

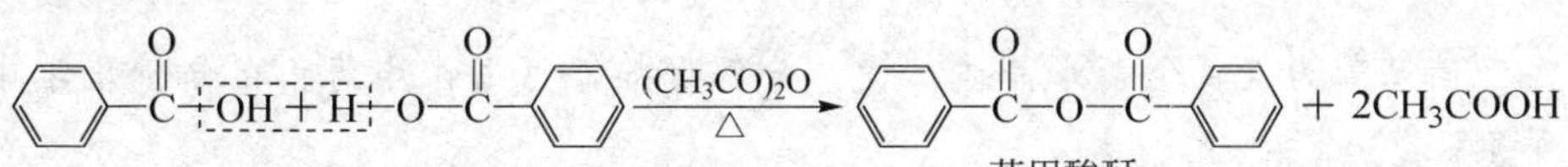

苯甲酸酐

某些二元酸受热后可分子内脱水生成环状的酸酐。例如：

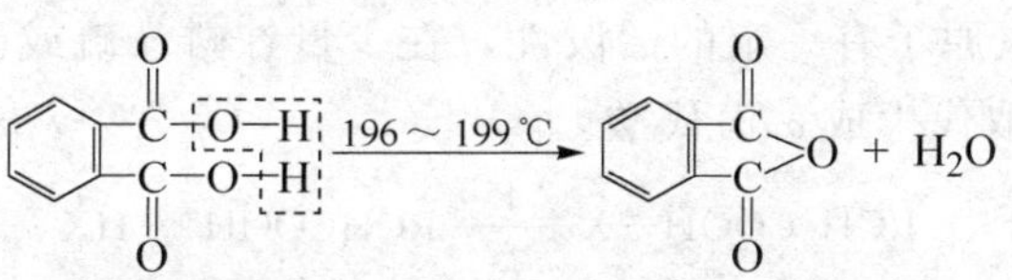

邻苯二甲酸　　邻苯二甲酸酐

(3) 被烷氧基取代　羧酸和醇作用发生分子间脱水生成酯，这一反应称为酯化反应。酯化反应是可逆的，速率很慢，因此必须在酸催化下进行。如果使反应物之一过量，或在反应过程中不断除去生成的水，则可破坏平衡，提高酯的产率。例如，在实验室中采用分水器装置，用过量的乙酸和异戊醇反应制取乙酸异戊酯。

$$CH_3-\overset{O}{\overset{\|}{C}}-OH + HO-CH_2CH_2\underset{CH_3}{\underset{|}{C}}HCH_3 \underset{}{\overset{H^+}{\rightleftharpoons}} CH_3\overset{O}{\overset{\|}{C}}-O-CH_2CH_2\underset{CH_3}{\underset{|}{C}}HCH_3 + H_2O$$

乙酸(过量)　　异戊醇　　乙酸异戊酯　　(将水移走)

乙酸异戊酯为无色透明液体，因具有令人愉快的香蕉气味又称香蕉水。常用作溶剂、萃取剂、香料和化妆品的添加剂，也是一种昆虫信息素。

(4) 被氨基取代　羧酸与氨作用时首先生成铵盐，干燥的羧酸铵受热脱水后生成酰胺。

$$R-\overset{O}{\overset{\|}{C}}-OH + NH_3 \longrightarrow R-\overset{O}{\overset{\|}{C}}-ONH_4 \xrightarrow[\triangle]{} R-\overset{O}{\overset{\|}{C}}-NH_2 + H_2O$$

羧酸　　羧酸铵　　酰胺

3. 脱羧反应

羧酸在加热条件下脱去羧基、放出 CO_2 的反应称为脱羧反应。除甲酸外，饱和一元羧酸一般不发生脱羧反应，但其盐或羧酸中的 α-碳上连有吸电子基时，受热后可以脱羧。

(1) 羧酸盐脱羧　羧酸盐和碱石灰混合，在强热下可以脱去羧基生成烃。例如在实验室中加热无水醋酸钠和碱石灰的混合物可以制取甲烷。

$$CH_3-\overset{O}{\overset{\|}{C}}-ONa + NaOH \xrightarrow[\triangle]{CaO} CH_4\uparrow + Na_2CO_3$$

醋酸钠

(2) 羧酸脱羧　羧酸的 α-碳原子上连有吸电子基时，羧基不稳定，受热容易脱羧。例如：

$$Cl_3CCOOH \xrightarrow[\triangle]{} CHCl_3 + CO_2\uparrow$$

$$CH_3\overset{O}{\overset{\|}{C}}CH_2COOH \xrightarrow[\triangle]{} CH_3\overset{O}{\overset{\|}{C}}CH_3 + CO_2\uparrow$$

芳酸比脂肪酸容易脱羧，尤其是芳环上连有吸电子基时，更容易发生脱羧反应。例如：

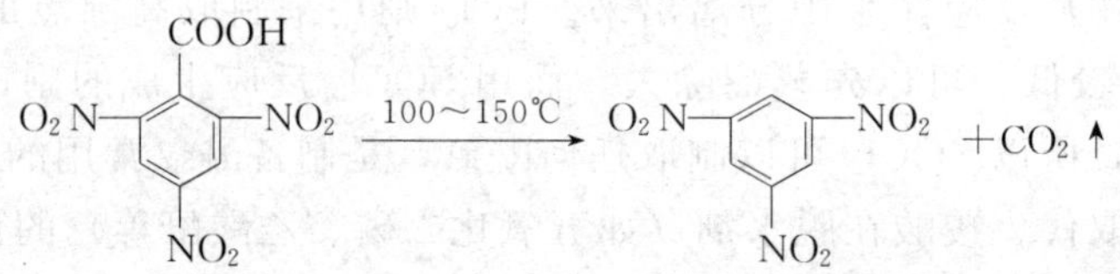

2,4,6-三硝基苯甲酸　　1,3,5-三硝基苯

1,3,5-三硝基苯为淡黄色菱形晶体。受热分解爆炸，可用作炸药。在分析化学中还可用作 pH 指示剂。

4. α-氢的卤代反应

受羧基的影响，α-氢原子有一定的活泼性，在少量红磷、硫或碘催化剂的存在下，可被卤原子（—Cl、—Br）取代生成 α-卤代酸。

$$RCH_2COOH + X_2 \xrightarrow[\triangle]{P} R\underset{X}{\underset{|}{C}}HCOOH + HX$$

通过控制条件，可使反应停留在一元取代阶段，也可以继续发生多元取代。例如，工业上利用此反应制取一氯乙酸、二氯乙酸和三氯乙酸。

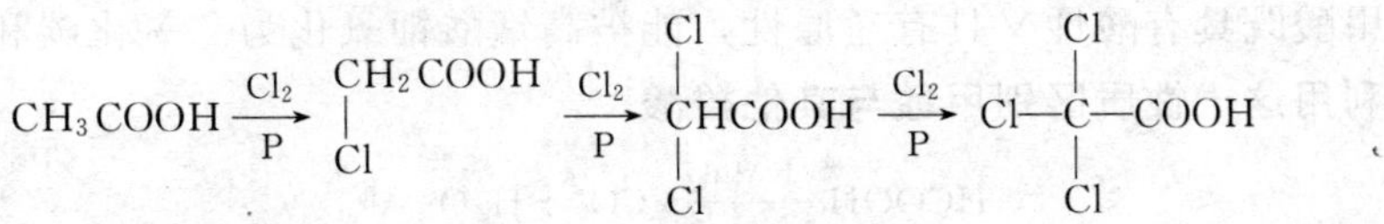

一氯乙酸　　二氯乙酸　　三氯乙酸

一氯乙酸、三氯乙酸是无色晶体，二氯乙酸是无色液体。三者都是重要的有机化工原料，广泛用于有机合成和制药工业。如一氯乙酸是制备农药乐果、植物生长激素 2,4-D 和增产灵的原料。

α-卤代酸中的卤原子可以被—CN，$—NH_2$、—OH 等基团取代生成各种 α-取代酸，因此羧酸的 α-卤代反应在有机合成中具有重要意义。

四、羧酸的制法

1. 伯醇和醛的氧化

这是制备羧酸最常用的方法。例如，工业上利用此法生产丁酸和乙酸。

$$CH_3CH_2CH_2CH_2OH \xrightarrow[\text{丁酸钴}]{O_2} CH_3CH_2CH_2CHO \xrightarrow[\text{丁酸钴}]{O_2} CH_3CH_2CH_2COOH$$

$$CH_3CHO+\frac{1}{2}O_2 \xrightarrow[60\sim80^\circ C,\ 0.8MPa]{\text{乙酸锰}} CH_3COOH$$

2. 腈的水解

腈在酸或碱溶液中水解生成羧酸。例如，工业上由苯乙腈水解制取苯乙酸。

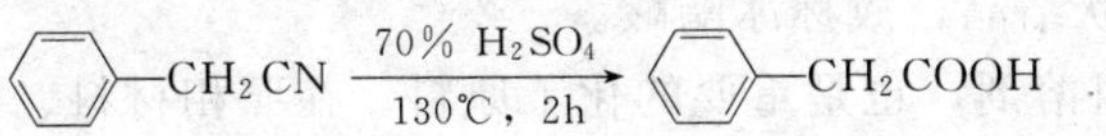

苯乙腈　　苯乙酸

苯乙酸是合成青霉素等医药或农药的中间体。

由于腈可通过卤代烷制得，所以此反应适合由伯醇或伯卤代烷制取增加一个碳原子的羧酸。

3. 由格氏试剂制备

将二氧化碳在低温下通入格氏试剂的乙醚溶液中，或将格氏试剂倾于干冰上即可发生加成反应，再将加成产物进行水解，便得到羧酸。

$$RMgCl+CO_2 \xrightarrow{\text{绝对乙醚}} R\overset{\overset{O}{\|}}{C}—OMgCl \xrightarrow{H_2O} RCOOH$$

此反应适合制取增加一个碳原子的羧酸。

五、重要的羧酸

1. 甲酸（HCOOH）

甲酸俗称蚁酸。现代工业以水煤气为原料来制取。

$$CO+H_2O \xrightarrow[200\sim300^\circ C,\ 20MPa]{H_2SO_4} HCOOH$$

甲酸是具有刺激气味的无色透明液体，沸点 100.8℃。可与水混溶，易溶于乙醇、乙醚、甘油等。容易燃烧，在空气中的爆炸极限为 18 %～57%（体积分数）。腐蚀性较强，并刺激皮肤，使用时应避免与皮肤接触。

甲酸的结构比较特殊，同时具有羧基和醛基的结构。

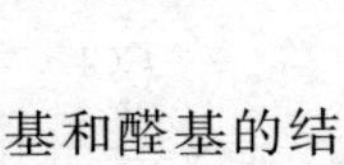

醛基　羧基

因此，甲酸既具有酸性又具有还原性，能被高锰酸钾氧化为二氧化碳和水，也能发生银镜反应。**可利用这一性质区别甲酸与其他羧酸。**

$$HCOOH \xrightarrow{KMnO_4} CO_2 + H_2O$$

$$HCOOH + 2Ag(NH_3)_2OH \longrightarrow 2Ag\downarrow + (NH_4)_2CO_3 + 2NH_3 + H_2O$$

甲酸加热到160℃以上，发生分解生成二氧化碳和氢气：

$$HCOOH \xrightarrow{160℃} CO_2 + H_2$$

当与浓硫酸共热时，则分解成一氧化碳和水：

$$HCOOH \xrightarrow[60\sim80℃]{H_2SO_4} CO + H_2O$$

这是实验室制备一氧化碳的方法。

甲酸是重要的有机化工原料，广泛用于制取冰片、氨基比林、咖啡因、维生素 B_1、杀虫脒等医药或农药，由于其具有杀菌能力，又可用作消毒剂和防腐剂。此外，甲酸还可用作酸性还原剂、橡胶凝聚剂以及媒染剂等。

2. 乙酸（CH_3COOH）

乙酸俗称醋酸。普通食醋中约含6%～8%的乙酸。人类最早制备醋酸的方法是谷物发酵法，这一方法至今仍应用于食醋工业。现代工业主要采用乙醛催化氧化法制取乙酸。

乙酸是具有刺激气味的无色透明液体，沸点118℃，可与水、乙醇、乙醚混溶。纯乙酸在低于16.6℃时呈冰状结晶，故称冰醋酸。

乙酸是常用的有机溶剂，也是重要的化工原料。在照相材料、人造纤维、合成纤维、染料、香料、制药、橡胶、食品等工业都具有广泛应用。乙酸还具有杀菌能力，0.5%～2%的乙酸稀溶液可用于烫伤或灼伤感染的创面洗涤。用食醋熏蒸室内，可预防流行性感冒。用食醋佐餐可防治肠胃炎等疾病。

3. 丙烯酸（$CH_2{=}CH{-}COOH$）

丙烯酸为最简单的不饱和脂肪酸，是具有刺激性酸味的无色液体，沸点140.9℃，能与水、乙醇、乙醚等互溶。

丙烯酸可以由丙烯腈水解得到，现代工业主要以丙烯为原料直接氧化来制取。

$$CH_3{-}CH{=}CH_2 + \frac{3}{2}O_2 \xrightarrow[650℃,\ 1MPa]{MoO_3} CH_2{=}CH{-}COOH + H_2O$$

丙烯酸是制造重要的丙烯酸酯（包括甲酯、乙酯和2-乙基己酯）的原料。这些酯类可制成乳液状聚合物，用于纸张加工、皮革整理和无纺纤维的胶黏剂。另外丙烯酸酯与乙烯型单体共聚可得到丙烯酸树脂涂料。用丙烯酸酯涂料生产的高级油漆色泽鲜艳，经久耐用，广泛用于汽车、飞机、家用电器、家具、建筑等领域。

4. 苯甲酸（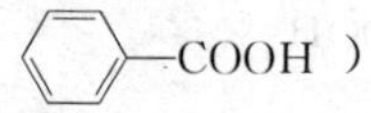）

苯甲酸是典型的芳香酸。因最初来源于安息香胶，故俗称安息香酸。现代工业由甲苯氧化或甲苯氯化后水解来制取。

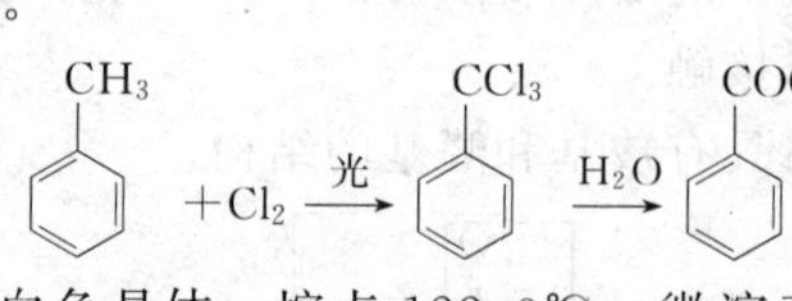

苯甲酸是鳞片状或针状白色晶体，熔点122.0℃，微溶于冷水，可溶于热水和乙醇、乙醚等有机溶剂，能升华。具有较强的抑菌、防腐作用，其钠盐是食品和药液中常用的防腐

剂。苯甲酸也用于制备药物、香料和染料等。

5. 乙二酸（$\begin{array}{l}COOH\\|\\COOH\end{array}$）

乙二酸是最简单的二元酸，俗称草酸。以钾盐和钙盐的形式广泛存在于植物体中。现代工业以一氧化碳和氢氧化钠为原料先制取甲酸钠，然后将甲酸钠迅速加热至 360℃脱氢生成草酸钠，再经石灰苛化、硫酸酸化制得草酸。

$$CO + NaOH \xrightarrow[2MPa]{150\sim200℃} HCOONa$$

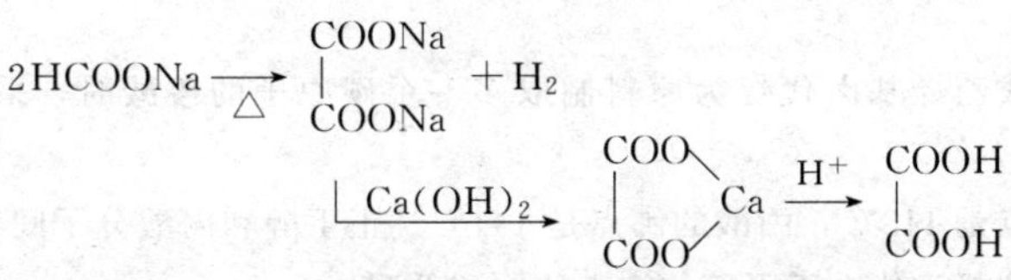

草酸常带有两分子的结晶水，是无色单斜片状晶体，熔点 101.5℃。易溶于水和乙醇。将其加热到 105℃左右时，就失去结晶水生成无水草酸，无水草酸的熔点为 189.5℃。

草酸除具有一般羧酸的性质外，还有还原性。可以被高锰酸钾氧化成二氧化碳和水。这一反应是定量进行的，在分析中常用纯草酸来标定高锰酸钾溶液的浓度。

草酸是制造抗菌素和冰片等药物的重要原料，在工业上还常用作还原剂、漂白剂和除锈剂等。

6. 己二酸（$\begin{array}{l}CH_2—CH_2—COOH\\|\\CH_2—CH_2—COOH\end{array}$）

己二酸俗称肥酸，是白色粉末状固体，熔点 152℃，微溶于水，可溶于乙醇和乙醚，能升华。主要用于合成纤维尼龙-66，也用作增塑剂和润滑剂等。工业上制取己二酸一般采用环己醇氧化法或己二腈水解法。

目前，已发展了一种合成己二酸的新工艺方法：以丁二烯为原料先进行羰基合成反应生成己二醛，然后再氧化制成己二酸。

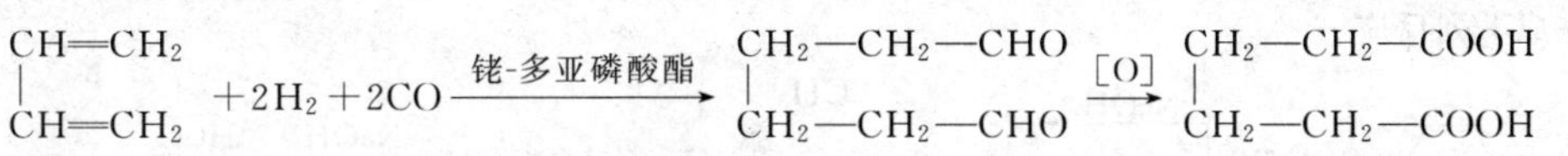

这种新方法对环境无污染，很有发展前途。

7. 水杨酸（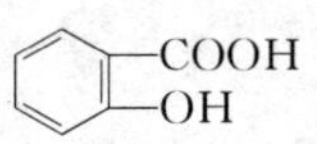）

水杨酸又称柳酸，学名为邻羟基苯甲酸，存在于柳树、水杨树皮及其他许多植物中。现代工业用以下方法来制取。

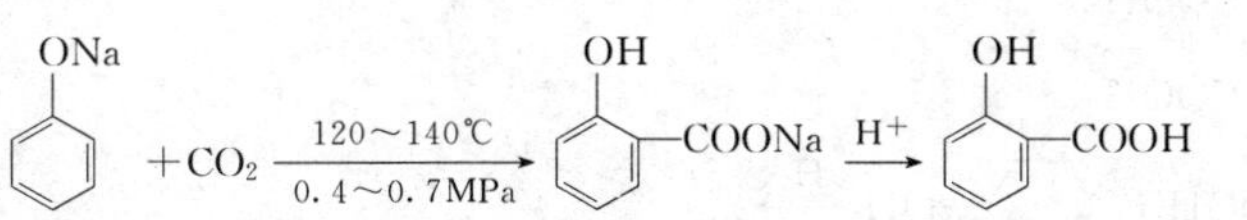

水杨酸是白色针状晶体，熔点 159℃，微溶于冷水，易溶于沸水和乙醇。由于分子中含有羟基和羧基，因此它具有酚和羧酸的一般性质，如易氧化，遇氯化铁呈紫色，水溶液显酸性，能成盐、成酯等。将水杨酸加热到熔点以上，能脱羧生成苯酚。

水杨酸有抑制细菌生长的作用，可用作防腐剂和杀菌剂。水杨酸的许多衍生物都是重要的药物，例如：

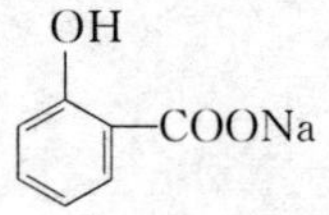

水杨酸钠

（抗风湿药物）

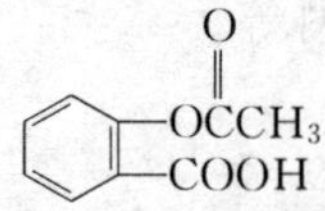

乙酰水杨酸（阿司匹林）

（解热镇痛剂）

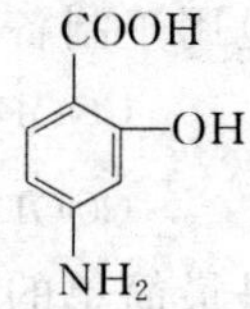

对氨基水杨酸（PAS）

（抗结核药物）

思考与练习

10-1　回答问题

（1）用叔卤代烷或乙烯基卤代烃为原料制取多一个碳原子的羧酸时，采用腈的水解法可以吗？为什么？

（2）正丁醇的沸点是118℃，丙酸的沸点是141℃。正丁醇和丙酸分子间都存在着氢键，且相对分子质量相近，你能解释为什么正丁醇的沸点比丙酸低吗？

（3）当羧基上连有不同性质的基团（供电子基或吸电子基）时，对羧酸的酸性有什么影响？为什么？

（4）在 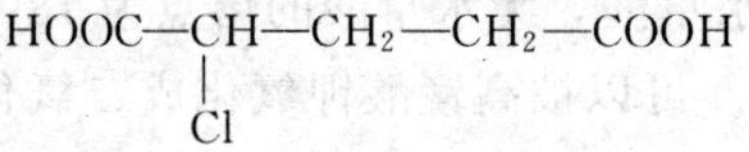 中哪一个羧基的酸性强，为什么？

10-2　给下列化合物命名

（1） 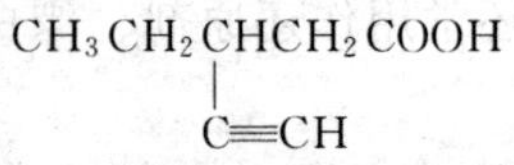

（2） 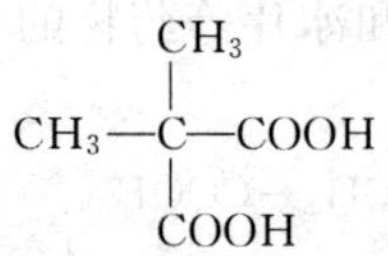

（3） 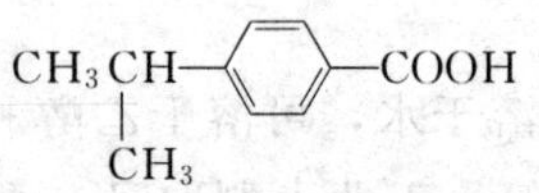

（4） 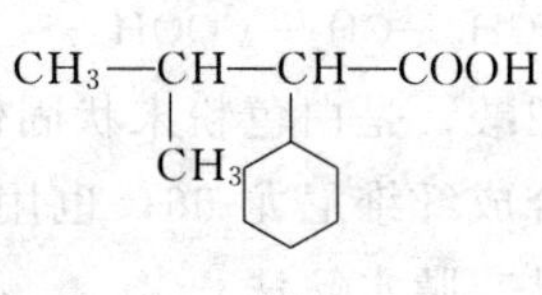

10-3　写出下列化合物的构造式

（1）α,γ-二甲基己酸

（2）邻羟基苯甲酸（水杨酸）

（3）3-羟基-3-羧基戊二酸（柠檬酸）

（4）β-萘乙酸

10-4　完成下列反应

（1） 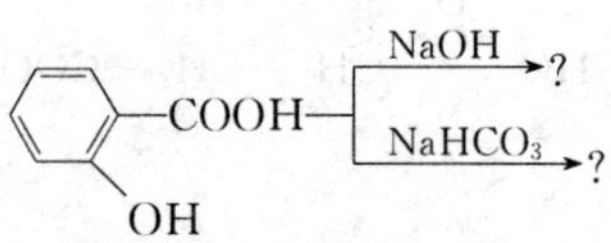

（2） 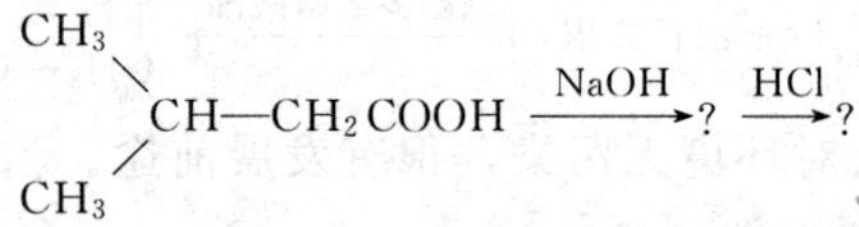

（3） $CH_3-\overset{O}{\overset{\|}{C}}-OH + NH_3 \longrightarrow ? \xrightarrow{\triangle} ?$

（4） 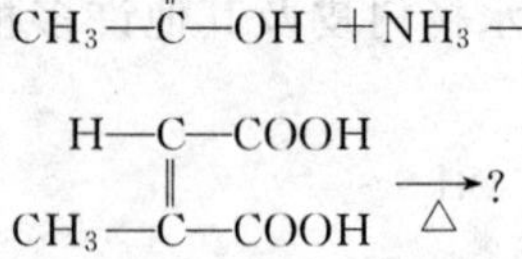

（5） 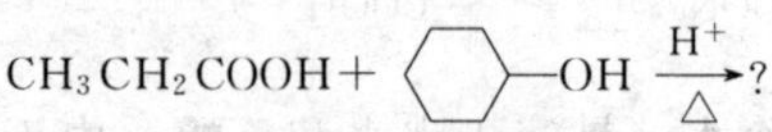

（6） 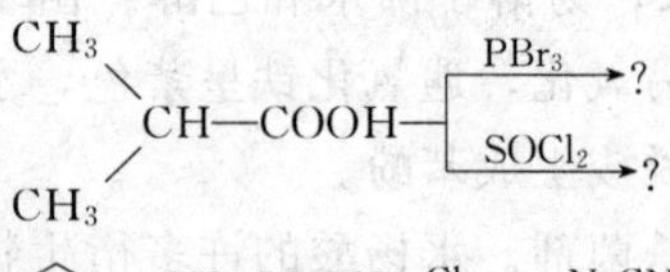

（7） 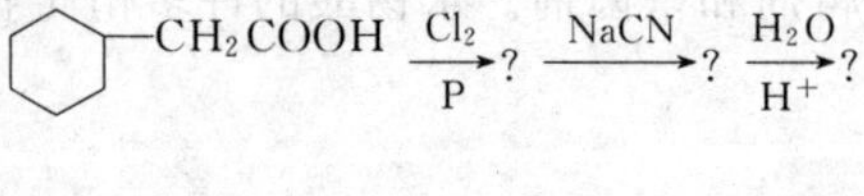

(8) 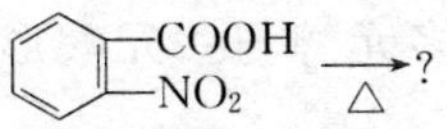

10-5 完成下列转变

(1) $CH_2{=}CH_2 \longrightarrow CH_3CH_2COOH$

(2) 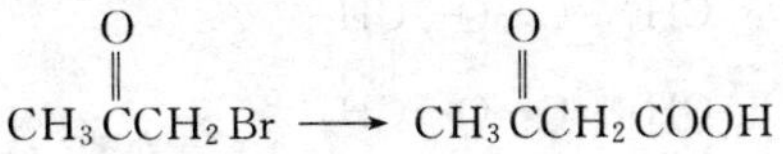

(3) 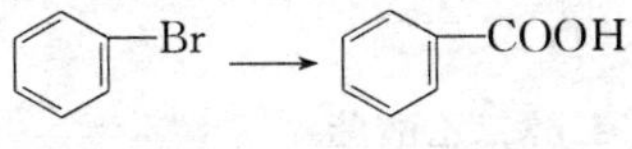

第二节 羧酸衍生物

一、羧酸衍生物的结构和命名

1. 羧酸衍生物的结构

羧酸分子中去掉羟基后剩余的部分叫酰基。酰基与卤原子、酰氧基、烷氧基、氨基直接相连形成的化合物分别称为酰卤、酸酐、酯和酰胺。它们统称为羧酸衍生物，因其结构中都含有酰基，所以又称为酰基化合物。

酰卤　　酸酐　　酯　　酰胺

2. 羧酸衍生物的命名

(1) 酰卤的命名　在酰基的名称后面加上卤原子的名称，称为“某酰卤”。例如：

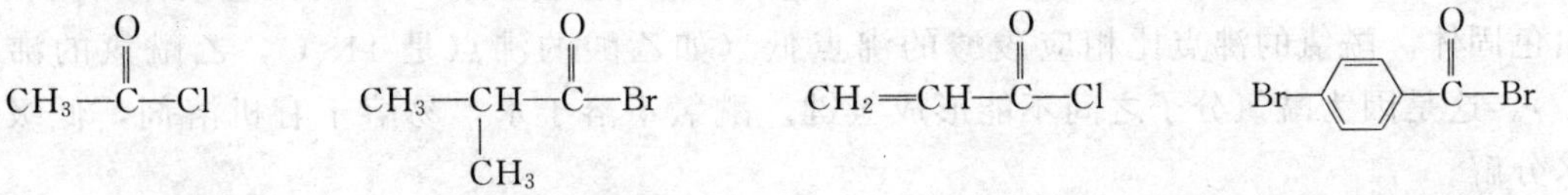

乙酰氯　　2-甲基丙酰溴　　丙烯酰氯　　对溴苯甲酰溴

(2) 酸酐的命名　酸酐是羧酸脱水得到的，它的命名是在相应的羧酸名称后面加上“酐”字。例如：

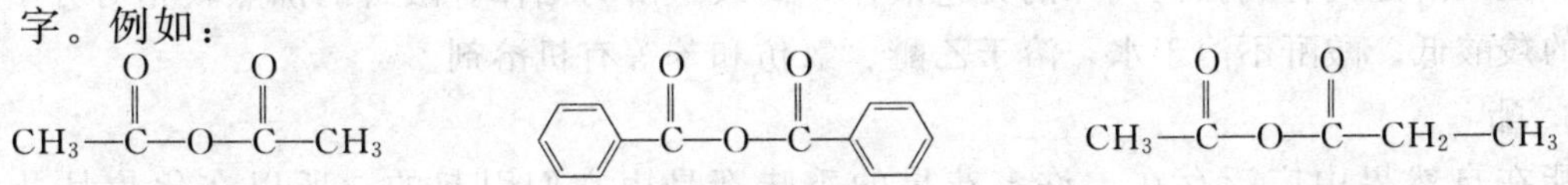

乙酸酐　　苯甲酸酐　　乙丙酸酐

顺丁烯二酸酐　　邻苯二甲酸酐

(3) 酯的命名　酯是羧酸和醇（或酚）的脱水产物。命名时，按照相应羧酸和醇（或酚）的名称，称为“某酸某酯”。例如：

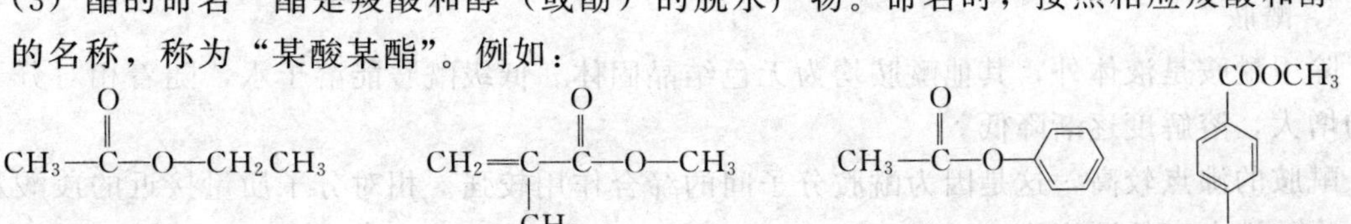

乙酸乙酯　　α-甲基丙烯酸甲酯　　乙酸苯酯　　对苯二甲酸二甲酯

由多元羧酸和多元醇形成的酯，称为“某酸某醇酯”；而由多元醇与一元酸形成的酯命名时，将醇写在羧酸的前面，称为“某醇某酸酯”。例如：

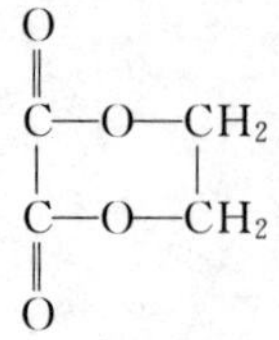

乙二酸乙二醇酯

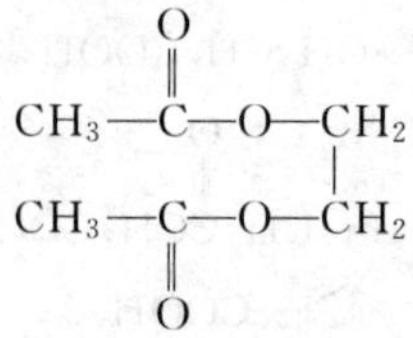

乙二醇二乙酸酯

（4）酰胺的命名　在酰基名称后面加上“胺”字，称为“某酰胺”。例如：

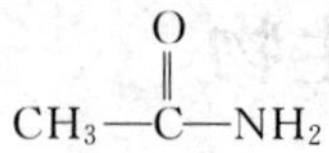

乙酰胺

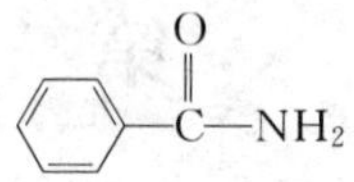

苯甲酰胺

对于含有取代氨基的酰胺，命名时，把氮原子上所连的烃基作为取代基，写名称时用“*N*”表示其位次。例如：

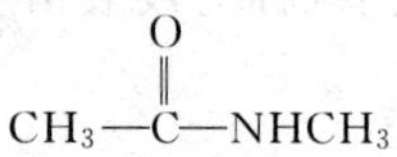

N-甲基乙酰胺

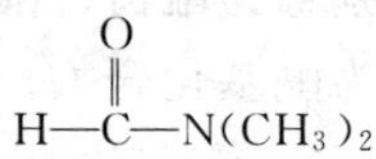

N,*N*-二甲基甲酰胺

二、羧酸衍生物的物理性质

1. 酰卤

酰卤中最为常见也最重要的是酰氯。低级酰氯是有强烈刺激气味的无色液体，高级酰氯为白色固体。酰氯的沸点比相应羧酸的沸点低（如乙酸的沸点是 118℃，乙酰氯的沸点是 51℃）。这是因为酰氯分子之间不能形成氢键。酰氯不溶于水，易溶于有机溶剂，低级酰氯遇水分解。

2. 酸酐

低级酸酐是具有刺激性气味的无色液体，高级酸酐为固体。酸酐的沸点较相对分子质量相近的羧酸低。酸酐不溶于水，溶于乙醚、氯仿和苯等有机溶剂。

3. 酯

酯在自然界中广泛存在，许多花果的香味都是由它们引起的，所以在化妆品及食品工业中大量使用酯来配制各种香精。低级酯是无色液体，高级酯多为蜡状固体。酯的沸点比相对分子质量相近的醇和羧酸都低。除低级酯（$C_3 \sim C_5$）微溶于水外，其他酯都不溶于水，但易溶于乙醇、乙醚等有机溶剂。有些酯本身就是优良的有机溶剂。例如，油漆工业中常用的“香蕉水”就是用乙酸乙酯、乙酸异戊酯和某些酮、醇、醚及芳烃等配制而成的。

4. 酰胺

除甲酰胺是液体外，其他酰胺均为无色结晶固体。低级酰胺能溶于水，随着相对分子质量的增大，溶解度逐渐降低。

酰胺的沸点较高，这是因为酰胺分子间的缔合作用较强。相对分子质量接近的羧酸及其衍生物的沸点高低顺序为：

酰胺＞羧酸＞酸酐＞酯＞酰氯

一些常见羧酸衍生物的物理常数见表10-3。

表 10-3　常见羧酸衍生物的物理常数

名　称	熔点/℃	沸点/℃	相对密度	名　称	熔点/℃	沸点/℃	相对密度
乙酰氯	−112	51	1.104	乙酸酐	−73	140	1.082
乙酰溴	−96	76.7	1.520	苯甲酸酐	42	360	1.199
乙酰碘		108	1.980	丁二酸酐	119.6	261	1.104
丙酰氯	−94	80	1.065	顺丁烯二酸酐	60	200	1.480
苯甲酰氯	−1	197	1.212	邻苯二甲酸酐	131	284	1.527
甲酰胺	2.5	195	1.130	甲酸甲酯	−99.0	32	0.974
乙酰胺	81	222	1.159	甲酸乙酯	−81	54	0.917
丙酰胺	80	213	1.042	乙酸甲酯	−98	57	0.933
丁酰胺	116	216	1.032	乙酸乙酯	−83	77	0.900
戊酰胺	106	232	1.023	乙酸丁酯	−77	126	0.882
苯甲酰胺	130	290	1.341	乙酸戊酯	−70.8	147.6	0.876
乙酰苯胺	114	305	1.210	乙酸异戊酯	−78	142	0.876
N-甲基甲酰胺		180		甲基丙烯酸甲酯	−48	100	0.944
N,*N*-二甲基甲酰胺	−61	153	0.949	苯甲酸乙酯	−34	213	1.050
N,*N*-二甲基乙酰胺		165	0.937	乙酸苄酯	−52	215	1.060

三、羧酸衍生物的化学性质

在羧酸衍生物的分子中，都具有酰基（$\mathrm{R-\overset{O}{\overset{\|}{C}}-}$）结构，所以它们的性质很相似，能发生许多相似的化学反应。

1. 水解反应

羧酸衍生物都能发生水解反应生成羧酸。例如：

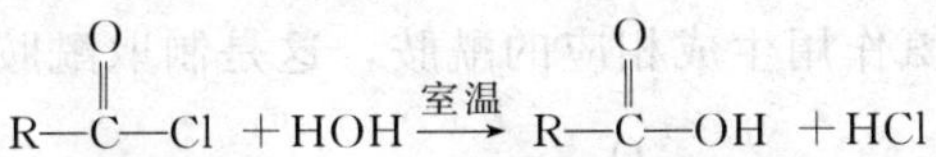

酰氯

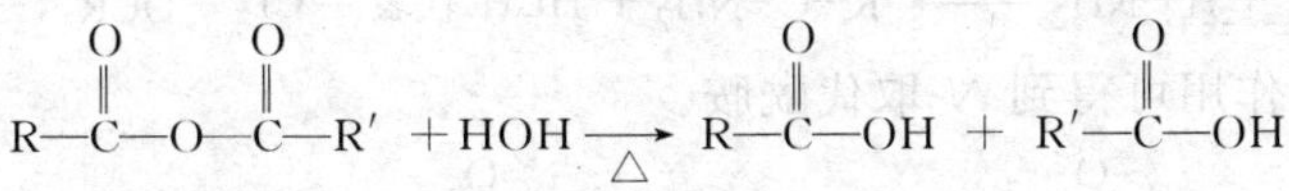

酸酐

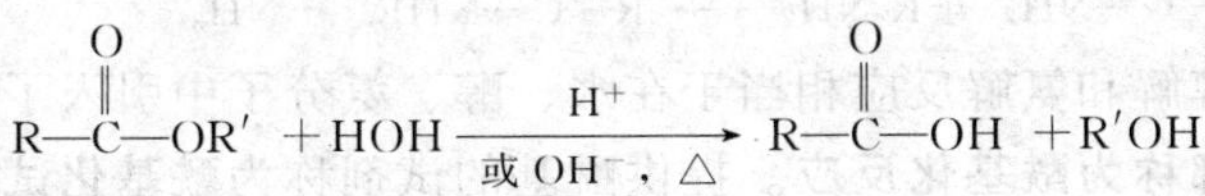

酯

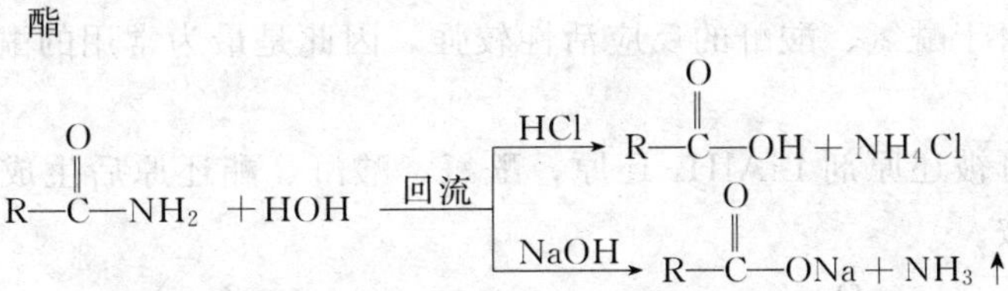

酰胺

由反应条件可以看出，羧酸衍生物发生水解反应的活性顺序是：

酰氯＞酸酐＞酯＞酰胺

其中酰氯的水解最容易发生，例如乙酰氯暴露在空气中，即吸湿分解，放出的氯化氢气体立刻形成白色雾滴。所以酰氯在贮存时必须密封。

2. 醇解反应

羧酸衍生物与醇或酚作用都生成酯，其反应活性顺序与水解相同。

工业上常利用活性较大的酰氯或酸酐来制取一些难以用羧酸酯化法得到的酯。例如：

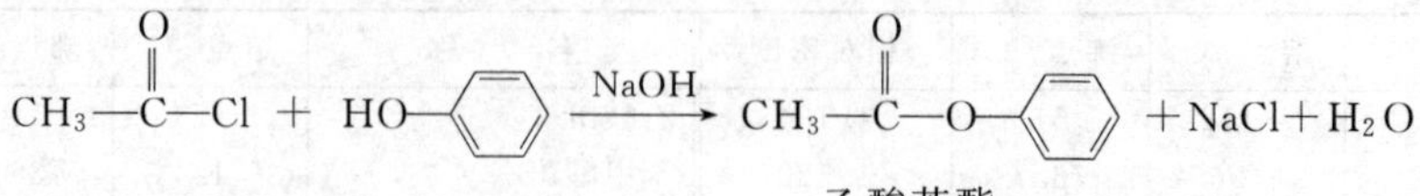

乙酸苯酯

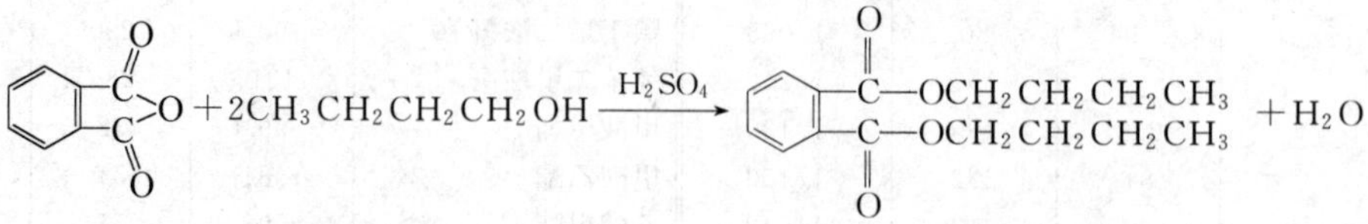

邻苯二甲酸二丁酯

邻苯二甲酸二丁酯为无色液体。是塑料、合成橡胶、人造革等的常用增塑剂，也是香料的溶剂和固定剂，又可用作驱蚊剂。

酯发生醇解后又生成新的酯，这一反应称为**酯交换反应**，酯交换反应广泛应用于有机合成中。例如，工业上利用酯交换生产聚酯纤维（涤纶）的原料——对苯二甲酸二乙二醇酯。

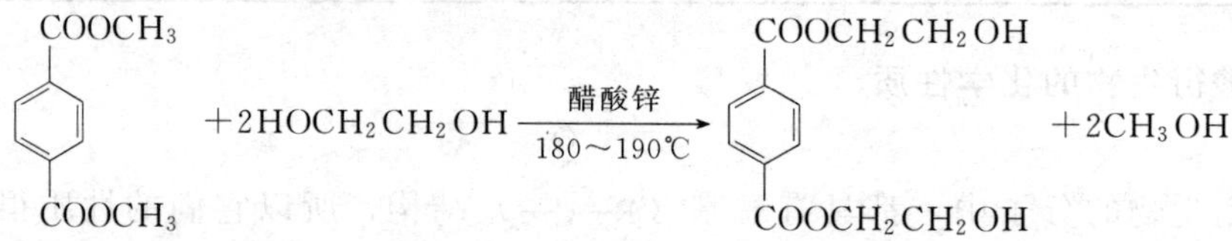

对苯二甲酸二甲酯　　乙二醇　　对苯二甲酸二乙二醇酯

通过酯交换反应还可以用廉价的低级醇制取高级醇。

3．氨解反应

酰氯、酸酐和酯都能与氨作用生成相应的酰胺，这是制取酰胺的重要方法。

$$R-\overset{O}{\overset{\|}{C}}-L + H-NH_2 \longrightarrow R-\overset{O}{\overset{\|}{C}}-NH_2 + HL \quad (\text{L 代表} -Cl、-O\overset{O}{\overset{\|}{C}}R'、-OR')$$

酰胺与过量的胺作用可得到 *N*-取代酰胺。

$$R-\overset{O}{\overset{\|}{C}}-NH_2 + R'NH_2 \longrightarrow R-\overset{O}{\overset{\|}{C}}-NHR' + NH_3$$

羧酸衍生物的水解、醇解和氨解反应相当于在水、醇、氨分子中引入了酰基。**凡是向其他分子中引入酰基的反应都称为酰基化反应。**提供酰基的试剂称为**酰基化试剂**。羧酸衍生物都是酰基化试剂。由于酰氯、酸酐的反应活性较强，因此是最为常用的酰基化试剂。

4．还原反应

羧酸衍生物都可被还原剂 $LiAlH_4$ 还原，酰氯、酸酐、酯还原后生成相应的伯醇，酰胺还原后生成相应的胺。

$$R-\overset{O}{\overset{\|}{C}}-L \xrightarrow{LiAlH_4} RCH_2OH \quad (\text{伯醇})$$

$$(\text{L 代表} -Cl，-O\overset{O}{\overset{\|}{C}}R，-OR')$$

$$R-\overset{O}{\overset{\|}{C}}-NH_2 \xrightarrow{LiAlH_4} RCH_2NH_2 \quad (\text{伯胺})$$

$$R-\overset{\overset{O}{\|}}{C}-NHR' \xrightarrow{LiAlH_4} RCH_2NHR' \quad (仲胺)$$

$$R-\overset{\overset{O}{\|}}{C}-NR'_2 \xrightarrow{LiAlH_4} RCH_2NR'_2 \quad (叔胺)$$

其中酯的还原应用最为普遍。采用催化加氢法或缓和的化学还原剂（如醇钠）都能使酯还原成醇。

不饱和酯采用醇和金属钠还原，不会影响分子中的不饱和键，而且操作简便，是有机合成中常用的方法。例如：

$$\underset{油酸丁酯}{CH_3(CH_2)_7CH{=}CH(CH_2)_7COOC_4H_9} \xrightarrow[C_4H_9OH]{Na} \underset{油醇}{CH_3(CH_2)_7CH{=}CH(CH_2)_7CH_2OH} + C_4H_9OH$$

5．酰胺的特殊反应

酰胺除具有以上通性外，因结构中含有“$-\overset{\overset{O}{\|}}{C}-NH_2$”基团，还能表现出一些特殊性质。

（1）脱水反应　酰胺在 P_2O_5、$SOCl_2$、乙酐等脱水剂作用下，可发生分子内脱水生成腈。例如：

$$\underset{异丁酰胺}{CH_3-\underset{\underset{CH_3}{|}}{CH}-\underset{\underset{O}{\|}}{C}-NH_2} \xrightarrow[\triangle]{P_2O_5} \underset{异丁腈}{CH_3-\underset{\underset{CH_3}{|}}{CH}-CN} + H_2O$$

异丁腈为无色有恶臭的液体，是有机磷杀虫剂二嗪农的中间体。

（2）霍夫曼（Hofmann）降级反应　酰胺与次氯酸钠或次溴酸钠作用，失去羰基生成比原来少一个碳原子的伯胺。这个反应叫霍夫曼降级反应。例如：

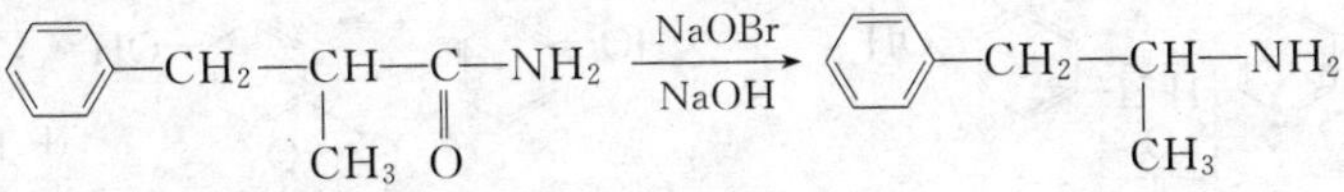

2-甲基-3-苯基丙酰胺　　　　苯异丙胺

苯异丙胺又叫苯齐巨林或安非他明。其游离生物碱是一种挥发性的油状液体。它的硫酸盐为无色粉末，味微苦随后有麻感。由于其对中枢神经有兴奋作用，可用于治疗发作性睡眠，中枢抑制药中毒和精神抑郁症。在阿片等麻醉药品和安眠药等中毒时可服用本品急救。

四、重要的羧酸衍生物

1．乙酰氯（$CH_3\overset{\overset{O}{\|}}{C}-Cl$）

乙酰氯为无色、有刺激气味的发烟液体，沸点52℃，室温下能被空气中的湿气分解，所以要密封保存。其主要用途是作乙酰化剂。乙酰氯可由乙酸与 PCl_3、PCl_5、$SOCl_2$ 作用来制取。

2．苯甲酰氯（$C_6H_5-\overset{\overset{O}{\|}}{C}-Cl$）

苯甲酰氯为无色发烟液体，有刺激性气味，沸点197℃，比脂肪酰氯稳定，遇水缓慢分解，是重要的苯甲酰化剂。工业上由苯甲酸和 PCl_5、$SOCl_2$ 作用来制取。

苯甲酰氯与氢氧化钠的混合物加到冷的过氧化氢中，能生成过氧化苯甲酰。

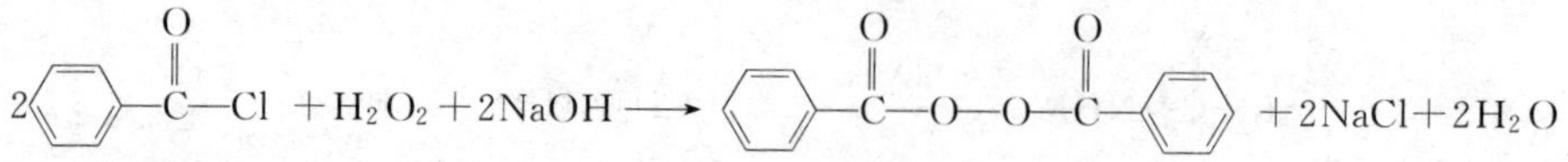

苯甲酰氯　　　　过氧化苯甲酰

过氧化苯甲酰为白色固体，熔点 104℃，受热或受震动时容易发生爆炸，在控制条件下可分解生成自由基，常用作聚合反应的引发剂。

3. 乙酸酐 $[(CH_3CO)_2O]$

乙酸酐俗称醋酐，为无色略带刺激气味的液体，沸点 140℃，微溶于水，并逐渐水解成醋酸。乙酸酐是一种优良的溶剂，也是重要的乙酰化剂。工业上大量用于制造醋酸纤维素，也用于制药、香料、染料等行业。乙酸酐可由乙醛氧化制得。

4. 顺丁烯二酸酐（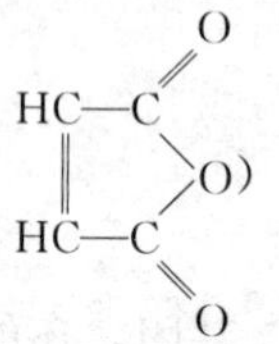）

顺丁烯二酸酐俗称失水苹果酸酐或马来酸酐，简称顺酐。是无色结晶固体，熔点 60℃。主要用于生产聚酯树脂、醇酸树脂，也用于制造各种涂料和塑料等。工业上由苯催化氧化来制取。

5. 邻苯二甲酸酐（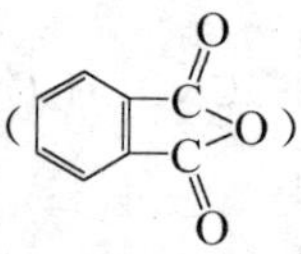）

邻苯二甲酸酐俗称苯酐，为白色针状晶体，熔点 130.8℃，易升华，溶于沸水并可被水解成邻苯二甲酸。苯酐广泛用于制造染料、药物、聚酯树脂、醇酸树脂、增塑剂等。工业上由萘或邻二甲苯催化氧化来制取。

苯酐与苯酚在浓硫酸等脱水剂作用下，可发生缩合反应生成酚酞。

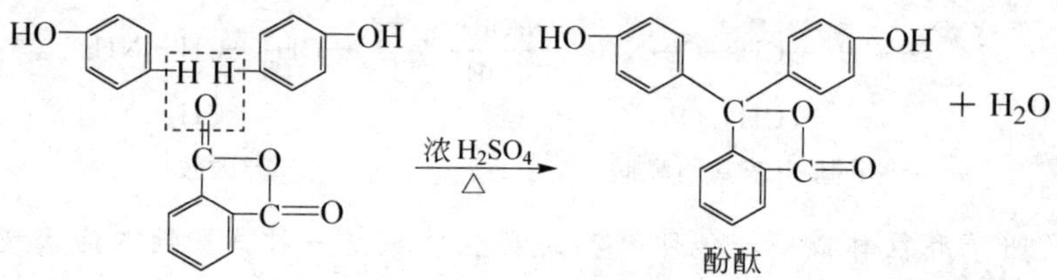

酚酞

酚酞是白色晶体，不溶于水，易溶于乙醇，是常用的酸碱指示剂，在医药上可用作缓泻剂。

6. 2-甲基丙烯酸甲酯（$CH_2{=}C(CH_3){-}COOCH_3$）

2-甲基丙烯酸甲酯是无色液体，沸点 100～101℃，微溶于水，溶于乙醇和乙醚。易挥发，易聚合，是合成有机玻璃的单体，也可用于制备其他树脂、塑料和涂料。工业上以丙酮和 HCN 为原料通过丙酮氰醇法来制取，但 HCN 剧毒，目前已开发了用异丁烯或叔丁醇为原料经氧化再酯化生产 2-甲基丙烯酸甲酯的绿色合成路线。以丙炔为原料经羰基化酯化也可以生产 2-甲基丙烯酸甲酯。

$$CH_3-C\equiv CH + CO + CH_3OH \xrightarrow{Pd} CH_2{=}C(CH_3)-\overset{O}{\overset{\|}{C}}-OCH_3$$

这是一种经济效益较高，具有广阔发展前景的新工艺方法。

7. 碳酸二甲酯$\left(CH_3O-\overset{\overset{O}{\|}}{C}-OCH_3\right)$

碳酸二甲酯简称DMC，是无色透明、略有微甜气味的液体，熔点4℃，沸点90.1℃，难溶于水，可与有机溶剂混溶。DMC的结构独特，相当于同碳二元酸酯。毒性很低，在1992年就被欧洲国家列为无毒产品，是一种符合现代“清洁工艺”要求的环保型化工原料，因此DMC的合成技术受到了国内外化工界的广泛重视。

工业上的传统生产方法是以光气为原料经醇解制取，现在已开发了甲醇氧化羰基化法合成的新技术，其反应式如下：

$$2CH_3OH+\frac{1}{2}O_2+CO\xrightarrow{Cu_2Cl_2}CH_3O-\overset{\overset{O}{\|}}{C}-OCH_3+H_2O$$

DMC可代替光气制造异氰酸酯和聚碳酸酯。异氰酸酯是生产热塑性树脂的原料，聚碳酸酯是用途广泛的工程塑料。

硫酸二甲酯是有机合成中常用的甲基化试剂，但它本身有毒，并且要由光气来合成。采用无毒的碳酸二甲酯代替硫酸二甲酯作甲基化剂，是绿色的合成工艺路线。

8. *N*,*N*-二甲基甲酰胺（$H-\overset{\overset{O}{\|}}{C}-N(CH_3)_2$）

N,*N*-二甲基甲酰胺为带有胺臭味的无色液体，沸点153℃，有毒性，使用时应注意安全。它能溶解多种难溶的有机物和高聚物，有“万能溶剂”之称。工业上用氨、甲醇和一氧化碳为原料，在高压下反应制取：

$$2CH_3OH+NH_3+CO\xrightarrow[15MPa]{100℃}H-\overset{\overset{O}{\|}}{C}-N(CH_3)_2+2H_2O$$

9. 碳酰胺$\left(H_2N-\overset{\overset{O}{\|}}{C}-NH_2\right)$

碳酰胺也称尿素或脲。尿素是哺乳动物体内蛋白质代谢的最终产物，成人每天排泄的尿中约含有30g尿素，所以尿素可以从动物的尿液中提取。工业上用二氧化碳与氨气在20MPa，180℃条件下反应制得，反应式如下：

$$2NH_3+CO_2\xrightarrow[20MPa]{180℃}\underset{\text{氨基甲酸铵}}{NH_2COONH_4}\xrightarrow[\triangle]{}\underset{\text{尿素}}{NH_2CONH_2}+H_2O$$

尿素是白色晶体，熔点135℃，易溶于水和乙醇，但不溶于乙醚。尿素具有双酰胺的结构，所以有与酰胺相似的性质，但由于分子中两个氨基连在同一个羰基上，因此又具有一些特性。

（1）成盐　尿素呈弱碱性，能与强酸作用生成盐。例如：

$$\underset{\text{尿素}}{H_2N-\overset{\overset{O}{\|}}{C}-NH_2}+HNO_3\longrightarrow\underset{\text{硝酸脲}}{H_2N-\overset{\overset{O}{\|}}{C}-NH_2\cdot HNO_3}$$

生成的硝酸脲不溶于硝酸和水，可利用这一特性从尿液中提取尿素。

（2）水解　尿素在酸、碱或尿素酶的作用下，都能发生水解反应，生成氨和二氧化碳，反应式如下：

$$H_2NCONH_2+H_2O+2HCl\longrightarrow 2NH_4Cl+CO_2\uparrow$$

$$H_2NCONH_2+2NaOH \longrightarrow 2NH_3\uparrow+Na_2CO_3$$

$$H_2NCONH_2+H_2O \xrightarrow{\text{尿素酶}} 2NH_3\uparrow+CO_2\uparrow$$

尿素含氮量高达46%，将其投放在土壤中，在常温下就能水解生成氨（或铵盐）而被植物吸收，是农业生产上常用的高效固体氮肥。

（3）缩合　将尿素缓慢加热，两分子尿素脱去一分子氨生成缩二脲，反应式如下：

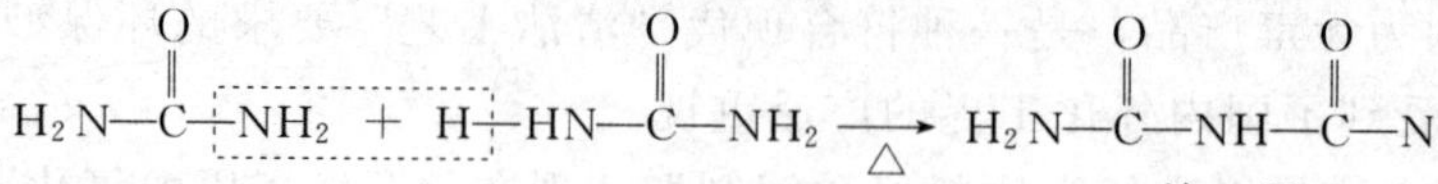

缩二脲

缩二脲及分子中含有两个以上 $-\overset{\overset{\large O}{\|}}{C}-NH-$ 基团的有机化合物，都能和硫酸铜的碱溶液作用呈现紫色，这个颜色反应叫**缩二脲反应，常用于有机分析中**。

（4）与亚硝酸的反应　尿素与亚硝酸作用生成二氧化碳和氮气，反应式如下：

$$H_2NCONH_2+2HNO_2 \longrightarrow CO_2\uparrow+2N_2\uparrow+3H_2O$$

这一反应是定量进行的，在有机分析中可用来测定尿素中氮的含量，也可用于除去某些反应中残留的亚硝酸。

尿素在工业上也有重要的应用。例如，尿素与甲醛可合成脲醛树脂，与丙二酸酯或其衍生物作用可制取巴比妥酸类镇静安眠药物，利用尿素的饱和甲酸溶液还可以从汽油中分离出直链烷烃以提高汽油的质量等。

思考与练习

10-6　回答问题

（1）下列三种物质的相对分子质量逐渐增大，但其沸点却逐渐降低，你能解释原因吗？

	CH_3CONH_2	$CH_3CONHCH_3$	$CH_3CON(CH_3)_2$
相对分子质量	59	73	89
沸点/℃	221	204	165

（2）羧酸衍生物的水解、醇解和氨解反应有哪些异同之处？

（3）酯交换反应在工业上有哪些应用？

（4）酰胺有哪些特殊性质？

10-7　给下列化合物命名

（1）$(CH_3)_2CHCH_2CH_2COBr$　（2）$CH_3-\overset{\overset{\large O}{\|}}{C}-O-CH=CH_2$　（3）$(CH_3CH_2CO)_2O$

（4）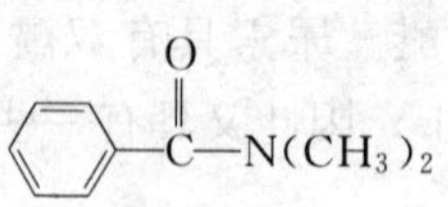　（5）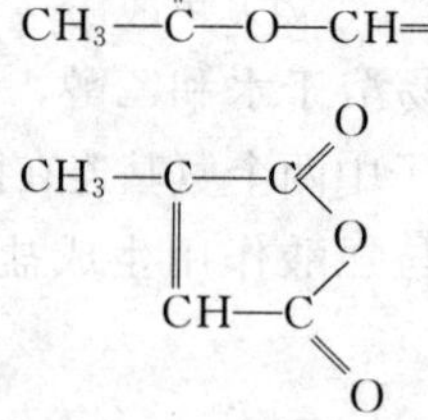　（6）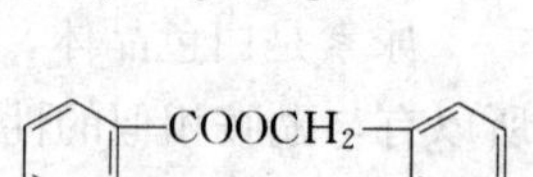

10-8　写出下列化合物的构造式

（1）乙酸苯酯　（2）草酸二乙酯　（3）2-甲基丙酰氯

（4）邻苯二甲酸酐　（5）苯甲酐　（6）*N*-甲基-*N*-乙基丁酰胺

10-9　完成下列反应

（1）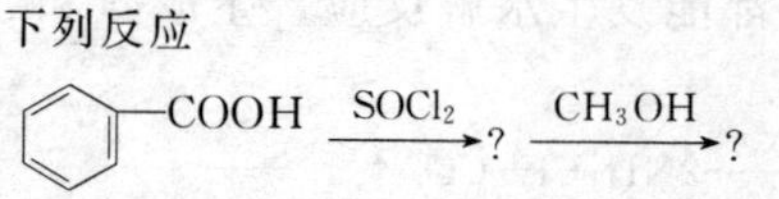

(2) 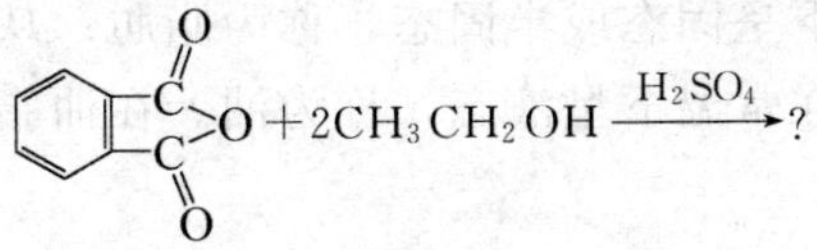

(3) 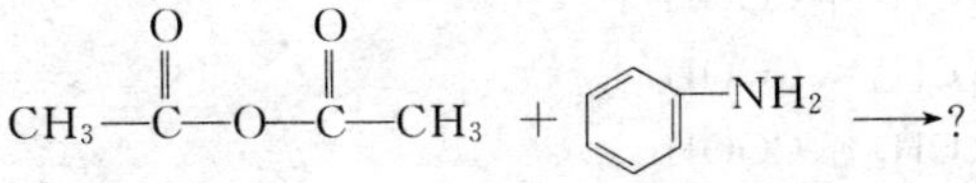

(4) 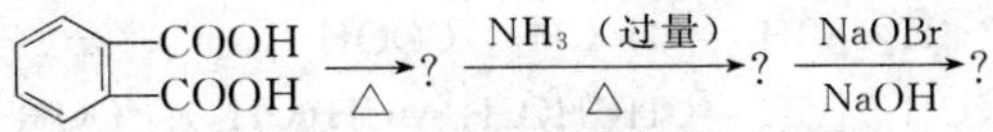

(5) 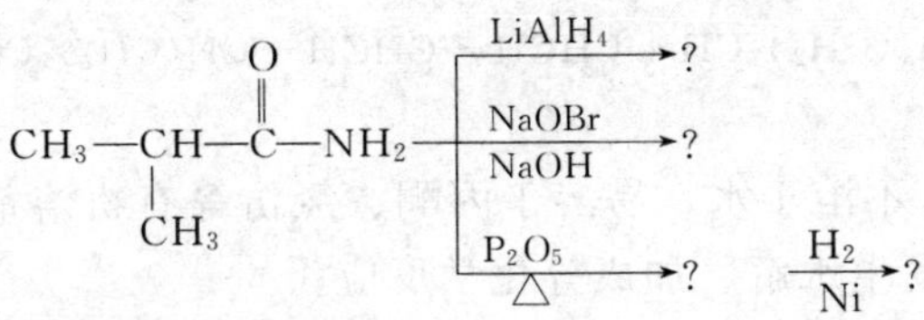

(6) $C_2H_5O\overset{O}{\overset{\|}{C}}(CH_2)_4\overset{O}{\overset{\|}{C}}OC_2H_5 \xrightarrow{Na+C_2H_5OH} ?$

10-10　完成下列转变

(1) 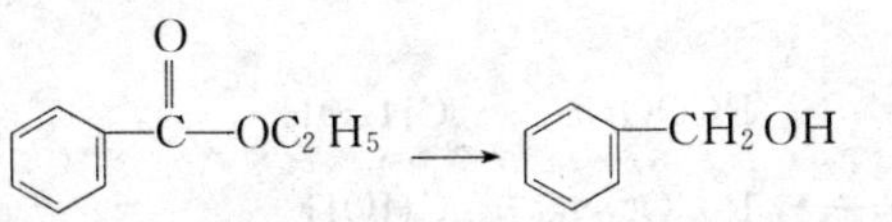

(2) $CH_2=CH(CH_2)_9COOCH_3 \longrightarrow CH_2=CH(CH_2)_9CH_2OH$

＊第三节　油脂和表面活性剂

一、油脂

油脂普遍存在于动植物体的脂肪组织中，是动植物贮存和供给能量的主要物质之一。1g 油脂在人体内氧化时，可放出 38.9kJ 热量，是同样质量的糖类化合物或蛋白质的 2.25 倍，因此，油脂是人类必需的高能量食物。食用油多为植物油脂，主要有大豆油、花生油、玉米油、葵花籽油、橄榄油及芝麻油等。油脂在生物体中还承担着极为重要的生理功能，如溶解维生素、保护内脏器官免受震动和撞击以及御寒等。此外，油脂在工业上也具有十分广泛的用途，如制备肥皂、护肤品和润滑剂等。

1. 油脂的组成和结构

油脂是直链高级脂肪酸的甘油酯。其构造式可表示为：

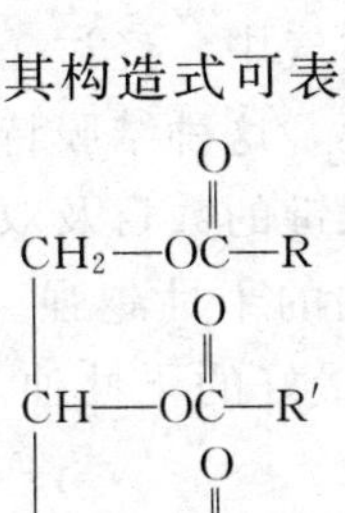

其中三个脂肪酸的烃基（R，R′，R″）可以相同，也可以不相同，相同的称为单纯甘油酯，不相同的称为混合甘油酯。自然界中存在的油脂大多是混合甘油酯。

组成油脂的脂肪酸种类很多，有饱和脂肪酸，也有不饱和脂肪酸。从动物体中所得到的油脂，主要成分是饱和脂肪酸的甘油酯，在常温下呈固态或半固态，称为脂肪；从植物中得到的油脂，主要成分是不饱和脂肪酸的甘油酯，在常温下呈液态，称为油。在油脂中常见的脂肪酸有：

十四酸（豆蔻酸）	$CH_3(CH_2)_{12}COOH$
十六酸（软脂酸）	$CH_3(CH_2)_{14}COOH$
十八酸（硬脂酸）	$CH_3(CH_2)_{16}COOH$
9-十八碳烯酸（油酸）	$CH_3(CH_2)_7CH{=}CH(CH_2)_7COOH$
9,12-十八碳二烯酸（亚油酸）	$CH_3(CH_2)_4CH{=}CHCH_2CH{=}CH(CH_2)_7COOH$
9,11,13-十八碳三烯酸（桐油酸）	$CH_3(CH_2)_3CH{=}CHCH{=}CHCH{=}CH(CH_2)_7COOH$

2. 油脂的性质及应用

油脂的相对密度都小于 1，比水轻，不溶于水，易溶于丙酮、氯仿等有机溶剂，没有固定的熔点和沸点。在一定条件下，可以发生水解、加成等化学反应。

（1）水解反应　油脂与氢氧化钠（或氢氧化钾）水溶液共热时，可以发生水解反应，生成甘油和高级脂肪酸钠（钾）。高级脂肪酸钠（钾）就是日常所用的肥皂，因此，油脂的碱性水解反应又叫皂化反应，简称皂化。

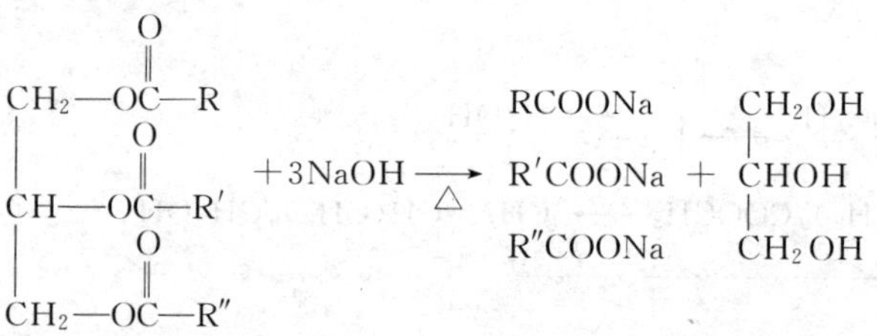

工业上把 1g 油脂皂化时所需要的氢氧化钾的毫克数称为皂化值。测定油脂的皂化值，可估计油脂的相对分子质量。皂化值越大，油脂的相对分子质量就越小。

油脂在酸性条件下水解得到脂肪酸和甘油，是工业上生产脂肪酸和甘油的一种方法。

（2）加成反应　油脂中的不饱和脂肪酸含有碳碳双键，可以和 H_2、I_2 等发生加成反应。

① 催化加氢　不饱和油脂经催化加氢，可转化为饱和程度较高的油脂。加氢后油脂由液态转变成固态或半固态，因此这一过程又叫油脂的硬化。氢化后的油脂又叫氢化油或硬化油。

工业上用硬化油制取肥皂，食品加工业中通过植物油和鲸油硬化获取人造奶油的原料。

② 加碘　油脂与碘的加成反应，通常用来判断油脂的不饱和程度。油脂的不饱和程度常用碘值表示。碘值是指 100g 油脂与碘发生加成反应所需碘的克数。碘值越大，表示油脂的不饱和程度越大。在油脂氢化过程中，可用碘值来测定氢化的程度。

（3）油的干性　有些油脂暴露在空气中，经过一系列复杂的氧化、聚合反应，其表面能形成一层坚硬、光亮并富有弹性的薄膜，这种结膜特性叫油的干性。具有这种性质的油叫干性油。油的干性强弱与其分子中所含双键的数目及双键的相对位置有关，油脂分子中含有共轭双键的数目越多，结膜速度越快，油的干性越强。例如桐油，其分子中含有 74%～91% 的桐油酸（含有共轭双键），所以它是最好的干性油。桐油是我国的特产油，占世界总产量的 90%以上。

油的干性可以用碘值的大小来衡量。一般碘值大于 130 的是干性油；碘值在 100～130 之间的为半干性油；碘值小于 100 的为不干性油。

油的干性强弱是判断它们能否作为油漆涂料的主要依据。干性油、半干性油可用作油漆涂料。

（4）油的酸败　油脂贮存过久就会变质，产生难闻的气味。这种现象称为油脂的酸败。

油脂的酸败是由于油脂分子中的不饱和键被氧化以及在微生物作用下发生部分分解，生成醛、酮和羧酸的缘故。油脂的酸败会使其中的维生素和脂肪酸遭到破坏，失去营养价值，食用酸败的油脂对人体健康极为有害。光、热和湿气的存在都会加速油脂的酸败，因此，油脂需要在干燥、避光、密封的条件下保存。也可以在油脂中加入少量的抗氧剂如维生素 E 等，以防酸败。油脂酸败产生的游离脂肪酸的含量可以用中和反应来测定。中和 1g 油脂所需 KOH 的毫克数称为酸值。酸值越小，油脂越新鲜。酸值超过 6 的油脂便不宜食用。

二、表面活性剂

凡能显著降低水的表面张力或两种液体（如油和水）界面张力的物质都可称为表面活性剂。表面活性剂是重要的精细化工产品，素有“工业味精”之称。具有润湿、乳化、分散、增溶、起泡、消泡、渗透、洗涤、抗静电、润滑、杀菌、医疗等各种功能的表面活性剂，广泛应用于各个领域。这些表面活性剂在结构上都有一个共同的特征，就是同时具有亲水基和憎水基（亲油基）。亲水基一般是强极性基团，如羧基、磺酸基、硫酸酯基等；憎水基则由非极性的烃基组成，如长链烃基、烃基苯基等。日常使用的肥皂就是最常见的表面活性剂，它的亲水基是羧基，憎水基是烃基。

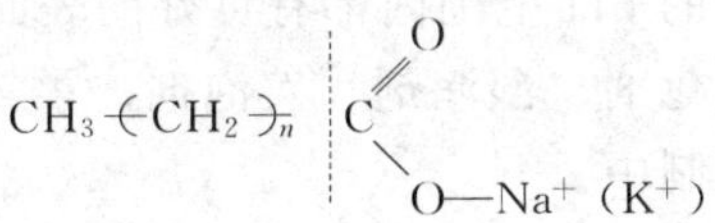

$n=8\sim22$

憎水基　　亲水基

肥皂

根据表面活性剂的分子结构以及在水中的状态，可将其分为以下四类：

1. 阴离子型表面活性剂

这类表面活性剂溶于水后生成离子，其亲水基为带有负电荷的基团，因去污能力强，广泛用作洗涤剂。常见的洗涤剂有高级脂肪酸盐、磺酸盐和硫酸酯盐等。

（1）高级脂肪酸盐　肥皂即属于高级脂肪酸盐，由油脂皂化制得。用 NaOH 皂化油脂所得肥皂叫钠皂，用 KOH 皂化油脂所得肥皂叫钾皂。洗涤用肥皂一般为钠皂，化妆用肥皂通常为钾皂。肥皂呈碱性，去污力强，是生产量最大的洗涤剂，但在硬水中使用时生成不溶于水的脂肪酸钙盐或镁盐；在酸性水中转变成不溶于水的脂肪酸；从而失去去污作用。因此肥皂不适于在硬水或酸性水中使用。

（2）烷基苯磺酸盐　最重要的烷基苯磺酸盐是十二烷基苯磺酸钠（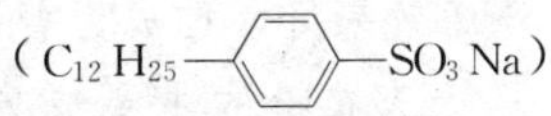）

十二烷基苯磺酸钠为白色粉末，具有易溶于水，泡沫丰富，洗涤效力强等特点，是家用洗衣粉的主要成分。十二烷基苯磺酸钠是强酸盐，可以在酸性溶液中使用，它的钙、镁盐在水中溶解度较大，因此在硬水中也可以使用。这是合成洗涤剂优于肥皂的一大特点。

（3）脂肪醇硫酸盐　脂肪醇硫酸盐是高级脂肪醇的硫酸酯盐，其中以十二烷基硫酸钠（$C_{12}H_{25}OSO_3Na$）较为常见，主要用于配制各种液体洗涤剂及香波、牙膏等。

2. 阳离子型表面活性剂

这类表面活性剂溶于水后生成的亲水基为带正电荷的基团，主要有胺盐型和季铵盐型两类。

阳离子型表面活性剂能显著降低纤维的摩擦系数，因此在纺织工业中广泛用作柔软剂、抗静电剂，也被用作腈纶纤维的缓染剂。此外，有些阳离子型表面活性剂还具有较强的杀菌能力，例如氯化二甲基十二烷基苄基铵 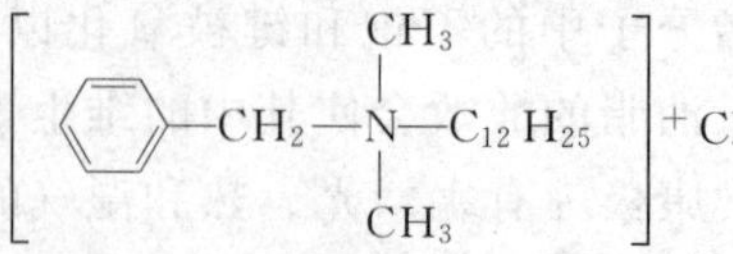 ，商品名叫洁尔灭，易溶于水，其质量分数为万分之几的稀溶液即具有较强的杀菌消毒能力，且无毒，无腐蚀性，不刺激皮肤。医药上常用于外科手术前皮肤、器械等的消毒。

3. 两性离子型表面活性剂

这类表面活性剂溶于水后亲水基是同时带有正、负电荷的基团。在酸性溶液中，呈阳离子表面活性作用；在碱性溶液中，呈阴离子表面活性作用。其阳离子部分通常是胺盐、季铵盐，阴离子部分大多是羧酸盐、硫酸盐或磺酸盐。例如，十二氨基丙酸钠在碱性溶液中呈现阴离子表面活性剂的性质：

$$C_{12}H_{25}NHC_2H_4COOH \xrightarrow{OH^-} C_{12}H_{25}NHC_2H_4COO^- + Na^+$$

而在酸性溶液中，则呈阳离子表面活性剂的性质：

$$C_{12}H_{25}NHC_2H_4COOH \xrightarrow{HCl} C_{12}H_{25}\overset{+}{N}H_2C_2H_4COOH + Cl^-$$

两性离子型表面活性剂在相当宽的 pH 范围内都有良好的表面活性作用，并可与其他表面活性剂兼容，广泛用作洗涤剂、乳化剂、湿润剂、发泡剂、柔软剂和抗静电剂。因不刺激皮肤和眼睛，可大量用于化妆品的配制中。

4. 非离子型表面活性剂

这类表面活性剂在水中不离解成离子，其亲水基主要由含氧基团（如羟基和聚氧乙烯链）构成。非离子型表面活性剂在溶液中的稳定性较高，不受酸、碱和金属离子的影响，与其他表面活性剂的相容性好，应用极为广泛，近年来发展非常迅速。例如脂肪醇聚氧乙烯醚 [$R(OCH_2CH_2)_nOH$] 就是非离子型表面活性剂中最重要的一类产品。脂肪醇聚氧乙烯醚非离子型表面活性剂有优异的润湿和洗涤功能，且价格便宜，是液态洗涤剂的理想原料。此外，还在印染行业中用作匀染剂和脱色剂等。

阅读资料

合成洗涤剂与人体健康

合成洗涤剂是一类可以代替肥皂，在软、硬水中都能有效使用的清洗剂。由于其价格低廉，洗涤效果好，已成为普遍使用的家用洗涤剂，目前家庭中使用最多的合成洗涤剂是洗衣粉。

洗衣粉的主要成分是表面活性剂，其含量在 10%～30% 之间。我国在洗衣粉中所使用的表面活性剂通常是十二烷基苯磺酸钠或加入了非离子型表面活性剂的混配物。十二烷基苯磺酸钠有支链烷基苯磺酸钠（ABS）和直链烷基苯磺酸钠（LAS）两类。

ABS 曾是洗衣粉的主要成分，但它不能被细菌分解（即生物降解性差），洗涤后的废水排入河流后产生大量泡沫，致使河水污染，影响水生生物与居民饮用水的水质。由洗涤剂造成的公害引起了世界各国的高度重视，目前，对表面活性剂的生物降解性已有了明确的要求，在合成洗涤剂中，所用的表面活性剂应至少可生物降解 80%。LAS 的生物降解大于 90%，是当前家用洗衣粉的主要成分。

洗涤剂与表面活性剂是人们日常生活中经常接触和使用的化学合成品，人们最关心的问题是它的安全性。洗衣粉中的 LAS 毒性很小，对人体无长期积累性毒害，但对皮肤与眼睛有轻微刺激，若不慎误食后，会引起呕吐和头晕。

为了增强洗涤效果，通常要在洗涤剂中加入适量助剂。洗衣粉的助剂大多为三聚磷酸钠，又称为五钠（$Na_5P_3O_{10}$），一般加入量为15%～25%。它是最主要的洗涤助剂，其含量的高低对去污能力影响较大。它具有与高价金属离子配合的能力，可起到软化水的作用；还能提高解胶、乳化及分散性，可以增加表面活性剂的表面活性，降低临界胶束浓度，起到降低表面活性剂的用量和增强去污力的双重作用。此外，五钠具有吸水性，可以防止洗衣粉结块。但遗憾的是磷酸盐会加速湖泊和其他水域的富营养化。因为磷酸盐是水藻生长所需要的营养物，排放到江、河、湖泊里时，会使水藻生长茂盛。异常繁殖的藻类很快枯死，不仅发出恶臭气味，还因水藻开始死亡并分解时，要大量消耗溶解在水中的氧气，从而造成水中缺氧，危害水生生物的生长，造成水质污染，破坏生态环境并直接危害人体健康。

由于磷酸盐有这种不良的作用，近年来已在大力开发研制它的代用品。例如有机螯合剂EDTA、氮川三乙酸（NTA）、酒石酸盐、柠檬酸盐、葡萄糖酸盐等。另外，还有高分子电解质类助剂，如聚丙烯酸盐以及人造沸石等，其中人造沸石被认为是较有发展前景的洗涤助剂。我们期待着合成洗涤剂早日成为有利人体健康的绿色产品。

本章要点

一、羧酸

1. 结构
   - 羧基（$-\overset{\overset{\displaystyle O}{\|}}{C}-OH$）由 $-\overset{\overset{\displaystyle O}{\|}}{C}-$ 和 —OH 构成
   - 羧基中 $-\overset{\overset{\displaystyle O}{\|}}{C}-$ 和 —OH 形成统一体并互相影响
2. 命名
   - 俗名：根据羧酸的来源命名
   - 系统名：与醛类似，把“醛”字改为“酸”字
3. 物理性质
   - 沸点高（通过氢键形成双分子缔合体）
   - 熔点呈锯齿形上升（含偶数碳原子分子对称性较高、熔点高）
4. 化学反应
   - 酸性
     - 与碱或碳酸盐反应，生成羧酸盐
     - 结构不同羧酸的酸性不同
       - 连有吸电子基，酸性增强
       - 连有供电子基，酸性减弱
   - 羧基中羟基的取代反应
     - 与 PCl_5、PCl_3、$SOCl_2$ 反应——生成酰氯
     - 受热脱水——生成酸酐
     - 与醇反应——生成酯
     - 与氨反应——生成酰胺
   - 脱羧反应
     - 羧酸脱羧
     - 羧酸盐脱羧
   - α-氢的反应——生成α-卤代酸

二、羧酸衍生物

1. 结构（分子中都含有酰基）
2. 命名
   - 酰卤与酰胺——根据相应的酰基命名为“某酰卤（胺）”
   - 酸酐——根据成酐的两个羧酸命名为“某（酸）酐”
   - 酯——根据成酯的羧酸和醇命名为“某酸某（醇）酯”

3. 物理性质
   - 相对分子质量相近的酰卤、酸酐、酯比羧酸的沸点低
   - 相对分子质量相近的酰胺比羧酸的沸点高

4. 化学性质
   - 水解⟶羧酸
   - 醇解⟶酯
   - 氨解⟶酰胺
   - 还原反应
     - 酰卤、酸酐、酯 $\xrightarrow{[H]}$ 伯醇
     - 酰胺 $\xrightarrow{[H]}$ 胺
   - 酰胺特殊反应
     - 脱水生成腈
     - 霍夫曼降级生成少一个碳原子伯胺

习 题

1. 用系统命名法给下列化合物命名

(1) $CH_3CH(CH_3)CH_2CH(COOH)CH_2CH_3$　　(2) $CH_2{=}CHC(=O)OCH_3$　　(3) $CH_3CH_2C(=O)NHCH_2CH_3$

(4) $CH_3C(=O)OC(=O)CH_2CH_3$　　(5) $CH_3CH(CH_3)C(=O){-}Br$　　(6) 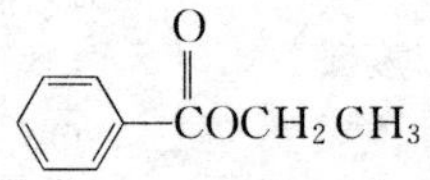

2. 写出下列化合物的构造式

(1) 甲酸乙酯　　(2) 乙酸酐　　(3) 丁酰氯

(4) *N*-乙基乙酰胺　　(5) 乙酰水杨酸　　(6) 对甲基苯甲酰胺

3. 完成下列化学反应

(1) $CH_3CH_2OH \xrightarrow{?} CH_3COOH \xrightarrow[H^+]{CH_3CH_2OH} ?$

(2) $CH_3COOH + CH_3CH_2OH \xrightarrow{H^+} ? \xrightarrow{CH_3(CH_2)_4CH_2OH} ?$

(3) $CH_3CH(CH_3)COOH \xrightarrow[P]{Cl_2} ? \xrightarrow{SOCl_2} ?$

(4) 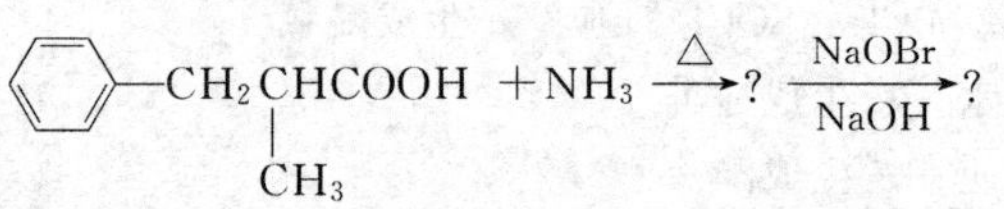

(5) 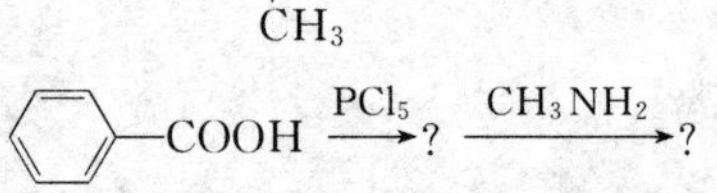

(6) 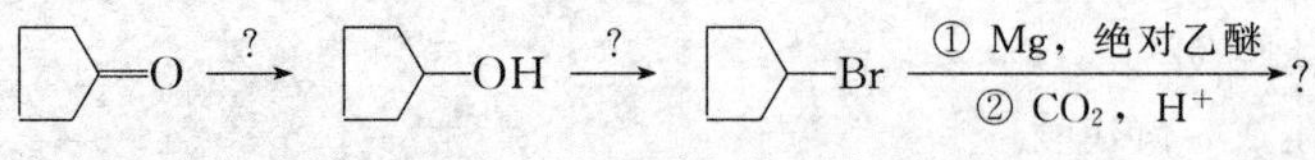

4. 将下列各组化合物按从强到弱、从大到小的顺序排列

(1) 沸点：① 丙酸　丙酰氯　丙酰胺

　　② 乙醇　乙醛　乙酸

(2) 水解反应活性：乙酰氯　乙酸乙酯　乙酐　乙酰胺

(3) 酸性：① 甲酸　乙酸　苯甲酸

　　② 苯甲酸　对甲基苯甲酸　对硝基苯甲酸

③ $BrCH_2COOH$　　$Br_2CHCOOH$　　Br_3CCOOH

④ 乙二酸　丙二酸　　丁二酸

5. 用化学方法鉴别下列各组化合物

（1）甲酸　乙酸　　　草酸水溶液

（2）水杨酸　水杨醛　　水杨醇

6. 试用化学方法分离苯酚、苯甲酸和苯甲醇的混合物。

7. 由指定原料合成下列化合物（无机试剂任选）

（1） 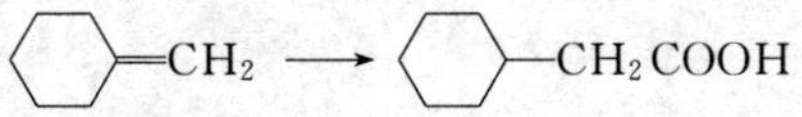

（2）$(CH_3)_2CHOH \longrightarrow (CH_3)_2CHCONH_2$

（3） 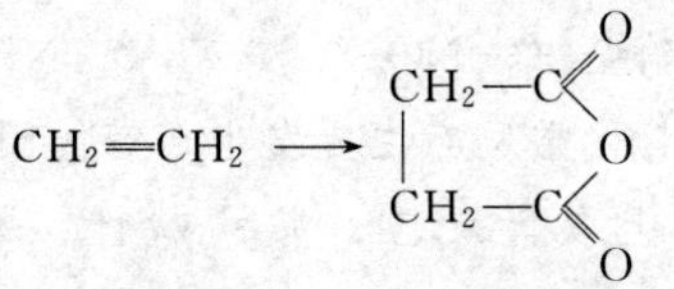

（4） 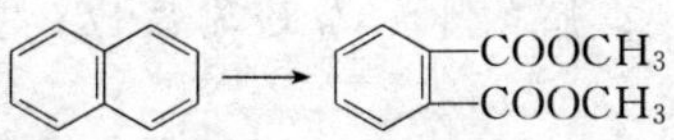

8. 化合物 A、B、C 的分子式都是 $C_3H_6O_2$，A 能与碳酸钠作用放出二氧化碳，B 和 C 在氢氧化钠溶液中水解，B 的水解产物之一能起碘仿反应。试推测 A、B、C 的构造式。

9. 化合物 A 和 B 的分子式都是 $C_4H_6O_2$，它们都有令人愉快的香味，不溶于碳酸钠和氢氧化钠的水溶液，可使溴水褪色，和氢氧化钠水溶液共热则发生反应，A 的反应产物为乙酸钠和乙醛，而 B 的反应产物为甲醇和一个羧酸的钠盐，将后者用酸中和后，蒸馏所得的有机物仍可使溴水褪色。试推测 A 和 B 的构造式。

第十一章　含氮化合物

学习指南

分子中含有氮元素的有机化合物称为含氮化合物。其种类很多，本章主要讨论硝基化合物、胺、腈、重氮及偶氮化合物。它们分别是分子中含有硝基（$—NO_2$）、氨基（$—NH_2$）、氰基($—CN$)和氮氮重键（$—N_2—$）官能团的有机化合物，其化学反应主要发生在官能团上。

本章将重点介绍芳香族硝基化合物的还原反应及环上取代反应；胺的碱性、烷基化、酰基化、与亚硝酸反应、芳胺的环上取代与氧化反应；腈的水解与还原反应；重氮盐失去氮和保留氮的反应以及这些反应的实际应用。

学习本章内容，应在了解各类含氮有机物结构特点的基础上做到：

1. 了解各类含氮有机物的分类，掌握各类含氮有机物的命名方法；
2. 了解各类含氮有机物的物理性质及其变化规律；
3. 掌握各类含氮有机物的重要化学反应及其在生产实际中的应用；
4. 熟悉官能团的特征反应，掌握伯、仲、叔胺的鉴别方法；
5. 熟悉各类含氮有机物的制备方法。

含氮化合物是指分子中含有氮元素的有机化合物。其种类很多，本章主要讨论硝基化合物、胺、腈、重氮及偶氮化合物。

第一节　硝基化合物

分子中含有硝基（$—NO_2$）官能团的有机化合物称为硝基化合物，它可以看成是烃分子中的氢原子被硝基取代后的产物。其中硝基与脂肪族烃基相连的称为脂肪族硝基化合物，与芳香族烃基相连的称为芳香族硝基化合物。芳香族硝基化合物比脂肪族硝基化合物应用广泛，因此，本节主要讨论芳香族硝基化合物。

一、硝基化合物的结构和命名

1. 硝基化合物的结构

芳香族硝基化合物通常是指硝基直接与苯环相连的一类有机化合物。可用通式$Ar—NO_2$来表示。

在芳香族硝基化合物中，$—NO_2$ 是分子中的官能团，其结构式为：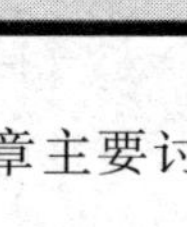。硝基是较强的钝化基，苯环上连接硝基后，其取代反应活性明显降低。

2. 硝基化合物的命名

芳香族硝基化合物命名时，以芳烃为母体，硝基作为取代基。例如：

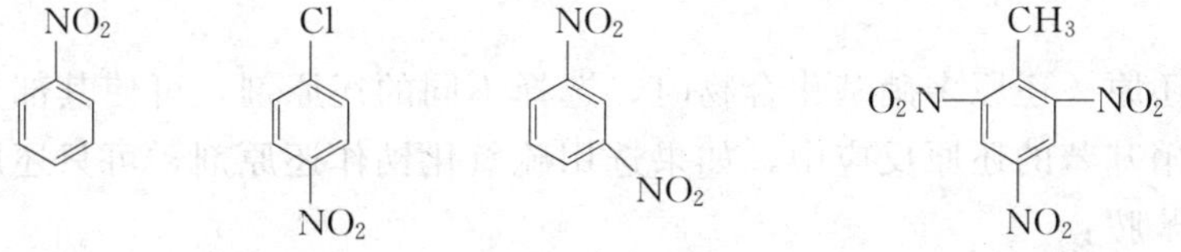

硝基苯　　对硝基氯苯　　间二硝基苯　　2,4,6-三硝基甲苯（俗名 TNT）

二、硝基化合物的物理性质

1. 物态与气味

芳香族一硝基化合物为无色或淡黄色液体或固体。多硝基化合物为黄色晶体。具有爆炸性，可用作炸药。有的多硝基化合物具有麝香香味，可用作香料。

2. 密度与溶解性

硝基化合物的相对密度均大于1，比水重，不溶于水，易溶于有机溶剂。

此外，硝基化合物有毒，应避免与皮肤直接接触或吸入其蒸气。

一些常见芳香族硝基化合物的物理常数见表 11-1。

表 11-1　常见芳香族硝基化合物的物理常数

名　称	熔点/℃	沸点/℃	相对密度（d_4^{20}）
硝基苯	5.7	210	1.203
邻二硝基苯	118	319(99.2kPa)	1.565(17℃)
间二硝基苯	89.8	303(102.7kPa)	1.571(0℃)
对二硝基苯	174	299(103.6kPa)	1.625
1,3,5-三硝基苯	122	分解	1.688
邻硝基甲苯	−9.3	222	1.168
间硝基甲苯	16	231	1.157
对硝基甲苯	52	238.5	1.286
2,4-二硝基甲苯	70	300	1.521(15℃)
2-硝基萘	61	304	1.332

三、硝基化合物的化学性质

芳香族硝基化合物的性质比较稳定。其化学反应主要发生在官能团硝基以及被硝基钝化的苯环上。

1. 硝基上的还原反应

(1) 还原剂还原　芳香族硝基化合物在酸性介质中与还原剂作用，硝基被还原成氨基，生成芳胺。常用的还原剂有铁与盐酸、锡与盐酸等。例如，工业上和实验室中以铁为还原剂，在稀盐酸中还原硝基苯制取苯胺：

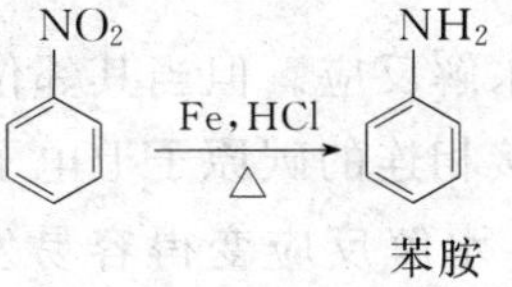

苯胺

(2) 催化加氢　在一定温度和压力下，催化加氢也可使硝基苯还原成苯胺。

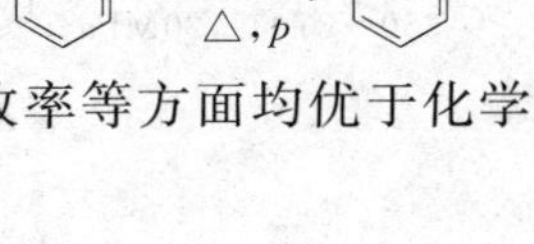

由于催化加氢法在产品质量和收率等方面均优于化学还原法，因此是目前生产苯胺常用

的方法。

(3) 选择性还原　还原多硝基化合物时，选择不同的还原剂，可使其部分还原或全部还原。例如在间二硝基苯的还原反应中，如果选用硫氢化钠作还原剂，可只还原其中的一个硝基，生成间硝基苯胺：

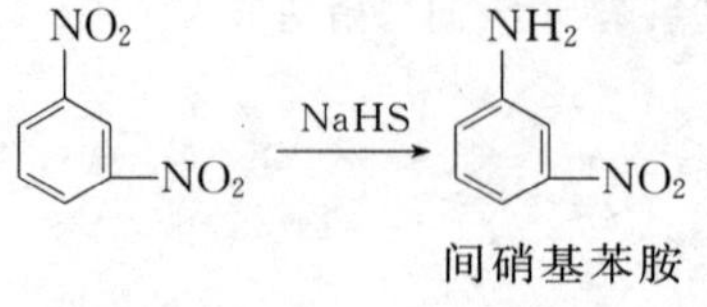

但如果选用铁和盐酸作还原剂或催化加氢，则两个硝基全部被还原，生成间苯二胺：

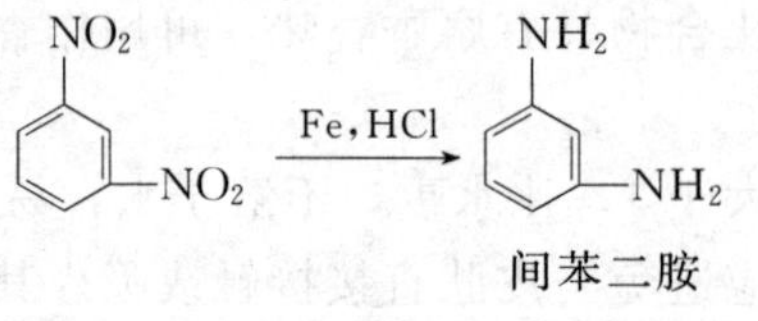

利用多硝基苯的选择还原可以制取许多有用的化工产品。间硝基苯胺为黄色晶体。主要用于生产偶氮染料。间苯二胺为白色晶体。是合成聚氨酯和杀菌剂的原料，也用作毛皮染料和环氧树脂固化剂。

2. 苯环上的取代反应

硝基是间位定位基，可使苯环钝化，硝基苯的环上取代反应主要发生在间位且比较难于进行。例如：

由于**硝基对苯环的强烈钝化作用，硝基苯不能发生傅-克烷基化和酰基化反应。**

四、硝基对苯环上其他基团的影响

硝基不仅钝化苯环，使苯环上的取代反应难于进行，而且对苯环上其他取代基的性质也会产生显著的影响。

1. 使卤苯的水解容易进行

在通常情况下，氯苯很难发生水解反应。但当其邻位或对位上连有硝基时，由于硝基具有较强的吸电作用，使与氯原子直接相连的碳原子上电子云密度大大降低，从而带有部分正电荷，有利于 OH^- 的进攻，因此，水解反应变得容易发生。硝基越多，反应越容易进行。例如：

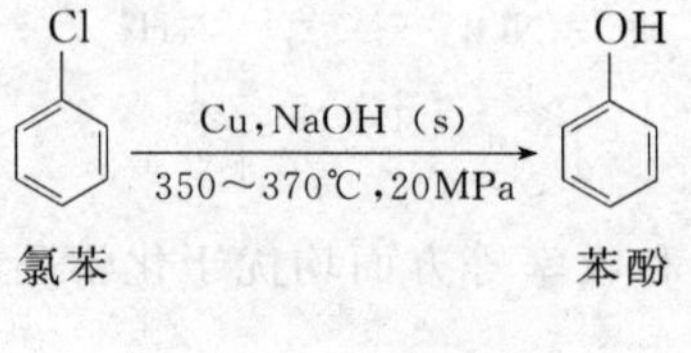

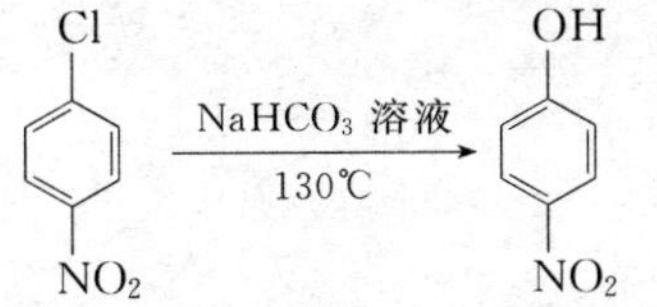

对硝基氯苯　　　　对硝基苯酚

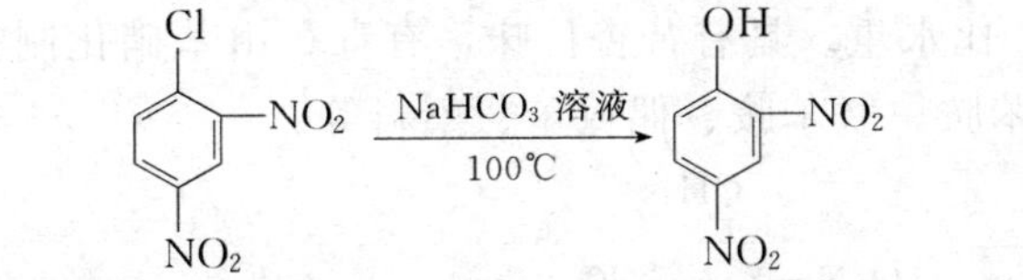

2,4-二硝基氯苯　　　　2,4-二硝基苯酚

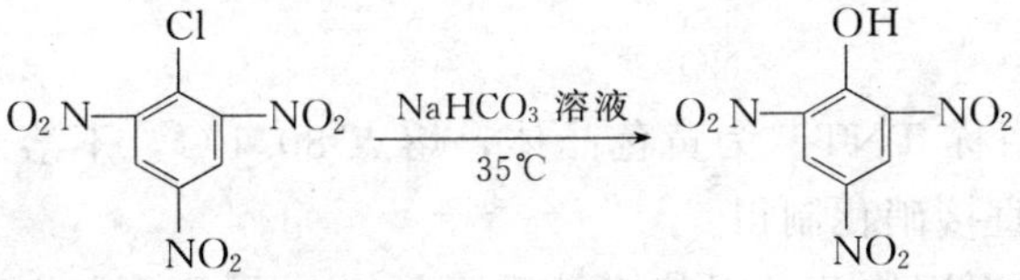

2,4,6-三硝基氯苯　　　　2,4,6-三硝基苯酚

此反应可用于制备硝基酚。对硝基苯酚为无色或淡黄色晶体，主要用于合成染料、药物等。2,4-二硝基苯酚为黄色晶体，是合成染料、苦味酸和显像剂的原料。2,4,6-三硝基苯酚为黄色晶体，用于合成染料，也可用作炸药等。

2. 使酚的酸性增强

当酚羟基的邻位或对位上有硝基时，能使酚的酸性增强，硝基越多，酸性越强。例如：

酸性：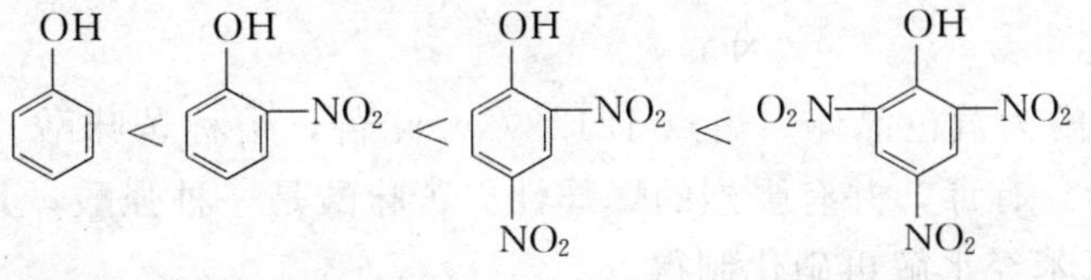

其中 2,4-二硝基苯酚的酸性与甲酸相近，2,4,6-三硝基苯酚的酸性与强无机酸相近，**能使刚果红试纸由红色变成蓝紫色。**

五、芳香族硝基化合物的制法

直接硝化法是工业上和实验室中制取芳香族硝基化合物最重要的方法。例如苯与混酸共热时发生硝化反应，生成硝基苯：

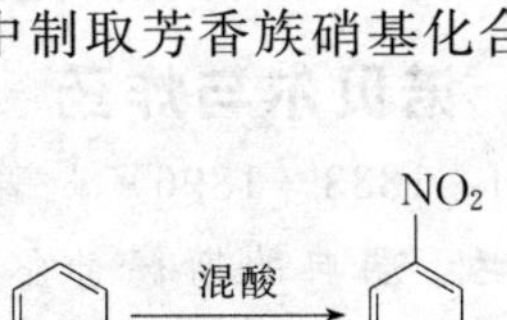

硝基苯继续硝化时，可得到间二硝基苯：

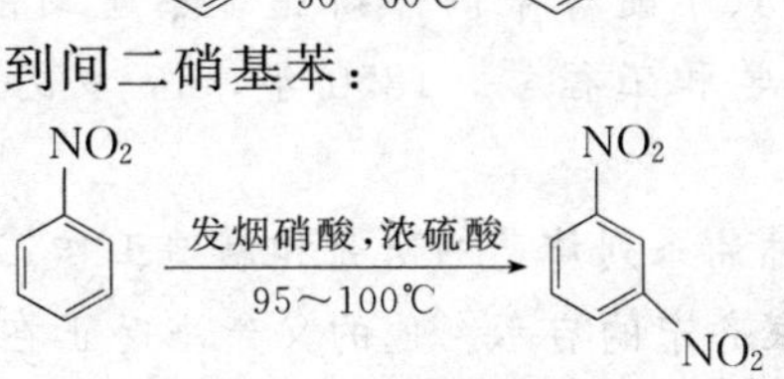

甲苯的硝化反应在 30℃时就可以进行，主要得到邻硝基甲苯和对硝基甲苯：

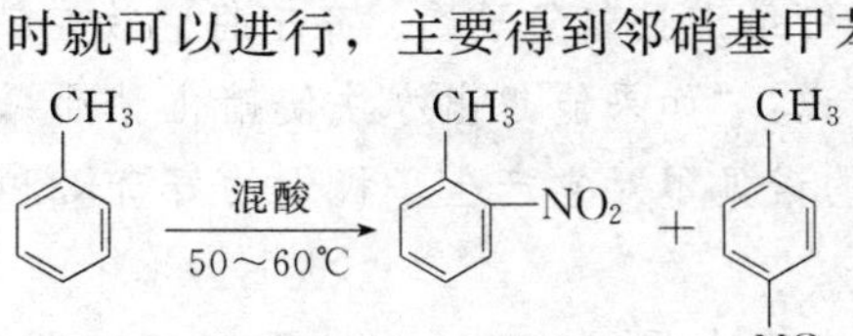

六、重要的硝基化合物

1. 硝基苯 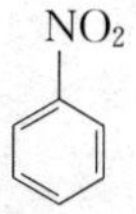

硝基苯为淡黄色油状液体，沸点 210℃。不溶于水，可溶于苯、乙醇和乙醚等有机溶剂，相对密度为 1.203，比水重。具有苦杏仁味，有毒。由苯硝化制得。硝基苯是重要的化工原料。主要用于制造苯胺、联苯胺、偶氮苯、染料等。

2. 2,4,6-三硝基甲苯（ 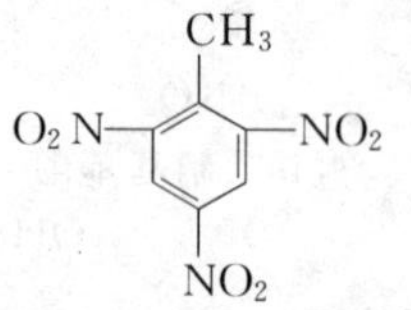 ）

2,4,6-三硝基甲苯俗称 TNT。为黄色晶体，熔点 80.1℃，不溶于水，可溶于苯、甲苯和丙酮。有毒，由甲苯直接硝化制得。

TNT 是一种重要的军用炸药。因其熔融后不分解，受震动也相当稳定，所以装弹运输比较安全。经起爆剂引发，就会发生猛烈爆炸。原子弹、氢弹的爆炸威力常用 TNT 的万吨级来表示。TNT 也可用在民用筑路、开山、采矿等爆破工程中。此外，还可用于制造染料和照相用药品等。

3. 2,4,6-三硝基苯酚（ 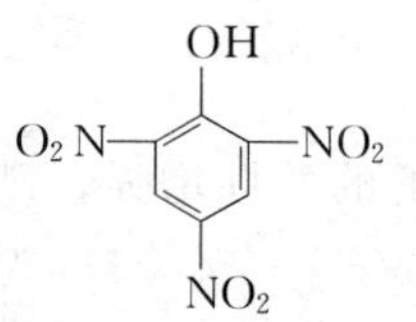 ）

2,4,6-三硝基苯酚为黄色晶体。熔点 121.8℃，味苦，俗称苦味酸。不溶于冷水，可溶于热水、乙醇和乙醚。有毒，并有强烈的爆炸性。苦味酸是一种强酸，其酸性与强无机酸相近。由 2,4-二硝基氯苯经水解再硝化制得。

苦味酸是制造硫化染料的原料，也可作为生物碱的沉淀剂，医药上用作外科收敛剂。

阅读资料

诺贝尔与炸药

诺贝尔（Alfred Bernhard Nobel，1833—1896）是著名的化学家，炸药的发明者。

1833 年 10 月 21 日，诺贝尔出生于瑞典的斯德哥尔摩。他的父亲是一名建筑师，也是刨木机的发明者。1842 年，诺贝尔随母亲离开斯德哥尔摩到俄国圣彼得堡定居，在父亲和家庭教师的精心指导下攻读化学和工程学。1850 年，17 岁的诺贝尔完成了家庭教育学业，先后到法国、美国学习化工。

诺贝尔一生主要从事硝化甘油系列炸药的研究和制造工作。促使他对炸药感兴趣的原因是受父亲职业的影响和俄国化学家齐宁的启示。他的父亲当时正在研制水雷炸药，齐宁曾建议他的父亲注意硝化甘油并将样品带给诺贝尔父子看。齐宁将它放在铁钻上锤击，结果受到锤击部分发生爆炸，但不漫延。齐宁说："如果能想出办法使硝化甘油爆炸，它将成为军事上有用的炸药。"第一次看到硝化甘油的诺贝尔对它产生了极大的好奇心和浓厚的兴趣，并从此与之结下了不解之缘。

硝化甘油原是意大利化学家索布雷罗（Sobrero）于 1847 年发明的，当时他用硝酸与甘油、甘露醇、蔗糖、糊精等反应，制出一种类似火棉的爆炸性物质。这种物质具有极大的爆炸力，但由于不易控制，因而没有实用价值。受齐宁的启发，诺贝尔父子对硝化甘油惊人的爆炸性能及光明的应用前景充满信心，决定改进这种烈性炸药。1861 年，父子俩开始进行试验研究，并在郊区建立起世界上第一座小型硝化甘油厂。1862 年，父子俩共同发明了液体硝化甘油炸药，将它称为炸油。并于 1863 年获得炸油发明专利证书。1867 年 9 月 3 日，诺贝尔的炸油厂不幸发生爆炸事故，工厂被炸毁，年仅 21 岁的弟弟被炸死，父亲被炸伤，并因思念儿子过度悲伤，几周后患上卒中，一直未能康复，于 1872 年去世。意外的惨祸并没有使诺贝尔退却，反而使他成为一个固执、痴迷的"疯狂科学家"。为了防止再殃及他人，他冒着生命危险，独自乘船在梅拉伦湖上继续进行实验。一天，诺贝尔在克吕梅尔工厂偶然发现，一只破漏油罐流出的炸油被硅藻土大量吸收后，形成一种黏稠浆状塑性物质，这种物质在受到撞击时不易爆炸。这一偶然发现启迪他又发明了第二代硝化甘油炸药—猛烈安全炸药。这是用 75 份硝化甘油吸附在 25 份硅藻土干粉上形成的奶酪状物质，所以又称"硅藻土猛安炸药"。它具有良好的稳定性，可安全操作，是一种具有实用价值的炸药。接着，诺贝尔又于 1875 年发明了炸胶，它的威力比硝化甘油更大。这项发明几乎在所有工业发达的国家都取得了专利权。

诺贝尔，
(Alfred Bernhard Nobel)

诺贝尔思维敏锐，善于观察思考问题，有着惊人的发明创造才能和超人的实施技术发明的决心。在 1860～1887 年这 20 多年时间里，他的发明创造不断涌现，在世界各国获取专利达 355 项以上。他先后被瑞典皇家学会、英国皇家学会和巴黎土木工程师学会吸收为会员。1868 年，诺贝尔父子荣获瑞典科学院颁发的"莱特尔斯特德"奖。1893 年，诺贝尔取得乌普萨拉大学荣誉哲学博士学位。他的工厂几乎遍布五大洲几十个国家。被誉为"炸药大王"。

诺贝尔一生勤奋、终身不娶，把毕生的精力都献给了人类的科学事业。办事认真、精细入微，是他取得巨大成就的关键。他虽然十分富有，但生活却非常简朴，一生的大部分时间都是在实验室里做实验。晚年时虽然心脏病经常发作，但却仍然坚持研究。直到 1896 年 12 月 10 日在意大利圣雷莫因脑出血去世。在去世的前一年，他立下遗嘱，将遗产 3200 万瑞典克朗作为基金，用基金每年的利息，奖励在物理、化学、生物学、医学、文学及和平事业做出杰出贡献的人。这就是当今国际上具有崇高荣誉的诺贝尔奖。为纪念这位曾为化学做出卓越贡献的人，化学家们把第 102 号元素命名为锘（No）。

本节要点

1. 芳香族硝基化合物的命名：以芳烃为母体，硝基作取代基
2. 芳香族硝基化合物的制法：直接硝化法
3. 化学性质
   - 硝基上的还原反应→芳胺
   - 苯环上的取代反应
     - 卤化
     - 硝化
     - 磺化
4. 硝基对苯环上其他基团的影响
   - 使卤原子活化
   - 使酚的酸性增强

思考与练习

11-1 回答问题

（1）多硝基苯的还原有几种情况？如何控制反应条件使多硝基苯部分还原或全部还原？

（2）硝基是很强的吸电基，对苯环上的取代反应有何影响？硝基苯能否发生傅-克烷基化和酰基化反应？

11-2 给下列化合物命名

（1）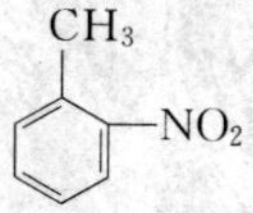 （2）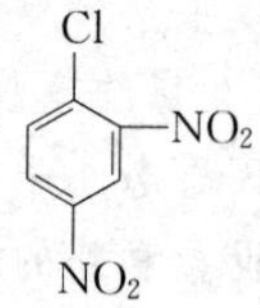 （3）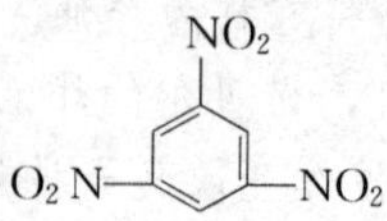

11-3 写出下列化合物的构造式

（1）对硝基乙苯　（2）2-氯-4-硝基甲苯　（3）间二硝基苯

11-4 完成下列化学反应

（1）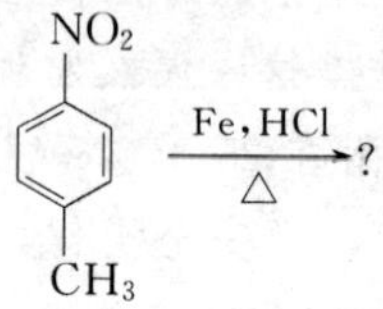

（2）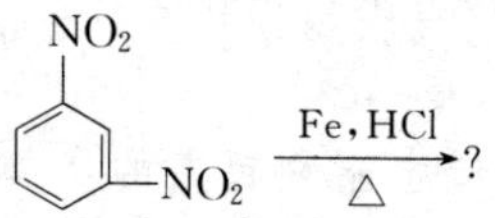

11-5 完成下列转变

（1）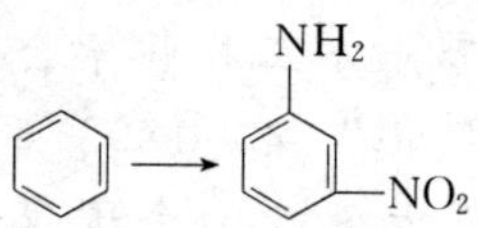

（2）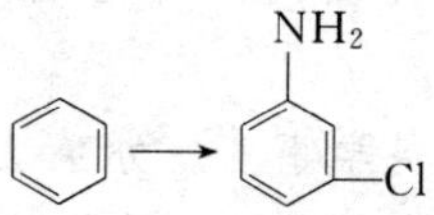

11-6 将下列化合物按水解反应活性由大到小的顺序排列

（1）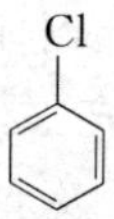 （2）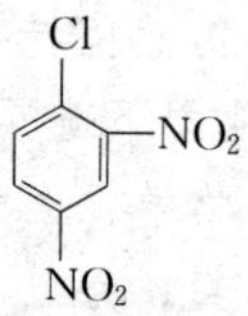 （3）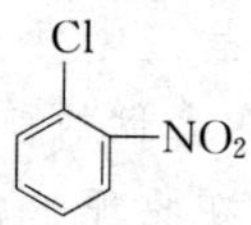 （4）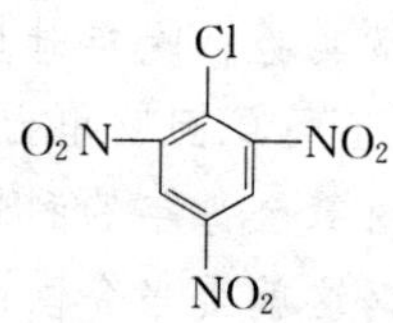

11-7 将下列酚按酸性由强到弱的顺序排列

（1）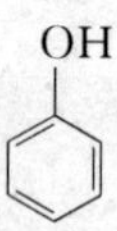 （2）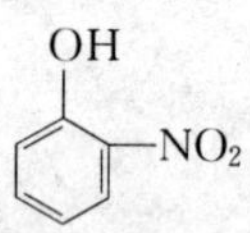 （3）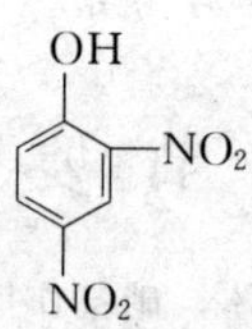 （4）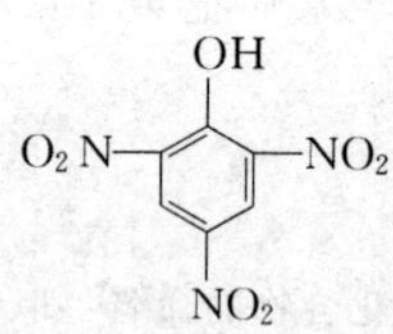

11-8 用化学方法区别苯酚和2,4,6-三硝基苯酚。

第二节 胺

一、胺的结构、分类及命名

1. 胺的结构

分子中含有氨基（—NH_2）官能团的有机化合物称为胺。它可以看成是氨分子中的氢原子被烃基取代后的产物，常用通式 R—NH_2 表示。

2. 胺的分类

（1）烃基结构不同　根据分子中烃基的结构不同，可分为脂肪胺和芳香胺。例如：

$CH_3CH_2CH_2CH_2NH_2$　　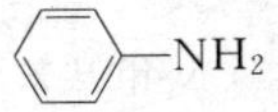

正丙胺（脂肪胺）　　苯胺（芳香胺）

（2）氨基数目不同　根据分子中所含氨基的数目不同，又分为一元胺和多元胺。例如：

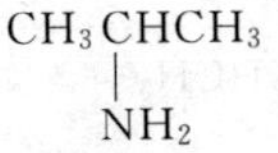　　$N_2NCH_2CH_2CH_2CH_2CH_2NH_2$

异丙胺（一元胺）　　己二胺（多元胺）

（3）烃基数目不同　根据分子中氮原子上连接的烃基数目不同，还可分为伯胺、仲胺和叔胺。例如：

$CH_3CH_2NH_2$	$(CH_3CH_2)_2NH$	$(CH_3CH_2)_3N$
乙胺	二乙胺	三乙胺
（伯胺）	（仲胺）	（叔胺）

需要注意的是：伯、仲、叔胺的含义与伯、仲、叔醇不同。前者是以氨分子中氢原子被取代的数目划分，后者是以羟基连接的碳原子类型划分。例如：

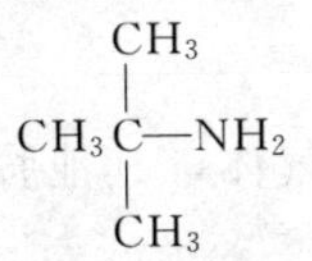　　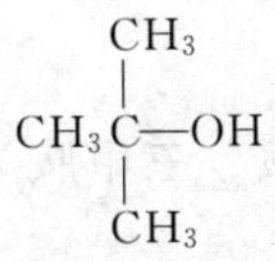

叔丁胺（伯胺）　　叔丁醇（叔醇）

氨能与酸作用生成铵盐。铵盐分子中的四个氢原子被四个烃基取代后的产物称为季铵盐，其相应的氢氧化物称为季铵碱。例如：

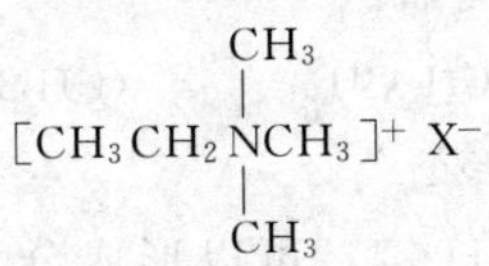　　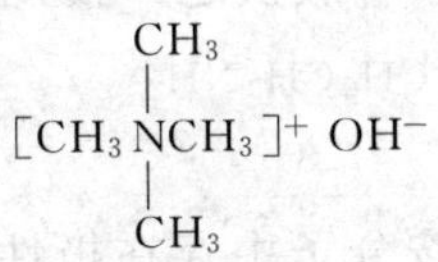

季铵盐　　季铵碱

3. 胺的命名方法

（1）习惯命名法　习惯命名法是在烃基名称的后面加"胺"字。例如：

伯胺　$CH_3CH_2NH_2$　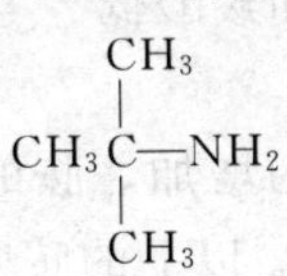　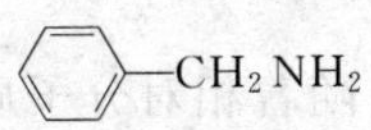

乙胺　叔丁胺　苯甲胺（苄胺）

仲胺　$(CH_3CH_2)_2NH$　$CH_3NHCH_2CH_3$　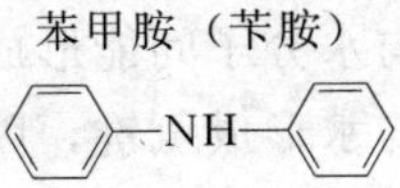

二乙胺　甲乙胺　二苯胺

叔胺　$(CH_3)_3N$　$(CH_3)_2NCH_2CH_3$　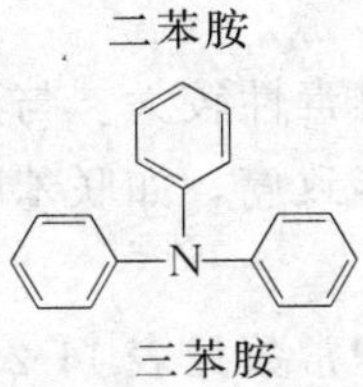

三甲胺　二甲基乙基胺　三苯胺

在芳仲胺或芳叔胺中，如果氮原子同时连有芳基和烷基，命名时在烷基的名称前加符号“*N*”，表示烷基与氮连接。例如：

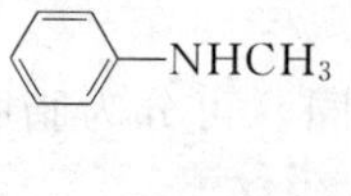

N-甲基苯胺

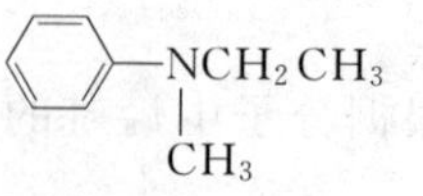

N-甲基-*N*-乙基苯胺

（2）系统命名法　系统命名法以烃为母体，伯胺以氨基作为取代基仲胺或叔胺通常以较大烃基作母体，较小烃基与氮原子一起作为氨基。例如：

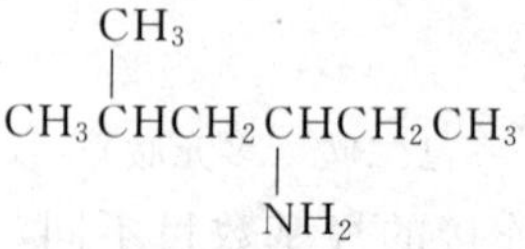

2-甲基-4-氨基已烷

2-甲氨基丁烷

季铵盐、季铵碱的命名与无机盐、无机碱的命名相似，在铵字前加上四个烃基的名称。例如：

$[(CH_3)_3NCH_2CH_3]^+Cl^-$

氯化三甲基乙基铵

$[(CH_3CH_2)_4N]^+OH^-$

氢氧化四乙基铵

二、胺的物理性质

1. 物态

常温常压下，甲胺、二甲胺、三甲胺为无色气体，其他胺为液体或固体。低级胺有类似氨的气味，高级胺无味。

2. 沸点

胺的沸点比相对分子质量相近的烃和醚高，比醇和羧酸低。在相对分子质量相同的脂肪胺中，伯胺的沸点最高，仲胺次之，叔胺最低。例如：

	$CH_3CH_2CH_2NH_2$	$CH_3NHCH_2CH_3$	$(CH_3)_3N$
沸点/℃	47.8	36～37	2.9

这是因为伯胺、仲胺分子中存在极性的 N—H 键，可以形成分子间氢键。而叔胺分子中无 N—H 键，不能形成分子间氢键，所以其沸点远远低于伯胺和仲胺。

由于氮的电负性小于氧，N—H 键的极性比 O—H 键弱，形成的氢键也较弱，因此伯胺、仲胺的沸点比相对分子质量相近的醇和羧酸低。

3. 水溶性

低级胺易溶于水，随着相对分子质量的增加，胺的溶解度降低。例如，甲胺、二甲胺、乙胺、二乙胺等可与水以任意比例混溶，C_6 以上的胺则不溶于水。

这是因为低级胺与水分子间能形成氢键，所以易溶于水。随着胺分子中烃基的增大，空间阻碍作用增强，难与水形成氢键，因此高级胺难溶于水。

4. 毒性

芳胺有特殊气味且毒性较大。与皮肤接触或吸入其蒸气都会引起中毒，所以使用时要格外小心。有些芳胺还能致癌，如联苯胺，长期接触可引起膀胱癌，潜伏期约 15～20 年，现在工业上已停止使用。

一些常见胺的物理常数见表 11-2。

表 11-2　一些胺的物理常数

名　称	沸点/℃	熔点/℃	相对密度(d_4^{20})
甲胺	−6.3	−93.5	0.6990(−11℃)
二甲胺	7.4	−93.0	0.6804(9℃)
三甲胺	2.9	−117.2	0.6356
乙胺	16.6	−81.0	0.6329
正丙胺	47.8	−83.0	0.7173
正丁胺	77.8	−49.1	0.7414
苯胺	184.13	−6.3	1.0217
N-甲基苯胺	196.25	−57.0	0.9891
N,*N*-二甲基苯胺	194.15	2.54	0.9557
乙二胺	116.5	8.5	0.8995

三、胺的化学性质

胺的化学反应主要发生在官能团氨基上。

1. 碱性

胺与氨相似，由于氮原子上有一对未共用电子，容易接受质子形成铵离子，因而呈碱性。

$$RNH_2 + H_2O \rightleftharpoons RNH_3^+ + OH^-$$

胺是弱碱，可与酸发生中和反应生成盐而溶于水中，生成的弱碱盐与强碱作用时，胺又重新游离出来。例如：

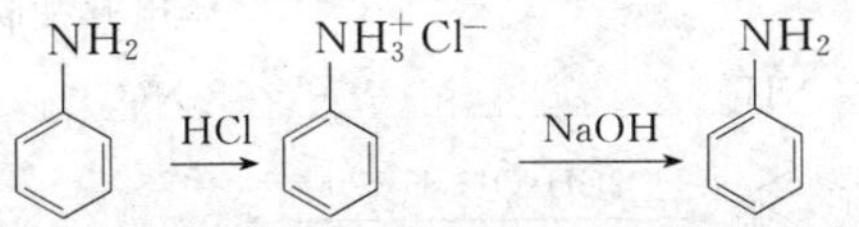

利用这一性质可分离、提纯和鉴别不溶于水的胺类化合物。

胺的碱性强弱可用 pK_b 值表示。pK_b 值愈小，其碱性愈强。一些胺的 pK_b 值见表 11-3。

表 11-3　一些胺的 pK_b 值（在水溶液中）

名　称	pK_b(25℃)	名　称	pK_b(25℃)
甲胺	3.38	苯胺	9.40
二甲胺	3.27	对甲苯胺	8.92
三甲胺	4.21	对氯苯胺	10.00
环己胺	3.63	对硝基苯胺	13.00
苄胺	4.07	二苯胺	13.21

从表中 pK_b 值可以看出，脂肪胺的碱性比氨（$pK_b = 4.76$）强，芳胺的碱性比氨弱。

脂肪胺＞氨＞芳香胺

这是因为烷基是供电基，它能使氮原子周围的电子云密度增大，接受质子的能力增强，所以碱性增强。氮原子上连接的烷基越多，碱性越强。但在水溶液中，由于受溶剂的影响，不同脂肪胺的碱性强弱顺序为：

$$(CH_3)_2NH > CH_3NH_2 > (CH_3)_3N$$

芳胺分子中由于苯环的吸电作用，使氮原子周围的电子云密度减小，接受质子的能力减弱，所以碱性较弱。

不同芳胺的碱性强弱顺序为：

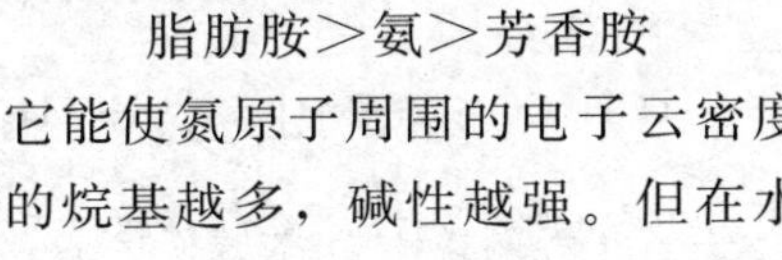

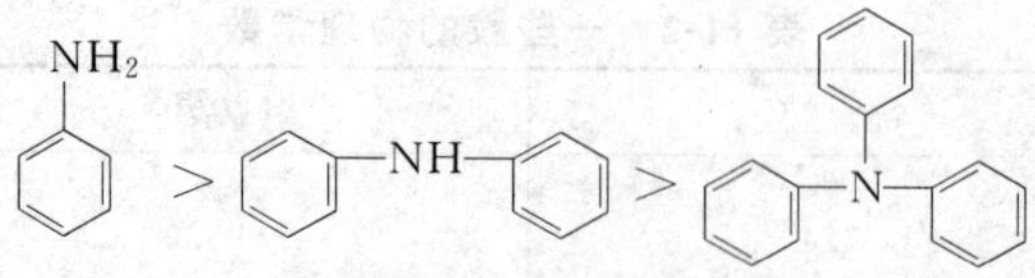

当芳胺的苯环上连有供电子基时，可使其碱性增强，而连有吸电子基时，则使其碱性减弱。例如，下列芳胺的碱性强弱顺序为：

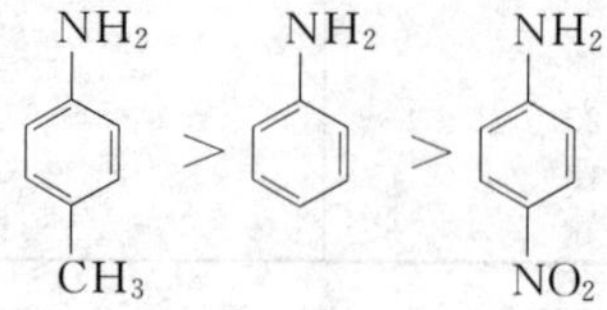

2. 烷基化

伯胺与卤代烷、醇等烷基化试剂反应时，氨基上的氢原子被烷基取代生成仲胺、叔胺和季铵盐的混合物。例如工业上利用苯胺与甲醇在硫酸催化下，加热、加压制取 *N*-甲基苯胺和 *N*,*N*-二甲基苯胺：

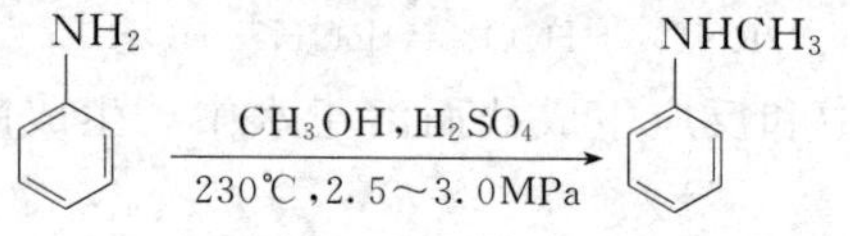

N-甲基苯胺

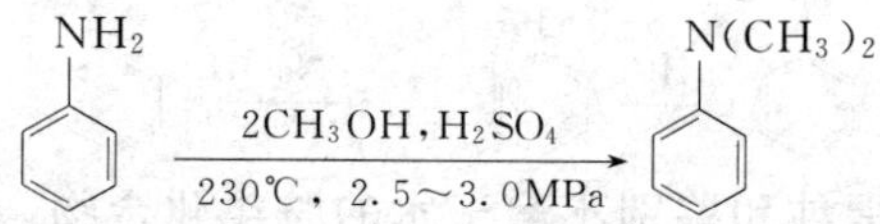

N,*N*-二甲基苯胺

当苯胺过量时，主要产物为 *N*-甲基苯胺，若甲醇过量，则主要产物为 *N*,*N*-二甲基苯胺。

此反应用于制备仲胺和叔胺。*N*-甲基苯胺为无色液体，用于提高汽油的辛烷值及有机合成，也可作溶剂。*N*,*N*-二甲基苯胺为淡黄色油状液体，用于制备香草醛、偶氮染料和三苯甲烷染料等。

3. 酰基化

伯胺、仲胺与酰卤或酸酐等酰基化试剂反应时，氨基上的氢原子被酰基取代，生成胺的酰基衍生物。叔胺氮上没有氢原子，所以不能发生酰基化反应。例如工业上利用苯胺和 *N*-甲基苯胺与酸酐反应制取相应的酰胺。

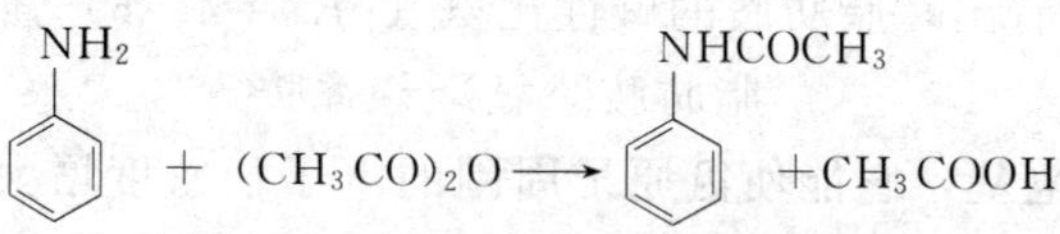

乙酰苯胺

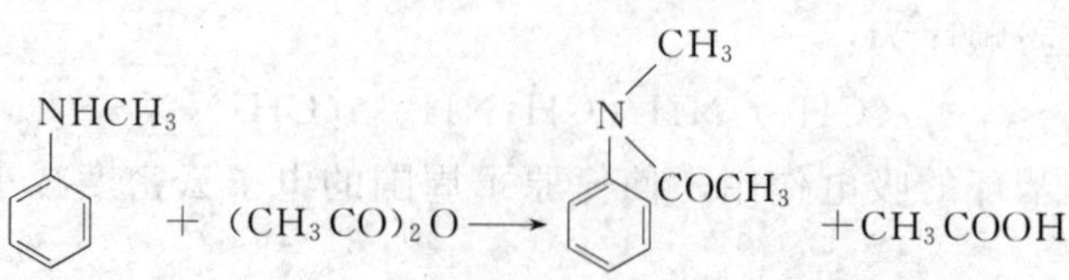

N-甲基乙酰苯胺

胺的酰基衍生物为无色晶体，具有固定的熔点，可用于鉴定伯胺和仲胺。此外，由于其性质比较稳定，不易被氧化，又容易由芳胺酰化制得，经水解可变为原来的芳胺，因此在有机合成中常利用酰基化反应来保护氨基。

4. 与亚硝酸反应

胺能与亚硝酸反应，不同的胺与亚硝酸反应的产物也不相同。由于亚硝酸不稳定，易分解，一般用亚硝酸钠与盐酸（或硫酸）在反应过程中作用生成亚硝酸。

（1）伯胺的反应　脂肪族伯胺与亚硝酸反应，放出氮气，同时生成醇、烯烃等混合物。例如：

$$CH_3CH_2NH_2 \xrightarrow[HCl]{NaNO_2} CH_3CH_2OH + CH_2{=}CH_2 + N_2\uparrow$$

此反应在合成上无实用价值。但**反应能定量地放出氮气，可用于伯胺的鉴定**。

芳香族伯胺与亚硝酸在低温（0～5℃）及强酸溶液中反应，生成重氮盐。这一反应称为重氮化反应。例如：

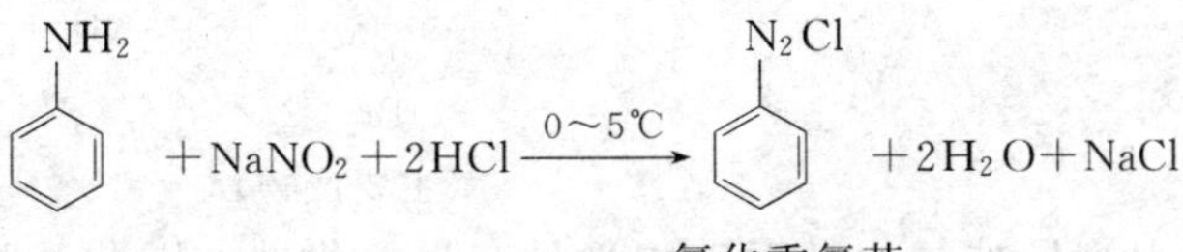

氯化重氮苯

重氮化反应在有机合成中具有重要应用（在第三节中将详细介绍）。

（2）仲胺的反应　脂肪族和芳香族仲胺与亚硝酸反应都生成 *N*-亚硝基胺。例如：

$$(CH_3CH_2)_2NH \xrightarrow[HCl]{NaNO_2} (CH_3CH_2)_2N{-}NO$$

N-亚硝基二乙胺

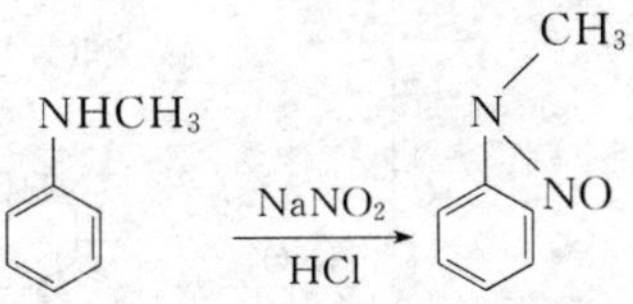

N-亚硝基-*N*-甲基苯胺

N-亚硝基胺为黄色油状液体或固体，与稀盐酸共热则分解成原来的仲胺，因此**该反应可用于鉴别、分离和提纯仲胺**。

（3）叔胺的反应　脂肪族叔胺与亚硝酸发生中和反应，生成亚硝酸盐。这是弱酸弱碱盐，不稳定，容易水解成原来的叔胺，因此向脂肪族叔胺中加入亚硝酸无明显现象发生。

芳香族叔胺与亚硝酸作用，在芳环上发生亲电取代反应，氨基对位上的氢原子被取代，生成有颜色的对亚硝基胺。例如：

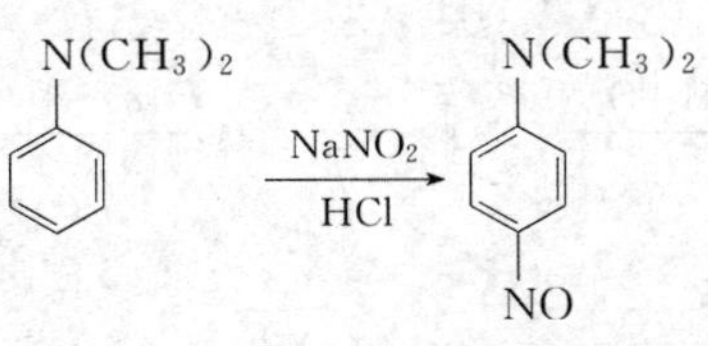

对亚硝基-*N*,*N*-二甲基苯胺

对亚硝基-*N*,*N*-二甲基苯胺为绿色晶体。用于制造染料。

由于不同的胺与亚硝酸反应现象不同，可用于鉴别脂肪族及芳香族伯、仲、叔胺。

5. 芳胺的环上取代反应

在芳胺中，氨基直接与苯环相连，由于氨基是很强的邻、对位定位基，可活化苯环，使其邻、对位上的氢原子变得非常活泼，容易被取代。

（1）卤化　苯胺与溴水反应，立即生成 2,4,6-三溴苯胺白色沉淀。

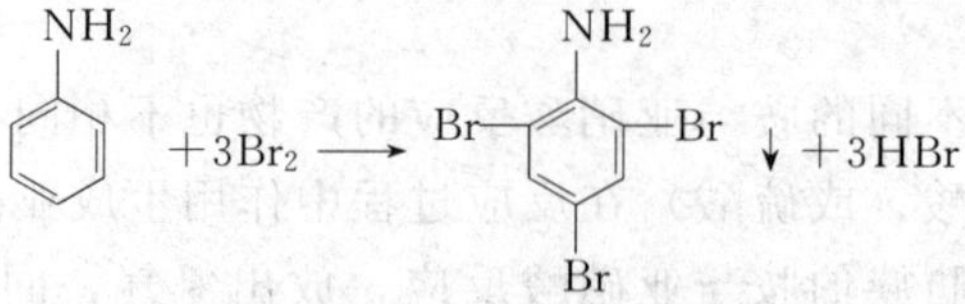

2,4,6-三溴苯胺

此反应非常灵敏，可用于鉴别苯胺。

苯胺的卤化反应很难停留在一元取代阶段。若要制备一取代苯胺，必须降低氨基的活性。一般是通过酰基化反应，先将氨基转变成酰胺基，卤代后再水解制得。例如：

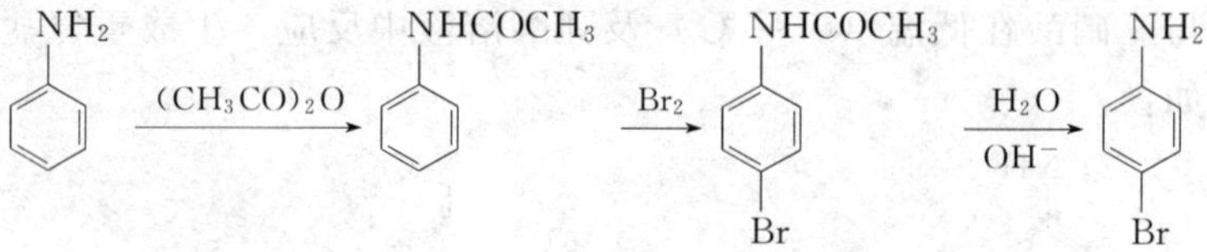

（主要产物）

（2）硝化　苯胺很容易被氧化，而硝酸又具有强氧化性，因此苯胺在硝化时，常伴有氧化反应发生。为防止苯胺被氧化，通常先发生酰基化反应“保护氨基”，再于不同的溶剂中进行硝化反应，得到不同的硝化产物。

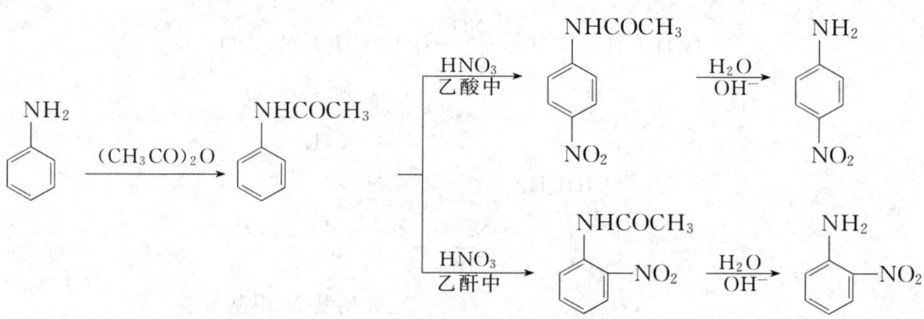

邻硝基苯胺是橙黄色晶体，对硝基苯胺是亮黄色针状晶体。它们都是剧毒物质，急性中毒能导致死亡，长期慢性中毒能损害肝脏。燃烧时产生有毒蒸气，可很快被皮肤吸收。其粉尘能发生爆炸。二者都是重要的有机合成原料，可用于生产染料、医药、农药和防老化剂等。

（3）磺化　苯胺可在常温下与浓硫酸反应，生成苯胺硫酸盐，将其加热到 180～190℃时，则得到对氨基苯磺酸。

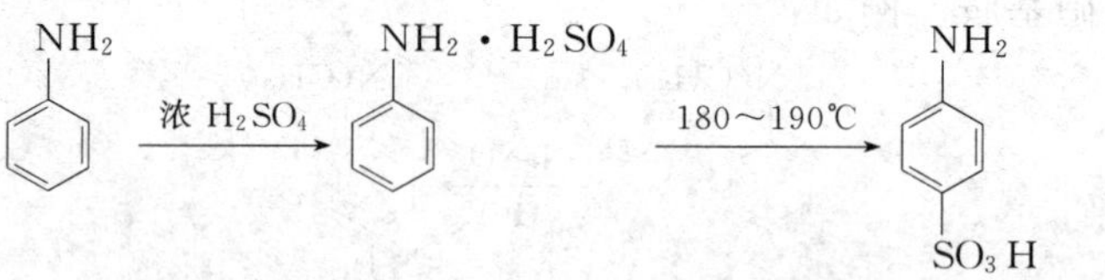

对氨基苯磺酸

这是工业上生产对氨基苯磺酸的方法。对氨基苯磺酸为白色晶体，主要用于制造偶氮染料。其钠盐俗名为敌锈钠，可防止小麦锈病的发生。

6. 氧化反应

胺很容易发生氧化反应。尤其是芳香族伯胺更容易被氧化。如纯净的苯胺为无色油状液体，在空气中放置时因逐渐被氧化而由无色变成黄色甚至红棕色。

苯胺的氧化反应比较复杂，氧化剂及反应条件不同，其产物也不同。例如，用二氧化锰和硫酸氧化苯胺时主要产物是对苯醌。

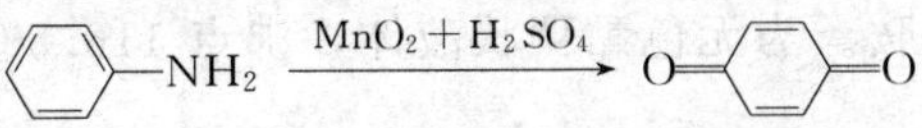

对苯醌

对苯醌为黄色晶体，熔点116℃，能升华。用于制备对苯二酚和染料。

若用酸性重铬酸钾氧化苯胺，则生成结构复杂的黑色染料苯胺黑。苯胺黑是一种不溶于普通溶剂的黑色染料。广泛用于棉织物的染色和印花，具有耐日晒和雨淋、在热的肥皂溶液或稀漂白粉溶液中不褪色等特点。

苯胺遇漂白粉变成紫色，可用于苯胺的鉴别。

四、胺的制法

1. 氨的烷基化

氨与卤代烷或醇等烷基化试剂作用生成胺。氨与卤代烷反应时，通常得到伯胺、仲胺、叔胺和季铵盐的混合物。由于产物难以分离，因此这个反应在应用上受到限制。

2. 含氮化合物的还原

(1) 硝基化合物的还原　将硝基化合物还原可以得到伯胺。由于芳香族硝基化合物容易制得，因此这是制取芳伯胺最常用的方法。

(2) 腈、酰胺的还原　腈用催化加氢或化学还原剂还原可以得到伯胺。例如，工业上采用此法制取己二胺：

$$NC(CH_2)_4CN \xrightarrow[\triangle,p]{H_2,Ni} H_2N(CH_2)_6NH_2$$

己二腈　　　　　己二胺

酰胺也可还原成胺。不同结构的酰胺经还原可以制取伯、仲、叔三级胺。例如工业上用*N*,*N*-二乙基乙酰胺经还原制得三乙胺：

$$CH_3\overset{\overset{O}{\|}}{C}N(CH_2CH_3)_2 \xrightarrow{LiAlH_4} (CH_3CH_2)_3N$$

3. 酰胺的霍夫曼降级反应

酰胺经霍夫曼降级反应，可以得到比原来酰胺少一个碳原子的伯胺。这是制取伯胺的一种方法。例如：

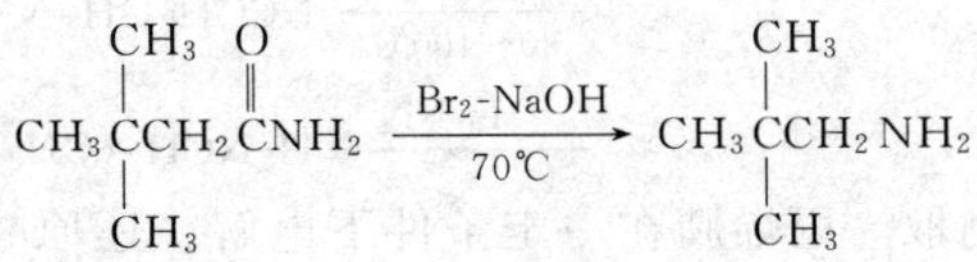

3,3-二甲基丁酰胺　　　　　新戊胺

五、重要的胺

1. 二甲胺 [$(CH_3)_2NH$]

二甲胺为无色气体，沸点7.4℃，易溶于水，乙醇和乙醚。其低浓度气体有鱼腥臭味，高浓度气体有令人不愉快的氨味。易燃，与空气可形成爆炸性混合物，爆炸极限为2.80%～14.40%（体积分数）。有毒，对皮肤，眼睛和呼吸器官都有刺激性。空气中允许浓度为10μg/g。工业上由甲醇与氨在高温、高压和催化剂存在下制得。

二甲胺主要用于医药、农药、染料等工业。是合成磺胺类药物、杀虫脒、二甲基甲酰胺等的中间体。

2. 乙二胺（$H_2N—CH_2CH_2—NH_2$）

乙二胺是最简单的二元胺。为无色黏稠状液体，沸点 116.5℃，易溶于水。由 1,2-二氯乙烷与氨反应制得。

$$ClCH_2CH_2Cl + 4NH_3 \xrightarrow[9.5MPa]{145\sim180℃} H_2NCH_2CH_2NH_2 + 2NH_4Cl$$

乙二胺与氯乙酸在碱性溶液中作用生成乙二胺四乙酸盐，后者经酸化得乙二胺四乙酸，简称 EDTA。

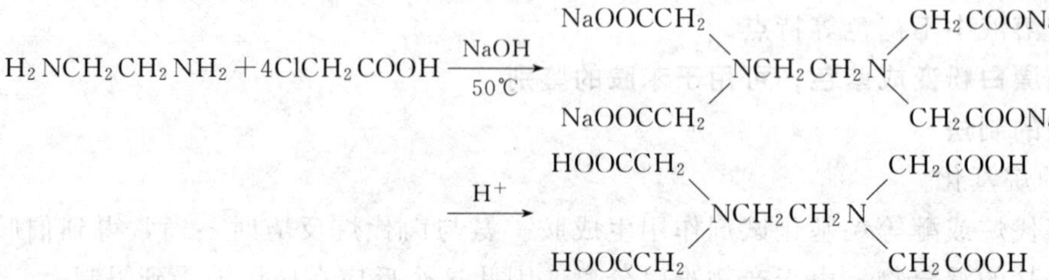

EDTA 及其盐是分析化学中常用的金属螯合剂，用于配合和分离金属离子。EDTA 二钠盐还是重金属中毒的解毒剂。

乙二胺是有机合成原料，主要用于制造药物、农药和乳化剂等。

3. 己二胺［$H_2N—(CH_2)_6—NH_2$］

己二胺为无色片状晶体，熔点 42℃，微溶于水，溶于乙醇、乙醚和苯。工业上制取己二胺的主要方法有：

（1）以己二酸为原料制取　己二酸与氨反应生成铵盐，加热失水生成己二腈，再经催化加氢得己二胺。

$$HOOC(CH_2)_4COOH + 2NH_3 \longrightarrow H_4NOOC(CH_2)_4COONH_4 \xrightarrow[-4H_2O]{220\sim280℃} NC(CH_2)_4CN$$

$$\xrightarrow[NaOH,75℃,3MPa]{H_2,Ni} H_2NCH_2(CH_2)_4CH_2NH_2$$

（2）以 1,3-丁二烯为原料制取　1,3-丁二烯与氯气发生 1,4-加成，生成 1,4-二氯-2-丁烯，后者与氰化钠反应再催化加氢生成己二胺。

$$CH_2=CHCH=CH_2 + Cl_2 \xrightarrow{220\sim300℃} ClCH_2CH=CHCH_2Cl$$

$$\xrightarrow[80\sim100℃]{NaCN} NCCH_2CH=CHCH_2CN$$

$$\xrightarrow{H_2,Ni} H_2NCH_2(CH_2)_4CH_2NH_2$$

（3）以丙烯腈为原料制取　丙烯腈在一定条件下电解、还原二聚，在阴极产生己二腈，再经催化加氢得到己二胺。

$$CH_2=CHCN \xrightarrow[50℃]{电解} NC(CH_2)_4CN \xrightarrow{H_2,Ni} H_2N(CH_2)_6NH_2$$

该方法工艺流程短，杂质少，产率高。世界上已趋向于采用这种方法生产己二胺。

己二胺主要用于合成高分子化合物，是尼龙-66、尼龙-610、尼龙-612 的单体。

4. 苯胺（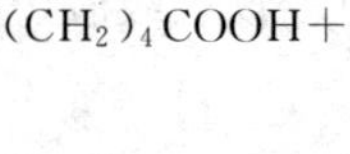）

苯胺存在于煤焦油中。为无色油状液体，沸点 184.13℃。具有特殊气味，有毒。微溶于水，可溶于苯、乙醇、乙醚。工业上苯胺主要由硝基苯还原制得。

苯胺是重要的有机合成原料，主要用于制造医药、农药、染料和炸药等。

＊六、季铵盐和季铵碱

1. 季铵盐

叔胺与卤代烷作用生成季铵盐

$$R_3N + RX \longrightarrow [R_4N]^+X^-$$

季铵盐为无色晶体，具有盐的性质，能溶于水，不溶于非极性有机溶剂，加热时分解为叔胺和卤代烷：

$$[R_4N]^+X^- \xrightarrow{\triangle} R_3N + RX$$

季铵盐与伯、仲、叔胺的盐不同，它与强碱作用时，不能使胺游离出来，而是得到含有季铵碱的平衡混合物：

$$[R_4N]^+X^- + KOH \rightleftharpoons [R_4N]^+OH^- + KX$$

该反应如果在醇溶液中进行，由于碱金属的卤化物（如碘化钾）不溶于醇而析出沉淀，可破坏上述平衡，使反应向正向进行比较彻底，全部生成季铵碱。

若用湿的氧化银代替氢氧化钾，由于生成卤化银沉淀，也能使反应进行完全，生成季铵碱。例如：

$$2[(CH_3)_4N]^+I^- + Ag_2O + H_2O \longrightarrow 2[(CH_3)_4N]^+OH^- + 2AgI\downarrow$$

含有长链烃基的季铵盐（C_{15}～C_{25}）是常用的相转移催化剂，也可作为阳离子型表面活性剂。例如氯化三甲基十二烷基铵 $[C_{12}H_{25}N(CH_3)_3]^+Cl^-$ 不仅具有润湿、起泡和去污作用，而且还具有杀菌消毒作用，是一种重要的表面活性剂。

2. 季铵碱

季铵碱是强碱，其碱性与氢氧化钠相近。易溶于水，有很强的吸湿性。季铵碱受热分解，分解产物与烷基结构有关。

当分子中没有 β-氢原子时，分解生成叔胺和醇。例如：

$$[(CH_3)_4N]^+OH^- \xrightarrow{\triangle} (CH_3)_3N + CH_3OH$$

当分子中含有 β-氢原子时，分解生成叔胺、烯烃和水。

$$[CH_3CH_2CH_2N(CH_3)_3]^+OH^- \xrightarrow{\triangle} (CH_3)_3N + CH_3CH{=}CH_2 + H_2O$$

某些季铵碱具有生理功能，例如胆碱是磷脂的组成部分，有降低血压的作用。胆碱与醋酸反应，生成乙酰胆碱，它是人体内神经传导系统的重要物质。

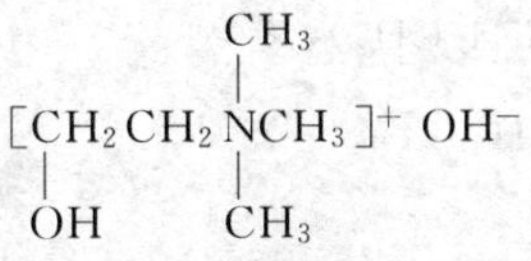
胆碱

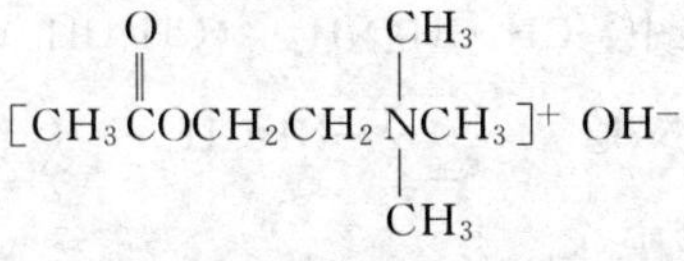
乙酰胆碱

本节要点

1. 胺的分类
   - 根据烃基结构不同分为：脂肪胺、芳香胺
   - 根据氨基数目不同分为：一元胺、多元胺
   - 根据氨分子中氢原子被取代的数目不同分为：伯胺、仲胺、叔胺

2. 胺的命名
   - 习惯命名法：烃基名＋“胺”
   - 系统命名法：以烃为母体，氨（胺）基为取代基

3. 物理性质
   - 沸点较高（分子间能形成氢键）
   - 水溶性较大（与水分子之间形成氢键）

4. 化学性质
   - 碱性→铵盐
   - 烷基化→仲胺、叔胺、季铵盐
   - 酰基化→胺的酰基衍生物
   - 与亚硝酸反应
   - 芳胺的取代反应
     - 卤化
     - 硝化
     - 磺化
   - 氧化反应

思考与练习

11-9 回答问题

（1）脂肪族伯胺、仲胺的沸点比相对分子质量相近的烃和醚高，但比醇和羧酸低，为什么？

（2）向浑浊的苯胺水溶液中滴加盐酸时，溶液会变得澄清，再向澄清的溶液中滴加氢氧化钠溶液时，则又重新变浑浊，你能说明发生这些现象变化的原因吗？

（3）能否用溴代反应来区别苯胺和苯酚？为什么？

11-10 将下列各组化合物的沸点按从高到低的顺序排列

（1）$CH_3CH_2CH_2OH$　$CH_3CH_2CH_2NH_2$　$CH_3CH_2CH_2CH_3$

（2）$CH_3CH_2CH_2CH_2NH_2$　$CH_3CH_2NHCH_2CH_3$　$(CH_3)_2NCH_2CH_3$

11-11 比较下列各组化合物的水溶性大小并解释原因

（1）$CH_3CH_2NH_2$　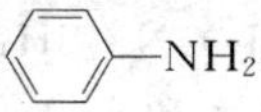

（2）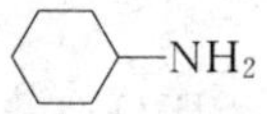　$H_2N(CH_2)_4NH_2$

11-12 将下列各组化合物按碱性由强到弱的顺序排列

（1）$CH_3CH_2NH_2$　NH_3　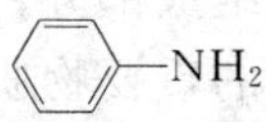

（2）在水溶液中：$CH_3CH_2NH_2$　$(CH_3CH_2)_2NH$　$(CH_3CH_2)_3N$

（3）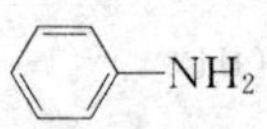　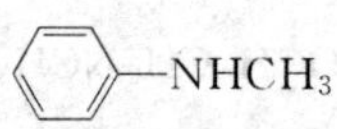　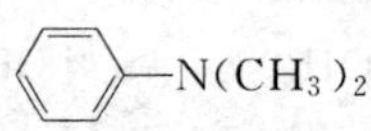

11-13 给下列化合物命名

（1）$CH_3CH_2CH_2NH_2$　（2）$(CH_3CH_2)_3N$　（3）$CH_3CH_2NHCH(CH_3)CH_3$

（4）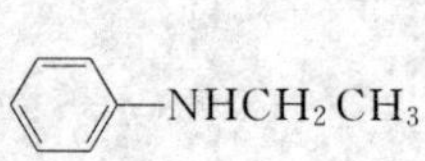　（5）$CH_3CH_2CH(NH_2)CH(CH_3)CH_3$　（6）$[CH_3—N(CH_3)_2—CH_3]^+\ OH^-$

11-14 写出下列化合物的构造式

（1）甲乙胺　（2）对硝基苯胺　（3）1,4-丁二胺

（4）*N*,*N*-二乙基苯胺　（5）三苯胺　（6）苄胺

11-15 完成下列化学反应

(1) $CH_3CH_2CH_2NH_2 \xrightarrow{CH_3CH_2Cl} ?$

(2) 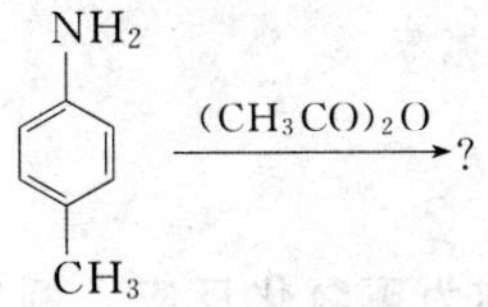

(3) $(CH_3CH_2)_2NH \xrightarrow{CH_3CH_2COCl} ?$

(4) 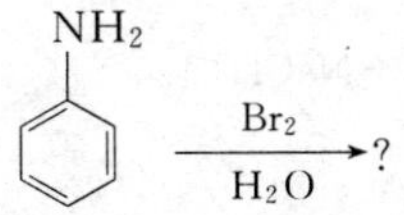

(5) 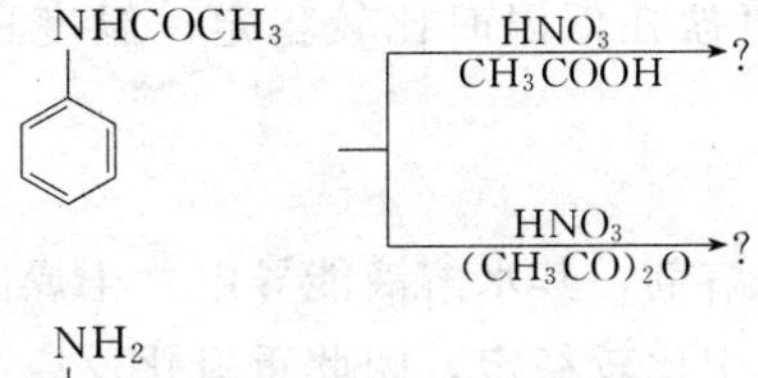

(6) 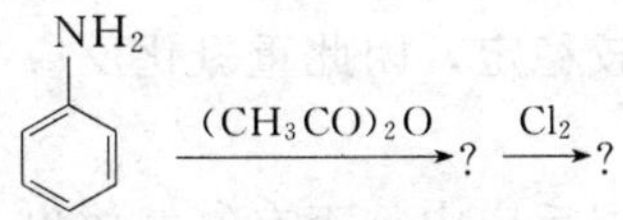

11-16　实现下列转变

(1) 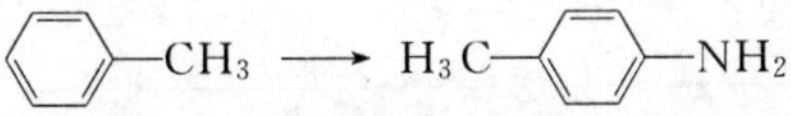

(2) $CH_3CH_2CH_2Br \longrightarrow CH_3CH_2CH_2CH_2NH_2$

(3) $CH_3CH_2CH_2COOH \longrightarrow CH_3CH_2CH_2NH_2$

(4) 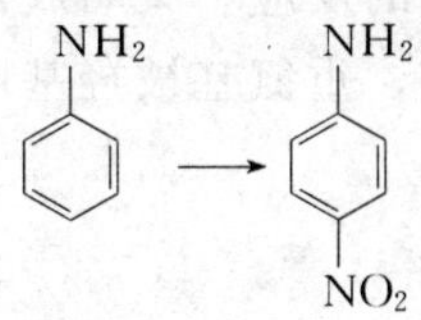

第三节　重氮和偶氮化合物

一、重氮和偶氮化合物的结构

重氮和偶氮化合物分子中都含有氮-氮重键官能团。重氮化合物的官能团称为重氮基，通常有两种结构形式：一种为 —N═N—，另一种为 >N≡N。其中 —N═N— 的一端与烃基相连，另一端与非碳原子相连。而 >N≡N 则常以重氮盐的形式存在，或是其中一个氮原子以双键与脂肪族烃基相连。例如：

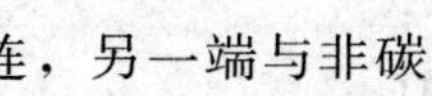

苯基重氮酸

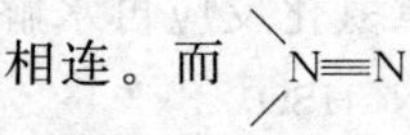

氯化重氮苯

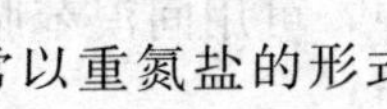

硫酸氢重氮苯

$CH_2{=}N{\equiv}N$

重氮甲烷

偶氮化合物是 —N═N— 的两端都与烃基相连，例如：

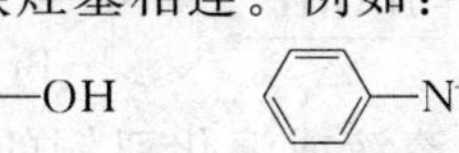

偶氮苯

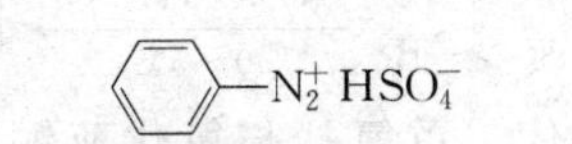

对羟基偶氮苯

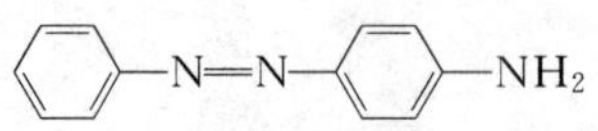

对氨基偶氮苯

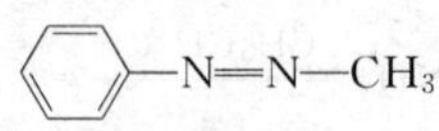

甲偶氮苯

偶氮化合物分子中的 —N═N— 基团称为偶氮基。

二、重氮化反应

芳伯胺与亚硝酸在强酸溶液中反应生成重氮盐，此反应称为重氮化反应。例如：

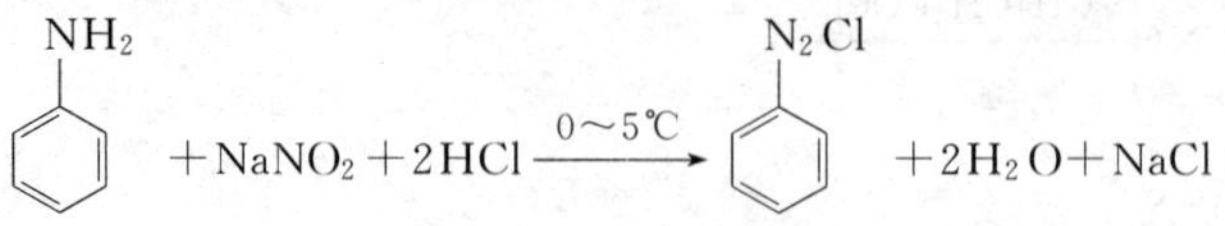

氯化重氮苯

重氮化反应一般在较低温度下进行。因为重氮盐在低温时比较稳定，温度稍高就会分解。通常所用的酸是盐酸或硫酸。

三、重氮盐的性质及应用

重氮盐具有盐的通性。可溶于水，不溶于有机溶剂，其水溶液能导电。干燥的重氮盐极不稳定，受热或震动时容易爆炸。但在低温水溶液中比较稳定，因此重氮化反应一般在水溶液中进行，且不需分离，可直接用于有机合成中。

重氮盐的性质很活泼，能够发生许多化学反应。根据反应中是否有氮气放出，可以分为失去氮的反应和保留氮的反应。

1. 失去氮的反应

在不同条件下，重氮盐分子中的重氮基可以被羟基、氰基、卤原子、氢原子等取代，生成各种不同的有机化合物，同时放出氮气，这类反应称为失去氮的反应，又叫放氮反应。

（1）被羟基取代　在酸性条件下，重氮盐可以发生水解反应，重氮基被羟基取代生成苯酚，同时放出氮气。例如：

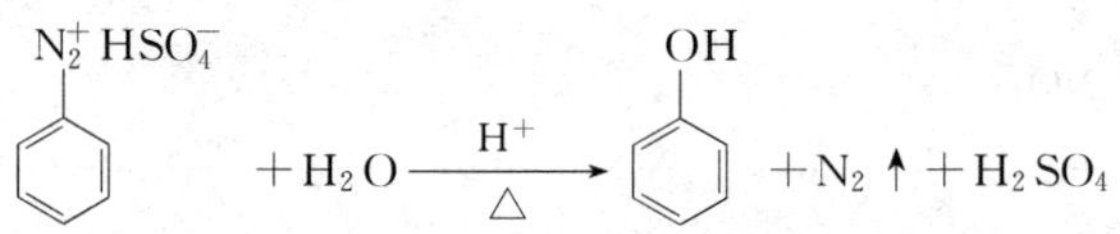

此反应一般用重氮苯硫酸盐在 40%～50% 的硫酸溶液中进行，这样可以防止反应生成的酚与未反应的重氮盐发生偶合反应。如果用重氮苯盐酸盐溶液，则常伴有副产物氯苯的生成。

在有机合成中可通过生成重氮盐的途径将氨基转变成羟基，来制备一些不能由其他方法合成的酚。

例如，间溴苯酚不宜用间溴苯磺酸钠碱熔法制取，因为溴原子在碱熔时也会被酚羟基所取代，所以在有机合成中，可用间溴苯胺经重氮化反应再水解制得：

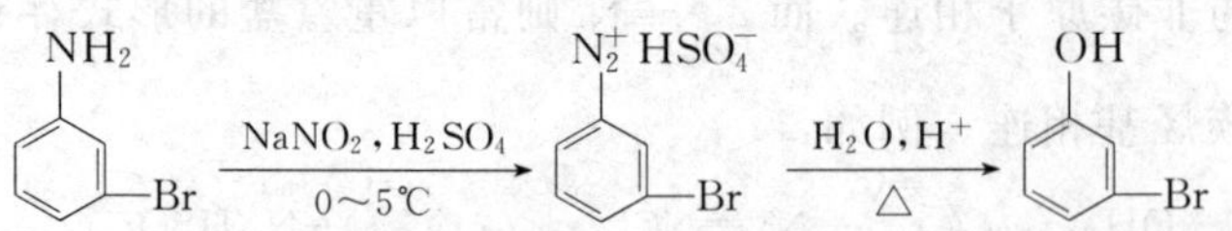

（2）被卤原子取代　重氮盐与氯化亚铜的浓盐酸溶液或溴化亚铜的浓氢溴酸溶液共热，重氮基可被氯原子或溴原子取代，生成氯苯或溴苯，同时放出氮气。例如：

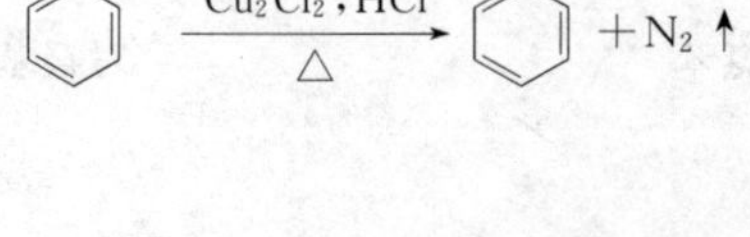

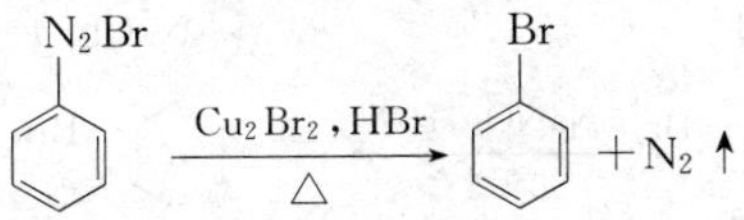

重氮基被碘取代比较容易。加热重氮盐与碘化钾的混合溶液，就会生成碘苯，同时放出氮气。例如：

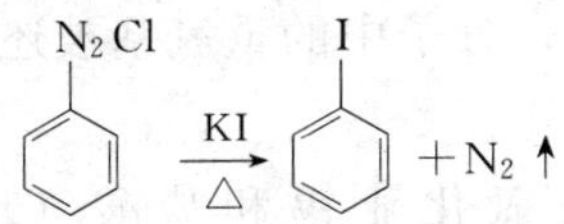

这是将碘原子引入苯环中的一个方法，例如，对碘苯甲酸中的碘原子不能直接引入到苯环上，只能由重氮基转化。所以由甲苯制取对碘苯甲酸可通过下列步骤进行：

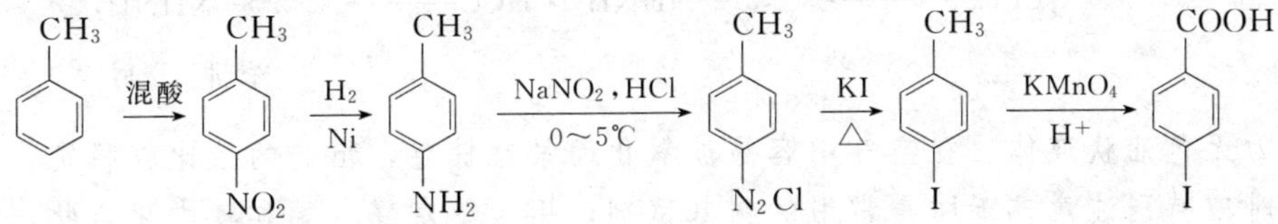

对碘苯甲酸

(3) 被氰基取代　重氮盐与氰化亚铜的氰化钾溶液共热，重氮基被氰基取代生成苯甲腈，同时放出氮气。例如：

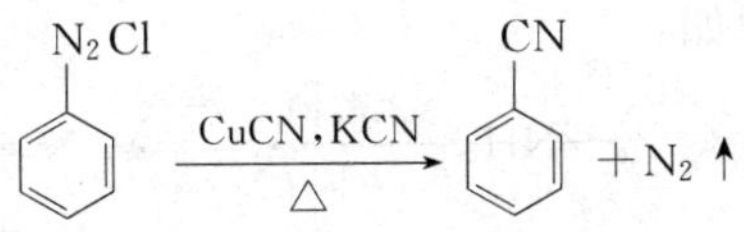

苯甲腈

氰基可水解成羧基，也可还原成氨甲基。

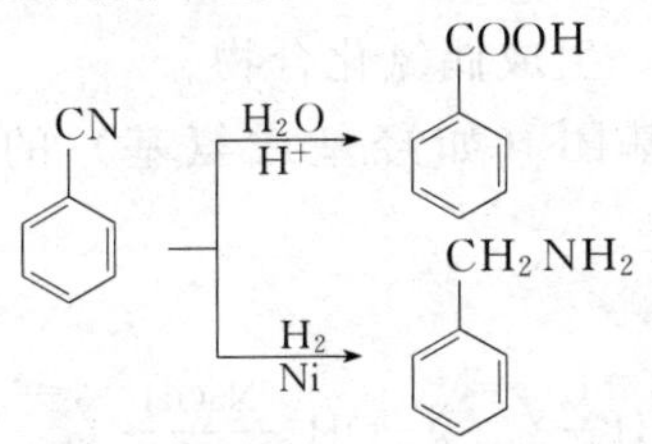

苯甲胺(苄胺)

通过此反应可在芳环上引入羧基或氨甲基。

苄胺是无色油状液体。对皮肤及黏膜有强烈刺激性。主要用作有机合成中间体，如可用于制磺胺类药物磺胺米隆等。

(4) 被氢原子取代　重氮盐与次磷酸（H_3PO_2）或乙醇反应，重氮基被氢原子取代，同时放出氮气。例如：

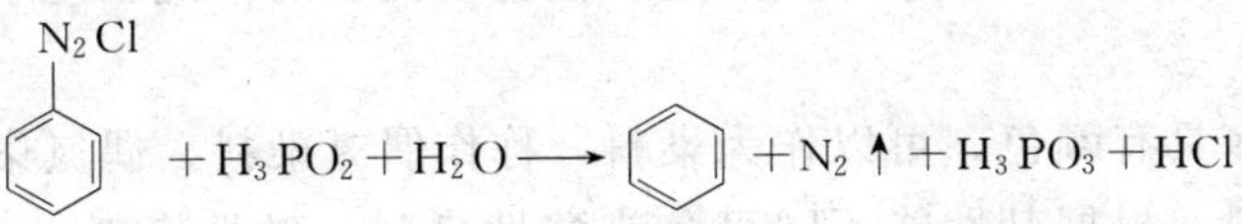

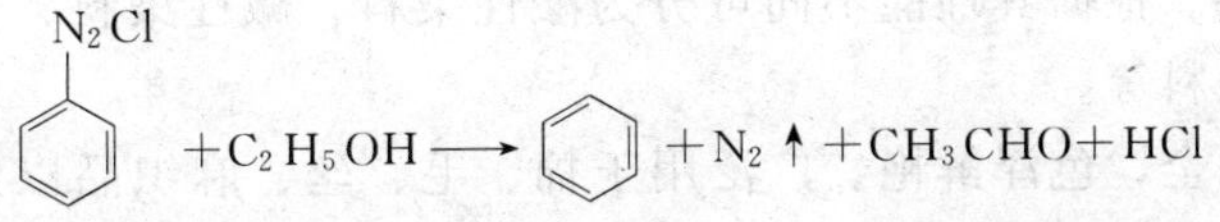

利用此反应可从芳环上除去硝基和氨基。例如：1,3,5-三溴苯无法由苯直接溴代得到，可由苯胺通过溴代、重氮化再还原制得：

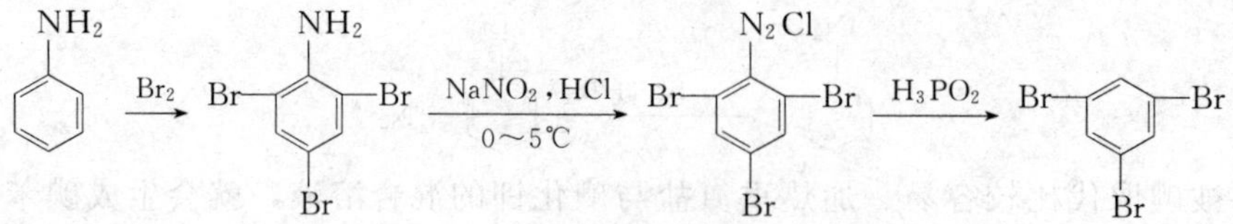

2. 保留氮的反应

重氮盐在反应中没有氮气放出，分子中的重氮基被还原成肼或转变为偶氮基的反应称为保留氮的反应。

(1) 还原反应　重氮盐可被氯化亚锡和盐酸（或亚硫酸钠）还原，生成苯肼。例如：

苯肼

苯肼为无色油状液体。在空气中容易被氧化而呈红棕色，但它的盐比较稳定。其毒性较大，使用时应特别注意。苯肼是常用的羰基试剂，用于鉴定醛、酮和糖类化合物。也是合成药物及染料的重要原料。

(2) 偶合反应　在适当的条件下，重氮盐与酚或芳胺反应生成偶氮化合物，这个反应称为偶合反应（或偶联反应）。例如：

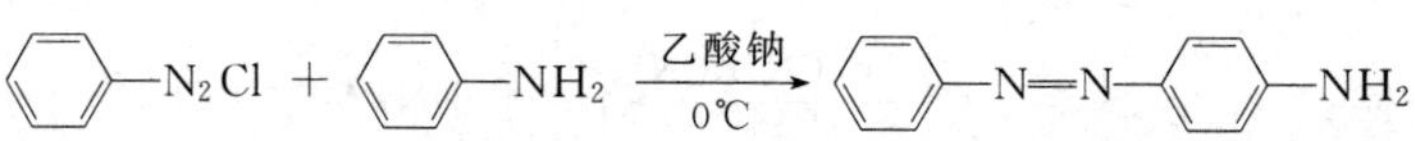

对氨基偶氮苯(黄色)

偶合反应相当于在一个芳环上引入苯重氮基，只有比较活泼的芳烃衍生物（如酚和芳胺）才能与重氮盐发生偶合反应，生成偶氮化合物。

偶合反应主要发生在活性基团（如羟基或氨基）的对位，对位被占，则发生在邻位。例如：

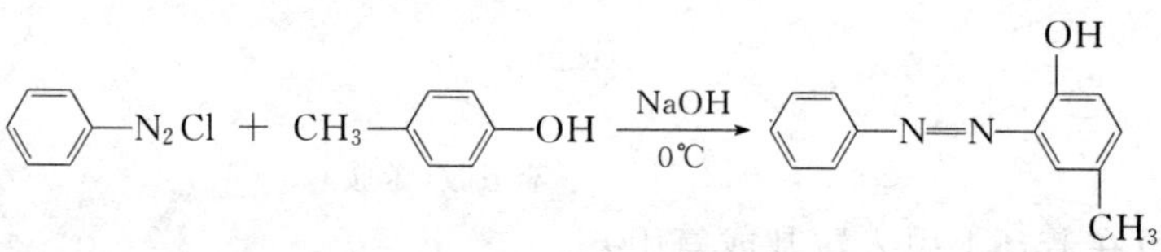

重氮盐与酚类的偶合反应通常在弱碱性介质（pH 为 8～10）中进行，与芳胺的偶合反应通常在弱酸或中性介质（pH 为 5～7）中进行。偶合反应主要用于制取偶氮染料。

*四、偶氮化合物和偶氮染料

染料是一类能使纤维或其他物料坚牢着色的有机化合物。我国是使用染料最早的国家之一，古代使用的染料如靛蓝、茜素等多数是从植物中提取的。现在几乎所有染料都是通过有机合成得到的。

偶氮化合物大多具有颜色，可以作为染料，称作偶氮染料。偶氮染料是品种最多，应用最广的一类合成染料。根据其性能不同可分为酸性染料、碱性染料、直接染料、媒染染料、活性染料和分散性染料等。

偶氮染料颜色齐全，色泽鲜艳。广泛用于棉、毛、丝、麻织品以及塑料、橡胶、食品、皮革等产品的染色。

这里介绍几种重要的偶氮化合物和偶氮染料。

1. 偶氮二异丁腈 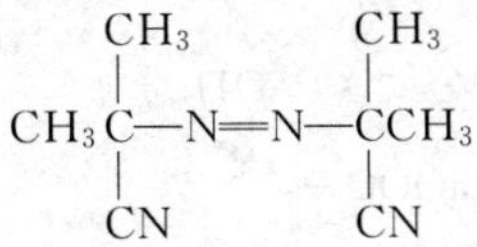

偶氮二异丁腈为白色晶体。熔点 102～104℃，不溶于水，可溶于乙醇和乙醚。有毒。加热到 100℃时分解放出氮气，生成自由基：

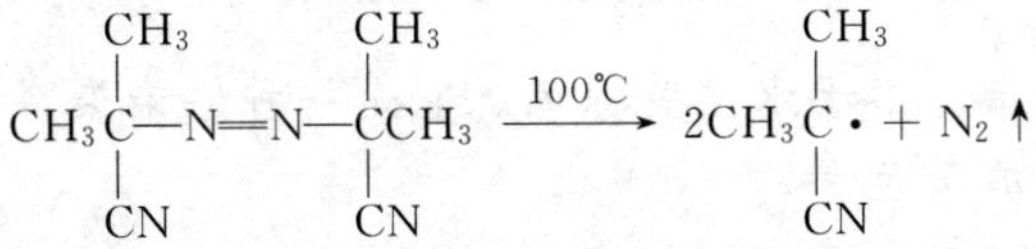

因此偶氮二异丁腈常用作自由基型聚合反应的引发剂，也用作泡沫塑料和泡沫橡胶的起泡剂。

2. 甲基橙

甲基橙化学名称为对二甲胺基偶氮苯磺酸钠，构造式为：

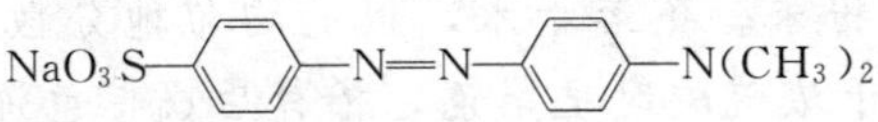

甲基橙为橙黄色鳞状晶体。微溶于水，不溶于乙醇。是一种酸碱指示剂，变色范围的 pH 为 3.1～4.4，由红色变成黄色。

由于甲基橙的颜色不稳定，且不牢固，所以不适合作染料。

3. 刚果红

刚果红的构造式为：

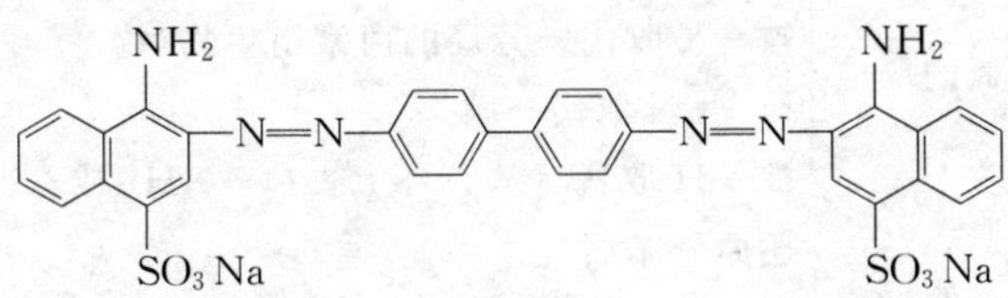

刚果红是一种棕红色粉末，可溶于水和乙醇。是一种酸碱指示剂，在强酸性溶液中呈蓝色，在中性或碱性溶液中显红色。变色范围的 pH 为 3～5。它又是一种红色染料（叫直接大红 4B），主要用于棉制品和纤维的染色。

4. 直接枣红 GB

直接枣红 GB 的构造式为：

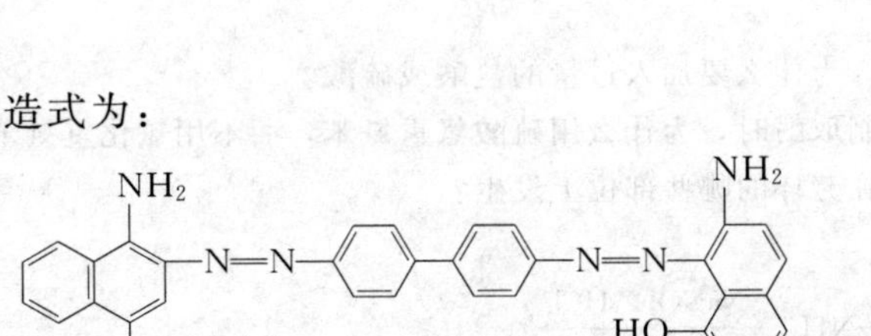

直接枣红 GB 是枣红色粉末，溶于水呈酒红色。溶于浓硫酸呈蓝色，稀释后变为绛红色沉淀。溶于浓硝酸呈棕黄色。其水溶液中加浓盐酸产生紫色沉淀，加浓氢氧化钠溶液产生橙棕色沉淀。

它是一种直接染料，把纤维直接放入染料的热水溶液中即可染色。常用于棉、麻、蚕丝和羊毛等天然纤维的染色。

5. 媒染纯黄

媒染纯黄的构造式为：

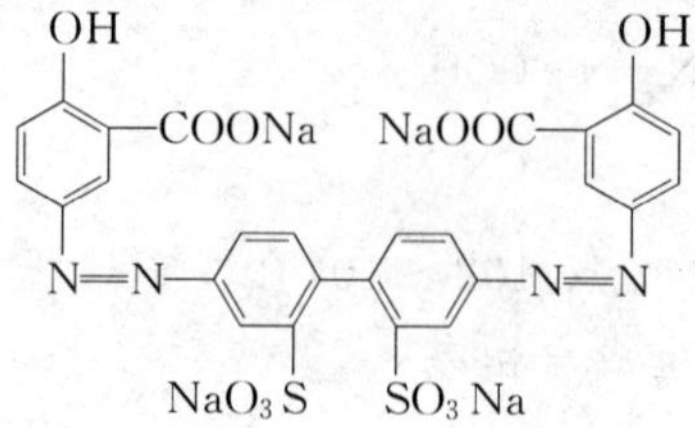

媒染纯黄为黄棕色粉末。溶于水呈黄棕色。它是一种媒染染料，需借助媒染剂染色。可将羊毛和棉织品染成鲜艳的黄色。

6. 分散黄 RGFL

分散黄 RGFL 的构造式为：

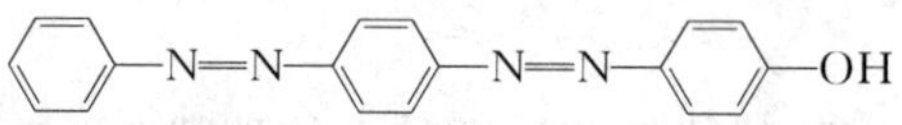

分散黄 RGFL 是土黄色粉末。不溶于水，但能均匀地分散于水中。溶于乙醇、丙酮或苯时呈黄色并带有红光。溶于浓硫酸时呈紫色，稀释后成棕色沉淀。主要用于聚酯纤维、醋酸纤维和聚酰胺纤维等的染色。它是一种分散性染料，需借助分散剂进行染色。

本节要点

1. 重氮盐的制法：重氮化反应
2. 重氮盐的反应
   - 失去氮的反应
     - 被—OH 取代→酚
     - 被—X 取代→芳烃的卤素衍生物
     - 被—CN 取代→腈
     - 被—H 取代（从芳环上去掉—NH_2 或—NO_2）
   - 保留氮的反应
     - 还原→苯肼
     - 偶合反应→偶氮化合物

思考与练习

11-17 回答问题

（1）制备重氮盐时，为什么要加入过量的盐酸或硫酸？

（2）由重氮盐水解制取酚时，为什么用硫酸氢重氮苯，而不用氯化重氮苯？

（3）偶合反应通常在芳环的哪些部位上发生？

11-18 完成下列反应

（1）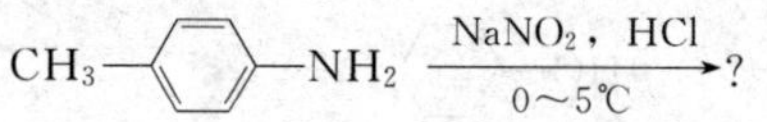

（2）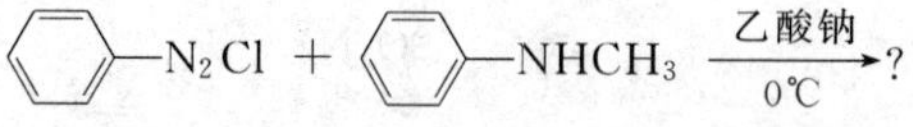

（3）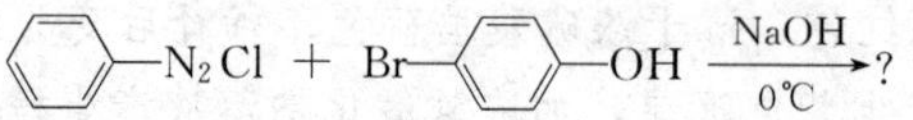

11-19 完成下列转变

（1）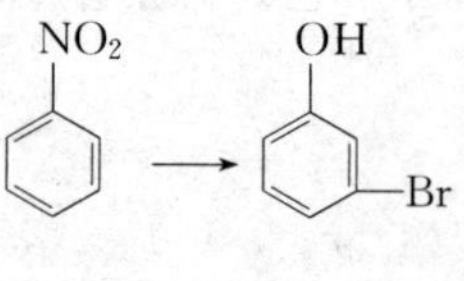

(2) 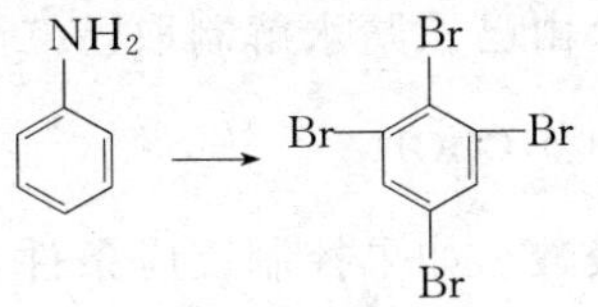

(3) 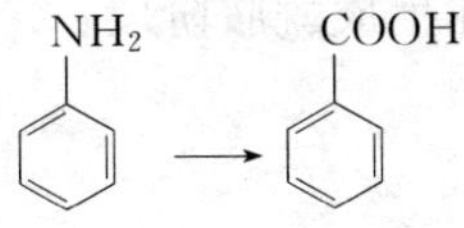

(4) 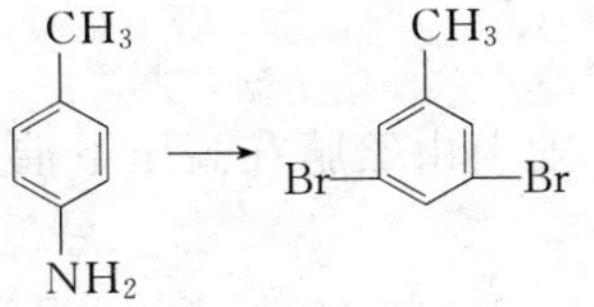

第四节　腈

一、腈的结构和命名

1. 腈的结构

腈是分子中含有氰基（—CN）官能团的一类有机化合物，它可以看成是氢氰酸（HCN）分子中的氢原子被烃基取代后的产物。常用通式 RCN 表示。氰基中的碳原子与氮原子以三键相连，构造式为—C≡N，可简写成—CN。C≡N 三键是较强的极性键，因此腈是具有极性的化合物。

2. 腈的命名

（1）习惯命名法　根据分子中所含碳原子的数目称为“某腈”。例如：

CH_3CN	CH_2 ═CHCN	$NC(CH_2)_4CN$
乙腈	丙烯腈	己二腈

（2）系统命名法　以烃为母体，氰基作为取代基，称为“氰基某烃”。例如：

$$\underset{\displaystyle\mathrm{CN}}{\mathrm{CH_3CH_2}\underset{|}{\mathrm{C}}\mathrm{HCH_2CH_3}}$$

3-氰基戊烷

二、腈的物理性质

1. 物态

低级腈为无色液体，高级腈为固体。

2. 沸点

由于腈分子间引力较大，因此其沸点比相对分子质量相近的烃、醚、醛、酮和胺的沸点高。与醇相近，比相应羧酸的沸点低。

3. 溶解性

低级腈易溶于水，随着相对分子质量的增加，在水中溶解度降低。例如，乙腈与水混溶，丁腈以上难溶于水。腈可以溶解许多无机盐类，其本身是良好的溶剂。

三、腈的化学性质

腈的化学反应主要发生在官能团氰基上。

1. 水解反应

腈在酸或碱的催化下，水解生成羧酸。例如，工业上由己二腈水解制取己二酸：

$$NC(CH_2)_4CN \xrightarrow[\triangle]{H_2O,H^+} HOOC(CH_2)_4COOH$$

腈发生水解反应时首先得到酰胺，进一步水解生成羧酸。如果控制反应条件，例如，在含有 6%～12% H_2O_2 的氢氧化钠溶液中水解，可使反应停留在生成酰胺阶段：

$$RCN + H_2O_2 \xrightarrow{NaOH} R\overset{O}{\overset{\|}{C}}-NH_2 + \frac{1}{2}O_2$$

2. 还原反应

腈经催化加氢或用氢化锂铝还原生成伯胺。例如，工业上由乙腈在高压下催化加氢制取乙胺：

$$CH_3CN \xrightarrow[高压]{H_2,Ni} CH_3CH_2NH_2$$

乙胺为无色液体。极易挥发，有氨的气味。用于制造染料、表面活性剂，也可用作萃取剂等。

四、腈的制法

1. 卤代烃氰解

腈可由卤代烃与氰化钠发生氰解反应制得。例如：

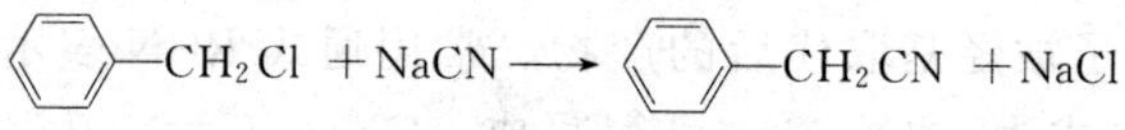

苯乙腈

此法特点是引入氰基后，分子中的碳原子数增加，这是一个增碳反应。

2. 酰胺脱水

酰胺与五氧化二磷共热时，发生脱水反应得到腈。例如：

$$CH_3\overset{O}{\overset{\|}{C}}NH_2 \xrightarrow[\triangle]{P_2O_5} CH_3CN$$

3. 由重氮盐制备

重氮盐与氰化亚铜的氰化钾溶液反应，重氮基被氰基取代制得腈，这是在芳环上引入氰基的重要方法。例如：

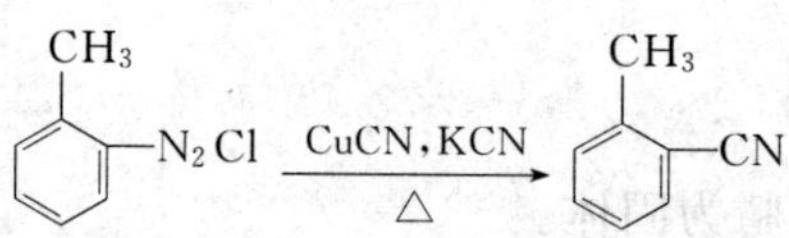

五、重要的腈

1. 乙腈（CH_3CN）

乙腈为无色液体。沸点 80～82℃，有芳香气味，有毒。可溶于水和乙醇。水解生成乙酸，还原时生成乙胺。能聚合成二聚物和三聚物。

工业上由碳酸二甲酯与氰化钠作用或由乙炔与氨在催化剂存在下反应制得。也可由乙酰胺脱水制得。

乙腈可用于制备维生素 B_1 等药物及香料，也用作脂肪酸萃取剂、酒精变性剂等。

2. 丙烯腈（$CH_2=CHCN$）

丙烯腈为无色液体。沸点 77.3～77.4℃，微溶于水，易溶于有机溶剂。其蒸气有毒，能与空气形成爆炸性混合物，爆炸极限为 3.05%～17.0%（体积分数）。

丙烯腈在引发剂存在下，发生聚合反应生成聚丙烯腈，聚丙烯腈纤维又叫腈纶或人造羊毛。

$$nCH_2{=}\underset{\displaystyle CN}{\underset{|}{C}H} \xrightarrow{\text{引发剂}} \left[CH_2-\underset{\displaystyle CN}{\underset{|}{C}H}\right]_n$$

丙烯腈　　　　　　聚丙烯腈

丙烯腈主要用于制造聚丙烯腈、丁腈橡胶和其他合成树脂等。工业上生产丙烯腈主要采用丙烯氨氧化法，该方法是将丙烯、空气、氨在催化剂作用下，加热至 470～500℃反应而制得。

$$CH_2{=}CH{-}CH_3 + NH_3 + \frac{3}{2}O_2 \xrightarrow[470\sim500℃]{\text{磷钼酸铋}} CH_2{=}CH{-}CN + 3H_2O$$

阅读资料

含氮化合物与液晶材料

现今，当你走进钟表店时，不难发现许多钟表上的指针和钟摆已经消逝，取而代之的是那些不断闪烁变幻的数字，这就是以液晶作为显示材料的新一代电子钟表。与传统的机械钟表相比，电子钟表的液晶显示功能独具风采，表现出特殊的优势。例如，目前市场推出的各种多功能手表，有的可同时显示世界地图和世界各地的时刻；有的可同时显示时、分、秒；有的可轮换显示年、月、日、星期、时刻和生肖等等。液晶显示材料具有驱动电压低、功耗微小、可靠性高、彩色显示、无闪烁、显示信息量大、对人体无危害、生产过程自动化、成本低廉、可以制成各种规格和类型的液晶显示器以及便于携带等明显的优点。用液晶材料制成的电视机和计算机终端可以大幅度减小体积。

液晶显示技术对显示显像产品结构产生了深刻影响，促进了微电子技术和光电信息技术的发展。

其实，早在 100 多年前，人们就已经发现了液晶。1888 年，奥地利植物学家莱尼茨尔在研究胆甾醇苯甲酸酯和醋酸酯的性质时，意外地观察到一种奇怪的现象：这些酯类化合物在受热熔化后，首先变为浑浊的液体，同时呈现出五颜六色的美丽光泽。当继续加热升温时，才转变成清亮透明的液体。他感到迷惑不解，因为通常情况下，固体物质受热熔化时，随即变为透明液体。而这些化合物熔化后为什么会存在一种浑浊的中间状态呢？为了探究内在原因，他写信给德国物理学家莱曼，并提供了实验样品，希望能得到解答。莱曼是当时欧洲著名的晶体物理学家，他马上对这个问题产生了浓厚的兴趣。亲自设计了一个新式实验装置，并对样品进行了细致的测试。结果他发现，这些化合物受热熔化后所呈现的浑浊中间态不仅具有液体的流动性，同时还具有晶体所特有的各向异性。因此他把这类化合物命名为液晶，顾名思义，就是液态晶体。也可以理解为是具有晶体特征的液体。

实际上，液晶态就是物质介于液体和晶体之间的一种状态。有人将液晶态与物质的气态、液态和固态三态并论，称之为物质的第四态。

大量的研究表明，能呈现液晶态的化合物大多是一些具有刚性的棒状有机物分子，其中有的是含氮有机化合物。例如：

亚苄基苯胺类化合物：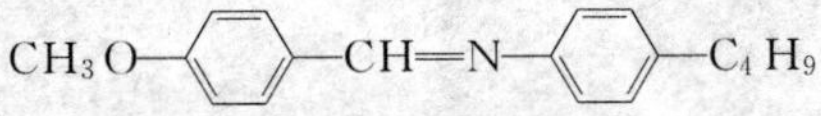

氧化偶氮苯类化合物：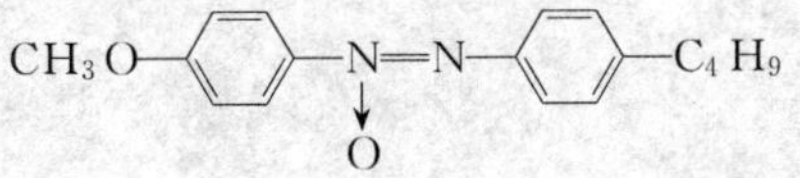

氰基联苯类化合物：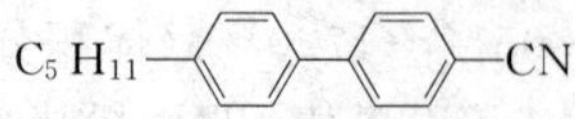

氰基苯环已烷类化合物：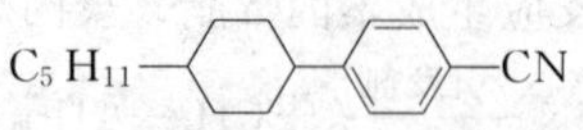

聚对苯二甲酰对苯二胺：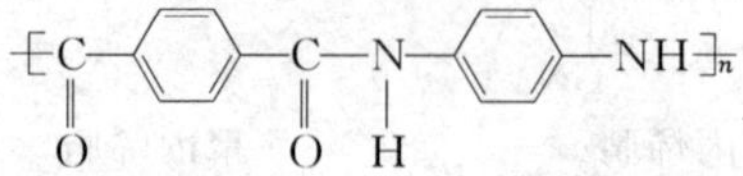

此外，还有一些液晶材料是芳香族酯类、炔类、冠醚类以及具有奇特性能的胆甾醇类等。

液晶具有控制光波偏振的能力，可使光波偏振面扭转90℃，这是液晶重要的光电效应之一，也叫扭曲效应。利用这种扭曲效应，可以实现白色背景上黑色图案或黑色背景上白色图案的显示。其中胆甾型液晶对温度、电压甚至气体都十分敏感。当这些因素发生变化时，会导致其对反射光波长的变化，使液晶呈现不同的颜色。例如，当温度升高时，液晶的颜色依次从红色转变为黄、绿、蓝、紫等颜色；当温度降低时，液晶的颜色将逆向依次从紫色转变为红色。显然，液晶的颜色与温度存在着对应关系。胆甾型液晶的这一特性使它在测试显示应用方面具有独特的魅力。液晶温度计就是根据这一原理设计制作的。

现在，只要将液晶测温膜贴在额头上，立即就可测出人的体温。这种测温膜非常适用于不便与医生直接配合的婴幼儿及特殊病人体温的测量。液晶测温膜还可显示人体局部热谱图，用以确定病变部位。在生物体内，由于肿瘤的形成会伴随着血管增生，因而病变部位比正常组织的温度高。过去，医生在检查浅层肿瘤时，需要使用红外线摄影仪来获取热谱图，以确定肿瘤发生的部位，检查费用比较高。现在，医生可以方便地利用液晶测温膜粘贴在患者的病变处，通过观察液晶的颜色变化就可以确定病变的确切部位。

由于液晶膜显示热谱图鲜明直观，操作简便，因此除医疗上用于临床检查外，工业上还广泛用于金属热传导无损探伤、重复疲劳的检查等方面。

此外，由于不同的气体能使胆甾型液晶的颜色发生变化，因此，人们自然会想到利用这种液晶来探测大气中的痕量有害气体。目前，胆甾型液晶的这一特性已广泛应用于药厂、化工厂的气体探测器和检漏仪上。

液晶材料是一种正在发展中的新型材料，其中包含着许多物理、化学甚至生物学等方面的知识，它的发展空间非常广阔。虽然液晶材料的开发应用只有短短几十年的时间，但是经过液晶点缀的这个现代世界，已经呈现出十分诱人的五彩缤纷的景色。不难相信，随着人们对液晶认识的不断深入和研究，其应用前景将更为灿烂。

本节要点

1. 腈的命名
   - 习惯法：根据碳原子数目称“某腈”。
   - 系统法：烃为母体，氰基作取代基，称为“氰基某烃”
2. 腈的制法
   - 卤代烃氰解
   - 酰胺脱水
   - 由重氮盐制备
3. 腈的化学反应
   - 水解→羧酸
   - 还原→伯胺

思考与练习

11-20　命名或写构造式

（1）CH_3CH_2CN　（2）$NC(CH_2)_2CN$　（3）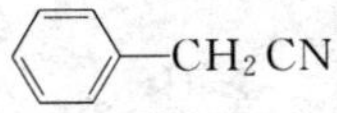

（4）丙烯腈　（5）间硝基苯甲腈　（6）戊二腈

11-21　完成下列反应

（1）$CH_3CH_2CN \xrightarrow[H^+]{H_2O} ?$

（2）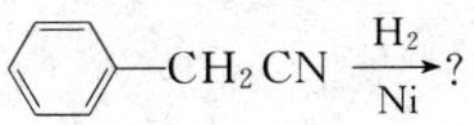

11-22　完成下列转变

（1）$CH_2{=}CH_2 \longrightarrow CH_3CH_2CN$

（2）$CH_3CH_2\overset{\overset{O}{\|}}{C}NH_2 \longrightarrow CH_3CH_2CN$

习　　题

1. 给下列化合物命名

（1）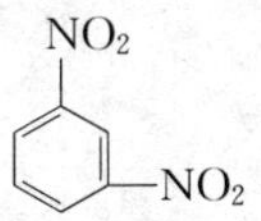　（2）$CH_3\underset{}{\overset{\overset{NH_2}{|}}{C}}HCH_3$　（3）$CH_3CH_2\underset{\underset{CH_3}{|}}{N}\overset{\overset{CH_3}{|}}{C}HCH_3$

（4）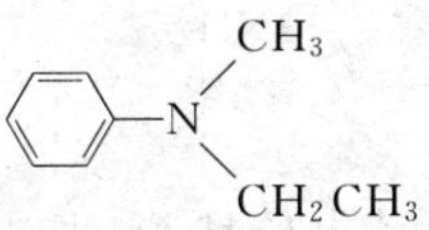　（5）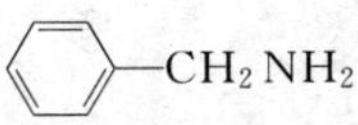　（6）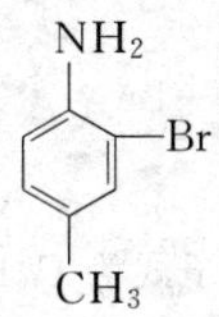

（7）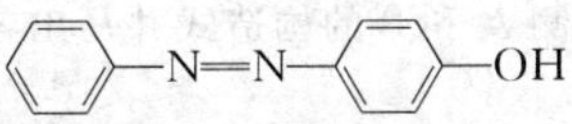　（8）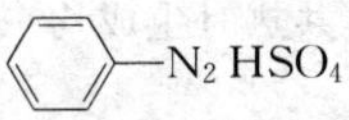

2. 写出下列化合物的构造式

（1）间硝基苯胺　（2）甲基异丙基胺　（3）三乙胺

（4）对氨基偶氮苯　（5）乙酰苯胺　（6）*N*,*N*-二甲基苯胺

3. 将下列各组化合物按碱性由强到弱的顺序排列

（1）氨、乙胺、苯胺

（2）苯胺、二苯胺、三苯胺

（3）苯胺、对乙基苯胺、对硝基苯胺

4. 将下列化合物按酸性由强到弱的顺序排列

苯酚、对甲苯酚、对硝基苯酚、2,4-二硝基苯酚、2,4,6-三硝基苯酚

5. 用化学方法鉴别下列各组化合物

（1）甲胺、二甲胺、三甲胺

（2）苯胺、*N*-甲基苯胺、*N*,*N*-二甲基苯胺

（3）苯胺、苯酚、硝基苯

6. 试用化学方法分离苯胺与硝基苯的混合物

7. 完成下列化学反应

(1) 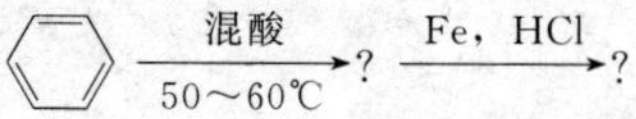

(2) 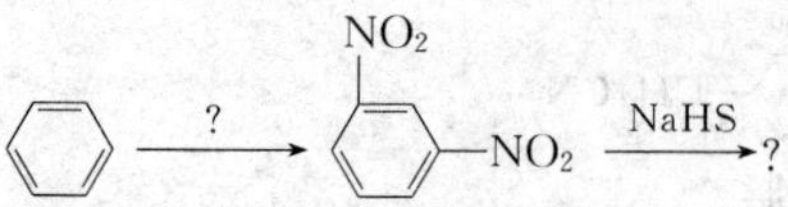

(3) 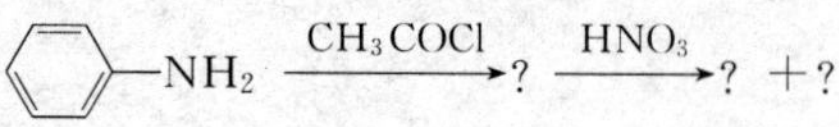

(4) 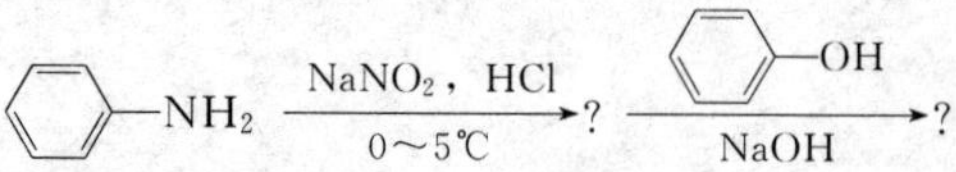

(5) 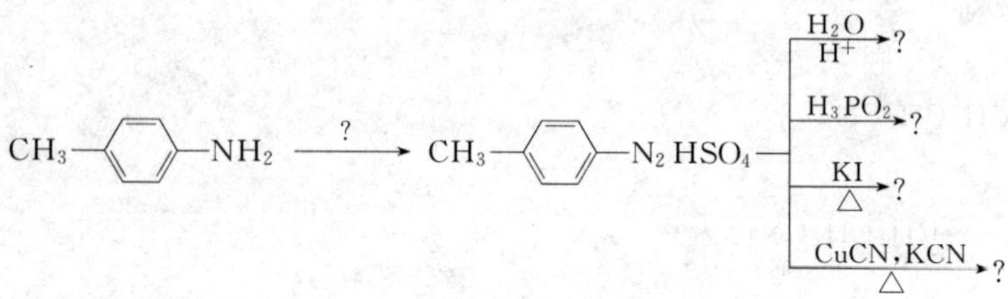

(6) 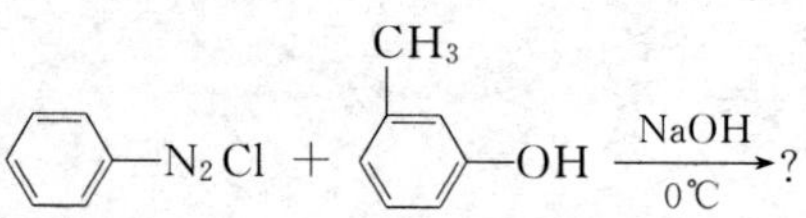

8. 以苯或甲苯为原料合成下列化合物

(1) 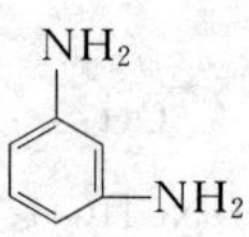
(2) 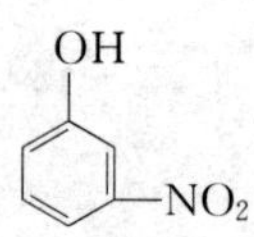
(3) 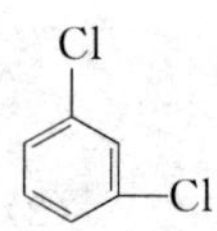

(4) 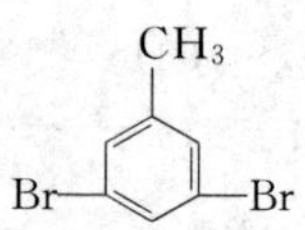
(5) 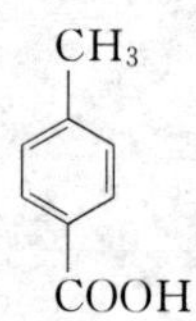
(6) 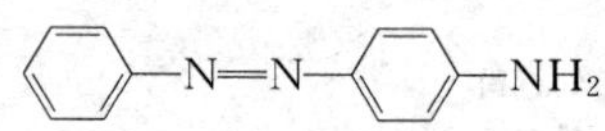

9. 化合物A的分子式为C_6H_7N，A在常温下与饱和溴水作用生成B，B的分子式为$C_6H_4Br_3N$，B在低温下与亚硝酸作用生成重氮盐，后者与乙醇共热时生成均三溴苯，试推测A和B的构造式并写出各步化学反应方程式。

第十二章　杂环化合物

学习指南

杂环化合物是由碳原子和杂原子（N、S、O 等）共同组成的环状化合物。杂环化合物的结构与芳环相似，是闭合共轭体系，所以具有芳香性，可以发生环上的卤化、硝化、磺化等取代反应；而杂原子又可以看作是环内的官能团，可以发生官能团的一些特征反应。在学习杂环化合物时，要注意把它们与芳香族和脂肪族化合物加以比较并掌握它们的异同点。本章主要介绍杂环化合物的分类、命名、重要的五元、六元杂环化合物及其衍生物的化学反应和实际应用。

学习本章内容应该在了解杂环化合物结构特点的基础上做到：

1. 了解杂环化合物的分类，掌握其命名方法；
2. 理解杂环化合物的芳香性及其与芳香族化合物的异同点；
3. 掌握重要杂环化合物的来源、制法、性质和用途；
4. 了解生物碱的一般概念及其生理功能。

杂环化合物是指由碳原子和氧、硫、氮等杂原子共同组成的具有环状结构的化合物。杂环化合物的种类繁多，在自然界分布极广，它们大都具有生理活性。如叶绿素、花色素、血红素、维生素、抗生素、生物碱以及与生命现象有密切关系的核酸等，都含有杂环结构。许多杂环化合物还是合成药物、染料、树脂和纤维的重要原料。

有些化合物，像环氧乙烷、苯酐、己内酰胺等，虽然环内也含有氧或氮等杂原子，但这些化合物容易开环，性质与相应的开链化合物相似，通常列入脂肪族化合物的范畴。本章所要讨论的杂环化合物是环系比较稳定，具有一定芳香性的化合物。

第一节　杂环化合物的分类和命名

一、杂环化合物的分类

杂环化合物可以根据环的大小、多少及所含杂原子的数目进行分类。按环的大小，杂环化合物主要分为五元杂环和六元杂环两大类；按环的多少，可分为单杂环化合物和稠杂环化合物；按环中杂原子的数目又可分为含一个杂原子的杂环化合物和含多个杂原子的杂环化合物。在实际中，这些分类方法往往是交叉使用的，详见表 12-1。

二、杂环化合物的命名

1. 译音法

杂环化合物的命名一般采用译音法。译音法是根据英文名称的译音，选择带口字旁的同音汉字来命名，见表 12-1。表中所列的化合物，环上不含有任何取代基，它们可以看成是杂环化合物的母体。

表 12-1 常见杂环化合物的分类和名称

分类		含一个杂原子	含多个杂原子
单杂环	五元杂环	 呋喃  噻吩 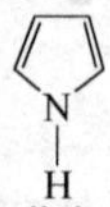 吡咯	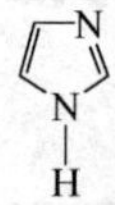 咪唑  噻唑
单杂环	六元杂环	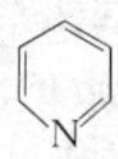 吡啶  吡喃	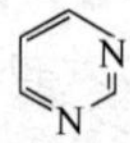 嘧啶
稠杂环		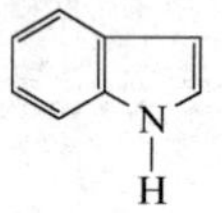 吲哚 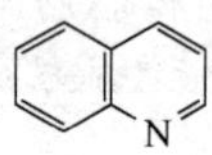 喹啉 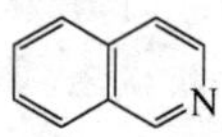 异喹啉	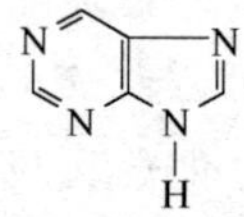 嘌呤

2. 杂环的编号规则

若环上连有取代基时，必须给母体环编号，其编号规则如下：

(1) 从杂原子开始编号，杂原子位次为 1。当环上只有一个杂原子时，还可用希腊字母编号，与杂原子直接相连的碳原子为α位，其后依次为β位和γ位。五元杂环只有α和β位，六元杂环则有α、β和γ位。例如下列杂环的编号。

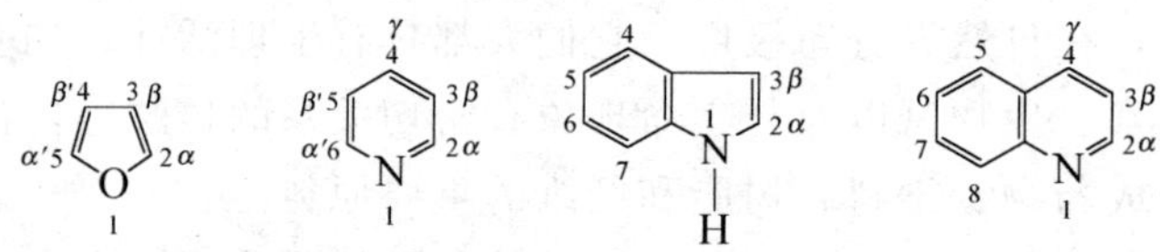

(2) 若含有多个相同的杂原子，则从连有氢或取代基的杂原子开始编号，并使其他杂原子的位次尽可能最小。例如咪唑环的编号。

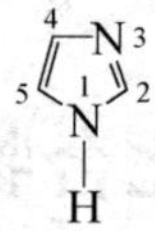

(3) 如果含有不相同的杂原子，按 O、S、N 的顺序编号。例如噻唑环的编号。

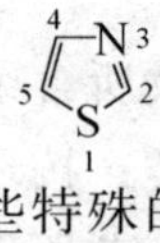

以上的编号规则适用于一般情况，某些特殊的稠杂环，具有特定的编号方法，例如嘌呤环的编号。

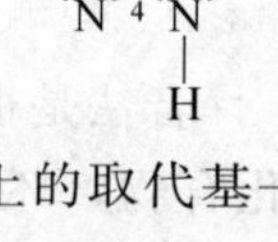

杂环母体的名称及编号确定后，环上的取代基一般可按照芳香族化合物的命名原则来处

理。例如：

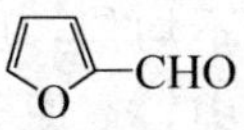

2-呋喃甲醛
（α-呋喃甲醛）

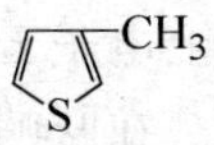

3-甲基噻吩
（β-甲基噻吩）

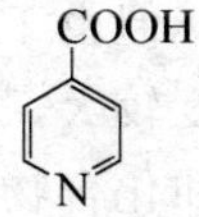

4-吡啶甲酸
（γ-吡啶甲酸）

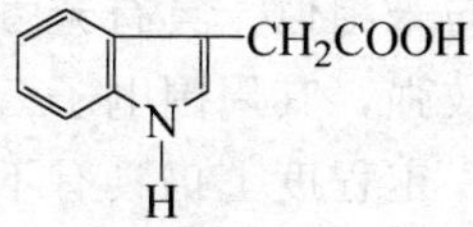

3-吲哚乙酸
（β-吲哚乙酸）

当氮原子上连有取代基时，往往用“N”表示取代基的位次。例如：

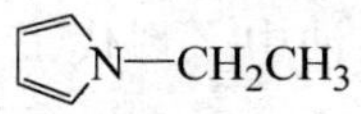

N-乙基吡咯

有些稠杂环化合物的命名与芳香族化合物的命名不相同，命名时应特别注意。例如：

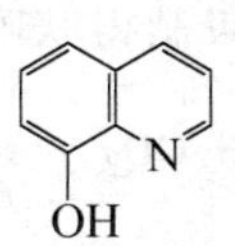

8-羟基喹啉（不叫 8-喹啉酚）

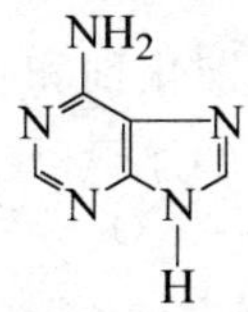

6-氨基嘌呤（不叫 6-嘌呤胺）

思考与练习

12-1 杂环化合物是如何分类的？译音法是根据什么原则给杂环化合物命名的？

12-2 命名下列化合物

（1） 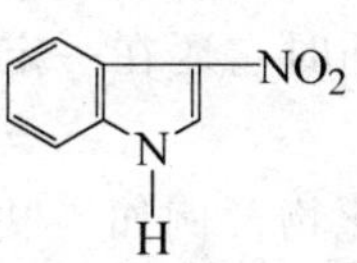 （2） 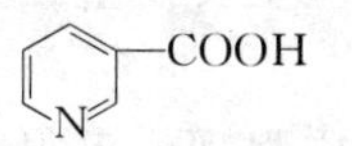 （3） 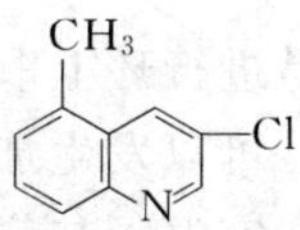

（4） 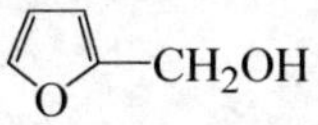 （5） 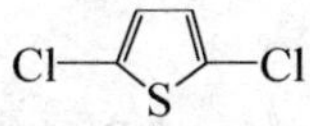 （6） 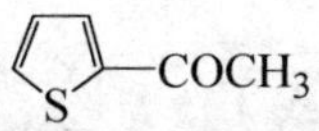

12-3 写出下列化合物的构造式

（1）糠醛 （2）8-羟基喹啉 （3）β-吲哚甲酸

（4）α-呋喃磺酸 （5）N-甲基吡咯 （6）α,α'-二硝基吡咯

第二节 重要的五元杂环及其衍生物

呋喃、噻吩、吡咯是典型的五元杂环化合物，它们及其衍生物广泛存在于自然界中，有些是重要的化工原料，有些具有重要的生理作用。

一、呋喃

1. 呋喃的结构

呋喃的分子式为 C_4H_4O，构造式为 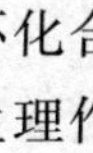。近代物理方法证明，呋喃分子中的四个碳原子和氧原子处于同一个平面上，它们彼此以 sp^2 杂化轨道形成 σ 键的同时，其未参与杂化的 p 轨道也相互从侧面重叠形成了

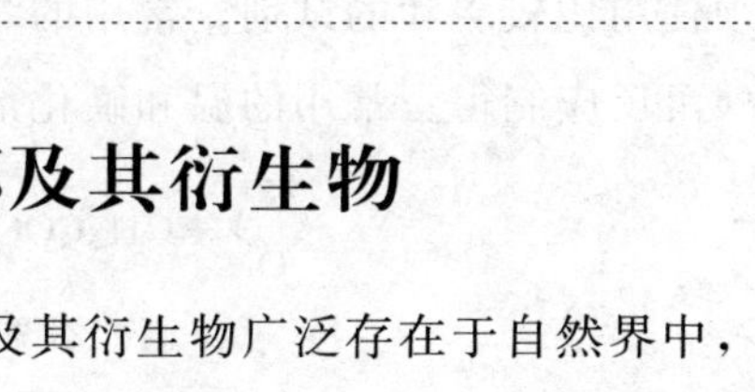

图 12-1 呋喃分子的闭合共轭体系

一个闭合共轭大 π 键，如图 12-1 所示。

因此**呋喃与苯相似，具有芳香性**。但由于成环原子的电负性不同，其中氧原子电负性较大，吸电能力较强，其周围电子云密度较大，导致环上电子云分布不均匀，所以呋喃的芳香性比苯弱，在一定程度上仍具有不饱和化合物的性质。在呋喃分子中，氧原子参与形成 π 键的 p 轨道上有一对电子，这是一个包括五个原子六个电子的闭合共轭体系。相对来说，电子云密度较高，环上取代反应比苯容易进行。

2. 呋喃的来源与制法

呋喃及其衍生物主要存在于松木焦油中。现代工业以糠醛和水蒸气为原料，在高温及催化剂的作用下制取呋喃。

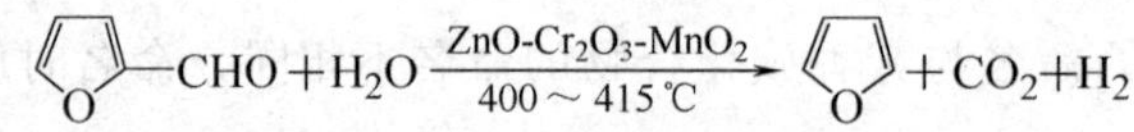

实验室中采用糠酸在铜催化剂和喹啉介质中加热脱羧制得呋喃。

3. 呋喃的性质与用途

呋喃为无色液体，沸点 32℃，相对密度 0.9336，具有类似氯仿的气味，难溶于水，易溶于有机溶剂。它的**蒸气遇到浸有盐酸的松木片时呈绿色，称为松木片反应，可用来鉴定呋喃。**

呋喃是重要的有机化工原料，可用来合成药物、除草剂、稳定剂和洗涤剂等精细化工产品。

呋喃具有芳香性，容易进行环上取代，反应主要发生在 α 位。同时它还在一定程度上表现出不饱和化合物的性质，可以发生加成反应。

（1）取代反应　呋喃在室温下与氯和溴反应强烈，可得到多卤化物。例如，呋喃与溴作用，生成 2,5-二溴呋喃。

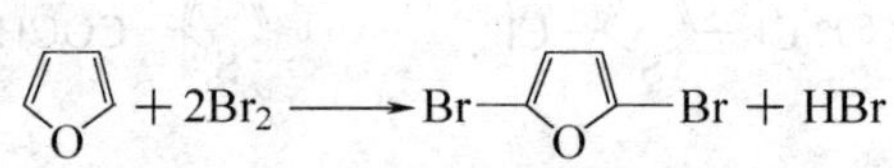

2,5-二溴呋喃

由于呋喃十分活泼，遇酸容易发生环的破裂和树脂化，因此在进行硝化和磺化反应时，必须使用比较缓和的试剂。常用的缓和硝化剂是硝酸乙酰酯（CH_3COONO_2），它由硝酸和乙酸酐反应制得。常用的温和磺化剂是吡啶三氧化硫（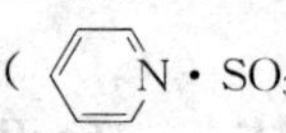）。

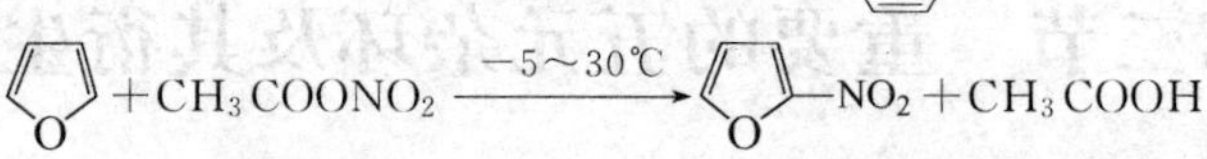

硝酸乙酰酯　　α-硝基呋喃

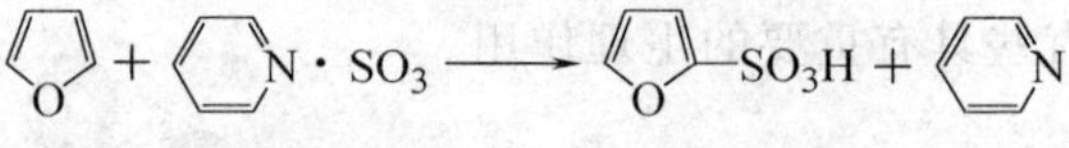

吡啶三氧化硫　　α-呋喃磺酸

（2）加成反应　呋喃有共轭双键结构，可以和顺丁烯二酸酐发生双烯合成反应，产率很高。

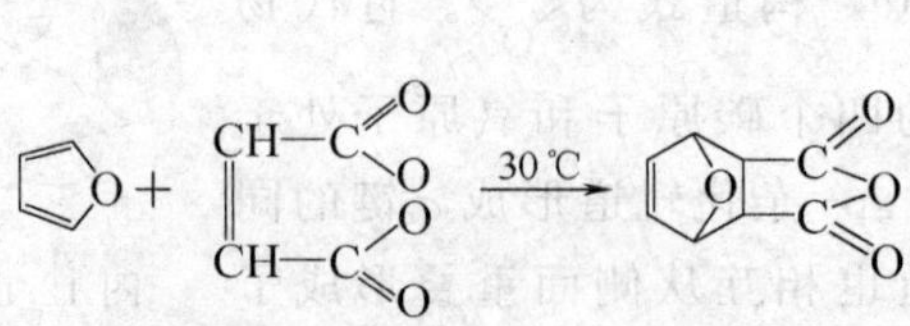

在催化剂的作用下，呋喃也可以加氢生成四氢呋喃。

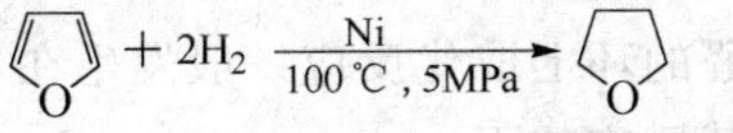

四氢呋喃

四氢呋喃为无色透明液体，是一种优良溶剂，可以代替乙醚合成格氏试剂。四氢呋喃又是重要的合成原料，常用于制取己二酸、己二胺等产品。

二、糠醛

糠醛化学名为 α-呋喃甲醛，是最重要的呋喃衍生物，因最初来源于米糠，因此被称为糠醛。

1. 糠醛的结构

糠醛的分子式为 $C_5H_4O_2$，构造式为 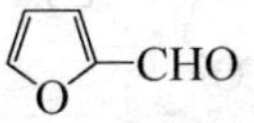，是由呋喃环和醛基组成的。因此，糠醛既表现呋喃环的芳香性，同时又具有官能团醛基的特征反应，其性质与苯甲醛相似，可以发生氧化、还原以及歧化等反应。

2. 糠醛的来源与制法

工业上以米糠、麦秆、玉米芯、棉子壳、甘蔗渣、花生壳等农副产品为原料，在酸催化下，使这些农副产品中的多缩戊糖发生水解生成戊糖，戊糖再进一步脱水环化即制得糠醛。

$$\underset{\text{多缩戊糖}}{(C_5H_8O_4)_n} + nH_2O \xrightarrow[\triangle]{\text{稀 } H_2SO_4} \underset{\text{戊糖}}{nC_5H_{10}O_5}$$

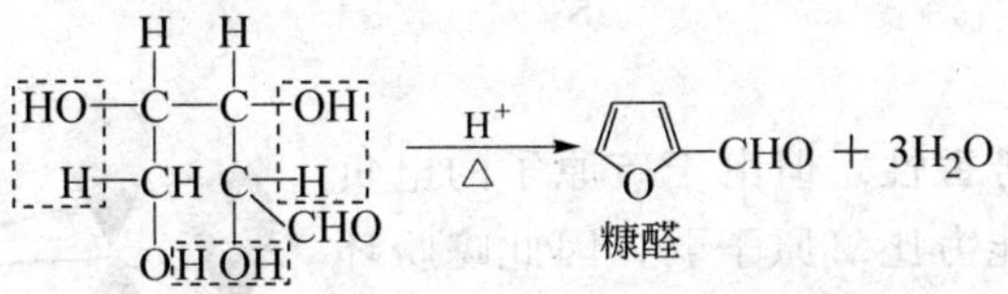

糠醛

3. 糠醛的性质及用途

糠醛为有特殊香味的无色液体，沸点 162℃，相对密度 1.160，溶于水，与乙醇、乙醚互溶，是优良的有机溶剂。糠醛可以发生银镜反应，**在醋酸的存在下，与苯胺作用显红色。这些性质可用于鉴别糠醛。**

糠醛的化学反应可分为醛基上的反应和环上取代反应。

(1) 醛基上的反应　糠醛具有醛的一般性质，可发生氧化、还原和歧化等化学反应。

① 氧化反应

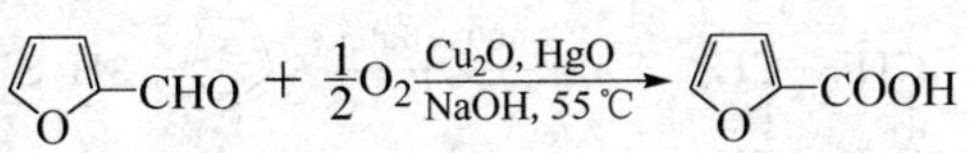

糠酸

② 还原反应

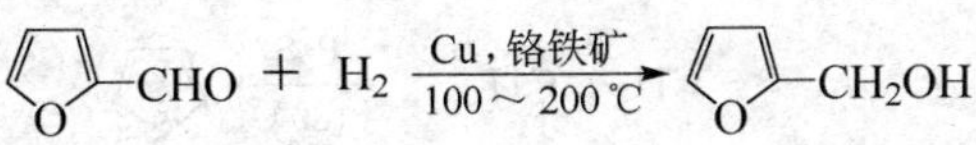

糠醇

③ 坎尼扎罗反应（歧化反应）

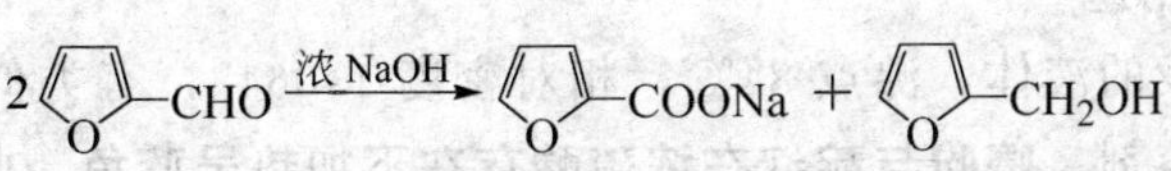

糠酸为白色固体。可作防腐剂，也是增塑剂的原料。糠醇为无色液体。用于制防腐涂料

及玻璃钢等。

（2）环上的取代反应　糠醛的环上取代反应一般发生在 5 号位。当发生硝化时，由于醛基易被氧化，需要进行保护。其反应如下：

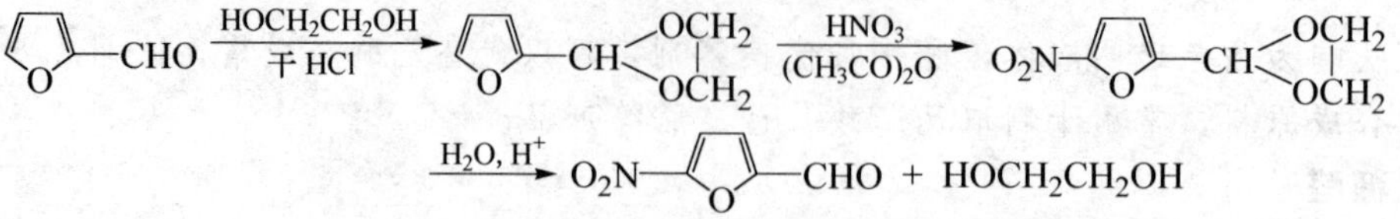

呋喃环上的 5 号位引入硝基后，具有明显的抑菌作用。呋喃类药物主要是 5-硝基-2-呋喃甲醛的衍生物。如：

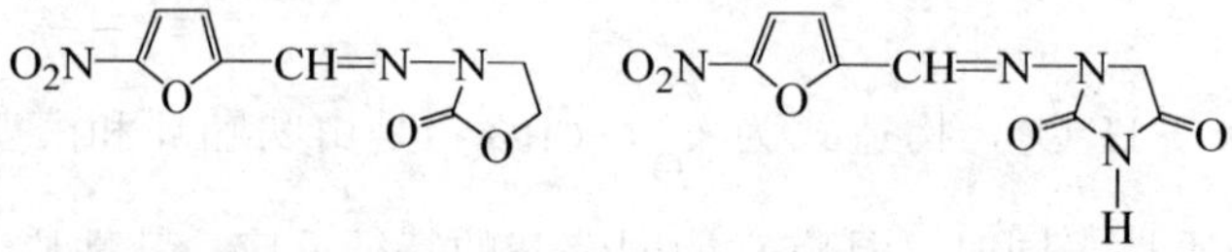

呋喃唑酮（痢特灵）（治疗细菌性痢疾的药物）　　呋喃妥因（喃喃坦啶）（治疗泌尿系统感染的药物）

此外，糠醛还可以与苯酚缩合生成类似于电木的酚糠醛树脂，也可与尿素等缩合成树脂。

三、噻吩

1. 噻吩的结构

噻吩的分子式为 C_4H_4S，构造式为 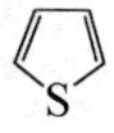。和呋喃一样，也含有闭合的六电子大 π 键，如图 12-2 所示。

因此，**噻吩也具有芳香性**。但由于硫原子的电负性比氧原子小，吸电子能力比氧原子弱，因此噻吩环上电子云分布均匀程度比呋喃环高，其**芳香性比呋喃强**，是五元杂环化合物中最稳定的一个。

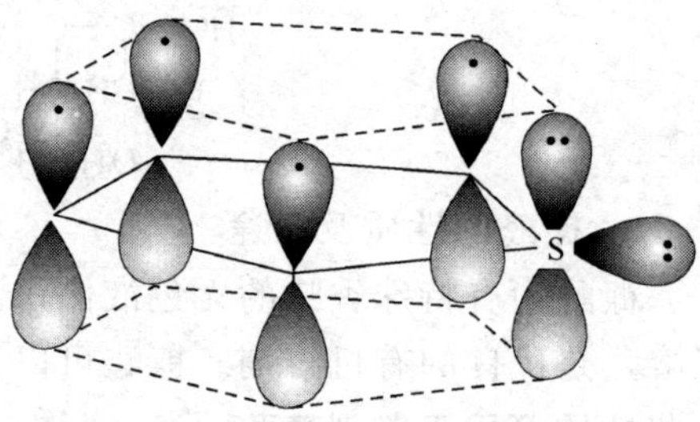

图 12-2　噻吩分子的闭合共轭体系

2. 噻吩的来源与制法

噻吩与苯共存于煤焦油中，粗苯中约含 0.5％的噻吩。石油和页岩油中也含有噻吩及其衍生物。现代工业将丁烷和硫的气相混合物迅速通过 600～650℃的反应器（接触时间 0.07～1s），然后迅速冷却来制取噻吩。

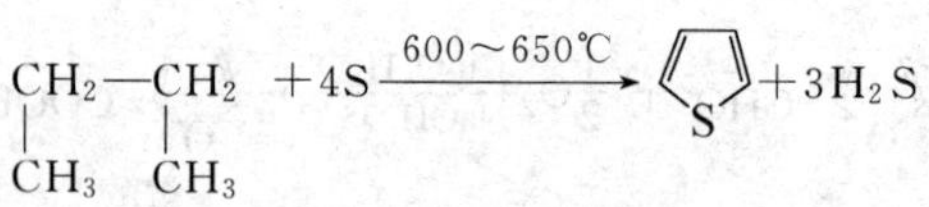

实验室中可以采用丁二酸钠与三硫化二磷作用制得。

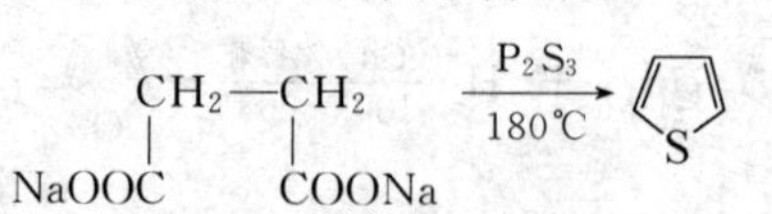

3. 噻吩的性质及用途

噻吩为无色易挥发的液体，沸点 84℃，相对密度 1.0648，有类似于苯的气味，不溶于水，易溶于多种有机溶剂。**噻吩与靛红在浓硫酸存在下加热呈蓝色，此反应非常灵敏，可用来鉴定噻吩**。

噻吩及其衍生物主要用作合成药物的原料，例如由α-噻吩乙酸合成的头孢菌素Ⅱ（又称先锋霉素Ⅱ）是常用的抗生素。此外，还是制造感光材料、光学增亮剂、染料、除草剂和香料的原料。

由于噻吩的芳香性较强，环比较稳定，因此不具有共轭二烯的性质，发生磺化反应时，可用浓硫酸作磺化试剂，和呋喃相似，取代反应也发生在α位。其反应如下：

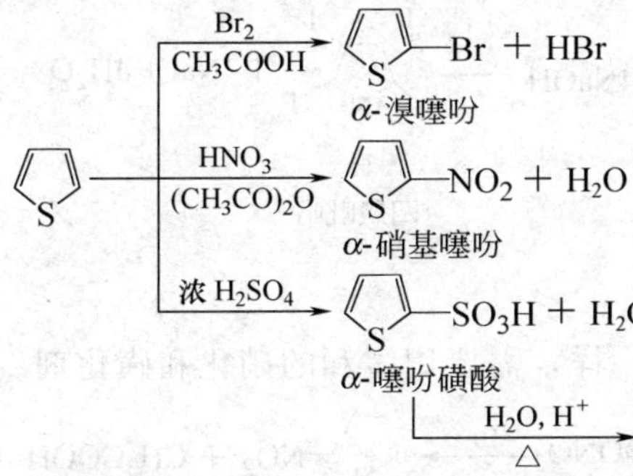

噻吩在室温下与浓硫酸反应，生成的α-噻吩磺酸溶于浓硫酸中，**工业上利用此性质分离粗苯中的噻吩**。

噻吩也可以催化加氢生成四氢噻吩。

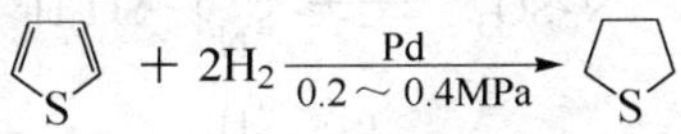

四氢噻吩为无色液体。有难闻气味，其蒸气刺激眼睛和皮肤，可用于天然气加臭，以便检漏。

四、吡咯

1. 吡咯的结构

吡咯的分子式为 C_4H_5N，构造式为 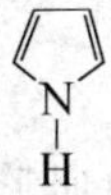。它的结构和呋喃、噻吩相似，如图 12-3 所示。

因此，**吡咯也具有芳香性，其芳香性介于呋喃和噻吩之间**。

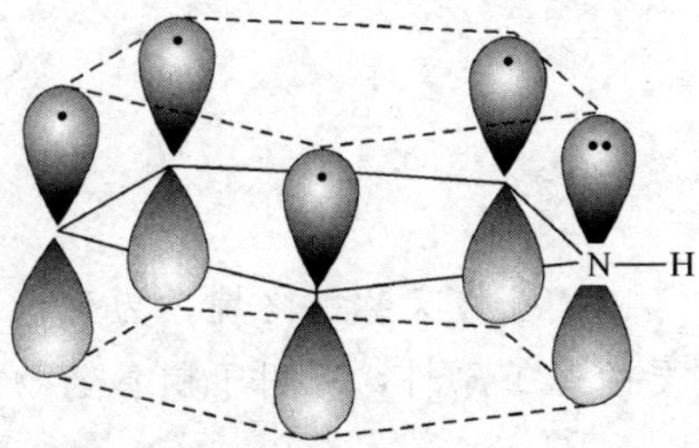

图 12-3 吡咯分子的闭合共轭体系

吡咯与呋喃和噻吩的区别是，分子中的氮原子上连有一个氢原子，由于氮原子的 p 电子参与了环上共轭，对这个氢原子的吸引力降低，使其变得比较活泼，具有弱酸性。

2. 吡咯的来源与制法

吡咯及其同系物主要存在于骨焦油中，通过分馏可以取得。现代工业用氧化铝为催化剂，以呋喃和氨为原料在气相中反应来制取。

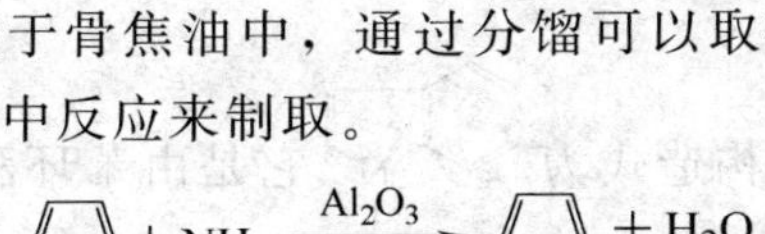

3. 吡咯的性质及用途

吡咯为无色油状液体，沸点 131℃，相对密度 0.9698，有微弱的类似苯胺的气味，**吡咯**

的蒸气或醇溶液能使浸过盐酸的松木片呈红色，称为松木片反应，可用来鉴定吡咯。

吡咯是许多重要的生物分子（如血红素、叶绿素、胆汁色素、某些氨基酸、许多生物碱及个别酶）的基本结构单元，其衍生物在工业上有广泛的应用。

(1) 取代反应　吡咯容易发生取代反应，并主要生成 α-取代产物。由于吡咯的性质活泼，发生卤代时得到的是四卤化吡咯。例如：

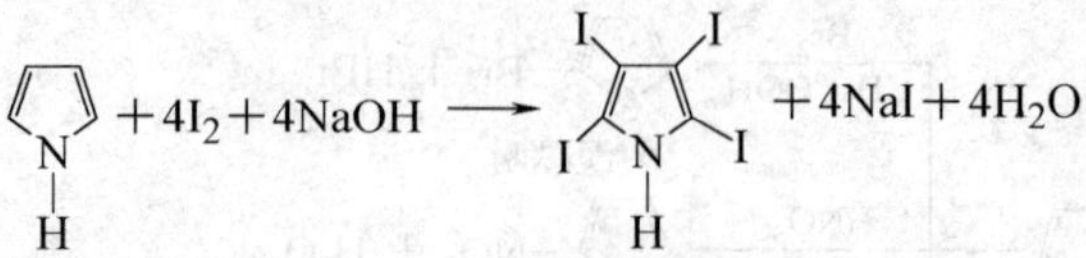

四碘吡咯

四碘吡咯可以用作伤口消毒剂。

吡咯的硝化和磺化反应与呋喃一样，需要用缓和的硝化和磺化剂。

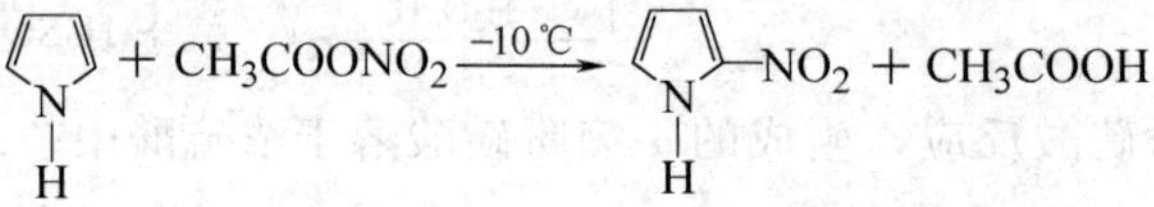

α-硝基吡咯

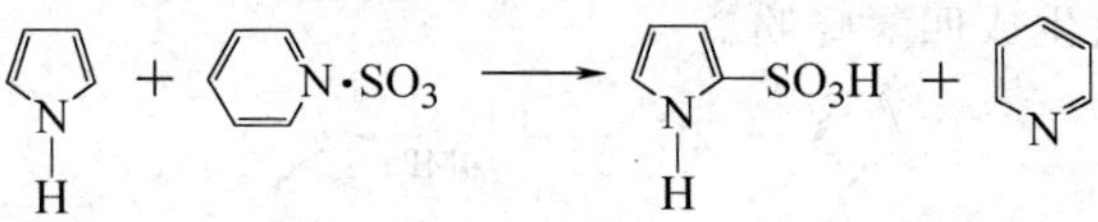

α-吡咯磺酸

(2) 弱酸性　从结构上看，吡咯是环状仲胺，但由于氮原子上的未共用电子对参与了环上的共轭，氮原子上的电子云密度降低，不易与 H^+ 结合，因此碱性极弱。相反，氮原子上的氢却具有弱酸性，可以与固体氢氧化钾作用成盐。

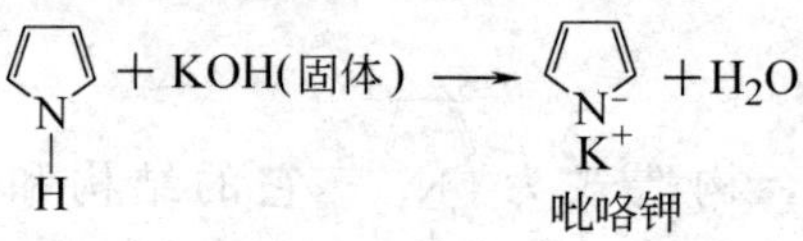

吡咯钾

(3) 加成反应　吡咯催化加氢，生成四氢吡咯。

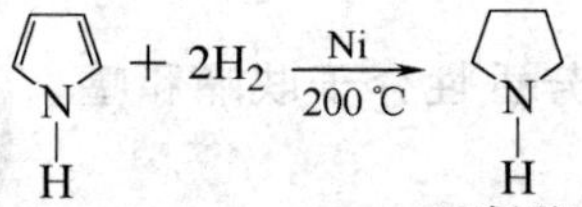

四氢吡咯

四氢吡咯又称吡咯烷，为无色液体。四氢吡咯具有脂肪仲胺的性质，有较强的碱性，是重要的化工原料，可用于制备药物、杀菌剂、杀虫剂等。

五、吲哚

1. 吲哚的结构

吲哚的分子式为 C_8H_7N，构造式为 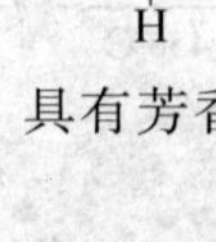 它是由苯环和吡咯环稠合而成的稠杂环化合物，又称苯并吡咯。它也是平面构型，具有芳香性。

2. 吲哚的来源与制法

吲哚及其衍生物在自然界中分布很广，主要存在于茉莉花与橙菊花内，在动物的粪便中，也含有吲哚及其同系物β-甲基吲哚（俗称粪臭素），这是粪便产生臭味的主要原因。此外，煤焦油和从某些石油（如科威特原油）分馏出的煤油中都含有一定量的吲哚。可以由煤焦油的220～260℃馏分分出，或由靛红用锌粉还原而制得。

3. 吲哚的性质及用途

吲哚为无色片状晶体，熔点52℃，可溶于热水、乙醇、乙醚和苯等溶剂。具有粪臭味，但纯吲哚的极稀溶液具有微弱的茉莉香味，可用于配制茉莉型香精，在香料中用作固香剂。它是许多香料的组分，又是重要的合成原料，可以合成植物生长素——β-吲哚乙酸和色氨酸等。

吲哚的化学性质与吡咯相似，碱性极弱，能与活泼金属（如K）作用，能使浸过盐酸的松木片显红色。吲哚也能发生环上的取代反应，与吡咯不同的是取代基进入β位，生成β-取代产物。

吲哚的许多衍生物如靛蓝、色氨酸、β-吲哚乙酸以及褪黑素等都是用途广泛的染料、医药及保健品。

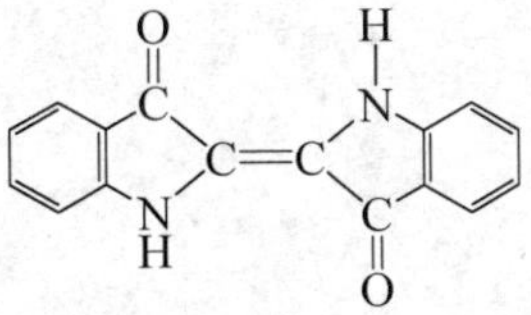

靛蓝

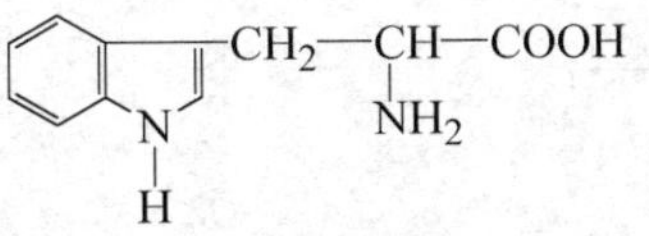

色氨酸

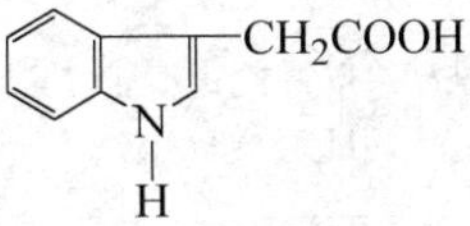

β-吲哚乙酸

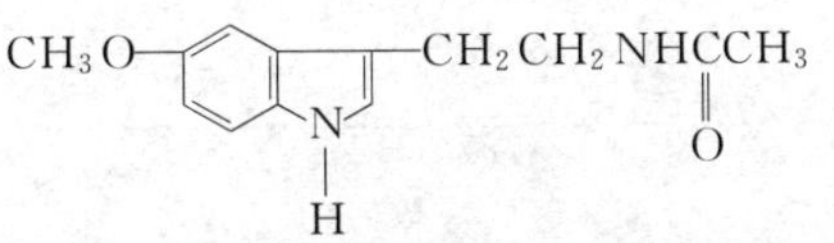

褪黑素

靛蓝是最早发现的一种天然染料，为深蓝色固体。它是我国古代最重要的蓝色染料，色泽鲜艳。现在常用作牛仔布染料。此外，靛蓝还可以用作清热解毒剂，治疗腮腺炎。

色氨酸是人体八种必需的氨基酸之一，主要用于制药业，也可用作饲料添加剂，以提高动物蛋白的质量。

β-吲哚乙酸（俗称茁长素）存在于动植物体中，是无色晶体。它是一种植物生长激素，能促使植物插枝生根，并对促进果实的成熟与形成无子果实有良效，在农业上具有广泛应用。

褪黑素又称松果体素或脑白金，为白色或微黄色的粉末，是人脑和动物脑中的松果腺自然分泌的一种激素。当这种激素在体内含量下降时，表现为睡眠不佳，适时补充褪黑素可起到改善睡眠的作用。

思考与练习

12-4 回答问题

（1）呋喃硝化时为什么不能用混酸作硝化剂？试写出硝酸和乙酸酐生成硝酸乙酰酯的反应式。

（2）芳香性的强弱，在某种程度上可以看成是稳定性的大小，环上电子云密度平均化程度愈高，环愈稳定。硫的电负性比氧小，你能从这个角度解释噻吩的芳香性比呋喃强的原因吗？

（3）呋喃、噻吩、吡咯、糠醛和吲哚都有特殊的颜色反应，请加以总结比较。

（4）比较吡咯与四氢吡咯的碱性，并说明理由。

12-5 将下列化合物按要求排序

（1）按芳香性由大到小排列成序

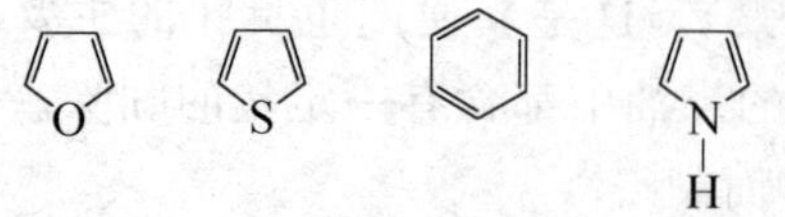

（2）按取代反应活性由大到小排列成序

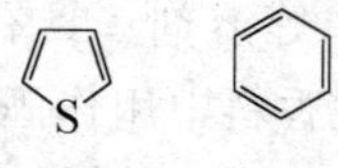

12-6 完成下列反应

（1）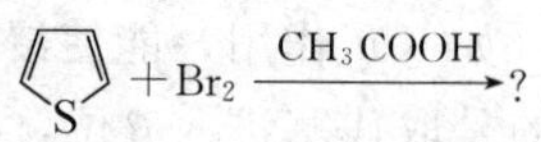

（2）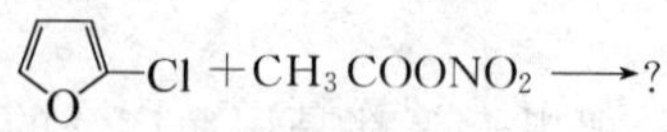

（3）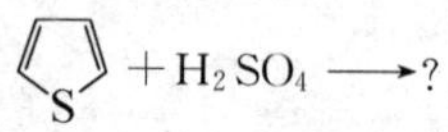

（4）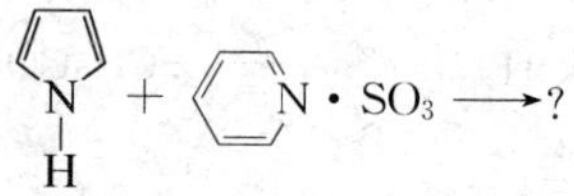

（5）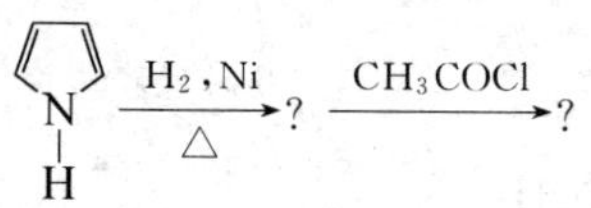

第三节　重要的六元杂环及稠杂环化合物

一、吡啶

1. 吡啶的结构

吡啶的分子式为 C_5H_5N，构造式为 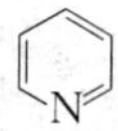。它和苯的结构非常相似，是一个平面六边构型。分子中的五个碳原子和氮原子彼此以 sp^2 杂化轨道形成 σ 键，同时，这六个原子的 p 轨道也相互平行重叠形成一个闭合共轭大 π 键。如图 12-4 所示。

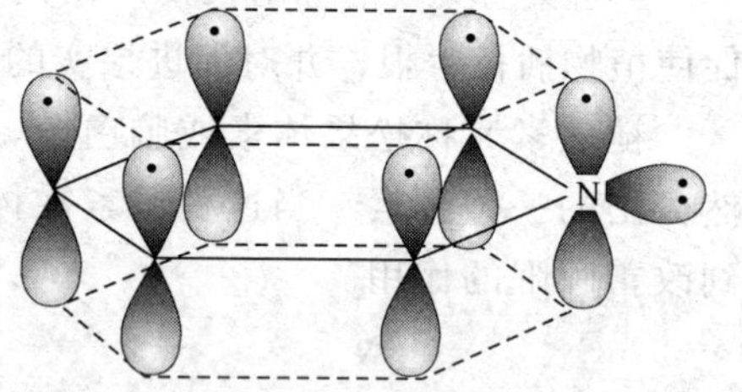

图 12-4　吡啶分子的闭合共轭体系

与苯不同的是由于氮原子的电负性较强，在氮原子周围电子云密度较高，使环上电子云密度低于苯环，因此它的取代反应活性比苯弱，并且取代反应主要发生在 β 位上，与硝基苯类似。

2. 吡啶的来源与制法

吡啶及其同系物存在于煤焦油、页岩油及某些石油催化裂化的煤油馏分中。在工业上，一般从煤焦油中提取。方法是将煤焦油分馏出的轻油组分用硫酸处理，吡啶和硫酸成盐后溶解在酸中，然后加碱中和，游离出吡啶，再经蒸馏制得。

3. 吡啶的性质及用途

吡啶是有特殊臭味的无色液体，沸点 115℃，相对密度 0.982，可与水、乙醇、乙醚、苯等混溶，能溶解大部分有机化合物和许多无机盐类，是一种良好的溶剂。

吡啶能与无水氯化钙生成配合物，所以不能使用氯化钙干燥吡啶。吡啶是一种弱碱，能使湿润的石蕊试纸变蓝，可由此来鉴定吡啶。

(1) 碱性　吡啶环上的氮原子有一对未共用电子对没有参与共轭，因此具有碱性，能与质子结合。吡啶的碱性比苯胺强，但比脂肪胺和氨弱得多。

	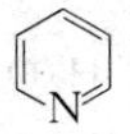	NH_3	CH_3NH_2	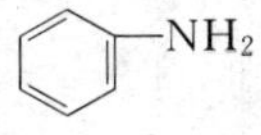
pK_b	8.8	4.74	3.36	9.38

吡啶可以与无机酸作用生成盐，例如：

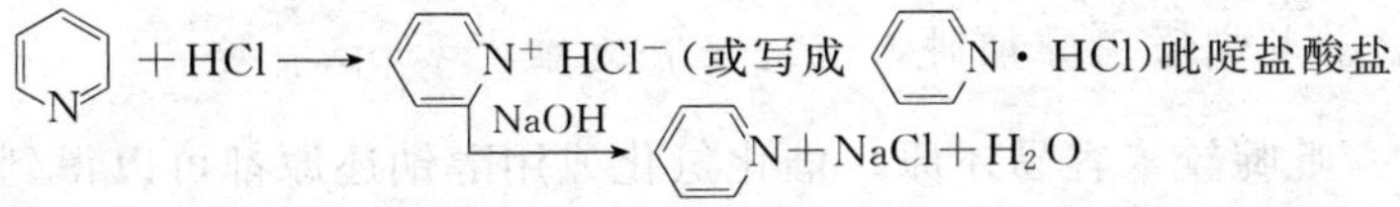

工业上常用吡啶来吸收反应中所生成的酸，也可利用此性质来提纯吡啶。

吡啶容易与三氧化硫结合生成吡啶三氧化硫。

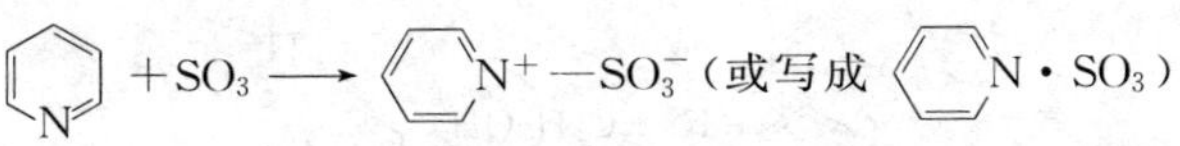

吡啶三氧化硫是缓和的磺化剂，用于对酸敏感的化合物如呋喃、吡咯等的磺化。

从结构上，吡啶可看作叔胺，能与卤代烷作用生成季铵盐。例如：

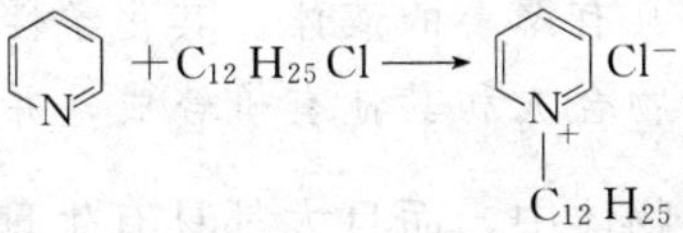

氯化十二烷基吡啶

氯化十二烷基吡啶是阳离子表面活性剂，主要用作纤维的防水剂，也用作染色助剂和杀菌剂。

(2) 取代反应　吡啶的取代反应与硝基苯相似，反应比苯困难，一般要在强烈条件下才能进行，且主要发生在β位。

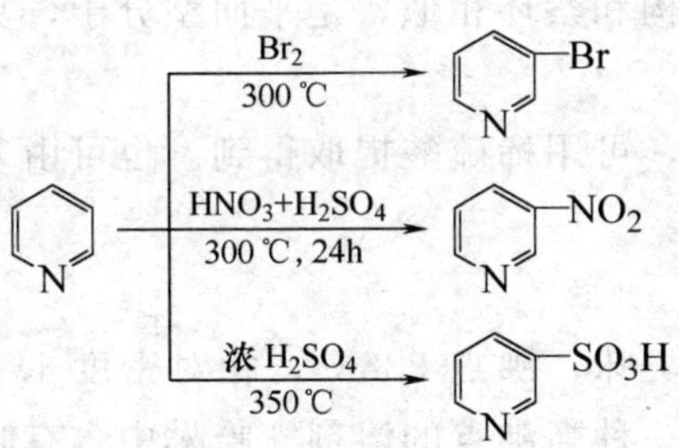

β-溴吡啶

β-硝基吡啶

β-吡啶磺酸

(3) 氧化反应　吡啶比苯难氧化。若环上连有含α-氢的烃基时，则烃基被氧化生成相应的吡啶甲酸。例如：

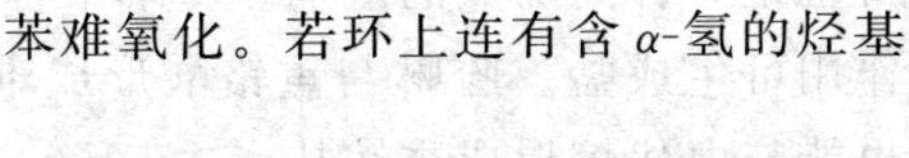

β-吡啶甲酸(烟酸)

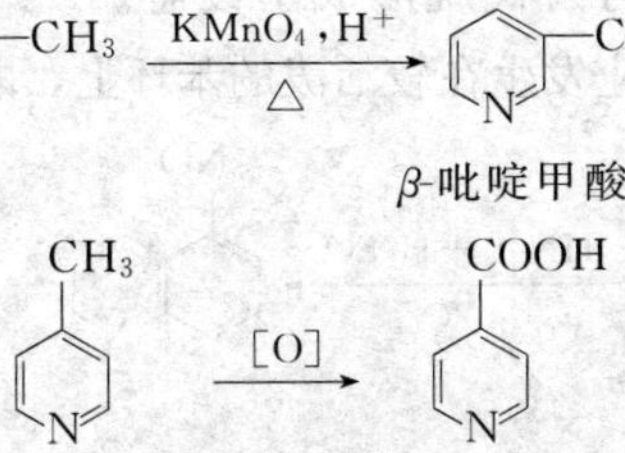

γ-吡啶甲酸(异烟酸)

烟酸又称维生素 pp，是 B 族维生素之一，为白色晶体，味苦。存在于肉类、花生、米糠和酵母中，体内缺乏烟酸会引起癞皮病。维生素 pp 主要用于治疗癞皮病和血管硬化等病症。

异烟酸为无色晶体。能升华，是合成抗结核药物——异烟肼（俗称雷米封）的中间体。

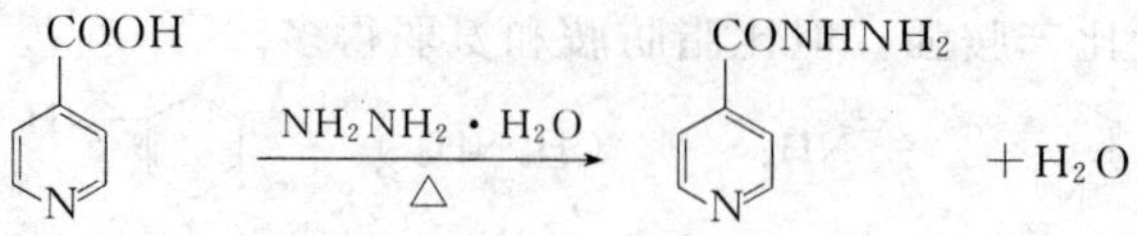

异烟肼

异烟肼学名为 γ-吡啶甲酰肼，为白色晶体。味苦，它的结构与维生素 pp 相似，对维生素 pp 有拮抗作用，若长期服用异烟肼，应适当补充维生素 pp。

（4）还原反应　吡啶较苯容易还原，催化氢化或用醇钠还原都可以得到六氢吡啶。

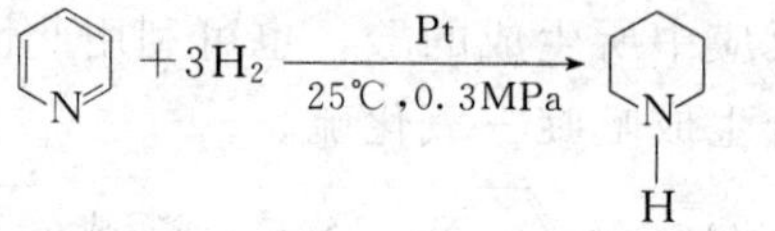

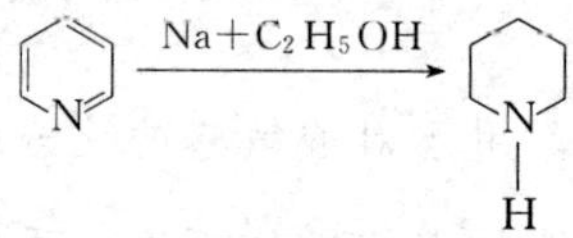

六氢吡啶又称哌啶，为无色具有恶臭的液体。其化学性质与脂肪仲胺相似，比吡啶碱性强，是常用的有机碱，也用于药物合成和其他有机合成，并用作环氧树脂的熟化剂。

吡啶的衍生物广泛存在于生物体中，而且大都具有生理作用。例如，维生素 B_6 以及吡啶系生物碱中的烟碱（尼古丁）、毒芹碱和颠茄碱等。

二、喹啉

1. 喹啉的结构

喹啉的分子式是 C_9H_7N，构造式为 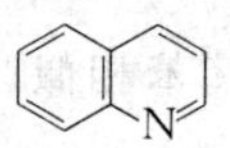。喹啉是由苯环和吡啶环稠合而成的稠杂环化合物，又称苯并吡啶，它的结构和萘环相似，是平面型分子，具有芳香性。

2. 喹啉的来源与制法

喹啉存在于煤焦油和骨焦油中，可用稀硫酸提取得到。也可由苯胺、甘油、浓硫酸和硝基苯共热制得。

3. 喹啉的性质及用途

喹啉为无色油状液体，有特殊臭味，沸点 238℃，相对密度 1.095，难溶于水，易溶于乙醇、乙醚等有机溶剂。本身也是一种高沸点的溶剂。喹啉中含有吡啶环，因此也可以看成为叔胺，是一种弱碱，与酸作用可生成盐。喹啉与重铬酸形成难溶盐 $(C_9H_7N)_2H_2Cr_2O_7$，利用此法可精制喹啉。喹啉也能与卤代烷形成季铵盐。

（1）取代反应　喹啉的取代反应发生在较活泼的苯环上，取代基主要进入 5 位和 8 位。例如：

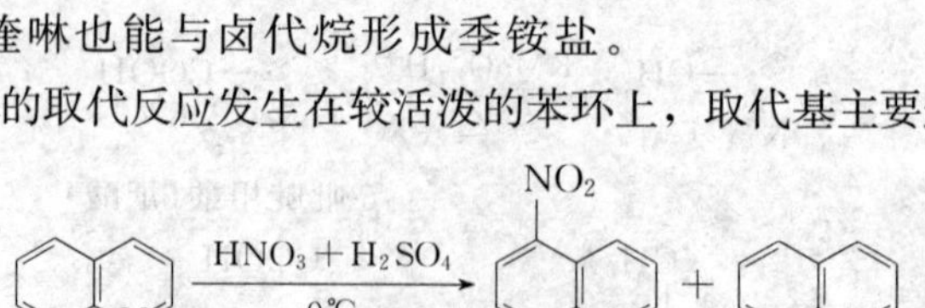

5-硝基喹啉　8-硝基喹啉

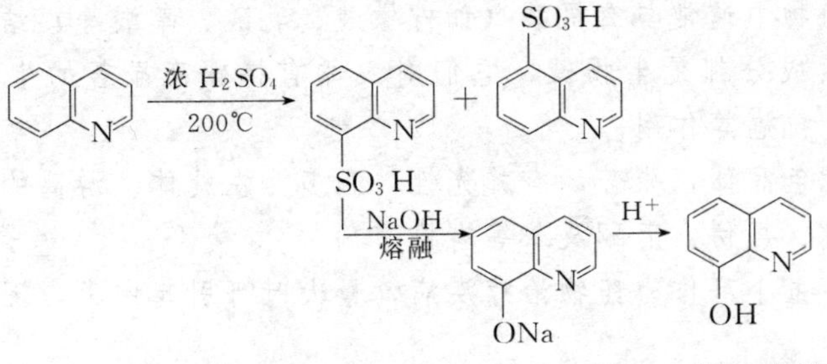

8-羟基喹啉

8-羟基喹啉为白色晶体，可以升华。在分析化学中广泛用于金属的测定和分离。它又是制备染料和药物的中间体，其硫酸盐和铜盐配合物是优良的杀菌剂。

(2) 氧化反应　喹啉能与高锰酸钾发生氧化反应，苯环破裂，生成2,3-吡啶二甲酸。2,3-吡啶二甲酸进一步加热脱羧可制得烟酸。

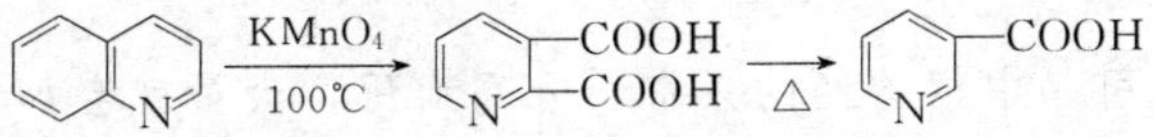

(3) 还原反应　喹啉可以催化加氢，反应首先发生在吡啶环上，生成1,2,3,4-四氢喹啉，进一步还原生成十氢喹啉。

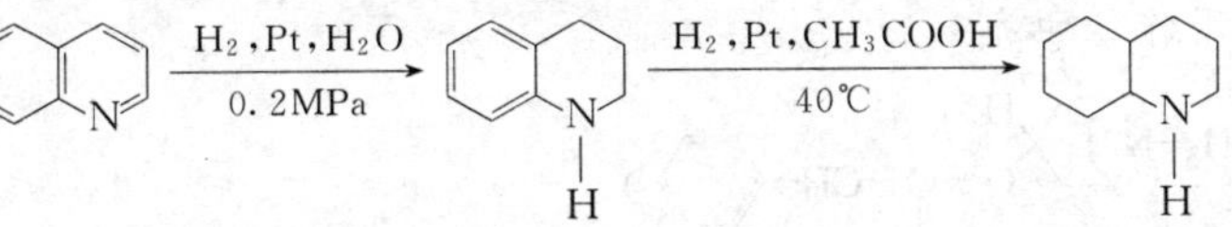

1,2,3,4-四氢喹啉　　　　十氢喹啉

喹啉的同系物和衍生物具有广泛的应用，如2-甲基喹啉和4-甲基喹啉，它们都是无色油状液体。可用作照相胶片的感光剂、彩色电影胶片的增感剂，还可以用于制备染料、药物等。

思考与练习

12-7　回答问题

(1) 为什么吡啶可以与水混溶，而吡咯不溶于水？

(2) 喹啉的氧化反应发生在苯环上，而还原反应为什么首先发生在吡啶环上？

12-8　完成下列反应

(1) 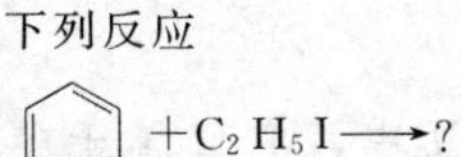

(2) 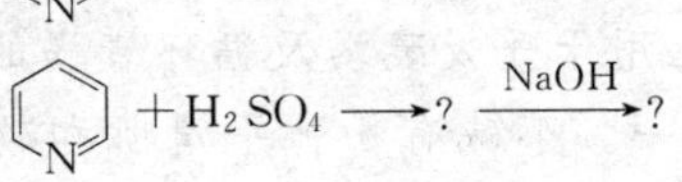

(3) 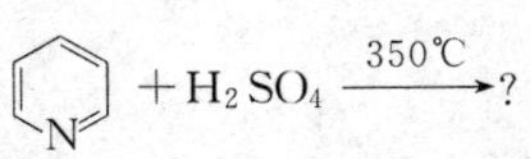

(4) 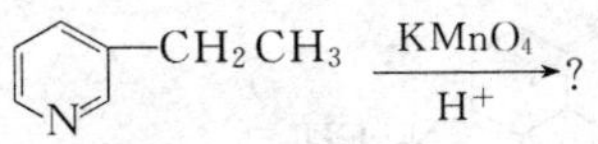

阅读资料一

生物碱及其生理功能

生物碱是指具有一定生理活性的碱性含氮杂环化合物，因其大多数存在于植物中，所以又称为植物碱。它们在植物中通常与有机酸（如柠檬酸、乳酸、草酸等）结合成盐的形式存在。许多中草药中的有效成分都是生物碱，它们对人体有特殊而显著的生理活性，具有止痛、平喘、止咳、清热、抗癌等作用。

绝大多数生物碱为无色晶体，味苦，有旋光性，且多为左旋体。游离的生物碱一般难溶于水，能溶于乙醇、乙醚、氯仿、丙酮及苯等有机溶剂。

生物碱的毒性极大，量小可作为药物治疗疾病，量大时可引起中毒，因此使用时应当注意剂量。

下面介绍几种重要的生物碱及其生理功能。

1．烟碱（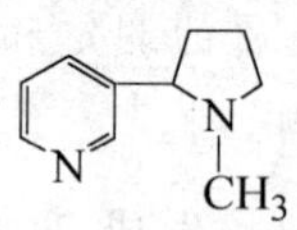）

烟碱又名尼古丁，属于吡啶类生物碱。它以柠檬酸盐或苹果酸盐的形式存在于烟草中，国产烟叶约含烟碱1%～4%。

烟碱极毒，少量能引起中枢神经的兴奋，升高血压，大量就会抑制中枢神经系统，使心脏麻痹致死。成人口服致死量为40～60mg。因此吸烟对人体有害，尤其是对青少年危害更大，应提倡不要吸烟！

烟碱在农业上用作杀虫剂。

2．颠茄碱（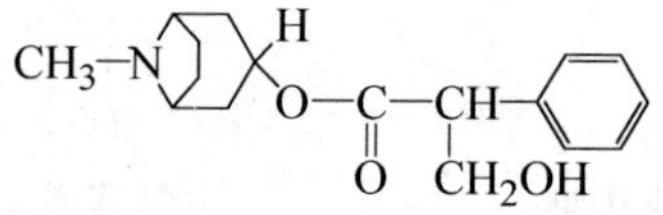）

颠茄碱俗称阿托品，属于吡啶类生物碱。它存在于颠茄、莨菪、曼陀罗、洋金花等植物中。

阿托品硫酸盐具有镇痛解痉作用，主要用于治疗胃、肠、胆、肾绞痛。在眼科中用作扩大瞳孔的药物，也是有机磷中毒的解毒药。

3．咖啡碱（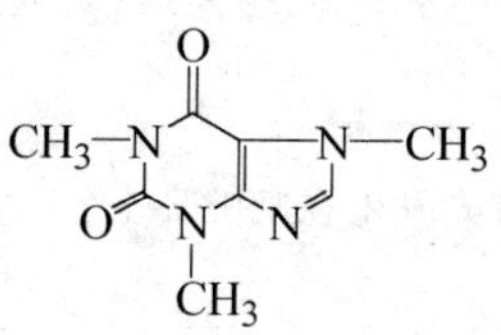）和茶碱（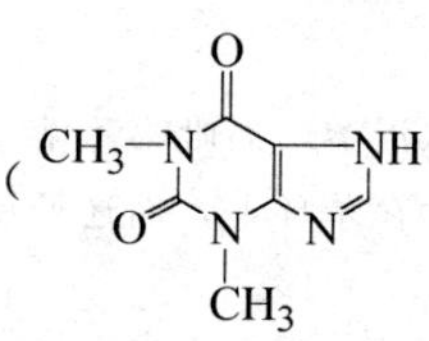）

咖啡碱（又称咖啡因）和茶碱都存在于茶叶、咖啡和可可豆中，它们属于嘌呤类生物碱。咖啡因有兴奋中枢神经和利尿、止痛作用，临床上用于呼吸衰竭及循环衰竭的解救，并用作利尿剂，也是常用的退热镇痛药物APC的成分之一。茶碱有松弛平滑肌和较强的利尿作用，医药上用来消除支气管痉挛和各种水肿症。

4．吗啡碱（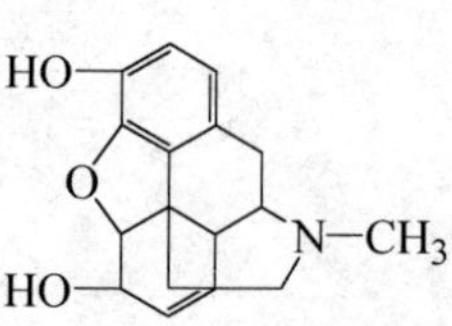）和可待因（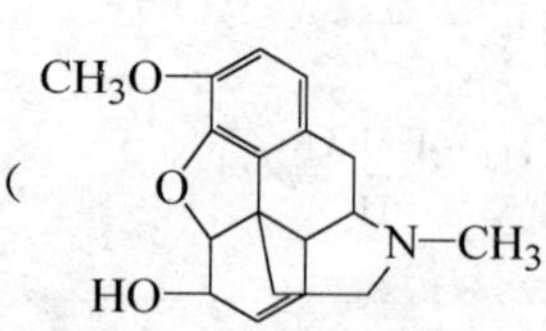）

吗啡碱和可待因都存在于鸦片中。鸦片是罂粟果实流出的乳状汁液，经日光晒成的黑色膏状物质。鸦片中含有25种以上生物碱，以吗啡碱最重要，约含10%，其次为可待因，约含0.3%～1.9%。它们都属于异喹啉类生物碱。

吗啡碱对中枢神经有麻醉作用，有极快的镇痛效力，但久用成瘾，要严格控制使用。可待因的生理作用与吗啡碱相似，但不像吗啡碱那样容易成瘾，可用以镇痛，医药上主要用作镇咳剂。

5. 小檗碱（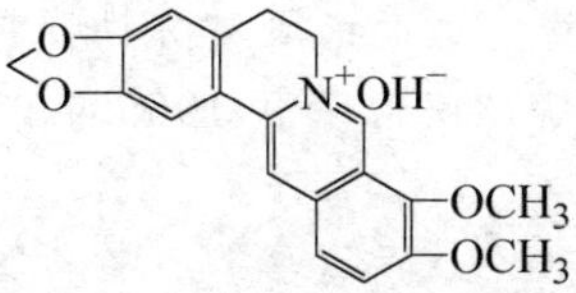

）

小檗碱又名黄连素，存在于黄连和黄柏中，属于异喹啉类生物碱。

黄连素能抑制痢疾杆菌、链球菌和葡萄球菌，临床主要用于治疗细菌性痢疾和肠胃炎。

6. 喜树碱（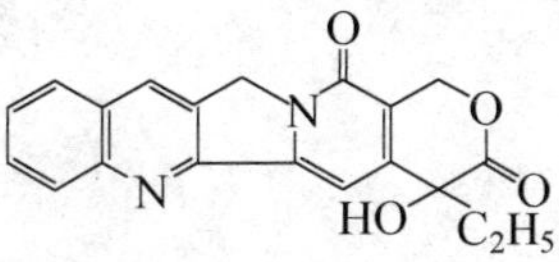

）

喜树碱是从我国特有植物喜树中提取的一种喹啉类生物碱。喜树碱具有抗癌作用，用于治疗胃癌、肠癌和白血病。

阅读资料二

科学家伍德沃德

伍德沃德（Robet Burns Woodward，1917—1979）是著名的有机化学家，是复杂有机化合物的合成大师。

伍德沃德 1917 年出生于美国东北部的波士顿。1933 年进入麻省理工学院学习。他对化学特别偏爱，立志要成为一名化学家。学院考虑到他在化学上表现出来的天赋，专门为他安排课程，使他有充分的课余时间在实验室从事实验研究工作。

伍德沃德 (Robet Burns Woodward)

经过刻苦努力，伍德沃德于 1936 年获得学士学位，1937 年（20 岁）获得博士学位。此后，伍德沃德把全部精力投入到生物碱和甾族化合物的合成研究上。奎宁碱的结构经过有机化学家三十余年的研究才基本搞清。伍德沃德于1944 年（27 岁）合成了奎宁碱。的士宁（$C_{21}H_{22}N_2O_2$）是一种结构奇特的化合物，1954 年伍德沃德等人以精湛的技巧和顽强的毅力完成了它的全合成，并由此引起化学界的轰动。利血平是一种具有降血压和镇定神经作用的药物，1952 年首次由蛇根萝夫藤中分离得到，1954 年确定结构，1956 年即在伍德沃德的实验室实现了它的全合成，给生物碱的发展增添了光辉的一页。1957 年伍德沃德又合成了羊毛甾醇（$C_{30}H_{50}O$）。

伍德沃德所从事的合成工作难度很大，以当时的技术水平看来几乎是不可想象，如果没有为人类造福的理想、为科学献身的精神、渊博的知识、丰富的实践经验、坚韧不拔的毅力和团结协作的团队精神，在当时条件下是难以完成的。伍德沃德在实验室进行的叶绿素合成，经过五十五步才能完成，其中一步出错则前功尽弃。维生素 B_{12} 的合成更为艰巨，伍德沃德与实验室近百人合作研究，历时十年才完成。叶绿素、维生素 B_{12} 的全合成被认为是二十世纪五、六十年代合成化学的最高水平。伍德沃德也因而于 1959 年获英国皇家学会戴伊奖章，1964 年获美国科学院奖章。

伍德沃德还善于从实际经验中进行归纳总结，使之上升为理论。在大量的合成研究过程中，他观察到分子轨道对称性对反应进行的难易和产物的构型起着决定性的作用，并于1965年和量子化学家霍夫曼（R. H. Hoffmann）合作，提出了分子轨道对称性守恒原理，被称为伍德沃德-霍夫曼规则，由于对化学理论的这一卓越贡献，使他荣获1965年诺贝尔化学奖。

本章要点

1. 杂环化合物的命名：采用译音法，在同音汉字左加“口”字偏旁

2. 杂环化合物的结构特征
- 环中含有O、S、N等杂原子
- 存在闭合共轭体系，呈平面构型
- 环系稳定，具有芳香性

3. 杂环化合物的反应规律

（1）五元杂环化合物

呋喃、噻吩、吡咯都比苯容易发生取代反应，取代发生在α位

糠醛是呋喃的衍生物，相当于无α-氢的芳醛，与苯甲醛的性质类似，具有芳醛的一般性质

（2）六元杂环化合物

吡啶属于叔胺，具有碱性，与卤代烷作用生成季铵盐。取代反应比苯难，主要发生在β位。吡啶环上连有烷基时，可以发生侧链氧化反应，其反应规律与烷基苯的氧化相似

（3）稠杂环化合物

吲哚的性质与吡咯相似；喹啉的性质与吡啶相似

吲哚和喹啉都能发生取代反应。吲哚的取代发生在吡咯环的β位，喹啉的取代反应发生在苯环上的5，8位

习题

1. 写出下列化合物的构造式

（1）四氢糠醇　（2）糠酸　（3）α,β-吡啶二甲酸

（4）N-甲基四氢吡咯　（5）异烟肼　（6）3-乙基-6-氯喹啉

2. 完成下列化学反应

（1）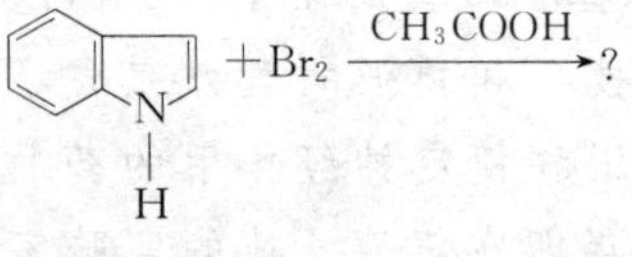

（2）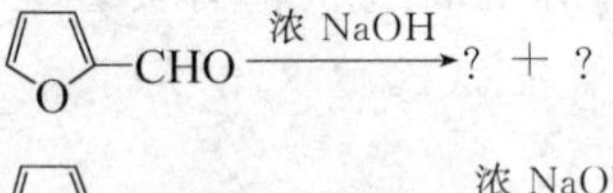

（3）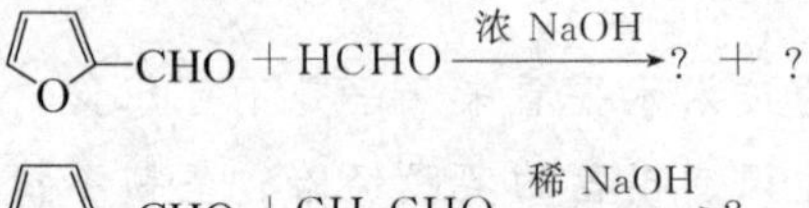

（4）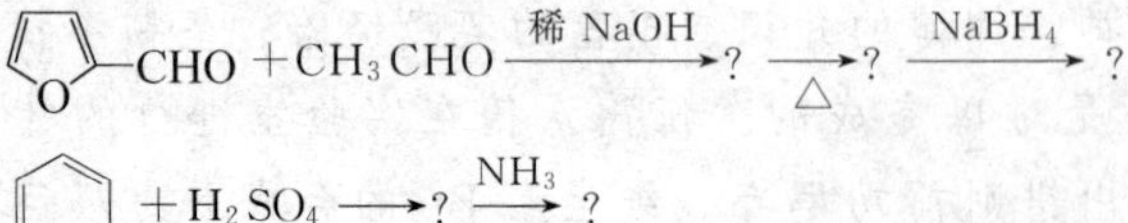

（5）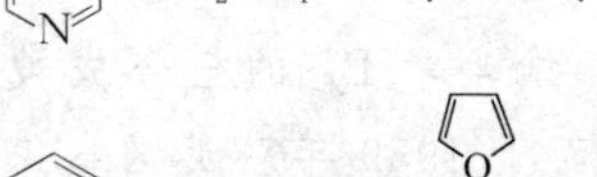

（6）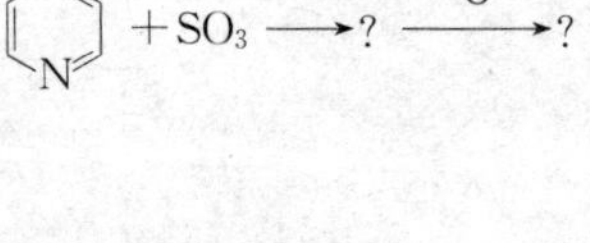

(7) 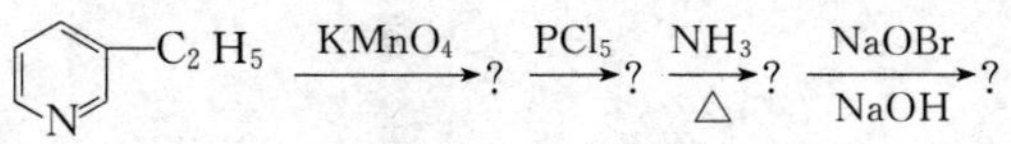

(8) 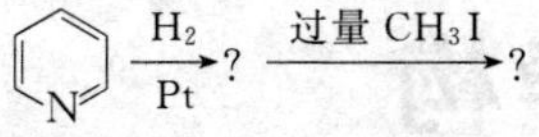

3. 将下列化合物按碱性由强到弱排列成序

（1）吡咯　（2）吡啶　（3）四氢吡啶　（4）苯胺

4. 用简便方法除去下列化合物中的少量杂质

（1）苯中少量的噻吩

（2）甲苯中少量的吡啶

（3）吡啶中少量的六氢吡啶

5. 用化学方法区别下列各组化合物

（1）苯和噻吩　（2）呋喃和四氢呋喃

（3）吡啶和 α-甲基吡啶　（4）糠醛、糠醇和苯甲醛

（5）吲哚和四氢吡咯　（6）8-羟基喹啉和 4-甲基喹啉

6. 某杂环化合物 A 的分子式为 $C_5H_4O_2$，经氧化后生成羧酸 $C_5H_4O_3$，把此羧酸的钠盐与碱石灰作用，转变为 C_4H_4O，后者可发生松木片反应。试推测化合物 A 的构造式。

7. 糠醛来自农作物秸秆，是一种易得的化工原料。请你设计从糠醛制备尼龙-66 的两种单体己二胺和己二酸的合成路线。

*第十三章　对映异构

学习指南

对映异构是极为重要的一种立体异构现象。对映异构体是具有相同的构造，但分子中的原子在空间排列方式不同，且互呈实物与镜像关系的一对构型异构体。本章重点介绍含一个和两个手性碳原子的化合物的对映异构现象、对映异构体的构型表示与标记方法以及物质的旋光性、分子的手性和对映异构三者之间的关系。

学习本章内容应在了解对映异构体结构特点的基础上做到：

1. 了解对映异构与分子结构的关系以及物质产生旋光性的原因；
2. 了解含一个和两个手性碳原子化合物的对映异构现象；
3. 掌握手性、对映体、非对映体，外消旋体、内消旋体等概念；
4. 掌握构型的表示和标记方法。

在有机化合物的同分异构现象中，有一种异构称为对映异构。对映异构是指分子的空间构型相似但却不能重合，相互间呈实物与镜像对映关系的异构现象。具有对映异构关系的物质能表现出一种特殊的物理性质，即旋光性。

第一节　物质的旋光性与对映异构体

一、物质的旋光性

1. 偏振光

光是一种电磁波，其振动方向与传播方向互相垂直。普通光的光波在所有与其传播方向垂直的平面上振动。若使普通光通过一个尼科尔棱镜（由冰洲石制成，其作用像一个栅栏），则只有在与棱镜晶轴平行的平面上振动的光能够通过，这种**只在一个平面上振动的光叫偏振光**（如图 13-1 所示）。

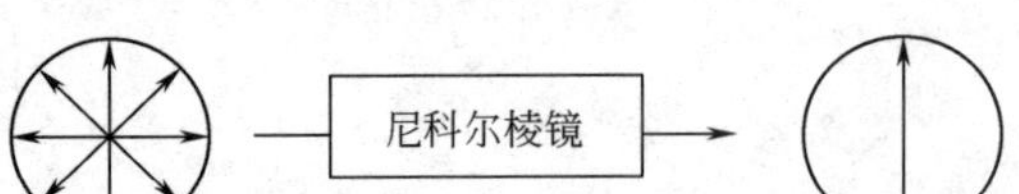

图 13-1　偏振光的产生（双箭头表示光的振动方向）

图 13-2　偏振光的旋转

2. 旋光性

当偏振光通过水、乙醇等物质时，其振动方向不发生改变，也就是说水、乙醇等物质对偏振光的振动方向没有影响。而当偏振光通过葡萄糖、乳酸、氯霉素等物质（液态或溶液）时，其振动方向就会发生一定角度的旋转，如图13-2所示。这种**使偏振光的振动方向发生**

旋转的性质称为物质的旋光性，具有旋光性的物质称为旋光性物质。

能使偏振光的振动方向向右（顺时针方向）旋转的物质称为右旋性物质，反之称为左旋性物质。通常用（+）表示右旋，用（−）表示左旋。

3. 比旋光度

偏振光通过旋光性物质时，其振动方向旋转的角度称为旋光度，通常用“α”表示。旋光度及旋光方向可用旋光仪测定。

由旋光仪测得的旋光度与盛液管的长度、被测样品的浓度及测定时的温度和光源的波长都有关系。为了比较不同物质的旋光性，**通常把被测样品的浓度规定为 1g/mL，盛液管的长度规定为 1dm，这时测得的旋光度叫比旋光度，用 $[\alpha]$ 表示**。

在表示物质的比旋光度时，需要注明测定温度、光源波长、旋光方向和测定时所用的溶剂（以水为溶剂时也可以不注明）。例如：在 20℃时用钠光灯作光源（用 D 表示），测得葡萄糖的水溶液是右旋的，其比旋光度是 52.5°，则表示为：

$$[\alpha]_D^{20}=+52.5°(水)$$

在同样条件下，测定 5%酒石酸的乙醇溶液，其比旋光度为+3.79°，则表示为：

$$[\alpha]_D^{20}=+3.79°(乙醇)$$

二、对映异构体

1. 手性分子

实验表明，乳酸（ $CH_3\underset{\displaystyle OH}{\underset{|}{C}}HCOOH$ ）是具有旋光活性的物质。其中从肌肉得到的乳酸是右旋乳酸，而从葡萄糖发酵得到的乳酸是左旋乳酸，它们的结构模型如图 13-3 所示。

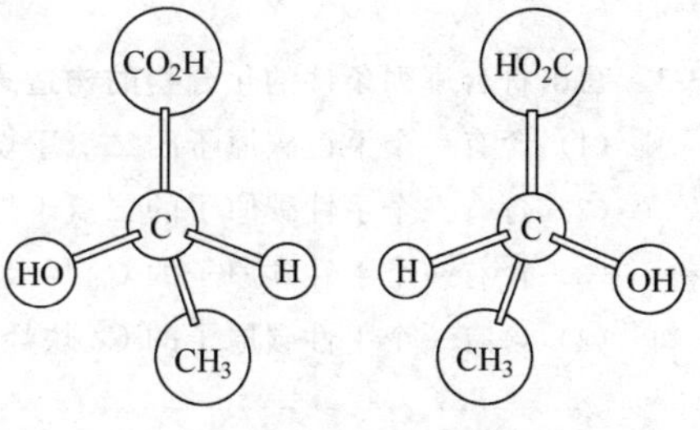

图 13-3　乳酸分子模型

通过观察模型可知：这两种乳酸分子，虽然分子构造相同，但却不能重叠，如果把其中一个分子看成实物，则另一个分子恰好是它的镜像。这种**与其镜像不能重合的分子，就好像人的左手和右手一样，因此称为手性分子**。

在乳酸分子中，有一个碳原子连接了—H、—CH_3、—OH 和— COOH 四个不同的原子或基团。这种**连有四个不同原子或基团的碳原子，称手性碳原子**，通常用 C* 表示。具有手性的分子一定是含有手性碳原子的分子。

2. 对映异构体

凡是手性分子，必有互为镜像关系的两种构型，这种**互为镜像关系的构型异构体称为对映异构体**，简称**对映体**。对映体中一个是左旋物质，称为**左旋体**；另一个是右旋物质，称为**右旋体**。左旋体和右旋体使偏振光旋转的角度一样，只是方向相反。例如乳酸的一对对映体比旋光度为：

左旋乳酸　$[\alpha]_D^{15}=-2.6°$

右旋乳酸　$[\alpha]_D^{15}=+2.6°$

由于生物体内存在许多手性物质，它们可造成手性环境，因此不同的对映体在生物体内的生理功能也不相同。例如：左旋氯霉素具有抗菌作用，而右旋氯霉素就没有这种功能。

3. 外消旋体

若将左旋体和右旋体等量混合，其旋光性就会消失。**由等量的左旋体和右旋体组成的无**

旋光性的混合物叫外消旋体，用（±）表示。外消旋体不仅没有旋光性，而且其他的物理性质与对映体也有差异。例如用化学方法合成或从酸奶中分离出的乳酸都是外消旋体，其熔点为 18℃；而左旋乳酸和右旋乳酸的熔点为 53℃。

外消旋体的化学性质与对映体基本相同，但在生物体内，左、右旋体保持并发挥各自的功效。值得注意的是有些左、右旋体的作用是相反的，一对对映体中，一个是治疗疾病的药物，另一个则可能是导致疾病的物质。所以如何拆分外消旋体以及制备单一的对映体是药物合成中重要的研究课题。

思考与练习

13-1 回答问题

（1）偏振光是如何产生的？什么是物质的旋光性？

（2）什么样的分子称为手性分子？怎样判断分子是否具有手性？

（3）物质的旋光性、分子的手性和对映异构之间是什么关系？

（4）手性碳原子具有怎样的结构特征？

13-2 下列分子有无手性碳原子？若有用“*”标出

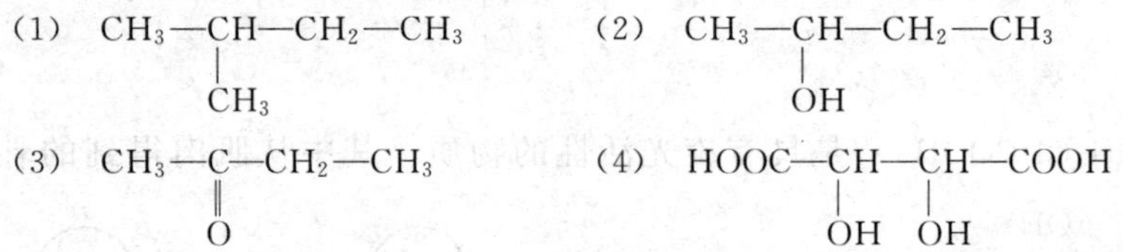

13-3 写出符合下列条件的化合物的构造式

（1）含有一个手性碳原子的二氯丁烷

（2）含有二个手性碳原子的二氯丁烷

（3）含有一个手性碳原子的 C_6 烯烃

（4）含有一个手性碳原子的 C_7 炔烃

第二节　对映异构的表示方法

对映异构体的构造相同，在书写其不同构型及命名时，需用适当的表示方法加以区别。

一、构型的表示法

对映体中的手性碳原子具有四面体结构，它们的构型一般可采用透视式和费歇尔投影式表示。

1. 透视式

透视式是将手性碳原子置于纸平面，与手性碳原子相连的四个键，其中两个键处于纸平面，用细实线表示；另外两个键一个用楔形实线表示伸向纸面前方，一个用虚线表示伸向纸面后方。例如，乳酸的一对对映体可表示如下：

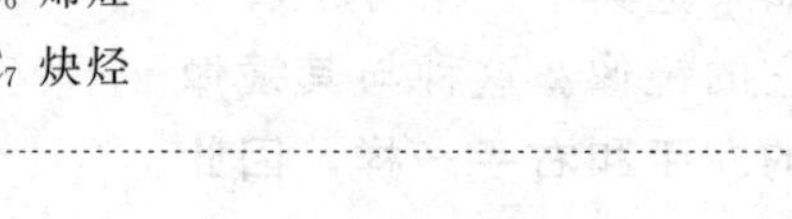

这种表示方法比较直观，但书写麻烦。

2. 费歇尔投影式

费歇尔投影式是利用模型在纸面上投影得到的表达式，其投影原则如下。

(1) 以手性碳原子为投影中心，画十字线（十），十字线的交叉点代表手性碳原子；

(2) 把含碳基团写在竖线上，且把命名时编号最小的碳原子放在上端；其他两个基团写在横线上；

(3) 竖线上的两个基团表示伸向纸面的后方，横线上的两个基团表示指向纸面的前方。

例如，乳酸分子的一对对映体用模型和费歇尔投影式分别表示如下：

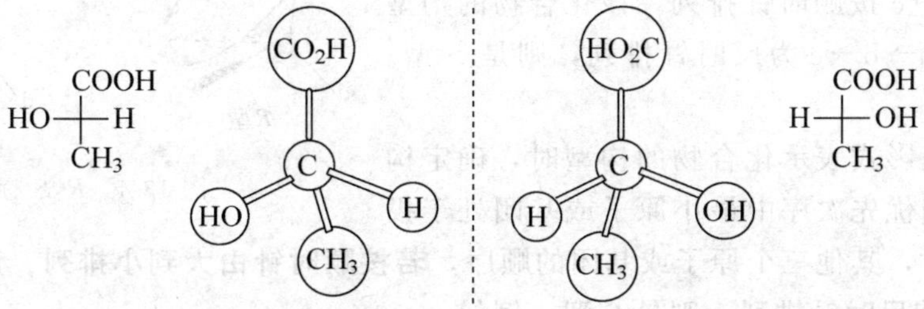

费歇尔投影式可在纸面内旋转 180°或它的倍数，而不会改变原化合物的构型，但不能离开纸面翻转。

二、构型的标记法

不同构型对映体的标记，一般采用 D,L-标记法和 *R*,*S*-标记法。

1. D,L-标记法

D,L-标记法是以甘油醛的构型为标准来进行标记的。在右旋甘油醛的费歇尔投影式中，—OH 在手性碳原子的右边，—H 在左边，这种构型被定为 D 型，因此右旋甘油醛可记为 D-(＋)-甘油醛。它的对映体左旋甘油醛的费歇尔投影式则是—OH 在手性碳原子的左边，—H 在右边，这种构型被定为 L—型，因此左旋甘油醛则记为 L-(－)-甘油醛。

D-(＋)-甘油醛　　　L-(－)-甘油醛

其他化合物的构型可与甘油醛进行关联：凡在化学反应过程中与手性碳原子直接相连的键不发生断裂，手性碳原子的构型不发生变化，可以从 D-(＋)-甘油醛转变而来或能够生成 D-(＋)-甘油醛的化合物都规定为 D 型。同理，构型与 L-(－)-甘油醛相同的定为 L 型。值得注意的是，D、L 只表示构型，不表示旋光方向，旋光方向只能测定。例如，与 D-(＋)-甘油醛具有相同构型的甘油酸是左旋体，记为 D-(－)-甘油酸。

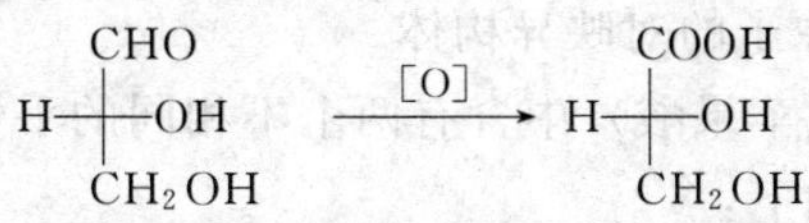

D-(＋)-甘油醛　　　D-(－)-甘油酸

D,L-标记法虽然简单，但由于有些化合物不容易与甘油醛相联系，或采用不同的方式联系时得到的构型不相同，致使名称混乱，因此 D,L-标记法有一定的局限性。目前，除氨基酸、糖类仍使用这种方法以外，其他类化合物都采用了 *R*,*S*-标记法。

2. *R*,*S*-标记法

R,S-标记法的原则如下。

（1）根据次序规则，将手性碳原子上所连的四个原子或基团（a，b，c，d）按优先次序（优先次序规则见烯烃的 Z/E 命名法）排列，设：a＞b＞c＞d；

（2）将次序最小的原子或基团（d）放在距离观察者视线最远处，并令最小的原子或基团（d）、手性碳原子和眼睛三者成一条直线，这时，其他三个原子或基团（a，b，c）则分布在距眼睛最近的同一平面上；

（3）按优先次序观察其他三个原子的排列顺序，如果 a→b→c 按顺时针排列，该化合物的构型为 R 型，如果 a→b→c 为反时针排列，则是 S 型。如图 13-4 所示。

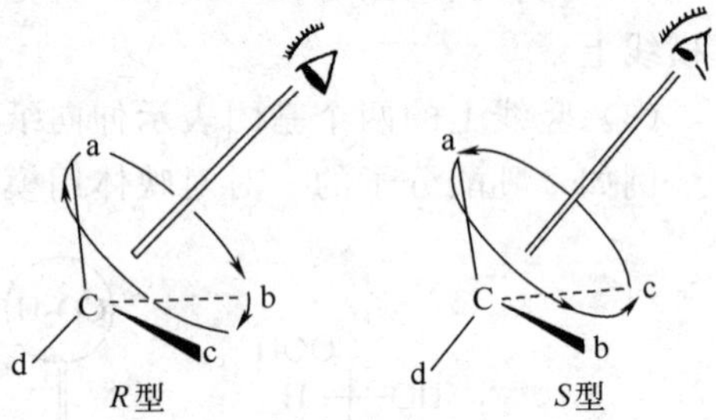

图 13-4　R,S-标记法

以费歇尔投影式表示化合物的构型时，确定构型的方法是：当优先次序中最小原子或基团处于投影式的竖线上时，其他三个原子或基团的顺序，**若按顺时针由大到小排列，该化合物的构型是 R 型；如果按反时针排列，则是 S 型。**例如：

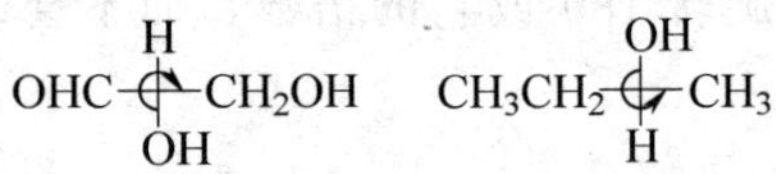

(R)-甘油醛　　(S)-2-丁醇

当优先次序中最小的原子或基团处于投影式的横线上时，如果其他三个原子或基团按顺时针由大到小排列，该化合物的构型是 S 型，若按反时针由大到小排列，则是 R 型。例如：

(R)-甘油醛　　(S)-甘油醛

三、含两个手性碳原子的对映体的表示方法

含有两个手性碳原子的化合物，其分子中的两个手性碳原子可能不同，例如 2-羟基-3-氯丁二酸（HOOC—*CH(OH)—HC*(Cl)—COOH），也可能相同，如 2，3-二羟基丁二酸（HOOC—*CH(OH)—HC*(OH)—COOH）。因此，具有两个手性碳原子的化合物的对映异构现象也不一样。

1. 具有两个不同手性碳原子的对映异构体

2-羟基-3-氯丁二酸（氯代苹果酸）中含有两个不相同的手性碳原子，它具有四个构型异构体，用费歇尔投影式表示如下：

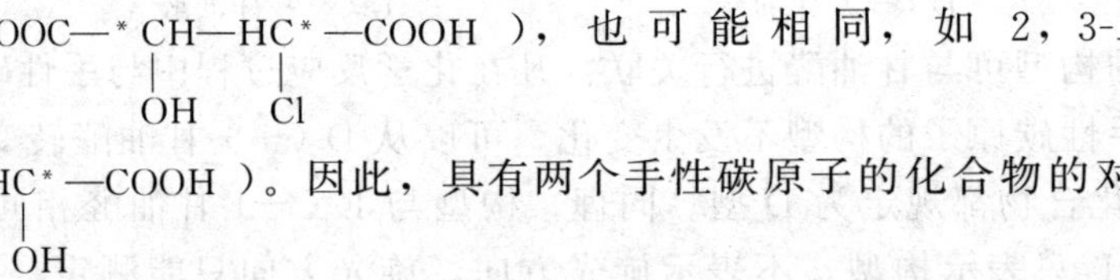

（Ⅰ）　（Ⅱ）　（Ⅲ）　（Ⅳ）

这些异构体的构型也可以用 R,S-标记法来标记，其方法是分别标记每个手性碳原子的构型。例如，在（Ⅰ）中手性碳原子 C_2 上分别连有 H、OH、COOH、CHClCOOH，这四个原子或基团按优先次序由大到小的排列顺序是—OH＞—CHClCOOH＞—COOH＞—H，其中最小的原子 H 位于投影式的横向，其他三个基团由大到小是顺时针排列的，其构型应是 S 型。手性碳原子 C_3 上连接的四个原子或基团的优先次序是—Cl＞—COOH＞—CH(OH)COOH＞—H，最小原子 H 也处于横向，其他三个原子或基团也是按顺时针顺序排列的，因此 C_3 的构型也为 S 型。构型确定后，（Ⅰ）的系统名称可记为（2S,3S)-2-羟基-3-氯丁二酸。同理可以标记出（Ⅱ）、（Ⅲ）、（Ⅳ）的构型，系统名称分别是（2R，3R)-2-羟基-3-氯丁二酸、（2S,3R)-2-羟基-3-氯丁二酸、(2R,3S)-2-羟基-3-氯丁二酸。

在上述四种异构体中（Ⅰ）与（Ⅱ）、（Ⅲ）与（Ⅳ）分别是对映体，（Ⅰ）与（Ⅱ）或（Ⅲ）与（Ⅳ）等量混合都可以组成外消旋体。（Ⅰ）与（Ⅲ）或（Ⅳ）、（Ⅱ）与（Ⅲ）或（Ⅳ）之间不是镜像关系，它们不是对映体，这种不对映的构型异构体叫非对映体。非对映体与对映体，不仅旋光性不同，其他的物理性质也不同。氯代苹果酸的物理性质见表 13-1。

表 13-1　氯代苹果酸的物理性质

构　型	熔点/℃	$[\alpha]_D^{20}$
(2S,3S)-(＋)-氯代苹果酸	173	＋31.3°(乙酸乙酯)
(2R,3R)-(－)-氯代苹果酸	173	－31.3°(乙酸乙酯)
(2S,3R)-(＋)-氯代苹果酸	167	＋9.4°(水)
(2R,3S)-(－)-氯代苹果酸	167	－9.4°(水)

2. 具有两个相同手性碳原子的对映异构体

2,3-二羟基丁二酸（酒石酸）是有两个相同的手性碳原子的化合物，从两个手性碳原子来考虑，它也应有四个构型异构体。用费歇尔投影式表示如下：

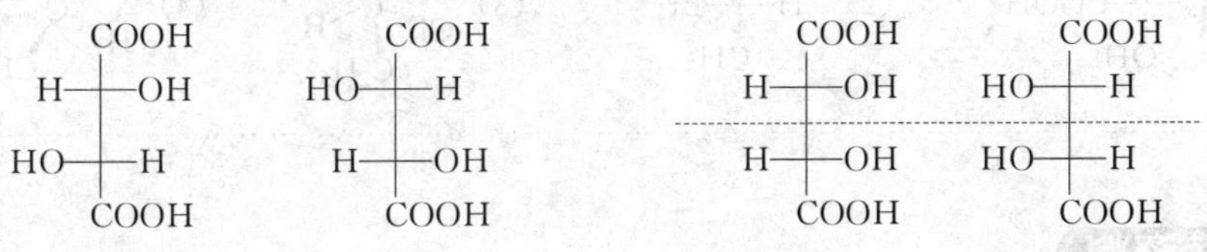

(2R,3R)　(2S,3S)　(2R,3S)　(2S,3R)

（Ⅰ）　（Ⅱ）　（Ⅲ）　（Ⅳ）

可以看出（Ⅰ）和（Ⅱ）互呈镜像关系，是对映体，它们等量混合组成外消旋体。从表面看（Ⅲ）与（Ⅳ）也呈实物与镜像的关系，但将构型（Ⅲ）在纸面内旋转 180°，就可与构型（Ⅳ）重合，显然它们不是对映体，而是相同的化合物。也就是说（Ⅲ）能与其镜像重合，它不是手性分子。在它的构型中 C_2-C_3 之间有一个对称面（投影式中的虚线所示），分子中存在对称面的化合物没有旋光性。这种虽然含有手性碳原子，但却不是手性分子、没有旋光性的化合物叫内消旋体。通常用 m 来表示。可见，酒石酸有三种构型异构体，一个是左旋体，一个是右旋体，另一个是内消旋体。内消旋体和左、右旋体是非对映体，因此内消旋酒石酸（Ⅲ）不仅没有旋光性，与有旋光性的（Ⅰ）或（Ⅱ）的物理性质也不相同。其物理性质见表 13-2。

表 13-2 酒石酸的物理性质

构型	熔点/℃	$[\alpha]_D^{20}$(水)	构型	熔点/℃	$[\alpha]_D^{20}$(水)
(2*R*,3*R*)-(+)-酒石酸	170	+12°	(2*R*,3*S*)-*m*-酒石酸	146	0°
(2*S*,3*S*)-(-)-酒石酸	170	−12°	(±)-酒石酸	206	0°

内消旋体和外消旋体都没有旋光性，但它们的本质不同。前者是一个单纯的非手性分子，不能拆分，而后者是两种互为对映体的手性分子的等量混合物，可以用特殊的方法拆分成两种化合物。

事实表明，如果分子中含有 n 个不相同的手性碳原子，必然存在着 2^n 个构型异构体，其中有 2^{n-1} 对对映体，组成 2^{n-1} 个外消旋体。若分子中有相同的手性碳原子，因为存在着内消旋体，所以构型异构体数目少于 2^n 个。

思考与练习

13-4 回答问题

(1) 解释左旋体、右旋体、对映体、外消旋体等概念，并指出它们性质的异同之处。

(2) 如何表示对映体的构型？费歇尔投影式的投影原则是什么？

(3) 凡有手性碳原子的化合物一定具有手性吗？什么叫内消旋体？

13-5 下列费歇尔投影式中哪些代表同一化合物？哪些是对映体

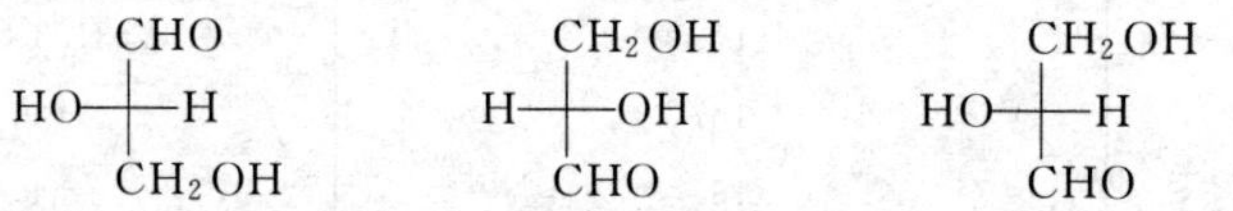

13-6 用费歇尔投影式表示下列化合物的构型

(1) (*R*)-乳酸　(2) (*S*)-2-溴丁烷　(3) (*R*)-3-甲基-2-戊酮　(4) (*S*)-氟氯溴甲烷

13-7 用 *R*,*S*-标记法命名下列化合物

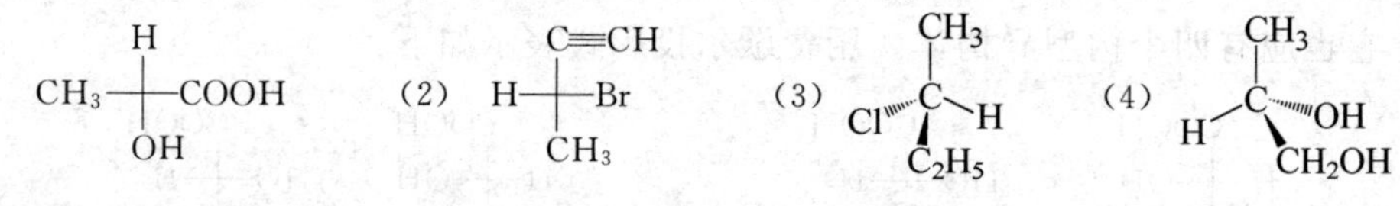

阅读资料

手 性 药 物

手性药物是指只含单一对映体的药物。大量研究结果表明，含有手性因素的药物，其药理功能与分子的立体构型有着密切关系。许多药物的对映体常表现出不同的药理作用，往往一种构型体有这样的药效，而另一种构型体却有那样的药效。甚至在一对对映体中，有时一种具有治病功能，而另一种却有致毒作用。例如在 1961 年，曾因人们对对映体的药理作用认识不足，造成孕妇服用外消旋的镇静剂“反应停”后，产生了畸胎事件。后经研究发现，“反应停”的 *S* 构型体具有镇静作用，能缓解孕期妇女恶心、呕吐等妊娠反应；而 *R* 构型体非但没有这种功能，反而能导致胎儿畸形。由此，人们开始对手性药物引起了高度的重视，并相继开发研制出大量的手性药物。目前，手性药物在合成新药中已占据主导地位。

一、手性药物的分类

通常可根据其药理作用将手性药物分为三种类型。

1. 对映体的药理作用不同

有些药物的对映异构体具有完全不同的药理作用。例如，曲托喹酚（速喘宁）的 S 构型体是支气管扩张剂，而 R 构型体则有抑制血小板凝聚的作用。“反应停”也属这类药物。生产该类药物时，应严格分离并清除有毒性的构型体，以确保用药安全。

2. 对映体的药理作用相似

有些药物的对映异构体具有类似的药理作用。例如，异丙嗪的两个异构体都具有抗组织胺活性，其毒副作用也相似。这类药物的对映异构体不必分离便可直接使用。

3. 单一对映体有药理作用

有些药物的对映异构体中，只有一个具有药理活性，而另一个则没有。例如抗炎镇痛药萘普生的 S 构型体有疗效，而 R 构型体则基本上没有疗效，但也无毒副作用。生产该类手性药物时，要注意提高有药理活性的异构体的产量。

二、手性药物的制法

手性药物的制取方法主要有两种，一种是手性合成法，另一种是手性拆分法。

1. 手性合成法

手性合成法包括化学合成和生物合成两种途径。

（1）化学合成　化学合成主要是以糖类化合物作起始原料，经不对称反应，在分子的适当部位，引进新的活性功能团，合成各种有生物活性的手性化合物。因为糖是自然界存在最广的手性物质之一，而且各种糖的立体异构都研究得比较清楚。一个六碳糖，可同时提供四个已知构型的不对称碳原子，用它作起始原料，经适当的化学改造，可以合成多种有用的手性药物。

近年来新开发了不对称催化合成法。这一方法是用手性催化剂催化药物合成反应制取新的手性化合物。一个好的手性催化剂分子可产生 10 万个手性产物。因此，手性催化剂的研究已成为世界上许多著名有机化学研究室和各大制药公司开发研制手性药物的热点课题。

（2）生物合成　生物合成包括发酵法和生物酶法。发酵法就是利用细胞发酵合成手性化合物。例如，生物化学工业利用细胞发酵法生产 L-氨基酸。生物酶法是通过酶促反应将具有潜手性的化合物转化为单一对映体。可利用氧化还原酶、裂解酶、水解酶及环氧化酶等，直接从前体合成各种复杂的手性化合物，这种方法收率高，副反应少，反应条件温和，无环境污染，有利于工业化生产。

2. 手性拆分法

手性拆分就是将消旋体拆分成单一的对映体。这是制取手性药物最省事的方法。主要有结晶法拆分、动力学拆分、包结拆分、酶拆分和色谱拆分等方法。其中色谱拆分已可用微机软件控制操作。在手性色谱柱的一端注入外消旋体和溶剂，在另一端便可接收到已拆分开来的单一对映体。包结拆分是化学拆分中较新的一种方法。它是使消旋体与手性拆分剂发生包结作用，从而在分子-分子体系层次上进行手性匹配和选择，然后再通过结晶方法将两种对映体分离开来。例如治疗消化道溃疡的药物奥美拉唑的 S 构型和 R 构型体就是利用这种方法拆分开的。

随着社会需求的日益增长，手性药物的产量也在快速增加，21 世纪将成为手性药物和手性技术有突破性进展的新世纪。

本章要点

1. 物质的旋光性、分子的手性、对映异构

旋光性是指能使偏振光振动方向旋转的性质，这种光学特征用物理常数比旋光度［α］来表示。

物质产生旋光性的原因是分子具有手性，分子的手性是产生对映异构的必要条件。

含一个手性碳原子的化合物一定是手性分子，存在一对对映异构体。其中一个是左旋体，另一个是右旋体，等量混合后组成无旋光性的外消旋体。

2. 构型的表示法

- 透视式
- 费歇尔投影式

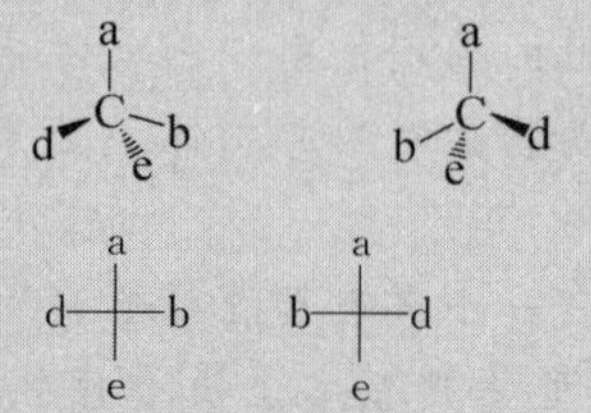

3. 构型的标记法

- D,L-法
  - 与 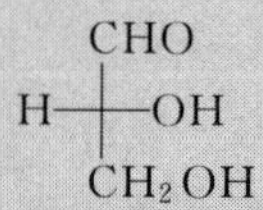 相同的构型为 D 型
  - 与 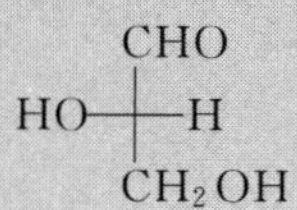 相同的构型为 L 型
- R,S-法 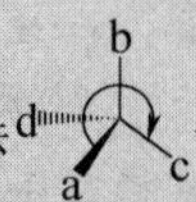 设 a＞b＞c＞d 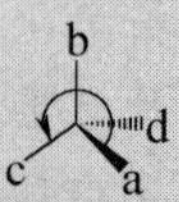

  R型　　S型

4. 含两个不相同的 C* 化合物：有四种构型异构体即两对对映体。

5. 含两个相同的 C* 化合物：有三种构型异构体

- 左旋体、右旋体 ⟶ 对映体
- 右旋体、内消旋体 ⟶ 非对映体

习　题

1. 指出下列化合物是属于对映体、非对映体（包括顺反异构体）、内消旋体、还是同一种化合物

（1） 和 　　（2） 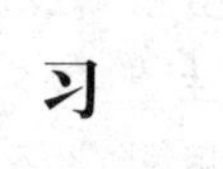 和

（3） 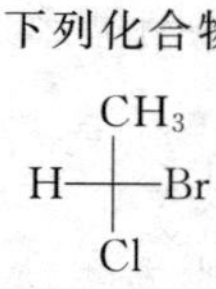 和 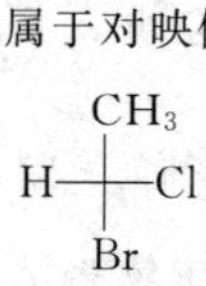　　（4） 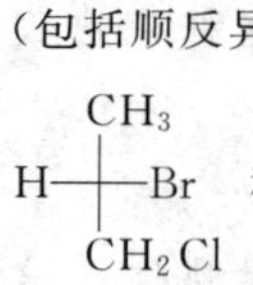 和 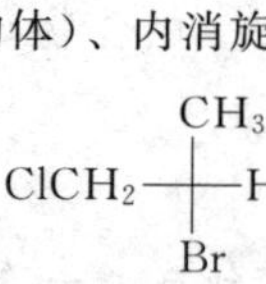

（5） 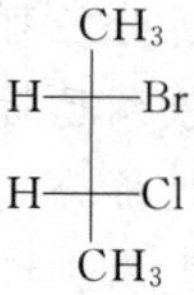 和 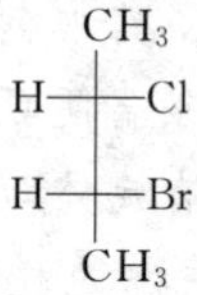　　（6） 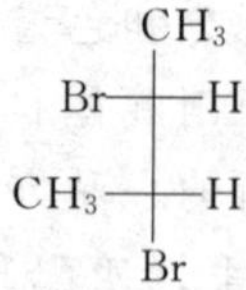 和 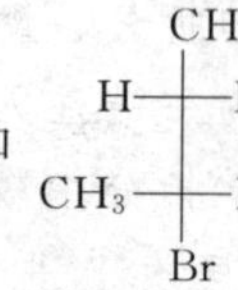

(7) 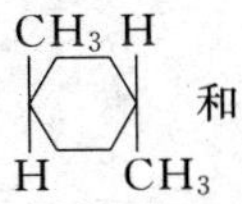 和 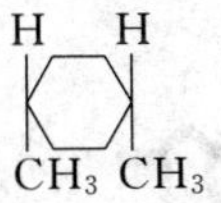　　(8) 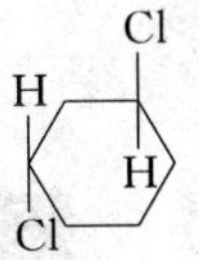 和 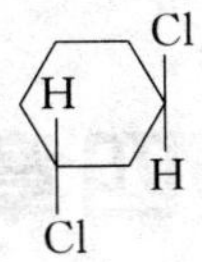

2. 写出下列化合物的费歇尔投影式，并用 *R*,*S*-标记法命名

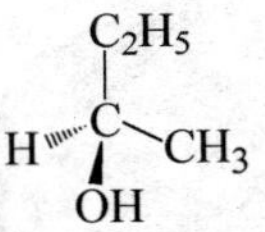　　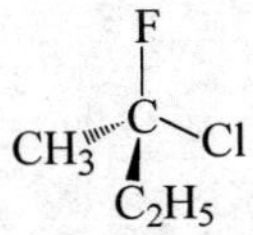

3. 中药麻黄碱（1-苯基-2-甲氨基-1-丙醇）的构造式如下

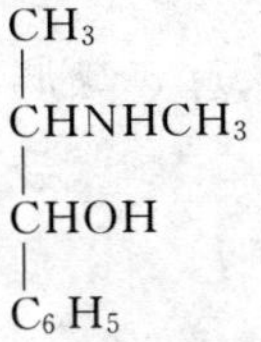

(1) 试标出手性碳原子

(2) 试写出它的构型异构体（用费歇尔投影式表示），并对手性碳原子标出 *R*,*S*-构型

4. 某醇 $C_5H_{10}O$（A）具有旋光性，催化加氢后生成的醇 $C_5H_{12}O$（B）没有旋光性，试写出（A）和（B）的结构式。

5. 化合物 A（C_4H_9Br），与氢氧化钠醇溶液反应后生成无旋光性的化合物 B，但 A 与氢氧化钠的水溶液反应后，则生成外消旋体（±）C，试写出 A、B、C 的结构式。

*第十四章　糖类简介

学习指南

糖是自然界中分布最广的一类有机化合物，是维持动植物体正常生命活动的重要物质。

本章将重点介绍葡萄糖与溴水反应、与托伦试剂和费林试剂反应、还原反应、成脎反应以及这些反应的实际应用。

学习本章内容应在了解糖的结构特点基础上做到：

1. 了解糖的分类；
2. 掌握一些重要糖的鉴别方法；
3. 掌握重要糖的主要性质及用途。

糖是自然界中分布最广的一类有机化合物，也是维持动植物体正常生命活动的重要物质。本章主要讨论较为常见、也较重要的糖。

第一节　糖的含义和分类

一、糖的含义

糖是广泛存在于动、植物体内极为重要的一类有机化合物。例如，我们熟悉的葡萄糖、蔗糖、淀粉、纤维素等。

糖主要由碳、氢和氧三种元素组成。最初发现的这类化合物，分子中氢原子与氧原子数目之比与水分子相同，可用通式 $C_m(H_2O)_n$ 表示，所以最初把它们称为碳水化合物。但后来发现有的糖如鼠李糖（$C_6H_{12}O_5$）和脱氧核糖（$C_5H_{10}O_4$）并不符合上述通式，而某些符合这一通式的化合物如乙酸（$C_2H_4O_2$）和乳酸（$C_3H_6O_3$）又不属于糖类。所以“碳水化合物”这个名称早已失去了原有的含义。此外有些糖类还含有氮元素。

从结构上看，**糖是多羟基醛或多羟基酮，以及水解后能生成多羟基醛或多羟基酮的一类有机化合物及其某些衍生物。**

糖是人体主要的能源之一。自然界中存在的糖类是由绿色植物通过光合作用合成的。在日光的作用下，植物中的叶绿素将吸收的二氧化碳与水经过一系列复杂的反应过程转变成糖类，所吸收的太阳能被贮存在糖的分子中。糖进入人体后，又经过一系列复杂的分解过程，最后转变成二氧化碳和水，释放出能量，作为生命的能源，保证生命活动的需要。

二、糖的分类

根据能否水解以及水解后生成的物质不同，可将糖分为单糖、低聚糖和多聚糖。

1. 单糖

不能发生水解反应的多羟基醛或多羟基酮称为单糖。单糖又分为醛糖和酮糖，醛糖的分子中含有醛基，酮糖的分子中含有酮基。碳原子数相同的醛糖和酮糖互为同分异构体。例如葡萄糖（醛糖）、果糖（酮糖）和半乳糖（醛糖）都是重要的单糖，分子式为 $C_6H_{12}O_6$，互为同分异构体。

2. 低聚糖

水解后能生成 2～10 个单糖的缩聚物称为低聚糖。低聚糖又叫寡糖，根据水解后生成的单糖数目，可分为二糖、三糖、四糖等。其中较为多见的是二糖，例如，蔗糖、麦芽糖和乳糖都是重要的二糖。分子式为 $C_{12}H_{22}O_{11}$，互为同分异构体。

3. 高聚糖

水解后能生成多分子单糖或其衍生物的称为高聚糖。高聚糖又称为多糖，可分为同多糖和杂多糖两类。水解后只产生一种单糖的多糖称为同多糖（如淀粉、纤维素和糖原）。水解后产生两种及两种以上单糖或其衍生物的多糖称为杂多糖（如酸性黏多糖）。

淀粉、纤维素和糖原都是重要的同多糖，分子式为 $(C_6H_{10}O_5)_n$，互为同分异构体。酸性黏多糖是一组含氮的杂多糖，化学组成为糖醛酸和酪氨基己糖交替出现，因其中至少含有一个酸性基，是一种酸性杂多糖。

高聚糖是重要的天然高分子化合物，广泛存在于自然界中。高聚糖的性质与单糖和低聚糖有较大差别，一般为无定形固体，不溶于水，无甜味，没有还原性。

在糖中，**凡是能被托伦试剂和费林试剂氧化的糖称为还原糖，不能被氧化的糖称为非还原糖。单糖都是还原糖**。可利用托伦试剂或费林试剂区别还原糖和非还原糖。

第二节　重要的糖

一、重要的单糖

1. 葡萄糖

葡萄糖的构造式为：

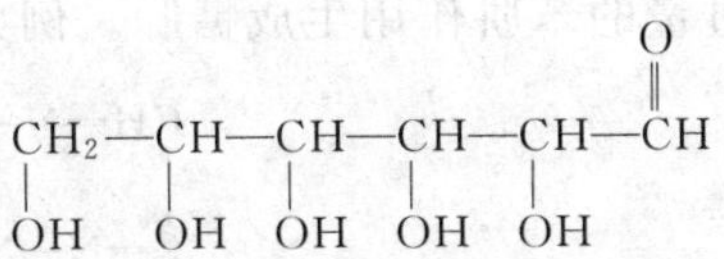

葡萄糖为白色固体粉末。味甜，甜度约为蔗糖的 70%。熔点 146℃，易溶于水，微溶于乙酸，不溶于乙醚和苯。具有旋光性，从自然界中得到的葡萄糖是右旋体，称右旋糖。它是自然界中分布最广的己醛糖，广泛存在于蜂蜜、甜水果和植物的种子、茎、叶、根、花及果实中。尤其在成熟的葡萄中含量较高，因而得名。人和其他动物体内都含有游离的葡萄糖，血液中的葡萄糖医学上称为血糖。正常人的血糖含量为 80～120mg/100mL 血液中。

工业上，葡萄糖可由淀粉或纤维素在酸性条件下水解制得：

$$\underset{\text{淀粉}}{(C_6H_{10}O_5)_n} + nH_2O \xrightarrow{\text{酸或酶}} \underset{\text{葡萄糖}}{nC_6H_{12}O_6}$$

在一定条件下，葡萄糖可以发生氧化、还原和成脎等化学反应。

(1) 氧化反应　葡萄糖是醛糖，具有还原性。可被弱氧化剂溴水氧化，生成葡萄糖酸。

$$\begin{array}{c}CHO\\|\\(CHOH)_4\\|\\CH_2OH\end{array}\xrightarrow{Br_2,\ H_2O}\begin{array}{c}COOH\\|\\(CHOH)_4\\|\\CH_2OH\end{array}$$

葡萄糖　　葡萄糖酸

在这一反应过程中，溴水颜色褪去，可用于区别醛糖和酮糖。

葡萄糖还可被托伦试剂或费林试剂氧化，析出银镜或氧化亚铜红棕色沉淀。

$$\begin{array}{c}CHO\\|\\(CHOH)_4\\|\\CH_2OH\end{array}+2[Ag(NH_3)_2]OH\longrightarrow\begin{array}{c}COONH_4\\|\\(CHOH)_4\\|\\CH_2OH\end{array}+2Ag\downarrow+3NH_3+H_2O$$

葡萄糖酸铵

$$\begin{array}{c}CHO\\|\\(CHOH)_4\\|\\CH_2OH\end{array}+2Cu(OH)_2+NaOH\longrightarrow\begin{array}{c}COONa\\|\\(CHOH)_4\\|\\CH_2OH\end{array}+Cu_2O\downarrow+3H_2O$$

葡萄糖酸钠

此反应可用于区别还原糖和非还原糖。

(2) 还原反应　葡萄糖分子中的醛基可以发生还原反应。经催化加氢或用还原剂（$NaBH_4$、Na-Hg齐等）还原，羰基转变为羟基，生成己六醇（又叫葡萄糖醇或山梨糖醇）。例如：

$$\begin{array}{c}CHO\\|\\(CHOH)_4\\|\\CH_2OH\end{array}\xrightarrow{NaBH_4}\begin{array}{c}CH_2OH\\|\\(CHOH)_4\\|\\CH_2OH\end{array}$$

己六醇（山梨糖醇）

山梨糖醇为无色晶体，略有甜味，存在于各种植物果实中。主要用于合成维生素C、树脂、表面活性剂和炸药等。也用作牙膏、烟草和食物等的水分控制剂。

(3) 成脎反应　葡萄糖与过量的苯肼作用生成糖脎。例如：

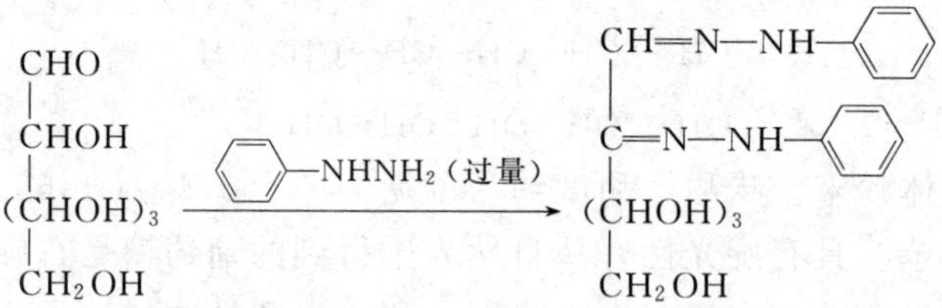

葡萄糖脎

糖脎为黄色晶体，不溶于水，具有固定的熔点，不同的糖脎晶形不同。可根据其熔点数据以及观察结晶形态来鉴定糖类。

葡萄糖是人类所需能量的重要来源之一。它在人体组织中发生氧化反应并放出热量，以提供机体活动所需能量并保持正常体温。是人体新陈代谢不可缺少的营养物质。在医药上用作营养剂，兼有强心、利尿、解毒等作用。

葡萄糖还是重要的医药原料，可用于制备维生素C、葡萄糖醛酸和葡萄糖酸钙等药物。

葡萄糖酸钙是重要的补钙剂，与维生素 D 合用，有助于骨质形成，可以治疗小儿佝偻病（钙缺乏症）。

葡萄糖在工业上也有许多重要应用。例如制镜业用葡萄糖还原银氨溶液，使析出的银均匀地镀在玻璃上，制成玻璃镜子及热水瓶胆；食品工业中用于制糖浆和糖果；印染工业和制革工业中常用作还原剂等。

2. 果糖

果糖的构造式为：

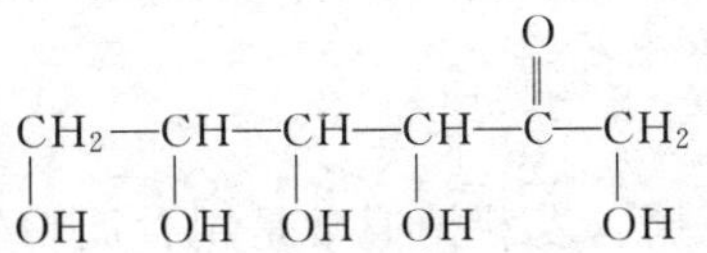

果糖为白色固体粉末，是普通糖类中最甜的糖。熔点 103～105℃，可溶于水、乙酸和乙醚。具有旋光性，天然果糖是左旋体，称为左旋糖。它是自然界中分布很广的一种己酮糖，主要存在于蜂蜜和水果中。工业上由菊粉经水解而制得。

果糖是酮糖，不能被溴水氧化，但因其在碱性溶液中可转变成醛糖，所以能被托伦试剂或费林试剂氧化；经催化加氢生成己六醇；与过量的苯肼作用生成糖脎（与葡萄糖脎构造相同）。与氢氧化钙反应生成难溶于水的配合物 $C_6H_{12}O_6 \cdot Ca(OH)_2 \cdot H_2O$，可用于果糖的检验。

果糖可用作食物、营养剂和防腐剂。它在人体内可迅速转化为葡萄糖，过多地食用果糖可导致体内胆固醇的增加。

3. 半乳糖

半乳糖与葡萄糖是 C-4 位的差向异构体。为白色晶体，熔点 165～168℃，溶于水和乙醇，具有旋光性。

半乳糖常以 D-半乳糖苷的形式存在于大脑和神经组织中，在植物界则以多糖形式存在于多种植物胶中，游离的半乳糖存在于常青藤的浆果中。

半乳糖也是哺乳动物乳汁中乳糖的组成成分，食物中的半乳糖主要来自奶类所含的乳糖。乳糖进入肠道后即被水解成半乳糖和葡萄糖经肠黏膜吸收。半乳糖被吸收后在肝细胞内经酶的作用，最终生成葡萄糖进入代谢途径。

人体肝脏将半乳糖转化为葡萄糖的能力很强，摄入血中的半乳糖在 30min 内即有 50％被转化。

在食品工业中，半乳糖可用作营养增甜剂，医学上用作多普勒超声造影剂。

制备半乳糖的最简便的方法是乳糖的水解，得到等量的 D-半乳糖和 D-葡萄糖的混合物，用发酵法除去 D-葡萄糖，即得到纯净的 D-半乳糖。也可从 D-来苏糖通过化学合成增长碳链来制备。

二、重要的二糖

1. 蔗糖

蔗糖是自然界中分布最广也最重要的二糖。大量存在于甘蔗（约含 16％～18％）和甜菜（约含 12％～15％）中。工业上将甘蔗或甜菜经榨汁、浓缩、结晶等操作制得食用蔗糖。

蔗糖又叫甜菜糖。为白色晶体，其甜味仅次于果糖。熔点 180℃。易溶于水。具有旋光性，天然蔗糖是右旋糖。

蔗糖没有还原性，不能被托伦试剂氧化，也不能与苯肼作用生成糖脎。但在无机酸或酶的催化下可发生水解，生成一分子葡萄糖和一分子果糖：

$$\underset{\text{蔗糖}}{C_{12}H_{22}O_{11}} + H_2O \xrightarrow{H^+\text{或酶}} \underset{\text{葡萄糖}}{C_6H_{12}O_6} + \underset{\text{果糖}}{C_6H_{12}O_6}$$

水解后生成的混合糖称为转化糖，因其中含有一半的果糖，所以转化糖比原来的蔗糖更甜。

蔗糖是日常生活中不可缺少的食用糖，在医药上用作矫味剂，常制成糖浆服用。也可用作防腐剂。

2. 麦芽糖

自然界中不存在游离的麦芽糖。麦芽糖通常是用含淀粉较多的农产品（大米、玉米、薯类等）作为原料，在淀粉酶作用下，于60℃发生水解反应制得：

$$\underset{\text{淀粉}}{2(C_6H_{10}O_5)_n} + nH_2O \xrightarrow[60℃]{\text{淀粉酶}} \underset{\text{麦芽糖}}{nC_{12}H_{22}O_{11}}$$

唾液中含有淀粉酶，能使淀粉水解为麦芽糖，所以细嚼淀粉食物后常有甜味感。

麦芽糖为白色晶体，甜度约为蔗糖的40%，熔点102～103℃。可溶于水，微溶于乙醇，不溶于乙醚。具有旋光性，是右旋糖。

麦芽糖是还原糖，能被托伦试剂、费林试剂氧化，也能与苯肼作用生成糖脎。在无机酸或酶的催化下，发生水解反应，生成两分子葡萄糖：

$$\underset{\text{麦芽糖}}{C_{12}H_{22}O_{11}} + H_2O \xrightarrow{H^+\text{或酶}} \underset{\text{葡萄糖}}{2C_6H_{12}O_6}$$

麦芽糖主要用于食品工业中，是饴糖的主要成分。也可作为微生物的培养基。

3. 乳糖

乳糖是由一分子葡萄糖和一分子半乳糖缩合而成的二糖，存在于哺乳动物乳汁中，并因此而得名。牛乳中约含4%，人乳中含5%～7%。

乳糖为白色的结晶性颗粒或粉末，无臭，味微甜，易溶于水，不溶于乙醇、氯仿或乙醚，具有旋光性。

乳糖的主要功能是为人及其他哺乳动物供给热能，它在体内双糖酶的作用下分解成一分子葡萄糖和一分子半乳糖而被吸收利用。婴幼儿的脑细胞发育和整个神经系统的健全都需要大量的乳糖，因此乳糖是儿童食用最好的糖类，它还能增进矿物质钙、磷、镁等的吸收。

工业上以乳清为原料，经脱脂、蛋白质分离、浓缩等程序提取乳糖，主要用于制造婴儿食品、糖果、人造牛奶等。医药中常用作矫味剂。

三、重要的多糖

1. 淀粉

淀粉是人类的主要食物之一，是植物体内贮藏的养分。多存在于植物的种子、茎和根中，大米、玉米、小麦及薯类的主要成分都是淀粉。工业上常从玉米、甘薯和野生橡子等物质中提取淀粉。

淀粉为白色粉末，不溶于一般的有机溶剂。遇碘显蓝色，可用于淀粉的鉴别。

淀粉分子有直链和支链两种结构形式，它们在淀粉中所占比例因植物的种类而异。一般直链淀粉的含量为10%～30%，支链淀粉的含量为70%～90%。

直链淀粉能溶于热水，支链淀粉不溶于水，在热水中成糊状。例如，煮稀饭的过程实际上是淀粉膨胀破裂，直链淀粉溶于热水、支链淀粉形成糊状胶体溶液的过程。糯米因其中支链淀粉的含量较高，所以黏性较大。

淀粉没有还原性，不能被托伦试剂和费林试剂氧化。也不能与苯肼成脎。在酸或酶的催化下，可逐步水解，依次生成糊精、麦芽糖和葡萄糖：

$$\underset{\text{淀粉}}{(C_6H_{10}O_5)_n}\xrightarrow[H^+\text{或酶}]{H_2O}\underset{\text{糊精}}{(C_6H_{10}O_5)_m}\xrightarrow[H^+\text{或酶}]{H_2O}\underset{\text{麦芽糖}}{C_{12}H_{22}O_{11}}\xrightarrow[H^+\text{或酶}]{H_2O}\underset{\text{葡萄糖}}{C_6H_{12}O_6}$$

$(n>m)$

糊精为淀粉部分水解的产物，是相对分子质量比淀粉小的多糖。

淀粉除食用外，工业上用于生产糊精、麦芽糖、葡萄糖和酒精等。

2. 纤维素

纤维素是在自然界中分布最广的天然高分子有机化合物。它是植物细胞壁的主要成分，也是构成植物支撑组织的基础。棉花中纤维素的含量占90%以上，亚麻中约含80%，木材中约含50%，竹子、麦秆、稻草中也含有大量的纤维素。

经X射线测定，纤维素分子呈一条条卷曲的长链，长链分子间通过氢键结合成纤维束。每一小束有100多条彼此平行的纤维素分子链，若干束分子链绞在一起形成较粗的束状结构，再定向排布，就成为我们肉眼能辨别出的纤维。因此纤维素具有较大的强度和弹性，在植物体内起着支撑作用。

纤维素的相对分子质量比淀粉大得多。纯净的纤维素为无色、无味的纤维状物质。不溶于水和一般的有机溶剂，没有还原性，比淀粉难水解。在高温、高压和无机酸存在下，可以水解生成一系列中间产物，最后得到葡萄糖。因此它和淀粉都可看成是葡萄糖的聚合体。

虽然纤维素水解的最终产物也是葡萄糖，但它不能作为人类的营养物质。因为人的消化道中只含有淀粉酶，不含纤维素酶，不能把纤维素消化为葡萄糖。但是人类可以吃一些富含纤维素的食物，如粗粮、燕麦、大麦、水果和蔬菜等。食用后，因果胶等纤维素的存在而增加胃肠蠕动，加上纤维素是多羟基亲水性的化合物，所吸收的水分使肠道保持湿润，有助于食物的消化吸收。食物中的纤维素还有一些可以被肠道细菌酶分解，除产生二氧化碳和水外，还有少量乙酸、乳酸和其他低级脂肪酸生成。如大肠杆菌和纤维素作用生成维生素B类泛酸、维生素K和肌醇等，从而被人体吸收利用。高纤维植物还容易使人产生饱感，能带走胆固醇，使胆固醇在体内的沉积减少。因此膳食纤维被列为蛋白质、脂肪、糖类化合物、维生素、无机盐和水之外第七类食物，是其他营养素无法代替的重要物质。

牛、马、羊等食草动物，其消化道中孳生着一些微生物，可分泌纤维素酶，所以它们可以富含纤维素的植物茎、叶、根等为主要食物。

纤维素用途广泛，除直接用于纺织、建筑和造纸外，还可用于制造硝酸纤维、醋酸纤维和黏胶纤维等许多有用的人造纤维。

3. 糖原

糖原又称肝糖，是由许多葡萄糖分子以糖苷键组成的支链多糖，与支链淀粉有基本相似的结构，只是分支更多。主要存在于哺乳动物体内骨骼肌和肝脏中，是糖类在动物体内的贮藏形式，可看作是体内能源库。因其与淀粉在植物中的作用相同，所以也称为动物淀粉。

糖原干燥状态下为白色无定形粉末，无臭，有甜味。较易溶于热水而成胶体溶液，不溶于乙醇及其他有机溶剂，具有右旋光性，与碘反应呈红棕色。

在体内酶促作用下，糖原能根据需要自动发生合成或分解反应，用以调节血液中的血糖含量。当血液中葡萄糖含量较高时，就会结合成糖原贮存于肝脏中；当葡萄糖含量降低时，糖原又可分解为葡萄糖供给机体能量，从而维持血糖的正常水平。

糖原可由动物肝脏用30%氢氧化钠溶液处理，再加乙醇沉淀而制取。

4. 酸性黏多糖

酸性黏多糖也称为糖胺聚糖，是分子中含有氮元素的一类杂多糖。广泛存在于哺乳动物的各种细胞内，是构成细胞间结缔组织的主要成分，也是各种腺体分泌的黏液的组成成分。黏多糖能保护器官壁免受损伤，在组织生长或再生以及动物受精等过程中起着重要的作用。

透明质酸是一种较为典型的酸性黏多糖，是由*N*-乙酰氨基葡萄糖及D-葡萄糖醛酸的重复结构组成的直链高分子多糖。广泛分布于脊椎动物的结缔组织、关节滑液、眼球晶状体及某些细菌的夹膜中，其中皮肤中的含量较高。人类皮肤成熟和老化过程会随着透明质酸的含量和新陈代谢而变化，它具有改善皮肤营养代谢，使之嫩滑、增加弹性、防止衰老的作用，被称为理想的天然保湿因子。此外，透明质酸在机体内还显示出其他多种重要的生理功能，如润滑关节、调节血管壁的通透性、调节蛋白质、水电解质扩散及运转、促进创伤愈合等。

传统中，透明质酸主要从生物组织中提取。现在，科学家已从牛鼻黏膜中筛选得到产生透明质酸的链球菌株，然后以玉米淀粉为原料，通过发酵手段制备透明质酸。

有些黏多糖中还含有硫元素。例如**硫酸软骨素**是由D-葡萄糖醛酸与2-乙酰氨基D-半乳酸-6-硫酸酰先以苷键连接后，又与蛋白质结合形成的软骨黏蛋白，广泛存在于动物的软骨中，是细胞外膜、软骨、角膜和脊椎动物结缔组织的重要结构成分。

医学研究表明，硫酸软骨素对角膜胶原纤维具有保护作用，能改善眼角膜组织的水分代谢，促进角膜创伤的愈合并改善眼部干燥症状，常用作滴眼液。此外，软骨素还具有增加关节内的滑液量、清除体内血液中的脂蛋白及心脏周围血管的胆固醇等作用，因此医学上也用于关节疾患与冠心病的预防和治疗。

目前，硫酸软骨素主要从猪、牛、鸡和鲨鱼等动物体内提取。

肝素也是一种含有硫元素的酸性黏多糖，是由D-葡糖醛酸（或*L*-艾杜糖醛酸）和*N*-乙酰氨基葡萄糖交替组成的黏多糖硫酸脂。因首先从动物肝脏中发现而得名，大量存在于心、肝、肺、血管壁、肠黏膜和肌肉等组织中，是动物体内一种天然抗凝血物质。在体内外都有很强的抗凝血作用，是医学上广泛使用的抗凝剂。也用于心脏手术和肾脏透析时维持血液在体外的循环畅通。

肝素天然存在于肥大细胞中。工业上主要从牛肺或哺乳动物的肝脏、胸腺和牛、羊、猪小肠黏膜中提取。提取物通过酶水解，再用强碱性阴离子交换树脂分离后得到肝素粗品，最后经有机溶媒的分级沉淀等精制、纯化操作得到精品。

由于动物黏多糖具有抗凝血、降血脂、抗病毒、抗肿瘤及抗放射等多种药理活性，因此其在生物学和医学范围内的应用研究正在不断深入展开。

本章要点

1. 糖的含义：多羟基醛或多羟基酮以及水解后能生成多羟基醛和多羟基酮的有机化合物。

2. 糖的分类
   - 单糖
   - 低聚糖
   - 高聚糖

3. 单糖的化学反应
   - 氧化→葡萄糖酸
   - 还原→己六醇
   - 与苯肼反应→糖脎

4. 二糖的化学反应
   - 蔗糖：水解→葡萄糖和果糖
   - 麦芽糖
     - 氧化→麦芽糖酸
     - 与苯肼反应→麦芽糖脎
     - 水解→两分子葡萄糖
   - 乳糖：水解→葡萄糖和半乳糖

5. 高聚糖的化学反应
   - 淀粉
     - 水解反应→葡萄糖
     - 与碘-碘化钾溶液反应→蓝紫色物质
   - 纤维素：水解→葡萄糖
   - 糖原：水解→葡萄糖

习　题

1. 回答问题

(1) 葡萄糖、淀粉和纤维素的主要用途是什么？

(2) 葡萄糖与半乳糖在结构上有什么区别？

(3) 什么是还原糖？下列哪些糖是还原糖？

① 淀粉　② 纤维素　③ 蔗糖　④ 麦芽糖　⑤ 葡萄糖　⑥ 果糖

(4) 如何区别还原糖和非还原糖？

(5) 淀粉和纤维素水解的最终产物都是葡萄糖，为什么纤维素不能作为人类的营养物质？

(6) 糖原与蔗糖都是二糖，它们的水解产物有什么不同？

(7) 酸性黏多糖有哪些生理功能？

2. 写出下列化合物的构造式

(1) 葡萄糖　　(2) 果糖

(3) 葡萄糖酸　　(4) 山梨糖醇

3. 写出葡萄糖与下列试剂作用的化学反应式

(1) 溴水　　(2) 托伦试剂

(3) 费林试剂　　(4) 硼氢化钠

(5) 苯肼

4. 用化学方法区别下列各组化合物

(1) 葡萄糖和果糖　　(2) 蔗糖和麦芽糖　　(3) 淀粉和纤维素

5. 下列糖能否水解？若能，请写出水解的化学反应式

(1) 葡萄糖　　(2) 果糖　　(3) 蔗糖

(4) 麦芽糖　　(5) 淀粉　　(6) 纤维素

*第十五章　氨基酸、蛋白质和核酸简介

学习指南

氨基酸、蛋白质、核酸广泛存在于生物体中。它们都是具有重要生理功能的物质，在各种生命现象中发挥着重要作用。

本章将重点介绍氨基酸的两性和等电点、与水合茚三酮的显色反应、缩合反应；蛋白质的两性和等电点、胶体性质、盐析、变性和显色反应以及这些反应的实际应用。

学习本章内容应在了解氨基酸、蛋白质及核酸的组成和结构特点的基础上做到：

1. 了解氨基酸的分类，掌握其命名、性质及应用；
2. 了解蛋白质的组成和分类，掌握其性质；
3. 了解核酸的组成及生物功能。

氨基酸、蛋白质、核酸都是具有重要生理功能的物质。氨基酸是组成蛋白质的基石，蛋白质与核酸是构成生命的物质基础。各种生命现象离不开蛋白质，生命活动的基本特征是蛋白质的不断自我更新，而核酸则贮存并传递遗传信息，在生命的延续中发挥着重要作用。

第一节　氨　基　酸

氨基酸是分子中既含有氨基（—NH_2）又含有羧基（—COOH）的一类有机化合物。它可以看成是羧酸分子中烃基上的氢原子被氨基取代后的产物。

一、氨基酸的分类和命名

1. 氨基酸的分类

根据分子中氨基和羧基的相对位置不同，可将氨基酸分为α-氨基酸、β-氨基酸和γ-氨基酸等。例如：

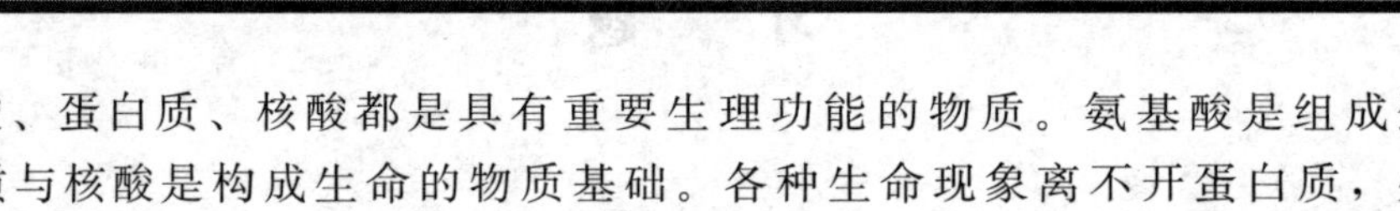

α-氨基丙酸　　β-氨基丙酸　　γ-氨基丁酸

其中α-氨基酸是构成蛋白质的基本单位，本节主要介绍α-氨基酸。

根据α-氨基酸分子中氨基和羧基的相对数目不同，可分为中性氨基酸（氨基和羧基的数目相等）、酸性氨基酸（氨基的数目少于羧基的数目）和碱性氨基酸（氨基的数目多于羧基的数目）。例如：

H_2NCH_2COOH	$HOOCCH_2CHCOOH$ | NH_2	$H_2N(CH_2)_4CHCOOH$ | NH_2
甘氨酸 （中性氨基酸）	门冬氨酸 （酸性氨基酸）	赖氨酸 （碱性氨基酸）

此外，根据氨基酸分子中所含烃基的结构不同，还可分为脂肪族氨基酸、芳香族氨基酸和杂环族氨基酸。例如：

$CH_3CHCOOH$ | NH_2	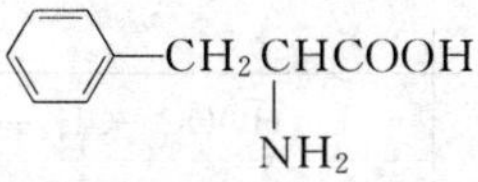	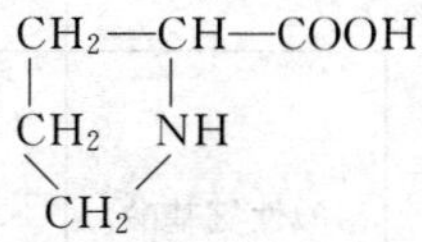
丙氨酸 （脂肪族氨基酸）	苯丙氨酸 （芳香族氨基酸）	脯氨酸 （杂环族氨基酸）

目前自然界中发现的氨基酸已有二百余种，其中α-氨基酸占绝大多数，它们很少以游离状态存在，主要是以聚合体——多肽和蛋白质的形式存在于动植物体中。蛋白质水解生成多种α-氨基酸的混合物，经分离可得到二十余种α-氨基酸，见表 15-1。

表 15-1　常见 α-氨基酸的分类和结构

分类		名称	构造式	等电点(p*I*)
脂肪族氨基酸	中性氨基酸	甘氨酸	$CH_2—COOH$ | NH_2	5.97
		丙氨酸	$CH_3—CH—COOH$ | NH_2	6.00
		*缬氨酸	$(CH_3)_2CH—CH—COOH$ | NH_2	5.96
		*亮氨酸	$(CH_3)_2CH—CH_2—CH—COOH$ | NH_2	6.02
		*异亮氨酸	$CH_3CH_2—CH—CH—COOH$ |　　| CH_3　NH_2	5.98
		丝氨酸	$HO—CH_2—CH—COOH$ | NH_2	5.68
		*苏氨酸	$HO—CH—CH—COOH$ |　　| CH_3　NH_2	6.16
		半胱氨酸	$HS—CH_2—CH—COOH$ | NH_2	5.05
		*蛋氨酸	$CH_3S—CH_2CH_2—CH—COOH$ | NH_2	5.74
		门冬酰胺	O ‖ $NH_2—C—CH_2—CH—COOH$ | NH_2	5.41
		谷氨酰胺	O ‖ $NH_2—C—CH_2CH_2—CH—COOH$ | NH_2	5.65

续表

分类		名称	构造式	等电点(pI)
脂肪族氨基酸	碱性氨基酸	* 赖氨酸	$NH_2-(CH_2)_4-CH(NH_2)-COOH$	9.74
		精氨酸	$NH_2-C(=NH)-NH(CH_2)_3CH(NH_2)-COOH$	10.76
	酸性氨基酸	门冬氨酸	$HOOC-CH_2-CH(NH_2)-COOH$	2.77
		谷氨酸	$HOOC-CH_2CH_2-CH(NH_2)-COOH$	3.22
芳香族氨基酸		* 苯丙氨酸	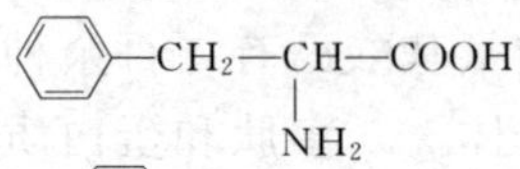	5.48
		酪氨酸	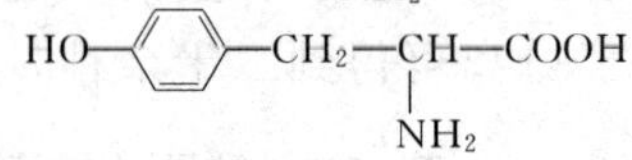	5.68
杂环族氨基酸		* 色氨酸	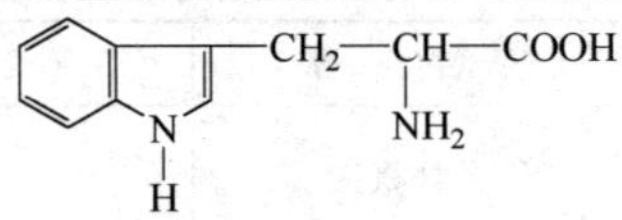	5.89
		组氨酸	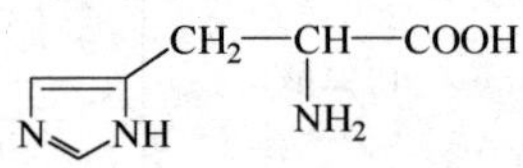	7.59
		脯氨酸	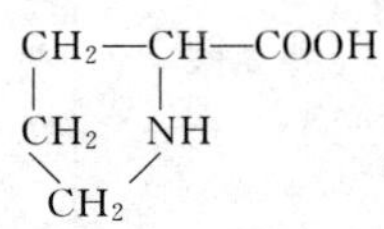	6.30

表 15-1 中所列的氨基酸中带“ * ”号的八种称为必需氨基酸，人体内不能合成它们，必须从食物中获取。营养学研究表明，人体中缺少这八种氨基酸，就会导致蛋白质的代谢失去平衡，引起疾病。所以它们是维持生命的必需物质。其他的氨基酸可以在体内合成。

2. 氨基酸的命名

天然 α-氨基酸一般采用俗名，根据其来源或性质命名。例如甘氨酸，因其具有甜味而得名，门冬氨酸是在植物天门冬的幼苗中发现的，由此得名。

除甘氨酸外，组成蛋白质的 α-氨基酸都具有旋光性。其构型习惯上采用 D,L-标记法。α-氨基酸的构型与 L-甘油醛相似，都属 L 型。例如：

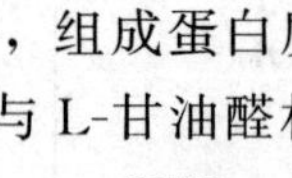

L-甘油醛

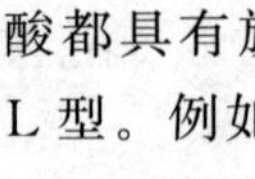

L-丙氨酸

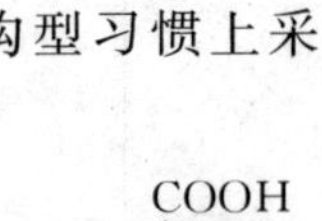

L-丝氨酸

氨基酸的系统命名法是以羧酸为母体，氨基看作取代基。例如：

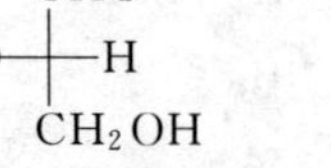

2-氨基丙酸

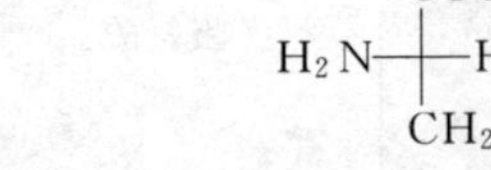

3-苯基-2-氨基丙酸

二、α-氨基酸的性质

α-氨基酸通常为无色晶体，其熔点较高且熔融时分解。易溶于水，不溶于乙醚、苯等有机溶剂。

由于分子中既含有氨基又含有羧基，所以既具有胺的性质，又具有羧酸的性质。其分子中的氨基可以发生烷基化、酰基化反应，能与亚硝酸作用放出氮气；而羧基则可与醇作用生成酯，与氨作用生成酰胺。例如：

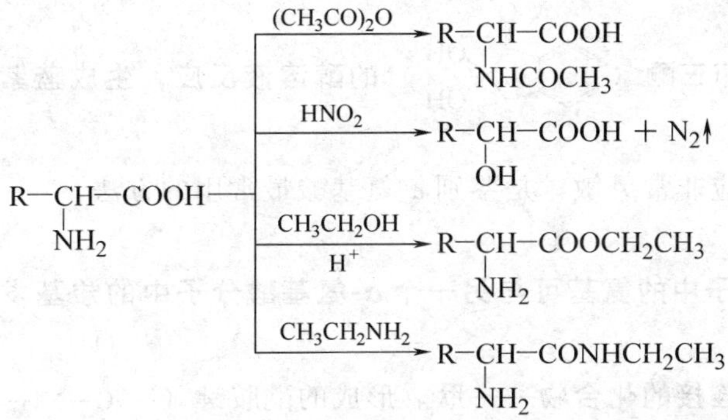

此外，由于氨基和羧基的相互影响，氨基酸还表现出一些特殊的性质。

1. 两性和等电点

氨基酸既能与酸反应生成铵盐，又能与碱作用生成羧酸盐，因此具有**两性**，是两性化合物。例如：

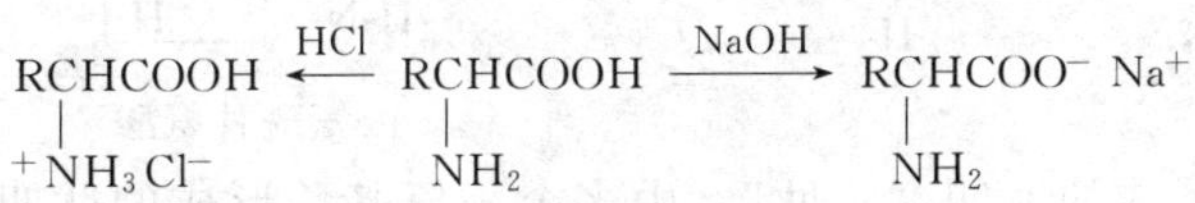

铵盐　　α-氨基酸　　羧酸盐

氨基酸分子中的氨基与羧基还可相互作用生成内盐，这也是氨基酸具有较高熔点和较大溶解度的原因。

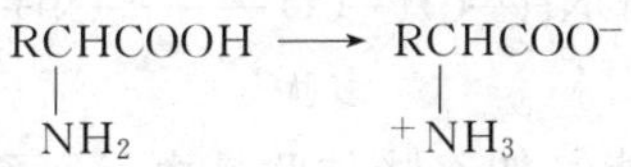

内盐

这种内盐又称为偶极离子（或两性离子）。在水溶液中，存在下列平衡：

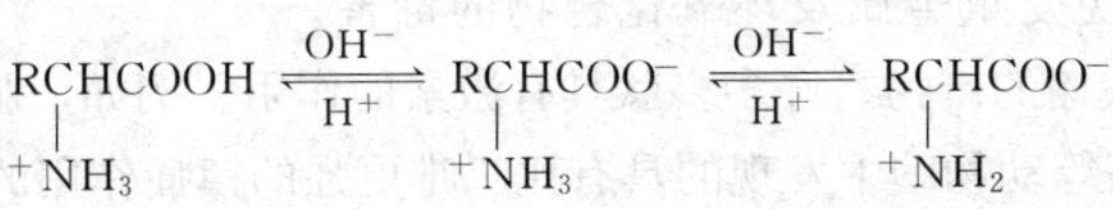

正离子　　偶极离子（两性离子）　　负离子

氨基酸在强酸性溶液中以正离子的形式存在，这时，在电场中的氨基酸向阴极移动；**在强碱性溶液中则以负离子的形式存在**，在电场中向阳极移动；调节**溶液的 pH 为一定数值时，氨基酸以偶极离子的形式存在**，其所带正、负电荷相等，在电场中不移动，此时溶液的 pH 称为氨基酸的**等电点**。以 p*I* 表示。

必须注意，等电点不是中性点。例如，中性氨基酸溶液的等电点都小于 7。这是因为中性氨基酸分子中羧基的电离程度大于氨基接受 H^+ 的程度，因此在溶液中含有的负离子（$\underset{NH_2}{RCCHCOO^-}$）比正离子（$\underset{^+NH_3}{RCHCOOH}$）要多，这时，若使氨基酸分子中羧基的电离程度与氨

基接受 H^+ 离子的程度相等，即以偶极离子的形式存在，就必须向溶液中加入适量的酸以抑制羧基的电离，所以中性氨基酸溶液的等电点通常在 5～6.5 之间，酸性氨基酸在 2.8～3.2 之间，碱性氨基酸在 7.6～10.8 之间。常见 α-氨基酸的等电点见表 15-1。

在等电点时，氨基酸的溶解度最小，容易呈结晶析出。可利用这一性质分离和提纯氨基酸。

2. 茚三酮反应

α-氨基酸与水合茚三酮（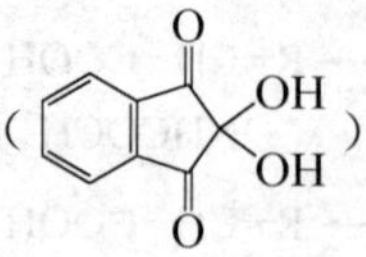**）的醇溶液反应，生成蓝紫色物质，这一反应称为茚三酮反应。**该反应非常灵敏，是鉴别 α-氨基酸最常用的方法。

3. 缩合反应

一个 α-氨基酸分子中的氨基可与另一个 α-氨基酸分子中的羧基发生缩合反应，失去一分子水生成以酰胺键连接的化合物——肽。形成的酰胺键（—C(=O)—NH—）又称为**肽键**。

由两个 α-氨基酸形成的肽称为“**二肽**”。例如丙氨酸的羧基与甘氨酸的氨基缩合形成的二肽称为丙氨酰甘氨酸：

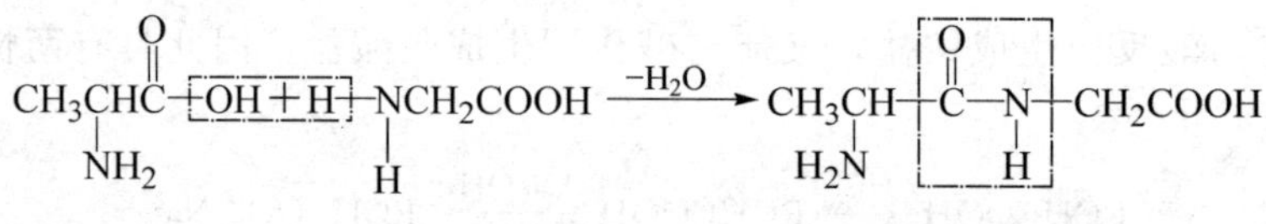

丙氨酰甘氨酸

由三个 α-氨基酸形成的肽叫“三肽”，由多个 α-氨基酸形成的肽叫**多肽**。多肽链可用下式表示：

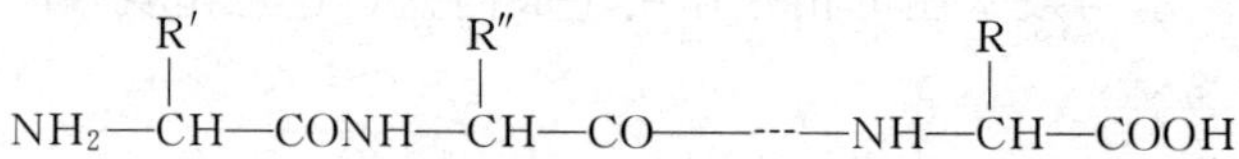

多肽

许多肽类具有重要的生理功能，如谷胱甘肽是由谷氨酸、半胱氨酸和甘氨酸形成的一种重要的三肽。广泛分布于动、植物和微生物细胞中，医学上用它治疗各种肝病，具有广谱解毒作用，可以保护肌体免受重金属及环氧化合物的毒害。

多肽是生物体新陈代谢的产物。许多多肽具有激素的作用。例如，脑垂体后叶分泌的加压素及催产素都是九肽；在高等动物脑中发现的具有比吗啡更强的镇痛作用的脑啡肽是五肽等。

三、氨基酸的制法

1. 水解法

氨基酸最早是由蛋白质在酸性条件下发生水解再经分离得到的。例如作为调味剂的谷氨酸就是由面筋酸性水解得到的。谷氨酸具有鲜味，食用味精的主要成分就是谷氨酸的单钠盐。

2. 发酵法

20 世纪 50 年代以后开始利用发酵法生产氨基酸。这种方法是由糖类物质在微生物的作用下发酵制得氨基酸。目前有 20 多种氨基酸可以用此法生产。

3. 合成法

许多氨基酸还可以利用合成的方法制得。α-卤代酸的氨解就是合成 α-氨基酸的方法之一。例如：丙酸在红磷催化下氯代生成2-氯丙酸，再经氨解得到丙氨酸。

$$\underset{\text{丙酸}}{CH_3CH_2COOH} \xrightarrow[\text{红磷}]{Cl_2} \underset{\text{2-氯丙酸}}{\underset{\underset{Cl}{|}}{CH_3CHCOOH}} \xrightarrow{NH_3} \underset{\text{丙氨酸}}{\underset{\underset{NH_2}{|}}{CH_3CHCOOH}}$$

思考与练习

15-1 回答问题

(1) 氨基酸具有怎样的结构特点？它们通常以什么形式存在？

(2) 什么叫氨基酸的等电点？为什么中性氨基酸的等电点都小于7？

15-2 写出下列化合物的构造式

(1) 氨基乙酸（甘氨酸）　　(2) 3-苯基-2-氨基丙氨酸（苯丙氨酸）

(3) 2-氨基戊二酸（谷氨酸）　　(4) 2,6-二氨基己酸（赖氨酸）

15-3 在下列pH的溶液中，各氨基酸主要以哪种离子形式存在？

(1) 赖氨酸（pH＝8.0）　　(2) 门冬氨酸（pH＝5.0）

(3) 酪氨酸（pH＝4.5）　　(4) 色氨酸（pH＝7.0）

15-4 写出丙氨酸与下列试剂作用的化学反应式

(1) NaOH，H_2O　(2) HCl，H_2O　(3) $(CH_3CO)_2O$　(4) C_2H_5OH，H^+

15-5 由甘氨酸和丙氨酸发生缩合反应可以生成两种不同的二肽，试写出这两个化学反应式

第二节　蛋　白　质

蛋白质是各种生命现象不可缺少的物质。例如，在人体新陈代谢中起催化作用的酶是蛋白质；在血液中输送氧气的血红蛋白是蛋白质；人和动物的肌肉以及起保护作用的皮肤、毛发、甲、角、壳、蹄等主要成分也是蛋白质。在人体中起免疫作用的抗体则是一种具有高度特异性的蛋白质，它可识别外来的病毒、细菌并与之结合，使之失去活性，从而防止疾病的发生。此外，蛋白质还在传导神经冲动，传递遗传信息，引起生物的遗传、变异等方面起着重要的作用。

1965年，我国在世界上首次人工合成了具有生理活性的蛋白质——牛胰岛素，为蛋白质科学的发展做出了重大贡献。

一、蛋白质的组成、结构和分类

1. 蛋白质的组成

蛋白质主要由碳、氢、氧、氮和硫五种元素组成，一些蛋白质还含有微量的磷、铁、锰、锌和碘等元素。一般干燥蛋白质的元素组成为：

C	H	O	N	S
50%～55%	6%～7%	20%～23%	15%～17%	0.5%～2.5%

2. 蛋白质的结构

蛋白质是分子中含有肽键（$-\overset{\overset{O}{\|}}{C}-NH-$）的一类高分子有机化合物。它可以看成是由许多α-氨基酸通过肽键连接而成的长链高分子，这种长链又称为**肽链**。

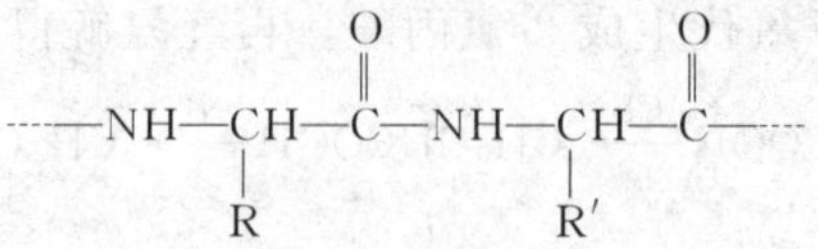

肽链

与多肽相比，蛋白质的肽链更长些，其相对分子质量在 1 万以上，有的可高达数千万。例如烟草花叶病毒蛋白质的相对分子质量为 4000 万。

不同的蛋白质，不仅分子中肽链的数目不同，其氨基酸排列的顺序也不相同，因此它们的性质也是千差万别的。

3. 蛋白质的分类

蛋白质的种类繁多，结构复杂。根据其化学组成不同，可将蛋白质分为单纯蛋白质和结合蛋白质。

(1) 单纯蛋白质　单纯蛋白质只由氨基酸组成，可根据其溶解性能、受热是否凝固及盐析等性质分为七类：

① 清蛋白　可溶于水，加热时凝固，加硫酸铵达到饱和时可以从溶液中析出。主要分布于动物体内。如蛋清蛋白、血清蛋白及酪蛋白等。

② 球蛋白　不溶于水，可溶于盐（如氯化钠）的稀溶液。当增大盐的浓度时可沉淀析出。球蛋白广泛存在于植物体中，是许多种子蛋白的主要成分。如大麻种子中的麻仁球蛋白等。

③ 醇溶谷蛋白　不溶于水及中性盐的稀溶液，可溶于 70%的乙醇溶液。它是重要的植物蛋白质，存在于禾本科植物的种子中。如麦胶蛋白和玉米胶蛋白等。

④ 谷蛋白　不溶于水及盐溶液，可溶于稀酸、稀碱溶液。存在于谷物种子中。如米谷蛋白和麦谷蛋白等。

⑤ 鱼精蛋白　可溶于水、稀氨水及稀碱溶液，加热不凝固。存在于鱼的精子、鱼卵、动物的脾及胸腺等组织中。如鲱鱼精子中的鲱精蛋白等。

⑥ 组蛋白　可溶于水及稀酸溶液，不溶于氨水。加热不凝固。主要存在于红细胞及胸腺中。

⑦ 硬蛋白　不溶于水、稀酸、稀碱及盐溶液。是动物骨骼及保护组织中的蛋白质。如弹性蛋白、角蛋白及丝蛋白等。

(2) 结合蛋白质　结合蛋白质由单纯蛋白质和非蛋白质两部分组成。非蛋白质部分包括糖类、色素、磷酸以及核酸等。结合蛋白质可根据组成不同分为五类：

① 核蛋白　由蛋白质和核酸组成。普遍存在于动植物的细胞核和细胞浆中，可溶于碱而不溶于酸。是最重要的蛋白质之一。

② 色蛋白　由蛋白质和色素结合而成。如脊椎动物血液中的血红蛋白，其色素为含有铁元素的血红素；植物中的叶绿蛋白，其色素为含有镁元素的叶绿素。

③ 糖蛋白　由蛋白质和糖组成。糖蛋白不溶于水，可溶于稀碱。加热不凝固。动物分泌黏液中的蛋白质多属于此类。如唾液中的黏蛋白等。

④ 脂蛋白　由蛋白质和脂类结合而成。可溶于水。如血浆中的蛋白质与胆固醇或磷脂结合成的脂蛋白等。

⑤ 磷蛋白　由蛋白质和磷酸组成。加热时不凝固。如卵黄中的卵黄蛋白等。

此外，还可根据生理作用不同，将蛋白质分为酶（具有催化作用）、激素（具有调节作用)、抗体（具有免疫作用）及结构蛋白（具有构造作用）等。

二、蛋白质的性质

多数蛋白质易溶于水等极性溶剂，难溶于非极性的有机溶剂。蛋白质的性质主要表现在以下几个方面。

1. 两性和等电点

虽然蛋白质中的氨基酸已经结合成肽键，但其分子两端仍保留有氨基和羧基，因此与氨基酸相似，蛋白质与酸和碱反应都能生成盐，是两性电解质，并且具有等电点。

蛋白质的两性电离可以用下式表示：

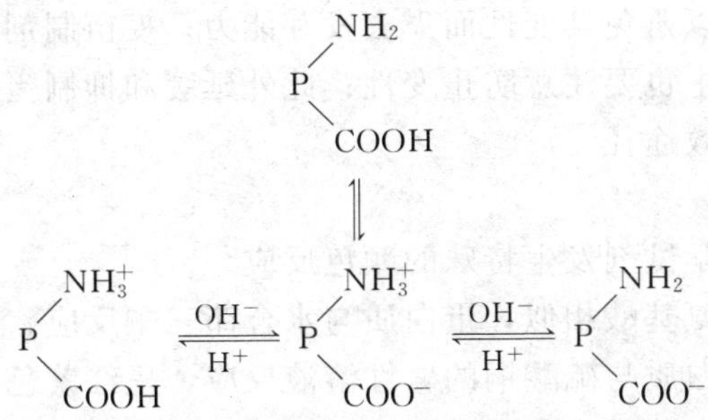

正离子　　偶极离子（两性离子）　负离子

（P 代表不包括链端氨基和羧基在内的蛋白质大分子）。

在强酸性溶液中，蛋白质以正离子的形式存在，在电场中向阴极移动；**在强碱性溶液中则以负离子的形式存在**，在电场中向阳极移动。**调节溶液的 pH 至一定数值时，蛋白质以偶极离子的形式存在，其所带正、负电荷相等，在电场中不移动，此时溶液的 pH 就是该蛋白质的等电点 p*I*。**

不同蛋白质的等电点也不同。例如酪蛋白为 4.6，牛胰岛素为 5.30，血红蛋白为 6.8。

在等电点时，蛋白质在水中的溶解度最小，可沉淀析出。因此可以通过调节溶液的 pH，**使不同的蛋白质得以分离。**

2. 胶体性质

蛋白质分子的直径在 1～100nm 之间（胶粒范围内），因此其水溶液具有胶体性质。

蛋白质一般不能透过半透膜，而相对分子质量较低的有机化合物和无机盐则能透过半透膜。

可利用半透膜分离和提纯蛋白质，这种方法称为透析。人体的细胞膜都具有半透膜的性质，可使蛋白质分布在细胞内外不同的部位，这对维持细胞内外水和电解质的平衡及调节各类物质的代谢都具有重要意义。

3. 盐析

在蛋白质的水溶液中加入无机盐，如氯化钠、硫酸钠、硫酸铵等，可使蛋白质的溶解度降低并从溶液中析出。这种作用称为盐析。

盐析是一个可逆过程。析出的蛋白质可重新溶解在水中，并且其结构和性质不发生变化。

所有的蛋白质在浓的盐溶液中都能盐析出来，但是不同的蛋白质盐析时所需盐的最低浓度不同。利用这个性质可以分离不同的蛋白质。

4. 蛋白质的变性

在受热、紫外线辐射或酸、碱、重金属盐等作用下，蛋白质的结构和性质会发生改变，

溶解度降低，甚至凝固，这种变化称为蛋白质变性。

蛋白质的变性是不可逆的，变性后的蛋白质往往失去了它原有的生理功能。

蛋白质的变性作用与人们的日常生活有密切关系。在实际应用中，有时需要促使蛋白质变性，例如高温消毒灭菌，就是利用高温使细菌的蛋白质凝固，从而达到灭菌的目的；重金属盐会使人中毒，也是由于它使人体内的蛋白质凝固而造成的。在医学上，抢救误服重金属盐中毒的病人，常常给病人口服大量蛋白质（如生牛奶、生鸡蛋），然后用催吐剂将与蛋白质结合的重金属盐呕出以解毒；70%～75%的乙醇水溶液可以消毒灭菌是因为乙醇有很强的亲水性，可使蛋白质胶体颗粒失去表面的水膜而凝固。有时需要防止蛋白质变性，例如种子要在适当的条件下保存，以避免其变性而失去发芽能力；疫苗制剂、免疫血清等蛋白质产品在贮存、运输和食用过程中也要注意防止变性；此外延缓和抑制蛋白质变性，也是人类保持青春、防止衰老的一个有效途径。

5. 显色反应

蛋白质可以和许多化学试剂发生特殊的颜色反应。

（1）茚三酮反应　同氨基酸相似，蛋白质与水合茚三酮反应，呈现蓝紫色。

（2）缩二脲反应　蛋白质与硫酸铜的碱性溶液反应，呈红紫色，称为缩二脲反应。

（3）蛋白黄反应　含有芳环的蛋白质遇浓硝酸显黄色，称为蛋白黄反应。硝酸滴到皮肤上会留下黄色痕迹，就是这个缘故。

蛋白质的显色反应可用于蛋白质的鉴别。

第三节　核酸简介

核酸存在于一切生物体中，是具有生物功能的重要高分子化合物。因最初是从细胞核中分离出来且具有酸性而得名。核酸与蛋白质所组成的结合蛋白质——核蛋白，在生物体的生长、繁殖和遗传中起着重要作用。

一、核酸的组成

核酸分子中主要含有碳、氢、氧、氮、磷五种元素，个别核酸分子还含有硫元素。

构成核酸的基本单位是核苷酸。核酸是由成百上千个核苷酸聚合而成的长链。因此核酸分解时生成核苷酸，核苷酸进一步水解生成磷酸、戊糖和碱基。

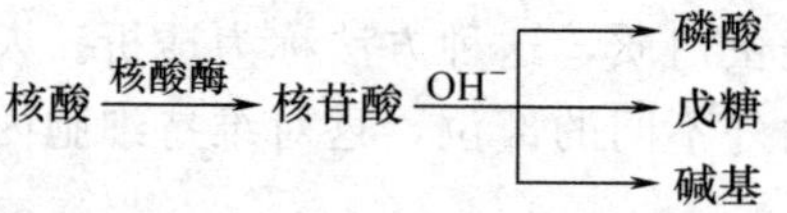

1. 戊糖

戊糖包括核糖和脱氧核糖。其构造式为：

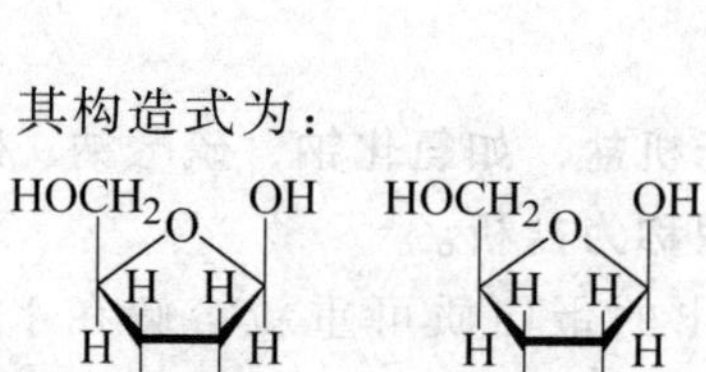

核糖　　脱氧核糖

2. 碱基

碱基是一种含氮的杂环化合物，它的母体是嘌呤和嘧啶。其中嘌呤衍生物有两种，即腺嘌呤和鸟嘌呤；嘧啶衍生物有三种，即胞嘧啶、尿嘧啶和胸腺嘧啶。构造式为：

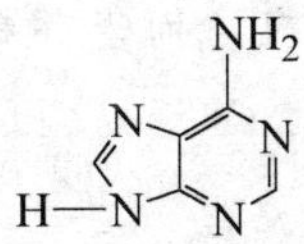
腺嘌呤

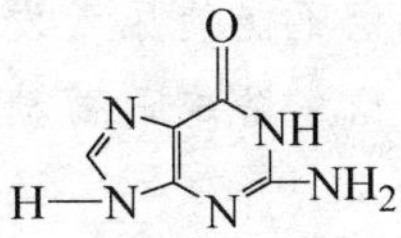
鸟嘌呤

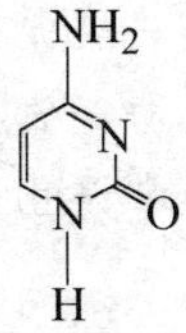
胞嘧啶

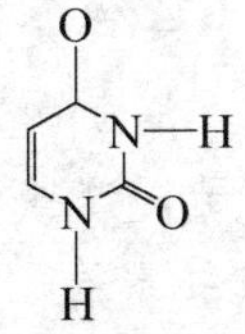
尿嘧啶

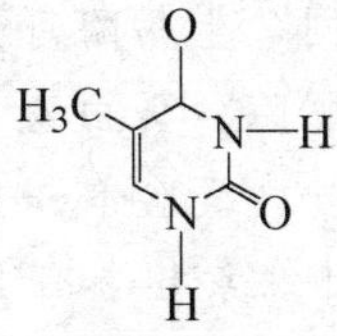
胸腺嘧啶

二、核酸的生物功能

核酸是生物遗传的物质基础，在遗传变异、生长发育中起着重要作用。它又是蛋白质生物合成中不可缺少的物质。

根据所含的糖不同，核酸可分为核糖核酸（简称 RNA）和脱氧核糖核酸（简称 DNA）。其中 DNA 存在于细胞核中，是主要的遗传物质，负责遗传信息的贮存和发布。当细胞分裂时，DNA 经复制将遗传信息传给子代。RNA 存在于细胞质中，主要负责遗传信息的表达，它直接参与蛋白质的生物合成，转录 DNA 所发布的遗传信息，并将其翻译给蛋白质，使生命机体的生长、发育、繁殖和遗传得以进行。1981 年，我国科学家在世界上首次人工合成了与天然分子完全相同的核糖核酸——酵母丙氨酸转移核糖核酸（由 76 个核苷酸组成）。使人类研究生命现象、探索生命奥秘的工作向前迈进了一大步。

阅读资料

生物酶与克隆技术

一、生物酶

生物酶是一种具有生物活性的蛋白质，是生物体内许多复杂化学反应的催化剂。人类从发明酿酒、造醋、制酱和面粉发酵时起，就对生物催化作用有了初步的了解，但当时并不知道起催化作用的物质就是生物酶。进入 19 世纪后期，人们开始对酶有了认识，并了解到酶来自生物细胞。到了 20 世纪，人们已经发现了多种酶，并对其性质进行了深入的研究。例如 1926 年第一次成功地从刀豆中提取了脲酶的结晶，并证明这种结晶具有蛋白质的化学性质，它能催化尿素分解为 NH_3 和 CO_2。此后，又相继分离出许多酶的结晶，如胃蛋白酶、胰蛋白酶等。现在，人们鉴定出的酶已达 2000 种以上。

经实验证明，酶的成分与蛋白质一样，也是由氨基酸组成的。它们是一类由生物细胞产生的、以蛋白质为主要成分、具有催化活性的生物催化剂。这种生物催化剂具有以下特点：

1. 对环境变化敏感

生物酶具有蛋白质的一般特性，当受到高温、强酸、强碱、重金属离子、配位体或紫外线照射等因素的影响时，非常容易失去催化活性。

2. 催化反应条件温和

酶的催化反应都是在比较温和的条件下进行的。例如，在人体中的各种酶促反应，一般都是在体温（约 37℃）和血液的 pH（约为 7）条件下进行的。

3. 催化对象具有专一性

酶的催化作用具有高度的专一性。例如脲酶只能催化尿素水解，而对尿素衍生物和其他物质的水解不具有催化作用，也不能使尿素发生其他反应。而麦芽糖酶只能催化麦芽糖水解成葡萄糖；蔗糖酶只能催化蔗糖水解成葡萄糖和果糖等。

4. 催化效率高

用生物酶催化剂，可降低反应活化能，提高反应转化率。

根据化学组成不同，生物酶可分为两类。一类是单纯酶，另一类是结合酶。单纯酶的分子组成是蛋白质，如脲酶、蛋白酶、淀粉酶、脂肪酶、核糖核酸酶等都属于单纯酶。结合酶的分子组成除蛋白质外，还含有一些辅助因子，这些辅助因子通常是由金属离子形成的配合物，如含有 Mg^{2+} 的叶绿素和含有 Fe^{3+} 的血红素等。

人类对于生物酶的研究已经形成了一个独立的科学体系——生物酶工程。它是以酶学和 DNA 重组技术为主的现代分子生物学技术。它的研究内容包括三个方面：一是利用 DNA 重组技术大量地生产酶；二是对酶基因进行修饰，产生遗传修饰酶；三是设计新的酶基因，合成催化效率更高的酶。生物酶的深入研究和发展极大地推进了生命科学的研究进程。

二、克隆技术

1. 克隆技术的含义

“克隆”是现代分子生物技术学科中出现频率最高的一个词，它是英文 Clone 的音译，为无性繁殖的意思。

把供体的生物细胞或细胞核的整体，移入到受体细胞中，尔后让其在另一个母体内发育成个体。由于个体和供体的遗传基因 DNA 完全相同，因此它们在形态、特征上完全一样，如同复制一般，这就是克隆。

实际上，这一过程是 DNA 重组的过程。DNA 重组是利用生物体内具有“手术刀”作用的酶——限制性核酸内切酶从生物细胞的 DNA 分子上切取所需要的遗传基因，将其与事先选择好的基因载体结合，形成重组的 DNA，再将此重组 DNA 输入另一种生物细胞里，便能通过自我复制和增殖而获得基因产物。由于原始的 DNA 分子在这种细胞中的增殖不是通过有性繁殖，因此这种技术被称为克隆技术。

英国是最早掌握克隆技术的国家。世界上第一个克隆成功的哺乳动物是一只名叫“多利”的克隆羊，它是英国罗斯林研究所的科学家 Wilmue 和其同事利用成年动物组织细胞核经过无性繁殖方式获得的。1997 年 2 月 27 日，世界最有权威的《自然》杂志发表了这一研究成果。克隆羊的问世，在全球范围内引起了一场轩然大波，人们普遍关注“克隆”这一话题。

掌握克隆技术，是人类在探索自然和生命过程中的一次质的飞跃，是一个里程碑。克隆技术将会在很多领域内为人类的生活和工作带来方便。

2. 克隆技术的应用

克隆技术的应用十分广泛。首先它是园艺业和畜牧业选育优质植物及良种家畜的理想手段。其次，它是拯救濒危动物的有效途径。对于濒临灭绝的珍稀动物，利用克隆技术可以大大增加种群中个体的数量。第三，在医学领域，它是制造人体器官和组织的最佳方法。例如，前不久，美国有位被烧伤的妇女，她皮肤的 75% 都已被烧坏。医生从她身上取下一小块健康的皮肤，采用克隆技术，培植出一大块健康的皮肤。患者经植皮后，很快就痊愈了。这一新成就避免了异体植皮可能出现的排异反应。科学家们预言，在不久的将来他们将利用克隆技术制造出心脏、动脉等更多的人体器官和组织，为急需移植器官的病人提供保障。此外，克隆技术还可用来繁殖许多有价值的基因，生产名贵的药品。例如，利用基因重组，可以克隆出人类不易生产的各类激素，如治疗糖尿病的胰岛素、促进人体长高的生长素、能抗多种病毒感染的干扰素等。

任何事情都具有两面性。克隆技术在某些领域的研究与应用仍存在着争议，如干扰自然进化过程、有悖伦理道德以及转基因动物能提高疾病传染的风险等等。但我们相信，通过科学家们的不懈努力和探索，最终将使这项技术达到服务于人类、造福于人类的目的。

本章要点

1. 氨基酸的分类
   - 根据氨基和羧基的相对位置不同分为
     - α-氨基酸
     - β-氨基酸
     - γ-氨基酸
   - 根据氨基和羧基的数目不同分为
     - 酸性氨基酸
     - 中性氨基酸
     - 碱性氨基酸
   - 根据烃基的结构不同分为
     - 脂肪族氨基酸
     - 芳香族氨基酸
     - 杂环族氨基酸

2. 氨基酸的命名
   - 俗名：根据来源和性质命名
   - 系统法：以羧酸为母体，氨基作为取代基

3. 氨基酸的性质
   - 两性和等电点（分离）
   - 茚三酮反应（鉴别α-氨基酸）
   - 缩合反应→肽

4. 蛋白质的组成　主要含有C、H、O、N、S五种元素

5. 蛋白质的分类
   - 根据化学组成不同分为
     - 单纯蛋白质
       - 清蛋白
       - 球蛋白
       - 醇溶蛋白
       - 谷蛋白
       - 鱼精蛋白
       - 组蛋白
       - 硬蛋白
     - 结合蛋白质
       - 核蛋白
       - 色蛋白
       - 糖蛋白
       - 脂蛋白
       - 磷蛋白
   - 根据生理作用不同分为
     - 酶（催化作用）
     - 激素（调节作用）
     - 抗体（免疫作用）
     - 结构蛋白（构造作用）

6. 蛋白质的性质
   - 两性和等电点
   - 胶体性质
   - 盐析
   - 变性
   - 显色反应

7. 核酸的组成　核酸主要含有C、H、O、N、P五种元素

8. 核酸的生物功能
   - 核糖核酸（RNA）负责遗传信息的表达，直接参与蛋白质的生物合成
   - 脱氧核糖核酸（DNA）负责遗传信息的贮存和发布

习　题

1. 写出下列化合物在指定 pH 时的构造式（各氨基酸的等电点可查表）

（1）丝氨酸（pH＝1）　　（2）赖氨酸（pH＝11）

（3）谷氨酸（pH＝2）　　（4）色氨酸（pH＝5.89）

2. 完成下列化学反应

（1）$CH_3CH_2COOH \xrightarrow[\text{红磷}]{Cl} ? \xrightarrow{NH_3} ?$

（2）$CH_3CH_2CHO \xrightarrow{HCN} ? \xrightarrow{HBr} ? \xrightarrow{NH_3} ? \xrightarrow[H^+]{H_2O} ?$

（3）$H_2N\overset{O}{\overset{\|}{C}}CH_2CH_2CH_2COOH \xrightarrow{?} H_2NCH_2CH_2CH_2COOH$ —— $\xrightarrow[H^+]{CH_3CH_2CH_2OH} ?$；$\xrightarrow{(CH_3CO)_2O} ?$

3. 下列多肽水解后可以得到哪些氨基酸

（1）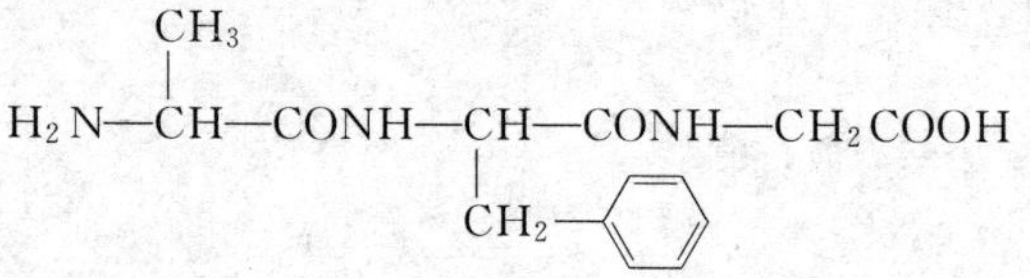

（2）$HOOC—CH_2CH_2—CH(NH_2)—CONH—CH(CH_2SH)—CONHCOOH$

（3）$CH_3CH(NH_2)—CONH—CH(CH_2CH(CH_3)_2)—CONH—CH_2COOH$

4. 用化学方法区别下列各组化合物

（1）$\begin{cases} CH_3CH(OH)COOH \\ CH_3CH(NH_2)COOH \end{cases}$　　（2）$\begin{cases} CH_3CH_2CH(NH_2)COOH \\ CH_3CH(NH_2)CH_2COOH \end{cases}$

（3）核酸和蛋白质

5. 怎样分离赖氨酸和甘氨酸？

6. 解释下列名词

（1）氨基酸的等电点　　（2）蛋白质变性　　（3）蛋白质的盐析

（4）结合蛋白质　　（5）单纯蛋白质　　（6）多肽

7. 某一化合物分子式为 $C_3H_7O_2N$，具有旋光性。与醇反应生成酯，与酸或碱反应生成盐，与亚硝酸作用则放出 N_2，还能与水合茚三酮发生颜色反应。试推测该化合物的构造式。

第十六章　合成高分子化合物简介

学习指南

合成高分子化合物是指由人工合成的相对分子质量在1万以上的大分子化合物。这些大分子化合物通常是由一种或几种简单的低分子化合物经聚合反应以共价键连接而成的，因此高分子化合物又叫高聚物。

高聚物的种类很多，常见的有塑料、橡胶、纤维和离子交换树脂等。本章将简单介绍这些高聚物的性能、用途及合成方法。

学习本章内容应在了解合成高分子化合物的组成和结构特点的基础上做到：

1. 了解高分子化合物的基本概念和名称来源；

2. 了解高分子化合物的合成方法和特性；

3. 熟悉重要的合成高分子化合物塑料、纤维、橡胶、离子交换树脂等的制法、性能和用途。

第一节　概　　述

在20世纪，人类社会文明的标志之一就是合成高分子材料的出现、应用和发展。现在，人们的衣、住、行、用已离不开合成高分子材料。一辆汽车所用的塑料可达230kg之多；日常生活中的塑料制品已随处可见；人们的衣着面料所用合成纤维已远远超过羊毛和棉花成为纺织工业的主要原料；合成橡胶的性能和产量也早已超过天然橡胶，成为生产、生活中必不可少的应用材料之一。功能高分子的研制成功为人类创造了崭新的特殊功能材料。例如具有光、电、磁功能的合成高分子磁体、体内植入后可降解吸收的骨科材料等。可以说，合成高分子材料对提高人类生活质量、创造社会财富，促进国民经济发展和科技进步做出了巨大的贡献。目前，世界合成高分子材料的年产量已超过全部金属的产量。因此，20世纪被称为是聚合物时代。

进入21世纪，合成高分子材料的研究已向纳米化迈进。高分子材料的纳米合成将通过纳米尺度上操纵原子和分子，完成精确操作，从而实现在纳米量级上精确调控高分子材料的性质和功能。具有生物功能的智能高分子材料的研究，将是21世纪功能高分子的一个新生长点。如果说20世纪，合成材料是人类社会文明的标志，那么21世纪将会是智能材料的时代。

由于高分子材料在工农业生产、人民生活和高新科学技术领域中占有十分重要的地位，因此，研究高分子化合物的合成原料、合成方法、性能及用途的科学已经发展成为化学的一个分支学科——高分子化学。我们这里仅就高分子化合物的一些基本概念、基本知识和几种常见的高分子化合物的性能与用途做简单介绍。

一、高分子化合物的含义

高分子化合物是指相对分子质量较高（大于10000）的大分子化合物。由于这些大分子化合物通常是**由一种或几种简单的小分子化合物经聚合反应以共价键连接而成的**，所以**又称为高聚物**。

虽然高聚物的相对分子质量较大，但其分子组成和结构却并不复杂。它们一般是由简单的结构单元以重复的方式连接而成。例如，聚氯乙烯就是由许多个氯乙烯分子经聚合反应，重复连接而成的。

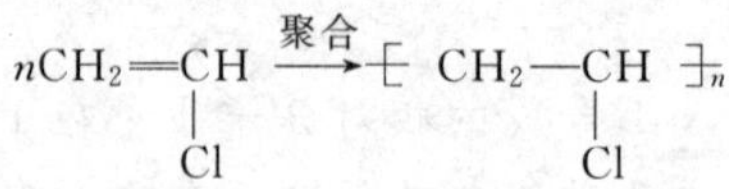

氯乙烯　　　　聚氯乙烯

其中氯乙烯（$CH_2{=\!=}CH{-}Cl$）称为**单体**，组成聚氯乙烯的重复单元（ $-CH_2-\underset{\displaystyle Cl}{\underset{|}{CH}}-$ ）称为**链节**，表示链节数目的 n 称为**聚合度**。聚合度是衡量高分子化合物相对分子质量大小的指标，聚合度越高，相对分子质量越大。高分子化合物的相对分子质量是链节式量与聚合度的乘积：

高分子化合物的相对分子质量＝链节式量×聚合度

例如：聚合度为1000的聚氯乙烯的相对分子质量为：

$$62.5\times1000=62500$$

实际上，同一种高分子化合物是由许多链节相同，而聚合度不同的化合物所组成的混合物。也就是说，同一种高分子化合物中，每个分子的相对分子质量不是完全相同的，有的可能大些，有的可能小些。我们通常说的相对分子质量是指其平均值，这种现象称为高分子化合物的多分散性。一般说来，分散性越大，高分子化合物的性能越差。所以在合成高分子材料时，需采取措施，控制分散性，以提高其性能质量。

二、高分子化合物的分类

高分子化合物的种类很多，为了便于研究，常按下列方法分类。

1. 根据来源分类

根据来源可将高分子化合物分为天然高分子化合物和合成高分子化合物。天然高分子化合物是指存在于自然界动、植物体中的大分子化合物。如淀粉、纤维素、蛋白质、核酸和天然橡胶等都是天然高分子化合物。合成高分子化合物是指用化学方法人工合成的大分子化合物。如塑料、合成纤维、合成橡胶、离子交换树脂等都是合成高分子化合物。

2. 根据工艺性质和用途分类

根据工艺性质和用途不同可将高分子化合物分为塑料（如聚乙烯、聚氯乙烯等）、橡胶（如丁苯橡胶、顺丁橡胶等）和纤维（如尼龙、涤纶等）三大类。

3. 根据主链结构分类

根据高分子化合物主链的结构不同，可将其分为碳链高分子化合物，杂链高分子化合物和元素高分子化合物。

碳链高分子化合物的主链全部由碳原子组成。如聚丙烯 $\left[CH_2-\underset{\displaystyle CH_3}{\underset{|}{CH}} \right]_n$ 等。

杂链高分子化合物的主链上除碳原子外，还含有氧、硫、氮等杂原子。如聚己内酰胺

$\mathrm{HO}{\left[\underset{\underset{\displaystyle O}{\|}}{\mathrm{C}}-(\mathrm{CH_2})_5-\mathrm{NH}\right]_n}\mathrm{H}$ 等。

元素高分子化合物的主链通常由硅、氧、铝、氮、磷、硼等元素组成，而侧链是有机基团。如甲基硅橡胶$\left[\underset{\underset{\displaystyle CH_3}{|}}{\overset{\overset{\displaystyle CH_3}{|}}{\mathrm{Si}}}-\mathrm{O}\right]_n$ 等。

4．根据应用功能分类

根据高分子化合物的应用功可将其分为通用高分子（如塑料、纤维、橡胶）、生物高分子（如生物细胞膜）、功能高分子（如高分子磁体）、高分子催化剂（如蛋白酶）等。

5．根据几何形状分类

根据高分子化合物的几何形状不同，可将其分为线型高分子化合物和体型高分子化合物。线型高分子化合物分子中的各链节连接成一个长链状（可带支链），如聚乙烯、聚氯乙烯等都是线型高分子化合物。体型高分子化合物是曲线型高分子化合物互相交联起来，形成网状的三度空间构型，如酚醛树脂就是体型高分子化合物。高分子化合物的几何形状见图16-1。

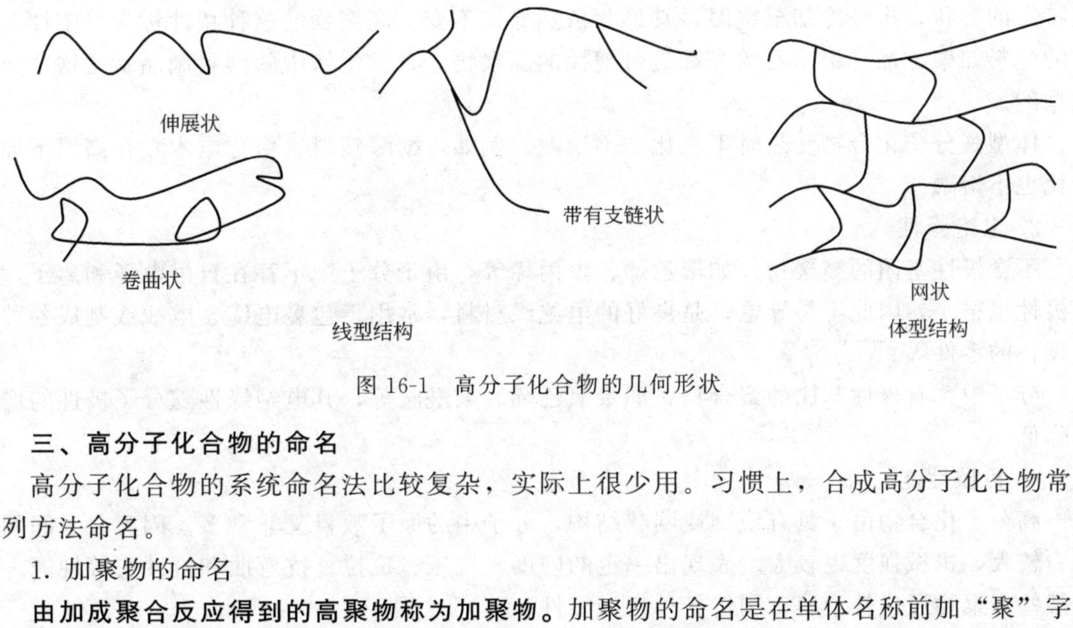

图 16-1 高分子化合物的几何形状

三、高分子化合物的命名

高分子化合物的系统命名法比较复杂，实际上很少用。习惯上，合成高分子化合物常用下列方法命名。

1．加聚物的命名

由加成聚合反应得到的高聚物称为加聚物。加聚物的命名是在单体名称前加“聚”字即可。例如，由乙烯聚合得到的聚合物称为聚乙烯；由丙烯聚合得到的聚合物称为聚丙烯；由苯乙烯聚合得到的聚合物称为聚苯乙烯等。

2．缩聚物的命名

由缩合聚合反应得到的高聚物称为缩聚物。缩聚物的命名是在单体的简称后加“树脂”二字。例如，由尿素和甲醛缩聚得到的缩聚物称为脲醛树脂；由苯酚和甲醛缩聚得到的缩聚物称为酚醛树脂等。

3．合成橡胶的命名

由不同单体共聚得到的合成橡胶的命名是在单体简称的后面加“橡胶”二字。例如，由丁二烯和苯乙烯共聚得到的共聚物称为丁苯橡胶；由丁二烯和丙烯腈共聚得到的共聚物称为丁腈橡胶等。

此外，许多高聚物还常用商品名。例如，聚丙烯腈叫腈纶；聚酰胺叫尼龙；聚甲基丙烯酸甲酯叫有机玻璃等。

第二节 高分子化合物的特性与合成方法

一、高分子化合物的特性

高分子化合物的单体一般都是化学性质比较活泼的化合物。形成高聚物后，由于相对分子质量比较大，发生了由量变到质变的飞跃，表现出许多不同于单体的特殊性质。

1. 溶解性

线型高分子化合物一般可溶解在适当的溶剂中。例如聚苯乙烯可溶解于苯或乙苯中，聚氯乙烯可溶解于环己醇中。具有网状结构的体型高分子化合物一般不易溶解。有的只能被溶剂溶胀而不溶解，有的既不发生溶胀，也不发生溶解。例如，含有30%硫磺的硬橡胶就属于这类高聚物。

2. 可塑性

将线型高分子化合物加热到一定温度时，就会变软，软化后的高聚物可放在模子里压制成特定的形状，再经冷却至室温，其形状依然保持不变。高聚物的这种特性称为可塑性。常见的塑料如聚乙烯、聚苯乙烯等都是可塑性的高聚物。日常生活中的塑料制品就是这样压制成型的。

体型高分子化合物受热时不软化、不熔融。例如，酚醛塑料（俗称电木）在高温下即使炭化也不熔融。

3. 电绝缘性

不含极性基团的高聚物，如聚乙烯、聚丙烯等，由于分子中不存在自由电子和离子，键的极性也很小，因此不易导电，是良好的电绝缘材料，常用于包裹电缆、电线或制成各种电器设备的零件等。

分子中含有极性基团的聚合物，如聚氯乙烯、聚酰胺等，其电绝缘性随分子极性的增强而降低。

4. 机械性能

高分子化合物由于具有线型或网状结构，分子中的原子数目又非常多，因此分子间的作用力较大，机械强度也较大。表现出一定的硬度、抗压、抗拉、抗弯曲和抗冲击等性能。所以某些高聚物可代替金属，制造各种机械零件。

5. 柔顺性和弹性

线型高分子化合物的分子链很长，由于原子间的σ键可以自由旋转，每个链节的相对位置可以不断改变，因此分子能以各种卷曲状态存在，高聚物的这种性能称为柔顺性。当施加外力拉伸时，分子链可被拉直伸长，当外力撤消后，分子链又收缩恢复到卷曲状态，表现出较好的弹性。一般说来，柔顺性越好，弹性越大。橡胶就是具有良好弹性的高聚物。

二、高分子化合物的合成方法

由单体合成高分子化合物是通过聚合反应实现的。聚合反应有两种类型，一种是加成聚合反应，另一种是缩合聚合反应。

1. 加成聚合反应

由一种或多种单体通过相互加成形成高聚物的反应称为加成聚合反应，简称加聚反应。由同种单体发生的加聚反应称为均聚。例如，丁二烯发生均聚反应生成聚丁二烯：

$$n\mathrm{CH_2{=}CH{-}CH{=}CH_2} \xrightarrow{\text{均聚}} \mathrm{\left[\!-CH_2{-}CH{=}CH{-}CH_2-\!\right]_n}$$

丁二烯　　　　　　　聚丁二烯（橡胶）

由不同单体发生的加聚反应称为共聚。例如，丁二烯与丙烯腈发生共聚反应生成丁腈橡胶：

$$n\mathrm{CH_2{=}CH{-}CH{=}CH_2} + n\mathrm{CH_2{=}\underset{\displaystyle \overset{|}{CN}}{CH}} \xrightarrow{\text{共聚}} \mathrm{\left[\!-CH_2{-}CH{=}CH{-}CH_2{-}CH_2{-}\underset{\displaystyle \overset{|}{CN}}{CH}-\!\right]_n}$$

丁二烯　　　　　丙烯腈　　　　　　丁腈橡胶

通过共聚反应，不仅可以增加聚合物的品种，而且可以改善聚合物的性能。例如通过均聚反应得到的聚丁二烯橡胶的耐油性较差，而通过共聚反应得到的丁腈橡胶就具有较好的耐油性。

发生加聚反应的单体通常是烯烃、共轭二烯烃或它们的衍生物。在加聚产物中，链节的化学组成与单体相同，所以加聚物的相对分子质量是单体相对分子质量的整数倍。

2. 缩合聚合反应

由一种或多种单体发生缩合形成高聚物的同时，脱去一些小分子的反应称为缩合聚合反应，简称缩聚反应。例如己二胺和己二酸分子间脱水，发生缩聚反应生成尼龙-66：

$$n\mathrm{H_2N{-}(CH_2)_6{-}NH_2} + n\mathrm{HOOC{-}(CH_2)_4{-}COOH} \xrightarrow{\text{缩聚}} \mathrm{\left[\!-NH{-}(CH_2)_6{-}NH{-}\underset{\displaystyle \overset{\|}{O}}{C}{-}(CH_2)_4{-}\underset{\displaystyle \overset{\|}{O}}{C}-\!\right]_n} + (2n-1)\mathrm{H_2O}$$

己二胺　　　　　　己二酸　　　　　　尼龙-66

发生缩聚反应的单体通常是二元酸、二元胺、二元或三元醇、苯酚以及氨基酸等分子中含有二个以上官能团的化合物。由于反应中脱去了小分子化合物，所以缩聚物的化学组成与单体不完全相同，其相对分子质量也不是单体的整数倍。

第三节　重要的合成高分子化合物

一、塑料

塑料是合成材料中产量最大、用途最广的一种具有可塑性能的高分子材料。塑料的种类很多，至今已达 300 多种，其中常用的有 60 多种。根据其受热后表现出来的特性，可将塑料分为热塑性和热固性两大类。

热塑性塑料通常为线型高分子化合物。它们受热时软化，可以塑制成一定形状，冷后变硬定型，并且可多次重复加热塑制，也就是说，可以回收重复利用，如聚乙烯、聚氯乙烯等都是热塑性塑料。

热固性塑料通常为体型高分子化合物。它们加工定型后，再受热时不软化，不能重复加工，也不能回收再用。如酚醛塑料、氨基塑料等都是热固性塑料。

根据塑料的性能和应用范围，又可将其分为通用塑料和工程塑料。

通用塑料广泛应用于工农业生产、日常生活等各个方面，其产量占塑料总量的 3/4。聚烯烃（聚乙烯、聚丙烯）、聚苯乙烯、聚氯乙烯、酚醛树脂和氨基树脂被称为五大通用塑料。

工程塑料是机械性能好，可以代替金属作工程材料的一类新兴的高分子材料。是机械制造工业、仪器仪表工业、化工、建筑工业以及宇宙航行和导弹等尖端科技方面不可缺少的材料。目前应用较多的聚酰胺、聚甲醛、聚碳酸酯和ABS树脂被称为四大工程塑料。

塑料的主要成分是合成树脂。为了增强或改进塑料制品的性能，一般还要加入一些辅助剂。常用的辅助剂有填料（可提高制品的强度和耐热性能）、增塑剂（可增加塑料的可塑性和弹性、降低脆性、易于加工成型）、稳定剂（可防止塑料老化、延长使用寿命）、固化剂（可使分子间交联、硬化）、润滑剂（可防止成型时粘连模具、造成脱膜困难）、着色剂（可使制品着色，增加美感）等。

这里介绍几种重要的塑料。

1. 聚氯乙烯

聚氯乙烯是由氯乙烯在引发剂作用下，发生聚合反应得到的。

$$n\mathrm{CH_2{=}CH(Cl)} \xrightarrow[50\sim60^\circ\mathrm{C},\,0.5\mathrm{MPa}]{\text{引发剂}} \mathrm{-\!\!\left[CH_2{-}CH(Cl)\right]\!\!-}_n$$

聚氯乙烯简称PVC，是一种通用塑料。在聚氯乙烯树脂中加入少量增塑剂（约5%）得到硬聚氯乙烯，硬聚氯乙烯可用于制造硬板、硬管等。若加入较多增塑剂（30%～70%）则得到软聚氯乙烯，软聚氯乙烯的柔韧性大大增加，可用于制造薄膜、软管和塑料鞋等日用品。

在聚氯乙烯中加入发泡剂，发泡剂受热后分解，会使聚氯乙烯发泡膨胀，得到泡沫塑料。将聚氯乙烯及配料混匀后涂敷在布料上，加热后聚合即得人造革。将聚氯乙烯溶于苯和丙酮的混合溶剂中，用此溶剂喷制成丝，即得到聚氯乙烯纤维，商品名为氯纶。

聚氯乙烯的软化温度较低（75℃），光照下或加热时会缓慢分解，释放出氯化氢，使塑料制品脆裂或变硬。为吸收氯化氢，需在塑制时加入硬脂酸铅作稳定剂。硬脂酸铅有毒，因此聚氯乙烯制品不能用来盛放食物。

聚氯乙烯的原料来源丰富，价格低廉，生产成本低，经济效益高，又容易加工成各种软、硬、透明制品，且具有较好的机械性能和耐腐蚀性能，因此在工农业生产和日常生活中得到广泛应用，是目前我国塑料中产品最多的一种。

2. 聚苯乙烯

聚苯乙烯是一种无色、无味、透明、坚硬的热塑性塑料。是由单体苯乙烯在加热或引发剂存在下，聚合而得的。

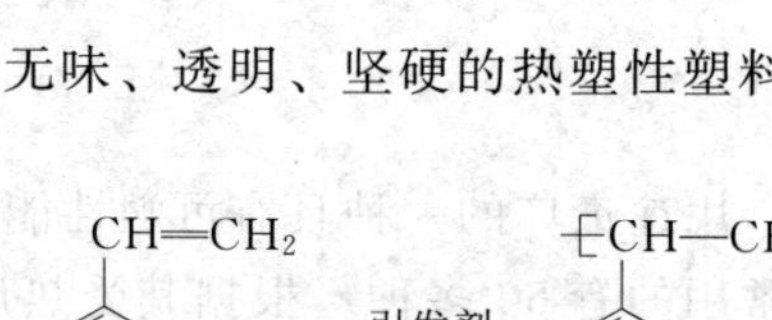

苯乙烯　　　　聚苯乙烯

聚苯乙烯也是一种应用较广的塑料，其产量仅次于聚乙烯和聚氯乙烯。具有良好的电绝缘性、耐酸碱性和耐腐蚀性，富有光泽并容易染成各种鲜艳的颜色。主要用作高频电绝缘材料、防震隔音材料、制造化工设备和日用品等。还可制成泡沫塑料，广泛应用于精密、贵重仪器和仪表的包装中。

聚苯乙烯的缺点是质地脆硬、耐热和耐油性较差。

3. 聚氨酯泡沫塑料

聚氨酯是由二异氰酸酯（$\mathrm{O{=}C{=}N{-}R{-}N{=}C{=}O}$）与多元醇反应得到的线型高聚物。

其主链结构为氨基甲酸酯链：

$$\sim\sim HN-\overset{\overset{\displaystyle O}{\|}}{C}-O-\sim\sim$$

在合成聚氨酯过程中，加入少量水，使其与部分异氰酸酯反应，生成不稳定的取代氨基甲酸，氨基甲酸立即分解释放出二氧化碳。二氧化碳形成的小气泡留在高聚物分子内，使产品呈现海绵状，这就是聚氨酯泡沫塑料。

聚氨酯泡沫塑料的用途很广，可用作表面涂层、纤维、合成橡胶和保温材料等。更广泛地用在家具、床垫、卡车座椅等方面作柔软性泡沫填充材料。

4. 酚醛塑料

酚醛塑料俗称电木，是生产、使用最早的一种热固性塑料，工业上用苯酚和甲醛为原料，在酸性催化剂存在下，经缩合反应先制得线型热塑性树脂，然后加入填料、固化剂、润滑剂及颜料等各种添加剂，再经加热混炼，即得到体型结构的酚醛塑料（又称电木粉）。其主链结构如下：

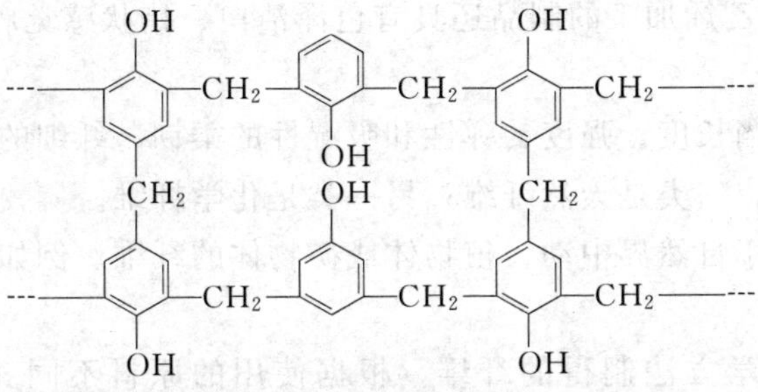

将电木粉在模具中加热压制成型即得到各种热固性酚醛塑料制品。

酚醛塑料具有较高的机械强度，良好的电绝缘性能，并能耐热、耐酸碱、耐腐蚀、耐磨等。常用作电灯开关、灯头等电器用品、化工设备材料、电机及汽车配件、隔音材料等。用线型酚醛树脂浸渍过的布或玻璃纤维，经干燥、加热、加压制成的酚醛塑料，俗称玻璃钢，其机械强度相当高，可代替金属制作各种机械零件。

5. 聚碳酸酯

聚碳酸酯是一种重要的热塑性工程塑料。由碳酸二苯酯和双酚 A 经酯交换和缩聚反应而制得。其结构式为：

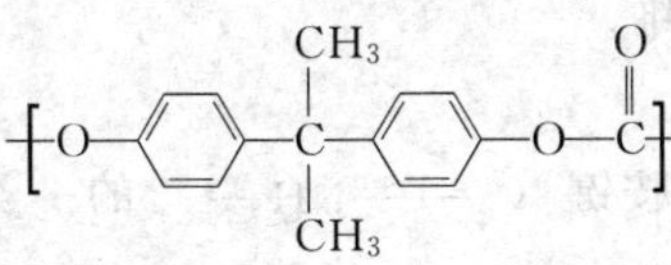

聚碳酸酯具有良好的电绝缘性，耐磨、耐老化、耐化学腐蚀。可用于制作电气设备和绝缘材料。其薄膜用于制电容器，体积小且耐热性好。此外，聚碳酸酯熔化和冷却后变成透明的玻璃状，透光性可达 85%～90%，接近有机玻璃，而其抗冲击韧性又远远超过有机玻璃，因此被称为透明金属，常用于制作飞机的风挡和座舱罩。

6. ABS 塑料

ABS 是一种生产量大、用途广泛的新型工程塑料。由丙烯腈、丁二烯和苯乙烯共聚而成。其结构式为：

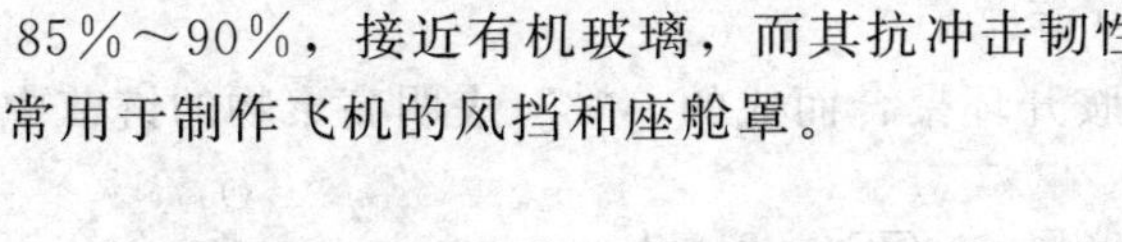

ABS塑料具有良好的机械强度、耐高低温、耐化学腐蚀、容易加工、可电镀、制品美观实用等特点，广泛用于制造电器外壳、仪表罩、汽车部件和日用品等。

7. 聚四氟乙烯

聚四氟乙烯是性能最优异的一种塑料，俗称塑料王。由四氟乙烯聚合而成。其结构式为：

$$\left[\mathrm{CF_2-CF_2} \right]_n$$

聚四氟乙烯具有非常突出的耐化学腐蚀性，不怕任何酸、碱及其他溶剂的侵蚀，在王水中煮沸也不发生变化。具有良好的耐高、低温性能，其制品可在 −200～250℃范围内长期使用。还具有优良的电绝缘性能，一片 0.025mm 厚的聚四氟乙烯薄膜，可承受 500V 的高电压。聚四氟乙烯的另一特性是摩擦系数很小，用它制成的压缩机无油润滑活塞，使用寿命可达 15000h。用聚四氟乙烯加工的制品还具有色泽洁白、蜡状感觉和半透明外观等特点。

二、合成纤维

纤维是一类具有相当长度、强度、弹性和吸湿性的柔韧、纤细的丝状高分子化合物。根据其来源可分为两大类，一类是天然纤维；另一类是化学纤维。

天然纤维是指来源于自然界中动、植物体或矿物体的纤维。例如，棉花、羊毛、蚕丝和麻等。

化学纤维是指用化学方法制得的纤维。根据使用的原料不同又分为人造纤维和合成纤维。

人造纤维是以天然纤维为原料，经过化学加工处理得到的性能比天然纤维优越的新纤维，又叫再生纤维。例如，黏胶纤维、醋酸纤维和玻璃纤维等。

合成纤维是以低分子单体为原料，经过聚合反应得到的线型高聚物。合成纤维的品种众多，性能优良，在许多方面已胜过天然纤维，成为现代人类主要的衣着材料。例如，尼龙纤维、腈纶纤维和涤纶纤维等。此外，具有特殊性能的合成纤维还可满足现代工业技术和科学技术发展的需求。例如，耐高温纤维、耐辐射纤维、防火纤维、发光纤维和光导纤维等。

这里介绍几种重要的合成纤维。

1. 聚酰胺纤维

聚酰胺纤维是分子中含有酰胺键（ $-\underset{\underset{\mathrm{O}}{\|}}{\mathrm{C}}-\mathrm{NH}-$ ）的一类合成纤维，商品名叫尼龙。是最早进行工业化生产的合成纤维，占世界合成纤维总量的 1/3 左右。品种也较多，如尼龙-6、尼龙-610、尼龙-1010 等。

尼龙-6 是由己内酰胺开环聚合而成的。“6”表明高聚物的链节中含有 6 个碳原子。

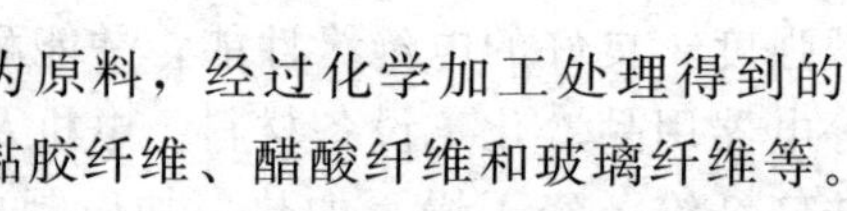

己内酰胺　　聚己内酰胺(尼龙-6)

尼龙-610 是由己二胺和癸二酸两种单体发生缩聚反应而合成的。其中“6”代表己二胺中的 6 个碳原子，“10”代表癸二酸中的 10 个碳原子。

$$n\mathrm{H_2N{-}(CH_2)_6{-}NH_2} + n\mathrm{HOOC{-}(CH_2)_8{-}COOH} \xrightarrow{\text{缩聚}} \left[\mathrm{NH{-}(CH_2)_6{-}NH{-}\overset{\overset{O}{\|}}{C}{-}(CH_2)_8{-}\overset{\overset{O}{\|}}{C}} \right]_n + (2n-1)\mathrm{H_2O}$$

己二胺　　　　癸二酸　　　　尼龙-610

尼龙-1010 是我国首创的以蓖麻油为原料，先制得癸二胺和癸二酸单体，再经缩聚而成高聚物。两个“10”分别代表癸二胺和癸二酸分子中的碳原子数。

$$n\mathrm{H_2N{-}(CH_2)_{10}{-}NH_2} + n\mathrm{HOOC{-}(CH_2)_8{-}COOH} \xrightarrow{\text{缩聚}} \left[\mathrm{NH{-}(CH_2)_{10}{-}NH{-}\overset{\overset{O}{\|}}{C}{-}(CH_2)_8{-}\overset{\overset{O}{\|}}{C}} \right]_n + (2n-1)\mathrm{H_2O}$$

癸二胺　　　　癸二酸　　　　尼龙-1010

聚酰胺分子间能形成氢键，这使得尼龙纤维具有较大的强度。又由于分子链上亚甲基($-\mathrm{CH_2}-$)较多，容易发生内旋转，使得纤维柔软而富有弹性，并具有较强的耐磨性。尼龙的强度是棉花的 2～3 倍，耐磨性是棉花的 10 倍。此外，尼龙还具有不怕海水浸蚀，不发霉，不受虫蛀等优点，因此是用途较为广泛的一种合成纤维。可用于制衣袜、绳索、渔网、轮胎帘子线和运输带等。军工生产中用作降落伞和宇宙飞行服等。

尼龙纤维的缺点是耐光性差，长期光照易发黄，强度下降。

2. 聚酯纤维

聚酯纤维是分子中含有酯键($-\overset{\overset{O}{\|}}{C}-O-$)的一类合成纤维。其中以对苯二甲酸二乙二醇酯为单体的缩聚物为主要品种，商品名为涤纶，俗称“的确良”。

涤纶纤维的产量约为合成纤维总量的 1/2，占据合成纤维之首。是由对苯二甲酸二乙二醇酯分子间发生缩聚反应得到的高聚物。

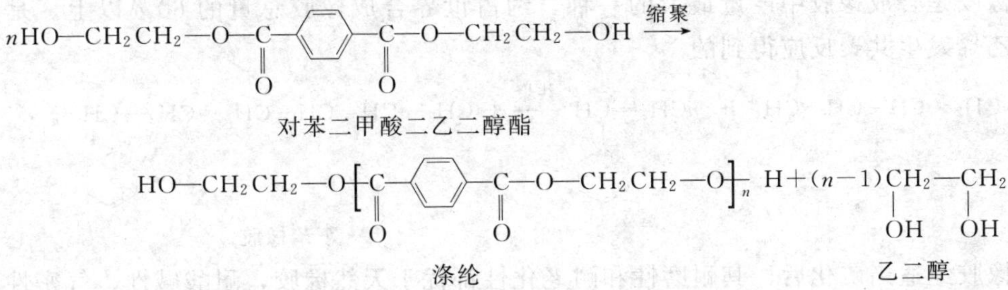

涤纶的分子链上含有刚性基团（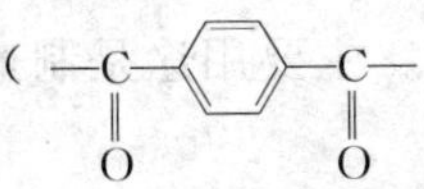），因此分子间排列很规整、紧密。一般不易变形，受力发生形变后容易恢复。所以用涤纶纤维制成的衣物抗皱、保型、挺括，是理想的衣着面料。但因其吸水性和透气性较差，所以常与棉纤维一起混纺。此外，涤纶还具有耐磨、耐酸及良好的热稳定性和光稳定性，例如在 150℃加热 1000h，强度只减小 50%，在日光下暴晒 6000h，强度只减小 60%，超过天然纤维和其他合成纤维。由于其不易吸水、湿后易干，工业上常用作渔网、帘子线、耐酸滤布、水龙带和人造血管等。

3. 聚丙烯腈纤维

聚丙烯腈的商品名叫腈纶或开司米。由于其外观和性能类似羊毛，所以俗称“人造羊毛”。由丙烯腈在引发剂存在下聚合而成。

$$n\mathrm{CH_2{=}\underset{\underset{CN}{|}}{CH}} \xrightarrow{\text{聚合}} \left[\mathrm{CH_2{-}\underset{\underset{CN}{|}}{CH}} \right]_n$$

丙烯腈　　聚丙烯腈（腈纶）

聚丙烯腈质地脆硬，不易着色，因此常加入第二单体（如丙烯酸甲酯、醋酸乙烯酯等）共聚，得到弹性、手感和染色性能优良的腈纶纤维。

腈纶纤维蓬松、卷曲、柔软，极似羊毛，但强度比羊毛高 2～3 倍，密度比羊毛小，保暖性比羊毛好，且不霉、不蛀、耐光，适宜制成毛线、毛毯、膨体纱、窗帘、帐篷、军用帆布等，也是人造毛皮服装、运动衣、衫的理想面料。

三、合成橡胶

橡胶是一类在－50～150℃范围内都具有高度弹性的线型高分子化合物。根据其来源不同可分为天然橡胶和合成橡胶。

天然橡胶是由橡胶树中流出的白色胶乳经过加工而成的。其成分为顺式结构的聚异戊二烯。是透明的弹性体，弹性非常好，伸长率可达原长度 10 倍以上。但强度较差，且不耐温，遇热变软，遇冷变硬，也不耐溶剂，因此，不宜直接使用。工业上通常是在天然生胶中加入适量硫磺和抗老化剂，制成硫化橡胶。硫化橡胶的强度和稳定性显著提高，可用作各种橡胶制品。天然橡胶受来源限制，产量有限，远远不能满足现代科技、生产和生活的需要。

合成橡胶是人工合成的性能优于天然橡胶的线型高聚物。其品种很多，按性能及用途的不同，可分为通用橡胶（如用作轮胎的丁苯橡胶）和特种橡胶（具有耐高温、耐油、耐老化和高气密性等特殊性能，如丁腈橡胶和硅橡胶）等。

这里介绍几种常见的合成橡胶。

1. 丁苯橡胶

丁苯橡胶是合成橡胶中产量最大的一种，约占世界合成橡胶总量的 60%以上。是由丁二烯和苯乙烯发生共聚反应得到的。

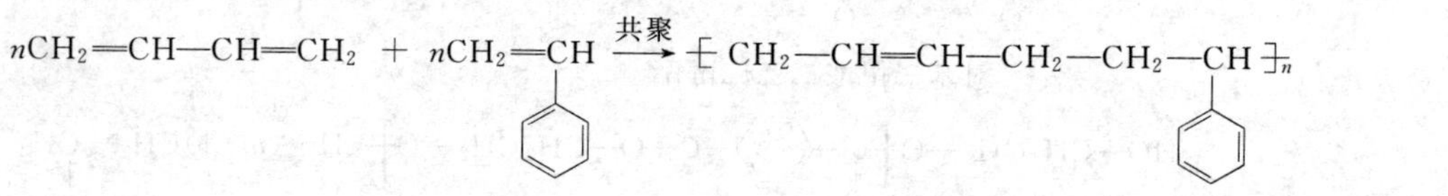

丁苯橡胶

丁苯橡胶经适当硫化后，其耐磨性和耐老化性都优于天然橡胶，耐酸碱性、气密性和电绝缘性也都很好，但弹性不如天然橡胶。主要用途是制造车辆的轮胎、电缆和胶鞋等。

2. 丁腈橡胶

丁腈橡胶是特种橡胶中产量最大的一种。是由丁二烯和丙烯腈发生共聚反应制得的。

$$n\mathrm{CH_2{=}CH{-}CH{=}CH_2} + n\mathrm{CH_2{=}\underset{\underset{CN}{|}}{CH}} \xrightarrow{\text{共聚}} \left[\mathrm{CH_2{-}CH{=}CH{-}CH_2{-}CH_2{-}\underset{\underset{CN}{|}}{CH}}\right]_n$$

丁腈橡胶

丁腈橡胶分子中含有强极性基团氰基（—CN），可排斥非极性或弱极性的有机溶剂，因此表现出优良的耐油性。耐磨、耐热和抗老化性能也优于天然橡胶，缺点是弹性和耐寒性较差。主要用于制造各种耐油制品，如胶管、密封垫圈、有机物贮存槽的衬里等。此外，由于耐热性能好，还可用作运输热物料（140℃以下）的传送带。

3. 硅橡胶

硅橡胶是分子中含有硅原子的特种合成橡胶的总称。其中较为常用的是二甲基硅橡胶。由二甲基二氯硅烷经水解、缩合制得。

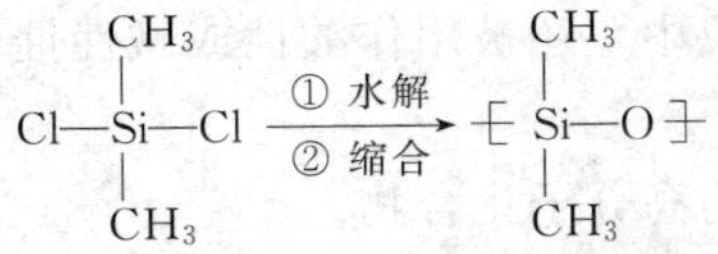

二甲基二氯硅烷　　硅橡胶

硅橡胶最突出的优点是耐温性能好，可在－54～260℃范围内使用，仍保持优良的弹性。其耐油性能、电绝缘性能也很好，不受臭氧和紫外线的影响。可用于制造飞机、火箭、导弹和宇航器上的特种密封件、薄膜和胶管。也常用作高温高压设备的衬垫。此外，由于硅橡胶无毒、无味、物理性能稳定，并能与人体组织、分泌液及血液长期接触而不发生变化，因此在医疗方面有着广泛的应用。例如可用硅橡胶制造静脉插管、脑积水引流装置、人造关节以及美容需要的各种人造器官等。

四、离子交换树脂

离子交换树脂是一类在高分子骨架上具有可交换离子的活性基团的高聚物，属于功能高分子。根据活性基团的种类和作用不同，可分为阳离子型离子交换树脂和阴离子型离子交换树脂。

阳离子型离子交换树脂的高分子骨架上连有酸性基团（如$—SO_3H$、$—COOH$、$—OH$等），它们能解离出H^+，与溶液中的Na^+、K^+、Mg^{2+}、Ca^{2+}等阳离子进行交换。阴离子型离子交换树脂的高分子骨架上连有碱性基团（如$—NH_2$、$—NHR$、$\overset{+}{N}R_3OH^-$等），它们能解离出OH^-，与溶液中的Cl^-、SO_4^{2-}、CO_3^{2-}等阴离子进行交换。

离子交换树脂的品种很多，其中应用最广的是交联聚苯乙烯强酸型和强碱型。

在苯乙烯和对二乙烯苯共聚物的骨架上引入磺酸基就得到强酸型阳离子交换树脂，引入季铵碱基则得到强碱型阴离子交换树脂。

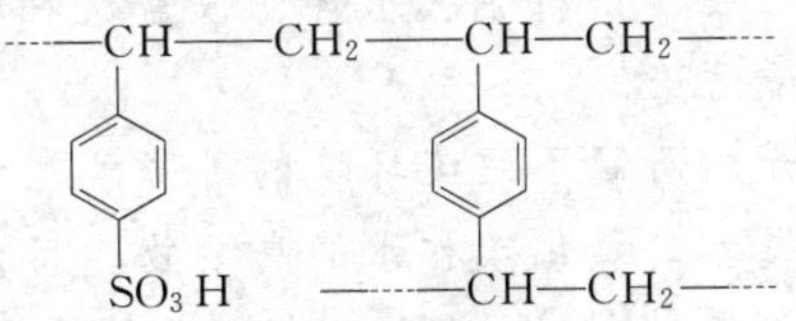

强酸型阳离子交换树脂

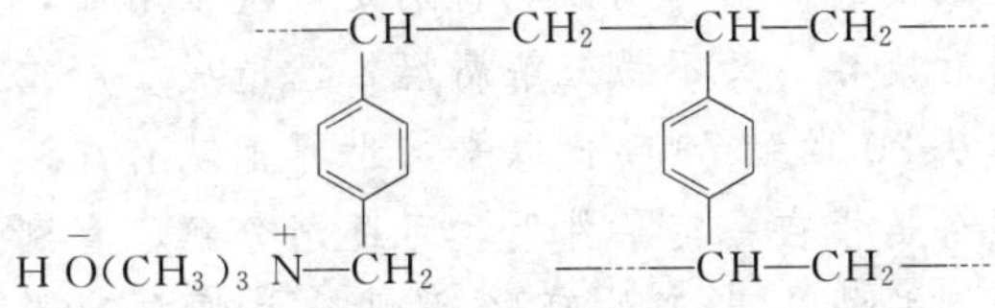

强碱型阴离子交换树脂

离子交换树脂的用途较多，其中主要用于硬水的软化和制备去离子水。普通水中含有$NaCl$、Na_2SO_4、$MgCl_2$、$Ca(HCO_3)_2$等矿物质，如果让这种水通过强酸型阳离子交换树脂，水中的Na^+、Ca^{2+}、Mg^{2+}等阳离子就被交换除去：

$$R—SO_3H+Na^+(Ca^{2+}、Mg^{2+}等)\xrightleftharpoons{交换}R—SO_3Na+H^+$$

（R代表高分子骨架）　　（Ca^{2+}、Mg^{2+}等）

再使水通过强碱型阴离子交换树脂，水中的Cl^-、$SO_4{}^{2-}$、$HCO_3{}^-$等阴离子就被交换除去：

$$R—CH_2—\overset{+}{N}(CH_3)_3OH^-+Cl^-(SO_4^{2-}、HCO_3^-)\xrightleftharpoons{交换}R—CH_2—\overset{+}{N}(CH_3)_3Cl^-(SO_4^{2-},HCO_3^-)+OH^-$$

经过离子交换处理的水，称为去离子水。离子交换反应是可逆的。使用过的离子交换树脂可分别用稀酸和稀碱淋洗，使其恢复原状，以便重复使用。这一过程称为离子交换树脂的再生。

除软化或净化水外，离子交换树脂还可用于分离或萃取金属。例如回收电镀液中的铬、锌、铜和显影液中的银等。也用于除去工业废水中的放射性物质及浓缩原子能工业中的贵重金属铀等。在某些有机合成反应中，还被用作酸性或碱性催化剂。

五、涂料和胶黏剂

涂料和胶黏剂也都是常用的高分子化合物。

涂料是涂刷在被覆盖物表面能形成薄层以保护、装饰产品或赋予特殊功能（如反射光、吸收光、电绝缘等）的一类高聚物。其中最重要的涂料是油漆。油漆是由颜料、胶黏剂和溶剂组成的混合物，不含颜料的油漆叫清漆。用作涂料的聚合物有氨基树脂、酚醛树脂、丙烯酸树脂和醇酸树脂等。

胶黏剂是一类具有优良黏合性能的高聚物。根据来源不同可分为天然胶黏剂和合成胶黏剂。天然胶黏剂来源于动、植物体，如淀粉、松香、鱼胶、牛皮胶等。合成胶黏剂是人工合成的高聚物，如聚乙烯醇、环氧树脂等。

有些胶黏剂是在溶液状态下使用的，经挥发或加热使溶剂蒸发后，才起粘接作用。例如淀粉、糊精和聚乙烯醇的水溶液等。

有些胶黏剂是在使用时发生聚合反应而起到粘接作用的。例如，环氧树脂和氰基丙烯酸酯（商品名为502胶）等，它们在微量空气的影响下，只需几秒就完成了阴离子聚合反应，发生粘接。

阅读资料

有利环保的高聚物——可降解塑料

随着石油化工的飞速发展，塑料在生产、生活以及其他领域中的应用也越来越广泛，越来越普及。从食品袋、饮料瓶、饭盒、茶具、家具、灯具、雨披及各种容器等日用品到电器外壳、电子器件以及大规模使用的农用薄膜等，可以说，塑料的踪迹几乎是随处可见。然而，大量使用的塑料制品，特别是一次性用品，如食品袋、饮料瓶、水杯、饭盒及农用薄膜等，用后废弃，又不易分解腐烂，已造成了严重的环境污染。

自从20世纪70年代以来，世界上就有许多国家开始研制不污染环境的可降解塑料。可降解塑料是指在一定条件下，可逐渐分解，直到最终成为二氧化碳和水的高聚物。目前已经开发研制并投入生产的可降解塑料主要有两类，一类是光降解塑料，另一类是生物降解塑料。

1. 光降解塑料

光降解塑料是在聚合物链上引入对紫外光敏感的基团。具有光敏基团的聚合物在紫外光照射下发生光化学反应，使聚合物的长链发生断裂，生成较低相对分子质量的碎片。这些碎片在空气中进一步发生氧化作用，降解成为可被生物分解的小分子化合物，最终转化为二氧化碳和水。例如，以一氧化碳或乙烯基酮为光敏单体与烯烃共聚可得到含有羰基结构的聚乙烯、聚丙烯、聚苯乙烯、聚氯乙烯等光降解聚合物。以这些聚合物为母料，分别与同类树脂共混，就可以得到各种不同的光降解塑料。

此外，在塑料的加工过程中，加入少量的光敏剂也可得到光降解制品。

通过调节光敏单体或光敏剂的添加量可控制聚合物制品的使用期和光降解反应完成所需要的时间。用光降解塑料制成的包装袋和饭盒等，废弃后，能在阳光照射下自动降解，因而不会造成环境污染。根据农作物培育和生长的需求，使用不同时间控制的农用光降解塑料地膜能有效地保温、保湿，并且可在培育期过后，逐渐自动地在田地里降解为二氧化碳和水。

2. 生物降解塑料

生物降解塑料是指在一定条件下，能被生物侵蚀或代谢而发生降解的塑料。这类塑料可以由淀粉、纤维素等多糖天然聚合物与人工合成聚合物共混而成；也可用容易被生物降解的单体与其他单体经共聚反应制得。

生物降解塑料分子中的淀粉、纤维素等天然高聚物能在酶的作用下发生水解，生成水溶性碎片分子，这些碎片分子在空气中进一步氧化，最终分解成二氧化碳和水。

生物降解塑料的应用范围比较广泛。除可用于制作包装袋和农用地膜外，还可用作缓释载体，包埋化肥、农药、除草剂等。这些缓释载体在土壤中经生物降解，使化肥、农药、除草剂等被包埋物逐渐释放出来，从而可持久、均匀地发挥效力。

在医疗方面，用生物降解塑料作为医药缓释载体，可使药物在体内较长时间地发挥最佳疗效；用生物降解塑料制成的外科用手术线，可被人体吸收，伤口愈合后不必拆线。

现在，可降解塑料的研制和生产已经具有相当规模。许多国家都已经通过了禁止或限制使用非降解塑料的法规。可降解塑料问世的时间虽然不长，但其发展的势头却十分迅猛。可以预见，随着人类对环境保护意识的不断增强，可降解塑料的产量会迅速增加，应用会更加广泛。

本章要点

- 1. 基本概念
  - 高分子：相对分子质量大于 10000 的大分子化合物
  - 组成和结构：由简单的结构单元以重复的方式连接而成
  - 单体：合成高聚物的原料
  - 链节：组成高聚物的重复单元
  - 聚合度：链节数
  - 多分散性：相对分子质量不完全相同，通常取平均值
- 2. 分类
  - 按来源分类
    - 天然高分子
    - 合成高分子
  - 按性质和用途分类
    - 塑料
    - 纤维
    - 橡胶
  - 按主链结构分类
    - 碳链高分子
    - 杂链高分子
    - 元素高分子
  - 按应用功能分类
    - 通用高分子
    - 生物高分子
    - 功能高分子
    - 高分子催化剂
  - 按几何形状分类
    - 线型高分子（含支链型）
    - 体型高分子
- 3. 命名
  - 加聚物：单体名称前加“聚”字
  - 缩聚物：单体简称后加“树脂”二字
  - 合成橡胶：单体简称后加“橡胶”二字
- 4. 合成方法
  - 加聚反应
    - 均聚：同种单体聚合
    - 共聚：不同单体聚合
  - 缩聚反应

5. 特性
   - 溶解性
   - 可塑性
   - 电绝缘性
   - 机械性能
   - 柔顺性和弹性

6. 重要高分子
   - 塑料
     - 热塑性塑料
     - 热固性塑料
   - 纤维
     - 天然纤维
     - 化学纤维
       - 人造纤维
       - 合成纤维
   - 橡胶
     - 天然橡胶
     - 合成橡胶
   - 离子交换树脂
     - 强酸性阳离子型
     - 强碱性阴离子型

习　　题

1. 回答问题

（1）高分子化合物的分子组成有什么特点？

（2）哪种类型的高分子化合物具有弹性和可塑性？

（3）天然纤维、人造纤维和合成纤维有什么区别？

（4）制作食品袋、水壶和茶杯等用聚乙烯而不用聚氯乙烯。你能说明为什么吗？

（5）硅橡胶可用于制作人体器官，酚醛树脂可制成玻璃钢，为什么？

（6）用涤纶纤维制成的衣物挺括，不易变形，不易起皱。你能说明原因吗？

2. 写出下列化合物的构造式

（1）聚丙烯　　（2）腈纶

（3）乙丙橡胶　　（4）丁苯橡胶

3. 给下列化合物命名，并写出其单体的构造式

（1）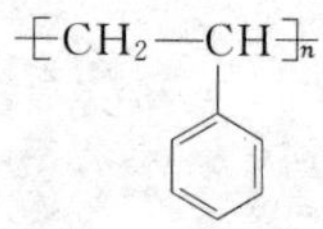

（2）$\left[NH-(CH_2)_5-\underset{\underset{O}{\|}}{C}\right]_n$

（3）$\left[CH_2-CH=CH-CH_2-CH_2-\underset{\underset{CN}{|}}{CH}\right]_n$

（4）$\left[\overset{\overset{CH_3}{|}}{\underset{\underset{CH_3}{|}}{Si}}-O\right]_n$

4. 完成下列转变

（1）$CH_2=CH_2 \longrightarrow \left[CH_2-\underset{\underset{Cl}{|}}{CH}\right]_n$

(2) $CH_2=CH_2 \longrightarrow \text{-}[CH_2-CH(CN)]_n\text{-}$

(3) 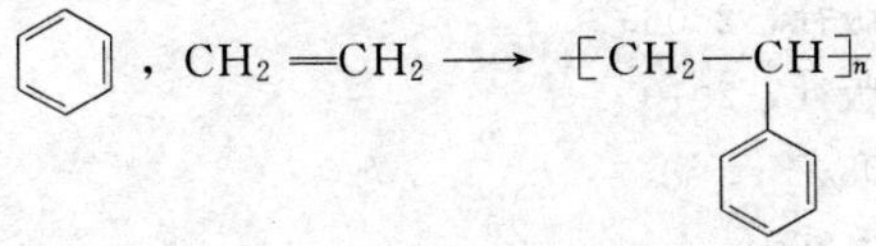

(4) $CH_3-CH=CH_2,\ CH_2=CH-CH=CH_2 \longrightarrow \text{-}[CH_2-CH=CH-CH_2-CH_2-CH(CN)]_n\text{-}$

5. 离子交换树脂可使海水变淡。试说明原因并写出有关反应式

参考文献

［1］ 初玉霞主编．有机化学．第2版．北京：化学工业出版社，2006.

［2］ 高鸿宾等编．有机化学．第2版．北京：化学工业出版社，2010.

［3］ 池秀梅主编．有机化学．北京：石油工业出版社，2008.

［4］ 宋心琦主编．有机化学基础．北京：人民教育出版社，2004.

［5］ 王祖浩主编．有机化学基础．济南：山东科学技术出版社，2005.

［6］ 古练权等著．有机化学．北京：高等教育出版社，2008.

［7］ 周莹，赖桂春主编．有机化学．北京：化学工业出版社，2011.

［8］ 有机化学基础（美）麦克默里，（美）西曼内克著．第6版．任丽君等译．北京：清华大学出版社，2008.

［9］ 邢其毅等编．基础有机化学．第3版．北京：高等教育出版社，2005.

［10］ 史密斯（Michael B. Smith），马奇（Jerry March）．高等有机化学（反应，机理与结构）．李艳梅编译．北京：化学工业出版社，2010.

［11］ 周志高，初玉霞编．有机化学实验．第3版．北京：化学工业出版社，2011.

［12］ 李妙葵等著．大学有机化学实验．上海：复旦大学出版社，2006.

［13］ 孙夕礼，马春生．新课标三种高中化学必修教材的编写特点分析．化学教育．2005，26（7）：16-22.

［14］ 朱建宝，王祖浩．高中课程标准选修模块《有机化学基础》教材内容建构．化学教学．2005，（7-8）：56-58.

［15］ 王箴主编．化工词典．第4版．北京：化学工业出版社，2000.